150 Jahre
Wissen für die Zukunft
Oldenbourg Verlag

Property Management und Facility Management

von
Professor
Dr. Ulrich Bogenstätter

Oldenbourg Verlag München

Bibliografische Information der Deutschen Nationalbibliothek

Die Deutsche Nationalbibliothek verzeichnet diese Publikation in der Deutschen Nationalbibliografie; detaillierte bibliografische Daten sind im Internet über <http://dnb.d-nb.de> abrufbar.

Rosenheimer Straße 145, D-81671 München
Telefon: (089) 45051-0
oldenbourg.de

Lektorat: Wirtschafts- und Sozialwissenschaften, wiso@oldenbourg.de
Herstellung: Anna Grosser
Coverentwurf: Kochan & Partner, München
Gedruckt auf säure- und chlorfreiem Papier
Gesamtherstellung: Druckhaus „Thomas Müntzer“ GmbH, Bad Langensalza

ISBN 978-3-486-58687-9

Vorwort

Prof. Dr. Ulrich Bogenstätter (Architekt) hat 2007 das „Institute for Building Operations Research" gegründet. Er wurde 2002 auf die Stiftungsprofessur DV-gestützte Informationssysteme an der Hochschule für Wirtschaft und Umwelt – Nürtingen-Geislingen berufen. Er leitet im Studiengang Immobilienwirtschaft die Vertiefungsrichtung Facility Management mit betriebswirtschaftlichem Schwerpunkt. Seit 2000 ist er Unternehmensberater und Leiter Management-Consulting, seit 2008 Produktmanager strategische Themen bei der Aareon AG in dem buch.

Property Management und Facility Management

„Mehr Nutzen aus unseren Immobilien"

Erhält der Leser einen „Fahrplan" von der Vision eines Immobilienhalters hin zu gezielten Maßnahmen an Gebäuden. Etappenziele sind „smarte" Ziele, die Wirkung von Strategien, eine aufgabengerechte Organisation sowie die effiziente Umsetzung von Maßnahmen. Typische Geschäftsprozesse eines Immobilienbesitzers oder –verwalters werden dargestellt und verdeutlichen interdisziplinäre Zusammenhänge. Das Buch zeigt dem Leser eine Fülle von Möglichkeiten, den Beitrag von Immobilien für den Eigentümer nachhaltig zu verbessern. Der Praxisbezug wird mit vielen Beispielen hergestellt und eine Vielzahl von Kennzahlen ermöglichen, Handlungsoptionen zu quantifizieren. Es vermittelt dem Leser nicht nur „Know-how" sondern auch etwas vom „Know-why".

Dieses Buch richtet sich an Praktiker, Dozenten und Studierende sowohl aus der kommunalen oder kirchlichen Gebäudewirtschaft, Wohnungswirtschaft als auch der gewerblichen Immobilienwirtschaft. Es spannt eine Brücke zwischen den „Technikern" und „Kaufleuten" der Immobilienwirtschaft und vermittelt für beide Berufsgruppen eine gemeinsame Fachsprache sowie Verständnis für Methoden nicht nur in der Instandhaltung sondern auch der Vergabe von Fremdleistungen.

Inhaltsübersicht

Inhaltsverzeichnis

1 Einleitung

Dieses Buch erhebt den Anspruch, Potenziale für Immobilienhalter aufzuzeigen, um den Beitrag deren Immobilien nachhaltig zu erhöhen. Das umfassendere Themenfeld hierzu ist die Immobilienwirtschaft, die in der gängigen Literatur zunehmend als Real Estate Management bezeichnet wird. Immobilienwirtschaft zerfällt in viele Themenbereiche, je nach Herkunft und Blickrichtung des Sprechers.

1.1 Alles Real Estate Management?!

Derzeit sind nachfolgende Begriffe (im Gebrauch), um deren Abgrenzung sich zunehmend bemüht wird: (vgl. [SCHULTE, K. IndustrieBAU 3-2007] S. 51ff.)

- Real Estate Investment Management (REIM)
- Corporate Real Estate Management (CREM)
- Public Real Estate Management (PREM)
- Ecclesiastic Real Estate Management (EREM)
- Real Estate Portfoliomanagement (REPM)
- Real Estate Asset Management (REAM)
- Anlagenmanagement
- Property Management (PrM)
- Facility Management oder Facilities Management (FM)
- Projektmanagement / Projektentwicklung
- Gebäudemanagement (GM), Objektmanagement
- Transaktionsmanagement

Der Begriff des Ecclesiastic Real Estate Management (EREM) ist neu hinzugekommen und wurde als Begriff für kirchliches Immobilienmanagement von Frau Reiß-Fechter und Herrn von der Lieth entwickelt (s. [ESWiD 2007-10] S. 36ff.) und als strategische Managementdisziplin ausgebaut (s. [LIETH, VON DER J. KVI 2008-05]).

Eines der gängigen Unterscheidungsmerkmale in der Immobilienwirtschaft ist, ob das Immobilienmanagement als Kernaufgabe oder als Stützleistung des Unternehmenszwecks gesehen wird. Property-Unternehmen sehen im Immobilienmanagement ihre Kernaufgaben. Hierzu gehören z.B. institutionelle Immobilieninvestoren. Wohnungsunternehmen werden selten als Property-Unternehmen benannt. Zu den Non-Property-Unternehmen zählen z.B. auch betriebliche (gewerbliche) Unternehmen (Corporates), die öffentliche Hand (Public) oder Religionsgemeinschaften (Ecclesiastic). Immobilien gehören hier nicht zu den Kernaufgaben.

Diese Zuordnung darf jedoch nicht statisch gesehen werden. Die Stadt Mainz gründete einen Eigenbetrieb „Gebäudewirtschaft“. Die Staatliche Vermögens- und Hochbauverwaltung (VBV) Baden-Württemberg ist neuerdings Kompetenzzentrum und Serviceeinrichtung für alle Leistungen rund um die Immobilien des Landes Baden-Württemberg (vgl. [www.finanzministerium.badenwuerttemberg.de] 4.2.2008). Das Land besitzt rund 8.500 Gebäude. Zur Betreuung dieser Liegenschaften wurde ein unselbständiger Landeseigenbetrieb „Vermögen und Bau Baden-Württemberg" gegründet. Der Industriepark Höchst in Frankfurt am Main ist durch Gründung einer Tochtergesellschaft der Hoechst AG mit etwa 800 Gebäuden und etwa 120 Produktionsanlagen (s. [FREY, F. IndustrieBAU 2007-03] S. 19) entstanden. Das Wohnungsunternehmen LUWOGE verwaltet etwa 18.000 Mieteinheiten und gehört zur BASF-Gruppe.

Wo ist also die Grenze zu ziehen? Auch wenn die Stadt Frankfurt am Main nach gängiger Definition zu den Non-Property-Unternehmen gehören soll, so besitzt die Stadt Frankfurt am Main dennoch ca. 1.000 Liegenschaften mit städtischer Nutzung (s. [Amt 65 2004] S. 12). Das Bistum Trier unterhält 3.788 Gebäude (s. [FREITAG, C. 2004-01-27]). Die Deutsche Annington vermietete und verwaltete nach eigenen Angaben (Stand 25.01.2008) 220.000 Wohnungen und gehört damit zu den großen Wohnungsunternehmen der Wohnungswirtschaft. Die Unterscheidung in Property und Non-Property Unternehmen ist daher wenig hilfreich. Entscheidend ist, ob immobilienspezifische Aufgaben professionell durchgeführt werden.

Ein weiteres Unterscheidungsmerkmal in der Immobilienwirtschaft ist der Beitrag der Immobilien an der Wertschöpfungskette. Hier lassen sich unterschiedliche Geschäftsmodelle im Lebenszyklus einer Immobilie unterscheiden: Genannt werden können Fondsgesellschaften, Projektentwickler, Generalunter- und -übernehmer, Totalunternehmer, Bauträger, Bestandsverwalter, Treuhänder. Das kurz- oder langfristige Interesse an einer Immobilie wird durch das Geschäftsmodell maßgeblich bestimmt.

Ebenso lassen sich die Unternehmen nach der Fertigungstiefe („make" or „buy") (z.B. REIM) differenzieren und danach, bei welchen Aufgaben die Eigentümer ihre Kernkompetenzen mittelfristig sehen. So sieht die FM-Branche ihre Aufgabe darin, als operative Dienstleistungsunternehmen die Eigentümer zu unterstützen.

Je nach Zugehörigkeit der Sprecher, wird das strategische Element der Immobilienführung hier oder dort gesehen. Die Grenzen werden zunehmend fließender und eine Abgrenzung schwieriger. Allen Definitionen weitgehend gemeinsam ist jedoch die unternehmerische Perspektive, bei denen insbesondere die „Performance" einer Immobilie im Vordergrund steht. Das Thema Transaktionen steht heute nicht mehr so sehr im Mittelpunkt (vgl. [BBR 124-2007] S. 1f., 23).

1.2 Was ist Property Management / Facility Management?

Unabhängig davon, was den Kernaufgaben zuzurechnen ist, wird hier als wesentlich betrachtet, was zur nachhaltigen Bewirtschaftung von Immobilien als Massenphänomen (streng genommen Mengenproblem) notwendig ist. Dafür werden hier die Begriffspaare Property Management und Facility Management genutzt. Property Management wird daher hier analog zur Definition von Facility Management nach [DIN EN 15221-1 2007-01] wie folgt definiert:

Property Management ist die Integration von Prozessen innerhalb einer Organisation zur Erbringung und Entwicklung von professionellen Management-Leistungen für Immobilien, die sich nachhaltig im Bestand befinden oder befinden werden.

Facility Management wird hier als „unterstützende Leistung" gesehen. Allerdings zeigt sich hier ein inhaltlicher Begriffswandel von Facility Management, der einerseits zunehmend durch die Verbandsarbeit verbreitet, andererseits zunehmend „verwässert" wird. Die Diskussion wurde zumindest mit der neuesten Norm für Deutschland beendet:

Facility Management ist die „Integration von Prozessen innerhalb einer Organisation zur Erbringung und Entwicklung der vereinbarten Leistungen, welche zur Unterstützung und Verbesserung der Effektivität der Hauptaktivitäten der Organisation dienen.“ (s. [DIN EN 15221-1 2007-01])

Vereinbarte Leistungen im Sinne dieser Definition richten sich nicht nur an externe Geschäftspartner, sondern können im innerbetrieblichen Verhältnis als Service-Level-Agreements (SLA) Anwendung finden.

Der Zusammenhang aus Projektwicklung, planerischen Entscheidungen, Bauausführung und effizientem Betrieb wird damit „expressis verbis“ nicht mehr hergestellt. Damit findet hier der Gedanke des Lebenszyklus von Gebäuden keine ausdrückliche Berücksichtigung mehr.

Eine der frühesten Definitionen Ende der 80er Jahre aus den USA bezog sich auf den Arbeitsplatz und forderte ergebnisorientiert ein optimales Arbeitsumfeld. „Facility Management: The practice of coordinating the physical workplace with the people and work of the organization; integrates the principles of business administration, architecture and behavioral and engeneering sciences“. (vgl. IFMA – International Facility Management Association: Facility Management Guide der ORGATEC – Internationale Fachmesse für Büroeinrichtungen in Köln, 1996 S. 4 in [STAUDT, E. 1999] S. 22f.). Dieser integrative Ansatz von Fachdisziplinen wurde auf die „Services” bzw. Dienstleistungen zunehmend reduziert.

Die German Facility Management Association (GEFMA), neben der IFMA eine der führenden Verbände in Deutschland, hat 1996 Facility Management noch wie folgt definiert (s. [GEFMA 100 E 1996-12] S. 5): „Facility Management umfasst den gesamten Lebenszyklus eines Gebäudes oder baulichen Objektes. (…) Facility Management ist die Betrachtung, Analyse und Optimierung aller kostenrelevanten Vorgänge rund um ein Gebäude, ein anderes bauliches Objekt oder eine im Unternehmen erbrachte (Dienst-)Leistung, die nicht zum Kerngeschäft gehört“. Hier ist die Betrachtung des Lebenszyklus noch herausragender Gedanke.

Parallel hierzu ist der Begriff des Gebäudemanagements (GM) als Teilaspekt des Facility Managements wahrzunehmen: Bereits im Entwurf [DIN 32736 E 1999-05] ist GM „die Gesamtheit aller Leistungen zum Betreiben und Bewirtschaften von Gebäuden einschließlich der baulichen und technischen Anlagen auf der Grundlage ganzheitlicher Strategien. Dazu gehören auch die infrastrukturellen und kaufmännischen Leistungen.“ Damit waren die „drei Säulen des Facility Managements“, deren Bezeichnungen sich an einer Aufbauorganisation orientieren, „zementiert“, kaufmännisches, technisches und infrastrukturelles Facility Management. Nach diesen Bezeichnungen werden bis heute die Anbieter von Facility Management klassifiziert. Mit der [DIN 32736 2000-08] wurde eine vierte Säule hinzugefügt, das Flächenmanagement. Die Betrachtung reduziert sich auf die Phase des „Betreibens“, die Berücksichtigung des Lebenszyklusses einer Immobilie bleibt hier ebenso außen vor, wie die Prozessorientierung.

Top-Adressen in Sachen Facility Management sind:

- www.gefma.de
- www.ifma-deutschland.de
- www.ifma.org
- www.baunetz.de/Fachplaner
- www.Ecofam.iief.de
- www.fmd.co.uk
- www.facilitycity.com
- www.fmlink.com

1.3 Management von Immobilien

Grundsätzlich nützen die Begriffsunterscheidungen nur wenig, wenn es darum geht, die Ressource Immobilie zu optimieren. In diesem Beitrag wird daher von einer erweiterten Begriffsdefinition ausgegangen, die sowohl die Eigentümerinteressen als auch die Leistungen für Gebäude und den Nutzer selbst berücksichtigt.

- Immobilienmanagement berücksichtigt die Bedürfnisse der Betroffenen und Akteure (Subjekte) im
- Lebenslauf und -zyklus (Phasen)
- einer oder mehren Immobilien – bebaute und unbebaute Grundstücke (Objekte) –, und
- bietet Transparenz hinsichtlich sämtlicher Informationen zu Zeit, Geld und Qualität durch umfassende Integration (Informationsverarbeitung) auch
- aller unternehmerischen Arbeitsabläufe zur Erreichung unternehmerischer Ziele (Prozesse).

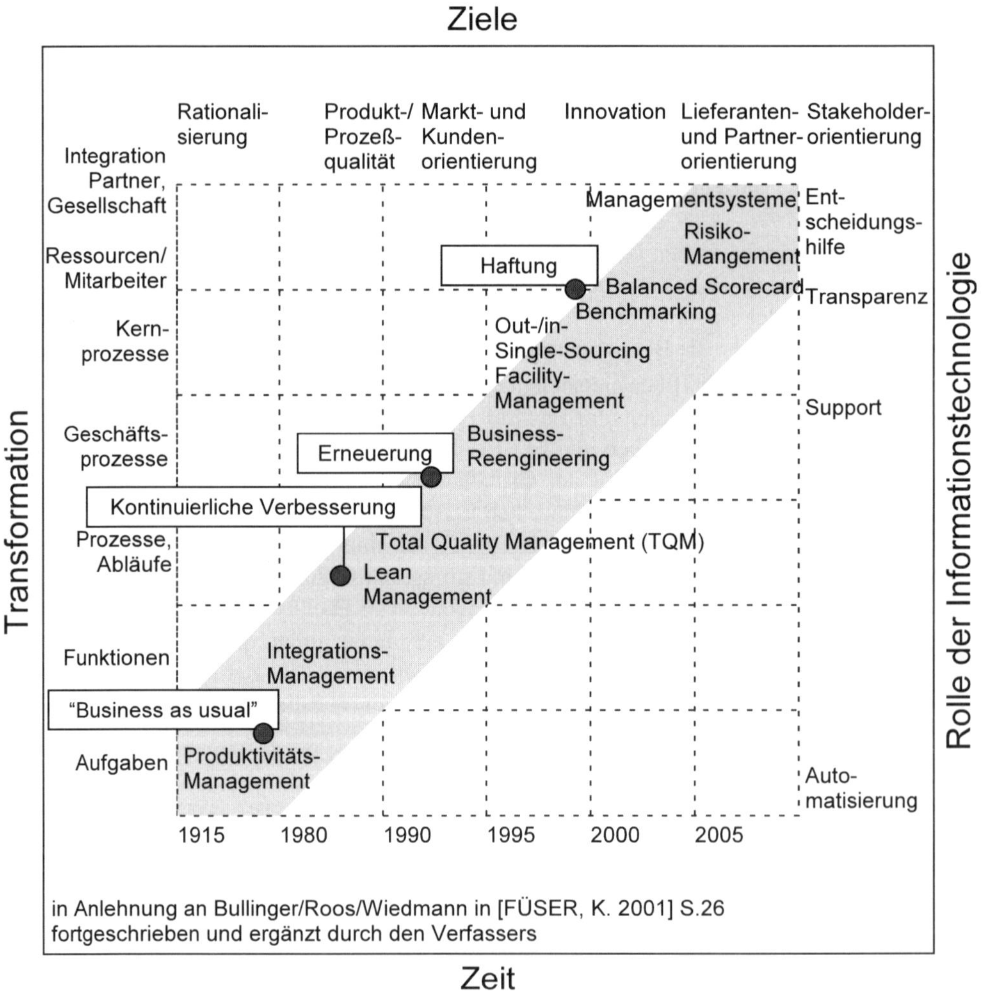

Abb. 1-1: Managementmethoden im Wandel der Zeit

Dem unternehmerischen Denken soll daher ausreichend Raum gelassen werden. Die gängige Management-Methoden, z.B. „Managementsysteme“, „Risiko-Management“, „Balanced Scorecard“, „Benchmarking“, „Out- / Insourcing“, „Facility Management“ oder „Business-Reengineering“ sollen berücksichtigt oder zumindest konkret angesprochen werden. Hier spiegeln sich die bereits formulierten Forderungen wieder: effiziente Aufgabenverrichtung, eine zunehmende Prozessorientierung, die Berücksichtigung der Mitarbeiter, die Integration von Partnern, Steigerung der „Performance“ (Abb. 1-1).

Dies geschieht aus der Überzeugung, dass Managementbegriffe und -lehre zunehmend die Immobilienwirtschaft mit einem Zeitversatz ergreifen. Schließlich ist eine Professionalisierung der Immobilienwirtschaft in allen Bereichen zu beobachten.

1.4 Zielsetzung dieses Buches

Der Leser wird von der Vision eines Immobilienhalters zu gezielten Maßnahmen an Gebäuden geführt.

Das Buch bietet dabei eine Vielzahl von Gebäude-Kennzahlen, die mit Sorgfalt recherchiert, ermittelt und zusammengestellt wurden. Bei der Verwendung sind die Einschränkungen zu beachten, die bei der Erstellung einer Kennzahl gegolten haben. Der konkrete Einzelfall kann in der Wirklichkeit davon abweichen, Gewähr hierfür kann nicht übernommen werden. Kennzahlen geben dennoch Hinweise darauf, den bestehenden Ist-Zustand bei Abweichungen zu hinterfragen. Der Autor ist hier vom Grundsatz getrieben, im Zweifelsfall eine schlechte (Kenn-)Zahl anzubieten, als gar keine.

Zur Gliederung dieses Buches wird das Modell der strategischen Unternehmensführung von HINTERHUBER (vgl. [HINTERHUBER, H. 2004] S. 41, Abb. 1-2) herangezogen. Die Themen werden im Top-Down-Ansatz angesprochen, um auch hier den Grundsatz zu unterstützen, sich auf das Wesentliche zu konzentrieren. Von der Vision, über die Strategie, den Zielen und Rahmenbedingungen, Fragen der Organisation, Umsetzungsmöglichkeiten, Prozessen werden Optionen beschrieben, Immobilien branchenübergreifend zielgerichtet zu führen. Dadurch ist es möglich, branchenunabhängig und unabhängig von Sonderheiten eines speziellen Unternehmens wesentliche Optionen zur „Performance“-Steigerung von Immobilien darzustellen.

Dieser Beitrag richtet sich insbesondere an Unternehmen, die

- Immobilien als Massenproblem verstehen,
- umfangreich Immobilien besitzen,
- Immobilien mittel- und langfristig betreiben,
- den Immobilienbestand unternehmerisch führen.

Unabhängig von der Branchenzugehörigkeit (z.B. kommunales oder kirchliches Immobilienmanagement, Gewerbe oder Wohnungswirtschaft) werden nachfolgend alle Organisationseinheiten, die sich ausschließlich professionell mit Immobilien beschäftigen, als Immobilienunternehmen bezeichnet. Analog wird hier branchenübergreifend von Immobilienwirtschaft gesprochen, sofern professionelles Immobilienmanagement betrieben wird.

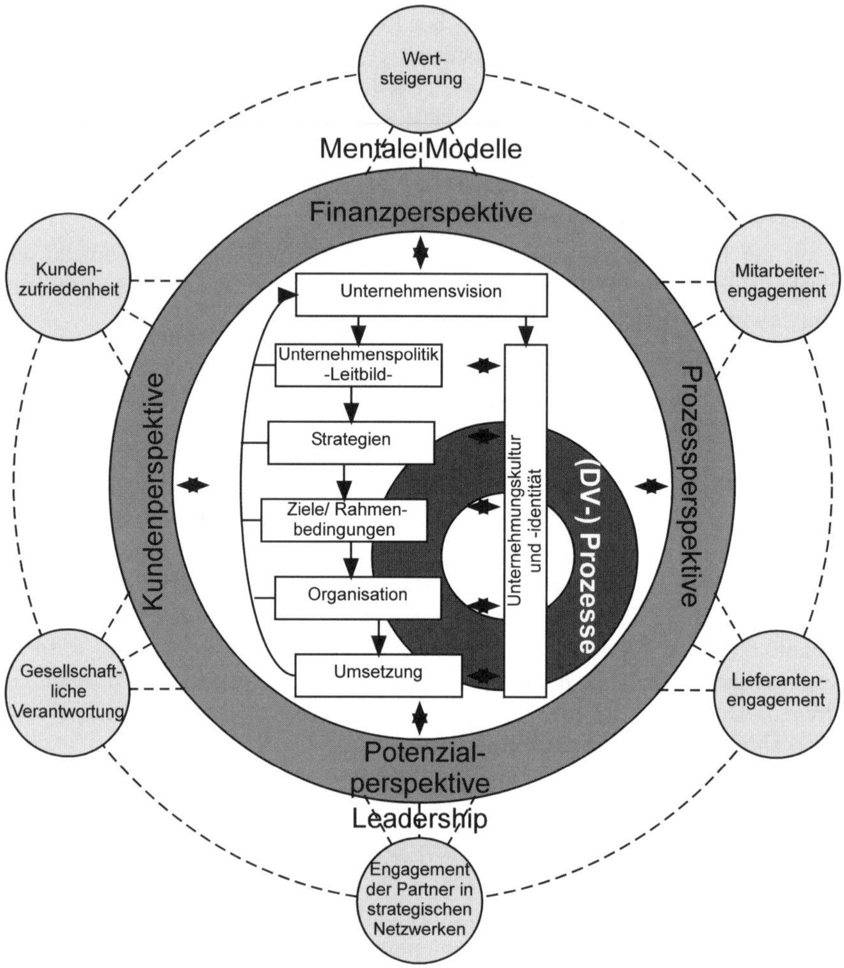

Abb. 1-2: Modell der strategischen Unternehmensführung

Hinweise jeglicher Art nimmt der Autor gerne entgegen.

2 Vision und Leitbild

Ausgangspunkt der strategischen Unternehmensführung eines Immobilienunternehmens ist die Vision. Gegenstand unternehmerischer Tätigkeit ist die Immobilie. Der Leser von Geschäftsberichten der Immobilienunternehmen findet jedoch selten (nie?) visionäre Gedanken vom Weitblick eines Bill Gates, der sich zum Ziel setzte, jeden Haushalt mit erschwinglichen Personalcomputern (PC) auszustatten. Eine Annäherung an die Vision erfolgt daher branchenübergreifend von den Herausforderungen der Immobilienwirtschaft.

2.1 Der Gebäudebestand in Deutschland ist eine Herausforderung

Welche Herausforderungen stellen sich allgemein für Immobilienunternehmen?

	Nutzungsart	Deutscher Gebäudebestand in [m²NF] (1991)		Immobilienvermögen in Mrd. [€] (Nettobauvermögen 2003)		Transaktionen in Mrd. [€] (2006)		Bauvolumen in Mrd. [€] (2005)	
	Quelle	1)		2)		3)		4)	
1	Wohngebäude	2.667,7	49,6%	3.153,8	67,9%	5,0	10,9%	123,9	67,9%
2	Nicht-Wohngebäude	2.713,4	50,4%	1.493,9	32,1%	41,1	89,1%	58,6	32,1%
3	Tiefbauten	k.A.	-	885,3	-	k.A.	-	41,6	-
	Gesamt 1 + 2	5.381,0		4.647,7		46,1		182,5	
	Gesamt 1 + 2 + 3	k.A.		5.533,0		k.A.		224,1	

1) vgl. [KOHLER, N. 1999] Abb. 1; 2) vgl. [globus grafik 0214 30.09.2005]; 3) vgl. [BEYERLE, T. IW-Magazin 2007-02] S. 44; 4) vgl. [REIN, S. BBB 2007-01] S. 40-43

Abb. 2-1: Gebäudebestand, Immobilienvermögen, Transaktions- und Bauvolumen absolut in Deutschland

Durch spektakuläre Ankäufe von Wohnimmobilien insbesondere durch ausländische Gesellschaften, wurde durch die Presse zeitweise der Eindruck vermittelt, die Immobilienbranche sei von Transaktionen getrieben. Das Transaktionsvolumen mit ca. 5 Mrd. [€] bei Wohnimmobilien erscheint im Vergleich zu ca. 41 Mrd. [€] bei Nichtwohngebäuden wesentlich geringer und entspricht etwa nur 0,16% des Immobilienvermögens und 4,0% des Bauvolumens der Wohngebäude (s. Abb. 2-1). Danach ist das Management des bestehenden Immobilienvermögens als Herausforderung zu verstehen. Nach einer Untersuchung von [KOHLER, N. 1999] ist festzustellen, dass von etwa 5.381 Mio. m² Nutzfläche (NF) des Gebäudebestandes der Bundesrepublik Deutschland 49,6% den Wohngebäuden und 50,4% den Nichtwohngebäuden zuzurechnen ist. Dabei sind 86,7% der Gebäude vor 1978 erbaut worden. Die Unterscheidung nach Wohn- und Nichtwohngebäuden spielt hier keine Rolle.

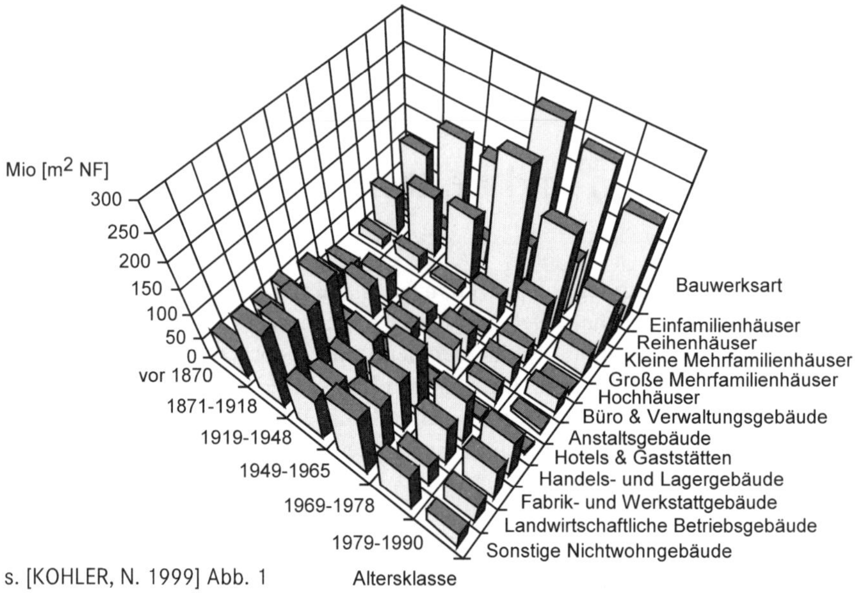

s. [KOHLER, N. 1999] Abb. 1

Abb. 2-2: Gebäudebestand 12 / 1991 in Deutschland in Mio. [m^2 NF], nach Altersklassen

Die Beschäftigung mit dem „alten" Gebäudebestand ist daher nicht nur lohnenswert, sondern zwingend erforderlich. Allerdings entsteht der Eindruck, dass die Immobilienwirtschaft ausschließlich von der Rendite getrieben sei. Gegensätzlich hiervon wird vielfach von Nachhaltigkeit gesprochen.

2.1.1 Nachhaltigkeit aus Sicht eines Immobilienunternehmens

Es wird hier allerdings kein Versuch unternommen, Nachhaltigkeit zu definieren (s. [KLINGELE, M. 1999] S. 11). Rendite und Nachhaltigkeit widersprechen sich nicht: Nachhaltigkeit muss „nur" ökonomisch kalkulierbar sein. Folgerichtig heißt ein gleichlautendes Forschungsprojekt „Der Nachhaltigkeit von Immobilien einen finanziellen Wert geben". Dabei werden gängige Bewertungsmethoden der Wertermittlung (Barwert, DCF-Verfahren (Discounted Cashflow), Ertragswert, Hedonische Modelle, Nutzwert, Realwert, Verkehrswert, Vergleichswert) um einen Zu- oder Abschlagsfaktor für Nachhaltigkeit, dem sogenannten „Economic Sustainability Indicator" (ESI), ergänzt. Der Faktor misst „das Risiko bzw. die Chance eines Objektes, aufgrund langfristiger Entwicklungen an Wert zu gewinnen bzw. zu verlieren" (s. [CCRS 2007-12] S. 3ff.). Er errechnet sich aus Immobilienmerkmalen „Flexibilität, Polyvalenz", „Energieanhängigkeit", „Erreichbarkeit / Infrastruktur", „Naturgefahren" und „Immissionen" und den noch dazugehörigen gleichgewichtigen Kriterien. Der Faktor soll nach Expertenbefragung und Praxistest bei der Allgemeinen Baugenossenschaft Zürich (ABZ) das Bewertungsergebnis der Wertermittlung bis zu 10% nach oben oder unten korrigieren. Interessanterweise sei die Kompatibilität zu den gebräuchlichen Rechnungslegungsvorschriften (Swiss GAAP FER, IFRS) gegeben. ESI ist nicht für kurzfristige Kapitalanleger („Heuschrecken") mit hohen Renditeerwartungen geeignet: Statt einem kurzfristigen Renditeziel ist ein langer Betrachtungshorizont von Nöten. Rendite und Nachhaltigkeit ist dann kein Gegensatz, wenn der Anlagehorizont (weit) über 5 Jahre hinausgeht.

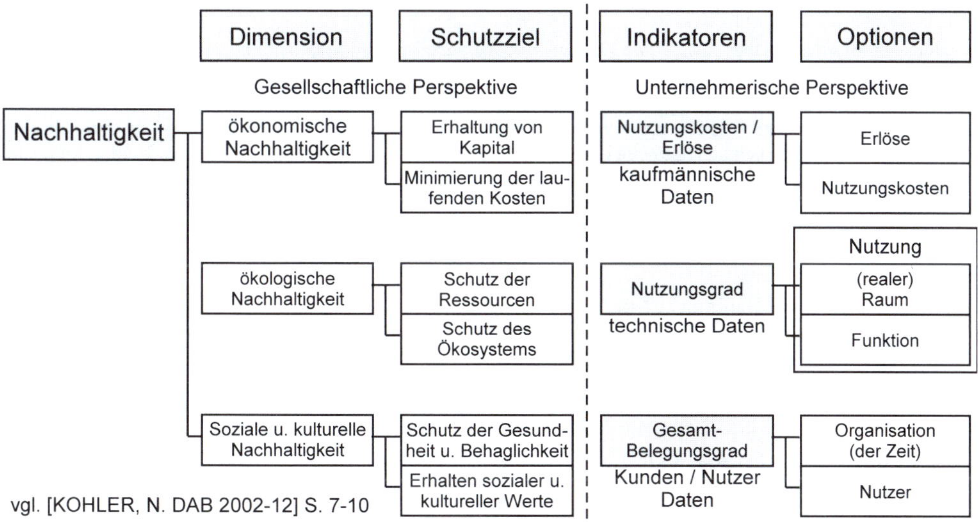

Abb. 2-3: Dimensionen der Nachhaltigkeit

Nachhaltigkeit ist ein Thema und besitzt verschiedene Dimensionen. Entsprechend der Abb. 2-3 lassen sich die Dimensionen der ökonomischen, ökologischen sowie sozialen und kulturellen Nachhaltigkeit unterscheiden, die mit Schutzzielen versehen sind. Indikatoren weisen hier aus Sicht eines Immobilienunternehmens nach, inwieweit die Schutzziele durch bauliche, technische und kaufmännische Handlungsmöglichkeiten (Optionen) verwirklicht worden sind. Zur Veranschaulichung werden nachfolgend Beispiele genannt.

- Geringe Nutzungskosten bei selbst genutzten Immobilien oder positive Renditen bei vermieteten Immobilien entsprechen den Schutzzielen „Erhaltung von Kapital" und „Minimierung der laufenden Kosten".
- Gebäude mit einem erhöhten Anteil nicht nutzbarer Fläche (Nutzungsgrad ist gering) führen per se bei gleichem Flächenbedarf zu einem erhöhten Materialeinsatz. Ein Beispiel hierfür sind überdimensionierte Flure. Aus ökologischer Sicht ein unnötiger Ressourcenbedarf, der dem Schutzziel „Schutz der Ressourcen" widerspricht.
- Der Beitrag leerstehender und ungenutzter Gebäude (Gesamtbelegungsgrad tendiert gegen Null) ist für das Schutzziel „Erhalten sozialer und kultureller Werte" gering anzusehen, da leerstehende Gebäude keinen Ort kulturellen oder sozialen Lebens darstellen.

„Ökologie lässt Immobilenfirmen kalt

Wenn es um Information über den eigenen Umgang mit der Natur und den Mitarbeitern geht, fällen Experten über Immobilienunternehmen ein vernichtendes Urteil.

HB BERLIN. „Schlusslicht ist die Immobilienbranche", stellen beispielsweise die Agenturen für Finanzkommunikation Cat Consultants und Wolff&Häcker Finanzconsulting nach Analyse der Berichterstattung über nachhaltiges Wirtschaften von 122 großen und mittleren deutschen Unternehmen fest. Keine der darin überprüften drei Immobilienfirmen – Gagfah, Patrizia und Deutsche Euroshop (DES) – gab bisher Investoren und Interessengruppen öffentlich Auskunft, ob und wie sie Umwelt- und Sozialaspekte bei der Unternehmensführung beachten. Gagfah und Patrizia sind auf dem Wohnungssektor tätig. DES betreibt Shoppingcenter. „Sie geben auch in den Geschäftsberichten keine Informationen zu aktuellen Nachhaltigkeitsthemen wie Energiesparen und Klimawandel", kritisiert Kerstin Kelling von Cat Consultants.

Andere deutsche Immobilienfirmen äußern sich ebenfalls kaum. Auch die Homepage des Büroimmobilienspezialisten IVG enthält keine Informationen. Dabei bezieht der im Herbst fertiggestellte IVG-Businesspark bei München Bioenergie. Dass dies die Abhängigkeit von Öl- und Gaspreisen senke sowie niedrigere Betriebskosten für die Mieter und eine ausgeglichene Kohlendioxid-Bilanz bewirke, „verschafft uns einen echten Wettbewerbsvorteil im umkämpften Büromarkt", sagte IVG-Niederlassungsleiter Christoph Nebl damals bei der Fertigstellung.

Künftig werden Immobilienfirmen mit Rücksicht auf Investoren darüber berichten müssen, wie sie es mit der Nachhaltigkeit halten. „Weltweit haben wir nur fünf Immobiliengesellschaft für das nachhaltige Anlageuniversum ausgewählt", berichtet Simone Schärer, Nachhaltigkeitsanalystin der Zürcher Kantonalbank (ZKB), und zählt British Land, Land Securities und Hammerson aus Großbritannien, Investa Property aus Australien und Mitsubishi Real Estate aus Japan auf. Immerhin – das Umdenken hat begonnen: Die börsennotierte US-Gesellschaft Prologis, nach eigenen Angaben weltgrößter Eigentümer und Entwickler von Logistikimmobilien, hat gerade einen auf der Homepage des Unternehmens abrufbaren Nachhaltigkeitsbericht veröffentlicht. Prologis lehnt seinen Bericht an die international tonangebenden Standards der Global Reporting Initiative (GRI) an. Die Vorgaben wurden von Unternehmen, Wirtschaftsprüfern und Wissenschaftlern erstellt.

Prologis hat sich überdies konkrete Ziele mit Zeitvorgaben gesetzt. Analystin Schärer bemängelt jedoch, dass in dem Prologis-Bericht Zahlen zur bisherigen Umweltperformance weitgehend fehlen. Die Firma will in diesem Jahr Regeln entwickeln, die es ermöglichen anerkannte Standards wie den strengen US-Energiestandard „Leed" zu erreichen oder zu übertreffen. Bis zum Jahr 2010 soll in allen neuen Gebäuden 20 Prozent recyceltes Baumaterial eingesetzt, 75 Prozent des Bauschutts wiederverwertet, der Trinkwasserverbrauch zur Bewässerung halbiert und in den USA ein klimaneutraler Geschäftsbetrieb erreicht werden.

Noch berichten britische Immobiliengesellschaften am intensivsten über ihr Nachhaltigkeitsmanagement. British Land veröffentlichte schon 2002 als erste Immobilienfirma weltweit einen Umwelt- und Sozialbericht und informiert regelmäßig über Forschritte. Sie kooperiert mit ihren Mietern, um Umweltbelastungen zu vermindern. Der portugiesisch-britische Betreiber von Einkaufszentren Sonae Sierra erhielt Anfang Mai eine Auszeichnung, weil er Nachhaltigkeit von der Planung bis zum Betrieb beachtet. Er gab gerade seinen dritten, stark mit GRI-Vorgaben übereinstimmenden und von Wirtschaftsprüfern testierten Nachhaltigkeitsbericht heraus.

Der Bericht legt sogar detailliert dar, ob und wie weit das Unternehmen seine 45 für 2006 gesetzten Ziele erreicht hat. Bis Ende 2008 sollen alle 40 Einkaufszentren gemäß der Umweltmanagementnorm ISO 14001 zertifiziert sein, auch das noch im Bau befindliche „Alexa" in Berlin. Seine Umweltstrategie solle Maßstab für die gesamte Branche sein, sagte Vorstandschef Alvaro Portela im Januar. Manche Firmen beachten hohe Umweltstandards ohne darüber zu berichten, wie etwa der Schweizer Erbauer von Nullenergie-Häusern Allreal.

„Insgesamt haben aber erst wenige Gesellschaften die Verantwortung für mehr Nachhaltigkeit bei Neubauten und Sanierungen organisatorisch verankert", stellt eine ZKB-Studie fest."

s. [Bergius, S. 2007] aus Handelsblatt

Abb. 2-4: Ökologie lässt Immobilienfirmen kalt

Auch hier wird deutlich, dass Rendite und Nachhaltigkeit kein Widerspruch sein muss: Bei Gebäuden mit hohem Nutzungsgrad sind die Investitionskosten in der Regel geringer. Beide Schutzziele werden dann erfüllt.

Trotzdem ist zu beklagen, dass vielfach Nachhaltigkeit in den Immobilienunternehmen nicht ausreichend thematisiert wurde und wird (vgl. Abb. 2-4). Andere Branchen zeigen sich hier innovativer: So lautete der Schwerpunkt auf der Computer-Messe CeBIT 2008 in Hannover „Green – IT" und in einem „Green IT Guide" wurden die „grünen" Aussteller aufgelistet.

2.1.2 Nachhaltigkeit aus Sicht der Branchen

Es gibt eine Reihe von Organisationen, die nachhaltiges Bauen als erstrebenswert erachten und als Zertifizierungsstellen arbeiten: In Großbritannien setzte sich nach der Gründung 1990 der United Kingdom Green Building Council (UKGBC) mit den Bewertungssystem „Building Research Establishment Enviromental Assesment Method“ (BREEAM) durch, 1993 wurde in Nordamerika der United States Green Building Council (USGBC) ins Leben gerufen, der das Gebäudebewertungssystem „Leadership in Energy and Enviromental Design“ (LEED) einführte, in Frankreich agiert die „Association pour la Haute Qualité Environnementale (Association HQE) und in Japan das Japan Green Building Consortium mit dem Zertifizierungssystem „Comprehensive Assessment System for Building Enviromental Efficiency (CASBEE), in Australien wurde 2002 „The Green Council of Australia“ und in Deutschland 2007 die „Deutsche Gesellschaft für nachhaltiges Bauen e.V.“ (DGNB) gegründet (vgl. [BRAUNE, A. IndustrieBAU 2008-01] S. 59). Immerhin wurden im Jahr 2007 für das LEED-Verfahren 16.000 Gebäude, für das BREEAM-Verfahren 270.000 Gebäude angemeldet, steigende Tendenz (vgl. [LOCKWOOD, C. UL 2006-11] S. 224). Unter dem Dach des World Green Building Council (WGBC) sind viele dieser Organisationen vereint. Bei diesen Zertifizierungsverfahren wird den Fragen nach dem „Was“ und „Wieviel“ der materiellen Ressourcen nachgegangen.

Je nach Branche oder Unternehmen liegt der Schwerpunkt auf dem einen oder anderen Schutzziel. Ein renditegetriebenes Immobilienunternehmen ist insbesondere der ökonomischen Nachhaltigkeit verpflichtet, ein kommunales Wohnungsunternehmen sieht neben der ökonomischen auch die soziale und kulturelle Nachhaltigkeit. Kirchliche und kommunale Gebäudewirtschaft sind insbesondere auch der ökologischen Nachhaltigkeit verpflichtet, z.B. aus Verpflichtung gegenüber der Schöpfung (kirchliche Gebäudewirtschaft) oder aus Selbstverpflichtung mit Vorbildfunktion, die CO_2-Immissionen zu reduzieren (kommunale Gebäudewirtschaft).

2.1.3 Managementsysteme als Teil der Nachhaltigkeit

Grundlegend bei der Verwirklichung der Schutzziele sind Managementsysteme (s. Abb. 2-5). Neben den Teilbereichen Qualitätsmanagement (nach der ISO-Serie 9000) und Umweltmanagement (nach der ISO-Serie 14000) kommt in jüngerer Zeit das Arbeitsschutzmanagementsystem zum Tragen. Für den in Großbritannien entstandenen Standard gibt es derzeit noch keine internationale Norm. Er lehnt sich an die OHSAS-Serien 18000 an (vgl. [FRIEDERICI, I. 2007] S. 11). Ein eigenes Energiemanagementsystem ist noch nicht bekannt.

Die Anforderungen sind vielfach gleichlautend, daher lassen sich die Managementsysteme bündeln. Die Umsetzung betreibt vielfach ein Beauftragter des Unternehmens auf gesetzlicher Grundlage (vgl. [GEFMA 190 2004-01] S. 8).

Die Zielgruppe variiert je nach Managementsystem. Während das Qualitätsmanagement auf Kunden und Verbraucher zielt, zielt das Umweltmanagement auf die Bürger als Teil der Gesellschaft, das Energiemanagement auf Nutzer und Betreiber, der Arbeitsschutz auf Arbeitnehmer, der Sicherheits- und Kundenschutz auf Nutzer, Kunden, Mieter und Passanten. Grundlage hierfür sind vielfach gesetzliche Vorschriften.

Die [DIN EN ISO 14001 2005-06] oder CEN TC 350 legt einen Schwerpunkt auf einen kontinuierlichen Verbesserungsprozess als Mittel zur Erreichung der jeweils definierten Zielsetzung in Bezug auf die Umweltleistung einer Organisation (z.B. hier eines Immobilien-, Dienstleistungsunternehmens, einer Behörde oder Industrieunternehmens). Die zu erreichenden Umweltleistungen werden durch eine Organisation selbst festgelegt und hierfür ist ein Umweltmanagementsystem aufzubauen. Der kontinuierliche Verbesserungskreis ist dabei als Regelkreis zu betrachten, der mittels der wiederkehrenden Phasen „planen", „ausführen", „kontrollieren" und „optimieren" die Zielsetzung hinsichtlich des Umweltschutzes nachhaltig verfolgt. Einem Immobilienunternehmen wird es aber nicht erspart, die Ziele, z.B. der Nachhaltigkeit, selbst zu konkretisieren und zu definieren.

Im kirchlichen Umfeld wird auf Grundlage von „Eco-Management and Audit Scheme" (EMAS) bei evangelischen und katholischen Landeskirchen z.B. der „Grüne Gockel / Hahn" eingesetzt. EMAS und der „Grüne Gockel" ist für Organisationen gedacht, die mittels Umweltmanagement und Umweltbetriebsprüfung ihre Umweltleistung verbessern wollen.

Ein Managementsystem, das die angesprochenen Managementsysteme auf einer übergeordneten Ebene (Meta-Ebene) zusammenfasst, ist dem Verfasser nicht bekannt, obwohl die vorhandenen Managementsysteme sich auf die Dimensionen der Nachhaltigkeit zuordnen lassen (s. Abb. 2-5): Unternehmensführung und Qualität zur ökonomischen Nachhaltigkeit, Umwelt und Energie zur ökologischen Nachhaltigkeit, Arbeitsschutz sowie Sicherheits- und Gesundheitsschutz zur sozialen und kulturellen Nachhaltigkeit. In Konsequenz müsste / muss es ein Managementsystem der Nachhaltigkeit geben, das z.B. mit Hilfe der Managementmethode Balanced Scorecard abgebildet werden könnte.

Ökonomische Nachhaltigkeit		Ökologische Nachhaltigkeit		Soziale / kulturelle Nachhaltigkeit	
Unternehmensführung	Qualität	Umwelt	Energie	Arbeitsschutz	Sicherheits- und Gesundheitsschutz, u.a.
Managementanbindung mit den Methoden der Unternehmensführung, von den Visionen bis hin zu den (DV-)Prozessen					
	Beauftragter der obersten Leitung, z.B. Qualitätsmanagementbeauftragter	Spezieller Beauftragter des obersten Führungsgremiums z.B. Umweltmanagementbeauftragter		Beauftragter der obersten Leitung, ggf. Mitglied der obersten Leitung	
Gesetzliche Grundlagen, Auswahl					
HGB, KontraG, Aktengesetz …		KrW- / AbfG, BImSchG, BBodSchG, UVP	EnEV	ArbSchG ArbStättV, SGB VII, GUV-V A1	BGB, SGB VII, BetrSichV
Managementsysteme					
	DIN ISO 9001 / DIN ISO E 9004	DIN EN ISO 14001, DIN ISO 14004, EMAS, "Grüner Gockel"		BSI OHSAS 18001, BSI OHSAS 18002	
Verpflichtend	Freiwillig, normativ	Freiwillig, normativ	Freiwillig	Freiwillig, normativ	Freiwillig, normativ
Anwender, Bspl.					
			Evangelische Kirchen		
Zielgruppe					
	Kunden und Verbraucher	Bürger	Nutzer und Betreiber	Arbeitnehmer	Nutzer, Kunde, Mieter, Passanten
Ziele					
	Qualität und Gebrauchsfähigkeit	Umweltbelastungen und Schonung der Ressourcen	Energieverbrauch	Arbeitssicherheit und Gesundheitsschutz	
Maßnahmen					
	Umsetzung der Kundenanforderungen und –erwartungen hinsichtlich Produktrealisierung inkl. Prüfungen mittels Wertschöpfungsprozessen	Umsetzung der gesetzlichen Bestimmungen in Handlungsschulungen und Überwachungsvorgängen in allen Betriebsbereichen	Umsetzung über die gesetzlich hinausgehenden Forderungen in ausgewählten Betriebsbereichen	Umsetzung der gesetzlichen Bestimmungen in Handlungsschulungen und Überwachungsvorgänge in allen Betriebsbereichen	
In Anlehnung an [FRIEDERICI, I. 2007] S. 12ff.					

Abb. 2-5: Managementsysteme zur Nachhaltigkeit

2.1.4 Nachhaltigkeit und DV-Systeme

Unterstützt werden die ganzheitlichen Fragestellungen der Nachhaltigkeit durch Programme der Datenverarbeitung (DV), z.B. „Lebenszyklus-Gebäude-Planung" (LEGEP), oder durch Forschungsprojekte zur „Optimierung der Gesamtanforderungen für Energieverbrauch, Umweltbelastung und Baukosten" (OGIP) mit dem Zeil einer lebenszyklusbezogenen Planung und ökologisch-ökonomischen Bewertung von Gebäuden oder durch die Schweizer Variante KOBEK (vgl. [KLINGELE, M. 1999] S. 61ff.). Federführend bei diesen Projekten war das Institut für industrielle Bauproduktion an der Universität Karlsruhe (TH) unter der Leitung von Prof. Dr. N. Kohler.

2.1.5 „Best-Practice"-Beispiele

Auch wenn der Eindruck entstehen könnte, Nachhaltigkeit ist kein Thema für Immobilienunternehmen, sollen hier zwei positive Beispiele branchenübergreifend aus dem kirchlichen und gewerblichen Immobilienmanagement angeführt werden.

- Evangelischen Stiftung Pflege Schönau (ESPS)
  Die ESPS ist eine der größten Stiftungen Deutschlands und hat eine Vorbildfunktion innerhalb der evangelischen Kirche: Ein Umweltmanagementsystem nach EMAS wurde eingeführt, auditiert und wird im Jahr 2008 zertifiziert. Bestandteil des Umweltmanagementsystems ist die Stiftung und deren Immobilien. Das Umweltprogramm 2008–2010 sieht u.a. bei Bestandsimmobilien energiesparende Maßnahmenbündel vor. Neben technischen Maßnahmen zur Einsparung von Energie werden auch Maßnahmen zur Förderung umweltbewussten Handels eingesetzt und nachhaltig verfolgt. Hier steht das „Wie" im Vordergrund (vgl. [ESPS 2008]).

- SIEMENS Real Estate
  Der Gedanke auch nicht-monetäre Ziele zu verfolgen, schlägt sich z.B. bei SIEMENS Real Estate nieder, die den Anspruch verfolgt, konzerneigene Immobilien umweltfreundlich zu gestalten. Hierbei werden 4 Bausteine im Lebenszyklus einer Immobilie angewandt: in der Entwicklung „Sustainable Building Design", in der Planung „Life Cycle Cost Analysis", im Bau „Green Building Certification" und in der Nutzung „Natural Resources Management" (s. [KOHNS, R. IndustrieBAU 2008-01] S. 57). Bei dem „Sustainable Building Design" werden Zielwerte für die Planung eines Gebäudes vorgegeben. Es ist vergleichbar einem Raum- und Gebäudebuch als Pflichtenheft. In der „Life Cycle Cost Analysis" erfolgt die monetäre Betrachtung im Lebenszyklus einer Immobilie. Mit dem „Green Building Certification" ist ein Label des GreenBuilding-Programms der Europäischen Kommission oder außerhalb des Geltungsbereiches des GreenBuilding-Programms das Label LEED des US-Green-Building-Councils verbunden, das nur der erhält, der den Energieverbrauch eines Gebäudes um 25% unter den Wert der geltenden Richtlinien senkt. Das LEED-Rating-Verfahren nimmt jedoch für sich in Anspruch, die Planung, den Bau und Betrieb zu berücksichtigen (s. [www.usgbc.org]). Der Baustein „Natural Resources Management" richtet sich insbesondere an die energetische Optimierung bestehender technischer Anlagen.

2.2 Der Immobilienbestand eines Immobilienunternehmens ist eine Herausforderung

Ungeachtet der Herausforderungen aus Sicht der Nachhaltigkeit, stellt sich die Frage, ob und welche Herausforderungen von Immobilienunternehmen tatsächlich relevant sind. Vorab merkt der Autor an, dass eine wissenschaftliche Antwort hier nicht gegeben werden kann. Tatsächlich aber ist zu beobachten, dass z.B. im kirchlichen und kommunalen Immobilienmanagement Kostenreduktion und Instandhaltungsstau, im gewerblichen Immobilienmanagement und in der Wohnungswirtschaft zunehmend höhere Renditeerwartungen, als Herausforderungen formuliert werden. Herausforderungen werden dann angenommen, wenn zuvor „gelitten“ wurde und Veränderungen unausweichlich sind. Ansonsten wird nach dem altbewährten Grundsatz der Baubranche „Des hen mer schon immer so gemacht“, oder nach dem Grundsatz der IT-Branche „Never change a running system“ verfahren.

2.2.1 Die Leiden der Branchen

Worin bestehen die Leiden? Angeführt werden hier stellvertretend drei Beispiele aus der Wohnungswirtschaft, der Parkhauswirtschaft und kommunalen Immobilienwirtschaft:

Im Jahr 2004 belief sich der Return on Investment (ROI) in der Wohnungswirtschaft in Deutschland insgesamt auf 0,3% (1,0 Alte Bundesländer, -0,8% Neue Bundesländer (s. [GdW 2006-11] S. 246f.). Als Aufgabe wird u.a. gesehen, den ROI gezielt zu verbessern. Die Vielschichtigkeit des Leidensdrucks in der Wohnungswirtschaft spiegelt sich z.B. im Geschäftsbericht der Gemeinnützigen Wohnungsgesellschaft mbH Hessen (GWH) wieder: Hier gilt es, das Angebot an günstigem Wohnraum den Markterfordernissen auszuweiten, auf den Fortfall der Preis- und Belegungsbindung zu reagieren, den Instandhaltungsrückstau mit Modernisierungsmaßnahmen ohne Beeinträchtigung der Mieter aufzulösen, Fördermittel zu beantragen und mit gezielten präventiven Veranstaltungen (Stadtteilmanagement) für ein gutes Images zu sorgen, den Mieter durch Schuldenberatung oder Hilfestellungen im Alter zu unterstützen und gegen Fluktuation anzukämpfen, soziale Konflikte, Vandalismus, Lärm und Verschmutzung abzubauen (vgl. [GWH 2004]). Die Dimensuonen der Nachhaltigkeit werden hier also thematisiert.

Eigentümer von Parkierungsanlagen klagen: Parkierungsanlagen sind „unter dem Ansatz einer Vollkostenrechnung (Grundstück, Planung, Bau und Betrieb) nicht wirtschaftlich darstellbar!“ Das ist keine Ausnahme in der Immobilienbranche. *Eine* Lösung kann bei Parkbauten aber sein, diese in andere Nutzflächen (Warenhaus oder Kino) zu integrieren (vgl. Veith, T. in [TAE 2006]). Dabei handelt es sich um eine von vielen möglichen Handlungsoptionen.

Die kommunale Immobileinwirtschaft „kämpft“ gegen eine fehlende Finanzierung eines umfassenden und professionellen Immobilienmanagements, obwohl ein hoher Modernisierungs- und Sanierungsbedarf besteht und notwendige Erfassungs- und Berechnungssysteme fehlen (vgl. [SILBERBERG, U. BBB 2004-05] S. 1).

Kurz: die Wirtschaftlichkeit muss verbessert werden. Nicht nur heute, sondern auch mit dem Blick in die Zukunft, gilt es, sich für die zukünftigen Herausforderungen „fit“ zu machen.

2.2.2 Trends als Herausforderung

Aufbauend auf die Einschätzungen des Zukunftsforschers Opaschowski (vgl. [OPASCHOWSKI, H. 2004] S. 46ff.) können folgende Trends, beispielhaft auch auf den Parkhausbetreiber bezogen, als Thesen formuliert werden:

- Die (Einkaufs-)Märkte werden weiter globalisieren, die Erwartungen an Mindeststandards der Kunden und an die Lieferanten werden sich angleichen und steigen. Der Einkauf von Leistungen wird zunehmend unter der Maxime der Kostenreduktion geführt.
- Die von der Gesellschaft zunehmend eingeforderte Flexibilität führt zur verringerten Bindung der Kunden gegenüber „ihrem“ Parkhaus, der „Kampf“ um die Kunden wird härter. Vorteilhafter Nebeneffekt: Flexiblere Arbeitszeitmodelle (Arbeite wo und wann du willst) wird bei Parkbauten und Handelsimmobilien für eine gleichmäßigere Auslastung sorgen.
- Es wird weiterhin ein Wandel von der Industrie- zur Dienstleistungsgesellschaft vollzogen: Auch Parkhausbetreiber werden Grundleistungen und Zusatzleistungen in Form von Dienstleistungen differenziert nach Nutzergruppen aus- und aufbauen müssen.
- Die gesellschaftlich geforderte Leistung ist verbunden mit Leistungslust, die Grenzen zwischen Arbeits- und Privatleben werden fließender. Was für den Arbeitnehmer von morgen gilt, wird auch für den Parkhausbetreiber gelten: Spar- und / oder Erlebnisleistung wird auch beim Parkhausbesuch eingefordert („Geiz ist geil“, „Ich will Spaß“).
- Der Mobilitätsanteil von Frauen und älteren Menschen steigt. Die zunehmend alternde Gesellschaft fordert eine ihrem Alter angepasstere Lebensqualität auch in Parkierungsanlagen.
- Singles nehmen als Lebensform zu. Die Welt der Parkhausbetreiber wird „bunter“: Neue Nutzergruppen ergänzen den klassischen Kundenkreis. Die Gewichtung der bisherigen Nutzergruppen wird sich daher verschieben.
- Individualisierung und Selbständigkeit der Menschen wächst und wird zu einer neuen fordernden Erwartungshaltung führen.
- Mobilität wird den Menschen räumlich, geistig und sozial in Bewegung halten, der Individualverkehr wird an Bedeutung gewinnen und die PKW-Dichte (PKW je 1000 Einwohner) noch weiter zunehmen, der Mobilitätsanteil von Frauen und älteren Menschen steigt ebenso, die Nachfrage nach Parkraum steigt insbesondere in Wohnquartieren.
- Das Spar- und Erlebniszeitalter bricht an, die Polarisierung nimmt hierbei weiter zu, der ruhende Verkehr wird zunehmen.
- Die Erlebnisgeneration will *alles und von allem noch viel mehr.*

Kurz formuliert: Die Kundenstruktur und -wünsche von heute müssen bekannt sein. Eine Einschätzung der Kunden von morgen muss Bestandteil der unternehmerischen Strategie sein.

Während für den Parkhausbetreiber sich verändernde Tagesganglinien wesentlich sind, ist bei kommunalem und kirchlichem Immobilienmanagement der zukünftige Bedarf an Gebäude einzuschätzen, die Bürowirtschaft muss sich auf sich ändernde Arbeitswelten mittel- bis langfristig einstellen, in der Wohnungswirtschaft ist die Zusammensetzung der Kundenstruktur, z.B. Geschlecht, Alter, oder die Wünsche an Zusatzleistungen, von Bedeutung. Dies sind Kennzahlen, die nicht den klassischen betriebswirtschaftlichen Kennzahlen zugerechnet werden, die dennoch aus betriebswirtschaftlichen Erwägungen beobachtet und geplant werden müssen. Die nachhaltige Wirtschaftlichkeit hat viele Facetten.

2.3 Das Umfeld eines Immobilienunternehmens

Allgemeine „Patentrezepte“ über die Branchen hinweg können hier nicht gegeben werden. Hier sind weitere Differenzierungen für den Immobilienbestand vorzunehmen.

Die Vielfältigkeit des Immobilienmanagements drückt sich in der Kombination von drei Sichten aus (s. Abb. 2-6): Dazu gehören die natürlichen und juristischen Personen in ihren verschiedenen Rollen, die Interessenslagen und verfolgten Geschäftsmodelle (Subjektsicht), eine Unterscheidung nach Gebäudenutzungsarten (Objektsicht, vom **A**bfallbunker bis **Z**weifamilienhäuser) zur Unterscheidung eines Immobiliensegments oder eine Unterscheidung nach den anfallenden Prozessen in den Phasen (Phasensicht, z.B. Bauen).

Die unterschiedlichen Subjektsichten sind z.B. durch das erhöhte Regelungsbedürfnis des Staates in der Wohnungswirtschaft begründet und führen zu anderen Ausformungen in der öffentlichen und kommunalen Immobilienwirtschaft, der kirchlichen oder der gewerblichen Immobilienwirtschaft, dem Handel und der Industrie. Unterschiede ergeben sich auch durch Anwendung unterschiedlicher Buchführungsarten, dem kameralistischen Rechnungswesen und der doppelten Buchführung (Doppik). Schon durch die Variationsmöglichkeiten der Subjektsicht ergeben sich unterschiedliche Anforderungen an das Property Management / Facility Management.

Aus einer Objektsicht sind Reinigungskosten in Höhe von 60% (vgl. [BOGENSTÄTTER, U. BRI 5-6-2000] S. 376 – 386) der Instandhaltungskosten in der Gebäudegruppe „Parlaments-, Gerichts- und Verwaltungsgebäude“ imponierende Größenordnungen im Büroimmobilienmarkt, sie sind allerdings in der Wohnungswirtschaft eine zu vernachlässigende Größe, solange der Mieter selbst putzt und keine Reinigungskosten anfallen. Das kann sich allerdings zukünftig auf Grund der zunehmenden Überalterung der Bevölkerung in Deutschland ändern, wenn eine Vielzahl der Mieter nicht mehr selbst putzen kann. An diesem Beispiel ist erkennbar, dass branchenspezifische Unterscheidungen unterschiedliche Kostenstrukturen ergeben.

Die Prozessschwerpunkte, die auch als Kernprozesse bezeichnet werden, variieren ebenfalls nach Branche in den Phasen. Im industriellen Produktionsprozess führen Ausfallzeiten von technischen Anlagen zu Produktionsausfällen, die zu erheblichen Ertragsausfällen führen. Die Instandhaltung gilt es dann danach zu optimieren, dass durch Instandhaltung keine Ausfallzeiten der Produktionsmittel verursacht werden. Der tropfende Wasserhahn in einer Wohnung eines Mieters hat für die Wohnungswirtschaft in der Dimension Ausfallzeit nahezu keine Bedeutung.

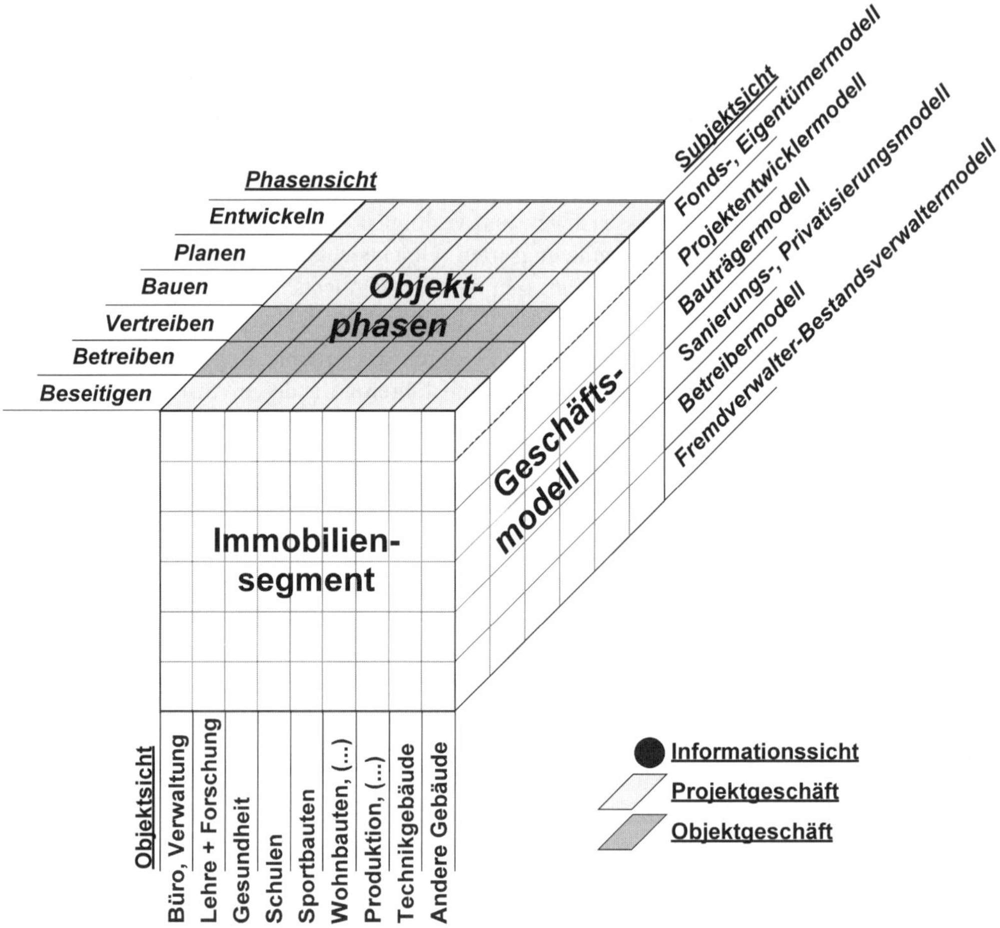

Abb. 2-6: Differenzierung der Sichten

2.3.1 Subjektsicht

Die Subjektsicht bestimmt im Wesentlichen die Ziele der strategischen Unternehmensführung. Sie ist in hohem Maße von den Sonderheiten der einzelnen Immobilienunternehmen und ihrer Teilmärkte geprägt. Bei näherer Betrachtung lässt sich auch eine Vielzahl von Geschäftsmodellen oder unterschiedlichen Besitzverhältnissen identifizieren, die die Zieldefinition maßgeblich beeinflussen.

Für unterschiedliche Geschäftsmodelle stehen Immobilienfondsgesellschaften, Projektentwickler, Bauträger, Investoren mit Sanierungs- und Privatisierungsabsichten, Betreiber mit Fremdverwaltung oder als Bestandsverwalter. Je nach Geschäftsmodell ergeben sich unterschiedliche Interessenlagen. Für einen Bauträger sind die Nutzungskosten (noch?) von nachrangiger Bedeutung, da er den Gewinn aus der Herstellung und dem Verkauf von Gebäuden erwirtschaftet und die Nutzungskosten keine Rolle spielen. Für den Betreiber und Selbstnutzer einer Immobilie sind jedoch die tatsächlichen Nutzungskosten entscheidend, bestimmen sie doch nachhaltig die Ausgaben.

Ein Unternehmen ist nicht völlig frei in seinen unternehmerischen Entscheidungen, sondern es ist eingebunden in das Umfeld aus Kunden, Mitarbeitern, Lieferanten und einem Netzwerk aus Geschäftspartnern (auch finanzierenden Banken) und Anteilseignern.

Die Einflussnahme der Anteilseignern auf die Ziele lässt sich anhand eines Beispiels aus der Wohnungswirtschaft nachvollziehen: Die Interessenslage einer Genossenschaft („Wir wollen zufriedene Genossen") ist anders gelagert als ein privates Wohnungsunternehmen, das vorrangig monetäre Ziele verfolgt (vgl. Abb. 2-7). Je nach Besitzverhältnis sind die Ziele anzupassen.

Wohneinheiten gehören...	*38.700.000*	*100%*
Gewerbliche Vermieter	*9.791.100*	*25,3%*
Kommunale Wohnungsunternehmen	2.747.700	7,1%
Private Wohnungsunternehmen	2.592.900	6,7%
Genossenschaften	2.283.300	5,9%
Banken, Versicherungen, Immobilienfonds	1.625.400	4,2%
Öffentliche Wohnungsunternehmen	387.000	1,0%
Kirchen	154.800	0,4%
Private Vermieter	*13.777.200*	*35,6%*
Private Hausbesitzer	10.371.600	*26,8%*
Vermieter von Einliegerwohnungen	3.405.600	8,8%
Selbstnutzer	*15.131.700*	*39,1%*
Ein- und Zweifamilienhausbesitzer	12.267.900	31,7%
Wohnungseigentümern	2.863.800	7,4%
Quelle Globus 2003, aus Daten des GdW und Statistischen Bundesamtes		

Abb. 2-7: Besitzverhältnisse in der Wohnungswirtschaft

Hinzu kommt eine Vielzahl von Dienstleistungsunternehmen und Firmen, die ihre Teilleistungen an einem Gebäude erbringen und ihre eigene Interessen verfolgen. Die Honorarordnung für Architekten und Ingenieure (HOAI) benennt 13 Leistungsbereiche für diesen Personenkreis, vom Architekten bis zum Vermessungsingenieur. Die Leistungsbereiche lassen sich jedoch weiter differenzieren. Das „Deutsche Institut für Normung" (DIN) hat in der [DIN 276 1993-06] 64 Leistungsbereiche von Firmen in Tabelle 2 aufgeführt. Leistungen jeglicher Art an Gebäuden sind in höchstem Maße arbeitsteilig organisiert. Durch die Zersplitterung von Verantwortlichkeiten und Zuständigkeiten bei den Dienstleistungsunternehmen und Firmen fehlt vielfach die Möglichkeit, Gebäude nachhaltig zu beurteilen. Die Verantwortlichkeit der ausführenden Firmen schwindet in der Regel mit Ablauf der Gewährleistungsfrist nach 4 bzw. 5 Jahren, je nachdem, ob Gewährleistungsfristen nach der „Vergabe- und Vertragsordnung für Bauleistungen" (VOB) oder nach dem Bürgerlichen Gesetzbuch (BGB) vereinbart sind.

Kontinuierliche Verantwortlichkeit in „einer" Person ist über den gesamten Lebenszyklus eines Gebäudes bedauerlicherweise nicht zu finden.

2.3.2 Objektsicht

Aus Sicht der strategischen Unternehmensführung sind die Gebäude in ihrer Gesamtheit zu betrachten. Das widerspricht in Teilen der projektbezogenen Denkweise der technischen Fachdisziplinen. Viele Problemstellungen ergeben sich jedoch aus der „Masse", der Anzahl der Gebäude im Verantwortungsbereich eines Immobilienunternehmens. Bei größerem Immobilienbestand ist stets ein professionelles Immobilienmanagement mit standardisierten Prozessen notwendig.

Die Objektwerte der Stadt Wiesbaden betragen 145 Mio. Euro für Grundstücke und grundstücksgleiche Rechte, 720 Mio. für Bauten einschließlich Bauten auf fremden Grundstücken (s. [STADT WIESBADEN 2007] S. 20, 25). Etwa 90% der Gebäude wurden bisher bewertet, interne Schätzungen kommen auf einen Gesamtwert von 1,5 Mrd. Euro bei insgesamt 800 Gebäuden.

Die Staatliche Vermögens- und Hochbauverwaltung (VBV) Baden-Württemberg betreut etwa 8.500 Gebäude, 9,5 Mio m^2 Fläche und Grundstücken von 35.000 ha und 1.900 Anmietungen. Der Wiederbeschaffungswert beträgt etwa 20 Mrd. Euro (s. www.finanzministerium.baden-wuerttemberg.de).

Territorial Seelsorge	Bistum Trier	In Mio [€]	
	Anzahl	Neubauwert	Bauunterhalt
Kirchen	1.783	3.702,0	22,2
Pfarrhäuser	745	327,0	3,3
Pfarrheime	812	474,3	4,7
Kindergärten	448	495,1	4,9
Summe	3.788	4.998,5	35,1
s. [FREITAG, C. 2004-01-27]			

Abb. 2-8: Objektwerte des Bistums Trier

Vorsichtige Schätzungen gehen davon aus, dass 80.000 Kirchen und 400.000 Gebäude der evangelischen und katholischen Glaubengemeinschaften in Deutschland vorhanden sind. Der Objektbestand des Bistums Trier umfasst etwa 3.750 Gebäude mit einem Neubauwert von rund 5 Milliarden Euro (Abb. 2-8).

Je nach Gebäudemix unterscheiden sich die Interessenlagen der Eigentümer und Betreiber von Immobilien wesentlich. Als Beispiel hierfür wird ein kommunales oder kirchliches Immobilienmanagement genannt, das sich wesentlich von dem Gebäudemix der Wohnungswirtschaft oder gewerblichen Immobilienwirtschaft unterscheidet. Der Gebäudemix bestimmt wesentlich die Strategien zum Betrieb der Immobilien.

Homogene Bauwerksnutzungsarten finden sich insbesondere in der Wohnungswirtschaft und in der Industrie (i.d.R. mit Schwerpunkt auf Produktionsanlagen), heterogene Bauwerknutzungsarten hingegen bei Landeseinrichtungen der Öffentlichen Hand, in der kommunalen und kirchlichen Gebäudewirtschaft (s. Abb. 2-9).

BZK	Bezeichnung	Land Rheinland-Pfalz	Kommunen in Deutschland	Stadt Wiesbaden	Stadt Oberhausen	Bistum Trier	Landeskirche ELK-WUE	Kirchen-gemeinden	Wohnungs-wirtschaft	Gesundheits-wesen	Gewerbe / Industrie	Bürowirtschaft
	Quelle	1)	2)	3)	4)	5)		6)				
	Bezugsgröße			Mio EUR	Tm^2 BGF	Geb.						
				720	561	3.788						
BZK	Bezeichnung	%										
12	Gerichtsgebäude	(X)										
13	Verwaltungsgebäude	(X)	10,0	3,3	9,8		(X)				(X)	(X)
20	Hochschulen	(X)										
30	Gebäude Gesundheitswesen									(X)		
32	Kliniken	(X)										
40	Schulgebäude		20,0	59,7	57,6							
41	Allgemeinbildende Schulen						(X)					
42	Berufliche Schulen						(X)					
44	Kindergärten		15,0	6,9	2,3	11,8		(X)				
45	Weiterbildung				1,0		(X)					
50	Sportbauten			6,9								
51	Hallen o. Schwimmbäder		5,0		3,3							
53	Sportplatzgebäude				0,8							
61	Wohnhäuser/Pfarrhäuser				7,8	19,7	(X)	(X)	(X)			
62	Wohnheime						(X)			(X)		
63	Gemeinschaftsunterkünfte	(X)										
64	Betreuungseinrichtungen				7,8	21,4	(X)					
77	Öffentl. Bereitschaftsdienste		5,0		4,6							
79	Betriebsgeb. zur Produktion										(X)	
91	Kult./Musische/Sakrale Geb.	(X)			5,1	47,1		(X)				
96	Justizvollzugsanstalten	(X)										
	Forstflächen	(X)										
	Unbebaute Grundstücke	(X)		(X)	(X)	(X)						
	Sonstige Gebäude		45,0	19,2								

vgl.
1) [MITTLER, G. BBG 1996-09] 4) [HECK, T. BBG 1996-10]
2) [PELZ, W. IZ 23-2003] 5) [FREITAG, C. 2004-01-27]
3) [STADT WIESBADEN 2007] 20, 25 6) [SCHNEIDER, F. 2004]

Abb. 2-9: Schwerpunkte der Baunutzungsarten nach Branche

Im Gebäudemix des Landes Rheinland Pfalz finden sich Verwaltungsgebäude in verschiedenen Ausprägungen, Kliniken, Kasernen oder Gebäude für gesellschaftliche Zwecke. In der kommunalen Gebäudewirtschaft liegt in der Regel der Schwerpunkt bei schulischen Bauwerken (Bspl. Stadt Oberhausen), daneben werden Verwaltungsgebäude, Wohnhäuser, Betreuungseinrichtungen und vieles mehr betrieben. Der Schwerpunkt des Bistums Trier liegt bei sakralen Gebäuden, Betreuungseinrichtungen und Wohnhäuser. Eine typische Zusammensetzung des Immobilienbestandes einer Kirchengemeinde lässt sich mit Gemeindehäusern, Kindergärten, Pfarrhäusern und Kirchen beschreiben.

Es ist davon auszugehen, dass, je heterogener die Bauwerksnutzungsarten eines Immobilienunternehmens sind, desto vielfältiger sind die Anforderungen sowie Problemstellungen der Nutzergruppen und die Anforderungen an die Mitarbeiter eines Immobilienunternehmens. Es ist schwerlich vorzustellen, dass ein Hausmeister für Verwaltungsgebäude, Schulen und Wohngebäude gleichermaßen den Anforderungen eines Bürgermeisters, eines Schulleiters und Einwanderungsfamilie gerecht wird.

Ebenso wichtig ist es, nach der Alterstruktur zu differenzieren. Durch eine rege Bautätigkeit bis 1870 entstanden viele Kirchen und Pfarrhäusern. 1948 bis 1971 wurden insbesondere viele

Gemeindehäuser und Kindergärten gebaut. Daraus leitet sich ein umfangreicher Gebäudebesitz ab, der denkmalrechtlichen Auflagen unterliegt (vgl. [SCHNEIDER, F. 2004] S. 11).

In der Wohnungswirtschaft ist bei nachlassender Bautätigkeit die zunehmende Bedeutung der Instandhaltung und Modernisierung erkennbar (s. Abb. 2-10).

	Eigenheimbau	Geschosswohnungsbau	Modernisierung und Instandhaltung
Alte Bundesländer			
1998	35%	17%	48%
1999	36%	15%	49%
2000	34%	13%	53%
2001	31%	11%	58%
2002	29%	9%	62%
2003	29%	8%	63%
Neue Bundesländer			
1998	30%	17%	53%
1999	34%	10%	56%
2000	33%	9%	58%
2001	31%	6%	63%
2002	30%	5%	65%
2003	30%	5%	65%
s. [ASUE 09 05 04] S. 3			

Abb. 2-10: Struktur der Bauleistungen im Wohnungsbau

Durch Änderungen der Verhältnisse von Neubau zu Modernisierung und Instandhaltung verändern sich die Aufgaben der in Immobilienunternehmen eingesetzten Mitarbeiter. Während einige Immobilienunternehmen umfangreiche Planungsabteilungen für Neubauten vorhalten haben, werden die Aufgaben zukünftig anders definiert oder reduziert werden müssen. Die ggf. notwendigen Personalmaßnahmen benötigen hierfür einen langen Planungshorizont.

Der Streubesitz ist ebenfalls eine organisatorische Herausforderung. Streubesitz findet sich insbesondere bei Landeseinrichtungen, bei kirchlichen Institutionen (Bspl. der Landeskirche Schaumburg-Lippe [www.landeskirche-schaumburg-lippe.de]), bei Industrieunternehmen und in der Wohnungswirtschaft.

Die BOSCH-Gruppe betreute 2006 6,3 Mio. von 10,8 Mio. m^2 Netto-Grundfläche bzw. 710 von 1.030 Liegenschaften im Ausland (s. [Weltweites Immobilienmanagement Industrie-BAU 2008-01] S. 17).

So ist der Immobilienbestand des Wohnungsunternehmens GWH über ganz Hessen verteilt. Ballungen sind in Frankfurt am Main, Kassel und Wiesbaden erkennbar (s. [GWH 2004] S. 9).

Ist der Streubesitz nicht zu vermeiden, werden besondere organisatorische Anforderungen an die Logistik und Präsenz vor Ort sowie an die örtlichen Geschäftspartner gestellt.

2.3.3 Phasensicht

Nach [GEFMA 100 E 1996-12] ist es das Ziel von Facility Management „bei Planung, Bau, Nutzung, Sanierung und Abriss von Gebäuden

- den Nutzen zu mehren und
- den Aufwand zu verringern (…).“

Neben dem Wirtschaftlichkeitsgedanken werden hier im besonderen Maße einzelne „Lebensphasen“ – von der Planung bis zum Abriss – von Gebäuden betont. Die Summe der Lebensphasen wird auch i.d.R. Lebenszyklus genannt. Dem liegt die Ausgangsthese als Gedanke zugrunde, dass bereits in frühen Planungsphasen die Wirtschaftlichkeit von Gebäuden in der Nutzungsphase bestimmt wird. Aus Sicht des technisch ausgebildeten Mitarbeiters ist der Lebenszyklus mit dem Abriss eines Gebäudes beendet. Für den kaufmännisch ausgebildeten Mitarbeiter ist allerdings der Lebenszyklus mit dem Verkauf bereits abgeschlossen.

Für eine weitergehende Betrachtung ist zunächst eine Einteilung der Phasen nach Projekt- und Objektgeschäft nützlich, denn hier spiegelt sich allgemein die unterschiedliche Betrachtungsweise der Subjekte wieder. Nach [DIN 69901 1987-08] sind wesentliche Merkmale des Projektgeschäfts die Einmaligkeit hinsichtlich der Zielvorgabe, Begrenzungen hinsichtlich beispielsweise Zeit oder Ressourcen, Abgrenzungen hinsichtlich anderen Vorhaben und eine projektspezifische Organisation. Neubau- oder Sanierungsmaßnahmen sind typische Projektgeschäfte mit den Phasen (Projekt-)Entwicklung, Planung, Ausführung (Bau) und Beseitigung. Dem steht das Objektgeschäft in der Nutzungsphase gegenüber, das regelmäßige Leistungen beinhaltet und einzelne Projekte selten unterscheidet.

Projekt- und Objektgeschäft benötigen unterschiedliche Organisationsformen, die systembedingt vertragliche Verantwortlichkeiten innerhalb des Projekt- oder Objektgeschäfts belassen und bisher zu wenige Berührungspunkte erzwungen haben. In welchen Fällen wurden bisher die Projektziele für einen Neubau in der Nutzungsphase überprüft und die Verantwortlichen bei Nichterfüllung der Projektziele zur Rechenschaft gezogen? Hier lässt sich als kleines Bspl. der geplante und tatsächliche Energieverbrauch anführen. Aus vertragsrechtlichen Gründen werden nach gängiger Praxis die Leistungen der fachlich Beteiligten, nicht aber das Projektziel überprüft. Selbst wenn das Projektziel nicht erreicht wird, bleibt dies weitgehend ohne Konsequenzen. Eine Brücke über Objekt- und Projektgeschäft schlagen z.B. Wärme-Contracting-Modelle (s. [DIN 8930-5 E 2003-01]), die Leistungen und Ziele in einer verantwortlichen Hand belassen.

Es ist festzuhalten, dass der Lebenszyklus eines Gebäudes zu den wesentlichen Merkmalen zur Betrachtung von Facility Management gehört. Dabei finden sich immer wieder die unterschiedlichsten Bezeichnungen der Phasen

Chermayeff beschreibt nach Lönberg-Holm und Larson das „Leben" eines Produktes in sechs Phasen (s. K. Lönberg-Holm und C. Theodore Larson in [CHERMAYEFF, S.] S. 100), die sich mit Forschung, Gestalten, Produktion, Vertrieb, Verwendung und Beseitigung beschreiben lassen. Die Phasen lassen sich sinngemäß auf den Produktionsprozess von Verbrauchsgütern, aber auch auf Bauwerke übertragen. Je nach Themenstellung fallen daher Bezeichnungen der Phasen synonym aus. Die Begriffswahl wechselt, die Phaseninhalte sind weitgehend identisch. Im Bauwesen finden sich daher die Begriffe

1) Forschung, Projektentwicklung, 2) Planung, Gestaltung, 3) Ausführung, Bauen, Produktion, 4) Verwertung, Vermarktung, Vertrieb, 5) Nutzung, Verwendung oder 6) Beseitigung, Abriss, (Stilllegung), Rückbau.

Nachfolgend werden die Phasen „Entwickeln“, „Planen“, „Bauen“, „Vertreiben“, „Betreiben“ und „Beseitigen“ unterschieden.

Diese grundsätzliche Einteilung der Bauwerksphasen findet sich in einer mehr oder minder ausgeprägten Form in einer Vielzahl vorhandener Vorschriften, z.B. in den Verordnungen über die Honorare für Leistungen der Architekten und Ingenieure (HOAI), in den „Baunutzungskosten von Hochbauten“ nach [DIN 18960-1 1976-04] bzw. „Nutzungskosten von Hochbauten“ nach [DIN 18960 1999-08], in dem Betreiben von Maschinen und vergleichbaren technischen Arbeitsmitteln nach [DIN 32541 1977-05] und in der Instandhaltung nach [DIN 31052 1981-06].

Eine scharfe Abgrenzung der Phasen ist jedoch nicht immer möglich. Den Ausführungsprozess begleitende Planungen (Zeichnungen auf Zementsäcken) oder Vertriebaktivitäten bereits in der Projektentwicklungsphase (Kaufen vom Zeichenbrett) sind im Bauwesen durchaus bekannt.

1. Entwickeln
   Die vielfach als Phase 0 bezeichnete Projektentwicklung wird hier der Phase „Entwickeln“ im weitesten Sinne zugerechnet, da Projektentwicklung oder Bedarfsplanung (s. z.B. [DIN 18205 1996-04]) in der HOAI nicht näher beschrieben werden und daher eine Sonderstellung im Projektgeschäft einnehmen. Mit den Methoden der Projektentwicklung, aber auch der Bedarfsplanung, wird entscheidend über Erfolg oder Misserfolg von Baumaßnahmen als Investitionsmaßnahme (Subjektsicht) entschieden. Beispiele sind:

   Durch koordinierte Stundenpläne lässt sich vielfach die tatsächliche Nutzungsdauer von Schulen steigern und neue Anbauten vermeiden. Verlängerte Öffnungszeiten reduzieren unter anderem den Flächenbedarf von Kantinen, neue Bürokonzepte in einer auf das Internet ausgerichteten Gesellschaft können den Flächenbedarf ebenfalls mindern.

   Eine der besten Optimierungsmöglichkeiten der Nutzungskosten aus Unternehmenssicht ist es eben, Neu- oder Anbau zu vermeiden. Hierzu fehlt es aber vielfach wie auch an anderer Stelle an objektbezogenen Forschungen. Diese sind nahezu nicht vorhanden. Und die meisten Publikationen zum Thema Facility Management negieren die Notwendigkeit einer Phase „Entwickeln“ im weitesten Sinne als Geburtsstunde eines Gebäudes.

   Allerdings liegen uns bis heute auch keine verlässlichen Forschungsergebnisse über die zukünftigen Eigenschaften von Bauwerken oder Bauteilen vor. Forschungsschwerpunkte lagen in der Vergangenheit vornehmlich im Bereich der Planung und Produktion von Bauwerken, insbesondere im Wohnungsbau. Erst in jüngerer Zeit wendet sich die Forschung der Nutzungsphase zu. Auf nationaler und internationaler Ebene werden vor dem Hintergrund von Umweltbelastungen Möglichkeiten zur Energieeinsparung und Reduzierung des Ausstoßes von Schadstoffen untersucht. Unter „Facility Management“ werden Fragen des Bauwerksbetriebs diskutiert. Zusammenhänge zwischen Gebäuden und Betriebsabläufen z.B. in der Behinderten- und Altenhilfe werden nur vereinzelt erforscht (z.B. [WEIßERT-HORN, M. 1997]). Dennoch werden derartige Fragestellungen den nachhaltigen Erfolg einer Immobilie stark beeinflussen und sollten in der Projektentwicklung und Planungsphase Beachtung finden.

2. Planen
   Die HOAI definiert in der Fassung von 1996 die einzelnen Planungsphasen einer Baumaßnahme. Die Planung obliegt i.d.R. dem Architekten. Diese Phasen (von der Grundlagenermittlung bis zur Mitwirkung bei der Vergabe) bauen sukzessive aufeinander auf. Bauwerke sind lokal gebunden und an die örtliche Situation individuell anzupassen. Entgegen gegenteiliger Beteuerungen der Planungsbeteiligten wird die Nutzungsphase in der Planungsphase bedauerlicherweise nicht in ausreichendem Maß berücksichtigt.

3. Bauen
   Die HOAI stellt vornehmlich die Leistung der planenden Architekten in den Vordergrund (Objektüberwachung, Objektbetreuung). Das Bauen oder die Ausführung obliegt dem Unternehmer und schließt sich im Idealfall der Planungsphase an. Durch lange Bauphasen und mangelnde Zieldefinition wird insbesondere im Bauwesen in den Ausführungsprozess durch Planungsänderungen eingegriffen, was in der Folge zu Kostensteigerung, Terminverschiebungen und Qualitätseinbußen führen kann. In der Regel ist der Ausführungsprozess an sich für den zukünftigen Nutzer ohne weitere Bedeutung.

4. Vertreiben
   In der Regel ist davon auszugehen, dass sich nach der Ausführung eine kurze Phase des Vertriebs oder Verwertens anschließt und bei Fertigstellung eines Bauwerkes die Nutzungsphase beginnt. Durch mehrjährige Planungs- und Ausführungsphasen im Bauwesen bedingt, ist es durchaus üblich mit dem Vertrieb bereits in der Planungsphase zu beginnen. Bis zur Fertigstellung kann es zu Veränderungen im regionalen Markt kommen. Dies betrifft Bauleistungen ebenso wie den zukünftigen Verwendungszweck eines Gebäudes. Die Möglichkeiten von Sonderbauwerken, sich verändernden Gegebenheiten anzupassen, z.B. Hotels, sind in der Regel geringer. Auch hier ist eine vorausschauende Sicht der Bedarfsplanung unerlässlich. Es muss daher das Ziel sein, die Aspekte des Vertriebs in früheste Phasen, gegebenenfalls durch ein Immobilien-Research, einzubringen.

5. Betreiben
   Betrachtet man die Phasen hinsichtlich der zeitlichen Dauer, so ist die Phase des Betreibens oder Nutzens die Bedeutsamste. Im Bereich der Technischen Anlagen unterteilt die [DIN 32541 1977-05] die Phase des Betreibens in vier weitere Abschnitte: das Inbetriebnehmen, das Betätigen (Bedienens), das Instandhalten und das Außerbetriebnehmen. Zur weiteren Strukturierung bieten sich hier die Arbeitsprozesse zur Instandhaltung nach [DIN 31052 1981-06] an. Sie finden vornehmlich bei Technischen Anlagen Verwendung und sind bei Architekten weitgehend unbekannt. Obwohl beide Normen im technischen Bereich ihr Anwendungsfeld besitzen, lassen sich diese Arbeitsprozesse sinngemäß für eine Untergliederung der Nutzungsphase eines Bauwerkes heranziehen.

Die [DIN 18960-1 1976-04] „Baunutzungskosten von Hochbauten" unterstellt, dass ein Bauwerk lediglich einem Verwendungszweck, z.B. als Wohngebäude, dient. Vielmehr ist jedoch davon auszugehen, dass bei Standzeiten von Gebäuden mit 80 und mehr Jahren, sich der Verwendungszweck, z.B. Wohngebäude zu Verwaltungsgebäude, ändern kann. Ein Bauwerk kann daher mehrfach in Betrieb und aus dem Betrieb genommen werden (ggf. nach Umplanung und Umbau), bevor es beseitigt wird. Änderungen des Verwendungszwecks erschweren daher die langfristige Beurteilung von Bauwerken. Änderungen des Verwendungszieles können jedoch bereits in der Bedarfsplanung berücksichtigt werden.

6. Beseitigen
   Aus Sicht eines Immobilienunternehmens ist die Verwertung oder Liquidation, der Eigentumswechsel, das Ende im Lebenszyklus einer Immobilie. Aus Sicht des Technikers steht die Beseitigung eines Bauwerkes am Ende des Lebenszyklusses einer Immobilie. Die besondere Bedeutung ist darin zu sehen, dass Änderungen der Rahmenbedingungen bei langfristigen Investitionsgütern zu Problemen in der Beseitigung führen können, z.B. Asbest. Die Planer müssen daher bereits in der Planungsphase Entsorgungsstrategien entwickeln. Investitionsruinen legen Zeugnis davon ab, schon frühzeitig an geeignete Abrissmaßnahmen bis hin zu Sprengszenarien zu denken. In den Neuen Bundesländern ist der Rückbau nennenswerter Wohnungsbestände bereits Realität.

2.4 Leitbild folgt der Vision, Strategie folgt dem Leitbild

Was zeichnet nun ein visionäres Immobilienunternehmen aus? Es wird hier die These formuliert, dass im Property Management / Facility Management vorbildliche Immobilienunternehmen diejenigen sind, die unter dem Aspekt der Nachhaltigkeit einen Dreiklang aus ökonomischer, ökologischer sowie sozialer und kultureller Nachhaltigkeit unter Berücksichtigung der Sonderheiten der Subjekt-, Objekt- und Phasensicht bringen können.

Grundlegend für die Umsetzung von Visionen ist die Kommunikation der Vision zu den Beteiligten. Begeisterung bei den Mitarbeitern lässt sich im operativen Geschäft leichter erzeugen, wenn die Vision glaubwürdig und überzeugend dargestellt und vermittelt werden kann. Ein Transportmittel hierfür ist das (gemeinsam) erarbeitete, von allen Hierarchieebenen und Interessensvertretern („stakeholders") getragene und verbindliche Leitbild. Auch Aufsichträte, Kunden und Mitarbeiter können in den Leitbildentwicklungsprozess erfolgreich eingebunden werden (Bspl. Hilfswerksiedlung (HWS) in Berlin, vgl. [HWS 2006-08]). Zugegeben, einzelne Personen werden sich nicht sofort aktiv beteiligen. Dies sollte die Ausnahme sein, denn es gilt ein Leitbild im Laufe der Zeit anzupassen. Ein andauernder Prozess, der Unternehmenskultur und Unternehmensidentität in allen Bereichen betonen und unterstützen kann. Quasi als Momentaufnahme wird das Leitbild publiziert. Als Bspl. sei auch das Leitbild des HWS genannt. Die Hilfswerk-Siedlung GmbH versteht sich als Wohnungsunternehmen der Evangelischen Kirche in Berlin-Brandenburg-schlesische Oberlausitz. Unter den Stichworten „Wofür wir stehen" (... einen verlässlichen, qualitätsbewussten, ehrlichen und sozial sensiblen Vertragspartner ...), „wie wir arbeiten" (... verantwortungsbewusste, -volle und transparente Zusammenarbeit auch als verlässlicher Arbeitgeber ...), „was uns verpflichtet" (... mit einer soliden Rendite den Auftrag der Kirche unterstützen ...), „was wir bieten" (... Sicherheit und Geborgenheit bei einem differenziertem Wohnungsangebot zu fairen Preisen ...), „wohin wir uns entwickeln" (... kompetenter und innovativer Dienstleister auch über dem Raum der Evangelischen Kirche ...) wird die Unternehmensführung und -haltung formuliert (s. Leitbild der HWS unter [www.hws-berlin.de]). Wesentliche Elemente einer Nachhaltigkeit aus Sicht eines Gebäudebestandes sind hier einbezogen: Ökonomische Nachhaltigkeit, z.B. in „was uns verpflichtet", ökologische, soziale und kulturelle Nachhaltigkeit, z.B. in „was wir bieten".

Aus dem Leitbild seinerseits lassen sich Strategien auch für die Immobilien ableiten, die wiederum andauernd zu überprüfen sind: Führen die Strategien zum gewünschten Ergebnis? Eine Grundlage der Überprüfung sind Kennzahlen. Welche Kennzahlen werden vielfach angewandt?

Das Rechnungswesen eines Unternehmens verfügt über eine Fülle von Zahlen, die erst durch eine Auswahl geeigneter Zahlen und durch relativen Bezug zueinander (Kennzahl) an Informationsgehalt gewinnen, je nach Aggregationsstufe der zugrundeliegenden Zahlen in unterschiedlicher Detaillierungstiefe. Der Zusammenhang wird in Kennzahlenbäumen und -systemen dargestellt, verbreitet hierbei sind die Kennzahlensystemen nach DuPont oder die des Zentralverbandes der Elektrotechnik- und Elektronikindustrie (ZVEI). Im Mittelpunkt steht dabei meist die Gesamt-Kapitalrendite (Return on Investment – ROI). Bei dem Kennzahlensystem nach Reichmann und Lachnit (RL-Kennzahlensystem) steht die Rentabilität oder Liquidität im Vordergrund.

Eine betriebswirtschaftliche Kennzahl wird innerhalb der Betriebswirtschaft zur Beurteilung der wirtschaftlichen Leistungsfähigkeit von Unternehmen eingesetzt, bei Immobilienunternehmen ist das Kennzahlensystem nach DuPont weit verbreitet. Dabei handelt es sich im Wesentlichen um eine rückblickende Betrachtung, die den Vergleich mit anderen Unternehmen ermöglicht (Betriebsvergleich). Das ist sinnvoll, vielleicht „machen" es andere besser.

Der Vergleich mit Unternehmen aus verschiedenen Ländern ist jedoch nur eingeschränkt möglich, da die Berechnungsvorschriften von betriebswirtschaftlichen Kennzahlen in Abhängigkeit von Rechnungslegungsvorschriften abhängen, die sich international unterscheiden, z.B. „International Financial Reporting Standards" (IFRS), in Deutschland nach dem Handelgesetzbuch (HGB), in Österreich nach dem Unternehmensgesetzbuch oder in der Schweiz in dem Obligationenrecht. So lässt sich mit dem Jahresabschluss feststellen, dass das vergangene Jahr mehr oder weniger erfolgreich abgeschlossen wurde („dumm gelaufen"). Neben dem dokumentarischen Charakter zur Darstellung eines Ist-Zustandes ist die betriebswirtschaftliche Kennzahl als Basis der Unternehmensführung in die Zukunft („wie kann es in Zukunft besser laufen") von Bedeutung. Sie dient zur Darstellung wichtiger Sachverhalte und Zusammenhänge im Unternehmen und ist die Basis für Entscheidungen.

Dabei handelt es sich um einen permanenten, wiederkehrenden Prozess, der sich vereinfacht als Regelkreis im Ablauf wie folgt darstellen lässt:

- Zielsetzung und Problemanalyse (Ist-Kennzahlen)
- Realistische Planung (Analyse der Ist-Kennzahlen, Entwicklung von Soll-Kennzahlen ggf. mit Hilfe von Vergleichskennzahlen)
- Umsetzung von abgeleiteten Maßnahmen
- Kontrolle (Soll-Ist-Vergleich von heute mit der Zukunft)

In Form von Ist-, Vergleichs- und Soll-Kennzahlen sind betriebwirtschaftliche Kennzahlen Grundlage zur Unternehmensführung und -steuerung. Neben den rechtlichen Anforderungen sind hier die Kennzahlen von Bedeutung, die als Entscheidungsgrundlage den Erfolg einer Unternehmung nachhaltig sichern helfen. Betriebswirtschaftliche Kennzahlen reichen aber nicht aus!

Für eine nachhaltige Betrachtung der Gebäude müssen die kaufmännischen und technischen Daten objektweise gebucht werden. Dies ist in der kommunalen und kirchlichen Gebäudewirtschaft nicht selbstverständlich. Angaben zum Nutzungsgrad liegen selten vor, der Gesamtbelegungsgrad wird im kommunalen und kirchlichen Immobilienmanagement zunehmend thematisiert. Angaben hierzu liegen ebenfalls nur rudimentär vor. Werden Managementsysteme eingesetzt, werden die Angaben meist auf Unternehmensebene aggregiert und lassen selten die Betrachtung auf Objektebene zu.

Wie die Vision ausgestaltet wird, ist letztlich abhängig vom Geschäftsmodell. Visionär ist Nachhaltigkeit als übergreifendes Managementsystem in jedem Fall und zum Greifen nahe.

3 Strategien

Nachhaltig überlebensfähig sind die Geschäftsfelder, wenn das Management von einer „Vision“ geleitet wird, die auch den Mitarbeitern angemessen kommuniziert, von ihnen mitgetragen und gelebt wird. Die visionäre Geschäftsfeldpolitik kann belohnt werden. „Gutes“ Management führt ggf. zu einem „guten“ Rating bei der Bank und zu niedrigeren Fremdkapitalzinsen. Zumindest wird die Verhandlungsposition gestärkt.

Von dem Geschäftsfeld und dazugehörigem Geschäftsmodell abhängig sind die betriebswirtschaftlichen Kennzahlen, die in der Gewinn- und Verlustrechnung (GuV) oder Bilanz verwendet werden, sowie anderen Kennzahlen, die zur eigentlichen Steuerung des Unternehmens oder der Kunden notwendig sind. Grundsätzlich unterscheiden sich hier die Art der Immobilien nicht, sei es ein Bürogebäude, ein Mehrfamilienhaus oder Parkgebäude.

3.1 Kaskade der Geschäftsfelder

In der Regel lassen sich drei Geschäftsfelder identifizieren, die nach der Rangfolge nacheinander abzuarbeiten sind: Portfolio-Strategie, Asset-Management und Property Management / Facility Management.

3.1.1 Portfolio Strategie

Die Portfolio-Strategie ist hier dem Immobilienfond- oder Eigentümermodell vorbehalten und ist bestimmt, die Geschäftsfelder und Rahmenbedingen festzulegen (Marktallokation), dem Asset-Management Objekte auszuwählen (Selektion), um Investitionsentscheidungen zu treffen oder Transaktionen durchzuführen bzw. zu entscheiden. Property / Facility Management ist von der Bestandsoptimierung (Halten) gekennzeichnet. Zum Asset-Management gehören Projektentwickler-, Bauträger-, Sanierungs-, Privatisierungsmodelle sowie zum Property Management / Facility Management Betreiber-, Fremdverwalter oder Bestandshaltermodelle (s. Abb. 3-1). Als ein besonderes Geschäftsmodell ist das Public-Private-Partnership-Modell (PPP) anzusehen, da es durch seine langfristige Anlage wesentliche Elemente des Asset-Managements und Property Managements / Facility Managements in sich vereinigt (s. Abb. 3-1).

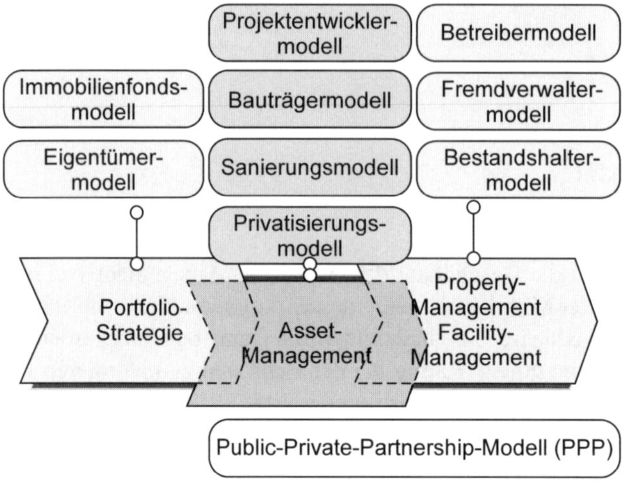

Abb. 3-1: Typische Geschäftsmodelle in der Immobilienwirtschaft

Innerhalb der Portfolio-Strategie, dem Asset-Management oder Property Management / Facility Management ergeben sich typische Aufgaben, die sich kaskadenförmig in Abhängigkeit zueinander befinden. Es ist nicht unbedingt sinnvoll, Instandhaltungs- und Modernisierungsmaßnahmen im Property Management / Facility Management langfristig zu planen und durchzuführen, wenn das Asset-Management kurzfristig den Verkauf beschließt. Ebenso wenig sinnvoll ist es, die Geschäftsprozesse der Instandhaltung innerhalb eines Immobilienunternehmens langfristig zu optimieren, wenn die Leistungen an einen Dienstleister vergeben werden sollen. Notwendigerweise müssen daher die Vorgaben von der Portfolio-Strategie bis zum Property Management / Facility Management adäquat durchgereicht und zurückgemeldet werden.

Die Portfolio-Strategie unterscheidet sich bei Unternehmen der Immobilienwirtschaft wesentlich, je nachdem ob es sich ausschließlich um ein renditeorientiertes Unternehmen („Heuschrecke"), ein gewerbliches oder industrielles Unternehmen, eine Genossenschaft, einen kommunalen Parkhausbetreiber / -eigentümer oder ein kommunales Wohnungsunternehmen handelt.

Das renditeorientierte Unternehmen hat primär die Rendite, das gewerbliche oder industrielle Unternehmen das Kerngeschäft – losgelöst von Immobilien, die Genossenschaft zufriedene Genossenschaftsmitglieder, der kommunale Parkhausbetreiber günstige Parkhaustarife oder das Parkraumangebot für die Handelsimmobilien, das kommunale Wohnungsunternehmen die Forderungen der kommunalen Verwaltung nach Stadtrendite, Stadtentwicklung und städtebaulichem Anspruch im Blickfeld. Der Anspruch gemeinnütziger Wohnungsunternehmen lag bis 1991 in der Bereitstellung kostengünstigen Wohnraums. In ähnlicher Weise kann teilweise die Parkraumbewirtschaftung als Bereitstellung günstigen Parkraums (noch) verstanden werden.

Rendite ist daher nicht immer das ausschließliche Kriterium. Je nach Unternehmensart wird bei Parkbauten die Strategie der Kostenreduzierung (öffentliche Hand), Ertragssteigerung und Aufwandssteigerung (private Parkhausbetreiber) oder nichts von alledem (gewerbliche und industrielle Unternehmen) verfolgt.

In der kommunalen Wohnungswirtschaft wurde der Begriff der Stadtrendite geprägt, um den Zusatznutzen monetär in zwei Arten abbilden zu können (s. [SCHWALBACH, J. 2006-09-05]). Die Stadtrendite 1 beinhaltet mittelbare und unmittelbare orginäre ökonomische Effekte: zu den mittelbaren Erträgen (Kostenvermeidung der Stadt) gehören z.B. der Stadtteilmanager, Spenden oder Maßnahmen zur Marktbereinigung als direkt anfallende Kosten. Ebenso werden indirekte Kosten abgebildet, z.B. Mietverzichte, verbilligter Gewerberaum. Die Stadtrendite 2 beinhaltet Folgeeffekte unentgeltlicher Leistungen der kommunalen Wohnungswirtschaft durch Leistungen aus Einnahmenerhöhung oder Kostenvermeidung für die Stadt. Zusätzliche Steuereinnahmen von Einheimischen oder Auswärtigen und Bildungsmaßnahmen bei unterschiedlichen Bevölkerungsgruppen führen zur Steigerung der Einnahmen. Zur Kostenvermeidung gehören beispielsweise vermiedene Polizeiaktionen oder nicht notwendige Beherbergungskosten für Arbeitslosengeld- (ALG) oder Sozialhilfeempfänger (Arbeitsleistung). Dadurch wird der Zusatznutzen kommunaler Wohnungsgesellschaften als Ertragseffekte für eine Stadt monetär darstellbar.

In der kommunalen und kirchlichen Immobilienwirtschaft werden zunehmend (Quasi-)Erträge in einem Vermieter-Mieter-Modell dargestellt, um diese (in der Regel die Kostenmiete) als Erträge darstellen und ein professionelles Immobilienmanagement betreiben zu können. So hat die Stadt Wiesbaden die Doppik eingeführt und ihre Gebäude und Anlagen in einer Bilanz bewertet und wird zukünftig ein eigenes professionelles Gebäudemanagement ausbauen.

Im kirchlichen Immobilienmanagement wird deutlich in betriebsnotwendige und nicht-betriebsnotwendige Gebäude unterschieden. Nicht-betriebsnotwendige Gebäude können vergleichbar renditeorientiert bewirtschaftet werden. Das Ziel für betriebsnotwendige Gebäude hingegen lässt sich mit drei Stichworten formulieren.

- Ökologische Nachhaltigkeit, mit dem Ziel einer hohen Nutzungsdichte und -intensität
- Ökonomische Nachhaltigkeit, um die Einnahmen zu steigern und Ausgaben zu verringern
- Kirchliche Nachhaltigkeit, bei der die sakrale Nutzung einen hohen Stellenwert besitzt und Vorrang vor einer weltlichen Nutzung und danach vor einer sakralen Nutzung anderer Religionsgemeinschaften genießt

3.1.2 Asset-Management

Viel zu selten nehmen die Geschäftsmodelle des Asset-Managements auf den Bedarf der Property Management / Facility Management-Geschäftsmodelle ausreichend Rücksicht.

Beispiel: Der Betreiber eines Parkhauses wird von einem Projektentwickler erst nach Baubeginn gesucht, seine Anforderungen bleiben unberücksichtigt, weitreichende Optimierungs- und Synergiemöglichkeiten werden nicht genutzt. Es liegt auch nicht im primären Interesse der Geschäftsmodelle im Asset-Management, Mieter langfristig zu binden und die Instandhaltungskosten nachhaltig gering zu halten.

3.1.3 Property Management / Facility Management

Die Vertragsformen sind bei einem Betreibermodell im Property Management, z.B. auch bei Parkbauten, vielfältig. Dazu zählen der Umsatzpachtvertrag, der Festpachtvertrag mit und ohne Umsatzbeteiligung, der Betriebsführungsvertrag mit und ohne Umsatz- bzw. Gewinnbeteiligung oder das Fremdverwaltermodell bei Teileigentum oder Dauernutzungsrechten (vgl. VEITH T. in [TAE 2006] S. 171-190). Gleiche Betreibermodelle sind auch für andere Bauwerksnutzungsarten vorhanden. Selbst Parkierungsanlagen lassen sich ggf. dann von einem Eigentümer in einer Gewinn- und Verlustrechnung wirtschaftlich darstellen, wenn eine Kombination verschiedener Geschäftsmodelle erreicht werden kann, z.B.:

- Zuweisung von Städtebaufördermitteln, Gemeindeverkehrsfinanzierungsgesetz (GVFG) oder Stellplatzablösemittel der Stadt
- Überlassung von Grundstücken mit niedrigen Erbbaurechten mit niedrigem Zins
- Monetär darstellbare Subventionierung durch angegliederte Nutzungen (z.B. Handelimmobilien)
- Verkauf von einzelnen Stellplätzen (Teileigentum)

Phantasie ist in allen Geschäftsfeldern nützlich und notwendig.

3.1.4 Kaskade der Aufgaben, Ziele und Strategien

Nur wenn die Kaskade von der Portfolio-Strategie zum Property Management / Facility Management eingehalten wird, wird sichergestellt, dass Fehlinvestitionen vermieden werden. Zur Führung eines Geschäftsfeldes wird ein zur Kaskade gegenläufiges Berichtswesen (Reporting) benötigt. Das beinhaltet Themen von der Strategieent- und -vermittlung bis hin zur Wirtschaftlichkeitsberechnung von technischen Maßnahmen.

Die Berichte sind notwendig für Investoren, Aufsichtsräte, Banken und Führungsgremien, insbesondere für die 1. Führungsebene. Aber ebenso sind Berichte als Entscheidungshilfen und -vorlagen sowie zur Leistungsmessung und -steuerung innerhalb der Unternehmung auch für die 2. und 3. Führungsebene nötig. Der Informationsfluss ist dabei vom Property Management / Facility Management über Asset-Management und Portfoliostratgie regelmäßig sicherzustellen (Abb. 3-2). Leider zeigt die Erfahrung auch, dass einige Berichte mit viel Aufwand erstellt werden, aber ihre Leser nicht finden. Dabei ist vorab in einem Unternehmen zu klären, welche Informationen an welcher Stelle tatsächlich benötigt werden und welche Vorleistungen hierfür erbracht werden müssen. Sinnvollerweise lassen sich drei Bestandteile eines Berichtes unterscheiden: Standardinformationen, die z.B. für die Erstellung der Bilanz notwendig sind, Spezialitäten der Geschäftsmodelle und Ad-hoc-Berichte für das operative Geschäft.

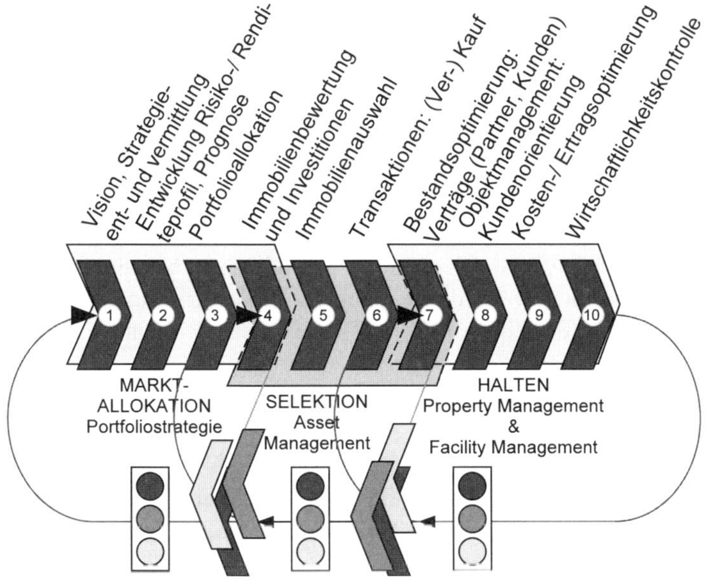

Abb. 3-2: Klassifizierung von Berichtswegen in der Kaskade

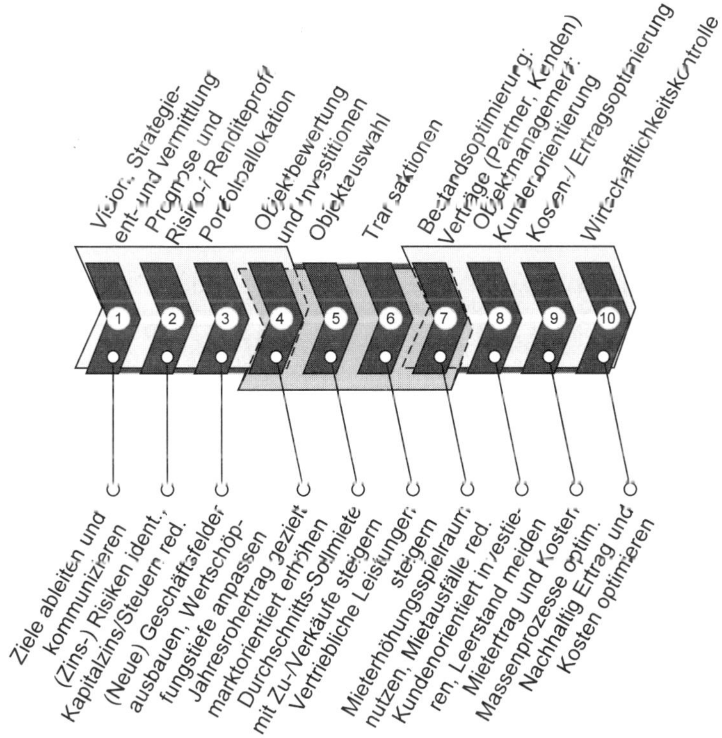

Abb. 3-3: Ableitung von Zielen aus den Aufgaben

Nur wer heute weiß, welche Gebäude er behalten will, kann morgen sinnvoll in die Instandhaltung investieren. In der Wohnungswirtschaft sind Fälle nach dem Prinzip „heute saniert, morgen abgerissen“ bekannt, die auch durch Unkenntnis der Geschäftsfeldpolitik vollzogen wurden / werden.

Wesentliches Element des Reporting ist der Nachweis der Aufgaben, die zu erfüllen sind. Aufgaben, die zu erfüllen sind, aber keine Handlungsoptionen beinhalten, sind für eine Strategieentwicklung und Planung weitgehend uninteressant: Die Planungsparameter bleiben konstant. Interessanter sind Ziele (s. Abb. 3-3), die sich aus den Aufgaben ableiten lassen und zu deren Erfüllung Strategien (s. Abb. 3-4) ergriffen werden können: bekanntlich führen viele Wege nach Rom. Ein Reporting sollte daher nicht die Strategien und eingeleiteten Maßnahmen abbilden, sondern die formulierten Ziele und den bisher erreichten Zielerfüllungsgrad.

Bspl.: Ziel ist es, Parkraum wirtschaftlich zu erstellen und anzubieten: Bei der Strategieentwicklung und Planung ist die Lage (Handelsimmobilien können in der City, aber auch am Stadtrand liegen), die Konkurrenzsituation (ggf. „billiger“ und „sauberer“ anbieten), der demografischen Wandel („Senioren- und Frauenparkplätze ausweisen“), bedarfsgerechte Öffnungszeiten („Öffnungszeiten anpassen“) und Technik statt Personal („Personalschlüssel reduzieren“) zu berücksichtigen.

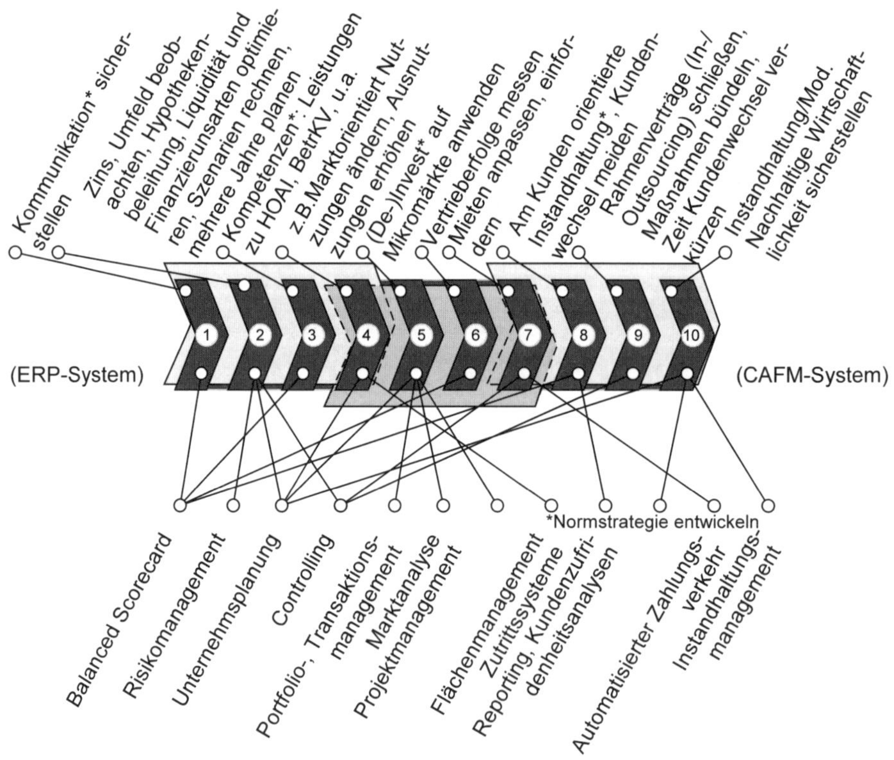

Abb. 3-4: Ableitung von Strategien und Zuordnung von IT-Werkzeugen

Bspl.: Ziel ist es, die Parkentgelte zu erhöhen und den Aufwand zu senken. Strategien oder Maßnahmenbündel hierzu können sein, die Parkentgelte dadurch zu erhöhen, dass Sonderaktionen zur Steigerung der Belegungsdichte (Stellplatzbelegung * Parkdauer) durchgeführt werden, Öffnungszeiten verlängert werden oder Instandhaltungsmaßnahmen ausgesetzt werden. Eine Vielzahl der beeinflussenden Maßnahmen hat der Verfasser bereits beschrieben (s. BOGENSTÄTTER, U. in [TAE 2006] S. 69-78).

Sofern keine Zielverfolgung oder Zielerreichungsgrad gemessen und in angemessenen Turni verfolgt werden kann, ist die Erbebung von betriebswirtschaftlichen Kennzahlen, rechtliche Anforderungen sind hier ausgeklammert, sinnlos. Eine professionelle DV-Unterstützung mit einem aussagefähigen Reporting und Controlling als Planungsgrundlage ist dabei unverzichtbar und nicht trivial.

Neben der Abbildung unternehmerischer Abläufe in einem DV-System sind vielfach eigene Berichts-, Planungs- und Kontrollsysteme notwendig, die die Daten aus Mengen- und wertorientierten Systemen in einem Datawarehouse aggregieren. Langfristige Planungs- und Entscheidungssysteme stehen dabei an der Spitze einer vertikalen EDV-Integration und bilden quasi das „Sahnehäubchen" (vgl. [SCHEER, A. 1990] S. 34). Dabei ist zunächst zweitrangig, ob das DV-System ein sogenanntes „Enterprise Ressource Planning-System" (ERP) oder „Computer Aided Facilities Management-System" (CAFM) ist. Entscheidend ist eine DV-Lösung mit einer hohen Integration der notwendigen Anforderungen, um Schnittstellen, insbesondere unterschiedlicher System-Lieferanten, zu vermeiden.

Voraussetzung ist es i.d.R. dabei, diverse operative Systeme (Zahlungssysteme, Technische Systeme, Systeme des Rechnungswesen) untereinander zu vereinen (horizontale Integration). In Abb. 3-30 ist der Datenfluss aus operativen Bestandsdaten, unter Anreicherung von externen Daten, zu einem Datawarehouse-System dargestellt, das nur rentabel von einem einzelnen Unternehmen einer nennenswerten Größenordnung betrieben werden kann. Hier ergeben sich aber durchaus Synergieeffekte, sobald Parkbauten in Verbindung z.B. zu Handelsimmobilien eines gemeinsamen Eigentümers stehen.

Als Ergebnis kann ein „Survival kit" per Knopfdruck aus dem DV-System bereitstehen, das die Führungskräfte kurzfristig in die Lage zur Auskunft und Entscheidung versetzt.

3.2 Strategien formulieren

Um die Ziele in der Kaskade erreichen zu können, gibt es verschieden Strategien, die in der Reihenfolge der Kaskade angesprochen werden.

3.2.1 Nachhaltigkeitsindex als Bestandteil der Strategie

Die ökonomischen, ökologischen sowie sozialen und kulturellen Dimensionen der Nachhaltigkeit lassen sich auf Ebene eines Immobilienunternehmens mit drei Indikatoren beschreiben. Dazu gehören „Nutzungskosten und Erlöse" als Indikator der ökonomischen Nachhaltigkeit, der „Nutzungsgrad" als Indikator der ökologische Nachhaltigkeit und der „Gesamtbelegungsgrad" als Indikator der sozialen und kulturellen Nachhaltigkeit.

Der „Nutzungsgrad" beschreibt die Qualität der Ressource hinsichtlich Raum und Ausführung, „Nutzungskosten und Erlöse" beschreiben den wirtschaftlichen Erfolg aus Sicht eines Immobilienunternehmens und der „Gesamtbelegungsgrad" beschreibt die Benutzung durch

Menschen bzw. Zielgruppen. Die Indikatoren stehen in wechselseitiger Beziehung und lassen sich in der Gesamtheit mit einem Nachhaltigkeitsindex (vgl. Abb. 3-5) beschreiben.

In Anlehnung an ([PREUß, N. 2003] S. 244) lassen sich die Verbindungen der „Nutzungskosten und Erlöse" zu den anderen Indikatoren wie folgt darstellen:

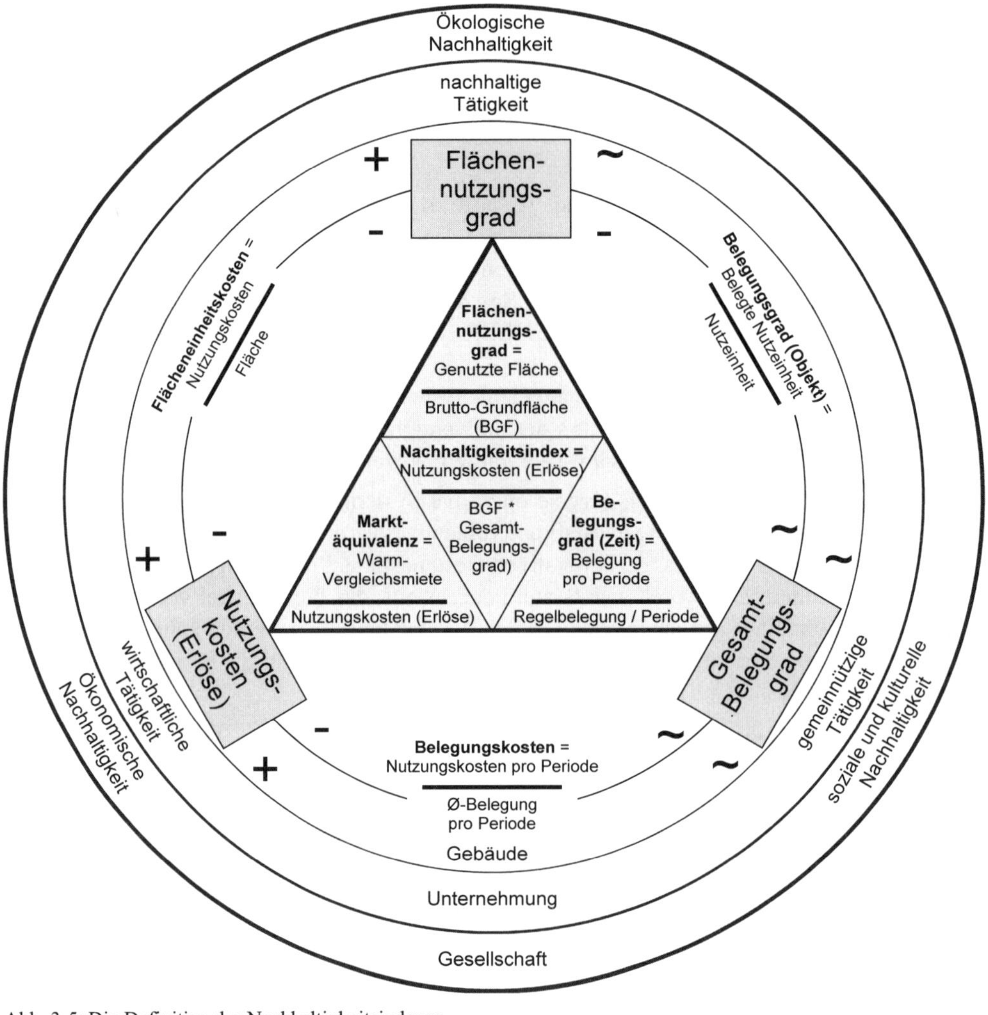

Abb. 3-5: Die Definition des Nachhaltigkeitsindexes

- Belegungskosten: Aus Nutzungskosten und Gesamtbelegungsgrad lassen sich die Belegungskosten errechnen. Dies ist insbesondere dann sinnvoll, wenn das Erheben eines Nutzungsentgeltes beabsichtigt ist.
- Flächeneinheitskosten: Aus Nutzungskosten und Fläche lassen sich die Flächeneinheitskosten als überprüfbarer Kennwert berechnen. Die „Kostenmiete" [€ / m^2 Brutto-Grundfläche per Monat] von selbstgenutzten Objekten (z.B. Bürogebäude) kann durch Verwendung von Umrechnungskoeffizienten mit Marktmieten [€ / m^2 Mietfläche per Monat] verglichen werden.

- Belegungsgrad (Objekt): Aus Gesamtbelegungsgrad und Fläche lässt sich der Belegungsgrad eines Objektes aus der Belegung der Nutzeinheit innerhalb eines Objektes berechnen. Dies ist hier Zeitpunktbezogen und wird nicht innerhalb einer Periode betrachtet (z.B.: Anteil der verkauften Wohneinheiten)

Der Nachhaltigkeitsindex berücksichtigt in der Formel (Nutzungskosten / (Brutto-Grundfläche * Gesamtbelegungsgrad) die Flächenwirtschaftlichkeit, die Höhe der Nutzungskosten und das Ausmaß der Belegung.

3.2.2 Strategie als Entwicklungsprozess

Je nach Geschäftsmodell eines Immobilienunternehmens besitzen die Indikatoren der Nachhaltigkeit unterschiedliche Gewichtungen. Auf jeden dieser drei Indikatoren lassen sich Strategien anwenden.

Strategie ist nicht statisch, sondern kann als ein Strategieentwicklungsprozess bezeichnet werden. Es lassen sich im Wesentlichen vier Strategieentwicklungsansätze von Bedeutung benennen (vgl. [LÜCK, W. 2004] S. 642): Marktorientierte, fähigkeitsorientierte, ressour cenorientierte oder wissensorientierte Strategieansätze. In Analogie hierzu und unter Berücksichtigung der Management-Mathode „Balanced Scorecard“ werden hier insgesamt fünf Strategieansätze unterschieden, die den Markt, die Kombination und dem Einsatz von Ressourcen, die Aufbau- und Ablauforganisation, sowie Potenziale betreffen.

- Kunden- bzw. marktorientierter Strategieansatz: Dieser Ansatz benötigt Kenntnisse des Marktes hinsichtlich der Entwicklung der Nachfrage und des Angebots.
- Organisations- bzw. fähigkeitsorientierter Strategieeinsatz, der insbesondere die Aufbau organisation betrifft und auf die Mechanismen zielt, die einen optimalen Ressourceneinsatz ermöglichen sollen. Dazu gehört die Zusammenführung immobilienrelevanter Funktionen in einen Bereich. Die Organisation beinhaltet auch die Aufgabenverteilung zu Lieferanten. In diesem Ansatz ist z.B. die Frage nach dem geeigneten Betreibermodell, der Eigen- oder Fremdleistung angesiedelt. Redundante Aufgaben gilt es hier abzubauen. Es beinhaltet aber auch die Maßnahmen, um die Auslastung z.B. bei den Hausmeistern zu erhöhen oder die Arbeitsbelastung gerechter zu verteilen sowie mittels Dienstanweisungen effiziente Abläufe und Informationsflüsse sicherzustellen und qualifiziertes Personal bereitzustellen.
- Ressourcenorientierter Strategieansatz, der insbesondere die Kombination von Ressourcen beinhaltet, um einen langfristigen Wettbewerbsvorteil sichern zu können. Das beinhaltet alle Fragen zur kaufmännischen, technischen und infrastrukturellen Wirtschaftlichkeit. Bspl.: Hierfür sind Preisvorteile durch Bündelung von Leistungen bei der Auftragsvergabe zu nennen. Hierzu kann der gleiche Bedarf über mehrere Standorte oder mit anderen Unternehmen in räumlicher Nähe zusammengefasst werden. Dabei gilt es auch, den richtigen Zeitpunkt zum Einkauf zu prognostizieren. Dazu zählt auch der nachhaltige Einsatz der Gebäude (Nachhaltigkeitsindex für Gebäude), ein effektives Belegungsmanagement und die Kenntnis der Wirkungszusammenhänge. Beispielhaft seien hier die Möglichkeiten genannt, durch technische Maßnahmen den Energieverbrauch und -kosten zu reduzieren sowie Instandhaltungskosten dadurch zu senken, wenn der Anteil technischer Anlagen reduziert wird und Prioritäten in der Instandhaltung richtig gesetzt werden.

- Prozessorientierter Strategieeinsatz: Dabei handelt es sich ebenfalls um einen fähigkeitsorientierten Strategieeinsatz, der insbesondere die Ablauforganisation betrifft und ebenfalls einen optimalen Ressourceneinsatz ermöglichen soll. Prozesse sichern einen reibungslosen Arbeitsablauf. Optimierungsbemühungen zielen insbesondere auf die Standardisierung von Massen- oder wichtigen, fehleranfälligen Prozessen oder darauf, durch DV-Unterstützung zu vereinfachen.
- Potenzial- bzw. wissensorientierter Strategieeinsatz, der ebenso wie die fähigkeitsorientierte Strategie auf Ressourcen gründet, insbesondere dem Wissen eigener Mitarbeiter, das entwickelt werden kann. Dies betrifft z.B. die Fragen der Finanzierung und Steuern, Liquidität oder Innovation. „Kopfarbeit" muss gefördert werden. Dazu kann ein kontinuierlicher Verbesserungsprozess umgesetzt, Anreizsysteme geschaffen oder Fortbildungsmaßnahmen durchgeführt werden. Im Ergebnis wird die Wirtschaftlichkeit erhöht.

3.3 Gesamtbelegungsgrad – am Kunden orientieren

Der Gesamtbelegungsgrad drückt aus, inwieweit ein Gebäude durch Vertrags- oder vertragsähnliche Beziehungen „belegt" ist. Belegungszahlen sind z.B. in der Hotelbranche üblich, sind aber auch im kommunalen und kirchlichen Immobilienmanagement hilfreich, die Auslastung von Gebäuden zu messen. In der Wohnungswirtschaft ist der negative Gesamtbelegungsgrad der Leerstand. Zur Definition siehe Kapitel 6 „Gesamtbelegungsgrad".

Der Gesamtbelegungsgrad lässt sich durch einen kunden- bzw. marktorientierten Strategienansatz optimieren.

3.3.1 Kundenorientiert anbieten und investieren

Die Einschätzung der Kunden und Nutzer in ihrem Lebensstil, ihrer Art zu leben und Konsummuster kann nach einem Milieu-Modell von z.B. sinus-sociovision erfolgen, das aus Sicht der Konsumforschung die Menschen nach dem Lebensstil, nach „Gruppen Gleichgesinnter", klassifiziert (s. Abb. 3-6).

Die Anwendung kann in der Immobilienwirtschaft darin liegen, nicht angebotsorientiert (wie finden wir die Kunden für unser Produkt), sondern nachfrageorientiert (welche Kunden wollen wir) die Produktpalette eines Immobilienunternehmens auszurichten. So war die „Nachfrageorientierte Immobilienmarktanalyse unter Nutzung der Milieuforschung" u.a. Thema des Beitrages der Immobilien- und Wohnungswirtschaft auf der EXPO-REAL 2004 (s. auch [HALLENBERG, B. vhw FW 4-2005], [APPEL, C. vhw FW 3-2005], [KASPER, B. vhw FW 1-2004]).

Die Milieuorientierung beginnt, in der Wohnungswirtschaft Einzug zu halten – dies aus gutem Grund. Während in den 60er Jahren der Drei-Personenhaushalt ein häufiges Modell war, differenzieren sich zunehmend Ein-, Zwei-, Dreipersonenhaushalte mit unterschiedlichen Lebenskonzepten heraus: Familien, kinderlose Ehepaare, Alleinerziehende, Homosexuelle, Studenten. Der gesellschaftliche und demografische Wandel hat sich in dem Bedarf an einem differenzierten Wohnungsangebot niedergeschlagen.

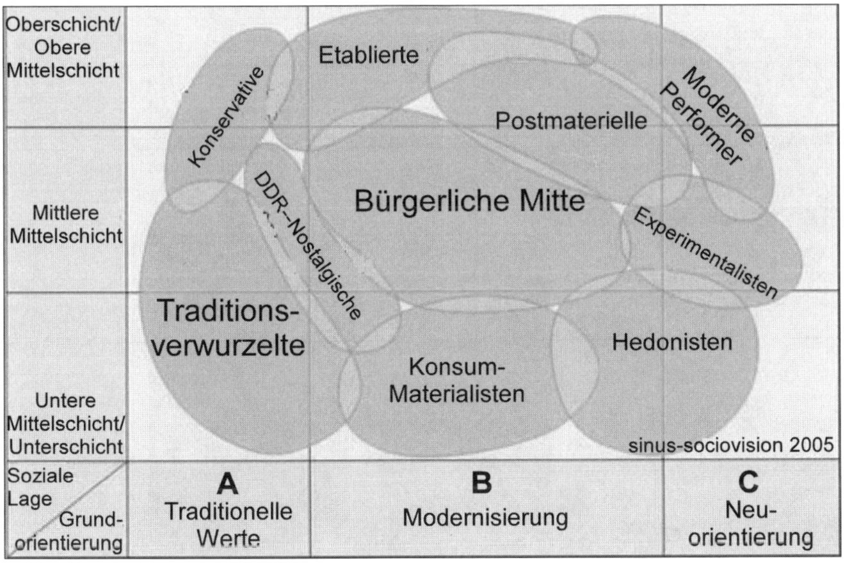

Abb. 3-6: Einordnung der Menschen in Konsumgruppen

Die Kenntnis des Kunden von heute und des zukünftigen Kunden benötigt eine Analyse von Milieu, Lebensstil und Wünschen. Und wenn nicht gleich eine umfassende Milieustudie als Grundlage für die Immobilienwirtschaft herangezogen wird, so lassen sich Kundengruppen nach „Lebensstil", „verfügbares Einkommen" und „Haushaltstypen" bilden. Mit Hilfe von Befragungen der Kunden können die Wünsche identifiziert und Fehlinvestitionen vermieden werden. Zum Lebensstil kann der „Starterhaushalt", „Familiengründer", „Single 28-40 Jahre", „Best-Ager" oder „Generation 65+", zur Einkommensklasse „geringeres" und „höheres" Einkommen, zu Haushaltstypen „Einfamilienhaus", „Zweifamilienhaus", „Doppelhaus", „Reihenhaus", „Mehrfamilienhaus" oder sonstige Haushaltstypen gehören. Die Bezeichnungen wechseln je nach Mode. In zunehmendem Maße werden Milieus von Migranten einbezogen (vgl. [LOIBL, R. IW-Magazin 2008-01] S. 38f.).

Je nach Lebensphase eines Menschen unterscheiden sich seine Bedürfnisse. Dieses Konzept machen sich derzeit die Leipziger Wohnungs- und Baugesellschaft mbH (LWB) und die Gebäude- und Grundstücksgesellschaft Zwickau mbH (GGZ) zu Nutze, um zielgruppengerechte Angebote offerieren zu können.

Die LWB hat daher ein Angebot für „Azubis", „Studenten", „Paare", „Junge Familien", „Familien", „Alleinerziehende", „Singles" und „50+" entwickelt.

So wurden spezielle Angebote entwickelt, wie z.B. „City-Wohnen" für Studierende und Singles, Wohnungen zur temporären Anmietung („Streitwohnungen"), falls der „Haussegen" schief hängt oder Wohnungen für Familien 50+ mit einem Schnarcher (s. Abb. 3-7). Mit einer provokanten Werbekampagne konnte die LWB ihren Bekanntheitsgrad über Leipzig hinaus ausdehnen und die Leerstandsquote nachweislich reduzieren. Ein Beispiel für ein zielgruppenorientiertes Angebot für Studierende ist in Abb. 3-8 dargestellt.

Voraussetzung in allen Fällen jedoch ist, dass der eigene Bestand in seinen Qualitäten erkannt ist.

Abb. 3-7: zielgruppenorientiertes Marketing: 50+, Werbekampagne der LWB (Postkarte 2007)

Abb. 3-8: zielgruppenorientiertes Marketing: Studierende, Werbekampagne der [GGZ 2006]

3.3.2 Die Kunden von heute als Kunden morgen halten

Einen Neukunden zu gewinnen ist ungleich aufwändiger als einen bestehenden Kunden zu halten. Dies setzt die Kenntnis seiner persönlichen Situation voraus. In Abb. 3-9 ist die finanzielle Situation eines Mieters mit 55 Jahren dargestellt. Der Anteil der Wohnkosten eines

Mieters im Mietwohnungsbau steigt bei Renteneintritt im Verhältnis zu dem verfügbaren Haushaltsnettoeinkommen. Weniger „schnick schnack“ für weniger Miete ist im Alter durchaus wünschenswert. Zumal die Vermietungschancen grundsätzlich bei günstigen Mieten anzusteigen scheinen (s. [SCHRADER, K. IW-Magazin 2008-01] S. 34). Hierfür ist jedoch eine genaue Marktbeobachtung notwendig.

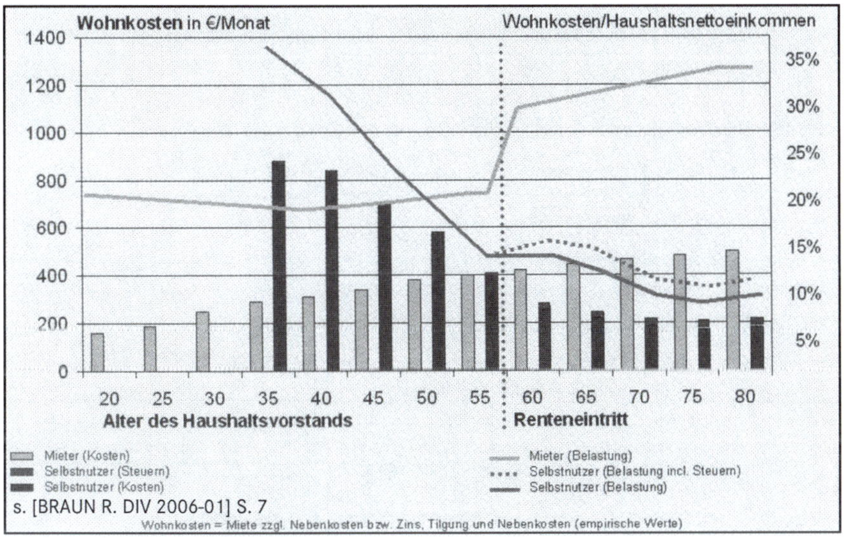

Abb. 3-9: Drückende Mietenlast ab dem Alter von 55 Jahren: Typische Entwicklung der Wohnkosten von Mietern und Eigentümern (Quelle: [Braun R. DIV 2006-01] S. 7)

3.3.3 Kundenorientiert die Zukunft planen

Zur Kundenorientierung und Entwicklung von Angeboten ist die Kenntnis über den Zusammenhang zwischen Angebot und Nachfrage in einem kurz-, mittel- oder langfristigen Planungszeitraum unbedingt notwendig. Die Inhalte der Planungsinhalte sind in Abb. 3-10 dargestellt. Mit Veränderung des Flächenangebots verändert sich die Funktion aus Angebot und Nachfrage und beeinflusst die Preise. Nur die Kenntnis des Marktes verhindert Fehlinvestitionen.

3.4 Nutzungsgrad – Nutzungen ermöglichen

Der Nutzungsgrad lässt sich im Wesentlichen durch einen ressourcenorientierten Strategieansatz optimieren.

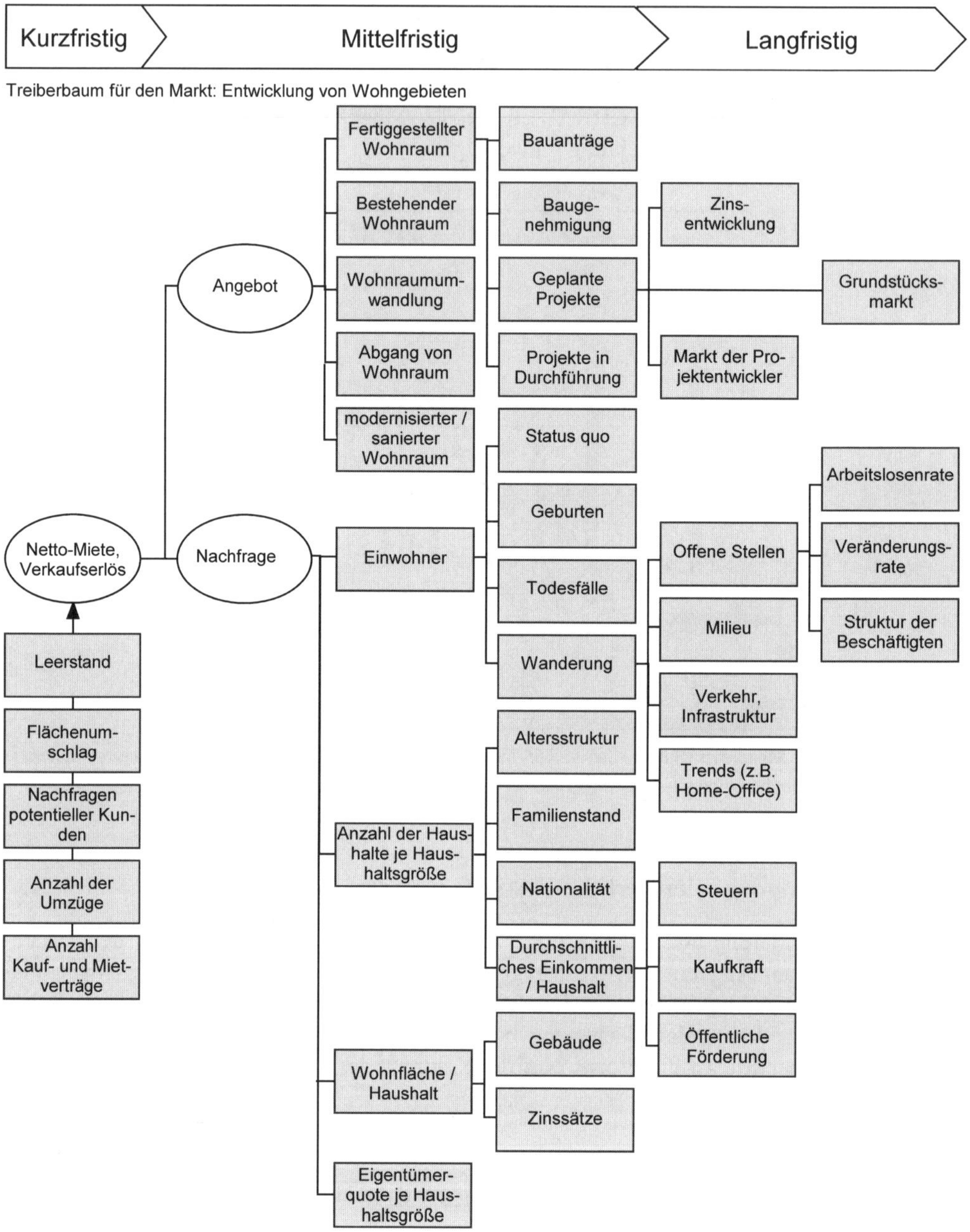

Abb. 3-10: Indikatoren für die Einschätzung von Angebot und Nachfrage in der Wohnungswirtschaft

3.4.1 Gebäude besser nutzen!

Bei einer Lebensdauer von Gebäuden von bis zu 100 Jahren ist die Anpassungsfähigkeit (Adaption) von Gebäuden ein wesentliches Kriterium, die Nutzbarkeit von Gebäuden für die

Eigennutzung oder den „Markt“ sicherzustellen. Hierbei lassen sich Flächensparkonzepte, Flexibilität, Neutralität und Variabilität unterscheiden. Flächensparkonzepte optimieren den Flächenbedarf z.B. in der Bürowirtschaft durch technische Lösungen. Um auch den zukünftigen Bedürfnissen der Nutzer oder Mieter gerecht werden zu können, ist Flexibilität in der Gestaltung der Grundflächen notwendig. Das bedeutet z.B. keine Einschränkung des Nutzerkreises durch rollstuhlgerechte Dimensionierung der Räume oder Neutralität in der Nutzungsart z.B. durch ähnliche Proportionen der einzelnen Räume (s. Loeschke G. in [BERG 1981] S. 132). Hierzu gehört auch die Variabilität in der Verwendung der Bauelemente, d.h. Anpassungsfähigkeit eines Grundrisses durch konstruktive Veränderungen, wie z.B. versetzbare oder verschiebbare Wandelemente.

Beständigkeit ist mit der Anpassungsfähigkeit der räumlichen Gegebenheiten untrennbar verbunden. Mangelnde Adaptionsmöglichkeiten führen zu steigenden Kosten bei zukünftigen Umbau- oder Modernisierungsmaßnahmen. Der Gedanke der Adaption wird im öffentlich geförderten Wohnungsbau durch minimierte Raumgrundrisse kontraproduktiv unterstützt.

Es lassen sich drei Arten von Maßnahmen unterscheiden, die die Gebäudenutzung unterstützen können: vorbeugende, ad-hoc und mittelfristige Maßnahmen.

3.4.2 Vorbeugende Maßnahmen

Zu den vorbeugenden Maßnahmen gehören z.B. Flächensparkonzepte, Vorhalten von Variabilität und Flexibilität. Diese Maßnahmen sind bei Neu- und Modernisierungsmaßnahmen in der Planung zu berücksichtigen.

- Flächensparkonzept: Ein Beispiel für ein Flächensparkonzept ist in Abb. 3-11 dargestellt. Durch die Wahl eines Bürokonzepts lässt sich bei gleichem Flächenangebot die Anzahl der Arbeitsplätze erhöhen. Dargestellt sind die Bürokonzepte „Desk-Sharing“, „Open Space“ und Zellenburo. Integriert in dieses Konzept ist Flexibilitat, da bei dieser Gebaudetypologie die drei Bürokonzepte ohne Bestandsveränderung möglich sind.
- Variabilität ist Bestandteil der multifunktionalen Nutzung und lässt unterschiedliche Nutzungsarten zu, ohne wesentliche bauliche Veränderungen vornehmen zu müssen (z.B. neben der Grundrissdisposition veränderbare Trennwände).

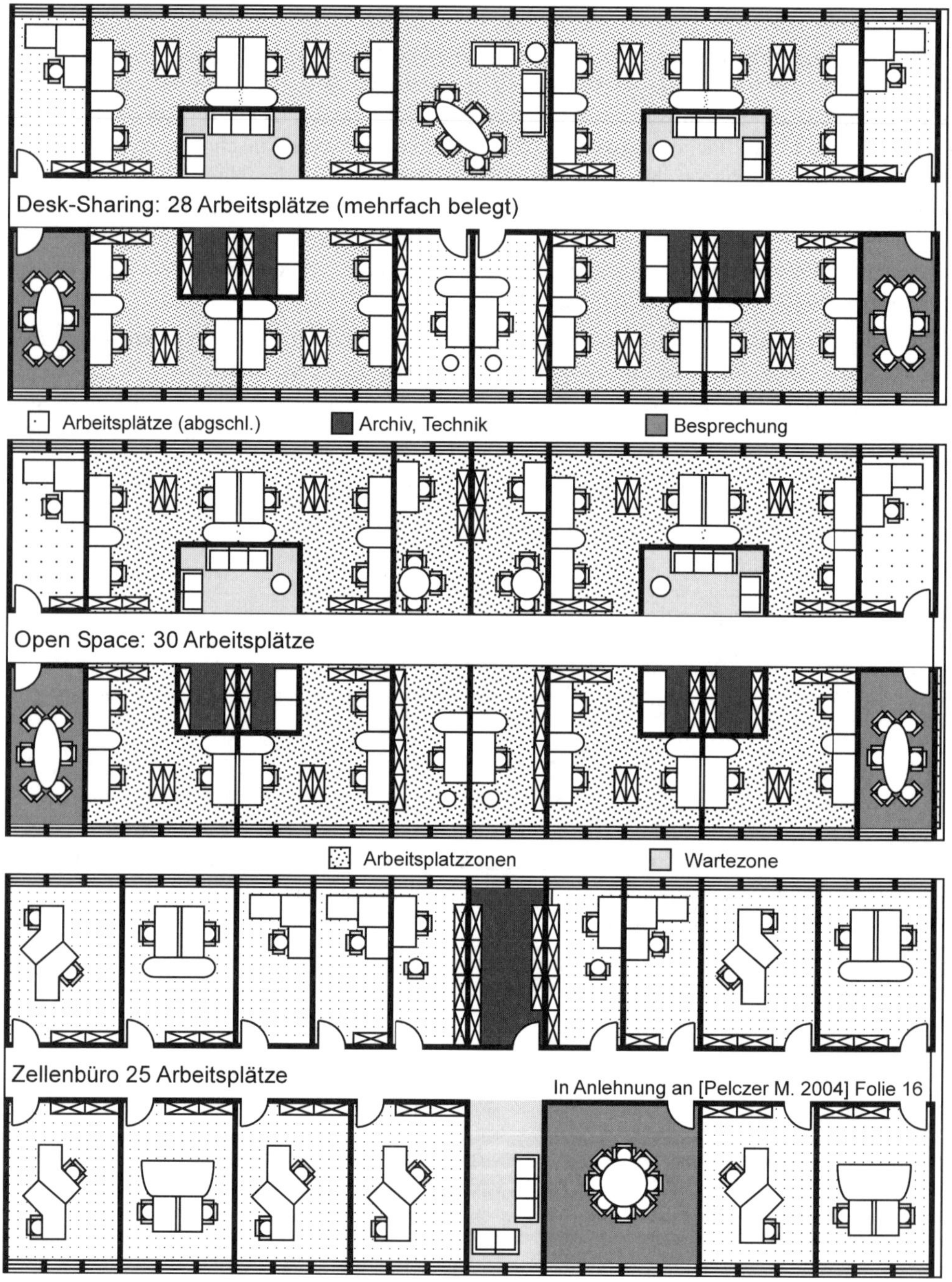

Abb. 3-11: Modellrechnung Flächenbedarf für verschiedene Bürokonzepte

- Flexibilität ermöglicht unterschiedliche Nutzungen ohne wesentliche Veränderungen des Gebäudes. Als Beispiel ist hier, die Kirche St. Johannis in Hamburg-Altona angeführt, die temporär gegen eine Nutzungsgebühr für Festbankette angemietet werden kann (s. Abb. 3-12 – rechts). Die Preise sind montags bis donnerstags sowie samstags 2.000 Euro, freitags 2.500 Euro, eine Schankerlaubnis für 150 Euro ist vorhanden, Kircheninstrumente können ab 80 Euro ebenfalls angemietet werden [www.kulturkirche.de 07.03.2008].

Erlebnisbergwerk (vgl. [www.erlebnisbergwerk.com/start.htm] 25.01.2004); St. Johannis Hamburg-Altona (vgl. [www.kulturkirche.de] 06.03.2008)
Abb. 3-12: Zeche wird Theater, Kirche wird Festbankett

3.4.3 Ad-hoc-Maßnahmen

Zu den Ad-hoc-Maßnahmen gehören die Stilllegung oder der Verkauf von Immobilien. Bei der Stilllegung ist eine vollständige oder Stilllegung in Teilen zu unterscheiden.

Eine besondere Herausforderung stellte sich der Deutschen Bahn mit Gründung der Deutschen Bahn Aktiengesellschaft zum 1. Januar 1994. Dadurch gingen die Verkehrsicherungspflichten für die Immobilien der Deutschen Bahn auf die Aktiengesellschaft über. Es folgte aus Gründen der Verkehrssicherung die ordnungsgemäße Stilllegung nicht mehr genutzer Flächen z.B. durch Einzäunung. Lohnenswert kann auch die Stilllegung von Gebäudeteilen sein. Der Vorteil einer Teilstilllegung liegt darin, dass Teile der laufenden Betriebskosten, z.B. Reinigungskosten, entfallen.

Ist langfristig kein eigener Bedarf zu erkennen, kann auch der Verkauf von Kirchen in Betracht gezogen werden, da ansonsten neben anteiliger Betriebskosten auch die Instandhaltung gesichert werden muss. Ein Beispiel hierfür ist der Kirchenverkauf in Uhldingen (s. Abb. 3-13 – rechts). Ohne Fortführung der Instandhaltungsmaßnahmen werden stillgelegte Gebäude zunehmend dem Verfall ausgesetzt (s. Abb. 3-13 – links).

Dresden Görlitzerstraße 24.7.1991 (vgl. [KOPPELKAMM, S. 2007]); Kirche in Uhldingen (vgl. [www.uhldingen-muehlhofen.de 29.01.2004)]
Abb. 3-13: Stilllegung, Verkauf

3.4.4 Mittelfristige Maßnahmen

Zu den mittelfristigen Maßnahmen kann die (Teil-)Umnutzung mit Bestandserhaltung oder (Teil-)Umnutzung mit Bestandsveränderung gezählt werden. Bestandserhaltung liegt im Gegensatz zur Bestandsveränderung dann vor, wenn keine erheblichen Eingriffe in die Tragkonstruktion vorgenommen werden. Eine extreme Variante hierzu ist der Neubau unter Verwendung von Bestandsresten, wenn z.B. nach einer Entkernung lediglich die Fassaden erhalten bleiben oder bei einem Neubau Abrissbauteile wiederverwendet werden.

- (Teil-)Umnutzung mit Bestandserhaltung
  Bei dieser Art der Umnutzung werden aus Wohnhäusern Bürogebäude, aus Wassertürmen Krematorien (vgl. [WIECKHORST, T. bs 1995-04] S. 16-18), Kirchen nehmen temporär zusätzliche Nutzungen unter Berücksichtigung der baulichen Sonderheiten auf, z.B. Abendessen im Glockenturm. Ebenso sind Ausstelllungen, Gastronomie („Frühschoppen“), Filmvorführungen, Hochzeiten, Patenschaften, Konzerte, Theater, etc. denkbar. Voraussetzung für die Bestandserhaltung ist jedoch eine passende Gebäudetypologie. Beispielhaft wird St. Maximin in Trier (s. Abb. 3-14 – links) angeführt, die als Sporthalle genutzt wird, oder die Stadtpfarrkirche St. Marien in Müncheberg (s. Abb. 3-14 – rechts), die neben der sakralen Nutzung eine Bibliothek und Gemeindezentrum aufgenommen hat. Eine besonderes Beispiel ist das Erlebnisbergwerk „Glück auf“ in Sondershausen (s. Abb. 3-12 – links), in dem 2008 insgesamt 15 Veranstaltungen unterschiedlicher Art angeboten werden, darunter Konzerte und eine Rennstrecke unter Tage.
- (Teil-)Umnutzung mit Bestandsveränderung
  So wurde z.B. aus der Bonifatius-Kirche in Münster ein Verlagshaus, aus der Bielefelder Martinikirche ein Restaurant mit dem Namen „Glück und Seligkeit“ und die Kirche St. Peter in Essen zu einer Schule für Pflegeberufe (s. [HILLE, N. DAB 2007-10] S. 10ff.), ein

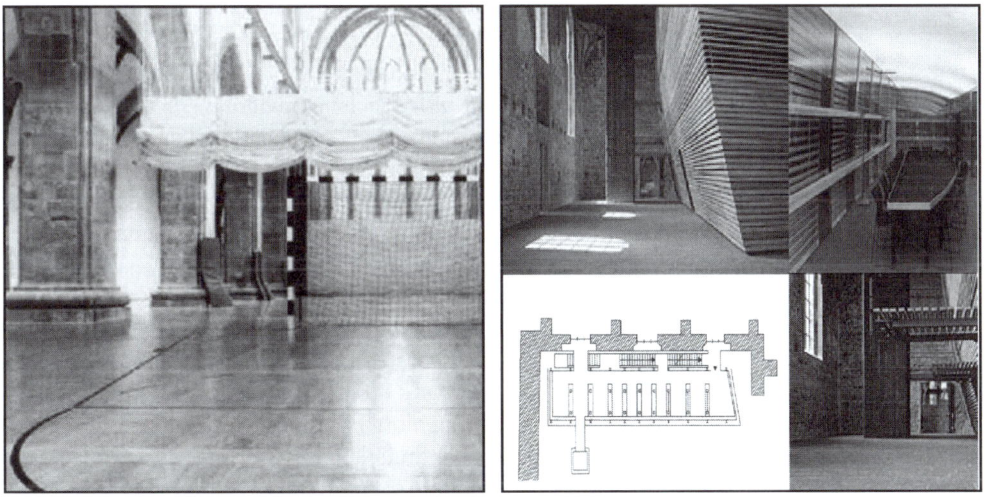

St. Maximin in Trier (vgl. [www.st-maximin.de] 29.01.2004); Stadtpfarrkirche St. Marien in Müncheberg (vgl. [www.klausblock.de/kirche_muencheberg.html] 29.01.2004)

Abb. 3-14: Kirche wird Sporthalle sowie Bibliothek

Umspannwerk wurde zur Synagoge (s. [TIETZ, J. DAB 2007-12] S. 23), in Köln aus Bunkern des Zweiten Weltkrieges Wohnhäuser (s. [HEILMEYER, F. DAB 2007-12] S. 24ff.), die Peter-Paul-Kirche in St. Petersburg wurde von den 50er Jahren bis 1997 als Schwimmbad benutzt (vgl. [DNK Bd. 56 1997] S. 8). Die Mönchenkirche in Jüterbog wurde Bibliothek (Abb. 3-15 – links, vgl. [DNK Bd. 56 1997] S. 44), die Friedenskirche Rheydt ein Mehrfamilienhaus (Abb. 3-15 – rechts).

Mönchenkirche in Jüterbog, vgl. [DNK Bd. 56 1997] S. 44; Friedenskirche Rheydt (vgl. [www.wohnen-in-der-friedenskirche.de] 29.01.2004)

Abb. 3-15: Kirche als Bibliothek sowie Wohnhaus

3.4.5 Langfristige Maßnahmen

Zu den langfristigen Maßnahmen gehören z.B. (Flächen-)Umwidmungen. Um langfristig die Nutzung einer Liegenschaft sicherzustellen sind ggf. Flächenumwidmungen vorzunehmen, denen i.d.R. Änderungen des Bebauungsplanes vorausgehen. Flächen, die heute als Bahnflächen, Gemeindehäuser, Hotels, Industriegebäude, Industriebranchen, Kasernen, Kirchen oder als portugisische Thermalbäder unzureichend genutzt werden, können ggf. zu rentablen Appartments, Atelier, Bürogebäude, Einkaufszentren, Gaststätten, Lofts, Wohnquartiere oder Senioren-Wohngemeinschaften umgebaut werden. Der Erfolg von Flächenumwidmungen ist von der Kreativität der beteiligten Personen maßgeblich abhängig.

3.5 Nutzungskosten und Erlöse – Wirtschaftlichkeit erhöhen

„Nutzungskosten und Erlöse" lassen sich durch einen organisations-, ressourcenorientierten, prozess- und potenzialorientierten Strategieansatz optimieren.

3.5.1 Zusammenhänge zwischen Nutzungskosten und Erlöse berücksichtigen

Die Ergebnisse der Bilanz sowie der Gewinn- und Verlustrechnung stehen in Abhängigkeit zu vielfältigen und sich gegenseitig bedingenden Kosten- und Ertragspositionen. Die wesentlichen Positionen und Abhängigkeiten sind in Abb. 3-16 dargestellt.

1. Bspl.: Startpunkt ist die „Verwaltungseinheit je Mitarbeiter" und Endpunkt sind die „Personalkosten". Steigt das Verhältnis (1. Pfeil nach dem Startpunkt: ⇑), so ist ein geringer Personaleinsatz mit geringeren Personalkosten (2. Pfeil nach dem Startpunkt: ⇓) notwendig: Das freut das Immobilienunternehmen (☺).
2. Bspl.: Startpunkt sind die „Personalkosten" und Endpunkt sind die „Instandhaltungskosten". Steigen die Personalkosten (1. Pfeil nach dem Startpunkt: ⇑), weil ein Instandhaltungsstau abgebaut werden muss, steigen ebenfalls die Instandhaltungskosten (2. Pfeil nach dem Startpunkt: ⇑): Das freut das Immobilienunternehmen nicht (☹).

Die Reduktion von Instandhaltungskosten führt nicht zwangsweise zu besseren Renditen, wenn dafür die Mieter „vergrault" werden.

In diesem Schema ebenfalls widerspruchsfrei integriert ist der bereits beschriebene Nachhaltigkeitsindex mit seinen Dimensionen des Flächennutzungsgrades, des Gesamtbelegungsgrades und die Umsatz-, Eigen-, Gesamtkapitalrentabilität, ROI analog zu Nutzungskosten und Erlösen.

3.5.2 Eigen- oder Fremdleistungen erhöhen

Ein Ansatz kann sein, um die Kosten zu verringern, eigene Leistungen durch Fremdleistungen (Outsourcing) zu ersetzen. Unterstellt wird dabei vielfach, dass die Erbringung von Objektleistungen günstiger und hochwertiger von Dienstleistern erbracht werden können. Grundsätzlich sind vor Leistungserbringung durch Dritte die Leistungsinhalte abzugrenzen und zwei grundlegende Fragen zu beantworten:

- Bestehen durch den nachhaltigen Know-how- und Datenverlust oder durch die Verletzung der Vertraulichkeit und Loyalität bei Leistungserbringungen durch Dritte unerwünschte Abhängigkeiten oder Risiken für das Immobilienunternehmen?
- Können die Leistungen durch einen Auftragnehmer in gefordertem Umfang und geforderter Qualität zur gewünschten Zeit und Zeitdauer zuverlässig (Verfügbarkeit) und nachhaltig (Kontinuität) auch bei wechselndem Bedarf (Flexibilität) kostengünstiger erbracht werden?

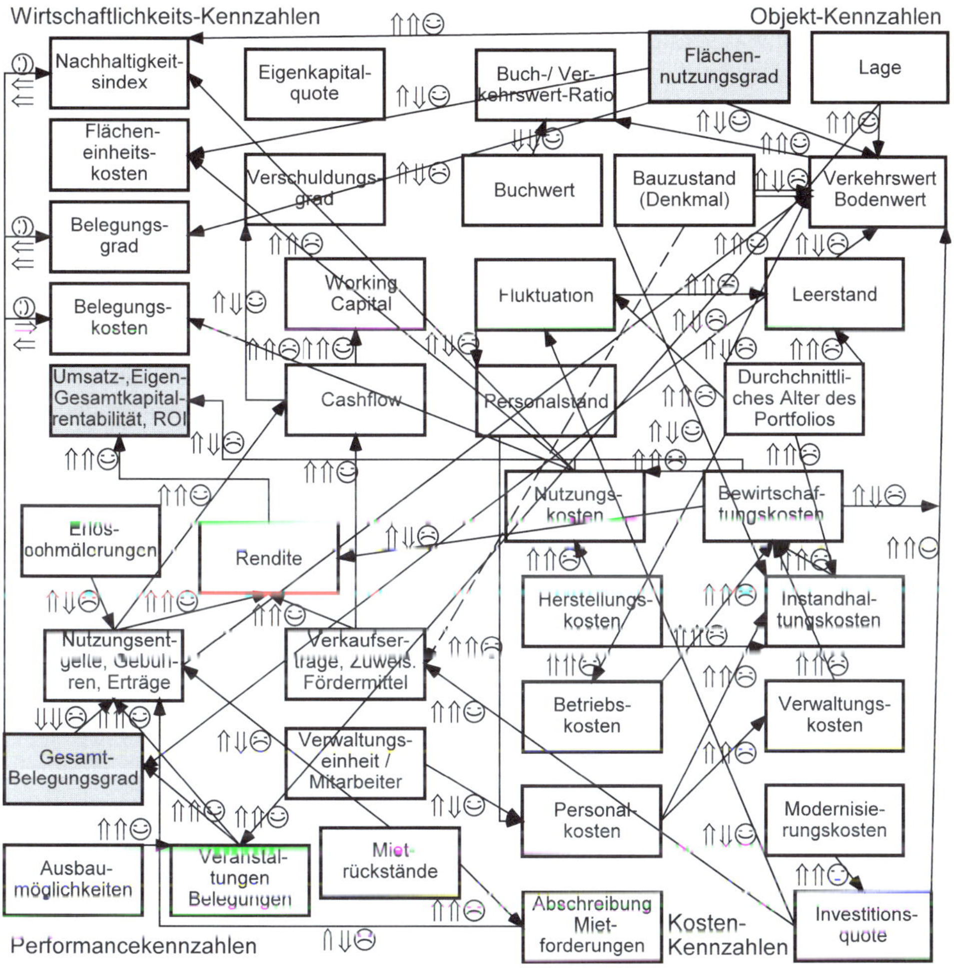

Abb. 3-16: Wirkungszusammenhänge bei Immobilien

Leistungsinhalte der Portfolio-Strategie (Strategisches kaufmännisches und technisches Management) können nur in Ausnahmefällen an Dienstleistungsunternehmen vergeben werden. Outsourcing bietet sich im operativen Asset Management sowie Property Management und Facility Management insbesondere dann an, wenn an den einzelnen Standorten die Leistungserbringung durch eigenes Personal vor Ort auch im Krankheitsfall nicht ausreichend und qualifiziert gesichert werden kann. Dies kann der Fall bei Streubesitz sein. Liegen die

Standorte weit auseinander, so ist ein Auftragnehmer von Vorteil, der alle weit auseinander liegenden Standorte versorgen kann.

Ebenfalls von Vorteil kann Outsourcing dann sein, wenn Spezialwissen notwendig ist und im eigenen Unternehmen nicht langfristig vorgehalten werden soll, weil die „Kritische Masse“ zur effizienten Eigenerstellung nicht erreicht werden kann und die Auslastung des eigenen Personals nicht gesichert wäre.

Für Outsourcing bieten sich vielfach folgende Leistungen an, die nicht nachhaltig zum Kerngeschäft eines Immobilienunternehmens gehören: Baumaßnahmen, Car-Sharing, Catering-Service, Instandhaltungsdienste, Planungsleistungen, Projektentwicklung, Reinigungsdienste Sicherheitsdienste, Umzugsdienste, Wäschereidienste, etc.

Zur Betrachtung der Vorteilhaftigkeit von Outsourcing ist daher eine Vollkostenrechnung durchzuführen. Kostenvorteile können sich aus folgenden Gründen ergeben:

- Die Organisation und Steuerung der Leistungserbringung im eigenen Unternehmen ist ineffizient und wird entlastet.
- Die Vollkostenrechnung bei eigener Leistungserbringung ist nicht transparent, die Weiterbelastung von Leistungen bei Leistungserbringung durch Dritte wird einfacher möglich.
- Die Personalkosten im eigenen Unternehmen sind, z.B. bedingt durch Tariftabellen, höher als bei einem Auftragnehmer.
- Die Auslastung, z.B. von Spezialisten, ist nicht gegeben, präzise Personal- und Raumplanung ist, z.B. bei stetig wechselndem Bedarf, nicht möglich, Risiken werden gemindert.

Kostennachteile können sich allerdings aus der Mehrwertsteuerpflicht durch Einkauf von Leistungen ergeben. Jedoch konnte Lutz (s. [FIGR Bericht Nr. 9] S. 4) darstellen, dass eine Arbeitsstunde des Reinigungspersonals im öffentlichen Dienst 22,48 [€ / h (brutto)] kostet, während der Auftragnehmer die Arbeitsstunde für 18,73 [€ / h (brutto)] anbieten kann. Der Unterschied von 20% ergibt sich durch die unterschiedlichen Tariflöhne. Die Mehrwertsteuer ist in der Arbeitsstunde des Auftragnehmers berücksichtigt. So kommt Lutz zum Schluss, dass bei „gleicher Stundenvorgabe und bei gleich qualifiziertem Personal sowie bei gleichem Stand der Technik“ die Fremdreinigung aufgrund der Lohnstruktur günstiger ist.

3.5.3 Investition zum richtigen Zeitpunkt optimieren

Der Zeitpunkt der Beschaffung wirkt sich z.B. auf die Zinssätze für Kredite aus. Durch Planung der Instandhaltung lassen sich diese Zyklen optimal ausnutzen und Massnahmen bei vergleichsweise niedrigen Fremdkapitalzins durchführen (s. Abb. 3-17). Das setzt allerdings eine intensive Planung der Investitionsmaßnahmen voraus.

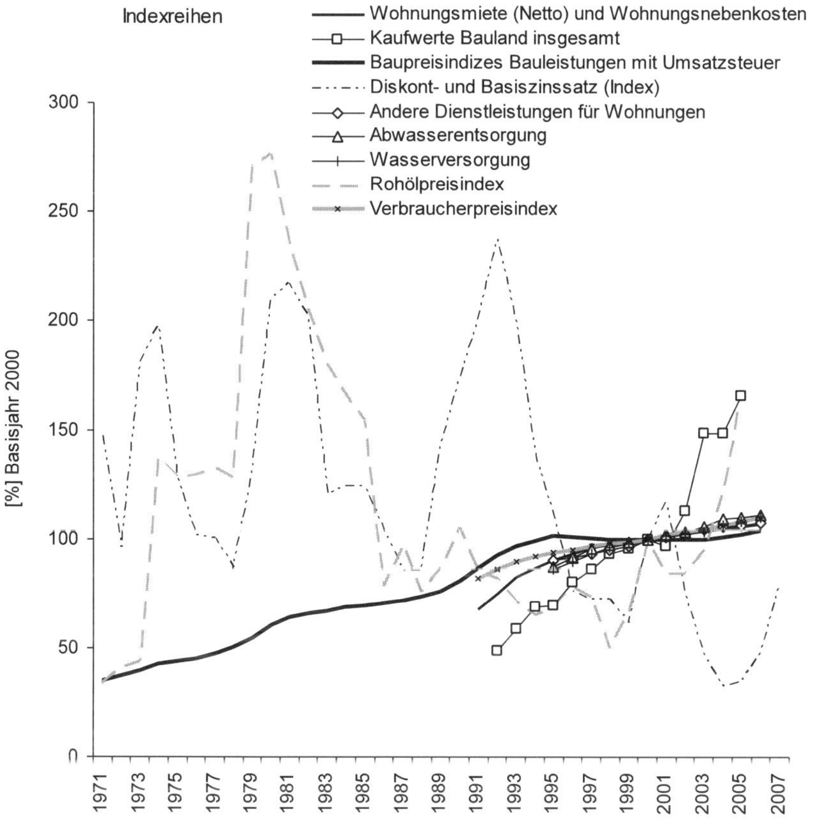

eigene Berechnungen auf Grundlage von: Wohnungsmiete (s. [StBA 61111-0003-(2007-07-06)]), Kaufwerte Bauland insgesamt (s. [StBA 61511-0001-(2007-07-06)]), Baupreisindizes Bauleistungen mit Umsatzsteuer (s. [StBA 61261-0013-(2007-07-06)]), Diskont- und Basiszinssatz (Index) (s. [Deutsche_Bundesbank SU0112. SU0114, SU0115-(200707070)]), Andere Dienstleistungen für Wohnungen, Abwasserentsorgung und Wasserversorgung (s. [StBA 61111-0005-(2007-07-06)]), Rohölpreisindex (s. [bpb 2006-06]), Verbraucherpreisindex(s. [StBA 61111-0001-(2007-07-06)])

Abb. 3-17: Prognose und Risikoeinschätzung zur kurzfristigen, mittelfristigen oder langfristigen Einschätzung

3.5.4 Nutzungsdauer von Immobilien erhöhen

Der Betrachtung eines Gebäudes im Lebenszyklus gehen zwei grundlegende Thesen voraus:

- Die *Nutzungs*kosten sind ein vielfaches der Herstellungskosten im Lebenszyklus eines Gebäudes.
- In der Planungs- und Ausführungsphase werden die Nutzungskosten entscheidend bestimmt und können bereits in der Planung maßgeblich optimiert werden.

Die Phasen im Lebenszyklus eines Gebäudes sollen daher nicht isoliert betrachtet werden. Diese Phasen bauen sukzessive aufeinander auf und sind grundsätzlich unabhängig von Gebäudenutzungsart oder den Beteiligten. Wesentliches Kennzeichen ist, dass im Projektgeschäft maßgeblich der zukünftige Kostenverlauf im Objektgeschäft bestimmt wird. Das betrifft ebenso die Technische Ausführung sowie die Anpassungsmöglichkeiten an zukünftige Aufgabenstellungen. Dabei ist festzuhalten, dass die Nutzungskosten ein vielfaches der Investitionskosten betragen können. Mit jeder Festlegung während eines Projektes schwindet die Möglichkeit, den Kostenverlauf während der Nutzung maßgeblich positiv zu beeinflussen. Oder anders ausgedrückt: Mit wenigen Mitteln oder durch eine intelligente Planung im Projektgeschäft lassen sich die Kosten im Objektgeschäft um ein vielfaches der eingesetzten Mittel reduzieren.

Der Zusammenhang ist in Abb. 3-18 dargestellt. Dieses Verhältnis variiert je nach Gebäudenutzungsart, z.B. Wohngebäude, Bürogebäude oder Krankenhaus.

Werden die Personalkosten in die Betrachtung einbezogen, verschiebt sich das Kostenverhältnis weiterhin beeindruckend. In der bisherigen Diskussion um Facility Management wird weitgehend nicht berücksichtigt, dass die Ausführung der Gebäude auch die Personalkosten bestimmen können. Die Gestaltung von Gebäuden kann z.B. die Arbeitsabläufe in Operationsbereichen von Krankenhäuser, Küchen und die Servicequalität in Pflegeeinrichtungen beeinflussen. Da vielfach in Pflegebereichen mit festen Personalschlüsseln (Verhältnis von Personal zu Bewohner) gearbeitet wird, wird durch die Wegezeiten erheblich bestimmt, wie viel Zeit des Personals effektiv für das „Kerngeschäft“, der Pflege der Anvertrauten, verbleibt – die verfügbare Zeit bestimmt damit maßgeblich die Qualität der Pflege. Methodisch lassen sich derartige Analysen durchführen, eine frühzeitige Zusammenarbeit zwischen Projektbeteiligten und Betreiber sind hierzu notwendig. Unter diesen Prämissen haben die Herstellungskosten eine untergeordnete Rolle, wenn der Kostenverlauf insgesamt durch geeignete Maßnahmen reduziert werden kann oder Leistungen überproportional gesteigert werden können.

In gleicher Weise sind die Bauteile dem Lebenszyklus unterworfen (vgl. Abb. 3-26). Eine besondere Herausforderung ist es, den Lebenslauf eines Gebäudes mit dem Lebenslauf seiner Mieter / Nutzer und einem passenden Geschäftsmodell in Einklang zu bringen und den absehbaren und wechselnden Bedarf und Bedürfnissen anzupassen.

Zu einer wirtschaftlichen Beurteilung eines Gebäudes ist daher eine Betrachtung der geplanten Nutzungsdauer insgesamt unerlässlich. Die buchhalterische Betrachtung eines Betreibers von ein, fünf oder zehn Jahren ist lediglich ein Ausschnitt in der Betrachtung des Lebenszyklusses eines Gebäudes und ergibt daher ein schiefes Bild in der Betrachtung der Wirtschaftlichkeit, unter der Voraussetzung, dass die wirtschaftliche Nutzungsdauer länger als die buchhalterische Betrachtung ist (vgl. Abb. 3-18).

Allerdings muss auch festgestellt werden, dass für einen Generalplaner, Generalüber- / -unternehmer, Totalunternehmer oder einen Makler der Lebenszyklus ohne Bedeutung ist, da die Leistungserbringung bereits nach Abnahme eines Projektes abgeschlossen ist.

In dem Geschäftsmodell „Sale & Lease back“ spielt vielfach die Planungs- und Bauphase nahezu keine Rolle, wenn es sich um Bestandsimmobilien handelt. Für Immobilienunternehmen, die vornehmlich mit Immobilien handeln, spielt der Lebenszyklus ebenfalls nur eine geringe Rolle.

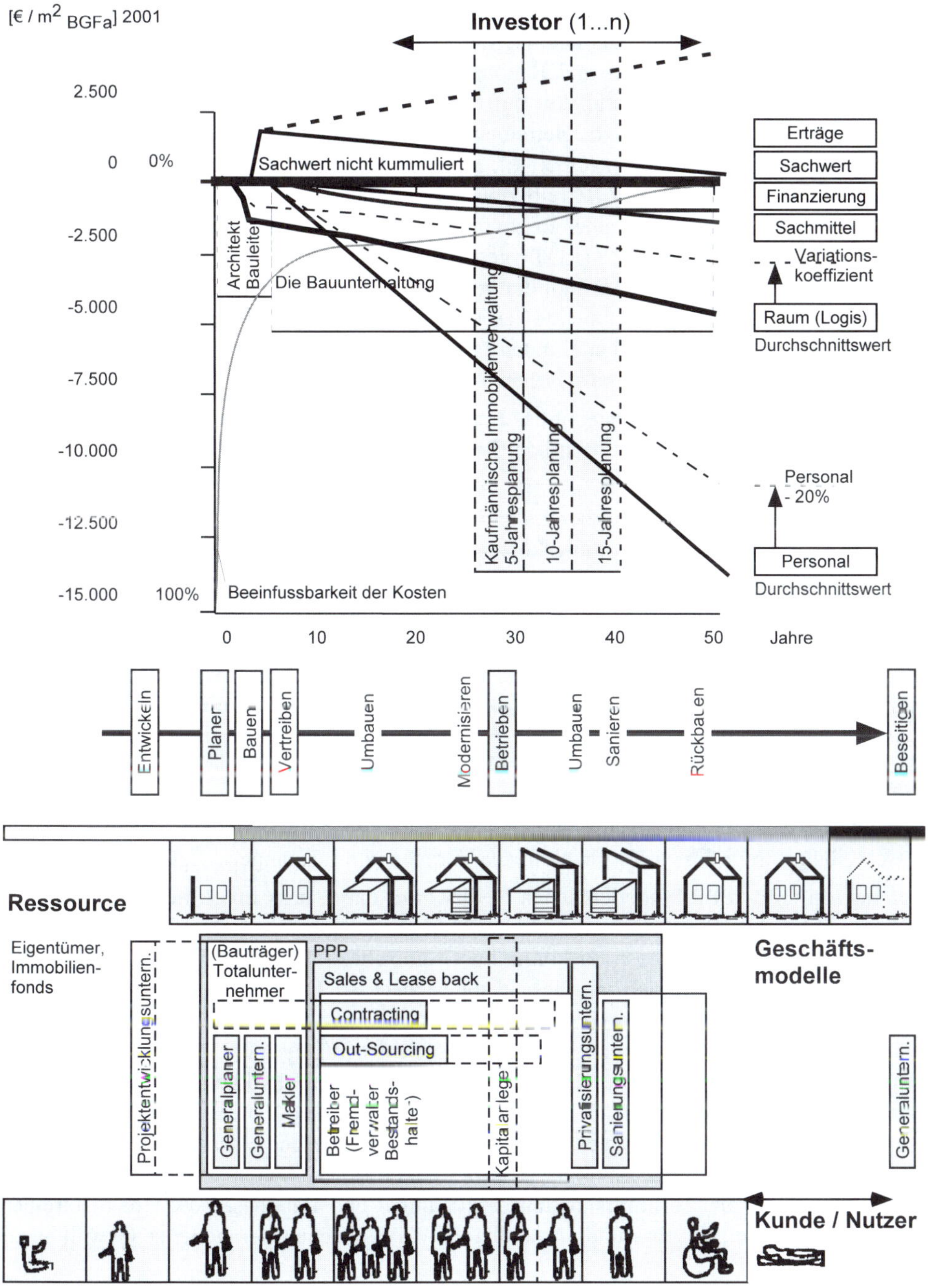

Abb. 3-18: Stake- und Shareholderanalyse

Steht jedoch das Bestandshaltermodell wie z.B. in der Wohnungswirtschaft, kirchlichen oder kommunalen Immobilienmanagement im Vordergrund, kommt der Lebenszyklusgedanke besonders zum Tragen. In die Betrachtung der Wirtschaftlichkeit wird neben dem nachhaltigen Betrieb auch die Planungs- und Bauphase einbezogen. Bei Betreibermodellen werden die Immobilien für eine limitierte Zeit auf einen Betreiber übertragen. Der Grundstückseigentümer wird zum Kunden beim Betreiber, wesentlich sind dabei drei Phasen: 1. Planen und Bauen (Build), 2. Betreiben (Operate), 3. Übergang zum Kunden (Transfer). In der angelsächsischen Welt wird dieses Betreibermodell daher als BOT bezeichnet. Daneben gibt es diverse Variationen. Wird von einer Renovierung statt Neubau ausgegangenen, so wird von „Rehabilitate Operate Transfer“ (ROT) gesprochen. Bei „Build Lease Operate Transfer“ (BLOT) least der Betreiber die Immobilie von einer Leasingfirma oder vom Grundstückseigentümer, bei „Build Transfer Operate“ (BTO) wird die Immobilie eigentumsrechtlich vor Ablauf der Betriebsphase auf den Kunden übertragen, bei „Build Own Operate“ (BOO) ist ein Transfer zum Kunden nicht vorgesehen.

In Deutschland sind im Vertragsrecht das Energie-Liefercontracting und Public Private Partnership-Modelle (PPP), auch Öffentlich Private Partnerschaft (ÖPP) genannt, besonders ausgeprägt.

Bei ÖPP / PPP-Modellen müssen bereits in der Erstellungsphase u.a. die zukünftigen Gebäude-Betriebskosten und Instandhaltungskosten abgeschätzt werden. Wesentliche Faktoren von ÖPP / PPP sind daher die bedarfsorientierte Planung und hochwertige Bauausführung, eine strukturierte Vorfinanzierung durch einen privaten Partner, sowie eines hinsichtlich der Bewirtschaftungskosten optimierten Gebäudes. Fundierte Fachkenntnisse sind sowohl beim Auftraggeber als auch beim Auftragnehmer nötig: Einerseits bindet sich der Anbieter vertraglich über einen langen Zeitraum, Fehlkalkulationen wirken ggf. lange nach. Andererseits muss der Auftraggeber in der Lage sein, Angebote potentieller Auftragnehmer prüfen. Für Gesellschaften, die sich zunehmend den ÖPP / PPP-Modellen zuwenden, bedeutet dies, dass hierfür das Personal ausgebildet und sensibilisiert werden muss. Die Anforderung an die Formulierung der Leistungsinhalte ist daher ungleich höher im Vergleich zu den bisherigen Ausschreibungsarten. Einen Vergleich in der Vergabe von Leistungen zeigt Abb. 3-19.

Vorteile von ÖPP / PPP-Modellen sehen Befürworter darin, dass Investitionsmaßnahmen in der kameralistischen Buchungssystematik nicht im Vermögenshaushalt ausgewiesen werden müssen und daher der Disposition kommunaler Entscheidungsträger entzogen werden und der laufende Gebäude-Betrieb vertraglich abgesichert ist. Die Umschichtung des Verwaltungshaushaltes zu Gunsten kommunalpolitischer Themen jenseits von Immobilien und zu Lasten der Instandsetzung ist wegen der vertraglichen Bindung nicht möglich. Ein Instandhaltungsrückstau wird sich daher hier nicht einstellen. Ebenfalls kann das Personal in der kommunalen Verwaltung reduziert werden, da die Anzahl der Verträge und Abrechnungen drastisch reduziert werden. Ein weiterer Vorteil wird darin gesehen, dass wesentliche Risiken auf den Anbieter übertragen werden. Zu den Risiken des Anbieters zählen das Planungs-, Genehmigungs-, Bau-, Terminrisiko in der Planungs- und Bauphase sowie das Betreiber-, Personal-, Gebäude-Betriebs- und Instandhaltungsrisiko neben der höheren Gewalt in der Betriebsphase.

Konventionelle Beschaffung	Generalplaner	Generalunter- / übernehmer	Totalübernehmer	ÖPP / PPP-Betreiber
Planung oder einzelne Vergabe der Planungsleistungen durch den Auftraggeber, mit oder ohne Wettbewerb	Vergabe der Planungsleistungen an Auftragnehmer	Planung oder einzelne Vergabe der Planungsleistungen durch Auftraggeber, mit oder ohne Wettbewerb	Vergabe der Planungsleistungen an Auftragnehmer	
Vergabe nach Leistungsbereichen durch den Auftraggeber		Vergabe der Bauleistungen an Auftragnehmer		
Finanzierung federführend durch Auftraggeber		… ggf. Finanzierung durch Auftragnehmer		
Vollständiger Betrieb durch Auftraggeber ggf. unter Einbindung von Dienstleistungsunternehmen				Betrieb durch Auftragnehmer, ggf. unter Einbindung sinnvoller Eigenleistungsbestandteile des Auftraggebers

Abb. 3-19: ÖPP / PPP-Betreiber

Kritiker von ÖPP / PPP-Modellen sehen ebenso die Möglichkeit durch Ausgründung eines Eigenbetriebs oder GmbH den Zugriff kommunaler Entscheidungsträger auf Investitionsmittel zu unterbinden und durch die doppelte Buchführung die Möglichkeit, aus Vermögens- und Verwaltungshaushalt getriebene Entscheidungen zu versachlichen. Dies bedeutet, dass das bestehende Personal weiterqualifiziert werden muss. Die Argumente, Aufschläge durch den Gewinn- und Risikozuschlages des ÖPP / PPP-Betreibers bezahlen zu müssen, greifen nur dann, wenn das gleiche Fachwissen in einem Eigenbetrieb oder einer GmbH vorhanden ist. Ansonsten kann der Wissensvorsprung eines ÖPP / PPP-Betreibers zu Vorteilen führen.

3.5.5 Normstrategien in der Instandhaltung einführen

Die Herausforderung bei den Instandhaltungskosten sind die unterschiedliche Beträge und unregelmäßig anfallenden Kosten (Abb. 3-20 und Abb. 3-21).

Dabei ist zu klären, in welches Objekt in welchem Ausmaß investiert werden muss. Schließlich ist selten zu viel Geld für die Instandhaltung vorhanden und die vorhandenen Mittel müssen möglichst effizient eingesetzt werden. Es wird daher vielfach von einem Instandhaltungsstau gesprochen.

In der Wohnungswirtschaft beziffern einzelne Autoren den durchschnittlichen Instandhaltungsstau auf 120 [€ / m² WF (brutto)] (s. [Instandhaltungsstau: durchschnittlich 120 … DW 2007-09]). Der Stau wird jedoch in einer Altersabhängigkeit gesehen. Der Instandhaltungsstau steigt bei zunehmendem Alter drastisch.

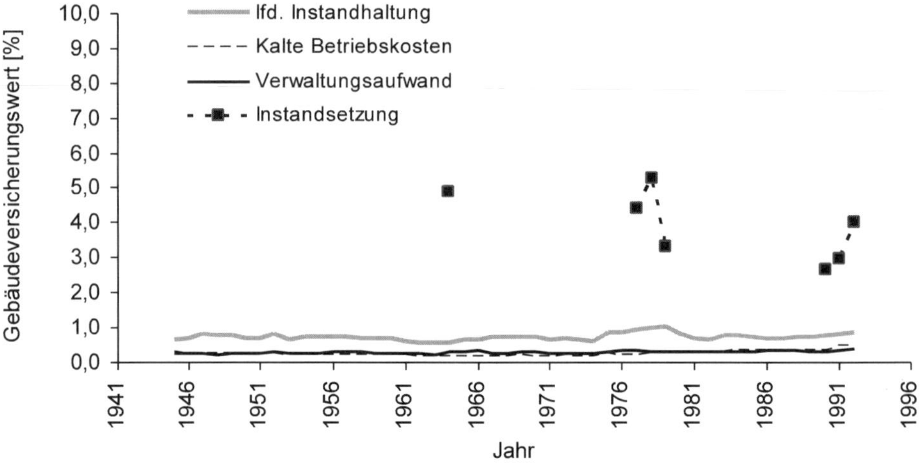

Abb. 3-20: LCC-Verlauf bei 4.000 WE in der Allgemeinen Baugenossenschaft ABZ Zürich (vgl. [BaK 1994] S. 61)

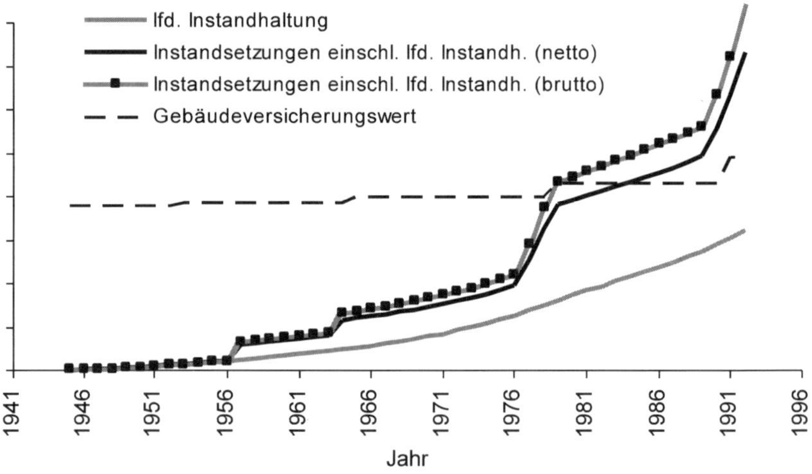

Abb. 3-21: Instandhaltungs- und Instandsetzungsaufwand über die Jahre kummuliert (Basis 1939, vgl. [BaK 1994] S. 68)

Um dem Instandhaltungsstau begegnen zu können, werden Instandhaltungsstrategien gesucht. Die Budgetierung bereitet besondere Schwierigkeiten: Sollen 10,20 [€ / m^2 WF (brutto) a] oder 5,11 [€ / m^2 WF (brutto) a] veranschlagt werden? Der Ausfall von Bauteilen ist i.d.R. in der Wohnungswirtschaft weit weniger bedeutsam als im gewerblichen Umfeld und die Verantwortlichen sind daher geneigt, ausfallorientierte Instandhaltung durchzuführen. Hier drohen ggf. Mietminderungen. In der kommunalen und kirchlichen Immobilienwirtschaft sind Ertragseinbußen durch Mietminderungen noch weniger von Bedeutung. Eine universelle Strategie ist jedoch selten anzutreffen.

Grundlegend ist Instandhaltung als Teil des Wertschöpfungsprozesses in einem Unternehmen zu begreifen.

Zuerst ist zu klären, in welchem Objekt investiert werden soll, z.B. in der Instandhaltung. Das sogenannte Portfolio-Management lässt sich nicht nur hinsichtlich des Objektbestandes, sondern auch bei Fragen der Instandhaltung einsetzen. Für eine Instandhaltungsstrategie ist daher grundsätzlich zu klären, ob das Objekt zum Verkauf ansteht und die „Braut“ für den Käufer „hübsch“ gemacht werden soll, ob Investitionen zur Steigerung des Neukundenpotenzials im Falle eines Leerstandes sinnvoll sind, ob Mietsteigerungspotentiale bei bestehenden und zukünftigen Mietverträgen vorhanden sind, ob Mieterbindungsmaßnahmen Leerstand vermeiden können, ob die Gebrauchsfähigkeit erhalten werden soll, ob zur Verkehrsicherungspflicht (z.B. bei erwünschtem Leerstand) eine Not-Instandhaltung notwendig ist oder ob Produktionseinschränkungen oder -ausfällen vermieden werden sollen (vgl. Abb. 3-23).

Ausgangspunkt der Betrachtung der Instandhaltung ist zunächst das gesamte System (Gebäude) und sollte sich nicht auf einen Teilsystem (Heizungsanlage oder Produktionsanlage) beschränken.

Bei entsprechender Bestandsdatengrundlage lässt sich daraus eine Matrix einerseits aus Not-Instandhaltung, Instandhaltung zur Erhaltung der Gebrauchsfähigkeit, Instandhaltung zur Mieterbindung und -gewinnung sowie Instandhaltung zur Wertsteigerung und andererseits aus einem kurzfristigen, mittelfristigen und langfristigen Planungshorizont ableiten. Die Differenzierung des Planungshorizontes ist schon deshalb notwendig, um Bündelungseffekte mit verschiedenen Objekten und / oder verschiedenen Leistungsbereichen möglich zu machen. Durch terminliche Abstimmung von Leistungsbereichen, z.B. Dach und Fassade, lassen sich z.B. die Gerüstkosten optimieren.

Die Ansicht darüber, was für Immobilien im Bestand getan werden muss, ist von den einzelnen handelnden Personen abhängig. Die Antwort nach Reparatur oder Ersatz eines undichten Daches (s. zur Verdeutlichung Abb. 3-22) bleibt teilweise dem Ermessensspielraum der zuständigen Sachbearbeiter überlassen bzw. erfordert Kenntnis der Bautechniken und Methoden, um die Möglichkeiten des Erhalts von Bauteilen, Auswirkungen hinsichtlich der Kosten und Notwendigkeiten richtig einschätzen zu können.

Abb. 3-22: Dachbeläge vorher und nachher

Zur Vermeidung unabgestimmter Entscheidungen mit der Portfolio-Strategie eines Immobilienunternehmens empfiehlt sich daher Normstrategien für die Instandhaltung einzuführen, um die Erwartungen des Immobilienunternehmens stärker zu artikulieren. Sofern der Bestand in der Struktur weitgehend homogen ist, lassen sich in Folge hierfür Planungs- und Ausführungsstrategien entwickeln. Hilfreich dabei sind z.B. die Festlegung von Ausführungsstandards in „einfach“, „mittel“ oder „gehoben“ bei einer Badsanierung oder Planungsstandards in gleicher Art bei Modernisierungs- oder Instandhaltungsmaßnahmen (Beispiele in SCHMITZ, H. in [GdW Schriften 43] S. 113ff.: Baukostensteigerungen durch Planungsalternativen in der Altbaumodernisierung von 100% = einfach bis zu 203% = gehoben). Die Standards sind mit Budgets zu untermauern und in den Prozessabläufen im Unternehmen sicherzustellen. Nicht zu unterschätzen ist das strukturierte Vorgehen nach einer zyklischen technischen Zustandserfassung und -pflege des Bestandes in Planung und Baudurchführung in Abstimmung mit dem Finanzierungsbedarf und dem Bedarf der Kunden (Mieter) von heute und morgen. Eine Wirtschaftlichkeitsberechnung bei Maßnahmen und eine Aufteilung nach Modernisierungs- und Instandhaltungsmaßnahmen sind in der Wohnungswirtschaft im Allgemeinen unerlässlich.

Abb. 3-23: Normstrategie Instandhaltung (vgl. [BCG 2007] S. 27)

3.5.6 Instandhaltungsstrategien bei Gebäuden anwenden

Ist die Portfolio-Strategie objektbezogen geklärt und sichergestellt, dass der Verkauf nicht ansteht, lassen sich in Anlehnung an [KOHLER, N. 1999] S. 32 folgende Instandhaltungsstrategien unterscheiden (siehe auch Abb. 3-24) und objektbezogen anwenden:

- A: Wegwerfstrategie (Verlauf ohne Instandhaltung)
  bedeutet eine relativ kurze Lebensdauer.
- B: Ausfallverzögerungsstrategie (Verlauf mit Inspektion und Wartung)
  sichert Gebrauchstauglichkeit bei begrenzter Lebensdauer.
- C: Ausfallvermeidungsstrategie (Verlauf mit Instandhaltung einschl. Instandsetzung ohne Verbesserungsmaßnahmen)
  verlängert die Lebensdauer bis zu einem geplanten Ende. In der Planung können Bündelungseffekte berücksichtigt werden: Das Gerüst wird für eine gemeinsame Maßnahme, z.B. „Fensteranstrich" und „Dachreparatur" aufgestellt.
- D: Verbesserungs- oder Werterhöhungsstrategie (Verlauf Instandhaltung einschl. Verbesserungs- sowie Modernisierungsmaßnahmen)
  verlängert die Lebensdauer bis zu einem geplanten Ende und verbessert die Qualitäten und ggf. Erträge.

Die Auswahl der Instandhaltungsstrategie erfolgt in enger Abstimmung mit der Portfolio-Strategie des Immobilienunternehmens.

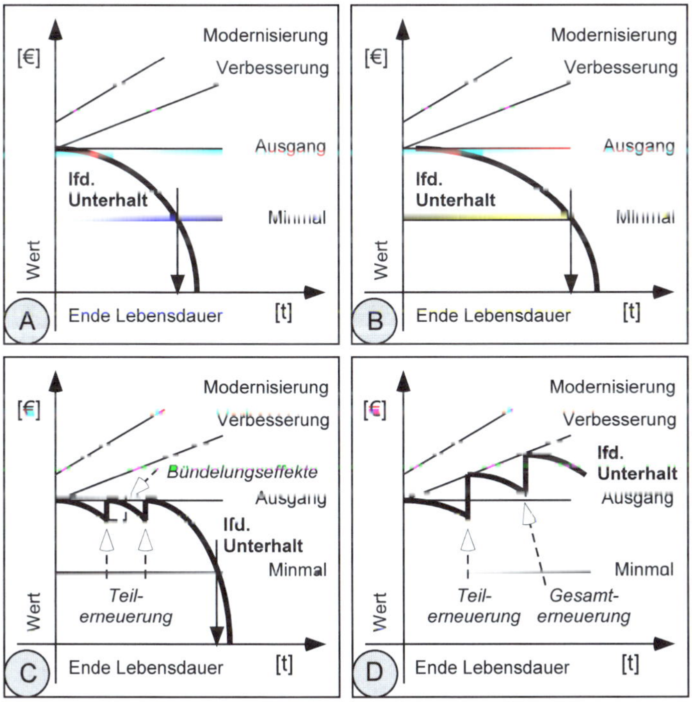

Abb. 3-24: Instandhaltungsstrategien in Anlehnung an [KOHLER, N. 1999] S. 32

3.5.7 Instandhaltungsstrategien bei Teilsystemen anwenden

In gewerblichen oder industriellen Bereichen wird die Wahl der Strategie bei Teilsystemen von der Anlagenverfügbarkeit bestimmt. Der Ausfall von Produktionsanlagen am Ende der Lebensdauer eines einzelnen Bauteils, nutzt zwar optimal die Lebensdauer aus, führt aber zu Produktionsausfällen mit hohen Kosten. Hier werden Forderungen genannt: „Instandhaltungszeit null".

Es lassen sich folgende Instandhaltungsstrategien bei Teilsystemen unterscheiden (vgl. [WIEGAND, B. 2005-11] S. 14, vgl. [ALTMANNSHOFER, R. DFM 2007-04] S. 48):

- Risikobasierte Instandhaltung (risk based maintenance): Das Teilsystem wird danach beurteilt, welche Auswirkungen ein eventueller Störfall hat. Die Auswirkung bestimmt die Priorität und die Instandhaltungsstrategie.
- Zustandsabhängige Instandhaltung (Condition Based Maintenance): Nach vorangegangener Inspektion wird die Instandsetzung im Voraus geplant und bei Überschreitung von Grenzwerten ausgetauscht oder instand gesetzt. Hierzu gehört die Inspektion mit Verschleißprognose und die messtechnische (Online-)Zustandsdiagnose. Die Verfügbarkeit ist mit zusätzlichen Parametern (z.B. Betriebslaufzeiten) kalkulierbar. Bspl.: der Ölwechsel erfolgt nach Herstellervorschrift nach einer Fahrleistung von 15.000 km. Der Ersatzzeitpunkt wird optimal bestimmt.
- Periodisch vorbeugende Instandhaltung (Time Based Maintenance): Teilsysteme werden nach festen Intervallen ausgetauscht oder zu festen Zeitpunkten instand gesetzt. Bspl.: der Ölwechsel erfolgt nach Herstellervorschrift periodisch alle 2 Jahre. Die Verfügbarkeit ist kalkulierbar. Der Ressourceneinsatz lässt sich z.B. über Fristenpläne langfristig planen. Nachteilig ist, die Teilsysteme werden ausgetauscht, obwohl diese noch nicht abgenutzt sind.
- Störungsbedingte Instandhaltung (Breakdown Maintenance): Schäden werden nur bei Ausfall, z.B. bei Ausfall der Glühbirne, repariert, eine hohe Anlagenverfügbarkeit kann nicht garantiert werden. Dafür werden schnelle Reaktionszeiten der Handwerker notwendig, Personal ist für den Bedarfsfall vorzuhalten (z.B. der Hausmeister).

Die Wahl der Instandhaltungsstrategie hat Auswirkung auf die Aufbau- und Ablauforganisation, welche Ressourcen wann, wie schnell und mit welchen Qualifikationen effizient zur Verfügung stehen müssen. Dabei können fünf Prinzipien des Lean Thinking (vgl. [WIEGAND, B. 2005-11] S. 28) unterstützen: 1. Kundenorientierung (Mit welchen Leistungen wird der Kunde optimal bedient?), 2. Wertschöpfungsorientierung (Welche Leistungen sind notwendig?), 3. das Fluss-Prinzip (Wie kann ein kontinuierlicher Leistungsfluss entstehen?), 4. das Pull-Prinzip – Leistung nach Bedarf (Welche Leistungen werden aktuell vom Kunden eingefordert?), 5. Streben nach Perfektion (Wie kann das Leistungssystem weiter verbessert werden?). Damit soll Verschwendung vermieden werden: nicht nachgefragte Leistungen, Leerlaufzeiten, unnötige Wege, Mängel, Nachbesserungsarbeiten und volle Lager.

3.5.8 Instandhaltung gezielt durchführen

Hierfür ist eine strukturierte Vorgehensweise notwendig, die sich wie folgt beschreiben lässt: (Teil-)Ziele definieren, planen, ausführen, steuern, koordinieren, überwachen, analysieren und folgern. Im Ergebnis werden die Planungsergebnisse verbessert und Investitionsentscheidungen belastbarer. Zur Definition der (Teil-)Ziele kann in elf Schritten vorgegangen werden (s. Abb. 3-25):

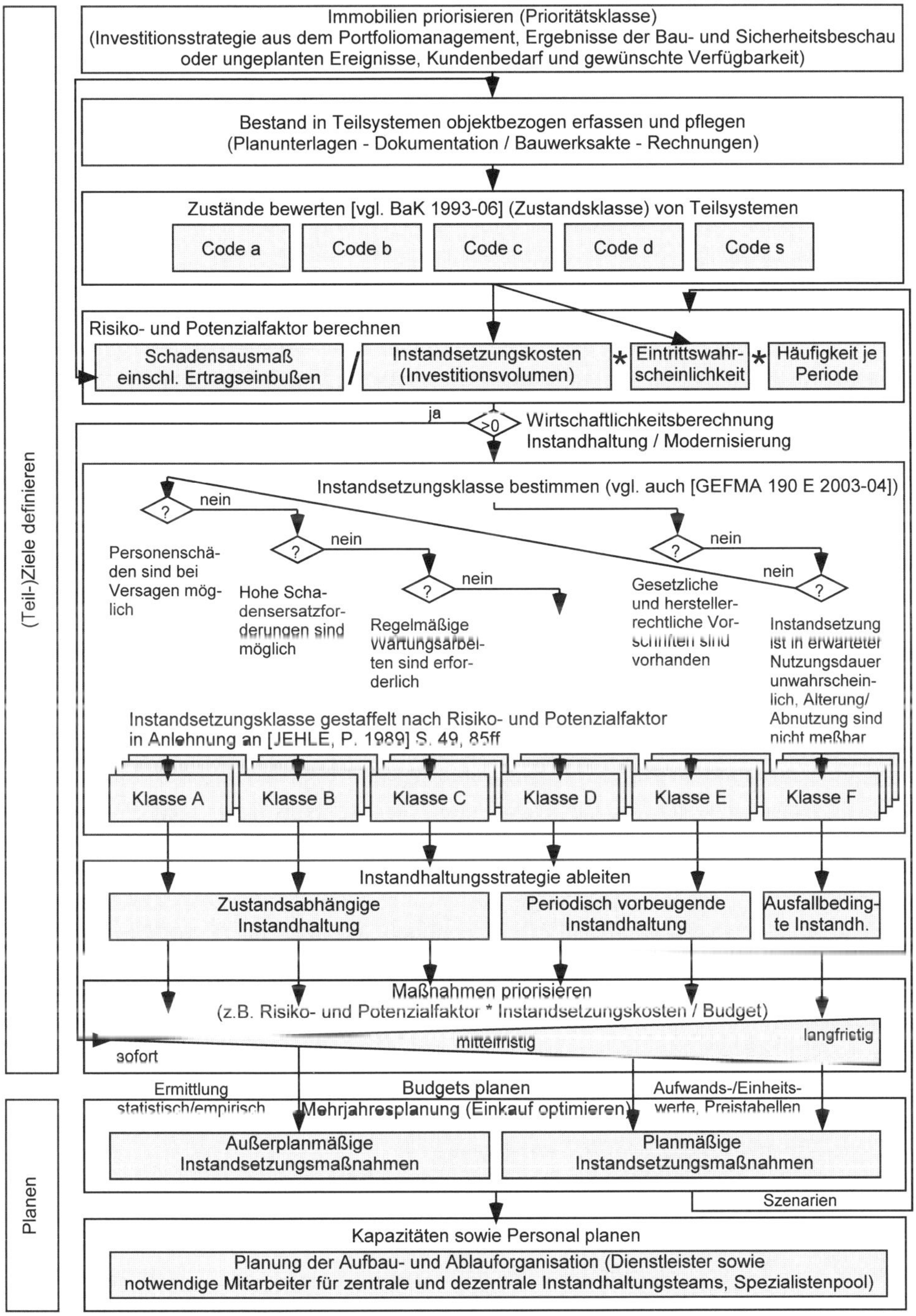

Abb. 3-25: Priorisierung von Instandhaltungsmaßnahmen

1. Immobilien priorisieren: Vorgaben, z.B. der Betrachtungszeiträume (1, 5, 10, oder 20-Jahresplanung), und Mittelabflüsse sind zu klären und zu dokumentieren: Instandsetzungsmaßnahmen sind in eine Portfoliostrategie einzubinden, damit der Instandsetzung nicht der Abriss folgt. Ebenso sind die Ergebnisse (soweit vorhanden) der Sicherheits- und Baubeschau sowie ungeplante Ereignisse, z.B. Sturm- oder Wasserschäden, in gebührendem Umfang zu berücksichtigen. Im Falle von Kirchengemeinden, kommunalen Neubauten oder ungewöhnlichen Bauwerken sind auch feste Termine, wie z.B. Jubiläen oder andere gesellschaftliche Ereignisse einzuplanen. Ebenso sind bei Einkaufscentern Schlüsselkunden ausreichend zu berücksichtigen.
2. Bestand erfassen und pflegen: Ohne quantitative Beschreibung des Bestandes ist keine Priorisierung und seriöse Budgetfestlegung möglich. Sofern keine ausreichenden Objektbeschreibungen in den Bestandssystemen auswertbar vorliegen, ist eine objektive Bestandserfassung durchzuführen. Die quantitative Beschreibung hat sich an Minimalanforderungen auszurichten, die Datenpflege ist sicherzustellen.
3. Zustände bewerten: Die Zustandsbewertung nach den Zustandsklassen hat zum Ziel, die Instandsetzungskosten und Eintrittswahrscheinlichkeit eines Schadens zu benennen. Durch eine differenzierte Bewertung nach Leistungsbereichen ist die Grundlage für Ausschreibungen mit Bündelung von Leistungen an mehreren Gebäuden gelegt, um durch Skalierungseffekte bessere Ausschreibungsergebnisse zu erreichen. Ebenso wird i.d.R. der Instandhaltungsrückstau quantitativ beschrieben und eine Berechnung der Verkehrswerte qualifizierter möglich.
4. Risiko- und Potenzialfaktor berechnen: Die Berechnung folgt der Berechnung der Risiken im Risikomanagement und ergibt sich aus der Berechnung Risiko = Schadenausmaß * Eintrittswahrscheinlichkeit * Häufigkeit in einer Periode. Im Schadensausmaß sind Folgeschäden bei unterlassenen Instandsetzungsmaßnahmen sowie nicht realisierte Ertragssteigerungen (Mietanpassungen) und Ertragseinbußen (z.B. Mietminderungen) zu berücksichtigen. Durch das Verhältnis des Schadensausmaßes zu der Höhe der Instandsetzungskosten können erste Rückschlüsse zur Priorisierung vorgenommen werden. Ist das zukünftige Schadensausmaß > Instandsetzungskosten, lohnt sich eine Instandsetzung. Mittels Zustandsbewertung sowie Risiko- und Potenzialfaktor lassen sich die Vorgaben des Portfoliomanagements überprüfen und die Maßnahmen in einem Zeitstrahl priorisiert anordnen. Durch die Bestimmung der Reihenfolge auf einem Zeitstrahl wird eine Planung der Kreditfinanzierung ermöglicht.
5. Instandsetzungsklasse bestimmen: Die Instandsetzungsklasse bildet die Grundlage der Instandhaltungsstrategie. Dabei gilt es, trotz einer geringen Eintrittswahrscheinlichkeit von Schadensfällen, die Risiken der Haftenden näher zu beschreiben. Die Instandsetzungsklasse A beschreibt Personenschäden, die auch bei geringer Eintrittswahrscheinlichkeit das Risiko eines Gefängnisaufenthaltes (s. Dacheinbruch in Bad Reichenhall) zur Folge haben kann. Die Instandsetzungsklasse B beschreibt mögliche Folgen, die ein hohes Risiko für das Immobilienunternehmen darstellt. Nach der Instandsetzungsklasse wird wesentlich die Verantwortlichkeit geregelt.
6. Instandhaltungsstrategie ableiten: Durch die Instandsetzungsklasse lassen sich die Instandhaltungsstrategien ableiten: Inspektionsstrategie bedeutet, regelmäßig zu prüfen, ob z.B. nicht ein nachweislich geschädigter Baum auf einen Passaten fallen kann, Präventivstrategie steht für vorbeugende Instandhaltung, Ausfallstrategie steht für Instandsetzung im Bedarfsfall. Auch die Ausfallstrategie ist planbar: es ist bekannt, dass ein Bauteil irgendwann ausfallen wird, aber es ist noch unbekannt wo. Auf Grundlage der Instandhal-

tungsstrategie lassen sich die Budgets nach außerplanmäßiger und planmäßiger Instandhaltung differenzieren.

7. Maßnahmen priorisieren: Eine Segmentierung der Objekte ermöglicht die Entwicklung und Anwendung von Normstrategien. Danach sind die einzelnen Maßnahmen nach den Möglichkeiten des Unternehmens unter Berücksichtigung von Planungsalternativen abschließend in einer strategischen Reihenfolge festzulegen.
8. Budgets planen: Die Budgetplanung beinhaltet den notwendigen Instandhaltungsbedarf, andererseits das Personal, das bei der Umsetzung der Instandhaltungsstrategien der Mehrjahresplanung notwendig ist. Sie beinhaltet entsprechend den Vorgaben die Jahresscheiben und Unterscheidung nach außerplanmäßigen und planmäßigen Instandhaltungsmaßnahmen. Die Mehrjahresplanung ermöglicht, gleichartige Maßnahmen an verschiedenen Objekten in einer Ausschreibung zusammenzufassen (Skalierungseffekte) oder verschiedene Maßnahmen für ein Objekt zu bündeln, um Vorleistungen (z.B. Gerüstarbeiten) zu reduzieren.
9. Kapazitäten sowie Personal planen: Auf Grundlage der anstehenden Instandhaltungsmaßnahmen können die Kapazitäten und der Personalbedarf ermittelt werden.
10. Danach folgt der Planungs- und Ausführungsphase von mehreren parallel laufenden Maßnahmen nach den Methoden eines Baumanagements.
11. Der Bestand, die Daten, die Planungsprämissen und Budgets sind regelmäßig zu überprüfen.

3.5.9 Wirtschaftlichkeit berechnen

Dabei ist zu klären, wie am effizientesten investiert werden sollte.

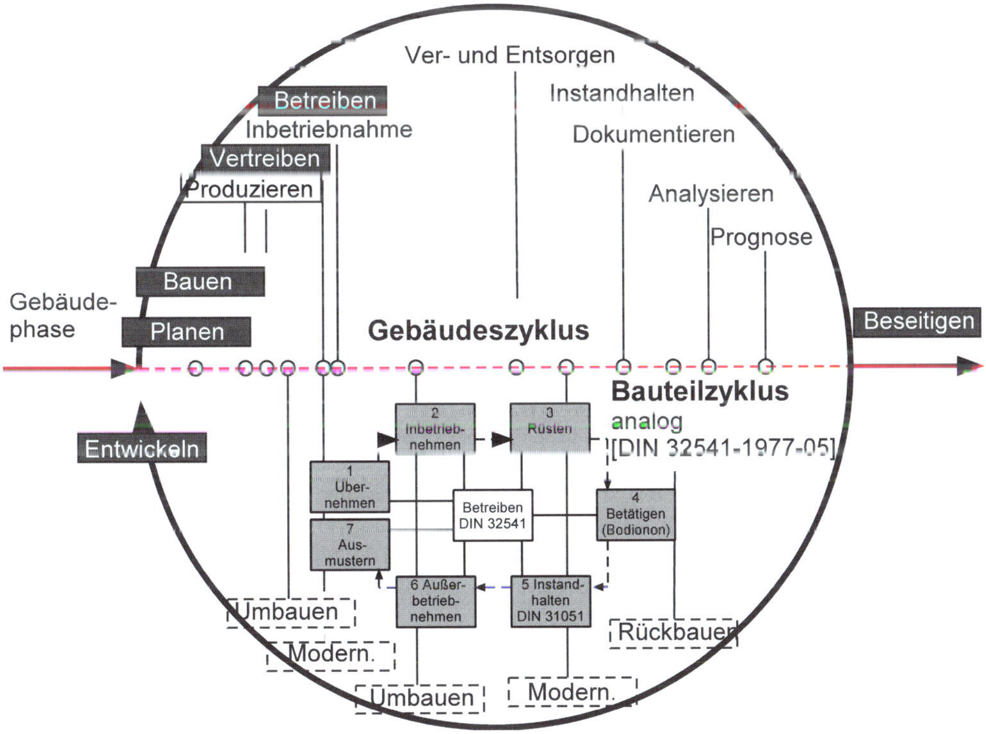

Abb. 3-26: Lebens- und Bauteilzyklus

Die unterschiedlichen Strategien unter Beachtung der Investitionskosten und Folgekosten für Bauteile ist in Abb. 3-27 dargestellt. Die Investitionskosten bewirken einen raschen Mittelabfluss, während die Folgekosten sich im Laufe der Jahre sukzessive einstellen. Die Darstellung zeigt bei gleichen Investitionskosten unterschiedliche Folgekosten sowie den Vergleich zwischen Variante A und B.

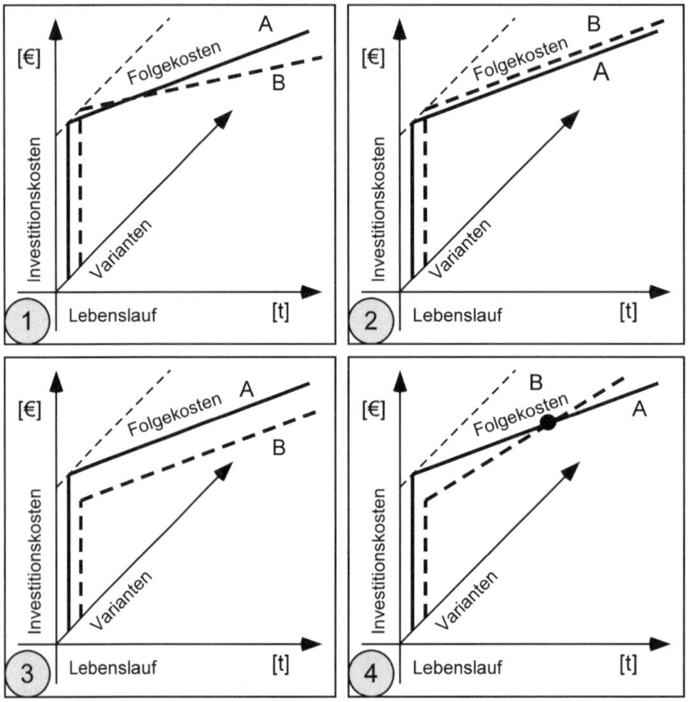

Vgl. [pöb 1998] S. 9

Abb. 3-27: Strategien hinsichtlich Investitions- und Folgekosten von Bauteilen

Über die Jahre gerechnet ist Variante B im Fallbeispiel 1 und 3 wirtschaftlicher. Keinen Unterschied ergeben die Varianten A und B im Fallbeispiel 2: Investitions- und Folgekosten sind gleich hoch. Im Fallbeispiel 4 unterscheiden sich die Varianten in der Höhe der Folgekosten, auch die Investitionskosten sind unterschiedlich. Variante B ist hier kurzfristig wirtschaftlicher. Ein Bauträger ist geneigt, die Variante B des Fallbeispiels 3 oder 4 zu bevorzugen: Günstig gebaut, verkauft und die Folgekosten trägt der Käufer. Dabei ist Variante B des Fallbeispiels 4 für den Käufer ungünstiger. Nicht dargestellt ist das erstrebenswerte Fallbeispiel 5: Sowohl Investitions- als auch Folgekosten der Variante B sind geringer als bei Variante A. Auch hierfür gibt es viele Praxisbeispiele.

Praktisches Bspl. hierfür sind die Instandsetzungsarbeiten von Bodenbelägen in Parkierungsanlagen. Grundsätzlich stehen hier vier unterschiedliche Bodenbelagsausführungen zur Verfügung. Dennoch ergibt sich unterschiedliches wirtschaftliches Verhalten, je nachdem, wie der Betrachtungszeitraum begrenzt wird.

3.5.10 Installationsgrad reduzieren

Wird die Frage gestellt, wie investiert werden sollte ist, so sollte möglichst sparsam bei der Verwendung von technischen Anlagen umgegangen werden. Je mehr Technik, desto höher der Installationsgrad. Der Installationsgrad bezeichnet das Verhältnis zwischen Kostengruppe 300 „Bauwerk – Baukonstruktion" zu Kostengruppe 300 + 400 „Bauwerk – Technische Anlagen" nach [DIN 276-1 2006-11].

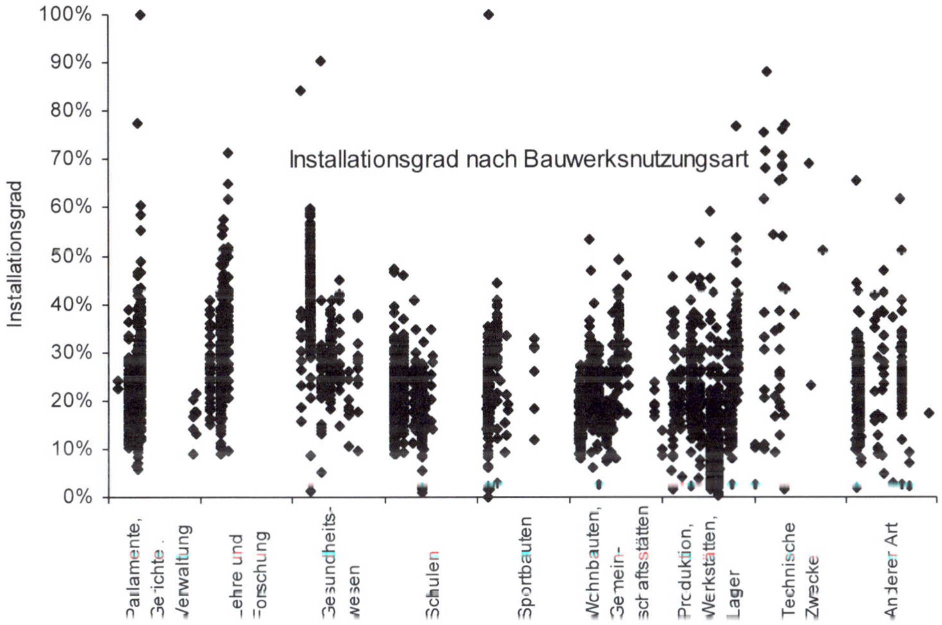

Zur Datengrundlage s. [BOGENSTÄTTER, U. 2001]
Abb. 3-28: Installationsgrad nach Bauwerksnutzungsarten

Der Installationsgrad variiert je nach Bauwerksnutzungsart und deren Ausgestaltung. Grundsätzlich lassen sich Bauwerksnutzungsarten nach Wohn- und Nicht-Wohngebäude unterscheiden. Beide sind jedoch weiter zu differenzieren. Innerhalb einer Bauwerkswerksnutzungsart (z.B. Krankenhäuser der Klasse Gebäude des Gesundheitswesens) können sich durch die technische Ausstattung erhebliche Kostenunterschiede ergeben, die sich unter anderem im Installationsgrad niederschlagen. So sind Krankenhäuser nicht grundsätzlich mit hohem Installationsgrad ausgestattet. So finden sich Bürgerhospitäler mit einem Installationsgrad von 8,7% bis hin zu Kinderkliniken von bis zu 60%. Die Bandbreite des Installationsgrades für unterschiedliche Bauwerksnutzungsarten ist in Abb. 3-28 dargestellt.

Ein hoher Installationsgrad kann aber auch, z.B. bei Verwaltungsgebäuden, durch Klimatisierung oder hohe Anforderungen an Informationstechnische Anlagen begründet sein. Der Installationsgrad hat direkte Auswirkungen auf die Instandhaltungskosten (im Sinne der DIN 31051): Aufgrund der kürzeren Lebensdauer der Technischen Anlagen im Verhältnis zur Baukonstruktion eines Gebäude sind, je höher der Installationsgrad, höhere Instandhaltungskosten zu erwarten.

3.5.11 (DV-)Prozesse anpassen

Strategien müssen umgesetzt werden. Dazu gehören effiziente Prozesse und nutzenstiftende DV-Werkzeuge. Strategische Fragestellungen lassen sich jedoch in den seltensten Fällen durch operative DV-Systeme beantworten. Der Einsatz von Auswertungs- und Analyse- und Planungswerkzeugen ist daher unverzichtbar. Dabei lassen sich 3 Arten von DV-Systemen unterscheiden: Mengen- und wertorientierte DV-Systeme (operative Systeme), Berichts-, Planungs- und Kontrollsysteme sowie langfristige Planungs- und Entscheidungssysteme (vgl. Abb. 3-30). Da hierfür unterschiedlichste Systeme im Einsatz sind, sind besonders die Schnittstellen zu beachten. Strategische Fragen müssen aus den operativen DV-Systemen ausgewertet, analysiert und geplant werden können. Hierzu ist eine DV-Landschaft (s. Abb. 3-30) und ein dazu effizientes Reporting bereitzustellen, denn die Grundlagen für Entscheidungen sind vom Bauch vielleicht nicht in den Kopf, aber zumindest in die Gegend des Herzens zu bewegen: Datenanalyse statt Bauchgefühl.

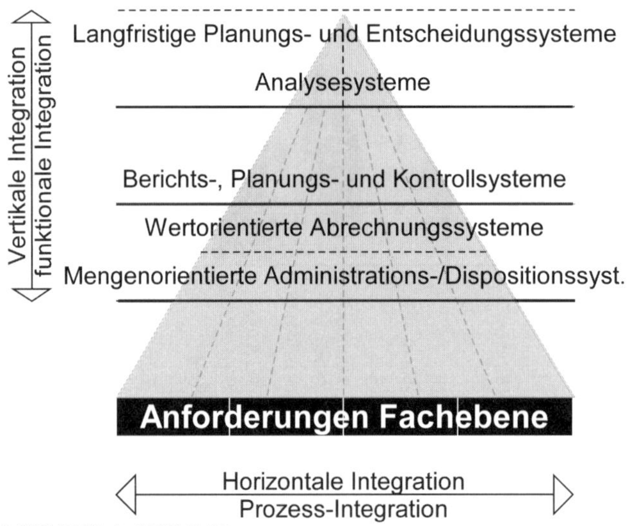

vgl. [SCHEER, A. 1990] S. 34

Abb. 3-29: Aufbau eines Unternehmenssystems

Die Anforderungen an das Reporting lassen sich in standardisierte und unternehmensspezifische Berichte unterscheiden. Die Notwendigkeit und Sinnhaftigkeit der Berichte sollte allerdings strukturiert hinterfragt werden, da vielfach historisch bedingte „Altlasten“ mitgezogen werden.

Der strukturierte Abgleich des Reportings sollte aus den Fragestellungen „Was wissen wir heute? Was müssen wir in Zukunft wissen?“ erfolgen. Der Abgleich beinhaltet folgende Informationen:

- Name des Berichtes
- Inhalt und Notwendigkeit des Berichtes
- Priorität für Ableitung von Maßnahmen

- Turnus differenziert nach Normalfall und Risiken
- Erstellungsdauer (Nachweis der Integrationsnotwendigkeit in ein DV-System)
- Auftraggeber
- Empfänger
- Sender
- unterstützendes DV-System

Mittels entsprechender Szenarien lässt sich durch verschiedene Maßnahmen der Erfolg, sei es die Rendite, sei es der Zusatznutzen, vielfach nennenswert nachweisen.

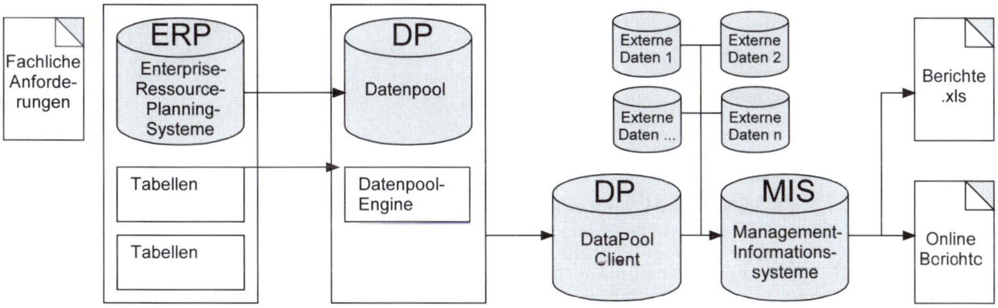

Abb. 3-30: Aufbau eines Unternehmenssystems in der DV-Landschaft

3.5.12 Selbstevaluierung – oder der Selbsttest

Die Ausprägung der unterschiedlichen Geschäftsmodelle ist breit. Ohne erkannten Leidensdruck wird die Notwendigkeit ausgewählter Kennzahlen nicht erkannt. In dem nachfolgenden Selbsttest wird dem Leser angeboten, seine Aktualität in der Kenntnis von Anwendung von Verfahren der Datenverarbeitung selbst festzustellen. Der Selbsttest umfasst daher 8 Stufen, die in sich logisch aufbauen.

1. Prioritäten richtig setzen
   Auf die Reihenfolge kommt es an. Jedem Unternehmen steht ein Strategiebündel zur Verwirklichung der Visionen zur Verfügung. In einem Unternehmen lässt sich allerdings in einer festgesetzten Zeit nur eine bestimmtes Maß (s. Abb. 3-31, als Bild: ein Glas kann bis zum Rand gefüllt werden) an Strategien umsetzen, ohne die Aufbau- und Ablauforganisation eines Unternehmens zu überfordern. Die Kunst besteht also darin, die wichtigen und richtigen Strategien anzugehen:

Abb. 3-31: Auf die richtige Reihenfolge kommt es an

Es gilt, nicht über Fahrbahnmarkierungen in einem Parkhaus nachzudenken, wenn der Magnet „Handelsimmobilie“ in der Nachbarschaft ausfällt: zuerst die großen „Nüsse“ knacken.

2. Auf verlässliche und transparente Zahlen bauen
Grundlage jeder Strategie ist die Verlässlichkeit und Nachvollziehbarkeit der wichtigen Zahlen als Basis zur unternehmerischen Entscheidungsfindung, aber auch gegenüber Anteilseignern oder finanzierenden Banken. Vielfach sind in der Immobilienwirtschaft ausgeklügelte Tabellenkalkulationsblätter, z.B. auf EXCEL-Basis, anzutreffen. Die Komplexität der Fragestellungen ist auf Dauer nicht einfach abzubilden. Mit dem Ausscheiden der zuständigen Mitarbeiter ist dann die Datenpflege vielfach nicht mehr gegeben und die Auskunftsfähigkeit der Geschäftsführer mit verlässlichen Zahlen eingeschränkt.

Professionelles Immobilienmanagement setzt auf Datenbanksysteme. Tabellenkalkulationsprogramme sind daher für wiederkehrende Fragestellungen in den Kernprozessen eines Unternehmens abzulehnen.

Neben der finanziellen Betrachtung einer Unternehmung mittels Umsatz-, Eigenkapital-, Gesamtkapitalrentabilität oder Return on Investment (ROI) oder der Nutzungskosten ist z.B. der Flächennutzungsgrad (Verhältnis nutzbare Fläche zu Brutto-Grundfläche) und Gesamtbelegungsgrad (Belegung und Nutzung der Flächen in einem Jahr) zu berücksichtigen. Als weitere Zielgröße bietet sich der Nachhaltigkeitsindex an, der insbesondere bei kommunalen und kirchlichen Immobilien die Abhängigkeiten aus Flächenkennwerten, Nutzungs- und Ertragpositionen sowie Gesamtbelegungsgrad eine differenzierte Betrachtung ermöglicht (vgl. [ifBOR BEW 2007-10]).

3. Ihre Optimierungspotenziale erkennen und kommunizieren
Die Kenntnis über die Kosten- und Ertragstreiber allein ist nicht ausreichend. Sie repräsentieren lediglich den Ist-Zustand, der vielfältig unzufriedenstellend („Leidensdruck“) ist. Eine Analyse hierzu ist notwendig.

Um aus den Zielen abgeleitete Plan-Werte zu erhalten, sind Vergleichskennwerte aus eigenen oder fremden Immobilienbestand bei gleicher Bauwerksnutzungsart notwendig. Der Datenbestand ist z.B. auch bei der Parkraumbewirtschaftung vielfach unzureichend. Aus Vergleichskennwert und Ist-Kennwert lassen sich Optimierungspotenziale erkennen. Durch einen Auswahlprozess von möglichen Maßnahmen lassen sich mittels Szenarientechnik realistische Plan-Werte ermitteln. Auch gilt die Forderung: Konzentration auf die wesentlichen Optimierungspotentiale. Herausragende Kostentreiber sind die Abschreibungen sowie die Verwaltungskosten (Personalkosten und Betriebskosten ohne Reinigung und Instandhaltung).

Einer weiteren Analyse sind hier die Personalkosten zu unterziehen, um ggf. geeignete Maßnahmen einzuleiten:
- Leistungen fremd vergeben oder selbst erbringen (Make or Buy)
- Optimierung der Aufgaben und Tätigkeiten (Prozessoptimierung)
- Technische Ersatzmaßnahmen zur Kostenreduzierung

Die Erfahrung zeigt, dass durch organisatorische oder technische Maßnahmen nennenswerte Einsparpotentiale realisiert werden können.

4. Sie können auch die Zukunft sicherer planen
   In der Planung sind eben auch Zahlen zu berücksichtigen, die außerhalb der Unternehmenskennzahlen sich widerspiegeln. Für eine nachhaltige Bewirtschaftung ist eine Einschätzung der Marktsituation in Form von Angebot und Nachfrage unerlässlich, um auch in der Instandhaltung oder Sanierung, den Kundenwünschen individuell Rechnung tragen zu können.

   Zu berücksichtigen sind in einer 5-, 10-, oder 15-Jahresplanung auch unterschiedliche Zinssätze, z.B. Rohpreisindex für die Energiekosten, Baupreisindex für Instandhaltungs- und Modernisierungsmaßnahmen, Inflationsrate, Diskont- oder Basiszinssatz für den Fremdkapitalszins, aber auch der Verbraucherpreisindex für Ticketerhöhungsspielraum.

   Um sicher zu stellen, dass eine Balance der unterschiedlichen Interessen berücksichtigt wird, bietet sich die Balanced Scorecard an, bei der eben nicht nur der finanzielle Aspekt im Vordergrund steht.

   Die so weiter gefassten betriebswirtschaftlichen Kennzahlen finden aber zunehmend Eingang in die Mitarbeiterführung, um nachhaltig die Chancen eines Unternehmens zu erkennen und zu verfolgen. Integrative DV-Lösungen sind dafür unverzichtbar, um nicht zu einer Mehrbelastung der Mitarbeiter zu führen, sondern um zu sinnvollen Informationen beizutragen.

   Als Instrument hierfür findet zunehmend die Zielvereinbarung Einzug in die Unternehmen. Diese lässt sich nicht nur für Führungskräfte, sondern auch in einer angepassten Form für operativ tätige Mitarbeiter anwenden. Ein Kundenzufriedenheitsindex bietet sich für Mitarbeiter an, die in Kundenkontakt stehen.

5. Über Risiken einfach und zeitnah informiert werden
   Während die Balanced Scorecard die Chancen im Visier hat und EDV-Systeme immer leistungsfähiger werden, werden vielfach, unter anderem wegen großer Datenmengen, beeinflussbare Risiken zu spät oder gar nicht gesehen.

Zu den üblichen Verfahren der Risikoeinschätzung gehört die Risikomatrix, in der Risiken als Produkt aus Schadensausmaß und Eintrittswahrscheinlichkeit quantifiziert werden (s. Abb. 3-32). Risiken lassen sich auch weiter danach klassifizieren, ob

- der Fortbestand des Unternehmens gefährdet ist,
- Schadensersatzforderungen möglich sind,
- gesetzliche oder andere rechtliche Vorschriften vorhanden und einzuhalten sind,
- regelmäßige Kontrollen nötig sind,
- besondere Maßnahmen nicht notwendig sind.

Die Risiken lassen sich in einer monetären Dimension beschreiben und sind neben der technischen Beurteilung auch eine betriebswirtschaftliche Größe (vgl. [JEHLE, P. 1989]). Diese Risiken werden zunehmend unter dem Stichwort Betreiberverantwortung thematisiert und diskutiert (vgl. [GEFMA 190 2004-01], vgl. [SCHIELEIN, J. Facility Management 10-2007]).
Eine Begrenzung der Datenflut lässt sich nur durch Schwellenwerte begegnen, die Risiken eines Geschäftsfeldes im Auge behalten und auf bestehende Datenquellen zurückgreifen. Im Gegenzug sollten manuelle Eingabeprozeduren und individuelle Einschätzungen vermieden werden.
Auch hier gilt, weniger ist mehr.
Als Verfahren kann die „Ampelmethode“ angewendet werden, die bei Gefahr in Verzug „rot“, bei kritischem Zustand „gelb“ oder alles in Ordnung „grün“ meldet.

6. In Ihren Entscheidungen und Strategien unterstützt werden
   Nutzen Sie Standardstrategien?
   Auch wenn die Chancen oder Risiken eines Geschäftsfeldes vielfach erkannt werden, so ist zu fragen ob die entscheidungsrelevanten Informationen vorliegen, um bei Massen- oder investitionsrelevanten Prozessen eine Normstrategie zu verfolgen. Portfoliostrategien sind im Bereich der Invest- oder Deinsvests weit verbreitet. Normstrategien, z.B. bei den Instandhaltungskosten, finden zunehmend dort Verbreitung, wo ein Bestand von mehreren Objekten bewirtschaftet wird (vgl. Bspl. Wohnungswirtschaft in Abb. 3-23).

7. Trends im laufendem Jahr erkennen
   Ist-, Vergleichs-, und Soll-Kennzahlen dürfen nicht darüber hinwegtäuschen, dass eine Überprüfung des Zielereichungsgrades regelmäßig notwendig ist. Selbst wenn die Balanced Scorecard als Instrument der Mitarbeiterführung eingesetzt wird, so muss es möglich sein, unterjährig die laufenden Trends abzubilden. Die Feststellung nach einem Jahr „wir haben es wieder nicht geschafft“, bedeutet ein verlorenes Jahr.

8. Bessere Ergebnisse erzielen
   Stellen Sie sich vor, dass Sie als Immobilieneigentümer / -betreiber

- Prioritäten richtig setzen,
- auf verlässliche und transparente Zahlen bauen,
- Ihre Optimierungspotenziale erkennen und kommunizieren,
- Sie können auch die Zukunft sicherer planen,
- über Risiken einfach und zeitnah informiert werden,
- in Ihren Entscheidungen und Strategien unterstützt werden,
- Trends im laufenden Jahr erkennen und
- bessere Ergebnisse erzielen.

	Ereignisse	Eintrittswahrscheinlichkeit (1)				Risiken bei Eintritt (2)					Vorbereitung (3)			Gesamtpunktzahl (1)*(2)*(3)
		Hoch	Mittel	Niedrig	Keine	Lebensgefahr	Gesundheit / Sicherheit	Starke Störung	Mittlere Störung	Kleine Störung	Schlecht	Durchschnittlich	Gut	
	Punkte	3	2	1	0	5	4	3	2	1	3	2	1	
Naturereignisse	Hurrikan			1			4				3			12
	Tornado			1			4				3			12
	Ernstes Donnerwetter			1					2		3			6
	Schneefall			1					2		3			6
	Erdbeben	3				5						2		30
	Überschwemmung (außen)			1				3			3			9
	Großflächenbrand	3				5							1	15
	Bergrutsch			1				3				2		6
Technische Ereignisse	elektrische Fehlfunktion	3						3				2		18
	Fehler Stromgenerator			1						1			1	1
	Fehler Wasserversorgung			1				3					1	3
	Fehler im Abwasserkanal			1					2		3			6
	Fehler Feueralarmsystem			1				3					1	3
	Fehler Kommunikationss.			1					2			2		4
	HVAC-Fehler		2					3				2		12
	Feuer (innerhalb)			1		5							1	5
	Überschwemmung (innen)		2				4					2		16
	Expl. Gefahrgut (innerh.)		2				4						1	8
Menschl. Quellen	Unfallopfer			1					2			2		4
	Terrorismus			1		5					3			15
	Geiselnahme			1			4				3			12
	Gefahren im Labor			1				3			3			9
	Bombenbedrohung		2					3			3			18
vgl. [TERADYNE 2005] S. 23														

Abb. 3-32: Punkte-Matrix zur Analyse des Schadenspotentials (USA)

Überlegen Sie kurz, ob das Nichtstun zum gleichen Ergebnis führt. Wenn ja, dann besteht kein Handlungsbedarf.

3.6 Verfahren zur Berechnung der Wirtschaftlichkeit

Wirtschaftliches Handeln ist gleichwohl mehr als die kurzfristige Rendite. Durch mangelhafte Funktionsplanung, mangelhaftes Nutzerverständnis oder mangelhafte Ästhetik ist der nachhaltige Erfolg einer Immobilie gefährdet.

Mangelhafte Funktionsplanung

… „(…) Viele Krankenhäuser sind schlicht falsch gebaut. Die Wege sind lang, meist gibt es zahlreiche, oft weit verstreute Gebäude. (…) Helios errichtet derzeit für das vor fünf Jahren übernommene Großklinikum Berlin-Buch einen 200 Millionen teuren Neubau der kurzen Wege. Er soll 167 Gebäude ersetzen, aus denen das Krankenhaus bisher besteht, sowie 100 Kilometer klinikeigenen Straßen weitgehend überflüssig machen, auf denen Transporter rund 400 000 Kilometer jährlich hin und her fahren." (s. [BAETHGE, H. Capital 22-2006] S. 50-53)

Mangelhafte Ästhetik

„The ugliest building in Toronto … is not alone. To many boring, dull, uninspired edifices clutter our streetscape. Worse, the buildings being torn down to make way for the eyesores are often the older gems." Schlagzeile des Toronto Star 20.8.2006 S. 1

Mangelhaftes Nutzerverständnis

s. [DBZ 1998-05 S. 44f]

Ein ästhetisch anspruchsvolles Wohnheim für ältere Menschen öffnet sich mit den verglasten Fluren dem öffentlichen Straßenraum. Von außen sichtbar, schlurfen an beleuchteten Fluren die älteren Bewohner im Bademantel, Filzpantoffel und Gehhilfen zu ihren Wohnungen … .

s. [JENCKS, C. 1980] S. 9

Abb. 3-33: Siedlung Pruitt-Igoe, St. Louis / Missouri, 1952–1955

„Die moderne Architektur starb in St. Louis / Missouri am 15. Juli 1972 um 15:32 Uhr, als die berüchtigte Siedlung Pruitt-Igoe oder vielmehr einige ihrer Hochhäuser den endgültigen Gnadenstoß durch Dynamit erhielten. Vorher waren sie durch ihre (…) Bewohner verschandelt, beschädigt und entstellt worden. Und obgleich Millionen Dollar hineingepumpt worden waren bei dem Versuch, sie am Leben zu erhalten (für Reparatur der Aufzüge, Ersatz zerbrochener Fenster, Anstriche), wurde die schließlich von ihren traurigen Dasein erlöst“ (s. [JENCKS, C. 1980] S. 9).

3.6.1 Definition der Wirtschaftlichkeit

Das Lexikon [Brockhaus 1999] gibt folgende Definition der Wirtschaftlichkeit: „Wirtschaftlichkeitsprinzip, ökonomisches Prinzip, wirtschaftliches Prinzip, auf dem Rationalprinzip beruhender Grundsatz eines optimalen wirtschaftlichen Handelns, entweder mit gegebenen Mitteln (wirtschaftlichen Gütern, Produktionsfaktoren) den größtmöglichen Erfolg (Nutzen, Gewinn) zu erzielen (Maximumprinzip) oder ein vorgegebenes Ziel (z.B. bestimmtes Wohlstandsniveau, bestimmte Gewinnhöhe) mit dem geringstmöglichen Aufwand (z.B. Einsatz an Produktionsfaktoren, Geldausgaben) zu erreichen (Minimumprinzip). Bei variablem Mitteleinsatz und variablem Erfolgsziel besteht das Wirtschaftlichkeitsprinzip darin, das Verhältnis von Erfolg und Mitteleinsatz zu maximieren (Extremumprinzip).“

In der Praxis unterscheidet sich die Konkretisierung des Wirtschaftlichkeitsprinzips insbesondere zwischen den technisch und kaufmännisch orientierten Mitarbeitern. Zielt der technisch versierte Mitarbeiter darauf ab, den Energieverbrauch einer Heizungsanlage zu reduzieren, so sind die Energiekosten im Fokus des kaufmännisch versierten Mitarbeiters.

In der Abb. 3-34 werden nach Möller (s. [MÖLLER, D. Bd. 1 2007] S. 4ff.) die unterschiedlich weit gefassten Wirtschaftbegriffe veranschaulicht. In der immobilienwirtschaftlichen Praxis benutzen „Techniker“ den Begriff Wirtschaftlichkeit als „Wirtschaftlichkeit im engeren Sinne“. Eine „gute“ Heizungsanlage ist eine Heizungsanlage, die einen hohen Wirkungsgrad besitzt (Input kWh, Output khW). Aus betriebswirtschaftlicher Sicht steht die Rentabilität im Vordergrund. Aus einem unternehmerischen Gesichtpunkt steht die Wirtschaftlichkeit im weiteren Sinne im Vordergrund, z.B. in der Stadtrendite, in Umweltmanagementsystemen. Das Missverständnis zwischen Vertretern der technischen und betriebswirtschaftlichen Fachdisziplinen ist darin mitbegründet, dass die Wirtschaftlichkeitsebenen in der Diskussion nicht getrennt werden.

Die verschiedenen Methoden der Wirtschaftlichkeitsberechnung sind in Abb. 3-35 dargestellt. Moderne Verfahren finden hier keine Anwendung, da diese, z.B. steuerliche Einflüsse, die Unternehmenspolitik direkt beeinflussen. Im Weiteren wird insbesondere auf die Nutzwertanalyse, die Gewinnvergleichsrechnung als statisches Verfahren sowie die Kapitalwertmethode als Bspl. für dynamische Verfahren eingegangen.

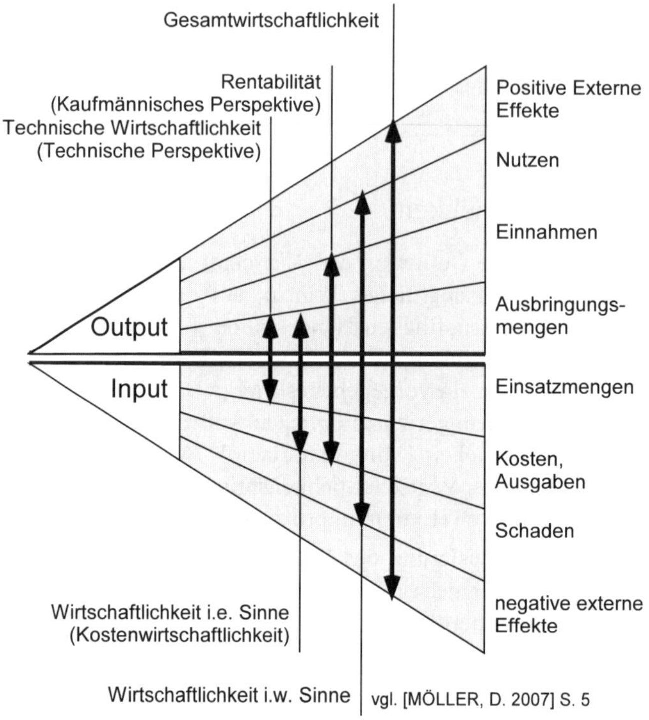

vgl. [MÖLLER, D. 2007] S. 5

Abb. 3-34: Stoßrichtung und Ebenen der Wirtschaftlichkeit

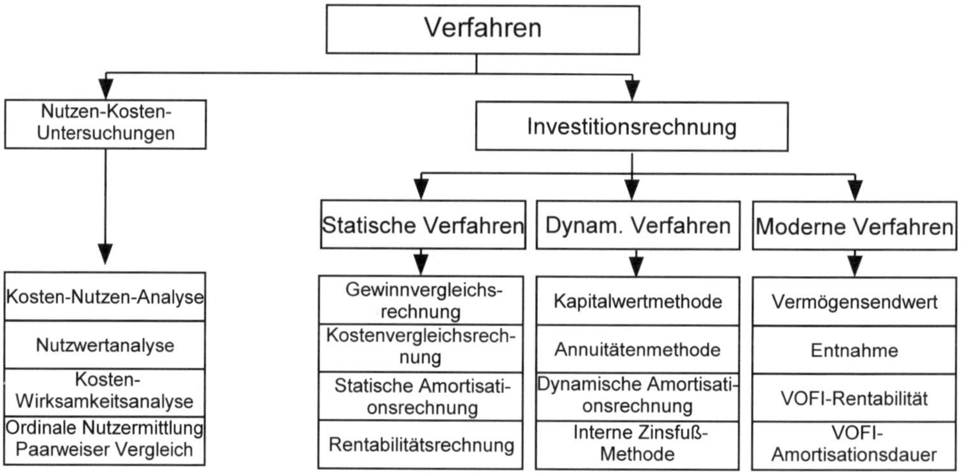

vgl. [MÖLLER, D. 1993] S. 51 und [PELZETER, A. 2006] S. 112

Abb. 3-35: Verfahren zur Berechnung der Wirtschaftlichkeit

3.6.2 Nutzwertanalyse als Instrument der Nachhaltigkeit

Ziel der Wirtschaftlichkeit ist ein Maximum an Nutzen für ein Minimum an Aufwand. Modelle der Soll- Zustände und Ist-Zustände müssen daher sowohl Nutzwert als auch Aufwand abbilden. Zur Lösung des Problems der Wirtschaftlichkeit sind im Bauwesen im Wesentlichen 4 Bewertungsverfahren bekannt: neben dem paarweisen Vergleich die Kosten-Nutzen-Analyse, Nutzwertanalyse und Kosten-Wirksamkeitsanalyse. Bei der Kosten-Nutzen-Analyse wird auch der Nutzen durch eine problematische Umwandlung mittels Intervallskala monetär bewertet. Bei der Nutzwertanalyse hingegen werden monetäre Größen in eine nicht monetäre Punktbewertung mit Bewertungsmaßstab ebenfalls umgewandelt und in einem Zielsystem zusammengefasst. Bei der Kosten-Wirksamkeitsanalyse hingegen werden die nicht-monetären und monetären Größen jeweils nur ins Verhältnis zueinander gesetzt, eine Umwandlung dieser Größen entfällt. Unter diesem Vorbehalt kann die Bewertung der nicht-monetären Größen nach den Regeln der Nutzwertanalyse erfolgen. Der Vorteil liegt darin, dass Lösungen hinsichtlich des Nutzwertes und der Aufwendungen getrennt, aber auch unter dem übergeordneten Ziel der Wirtschaftlichkeit untersucht werden können (vgl. [BOGENSTÄTTER, U. 2001] S. 4).

Um eine Bewertung eines formulierten Ziels nach der Nutzwertanalyse zu ermöglichen, wird das Ziel hierarchisch in Teilziele untergliedert.

Die Teilziele werden zueinander gewichtet. Dadurch bestehen mathematisch nachvollziehbare Rechenbeziehungen. Die Überprüfung des Erfüllungsgrads eines Teilziels erfolgt mittels quantifizierter Kriterien als Maßstab. Das einzelne Kriterium bestimmt sich aus dem Merkmalsträger (z.B. Nutzungsdauer) und der Maxime (z.B. 24 Stunden). Die Maxime wird in einer allgemein definierten Messgröße beschrieben (z.B. [h]). Zwischen Messwert, Maxime und Erfüllungsgrad besteht eine mathematische Beziehung, i.d.R. in Form einer Intervallskala. Zur Berechnung des Zielerfüllungsgrads eines Teilzieles wird der geplante Ist-Zustand mit der Maxime des Kriteriums verglichen und in eine Bewertungsskala transformiert. Die Summe aller Zielerfüllungsgrade aller Teilziele ergibt den Zielerfüllungsgrad des Ziels.

Die Nutzwertanalyse (oder Scoringmodell) wird vielfach auch in der Immobilienwirtschaft verwendet.

- Bspl. für eine Nutzwertanalyse zur Bestimmung des Wohnwertes:
  Nach einer Untersuchung von Ahlert (s. [AHLERT, E. DBZ-II 1989] S. 67-73) zu Stadthäusern und Reihenhäusern sind im Rahmen des kosten- und flächensparenden Bauens folgende Wohnungsmerkmale für haushaltsgerechtes Wohnen grundlegend: Grundstücksgröße und Haustiefe, Raumgrößen sowie Raumzuordnung und -aufteilung.

  Ähnliche Merkmale waren bereits 1974 bei Kräntzer (s. [BMBau 01.249] S. 48) Grundlage für Kriterien, um den Gebrauchswert von Wohnhäusern bereits in der Planungsphase zu bestimmen: „Raumprogramm, Raumnutzen, Variabilität, Wohnungsgliederung, Besonnung, Tageslichtbeleuchtung". Er verwendete lediglich 3 Qualitätsgruppen: Mindest-, durchschnittliche und gehobene Anforderungen. 1977 wurde der Wohnwert für Deutschland durch Brandenberger u.a. (s. [Planconsult F 1394 / 1-1]) mit dem Wohnungs-Bewertungs-System (WBS) dargestellt. Wesentliche Kriteriengruppen waren dabei „die geometrischen Maße der Räume, Möglichkeiten zu möblieren, physiologische Eignung, räumliche Beziehungen, Möglichkeiten zur Veränderung, Schutzmaßnahmen gegen Kälte, ein differenziertes Wohnungsangebot und gemeinsame Einrichtungen". Im gleichen

Jahr dekomponierten Riccabona und Wachberger (s. [RICCABONA, C. 1977-06] S. 15ff.) die Wohnqualität für Österreich in Kriteriengruppen „Raumdimensionen, Funktionszusammenhänge, Raumqualität, Möglichkeit zur Veränderung, Ausstattung und Umweltkontakte". Als Qualitätsgruppen werden unterschieden: „Spitzenqualität, guter Durchschnitt, schlechter Durchschnitt, mindere Qualität" (s. [RICCABONA, C. 1977-06] S. 24). Seit den 60er Jahren wurde in der Schweiz mit der Entwicklung eines WBS (s. [BWU 1994]) begonnen. Die Gewichtungen wurden dort im Laufe der Zeit angepasst und die Beurteilungskriterien überarbeitet. In den Niederlanden wird für den sozialen Wohnungsbau ein Punktesystem als Wertesystem zur Überprüfung der Qualität oder Angemessenheit der Miete (s. [BMBau 1993] S. 95) angewendet.

Die verschiedenen Verfahren sind zunächst nicht miteinander vergleichbar, da sich die Kriterien inhaltlich, im Nachweis zur Einhaltung der Kriterien und in den Gewichtungen unterscheiden.

Kern des schweizerischen Wohnungs-Bewertungs-Systems (WBS) in der Ausgabe 2000 sind insgesamt 39 Beurteilungskriterien (s. Abb. 3-36), die den Gebrauchswert einer Wohnung, des Wohngebäudes und der Lage bestimmen. Die Berechnung des Zielerfüllungsgrades ist in Abb. 3-38 dargestellt.

Beurteilungskriterien			Punkte	Gewichte	Gewichtete Punkte	Messwerte
W1	B.1	Nettowohnfläche			3	
	B.2	Anzahl Zimmer			3	
	B.3	Vielfältige Nutzbarkeit			3	
	B.4	Möblierbarkeit von Aufenthaltsräumen			3	
	B.5	Fenster der Aufenthaltsräume			2	
	B.6	Platzierung der Essbereiche			2	
	B.7	Möblierbarkeit des Essbereichs			2	
	B.8	Verbindung zum Kochbereich			2	
	B.9	Fenster zum Kochbereich			1	
	B.10	Ausstattung im Sanitärbereich			1	
	B.11	Fenster im Sanitärbereich			1	
	B.12	Stellmöglichkeiten			4	
	B.13	Veränderbare Raumbeziehungen			2	
	B.14	Veränderbare Raumaufteilung			2	
	B.15	Wählbare Wege			2	
	B.16	Privater Außenbereich			3	
W1		Summe				
W2	B.17	Wohnungsangebot			2	
	B.18	Zumietbare Wohn- und Arbeitsräume			3	
	B.19	Veränderbare Wohnungsgrößen			2	
	B.20	Wohnungszugänge			2	
	B.21	Hauseingangszone			2	
	B.22	Wasch- und Trockenräume			3	
	B.23	Private Abstellräume			2	

	B.24	Gemeinsame Abstellbereiche	1
	B.25	Mehrzweck- und Gemeinschaftsräume	1
	B.26	Gemeinsamer Außenbereich	4
	B.27	Fuß- und Fahrradwegerschließung	2
	B.28	Autoabstellplätze	1
	B.29	Abgestufte Öffentlichkeitsgrade	1
	B.30	Lärmbelastung und Schallschutz	2
W2		Summe	
W3	B.31	Quartierspielplatz	3
	B.32	Parkanlage oder Wald	2
	B.33	Haltestelle des öffentlichen Nahverkehrs	8
	B.34	Ortszentrum	8
	B.35	Kindergarten, untere Stufe Volksschule	3
	B.36	Mittlere, obere Stufe Volksschule	1
	B.37	Soziale Einrichtungen	1
	B.38	Naherholungsgebiet	3
	B.39	Regionalzentrum	7
W3		Summe	
		Quelle: [BWU 2000 02]	

Abb. 3-36: Beurteilungskriterien und Gewichtung des Wohnungs-Bewertungs-Systems (WBS)

		Gebrauchswert W1		= Summe gewichtete Punkte W1 / 36
		Gebrauchswert W2		= Summe gewichtete Punkte W2 / 28
		Gebrauchswert W3		= Summe gewichtete Punkte W2 / 36
		Gebrauchswert W1+W2		= Summe gewichtete Punkte W1 + W2 / 64
		Gebrauchswert W1+W2+W3		= Summe gewichtete Punkte W1 + W2+ W3 / 100

Abb. 3-37: Gebrauchswertberechnung des Wohnungs-Bewertungs-Systems (WBS)

Die Berechnung des Kriteriums B.1 wird nachfolgend exemplarisch beschrieben:

Nettowohnfläche, Gewicht 3

Zielsetzung

Die Nettowohnfläche soll möglichst groß sein. Dadurch vergrößert sich die Nutzungsfreiheit für Bewohnerinnen und Bewohner.

Messweise

Beurteilt wird die Nettowohnfläche der Wohnung. Die Nettowohnfläche entspricht grundsätzlich der Hauptnutzfläche nach [SIA 416 1993] und ist die Summe sämtlicher begeh- und belegbarer Bodenflächen innerhalb der Wohnung. Eingeschlossen sind die Grundflächen von Einbauschränken und Küchenelementen. Nicht eingeschlossen sind Wandquerschnitte, Schächte, Kamine, Tür- und Fensternischen sowie Außenbereiche wie Balkone, Loggien, Terrassen. Die Grundflächen wohnungsinterner Treppen werden dazugerechnet. Die Ausnahmen gegenüber [SIA 416] sind: Abstellräume werden eingerechnet und Flächen unter Dachschrägen werden ab einer Raumhöhe von 150 cm gemessen, sofern der Dachneigungswinkel minimal 15 Grad beträgt. (s. [BWU 2000-02] S. 20)

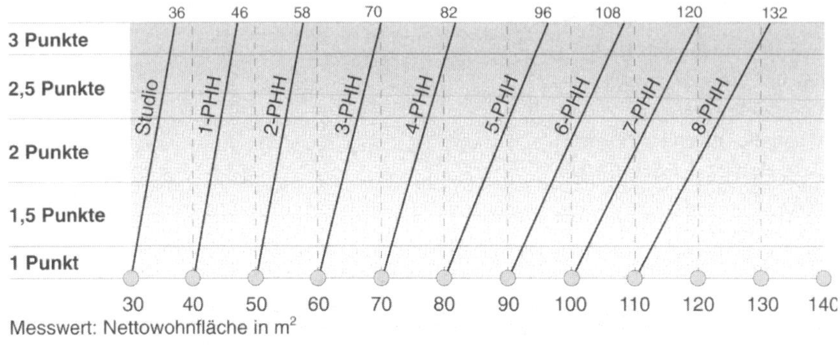

Abb. 3-38: Ermittlung der Punktzahl, Wohnungs-Bewertungs-Systems (WBS), Quelle [BWV 2000-02]

- Bspl. für eine Nutzwertanalyse zur Bestimmung der Nachhaltigkeit der Immobilie
  Hierzu sind auch einzelne Forschungsprojekte in Europa durchgeführt worden, wie z.B. für die Wohnungswirtschaft das Projekt „Sustainable Refurbishment Europe" (SUREUR).
- Bspl. Für Key Performance Indicators (KPI)

Ziele / Kriterium	Messgröße	Ziele / Kriterium	Messgröße
Grundstück (Site issue)			
Alternative Beförderungsmittel (Alternative Transportation)	Anwendung (Utilization)	Reduzierung der Wärmeerzeugungsinseln (Heat Island Reduction)	(Green Area)
Beförderungsmittel o. Kraftstoff (Transp. Alt. Fuel Use)	% des Fuhrparks (% of Fleet)		
Material und Ressourcen (Materials and Ressources)			
Wiederverwendung (Recycling)	% von Gesamt (% of Total)	Nachhaltige Produkte und Dienstleistungen (Sustainable Products and Servcies)	% von Gesamt (% of Total)
Energie (Energy)			
Gebrauchsnutzen (Utility User)	Trends und Gemenge (Trend & Mix)	Effizienz der Ausstattung (Efficient Equipment)	Durchschnitt EER (Average EER)
Alternative Energieträger (Alternative Energy Sources)	% von Gesamt (% of Total)		
Wasserverbrauch (Water Use)			
Verbrauchsüberwachung (Consumption Control)	In Gebrauch (In Use)	Abfluss Oberflächenwasser (Runoff Management)	J / N (Y / N)
Bewässerung – Regenwasser (Irrigation – Gray Water)	J / N (Y / N)		
Praktizierter Betrieb (Operational Practices)			
Aufforderung zur Überwachung (Demand Control)	In Gebrauch (In Use)	Gute Instandhaltung	Effizienz (PM Efficiency, FCI)

Qualität der Umgebung (Enviromental Quality)			
Künstliche Beleuchtung (Lighting)	In Gebrauch (In Use)	Lärmbelästigung und Störungen (Noise and Disruption)	In Gebrauch (In Use)
Messung der Luftqualität (Air Quality Management)	In Gebrauch (In Use)	Benutzerkomfort (Occupant Comfort and Control)	In Gebrauch (In Use)
Bekanntheit und kulturelle Fragestellungen (Awareness and Culturell Issues)			
Politik, Verfahren und Durchführung (Policies, Procedures and Implementation)	In Gebrauch (In Use)	Anteilnahme (Level of Participation)	% der Angestellten (% of Employees)
s. HODGES C. Vortragsfolien zur [Facility Management 2006], übersetzt vom Verfasser			

Abb. 3-39: Key Performance Indicators (KPI)

In Abb. 3-39 wird ein amerikanisches System aufgezeigt, es zeigt die wichtigen Teilziele und die wichtigen Kriterien (Key Performance Indicators - KPI) zur Zielerreichung. Die Kriterien sind nicht unterschiedlich gewichtet. Abb. 3-40 zeigt die Messkriterien und den Zielerreichungsgrad der Kriterien am Bspl. der künstlichen Beleuchtung. Die Ergebnisse werden in einer Scoring-Tabelle oder „Management-Cockpit" Abb. 3-41 dargestellt. Methodisch handelt es sich dabei um eine Nutzwertanalyse.

Check		Gewichtung	Erfüllungsgrad	Punkte
	Künstliche Beleuchtung (Ligtning)			
1	Außenabschirmung (Outdoor shielding)	1	1	1
2	Gebrauch von Bewegungsmeldern (Use of Occupancy Sensors)	1	1	1
3	Verwendung von natürlichem Licht (Incorporation of Natural Lighting)	1		0
4	Abschaltung bei Verlassen des Gebäudes (Use of Off-Hours Shut-off)	1	1	1
5	Gebrauch von LED in Fluchtwegeschildern (Use of LED Exit Signs)	1		0
6	Gebrauch von Leuchtmitteln mit wenig Quecksilber (Use of LowMercury Bulbs)	1	1	1
7	Gebrauch von aufgabenbezogener vs. allg. Beleuchtung (Use of Tasks vs. General Lighting)	1	1	1
8	Gebrauch von Energiesparlampen (Use of Energy Efficient Bulbs [T-8 bulbs])	1	1	1
		8		6
	Bewertungsskala Rot (red) 1-2; Gelb (yellow) 3-5; Grün (green) 6-8 test			

Abb. 3-40: Bspl. für die Bewertung eines KPIs

Scorecard der Umgebungsqualität (Enviromental Quality Scorecard)

Input-Maßsystem		Ergebnis-Maßsystem				Output-Maßsystem	
Nachhaltige Gebäudekonstruktion		künstliche Beleuchtung		Messung der Luftqualität		Qualität der Umgebung, Zufriedenheit	
Keine Standards Installiert Installiert, durchgesetzt		<3 3-5 6-8		<3 3-4 5-7		<75% 75-80% >80%	
Nachhaltigkeitspolitik		Lärmbelästigung und Störungen		Benutzerkomfort			
Keine Standards Installiert Installiert, durchgesetzt		<4 4-6 7-10		<3 4-6 7-8			
Nachhaltige Finanzierung							
Keine Nachhaltigkeit Unangemessen Angemessene Finanzierung							

Abb. 3-41: Scorecard für Qualität

- Bspl. für ein Zertifizierungsverfahren nach LEED:
  Auch hier handelt es sich im Grundsatz um eine Nutzwertanalyse oder ein Beispiel der KPI. Checklisten dieses Bewertungsverfahrens sind in Abb. 3-42 beispielhaft dargestellt. Das LEED-Verfahren ist unterschiedlich für verschiedene Bauwerknutzungsarten, z.B. Wohnhäuser oder Schulen, und Bauwerkszuständen, z.B. neue oder bestehende Gebäude:
  - Green Building Rating System for Existing Buildings
  - Green Building Rating System for New Construction & Major Renovations
  - Green Building Rating System for Commercial Interiors
  - Green Building Rating System for Core and Shell Development
  - LEED for Homes Rating System
  - LEED for Schools
- Sonstige Checklisten:
  - ImmoPass-Leitfaden [DEKRA Umwelt 2005],
  - Leitfaden zur Beurteilung der Zukunftsfähigkeit von Gebäuden [Roland Ernst 1998-02-20],
  - Key Report Office 2005 [AtisReal KRO 2005], mit der Besonderheit regional unterschiedlicher Gewichtung..
- Bestimmung von Zielgrößen von Kriterien durch statistische Umfrage z.B.
  - Trendbarometer Gewerbeimmobilien (DeTeImmobilien),
  - Trend Research Wohnimmobilien: altersgerechtes Wohnen, Eigentumswohnungen [DBImmobilien Trend-Research 2005].

LEED-**EB**

LEED-EB Version 2.0 Registered Building Checklist

Building Name:

Building Address:

Yes	?	No	Sustainable Sites		Possible Points 14
			Prereq 1	**Erosion & Sedimentation Control**	Required
			Prereq 2	**Age of Building**	Required
			Credit 1.1	**Plan for Green Site & Building Exterior Management** - 4 specific actions	1
			Credit 1.2	**Plan for Green Site & Building Exterior Management** - 8 specific actions	1
			Credit 2	**High Development Density Building & Area**	1
			Credit 3.1	**Alternative Transportation** - Public Transportation Access	1
			Credit 3.2	**Alternative Transportation** - Bicycle Storage & Changing Rooms	1
			Credit 3.3	**Alternative Transportation** - Alternative Fuel Vehicles	1
			Credit 3.4	**Alternative Transportation** - Car Pooling & Telecommuting	1
			Credit 4.1	**Reduced Site Disturbance** - Protect or Restore Open Space (50% of site area)	1
			Credit 4.2	**Reduced Site Disturbance** - Protect or Restore Open Space (75% of site area)	1
			Credit 5.1	**Stormwater Management** - 25% Rate and Quantity Reduction	1
			Credit 5.2	**Stormwater Management** - 50% Rate and Quantity Reduction	1
			Credit 6.1	**Heat Island Reduction** - Non-Roof	1
			Credit 6.2	**Heat Island Reduction** - Roof	1
			Credit 7	**Light Pollution Reduction**	1

Yes	?	No	Water Efficiency		Possible Points 5
			Prereq 1	**Minimum Water Efficiency**	Required
			Prereq 2	**Discharge Water Compliance**	Required
			Credit 1.1	**Water Efficient Landscaping** - Reduce Water Use by 50%	1
			Credit 1.2	**Water Efficient Landscaping** - Reduce Water Use by 95%	1
			Credit 2	**Innovative Wastewater Technologies**	1
			Credit 3.1	**Water Use Reduction** - 10% Reduction	1
			Credit 3.2	**Water Use Reduction** - 20% Reduction	1

Yes	?	No	Energy & Atmosphere		Possible Points 23
			Prereq 1	**Existing Building Commissioning**	Required
			Prereq 2	**Minimum Energy Performance** - Energy Star 60	Required
			Prereq 3	**Ozone Protection**	Required
			Credit 1.1	**Optimize Energy Performance** - Energy Star 63	1
			Credit 1.2	**Optimize Energy Performance** - Energy Star 67	1
			Credit 1.3	**Optimize Energy Performance** - Energy Star 71	1
			Credit 1.4	**Optimize Energy Performance** - Energy Star 75	1
			Credit 1.5	**Optimize Energy Performance** - Energy Star 79	1
			Credit 1.6	**Optimize Energy Performance** - Energy Star 83	1
			Credit 1.7	**Optimize Energy Performance** - Energy Star 87	1
			Credit 1.8	**Optimize Energy Performance** - Energy Star 91	1
			Credit 1.9	**Optimize Energy Performance** - Energy Star 95	1
			Credit 1.10	**Optimize Energy Performance** - Energy Star 99	1
			Credit 2.1	**Renewable Energy** - On-site 5% / Off-site 25%	1
			Credit 2.2	**Renewable Energy** - On-site 10% / Off-site 50%	1
			Credit 2.3	**Renewable Energy** - On-site 20% / Off-site 75%	1
			Credit 2.4	**Renewable Energy** - On-site 30% / Off-site 100%	1
			Credit 3.1	**Building Operation & Maintenance** - Staff Education	1
			Credit 3.2	**Building Operation & Maintenance** - Building Systems Maintenance	1
			Credit 3.3	**Building Operation & Maintenance** - Building Systems Monitoring	1
			Credit 4	**Additional Ozone Protection**	1
			Credit 5.1	**Performance Measurement** - Enhanced Metering (4 specific actions)	1
			Credit 5.2	**Performance Measurement** - Enhanced Metering (8 specific actions)	1
			Credit 5.3	**Performance Measurement** - Enhanced Metering (12 specific actions)	1
			Credit 5.4	**Performance Measurement** - Emission Reduction Reporting	1
			Credit 6	**Documenting Sustainable Building Cost Impacts**	1

Yes	?	No	Materials & Resources		Possible Points 16
			Prereq 1.1	**Source Reduction & Waste Management** - Waste Stream Audit	Required
			Prereq 1.2	**Source Reduction & Waste Management** - Storage & Collection	Required
			Prereq 2	**Toxic Material Source Reduction** - Reduced Mercury in Light Bulbs	Required
			Credit 1.1	**Construction, Demolition & Renovation Waste Management** - Recycle 50%	1
			Credit 1.2	**Construction, Demolition & Renovation Waste Management** - Recycle 75%	1
			Credit 2.1	**Optimize Use of Alternative Materials** - 10% of Total Purchases	1
			Credit 2.2	**Optimize Use of Alternative Materials** - 20% of Total Purchases	1
			Credit 2.3	**Optimize Use of Alternative Materials** - 30% of Total Purchases	1
			Credit 2.4	**Optimize Use of Alternative Materials** - 40% of Total Purchases	1
			Credit 2.5	**Optimize Use of Alternative Materials** - 50% of Total Purchases	1
			Credit 3.1	**Optimize Use of IAQ Compliant Products** - 45% of Annual Purchases	1
			Credit 3.2	**Optimize Use of IAQ Compliant Products** - 90% of Annual Purchases	1
			Credit 4.1	**Sustainable Cleaning Products & Materials** - 30% of Annual Purchases	1
			Credit 4.2	**Sustainable Cleaning Products & Materials** - 60% of Annual Purchases	1
			Credit 4.3	**Sustainable Cleaning Products & Materials** - 90% of Annual Purchases	1
			Credit 5.1	**Occupant Recycling** - Recycle 30% of the Total Waste Stream	1
			Credit 5.2	**Occupant Recycling** - Recycle 40% of the Total Waste Stream	1
			Credit 5.3	**Occupant Recycling** - Recycle 50% of the Total Waste Stream	1
			Credit 6	**Additional Toxic Material Source Reduction** - Reduced Mercury in Light Bulbs	1

Yes	?	No	Indoor Environmental Quality		Possible Points 22
			Prereq 1	**Outside Air Introduction & Exhaust Systems**	Required
			Prereq 2	**Environmental Tobacco Smoke (ETS) Control**	Required
			Prereq 3	**Asbestos Removal or Encapsulation**	Required
			Prereq 4	**PCB Removal**	Required
			Credit 1	**Outside Air Delivery Monitoring**	1
			Credit 2	**Increased Ventilation**	1
			Credit 3	**Construction IAQ Management Plan**	1
			Credit 4.1	**Documenting Productivity Impacts** - Absenteeism & Healthcare Cost Impacts	1
			Credit 4.2	**Documenting Productivity Impacts** - Other Impacts	1
			Credit 5.1	**Indoor Chemical & Pollutant Source Control** - Reduce Particulates in Air System	1
			Credit 5.2	**Indoor Chemical & Pollutant Source Control** - High Volume Copy/Print/Fax Room	1
			Credit 6.1	**Controllability of Systems** - Lighting	1
			Credit 6.2	**Controllability of Systems** - Temperature & Ventilation	1
			Credit 7.1	**Thermal Comfort** - Compliance	1
			Credit 7.2	**Thermal Comfort** - Permanent Monitoring System	1
			Credit 8.1	**Daylight & Views** - Daylight for 50% of Spaces	1
			Credit 8.2	**Daylight & Views** - Daylight for 75% of Spaces	1
			Credit 8.3	**Daylight & Views** - Views for 40% of Spaces	1
			Credit 8.4	**Daylight & Views** - Views for 80% of Spaces	1
			Credit 9	**Contemporary IAQ Practice**	1
			Credit 10.1	**Green Cleaning** - Entryway Systems	1
			Credit 10.2	**Green Cleaning** - Isolation of Janitorial Closets	1
			Credit 10.3	**Green Cleaning** - Low Environmental Impact Cleaning Policy	1
			Credit 10.4	**Green Cleaning** - Low Environmental Impact Pest Management Policy	1
			Credit 10.5	**Green Cleaning** - Low Environmental Impact Pest Management Policy	1
			Credit 10.6	**Green Cleaning** - Low Environmental Impact Cleaning Equipment Policy	1

Yes	?	No	Innovation in Operation & Upgrades		Possible Points 5
			Credit 1.1	**Innovation in Operation & Upgrades**	1
			Credit 1.2	**Innovation in Operation & Upgrades**	1
			Credit 1.3	**Innovation in Operation & Upgrades**	1
			Credit 1.4	**Innovation in Operation & Upgrades**	1
			Credit 2	**LEED™ Accredited Professional**	1

Yes	?	No	Totals (pre-certification estimates)	Possible Points 85

Certified 32 to 39 points **Silver** 40 to 47 points **Gold** 48 to 63 points **Platinum** 64 or more points

Abb. 3-42: [USGBC LEED-EB v2.0 Checklist]

3.6.3 Berechnung der Nutzungskosten von Gebäuden

Grundlage z.B. für ÖPP / PPP-Modelle ist die Betrachtung der Nutzungskosten über die Lebensdauer eines Gebäudes. Mit der dynamischen Investitionsrechnung ist es möglich, die Investitionskosten zu prognostizieren und die Vorteilhaftigkeit von Alternativen als Entscheidungsgrundlage zu berechnen. Nachfolgend wird zur Beurteilung nach der dynamischen Investitionsrechnung der Barwert einer Neubaumaßnahme ausgerechnet (s. Abb. 3-44).

- Kostenarten
  Die Kostenarten werden hier nach [DIN 18960-1 1976-04] angegeben. Die Einheitspreise sind in diesem Bspl. für alle Kostenarten in [€ (brutto)] angegeben. Hinweise zur Berechnung der Einheitspreise und Handlungsoptionen für die Kostenarten finden sich im Kapitel 6 „Umsetzung". Der Einstieg zur Abschätzung der Nutzungskosten lässt sich durch Orientierungswerte finden.

- Nutzungsdauer
  Hinweise hierfür finden sich bei den Nutzungsdauern von Bauwerken in den Wertermittlungsrichtlinien 1991 (WertR91), sowie Afa-Tabelle des Bundesministers für Finanzen. Die Gesamtnutzungsdauer (zur Definition s. [NHK 1996] S. 31f.) wird je nach Sicht in funktionale Lebensdauer (zur Definition s. [SCHUB, A. 1985] S. 12), wirtschaftliche Lebensdauer (zur Definition s. [SCHUB, A. 1985] S. 12 und Ross / Brachmann / Holzner in [NHK 1996] S. 31f.), technische Lebensdauer (TLD, zur Definition s. [SCHUB, A. 1985] S. 12) und Restnutzungsdauer (zur Definition s. §§ 16 (4), 23 WertV) unterschieden. In der Wertermittlung wird i.d.R. von der TLD ausgegangen, da eine Nutzungsdauer unter funktionaler oder wirtschaftlicher Hinsicht Kenntnis über situative Gegebenheiten erfordert. Differenzierung der Nutzungsdauer hinsichtlich der Konstruktions- oder Ausführungsart oder auch der Baualtersklasse finden sich in der Literatur nur selten (s. z.B. [BaK 1994] 5.6, 3).

Erstellungsjahr	Verputz	Fenster	Wetter- / Sonnenschutz	Wärmeerzeugung
1928 - 1938	52 Jahre	55 Jahre	57 Jahre	
1938 - 1948	50 Jahre	47 Jahre	42 Jahre	35 Jahre
1948 - 1958	36 Jahre	40 Jahre	32 Jahre	30 Jahre
1958 - 1968	30 Jahre	35 Jahre	27 Jahre	22 Jahre
Auszug, s. [BaK 1994] S. 17				

Abb. 3-43: Durchschnittliche Nutzungsdauer bis zum Ersatz von Bauteilen nach Erstellungsjahr

Zu beachten ist, dass die Vermutung nahe liegt, dass die Nutzungsdauer von neueren Gebäuden kürzer ist, als die von älteren Gebäuden. Das könnte mit der Ausführung der Bauelemente begründet sein: So reduziert sich die Lebensdauer von Bauelementen mit Fortschreitung der Technologie. Für die Bauteile Verputz, Steildach, Flachdach, Dachabschluss, Fenster, Wetter- und Sonnenschutz, Sanitärinstallation und Wärmeerzeugung mit Zunahme des Erstellungsjahres konnte eine verkürzte Nutzungsdauer festgestellt werden (vgl. [BaK 1994] S. 17). Es ist davon auszugehen, dass bei neueren Gebäuden mit höheren Instandhaltungskosten zu rechnen ist. Im Umkehrschluss gilt: je neuer ein Gebäude ist, desto kürzer ist bei gleichem Instandhaltungsaufwand die Nutzungsdauer. In der

Bandbreite der Gesamtnutzungsdauer (z.B. nach [NHK 2000] sollte für neuere Gebäude der untere Wert angesetzt werden.

- Zinsfuß
  Die Höhe der realen Aufwendungen wird durch Zinssätze maßgeblich beeinflußt. „Als gangbarer Weg wird vorgeschlagen, von einem mittleren kalkulatorischen Zinssatz für das gesamte Investitionskapital (also Eigen- plus Fremdkapital) auszugehen, der sich an langfristigen, auf dem Markt erzielbaren Geldanlagemöglichkeiten orientiert“ (s. [SCHUB, A. 1985] S. 69f.). Zinssätze werden häufig als Nominalzinssätze angegeben. „Üblicherweise wird bei den meisten Berechnungen ein Zinssatz von 8% eingesetzt (bei langfristigen Betrachtungen, Anm. des Verfassers); die Obergrenze liegt bei etwa 10%, die Untergrenze bei 6%“ (s. [BMBau 04.094] S. 25). Zahlungen der Zukunft sind mit dem nach Abzug der Preissteigerungen ergebenden Realzins zu diskontieren. „Die Erfahrung zeigt, daß der Realzins zwischen 2% und 5% schwankt; im Mittel kann mit etwa 3-4% gerechnet werden“ (s. [BMBau 04.094] S. 27). Die Verwendung eines einheitlichen Zinssatzes für alle Zahlungsarten ist im Hinblick auf unterschiedliche Preissteigerungsraten z.B. bei Energiekosten oder Müll problematisch und sollte hier differenziert prognostiziert werden.

- Barwertfaktor (BW-Faktor)
  Der Barwertfaktor errechnet sich aus der Nutzungsdauer, Zinsrate und Preissteigerungsrate. Durch Multiplikation mit den jährlichen Zahlungen ergeben sich die Bauwerte. Die Formel ist in Abb. 3-44 dargestellt.

- Aufrundung
  Die dynamische Investitionsrechnung verfolgt hier das Ziel, die vorteilhafteste Variante durch Vergleich der ermittelten Barwerte von Planungsalternativen eines Gebäudes auszuwählen. Die Barwerte entsprechen daher nicht zwangsweise den zukünftigen Kosten. Es handelt sich dabei um eine Schätzung. Die Qualität der Schätzung wird durch die Rundung des Ergebnisses ausgedrückt. Eine Angabe der Barwerte auf den 1 Cent genau suggeriert, dass das Berechnungsergebnis um 0,5 Cent genau berechnet worden ist. Dies ist in diesem Stadium nicht möglich.

Anschließend sollte eine projektbezogene Detaillierung der relevanten Kostenarten erfolgen. So lässt sich mit einer simulationsgestützten Planung bereits bei der Neubauplanung, z.B. durch thermische Gebäudesimulation, der Wärme und Kältebedarf, durch Tageslichtsimulation der Kunstlichtbedarf und somit ein wesentlicher Teil des Strombedarfs berechnen. Strömungssimulation innerhalb und außerhalb des Gebäudes kann die windklimatischen Eigenschaften optimieren, z.B. des neuen Flughafens in Bangkok (s. [RAU, C. IndustrieBAU 2007-05] S. 38ff.).

Berechnung der Baunutzungskosten nach [DIN 18960 1976-04] **Var.** 1

Liegenschaft	Straße			
	Block			
	PLZ Ort			
Projekt	Bez.	Neubau eines Behindertenwohnheimes	Projektnr.	
Bauherr			Stichtag	1.1.07
			Verzinsung [p] per a	6,5
			Nutzungsdauer [n]	50

Barwerte werden nachschüssig berechnet nach der Formel:

f=1 + e/100 (e=Preissteigerungsrate)

q=1+ p/100 (p=Zinsrate)

$$\text{Barwert} = r \cdot (f/q) \cdot \frac{(f/q)\,\hat{}\,n - 1}{(f/q) - 1}$$

KGR.	Einheit (EH)	Menge		r [EUR/EH]		[EUR/a] im 1. Jahr		BW-faktor		Barwert [EUR] auf n-Jahre	[e] in % per a	%
1. Kapital	nach Nebenberechnung		*		=	39.177	*	44,45	=	1.741.361	6,00	17
2. Abschreibung	[EUR $_{GBK}$]	3.084.670	*	1,86%	=	57.375	*	50,00	=	2.868.743	6,50	27
3. Verwaltung	[m^2$_{BGFa}$]	1.328	*	5,10	=	6.773	*	20,05	=	135.788	2,00	1
4. Steuern	[m^2$_{BGFa}$]	1.328	*	3,40	=	4.515	*	20,05	=	90.525	2,00	1
5. Betrieb	siehe gesonderte Aufschlüsselung					87.508				4.372.913		42
6. Bauunterhalt	[EUR $_{SBK}$]	2.646.500	%	1,20%	=	31.758	*	39,67	=	1.259.979	5,50	12

Bemerkungen zur Berechnung

Davon auf (Gebäude-)Betriebskosten 4.372.913 42

KGR.	Einheit (EH)	Menge (nach BKB)		r [EUR/EH]		[EUR/a] im 1. Jahr		BW-faktor		Barwert [EUR] auf n-Jahre	[e] in % per a	%
5.1 Reinigung	[m^2$_{BGFa}$]	1.328	*	8,40	=	13.646	*	20,05	=	273.581	2,00	6
5.2 Ab-/Wasser	[m^2$_{BGFa}$]	1.328	*	9,60	=	13.229	*	64,03	=	847.094	7,50	19
5.3 Wärme/Kälte	[m^2$_{BGFa}$]	1.328	*	5,80	=	7.784	*	83,28	=	648.280	8,50	15
5.4 Strom	[m^2$_{BGFa}$]	1.328	*	12,00	=	16.911	*	83,28	=	1.408.359	8,50	32
5.5 Bedienung	[EUR $_{KGR.400}$]	1.067.115	*	1,50%	=	16.007	*	32,00	=	512.219	4,50	12
5.6 Wartung/Insp.	[m^2$_{NF}$]	1.328	*	0,69	=	910	*	50,00	=	45.485	6,50	1
5.7 Verkehr/Grün	[m^2$_{Freifl.}$]	1.740	*	10,00	=	17.403	*	32,00	=	556.892	4,50	13
5.8 Sonstiges	[m^2$_{NF}$]	1.328	*	1,22	=	1.620	*	50,00	=	81.004	6,50	2

Bemerkungen zur Berechnung

Kostengruppen 1 bis 6		10.469.310	[EUR]
Aufrundung für Unvorhergesehenes auf x-Stellen	5	30.690	[EUR]
Gesamtkosten		10.500.000	[EUR]
Ggfs. Mehrwertsteuer in %			
Baunutzungskosten		10.500.000	[EUR]
Investitionskosten			[EUR]
Barwert über n-Jahre		10.500.000	[EUR]

Abb. 3-44: Berechnungsschema der Baunutzungskosten nach [DIN 18960 1976-04], Bspl.

3.6.4 Berechnung der Nutzungskosten von Bauteilen

Mit der dynamischen Investitionsmethode lässt sich auch die Vorteilhaftigkeit von Ausführungsvarianten von Bauteilen berechnen und die Varianten in eine Rangfolge bringen. Ausführungsvarianten sind z.B. Parkettbeläge, homogene Polyvinylchlorid (PVC)-Beläge oder polierte Natursteinbeläge. In die Berechnung sollen zumindest die Investitionskosten, die Unterhaltskosten, die Reinigungskosten und ggf. Mieterträge einfließen. Orientierungswerte sind in Abb. 3-45 abgebildet.

Quelle: vgl. [LUTZ W. 1997]	Invest-ition	Unterhalt	TLD	Frequent.			Überstellung									Mietest.
Überstellungsgrad							gering			mittel			hoch			
Qualitätsstandard				hoch	mittel	ger.	hoch	mittel	gering	hoch	mittel	gering	hoch	mittel	gering	
Name	[€ 2003/m2]		[a]				[€ 1996/m² Reinigungsfläche a]									
Parkett, Mietsteigerung	-61,28	-15,32	50	10	15	20	-8,95	-6,19	-3,00	-12,75	-8,15	-3,92	-15,20	-7,60	-4,41	2,88
...bei 95% Eigenleistung	-61,28	-15,32	50	10	15	20	-0,45	-0,31	-0,15	-0,64	-0,41	-0,20	-0,76	-0,38	-0,22	2,88
Nicht-Textile Beläge																
PVC heterogen	-26,55	-35,23		10	15	20	-8,95	-6,19	-3,00	-12,75	-8,15	-3,92	-15,20	-7,60	-4,41	
PVC homogen	-24,51	-33,19		20	30	40	-8,95	-6,19	-3,00	-12,75	-8,15	-3,92	-15,20	-7,60	-4,41	
PVC vergütet	-28,09	-36,77		20	30	40	-8,95	-6,19	-3,00	-12,75	-8,15	-3,92	-15,20	-7,60	-4,41	
Linoleumbeläge	-26,55	-35,23		20	30	40	-8,95	-6,19	-3,00	-12,75	-8,15	-3,92	-15,20	-7,60	-4,41	
Polyolefinbeläge	-26,55	-34,21		15	20	25	-8,95	-6,19	-3,00	-12,75	-8,15	-3,92	-15,20	-7,60	-4,41	
Gummi (glatt)	-21,45	-34,21		20	30	40	-8,95	-6,19	-3,00	-12,75	-8,15	-3,92	-15,20	-7,60	-4,41	
Parkett versiegelt	-61,28	-15,32	50	10	15	20	-8,95	-6,19	-3,00	-12,75	-8,15	-3,92	-15,20	-7,60	-4,41	
Parkett ölimprägniert	-61,28	-15,32	50	10	15	20	-8,95	-6,19	-3,00	-12,75	-8,15	-3,92	-15,20	-7,60	-4,41	
Laminatböden	-48,51	-59,74		10	15	20	-8,95	-6,19	-3,00	-12,75	-8,15	-3,92	-15,20	-7,60	-4,41	
Gumminoppen	-21,45	-34,21		20	30	40	-10,29	-7,12	-3,45	-14,66	-9,37	-4,51	-17,47	-8,74	-5,08	
Steinfliese bruchrauh	-71,49		50				-10,29	-7,12	-3,45	-14,66	-9,37	-4,51	-17,47	-8,74	-5,08	
Feinsteinzeugfliese	-58,72		50				-11,63	-8,05	-3,91	-16,48	-10,60	-5,10	-19,76	-9,88	-5,73	
Naturstein poliert	-71,49	-12,77	50	10	15	20	-8,05	-5,57	-2,70	-11,47	-7,33	-3,53	-13,68	-6,84	-3,97	
Betonstein ploiert	-63,83	-12,77	50	10	15	20	-8,05	-5,57	-2,70	-11,47	-7,33	-3,53	-13,68	-6,84	-3,97	
Keramikfliese glasiert	-58,72		50				-8,05	-5,57	-2,70	-11,47	-7,33	-3,53	-13,68	-6,84	-3,97	
Keramikfliese unglas.	-58,72		50				-7,60	-5,26	-2,55	-10,83	-6,93	-3,33	-12,92	-6,46	-3,75	
Naturwerkstein geschl.	-68,94		50				-7,60	-5,26	-2,55	-10,83	-6,93	-3,33	-12,92	-6,46	-3,75	
Betonwerkstein geschl.	-56,17		50				-7,60	-5,26	-2,55	-10,83	-6,93	-3,33	-12,92	-6,46	-3,75	
Textile Beläge																
Velours	-20,43	-27,06		10	15	20	-6,31	-4,47	-3,13	-8,53	-6,08	-3,93	-10,19	-6,82	-4,43	
Feinschlinge	-20,43	-28,09		8	12	17	-6,31	-4,47	-3,13	-8,53	-6,08	-3,93	-10,19	-6,82	-4,43	
Nadelvlies	-19,40	-28,09		7	10	15	-6,46	-4,63	-3,28	-8,68	-6,23	-4,09	-10,35	-6,98	-4,59	

Abb. 3-45: Reinigungskosten in Abhängigkeit von der Bodenbelagsart und Mietsteigerungspotentialen

Für die Berechnung sind die Nutzungsdauer, der Qualitätsstandard und die Ausführungsart zu berücksichtigen. Abhängig von der Bodenbelagsart sind die einmaligen Investitionskosten, jährlich wiederkehrende und unregelmäßige Kosten. Zu den einmaligen Investitionskosten zählen die Herstellungskosten abzüglich von Zuschüssen (z.B. durch die Denkmalpflege). In den jährlich wiederkehrenden Kosten werden Reinigungskosten in Abhängigkeit zu Überstellungsgrad und Qualitätsstandard sowie Ertragssteigerungen (z.B. Mietanpassung bei Parkett) eingerechnet. Unregelmäßige Investitionen erfolgen zur Reparatur und Erneuerung des Bodenbelages. Wesentlich für den Reparaturzyklus ist die Frequentierung der Räume, für die Erneuerung die Technische Lebensdauer (TLD) des Bodenbelages (Abb. 3-45). Personalaufwand zur Beschaffung ist bei allen Positionen zu berücksichtigen. Dazu zählen z.B. die Ausschreibung, Abnahme und Abrechnung von Leistungen für Investition, Bauunterhalt und Reinigung. Die Berechnungsgrundlagen sind zusammenfassend in Abb. 3-48 abgebildet.

In Abb. 3-46 sind ausgewählte Bodenbeläge nach der statischen Investitionsrechnung berechnet worden. In Abb. 3-47 wurde die dynamische Investitionsmethode angewendet.

Je nach Berechnungsmethode (statische oder dynamische Investitionsrechnung) und Betrachtungszeitraum ändert sich die Rangfolge der kostengünstigsten Bodenbeläge (s. Abb. 3-46 und Abb. 3-47). Bis zu einem Betrachtungszeitraum von 15 Jahren sind die Unterschiede in der Rangfolge marginal. Bei einem Betrachtungszeitraum von 51 Jahren ist bei der statischen Investition die unglasierte Keramikfliese, bei der dynamischen Investitionsrechnung der Teppichboden (Feinschlinge) die kostengünstigste. Der versiegelte Parkettbogen und der polierte Naturstein sind bei der dynamischen Investitionsrechnung die teuersten. „PVC heterogen" und „Gumminoppenboden" sind lediglich in den 10-20 Jahren eine kostengünstige Alternative.

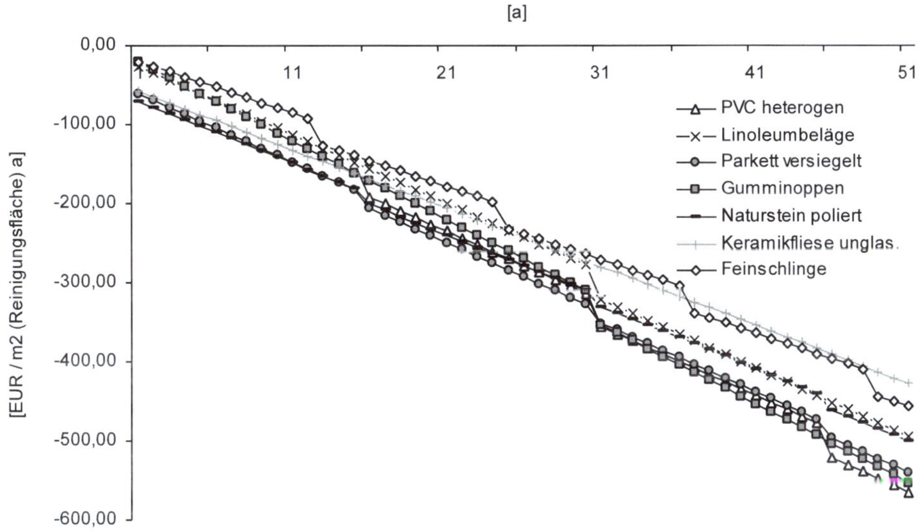

Abb. 3-46: Lebenskosten von verschiedenen Bodenbelägen (Statische Investitionsrechnung)

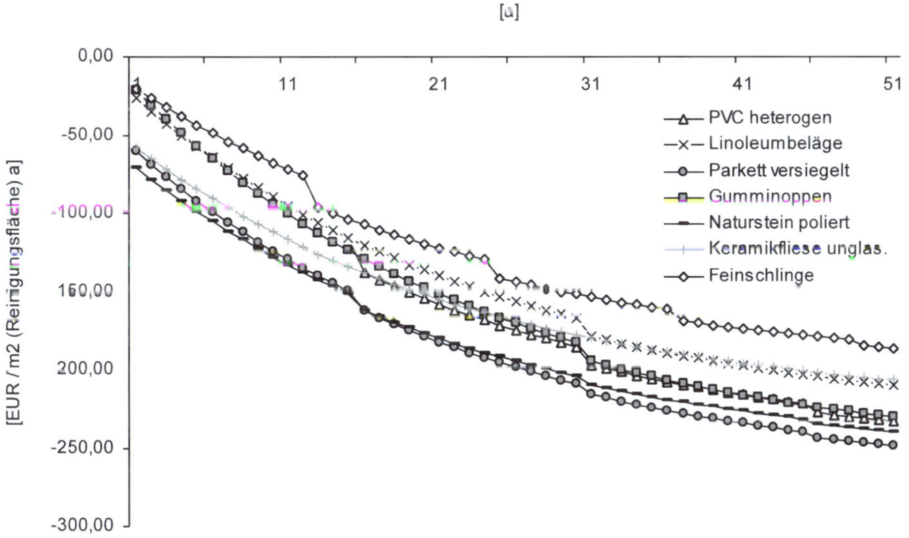

Abb. 3-47: Lebenskosten von verschiedenen Bodenbelägen (Dynamische Investitionsrechnung, Inflationsrate 2%, Zinssatz 4,5%)

Nutzungskosten verschiedener Bodenbeläge ©Prof. Dr. Ulrich Bogenstätter

Variante Feinschlinge Variantennummer T02

	Fläche	1	[m2]	Nutzungsdauer [n] (Jahre)		50	Stichtag	01.01.2003
	Qualitaetsstandard			B2	Beanspruchungsklasse		TLD2	
					Frequentierung		mittel	
	Überstellungsgrad Mobiliar			mittel	z.B.: normalüberstellte Bürofl., Konferenzräume			
	Qualitätsstandard der Reinigung			mittel				

		Einheit	Menge	Einheitspreis	Index	Basisjahr	[EUR]
A.	Einmalige Investitionen (einschl. MWSt.)						-20,30 [€]
	Förderung, Zuschüsse	[m2]	1,00				
	Investition	[m2]	1,00 *	-20,43 *	0,99	1996 =	-20,18
	Prozessaufwand						
	Ausschreibung/Abnahme	[h]/WE	0,000250 *	-42,00 *	1	2007 =	-0,01
	Auftrag/Rechnung	[h]/WE	0,002500 *	-42,00 *	1	2007 =	-0,11
B.	Jährlich wiederkehrende Kosten und Erträge (einschl. MWSt.)						-6,50 [€]
		Einheit	Menge	Einheitspreis	Index		[EUR]
	Ertragssteigerungen	[m2]	1,00				
	Reinigungskosten	[m2]	1,00 *	-6,08 *	1,05	1996 =	-6,38
	Prozessaufwand						
	Ausschreibung/Abnahme	[h]/WE	0,000250 *	-42,00 *	1	2007 =	-0,01
	Auftrag/Rechnung	[h]/WE	0,002500 *	-42,00 *	1	2007 =	-0,11
C.	Unregelmäßige Investitionen (einschl. MWSt.)			TLD	12,00	[a]	-27,87 [€]
		Einheit	Menge	Einheitspreis	Index		[EUR]
	Förderung, Zuschüsse	[m2]	1,00				
	Instandsetzung	[m2]	1,00 *	-28,09 *	0,99	1996 =	-27,75
	Prozessaufwand						
	Ausschreibung/Abnahme	[h]/WE	0,000250 *	-42,00 *	1	2007 =	-0,01
	Auftrag/Rechnung	[h]/WE	0,002500 *	-42,00 *	1	2007 =	-0,11

Cashflow

f/q= 1,00 Barwerte werden nachschüssig berechnet nach der Formel:
f= 1,00 f=1 + /100 (e=Preissteigerungsr.)
q= 1,00 q=1+ /100 (p=Zinsrate)

$$\text{Barwert} = r * (f/q) * \frac{(f/q)\ \hat{}\ n - 1}{(f/q) - 1}$$

Jahr	A. [€]	B. + [€]	C. + [€]	= [€]	$q^t=1/(1+i)^t$	= RB [€]	
	-20,30			-20,30	1,000	-20,30	-20,30 [€]
1		-6,50		-6,50	1,000	-6,50	-26,79 [€]
2		-6,50		-6,50	1,000	-6,50	-33,29 [€]
3		-6,50		-6,50	1,000	-6,50	-39,79 [€]
4		-6,50		-6,50	1,000	-6,50	-46,28 [€]
5		-6,50		-6,50	1,000	-6,50	-52,78 [€]
6		-6,50		-6,50	1,000	-6,50	-59,27 [€]
7		-6,50		-6,50	1,000	-6,50	-65,77 [€]
8		-6,50		-6,50	1,000	-6,50	-72,27 [€]
9		-6,50		-6,50	1,000	-6,50	-78,76 [€]
10		-6,50		-6,50	1,000	-6,50	-85,26 [€]
11		-6,50		-6,50	1,000	-6,50	-91,75 [€]
12		-6,50	-27,87	-34,36	1,000	-34,3[illegible]	-126,12 [€]
13		-6,50		-6,50	1,000		-132,61 [€]
14		-6,50		-6,50	[illegible]		[illegible] [€]
15		-6,50		[illegible]			[illegible]
16		-6,50					
		-6,50					
		-6,50					
		-6,50					

Abb. 3-48: Berechnung der Nutzungskosten eines Bodenbelages (Beispielrechnung)

Das Mietzinssteigerungspotenzial ist i.d.R. abhängig vom Ausstattungsstandard, der Bodenbelag ist ein Teil hiervon. Der Normalherstellungskatalog (s. [NHK] S. 2006) definiert den Ausstattungsstandard für Bodenbeläge im Wohnungsbau wie folgt:

- einfach: Holzdielen, Nadelfilz, Linoleum, PVC (untere Preisklasse), Nassräume: PVC, Fliesen;
- mittel: Teppich, PVC, Fliesen, Linoleum (mittlere Preisklasse), Nassräume Fliesen;
- gehoben: Fliesen, Parkett, Betonwerksein, Nassräume: großformatige Fliesen;
- stark gehoben: Naturstein, aufwendige Verlegung, Nassräume: Naturstein.

Für eine umfassende Bewertung der Varianten ist auch der Ertrag ausreichend zu berücksichtigen. Lässt sich der Mietzins durch die Wahl des Bodenbelages steigern, kann sich die Rangfolge ebenfalls erheblich ändern. Hierzu ein Bspl. aus der Wohnungswirtschaft:

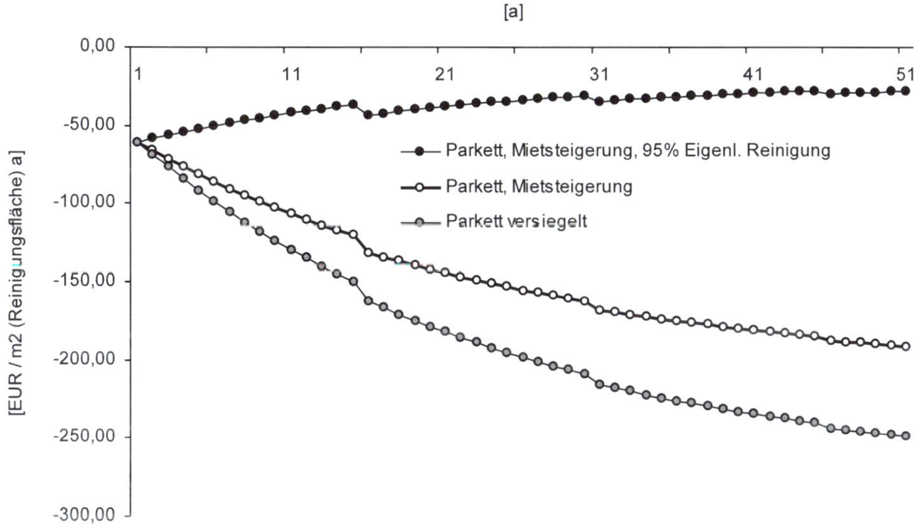

Abb. 3-49. Lebenskosten Parkett (Statische Investitionsrechnung) unter Berücksichtigung von Eigenleistung und Mietsteigerungspotentiale im Mietwohnungsbau

Je nach Ausstattungsstandard (einfach, mittlere, gute Ausstattung) variiert der Mietzins nach dem Stuttgarter Mietspiegel (vgl. [StA Stuttgart -12 2002] S. 10) um etwa 11% (Baujahr bis 1960, Änderung der Einstufung nach erfolgreicher Instandhaltungs- und Modernisierungsmaßnahme von mittel nach gut; Baujahr 1961–1968, von einfach nach gut). Sofern eine Mietsteigerung von etwa 4% (0,24 [€ / m^2 WF Monat]) realisiert werden kann, verändert sich die Rangfolge der kostengünstigen Bodenbeläge. Unter Berücksichtigung des Mietzinssteigerungspotenzials kann das versiegelte Parkett ab etwa 15 Jahren eine wirtschaftliche Alternative sein, die zusätzlich Erträge erwirtschaftet (s. auch Abb. 3-49, Variante Parkett, Mietpreissteigerung, 95% Eigenleistung).

4 Ziele und Rahmenbedingungen

Nach der Definition der Vision und der Strategien gilt es die Ziele und Rahmenbedingungen zur Verwirklichung der Strategien festzulegen. Aus technischer und betriebswirtschaftlicher Sicht ergeben sich unterschiedliche Themengebiete und Vorgehensweisen.

4.1 Zielwerte definieren und verfolgen

Ziele werden an Zielwerten konkretisiert. Aus technischer Sicht werden z.B. vorzugsweise die Kosten betrachtet, mit der betriebswirtschaftlichen Sicht wird der Blickwinkel vergrößert, Ziele um Ertragspositionen zu Lasten der Detailtiefe erweitert. Zielwerte haben aus strategischer Sicht einen mittel- bis langfristigen Planungshorizont. Soll-Werte bestimmen i.d.R. die Vorgaben für das laufende oder kommende Geschäftsjahr strategische. Zielwerte, die nicht mindestens zwei Jahre unverändert bestehen und verfolgt werden können oder andauernden Änderungen unterliegen, sollten nicht als solche definiert werden. Zielwerte, die definiert werden, werden einem regelmäßigen Kontrollprozess, dem Regelkreis, unterzogen.

4.1.1 Zielwerte verfolgen im Regelkreis

Das technische Verständnis eines Regelkreises unterscheidet sich vom Verständnis eines betriebswirtschaftlichen Regelkreises. Nachfolgend werden die wesentlichen Elemente eines technischen mit dem Verständnis eines betriebswirtschaftlichen Regelkreises verbunden.

Die strategische Vorgabe des Managements eines Verwaltungsgebäudes kann so formuliert sein, angenehmes Raumklima für die Mitarbeiter zu schaffen, das in einer regelmäßigen wiederkehrenden Online-Umfrage bei den Mitarbeitern abgefragt wird. Die Vorgabe, angemessenes Raumklima zu schaffen, ist technisch zu interpretieren und in einem technischen Regelkreis umzusetzen, der seinerseits von Ist- und Soll-Werten bestimmt ist.

Ein Aufdrehen des Heizventils führt zur Zunahme der Raumtemperatur. Die Raumtemperatur hat keine direkte Rückwirkung zur Stellung des Heizkörperventils. Durch äußere Einflüsse (Störgrößen), z.B. Wärmeverluste durch geöffnete Fenster, schwankende Außentemperaturen, Sonneneinstrahlung oder Beleuchtungskörper, kann eine Nachjustierung (Regelung) der tatsächlichen Temperatur (Ist-Wert) erforderlich werden, um die gewünschte Temperatur zu erhalten (Soll-Wert). Das erfolgt manuell oder komfortabler durch ein automatisches Heizventil, das einerseits die Raumtemperatur in °C misst (Regelgröße), andererseits durch Veränderung des Ventilhubs (Stell-Wert) die Warmwassermenge im Heizkörper reguliert, bis die gewünschte Temperatur (Soll-Wert) erreicht wird. Hierbei spricht man von Regelung in einem geschlossenen Regelkreis (vgl. Abb. 4-1 – rechts). Soll je nach Tages- und Nachtzeit eine Anpassung der Raumtemperatur vorgenommen werden, wird von außen durch eine

„Führungsgröße“ in den geschlossenen Regelkreis eingegriffen. Die Führungsgröße, hier variierende Temperaturen zur Tag- und Nachtzeit, steuert nun den Regelkreis (vgl. [SCHRAMEK, E. 1997] S. 318ff.).

Der geschlossene Regelkreis beinhaltet die Prozessschritte „Planen“ (Vorgabe der Raumtemperatur), „Steuern“ (Ventilhub) und „Überwachen“ (tatsächliche Raumtemperatur). Wird jedoch die Ausgangsgröße „warme Heizung“ mittels Ventilstellung durch mehrere Eingangsgrößen (z.B. Außentemperatur und Raumtemperatur) beeinflusst, spricht man von Steuerung.

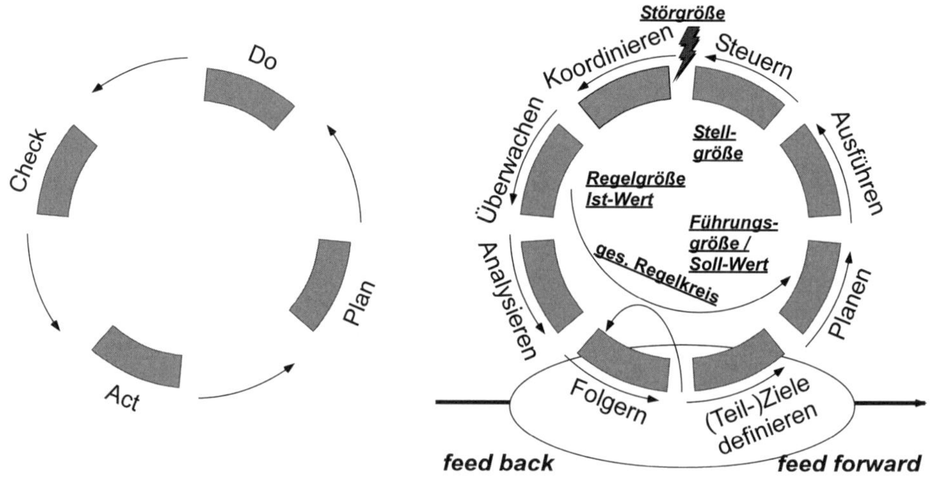

Abb. 4-1: PDCA-Zyklus und Strategischer Regelkreis

Für die Darstellung eines betriebswirtschaftlichen Regelkreises wird der PDCA-Zyklus herangezogen (vgl. Abb. 4-1 – links). Der PDCA-Zyklus hat seinen Ursprung in der japanische Kaizen-Managementphilosophie. In Industrieunternehmen und im Dienstleistungssektor gehört er zu den Standardverfahren. Er findet z.B. bei der [DIN EN ISO 14001 2005-06] zur Umweltleistung Anwendung. Er besteht aus vier Elementen: „Planen“ (Plan), „Ausführen“ (Do), „Überwachen“ (Check) und „Folgern“ (Act). Die Inhalte der Prozessschritte lassen sich wie folgt beschreiben:

- „Planen“: der jeweilige Prozess muss vor seiner eigentlichen Umsetzung komplett geplant werden.
- „Ausführen“: der Prozess wird wie geplant eingeführt und umgesetzt.
- „Überwachen“: der Prozessablauf und eventuell seine Resultate werden überprüft und durch Soll-Ist-Abgleich eventuelle Abweichungen erkannt.
- „Folgern“: die Ursachen der festgestellten Abweichungen werden abgestellt.

Die Anforderungen eines technischen und betriebswirtschaftlichen Regelkreises werden in Abb. 4-1 kombiniert. Zur Berücksichtigung der Strategie in einem strategischen Regelkreis werden hier die Prozessschritte „(Teil-)Ziele definieren“ mit den strategischen Vorgaben des Managements (angenehmes Raumklima) und „Koordination“ der Interessensvertreter und

Betroffenen ergänzt. Der Prozessschritt „Analysieren“ (mittels Mitarbeiterumfrage) wird dem „Folgern“ und „Analysieren“ vorangestellt.

Nachfolgend wird beschrieben, wie Ziel-, Ist-, Plan- oder Soll-Werte in einem Prozess vorgegeben werden können. Hierfür sind die Ist-Werte zu erheben, Vergleichswerte zu recherchieren und Soll-Werte zu definieren. Sofern keine Ist-Werte vorhanden sind, beginnt der Regelkreis mit der Recherche von Vergleichswerten. Dabei bedeuten (vgl. Abb. 4-2):

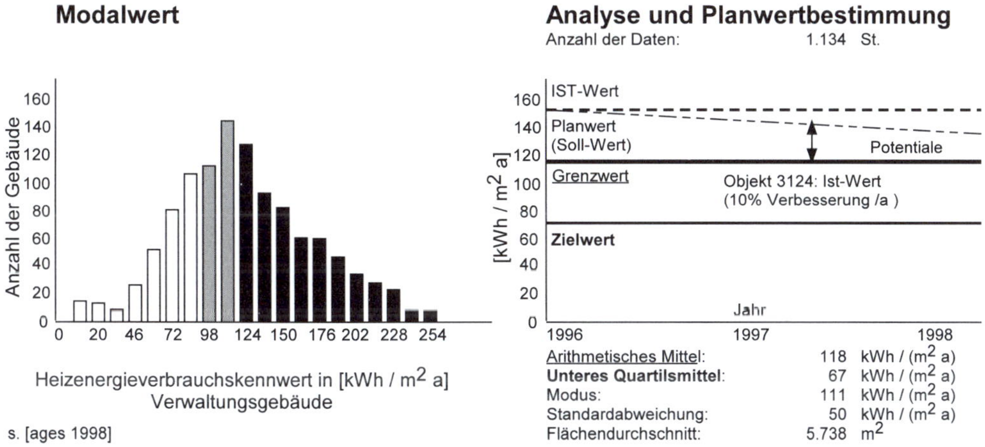

Abb. 4-2: Heizenergieverbrauch Verwaltungsgebäude, Analyse und Plan-Wertbestimmung

- Ist-Wert: Wert, der nach der Definition des Ziel-, Grenz-, Kenn- oder Soll-Wertes ermittelt wurde.
- Zielwert: der unter statistischen Methoden, z.B. als unteres Quartilsmittel einer Vergleichsgruppe, errechnete Wert, der als strategisches Ziel für die Mehrjahresplanung festgelegt wurde.
- Grenzwert: der unter statistischen Methoden, z.B. als arithmetisches Mittel einer Vergleichsgruppe, errechnete Wert oder der häufigste Wert einer Häufigkeitsverteilung (Modalwert, siehe Abb. 4-2 – links). Bei Modalwerten ist zu berücksichtigen, dass eine Verteilung mehre Maxima besitzen kann.
- (Vergleichs-)Kennwert: Wert der als Vergleichsmaßstab herangezogen wird, z.B. der Grenzwert.
- Soll-Wert oder Plan-Wert: Wert, der die Ist-Situation berücksichtigt und Grundlage für die 1- oder 2-Jahresplanung ist und festgelegt wurde.

4.1.2 Strategischer Regelkreis der Immobilienwirtschaft

Der strategische Regelkreis wird in den Controllingkreislauf nach vgl. [BEA, F. 2004] eingebunden (s. Abb. 4-3) und in einzelnen Prozessschritten konkretisiert. Abweichend von BEA wird der Steuerungsprozess explizit in die Betrachtung aufgenommen. Selbst wenn

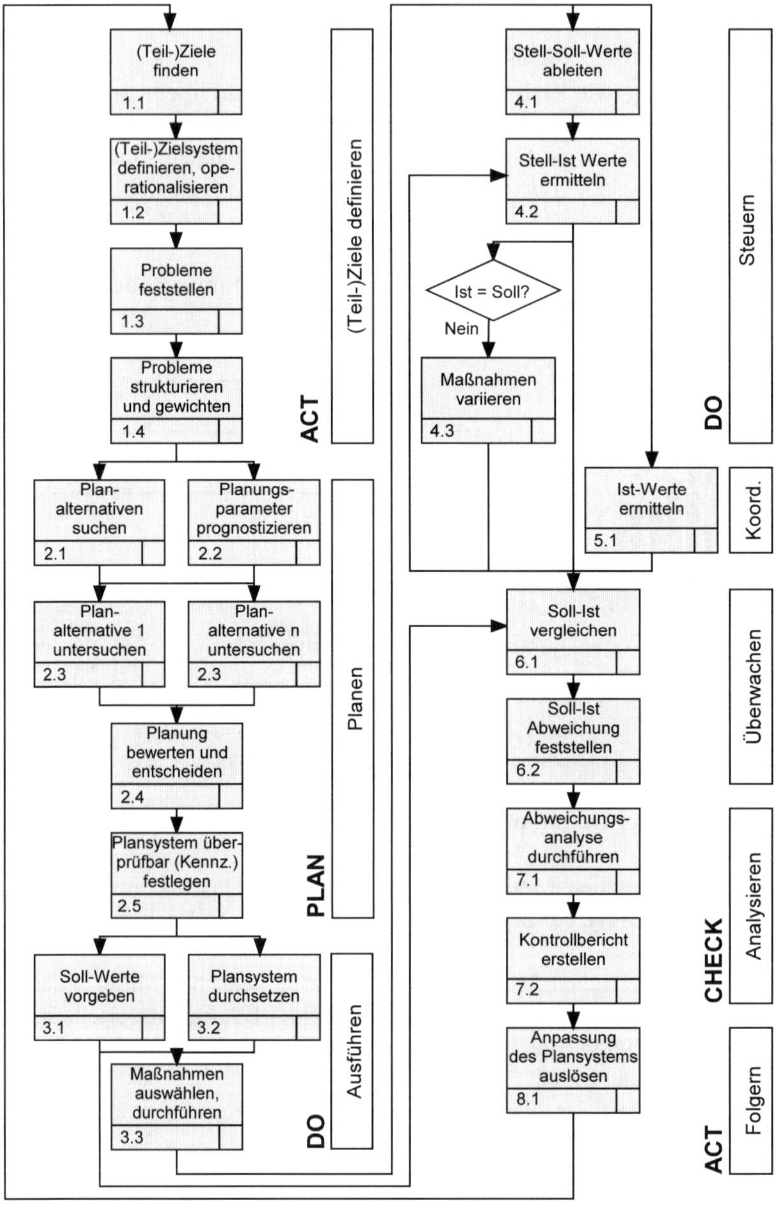

Quellen und Begrifflichkeiten: vgl. [BEA, F. 2004], [RECKNAGEL, H. 1992] S. 318, [DIN EN ISO 19011 2002-12], sowie eigene Darstellung

Abb. 4-3: Detaillierter Regelkreis

- als (Teil-)Ziele die Reduktion des Energieverbrauchs als Bestandteil des Energiemanagementsystems definiert, gewichtet und mit Zielwerten versehen wurden,
- ausgewählte bestehende Heizungsanlagen als Problemfeld identifiziert und aufbereitet wurden,
- die Reparatur oder der Austausch der Heizungsanlagen in Planalternativen untersucht und

- beschlossen wurden,
- Soll-Werte vorgegeben und im Unternehmen kommuniziert wurden,
- der Austausch und / oder die Reparatur durchgeführt wurde,

bleibt immer noch die Möglichkeit für den technisch Verantwortlichen (ggf. der Hausmeister), den ordnungsgemäßen Betrieb der Heizungsanlage zu überprüfen und Anpassungen an den Einstellungen vorzunehmen. Dabei handelt es sich um einen technischen Regelkreis im strategischen Regelkreis eines Immobilienunternehmens. Im Nachgang schließt sich der strategische Regelkreis an:

- Ist-Werte werden ermittelt,
- mit den Soll-Werten verglichen,
- Abweichungen festgestellt,
- Analysen erstellt,
- Kontrollberichte erstellt und
- ggf. das ursprüngliche Plansystem angepasst.

4.2 Soll-Werte vorgeben

Das Erreichen von Soll-Werten muss realistisch sein. (Vergleichs-)Kennzahlen bieten die Möglichkeit, im Vergleich zu den Ist-Werten, Optimierungspotenziale festzustellen und die eigene Planung (Soll-Werte) zu plausibilisieren. Das Problemfeld (Vergleichs-)Kennzahlen lässt sich wie folgt kurz beschreiben: Jeder möchte Kennzahlen, wenige stellen ihre eigenen Kennzahlen zur Verfügung.

4.2.1 Ist-Werte ermitteln

Aus technischer Sicht sind die wesentlichen Kostenblöcke nach [DIN 18960-1 1976-04] am Bspl. für Doppel- und Mehrfamilienhäuser dargestellt (s. Abb. 4-4). Zu den Kostentreibern gehören Kapitalkosten und Technische Abschreibung, Instandsetzung, Wärme und Kälte, Strom und neben Sonstiges die Verwaltungskosten.

Die betriebswirtschaftliche Sicht spiegelt sich insbesondere in der Gewinn-und-Verlustrechnung (GuV) wider (s. Abb. 4-5). Aus Sicht des Immobilienunternehmens sind wesentliche Werttreiber – ohne Berücksichtigung der Betriebskosten, die an den Mieter durchgereicht werden – die Soll-Netto-Kaltmiete, steuerliche Abschreibung, Verwaltungskosten (in Personalkosten und sonstige betriebliche Aufwendungen), Instandhaltung und Kapitalkosten.

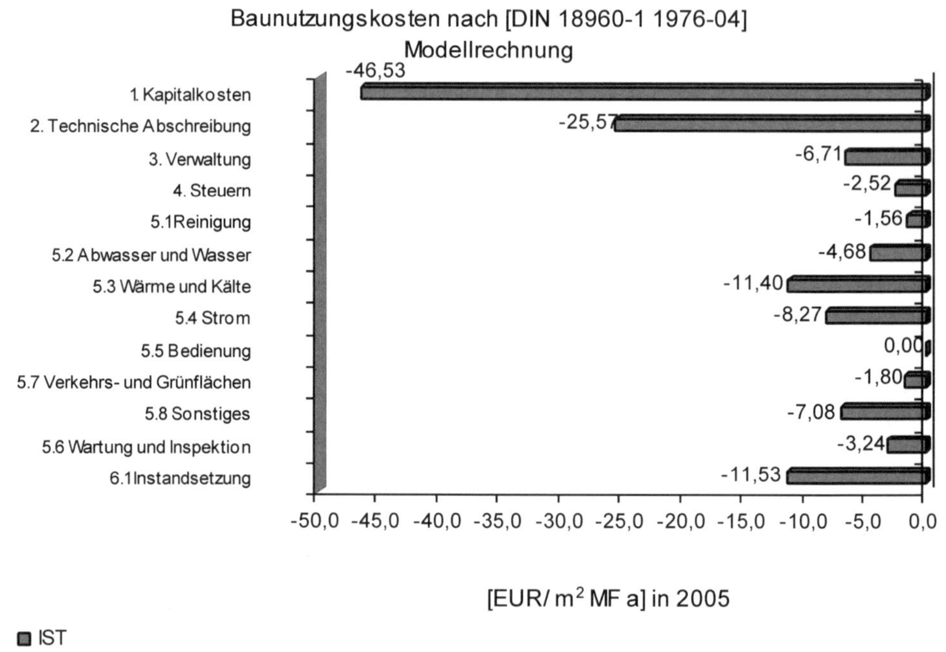

vgl. [BOGENSTÄTTER, U. 2001] S. 167ff.
Abb. 4-4: Baunutzungskosten für Bauwerksgruppe 612 „Doppel- und Mehrfamilienhäuser“

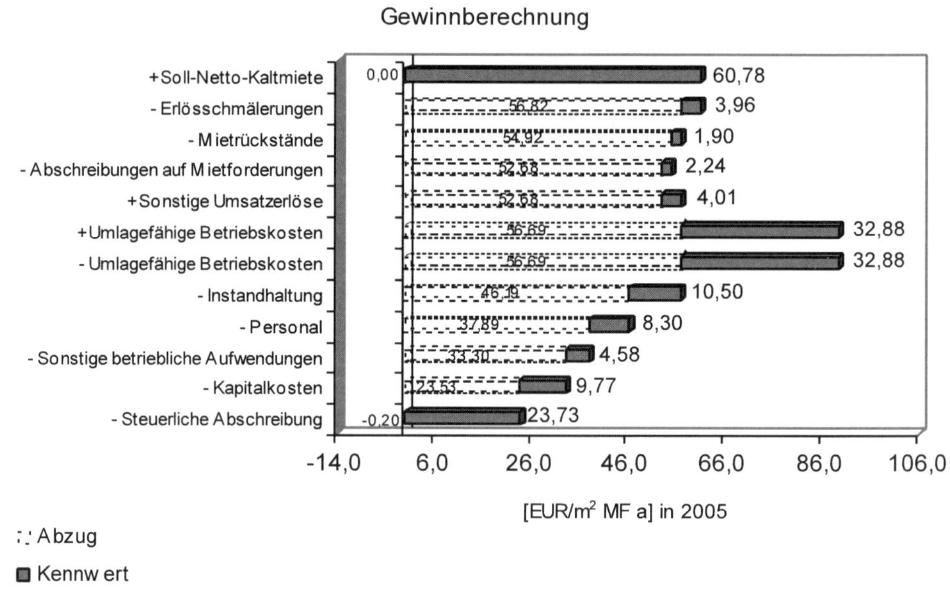

Kennwerte aus eigenen Berechnungen unter Verwendung von: [BOGENSTÄTTER, U. 2001], [BCG 2007], [GdW 2004-10], § 28 [II. BV 2002], [Deloitte 2005-02], [KGSt B 9 / 1984]
Abb. 4-5: Gewinnberechnung aus Kennwerten

4.2.2 (Vergleichs-)Kennwerte recherchieren

Die GEFMA 100 definiert Facility Management als „die Betrachtung, Analyse und Optimierung aller kostenrelevanten Vorgänge rund um ein Gebäude, ein anderes bauliches Objekt oder eine im Unternehmen erbrachte (Dienst-)Leistung, die nicht zum Kerngeschäft gehört" (s. [GEFMA 100 E 1996-12] S. 6). Wesentliches Element zur Betrachtung, Analyse und Optimierung von Gebäuden ist der Vergleich mit Kennzahlen, die zur Zieldefinition als Zeil- oder Soll-Werte oder zur Plausibilitätskontrolle der Ist-Werte herangezogen werden. Um die kostenrelevanten Vorgänge zu identifizieren, müssen inhaltliche Unterscheidungen vorgenommen werden, um nicht Gefahr zu laufen, „Äpfel mit Birnen zu vergleichen".

Kennzahlen ermöglichen die Einschätzung einer Immobilie, ob diese als „gut" oder „schlecht" zu beurteilen ist. Eine Differenzierung nach Gebäudenutzungsarten ist jedoch unerlässlich. Ein Bürogebäude hat eine andere Kostenstruktur als ein Wohngebäude. Die Differenzierung von Gebäuden nach Nutzungen ist komplex.

Je nach Anwendungsfall haben sich unterschiedliche Gruppen von Gebäudenutzungsarten entwickelt.

- Die Öffentliche Hand verwendet i.d.R. den Bauwerkszuordnungskatalog (BWK) (s. [LBB 1.12-1990] S. 18), der von der ARGEBAU – Hochbauausschuss der Länder (LAG) erarbeitet wurde. Er berücksichtigt in der Hauptsache die Baumaßnahmen der Öffentlichen Hand und differenziert gewerbliche bauliche Anlagen nur in geringem Umfang. Er wird auch innerhalb der Öffentlichen Verwaltung der Länder nicht einheitlich verwendet. Das Baukosteninformationszentrum Deutscher Architektenkammern (BKI) (s. [BKI Bd. 1 1998]) stützt sich ebenso wie die Architektenkammer von Nordrhein-Westfalen ([AK NRW 1993]) auf den BWK der LAG, allerdings mit erheblichen Modifizierungen der Gruppierungen insbesondere in der Ziffer 7 „Gebäude für Produktion, Werkstätten und Lagergebäude". Die Quellen [ages 1998] und [VDI 3807-2 1998-06] bauen ebenfalls auf der Systematik des BWK auf.
- Das Statistische Bundesamt verwendet für statistische Erhebungen den Bauwerksschlüssel nach der „Systematik der Bauwerke" (s. [StBA 1978]). Er enthält wichtige Definitionen z.B. als „Signierschlüssel für Wohngebäude" (s. [StBA 1978-06]) und ist gegensätzlich zum BWK der LAG und dem Bauwerksschlüssel der Architektenkammern.

Die genannten Schlüssel für Bauwerksgruppen sind in Bereichen außerhalb der Öffentlichen Hand, z.B. im Handel und in der Industrie, weitgehend unbekannt. Sofern mit Bauwerksschlüsseln gearbeitet wird, werden in firmen- oder branchenspezifischen Arbeitskreisen erarbeitete Bauwerksschlüssel verwendet, wie z.B. in der Arbeitsgemeinschaft Industriebau (AGI) (s. [AGI N 3]).

Eine Zusammenfassung der genannten Bauwerksschlüssel ergibt über 1.200 differenzierte Nutzungen von Gebäuden, die sich bei unterschiedlichen Fragestellungen nicht immer eindeutig abgrenzen lassen. Erhebliche Probleme bereiten dabei auch Nutzungsänderungen während der Standzeit eines Gebäudes. Was heute eine Schule ist, kann morgen ein Bürogebäude sein.

Die unterschiedliche Begriffswahl der Kataloge erschwert die Zusammenführung zu einem gemeinsamen Katalog. Für die Verwendung vorhandener Bauwerksdaten zum Zwecke der Analyse wurde jedoch ein einheitlicher Bauwerkszuordnungskatalog (BZK) entworfen. Er orientiert sich grundsätzlich am Bauwerkszuordnungskatalog der ARGEBAU, wurde jedoch um die Bauwerksnutzungsarten anderer Publikationen ergänzt und wird hier verwendet (s. [BOGENSTÄTTER, U. 2001] Anhang).

Ausgehend von der Aussage, dass Kennzahlen zur Beurteilung von Gebäuden benötigt werden, ist bei der Auswahl eines Gliederungssystems die homogene Qualität und Quantität des verfügbaren Datenmaterials zu prüfen. Davon weitergehende Analysen lassen sich jedoch insbesondere unter Betrachtung der Ausprägung gebäudespezifischer Merkmale durchführen. Dokumentiert werden i.d.R. entweder die Herstellungskosten oder die Verbrauchsmittelkosten. Hinweise zu den Grundstückskosten liegen selten vor. Zu den Personalkosten oder Dienstleistungen liegen nur wenige Angaben vor.

Grundsätzlich sind Kennzahlen für das Projekt- und Objektgeschäft zu unterscheiden.

- Kennzahlen im Projektgeschäft
  In der [DIN 276 1993-06] werden die Kosten in etwa 220 Kostengruppen erfasst und in 2 weiteren Hierarchiestufen zusammengefasst. In Kombination mit etwa 64 Leistungsbereichen ergibt sich eine sehr detaillierte Kostenbeschreibung eines Projektes, die sich für die Aufgaben der Kostenrechnung verwenden lassen. Sowohl die HOAI als auch die DIN 276 sind meist Grundlage von Projekten und ermöglichen die Zielvorgabe, Kostenerfassung und das „Controlling" des Projekterfolges, da umfangreiche Analysemöglichkeiten und Frühwarnmethoden zur Verfügung stehen.

  Da diese Normen, Regelwerke und Verordnungen in dieser oder ähnlicher Form bereits einige Jahrzehnte in Anwendung sind, finden sich umfangreiche Vergleichsmöglichkeiten zu anderen Projekten, die unternehmensintern, aber auch öffentlich dokumentiert sind.

  So sind die Herstellungskosten von über 2.900 Bauwerken durch das Institut für Wirtschaftliches Bauen (s. [IWB 1997-04-01]) in Freiburg dokumentiert. Die Bauaufgaben der öffentlichen Hand sind sowohl beim IWB als auch bei anderen Dokumentationsstellen gut dokumentiert. Die Bauwerksnutzungsart Schulen, sowie Sportstätten sind besonders stark vertreten. Während das IWB sich durch einen breiten Gebäudemix auszeichnet, sind die Daten des Baukosteninformationszentrums der Architektenkammern (BKI, s. [BKI-2 1996]) vornehmlich auf Schulen und Wohngebäude ausgerichtet. Vereinzelt finden sich Angaben aus Zeitschriftensammlungen, wie z.B. in „Bauverwaltung + Bauamt & Gemeindebau" (s. [BBG 1987-12]).

  Lokalisiert man die dokumentierten Daten nach Bundesländern, so zeigt sich ein Schwerpunkt im süddeutschen Raum, Baden-Württemberg und Bayern. Die meisten Objekte wurden in den 80er Jahren erfasst. Eine differenzierte Betrachtung der Kostengruppen 300 und 400 nach [DIN 276 1993-06] in der 2. Gliederungsebene für „Baukonstruktion" und „Technische Anlagen" lassen lediglich die Daten des BKI zu.

- Kennzahlen im Objektgeschäft
  Für das Objektgeschäft liegen weitgehend keine Ertrags-Kennzahlen auf objektebene öffentlich vor, nur vereinzelt liegen Untersuchungen älteren Datums vor. Systematische Untersuchungen sind selten.

  Durch die Immobilienverbände werden auf Unternehmensebene aggregierte Kennzahlen bekannt gegeben, so publiziert der Bundesverband der Wohnungswirtschaft (GdW) regelmäßig wohnungswirtschaftliche Daten und Trends (s. z.B. [GdW 2007-11]) seiner Mitgliedsunternehmen. Hierzu gehören neben der Entwicklung des Wohnungsangebotes,

Trends in der Wohnungsnachfrage auch Informationen zur Situation auf den Wohnungsmärkten mit Mieten und Betriebskosten oder Leerstand zum Wohnraum. Betriebliche Unternehmenskennzahlen homogener Immobilienbestände geben Rückschlüsse auf die „Performance" von Objekten eines Marktsegementes. Bei gewerblichen Immobilien gibt der deutsche Immobilien Index (DIX) Hinweise. Zusätzlich kann auf die Veröffentlichungen der Branche der Wertermittlung zurückgegriffen werden.

Die meisten objektbezogenen Daten liegen (öffentlich!) zu Kosten und Verbräuchen vor. Bei den Verbrauchsgütern zeigt sich eine hohe Dokumentationsdichte bei den Verwaltungsbauten und den Schulen. Sie könnten einer überdurchschnittlichen Betriebsüberwachung unterliegen. Besonders zu erwähnen ist die vom Bundesministerium für Forschung und Technologie (BMFT) geförderte Untersuchung mit 2.758 Gebäuden aus dem Jahre 1990, und der späteren Datenanalyse von ages mit etwa 7.200 Gebäuden, bzw. die Richt- und Mittelwerte (Modalwert) nach [VDI 3807-2 1998-06].

Daneben erfolgten andere, besonders auf bestimmte Bauwerksgruppen spezialisierte Untersuchungen, wie z.B. techem (in [BAUMANN, H. 1997]) mit etwa 53.000 Objekten auf dem Gebiet der Wohngebäude für den Heizenergieverbrauch.

Besonders zu erwähnen ist die Datenauswertung der „Kommunalen Gemeinschaftsstelle für Verwaltungsmanagement" (KGSt) und der „Kommunalen Immobilien Jena" (KIJ) aus dem Jahre 2006, die 3.719 Gebäude im kommunalen Bereich analysiert hat.

Im gewerblichen Bereich sind insbesondere der Benchmark Report der IFMA, sowie Untersuchungen von AtisReal, „Creis Corporate Real Estate Information System GmbH" (CREIS), Jones Lang LaSalle (JLL) oder Real I.S zu nennen. Diese legen jedoch nicht die Daten der einzelnen Objekte offen.

Ein weiterer Datenpool zu den kalten Betriebskosten wurde in der Wohnungswirtschaft nach der Geislinger Konvention angelegt. Hier liefert auch der Bundesverband der Wohnungswirtschaft (GdW) ein breit gefächertes Zahlwerk.

Kennzahlen müssen so aufbereitet werden, dass die Bildung von Kennwerten als Grundlage für Steuerungsentscheidungen ermöglicht wird. Der Grund dieser mangelhaften Kennzahlen im Objektgeschäft liegt unter anderem darin, dass keine allgemeinverbindliche Definition der Kostenarten vorliegt. Diesem Mangel versucht z.B. die Geislinger Konvention zu begegnen, die für die Wohnungswirtschaft unternehmensübergreifend die Kostenartengliederung für den Bereich der Betriebskosten definiert hat, die zusammen mit sogenannten „Strukturdaten" von Gebäuden Betriebskostenvergleiche auf Objektebene ermöglichen. Auf Grundlage der Geislinger Konvention baut der „Verband Norddeutscher Wohnungsunternehmen" (VNW) eine entsprechende Datenbank für Betriebskostenkennzahlen auf. Betriebskostenkennzahlen, wofür?

- Betriebskostenmanagement in der Wohnungswirtschaft
  Von besonderem Interesse sind in der Wohnungswirtschaft die Betriebskosten, die einen zunehmenden Anteil an einer Miete haben. In der Wohnungswirtschaft spricht man zunehmend von der sogenannten „Zweiten Miete". Die Indexsteigerung war durch einzelne Kostenarten der Betriebskosten, z.B. im Energie und (Müll-)Entsorgungsbereich, von überproportionalen Steigerungen bestimmt.

Es ist daher davon auszugehen, dass die Bedeutung eines Betriebskostenmanagements an Bedeutung gewinnen wird, um der „Zweiten Miete" entgegenzuwirken. Durch die gesetzlichen Rahmenbedingungen für Wohnimmobilien ist das Umlage- und Abrechnungsverfahren gemäß [BetrKV 2003] von besonderer Bedeutung.

Die Diskussionen in der Wohnungswirtschaft werden stark davon bestimmt, welche der Kosten vom Mieter (umlagefähig) oder vom Vermieter (nicht umlagefähig) zu tragen sind. Unabhängig von einer Betrachtung umlage- oder nichtumlagefähiger Kosten bestimmt die Bruttomiete entscheidend die gesamte Mietbelastung eines Mieters sowie die Rentabilität der Investition für den Vermieter.

Dass Betriebskostenmanagement erfolgreich sein kann, zeigen die Mitgliedsunternehmen des „Verbandes Berlin-Brandenburgischer Wohnungsunternehmen" (BBU): In den Ländern Berlin und Brandenburg konnten sie seit 1995 / 96 die Betriebskosten im Unternehmensdurchschnitt zwischen 0,15 und 0,35 [€ / m^2 Wohnfläche] im Monat senken. „Trotz der in den vergangenen Jahren erheblich gestiegenen Gebühren und Abgaben ist es den Wohnungsunternehmen durch die Umsetzung von Einsparmaßnahmen und aufgrund eines geänderten Verbrauchsverhaltens der Mieter gelungen, die Wohnkostenbelastung erheblich zu reduzieren. (...)

Effektives Betriebskostenmanagement setzt genaue Kenntnisse der die Betriebskosten bestimmende Strukturdaten und der Einzelbetriebskosten nach Art und Höhe voraus. Das setzt eine Vergleichbarkeit der jeweiligen Betriebskostenpositionen bzw. der die Kosten verursachenden Leistungen voraus." (s. [HfWU 2001-10] S.2f.). Aber nicht nur das Betriebskostenmanagement, sondern alle Teile der objektbezogenen Kosten-Leistungsrechnung müssen in die Unternehmens- und Objektführung eingebunden werden. Hierzu sind z.B. die Methoden des Controlling anzuwenden (s. BOGENSTÄTTER, U. in [KIPPES, S. 2005]-2).

Erst Datenbanken ermöglichen die Generierung von Kennzahlen, den Vergleich von Bauwerken und die Definition von Benchmarks. Hierdurch werden Optimierungspotenziale offensichtlich.

Eine Übersicht der verfügbaren Datenbanken oder Kennzahlen ist in Abb.4-6 dargestellt.

Auf Grundlage öffentlich verfügbare Datenbanken und Modellberechnungen, ca. 3.600 dokumentierter Projekte, hat der Verfasser Kennzahlen als Orientierungszahlen in Abhängigkeit zur Bauwerksnutzungsart ermittelt (vgl. [BOGENSTÄTTER, U. 2001] S. 121ff., 166ff.). Gebäudekennzahlen nach DIN 276 sind zur Orientierung in Abb.4-7 dargestellt. In Abb. 4-8 sind die Variationsbreiten aggregierter Kostengruppen nach DIN 276 (Projektkosten) zusammengestellt. Grundsätzlich werden die Kennzahlen auf die Brutto-Grundfläche (BGF) bezogen. Auffällig dabei sind die hohen Variationsbreiten. Die hohen Variationsbreiten können durch unterschiedliche Gebäudemerkmale und Ausführungsarten begründet sein.

Wesentliche Gebäudemerkmale von Bürogebäuden sind z.B.:

- Baukörper: Atrium, Block, Kamm, Zeile, „„ ,
- Tiefe des Baukörpers: 8,10 m, 12,50 m, 13,50 m, 15,00 m, 18,00 m, ... ,
- Zonierung, z.B. bei einer Tiefe des Baukörpers von 15,00 m: 5,50 m Einzelbüros, 4,00 Flur- und Archivzone, 5,50 m Einzelbüros,
- Erschließungsart: Erschließung (de-)zentral, ... ,
- Fassadenraster: 1,25 m, 1,35 m, 1,80 m, 2,70 m, ...

Quelle		BBG	BKI	IWB	OFD-N	ages	AGI	BINE	BsSt	Geisl.K.	GdW	HIS	IFMA	KGSt/KIJ	KID	MBW	AtisReal	CREIS	Deloitte	DID	Herbst	IFMA	JLL	Parkhausverb.	Real I. S.	techem	techem	ZNWB	ZNWB	FKGB	NHK	Deloitte
Referenz		2)	3)	4)	5)	6)	8)	7)	11)	31)	27)	10)	29)	23)	9)	12)	30)	24)	22)	33)	13)	32)	18)	34)	28)	14)	26)	15) 16)	17)	19)	20) 21)	25)
Anzahl der Gebäude (Liegenschaften), soweit nichts anderes vermerkt		ca. 52	ca. 560	ca. 2.900	ca. 70	7.340	42	2.758	1.342	~ 404.248 WE	6.161.360 WE	8	589	3.719	ca. 528	953	400	ca. 3.000	7.000 (Hotels)	~ 2.938 (Grundst.)	56	152	254, zusätzl. 159	100.000 Parkpl.	~ 4.500 + ~ 1.500	53.000	20.683.952 WE	(ca. 600)	73			? (WoWi)
	1)	A2 Daten				A3 Datenanalyse											A4 Gruppenanalyse													A5 Kz.		
Kostengruppe / Gruppe:		**1. Kosten für Investitionsgüter**																														
Grundstück	100								X																							
Baumaßnahmen		X	X	X					X				X		X							(X)										
Herrichten und Erschließen	200														X																	
Bauwerk - Baukonstruktion	300	X	X	X								X			X																X	
Bauwerk - Technische Anlagen	400	X	X	X								X			X							(X)									X	
Außenanlagen	500																															
Mobilien	600								(X)																							
Modernisierung											(X)																					X
		2.Kalkulatorische Kosten																														
Kapitalkosten	1								(X)					X																		
Abschreibung	2								(X)					X									X									
Mietausfallwagnis/Leerstand											X			X													X					
Verkehrswerte																				X												
		3. Kosten für Verbrauchsgüter																														
Verbrauchsmittel									(X)		X		X	X																		
Wasser und Abwasser	5.2				X	X				X[27]			X				X				X	(X)		X				X	X	X		
Wasser																	X						X									
Kanal																	X						X									
Energie										X[27]			X								X	(X)		X								
Wärme und Kälte	5.3				X	X		X		X[27]			X			X	X				X		X			X		X	X			
Strom	5.4				X	X		X		X[27]			X			X	X				X		X					X	X			
Wertstoffe (einschl. Abfall)													X																			
		4. Begleitende Dienste																														
Personalkosten									(X)															X								
(Hauswart)																	X						X									
Gebäudereinigung	5.1												X	X			X					(X)	X	X				X	X			
Instandhaltung							X		(X)		(X)		X	X										X								
Bedienung	5.5												X											X								
Wartung und Inspektion	5.6												X				X						X	X				X				
Bauunterhaltungskosten	6.												X										X									X
Verbesserung																																
Verkehrs- und Grünflächen	(5.7)									X[27]	(X)		X																			
Bewachung																							X	X								
Sonstiges	5.8										(X)						X						X					X				
Versicherungen																	X						X	X								
Betriebsmittel																								X								
		5. Gemeinkosten																														
Baunebenkosten	700								(X)																							
Verwaltungskosten	3								(X)				(X)				X					(X)	X	X								WE
Kfm. Verwaltung																								X								WE
Beiträge und Abgaben (Steuern)	(4)												X				X						X									
Leerstand											X																					X
		6. Erträge																														
									(X)											(X)												
Soll-Miete											X																					X

Abb. 4-6: Übersicht öffentlicher Datenbanken- und quellen

Dabei sind folgende Bemerkungen zu beachten:

Fußnoten zur Tabelle

1) Zur Einschätzung der Qualität der Kennzahlen und Datengrundlage wird folgende Gruppeneinteilung vorge nommen:

A Statistisch erhobene Kennzahlen

A1 Gebäudedaten, Gewichtung und Merk male sind offen gelegt, Analysen sind repräsentativ im Sinne der Statistik

A2 wie A1, nicht repräsentativ

A3 wie A2, ohne Angabe der Gebäudedaten

A4 wie A3, ohne Angabe der Gewichtung der Gebäudenutzungsart

A5 wie A4, ohne Angabe der Anzahl der Gebäude

B Durch Rechenmodelle abgeleitete Kennzahlen

C Thesenhafte Kennzahlen

2) [BBG 1987-12]

3) [BKI-1 1996] und [BKI-2 1996]

4) [IWB 1997-04-01]

5) z.B. [OFD N LB 10-9051]

6) [ages 1998]

7) [BMBFT (BINE)]

8) [AGI N 3], [AGI W 1], [AGI W 2], [AGI W 5]

9) [AK NRW 1993]

10) [HIS 106]

11) [BdSt 1996]

12) [SIEBERT, L. BBG 1997-09]

13) [HERBST, S. BBB 8-1996]

14) Gebäudenutzungsart: Wohngebäude; in [BAUMANN, H. 1997]

15) [ZBWB-S.TiB 1994-05]

16) [ZBWB-S.TiB-2]

17) [SAGEBIEL, U. 1983]

18) [JLL Oscar 2005], vgl. in [REISBECK, T. 2006] S. 170ff.

19) [FKGB 1996-06]

20) [NHK 1996]

21) [OFD -RLB- 1998-07-30]

22) Deloitte (vgl. [www.hotelbenchmark.com] 22.06.2007), [Ertragsschub für die… IW-Magazin 2007-04]

23) [GERGELE, M. IW-Magazin 2007-04] S. 64-65 und [GERGELE, M. 2006-05-31]

24) CREIS (vgl. [www.creis.de] 22.06.2007), [URBAN, J. 2003] S. 14-15, vgl. [REISBECK, T. 2006] S. 163

25) [Deloitte 2005-02]

26) [Techem 2006-20070707], s. [www.empirica-institut.de/kufa/Techem-empirica-Leerstandsindex-Karte-2005-2.pdf] 07.07.2007

27) [GdW 2006-11]

28) Real I.S. in [REISBECK, T. 2006] S. 174ff.

29) [IFMA 2004], vgl. [REISBECK, T. 2006] S. 181ff.

30) [AtisReal KRO 2005], vgl. [REISBECK, T. 2006] S. 161ff.

31) Treureal (vgl. [http://immobench.treureal.de/immobench2/benchmark_in.asp] 22.06.2007), WohnCom (vgl. www.wohncom.de/bench] 22.06.2007, [https://www.bekobench.de] 22.06.2007)

32) [RUNGE, F. IndustrieBAU 2006-05] S. 52-55

33) [ipd 2007-04-18]

Zeichenerklärung

NE Nutzeinheit

BRI Brutto-Rauminhalt nach [DIN 277 1987-06], ggf. Bereich a

BHF Beheizte Fläche

BGF Brutto-Grundfläche nach [DIN 277 1987-06], ggf. Bereich a

NGF Netto-Grundfläche nach [DIN 277 1987-06], ggf. Bereich a

NF Nutzfläche nach [DIN 277 1987-06], ggf. Bereich a

HNF Hauptnutzfläche nach [DIN 277 1987-06], ggf. Bereich a

WF Wohnfläche (vgl. [DIN 283 1951-03 (aufgehoben)] und [II. BV 1996])

MF vgl. [gif MF-B], [gif MF-G], [gif MF-H]

SBK Summe der Bauwerkskosten, Kgr. 300+400 nach [DIN 276 1993-06]

ICH Instandhaltungsraten nach [AGI W 5]

23) Von der Gesamtanzahl der Gebäude beziehen sich ca. 2.600 auf BGF, 2.300 auf HNF und 5.700 auf sonstige Flächen.

24) BRI, NF, BGF nach [AGI N 3], teilweise NGF [AGI W 1], HNF [AGI W 2]

25) Bezugsgröße wird nicht für alle Gebäudenutzungsarten gleichermaßen verwendet

26) Kgr. 100-700 nach [DIN 276 1993-06], Kgr. 1-6 nach [DIN 18 960-1 1976-04]

Die genannten Gebäudemerkmale bestimmen wesentlich den Flächenbedarf eines Arbeitsplatzes in einem Bürogebäude und bestimmen damit die Arbeitsplatzkosten.

BZK	Bezeichnung	m^2_{BGFa}	m^2 je Geschoss	f Abschreibung	KGR. 100	KGR. 200	KGR. 300	KGR. 400	KGR. 500	KGR. 600	KGR. 700	TLD
					[EUR 2005/m2 (BGFa)]							[a]
	Stichjahr				2005	2005	2005	2005	2005	2005	2005	
	Index zu 1997				1,15	1,15	1,15	1,15	1,15	1,15	1,15	
	Quelle	1)		1)	1)							
130	Verwaltungsgebäude	5.948	1.252	2,57%	193	171	1.119	334	336	77	204	60
131	...normaler techn. Standard	7.091	1.493	2,38%	193	91	1.072	268	218	77	188	60
410	Allgemeinbildende Schulen	5.107	1.075	1,77%	59	93	1.146	323				60
420	Berufliche Schulen	34.875	7.342	2,33%	161	72	1.083	342	159	134	199	60
430	Sonderschulen	4.055	854	2,04%	126	109	1.171	330	251	74	210	70
440	Kindertagesstätten	798	168	2,43%	59	120	1.168	239	339		183	60
450	Weiterbildungseinrichtungen	2.900	611	1,81%	59	41	1.113	351	163		188	70
510	Hallen (ohne Schwimmhallen)	2.143	451	1,98%	59	115	1.153	306	191		253	70
511	Allg. Sporthalle	2.267	477	1,54%	59	115	1.157	289				70
513	Mehrzweckhallen	1.644	346	1,95%	59	128	1.156	365	180		250	70
610	Wohnhäuser	1.580	333	1,76%	59	226	808	154				70
611	Einfamilienwohnhäuser	581	155	3,26%	176	230	898	171	310		831	70
612	Doppel- und Mehrfamilienhäuser	2.345	494	1,66%	59	136	720	137				70
620	Wohnheime	3.677	774	1,86%	59	92	902	269	110		152	70
621	Alten-, Asylantenwohnheime ...	7.292	1.535	1,76%	115	14	1.013	356	104	23	178	70
640	Betreuungseinrichtungen	1.404	312	1,00%	432	113	1.253	275		72		70
644	Jugendzentren	1.134	239	1,58%	432	108	1.371	343		72		70
910	Gebäude kulturelle/musische Z.	4.650	979	1,90%	59	165	1.225	326	115		233	70
914	Veranstaltungsgebäude	3.418	720	1,52%	59	99	1.240	330				70
915	Gemeinschaftshäuser	1.477	311	1,54%	59	110	1.127	282				70
		1) vgl. [BOGENSTÄTTER U. 2001] S. 166										

Abb. 4-7: Gebäudekennzahlen nach DIN 276 (Herstellungskosten bei Neubaumaßnahmen) zur Orientierung

Die wesentlichen Gebäudemerkmale unterscheiden sich nach Bauwerknutzungsart. So ist bei Pflegeeinrichtungen die Anzahl der sanitären Einrichtungen im Verhältnis zu der Anzahl der Bewohner von besonderer Bedeutung, denn sanitäre Einrichtungen sind verhältnismäßig teuer. Die Kosten für sanitäre Anlagen bestimmen daher wesentlich die Kosten eines Pflegeheimplatzes.

Eine generelle Abhängigkeit der einzelnen Gebäudemerkmalen zu der Höhe der Projektkosten lässt sich nur selten nachweisen (vgl. [Bogenstätter, U. 2001] S. 127ff.). „Teuere“ Gebäude sind eben „guten“ Gebäuden nicht gleichzusetzen. Es gibt viele Kombinationsmöglichkeiten von Gebäudemerkmalen, die zu hoher Qualität und niedrigen Herstellungskosten führen.

Hohe Optimierungspotenziale können daher bei den Bauwerkskosten im Projektgeschäft unterstellt werden.

BZK	Bezeichnung	TLD	Grundstück		Bauwerk		Außenanlagen		Ausstattung		Bauneben-kosten		Sonstiges	
		[a]	[EUR/m² (BGFa)]											
	Stichjahr		2005		2005		2005		2005		2005		2005	
	Index zu 1997		1,15	+/-	1,15	+/-	1,15	+/-	1,15	+/-	1,15	+/-	1,15	+/-
	Quelle		1)											
130	Verwaltungsgebäude	60	364	95%	1.454	80%	336	96%	77	85%	204	0%		
131	...normaler techn. Standard	60	284	97%	1.339	74%	218	91%	77	85%	188	0%		
410	Allgemeinbildende Schulen	60	152	54%	1.469	76%								
420	Berufliche Schulen	60	233	81%	1.425	78%	159	95%	134	87%	199	0%		
430	Sonderschulen	70	236	39%	1.502	53%	251	74%	74	36%	210	0%		
440	Kindertagesstätten	60	179	63%	1.408	83%	339	97%			183	0%		
450	Weiterbildungseinrichtungen	70	100	31%	1.464	36%	163	55%			188	44%		
510	Hallen (ohne Schwimmhallen)	70	174	44%	1.459	39%	191	0%			253	72%		
511	Allg. Sporthalle	70	174	44%	1.446	57%								
513	Mehrzweckhallen	70	187	0%	1.521	41%	180	0%			250	64%		
610	Wohnhäuser	70	285	73%	962	77%								
611	Einfamilienwohnhäuser	70	406	50%	1.068	74%	310	0%			831	94%		
612	Doppel- und Mehrfamilienhäuser	70	195	61%	857	71%								
620	Wohnheime	70	151	44%	1.171	62%	110	86%			152	0%		
621	Alten-, Asylantenwohnheime ...	70	129	102%	1.368	43%	104	76%	23	71%	178	0%		
640	Betreuungseinrichtungen	70	545	455%	1.528	61%			72	72%				
644	Jugendzentren	70	540	457%	1.714	44%			72	72%				
910	Gebäude kulturelle/musische Z.	70	224	66%	1.551	82%	115	94%			233	0%		
914	Veranstaltungsgebäude	70	158	24%	1.569	35%								
915	Gemeinschaftshäuser	70	169	44%	1.409	59%								
			1) vgl. [BOGENSTÄTTER U. 2001] S. 167											

Abb. 4-8: Kostenkennzahlen aggregierter Kostengruppen in Bandbreiten nach DIN 276 zur Orientierung

Aus einzelnen Projektergebnissen, Kennzahlen aus verschiedenen Quellen, Anwendung verschiedener Berechnungsmethoden, Entwicklung eines eigenen Berechnungsverfahrens wurden ebenfalls Orientierungswerte für das Objektgeschäft (s. Abb. 4-9) sowie die Bandbreiten ermittelt (vgl. [BOGENSTÄTTER, U. 2001] S. 121ff., 166ff.).

Bemerkenswert hierbei ist die Bandbreite der Kosten in Abhängigkeit zur Bauwerksnutzungsart, z.B. variieren die Reinigungskosten bis zu + / - 45%.

Die Ursachen für die Variationsbreiten sind in dem Abschnitt 6.3."Nutzungskosten" ausführlich mit Handlungsoptionen beschrieben. Hohe Optimierungspotenziale können daher im Objektgeschäft unterstellt werden.

Entscheidend für eine abschließende Betrachtung der Projekt- oder Objektkosten innerhalb einer Bauwerksnutzungsart ist der Bezug zu einer aussagekräftigen Nutzeinheit, z.B. Arbeitsplätze, Besucher, Krankenhausplätze, Pflegeheimplatz, Restaurantplätze, Wohneinheiten … .

BZK	Bezeichnung	Kapitalkosten 1.	Technische Abschreibung 2.		Verwaltung 3.		Steuern 4.		Reinigung 5.1		Verbrauch 5.2-5.4		Instandhaltung 5.6/6.1 - 6.2 ...
		[EUR/m2 (BGFa) a]											
130	Verwaltungsgebäude	45,5	37,4	78%	3,8	33%	4,2	33%	8,9	42%	10,3	48%	13,4
131	...normaler techn. Standard	39,3	31,9	73%	3,5	29%	3,8	29%	9,2	42%	9,3	42%	11,1
410	Allgemeinbildende Schulen	35,1	26,0	74%	6,4	23%	4,2	23%	9,7	41%	6,7	57%	14,8
420	Berufliche Schulen	38,3	33,1	73%	6,2	27%	4,1	27%	8,5	42%	7,4	52%	16,0
430	Sonderschulen	39,9	30,7	49%	6,5	26%	4,3	26%	8,2	43%	8,8	55%	15,5
440	Kindertagesstätten	35,3	34,2	76%	6,1	28%	4,0	28%	10,0	42%	8,5	41%	13,6
450	Weiterbildungseinrichtungen	32,5	26,5	38%	6,4	17%	4,2	17%	7,6	45%	6,7	57%	16,0
510	Hallen (ohne Schwimmhallen)	36,1	28,8	40%	6,3	25%	4,2	25%	9,3	41%	9,9	83%	14,7
511	Allg. Sporthalle	35,8	22,3	55%	6,3	24%	4,1	24%	9,2	41%	10,6	65%	14,6
513	Mehrzweckhallen	37,9	29,7	37%	6,6	27%	4,4	27%	9,4	41%	8,1	80%	15,7
610	Wohnhäuser	32,3	17,0	76%	4,2	53%	2,8	53%		42%	8,9		8,0
611	Einfamilienwohnhäuser	40,3	34,8	68%	4,6	60%	3,1	60%		42%	8,9		8,8
612	Doppel- und Mehrfamilienhäuser	25,8	14,2	69%	3,7	43%	2,5	43%	0,9	41%	8,9		7,1
620	Wohnheime	29,5	21,8	56%	5,1	25%	3,4	25%	8,4	42%	14,6	45%	12,8
621	Alten-, Asylantenwohnheime ...	32,1	24,1	45%	5,9	29%	3,9	29%	8,6	43%	14,6	45%	15,5
640	Betreuungseinrichtungen	66,0	24,6	101%	6,6	20%	4,4	20%	0,3	41%	13,0	50%	13,6
644	Jugendzentren	59,1	27,1	141%	7,5	23%	4,9	23%	9,0	41%	13,0	50%	20,3
910	Gebäude kulturelle/musische Z.	40,3	29,5	72%	6,7	43%	4,5	43%	8,9	41%	9,6	74%	14,6
914	Veranstaltungsgebäude	37,3	23,8	34%	6,8	20%	4,5	20%	9,0	41%	9,6	81%	14,7
915	Gemeinschaftshäuser	34,9	21,7	57%	6,1	26%	4,0	26%	9,7	41%	14,9	58%	15,3
vgl. [BOGENSTÄTTER U. 2001] S. 171													

Abb. 4-9: Übersicht der Optimierungspotentiale bei verschiedenen Bauwerksnutzungsarten zur Orientierung

4.2.3 Soll-Werte definieren

Nachdem die Ist-Werte nach Wirtschaftseinheiten oder objektbezogen bekannt sind, sind aus (Vergleichs-)Kennwerten oder Einzelberechnungen realistische Soll-Werte zu definieren. Neben den Kapitalkosten sind die Mieterträge, Verwaltungskosten und Instandhaltung wesentlich zugunsten eines Immobilienunternehmens zu beeinflussen (vgl. Abb. 4-10).

Während die Gewinnberechnung die Perspektive des Immobilienunternehmens darstellt, ist ebenso die Perspektive des Kunden / Mieters zu berücksichtigen. In Abb. 4-11 sind die Kosten eines Mieters aufgeführt. Dazu gehören die Ist-Netto-Kaltmiete und die Betriebskosten nach [BetrKV 2003], auf den Mieter zugeschnittene Vermieterleistungen und individuelle Mieterleistungen. Die Ist-Netto-Kaltmiete spiegelt sich in der Gewinn-und-Verlust-Rechnung wider, die Betriebskosten oder auch die sogenannte „2. Miete" sind dort als umlagefähige Kosten ausgeglichen dargestellt. Der Rückschluss, dass die umlagefähigen Betriebskosten aus Sicht des Immobilienunternehmens unbedeutend sind, ist ein Trugschluss: sie beeinflussen die Brutto-Miete und Bezahlbarkeit durch die Mieter.

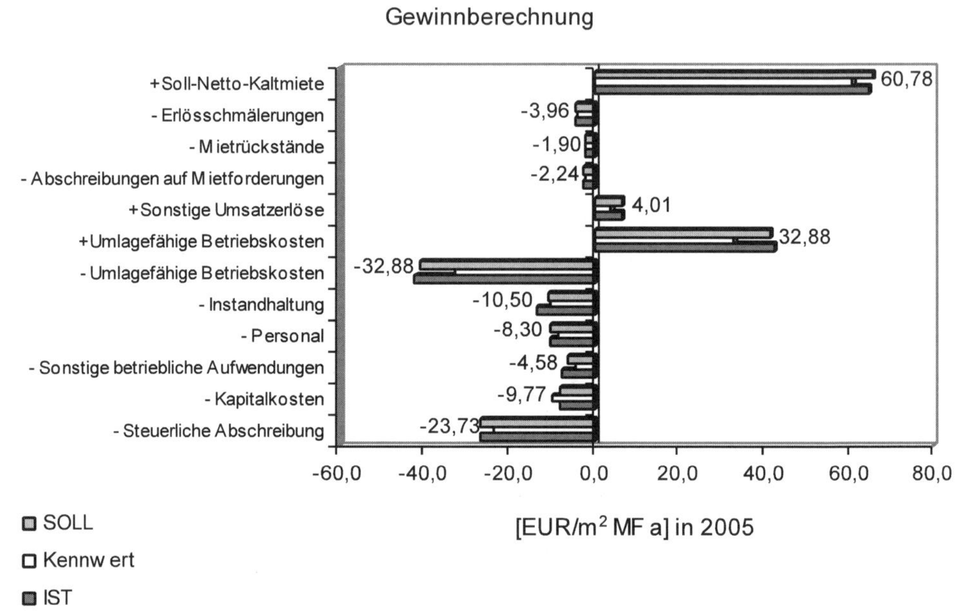

Kennwerte aus eigenen Berechnungen der Ist- und Plan-Werte sowie von Kennwerten unter Verwendung von [BOGENSTÄTTER, U. 2001], [BCG 2007], [GdW 2004-10], § 28 [II. BV 2002], [Deloitte 2005-02]; 24) [KGSt B 9 / 1984]

Abb. 4-10: Gewinnberechnung nach Ist-, Kenn- und Soll-Wert in der Wohnungswirtschaft

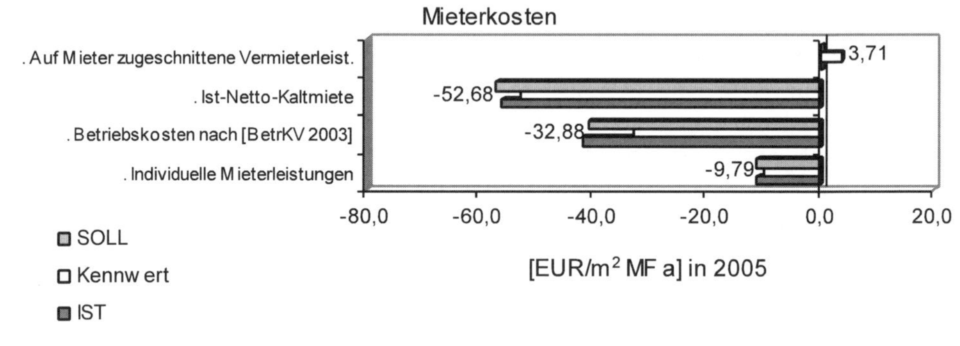

Kennwerte aus eigenen Berechnungen der Ist- und Plan-Werte sowie von Kennwerten unter Verwendung von [BOGENSTÄTTER, U. 2001], [DMB 2006], [VDI 3807-2 1998-06], [Deloitte 2005-02], [KGSt B 9 / 1984]

Abb. 4-11: Mieterkosten nach Ist-, Kenn- und Soll-Wert in der Wohnungswirtschaft

Auf den Mieter zugeschnittene Vermieterleistungen sind die Leistungen, die vom Immobilienunternehmen erbracht werden, um einen Mieter zu halten oder einen neuen Mieter zu gewinnen. Dazu gehören z.B. kostenfreie Einbauten für den Mieter oder (temporäre) Mietminderungen. So ist die individuelle Wohnungsanpassung auf Platz 1 baulicher Maßnahmen, um ältere Mieter zu halten (vgl. [NARTEN, R. DW 2007-10] S. 9). Individuelle Mieterleistungen sind Leistungen, die der Mieter ungeachtet der Leistungen des Immobilienunternehmens erbringen muss, z.B. Schönheitsreparaturen, die Reinigung der Wohnung und des Treppenhauses. In der Summe ergeben sich daraus die Belastungen für den Mieter.

Abb. 4-12 zeigt näherungsweise die Aufteilung der Betriebskosten. Immobilienunternehmen, die die Bedeutung der Betriebskosten für den Mieter erkannt haben, versuchen diese Kosten mit eigenen Geschäftsfeldern zu beeinflussen und daraus Nutzen für sich zu ziehen.

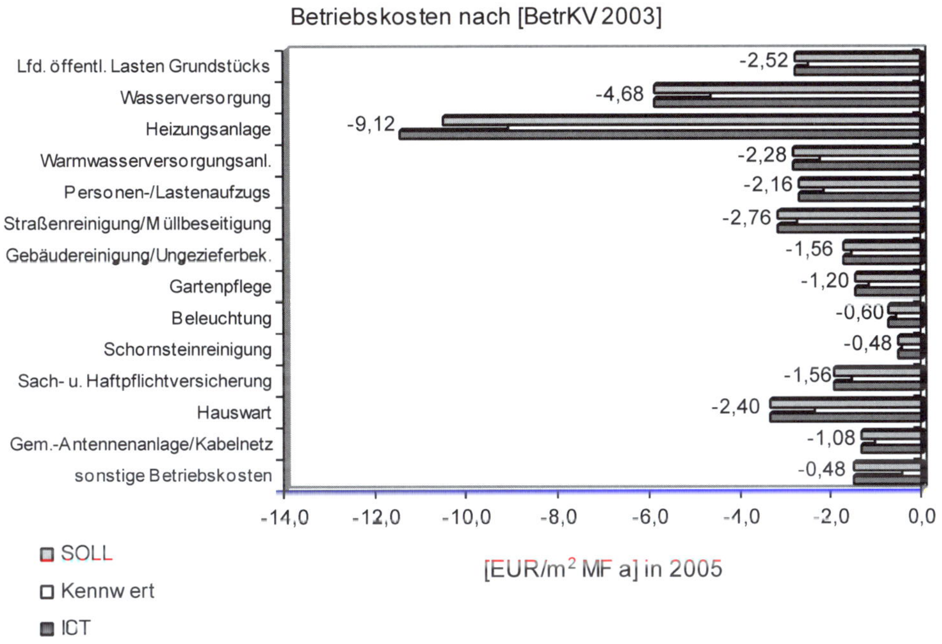

s. [DMB 2006]
Abb. 4-12: Betriebskosten nach Ist-, Kenn- und Soll-Wert

Zu den „Top 10“ der Betriebskosten gehören danach in der Wohnungswirtschaft die Heizungsanlage, die Wasserversorgung, Straßenreinigung / Müllbeseitigung, laufende öffentliche Lasten des Grundstücks, der Hauswart, Warmwasserversorgungsanlage, Personen- / Lastenaufzüge, Gebäudereinigung / Ungezieferbekämpfung, Gartenpflege und Gemeinschaftsantennenanlagen / Kabelnetz. Während die Wasserversorgung, laufende öffentliche Lasten des Grundstücks sowie die Müllbeseitigung i.d.R. von Dritten bestimmt werden, können z.B. die Heizungsanlage, Warmwasserversorgung, Gartenpflege oder Gemeinschaftsantennenanlagen / Kabelnetz auch in Eigenregie, also in einem Geschäftsfeld, erbracht werden. So betreibt die „Volkswohnung“ in Karlsruhe (VoWo) Heizungsanlage, Warmwasserversorgung oder Gemeinschaftsantennenanlagen / Kabelnetz in Eigenregie.

4.3 Anpassungsalternativen auswählen

Sofern Ist-, Soll- oder Kennwert definiert sind, gilt es, die geeigneten Anpassungsalternativen auszuwählen. Zur Erreichung des Soll-Wertes können unterschiedliche Maßnahmen zum Erfolg führen. Auf unerwünschte Nebenwirkungen ist allerdings zu achten: Z.B. kann das Abwälzen von Gebäude-Betriebskosten auf den Mieter die „Zweite Miete" erhöhen und im „Mietermarkt" im Extremfall zu unattraktivem Wohnraum und Leerstand führen.

Die Anpassungsalternativen lassen sich der Portfolio-Strategie, dem Asset-Management sowie dem Property-Management / Facility Management zuordnen. Auch hier gilt es, die Kaskade von der Portfolio-Strategie, über das Asset-Management zu dem Property-Management und Facility Management einzuhalten: Die Anpassungsalternative „Mieterwechsel reduzieren" ist dann sinnvoll, wenn der Bestand gehalten wird.

Die Wirkung von Anpassungsalternativen (s. Abb. 4-13) ist danach im Sinn der Balanced Scorecard auf unerwünschte Nebenwirkungen zu überprüfen. Nachfolgend werden nur Anpassungsalternativen dargestellt, die einerseits Auswirkungen auf die Bilanz eines Immobilienunternehmens haben (Finanzperspektive), andererseits ebenso Auswirkungen auf die Kunden-, Prozess- und Potenzialperspektive haben (s. Abb. 4-14).

Die Anpassungsalternativen lassen sich in ihrer Wirkung durch Szenarien erproben, um anschließend die Anpassungsalternativen auszuwählen. Die Auswahl manifestiert sich in der Festlegung der Ziel- bzw. Soll-Werte.

	Anpassungsalternativen		Indikator und Rechenwert
Portfolio-Strategie	Hypothekenbeleihung, Liquidität oder Finanzierungsart optimieren	⇑	Fremdkapitalzinssatz
	Neue Geschäftsfelder durch Eigenleistungen bei den Grundleistungen (z.B. Energieerzeugung, Kabel, Garten) erschließen	Ø	Eigenerstellung zu Betriebskosten
	HOAI-Leistungen als Eigenleistung übernehmen	⇑	Wertschöpfungstiefe
	Zusatzservices neben den Grundleistungen anbieten (z.B. Gästeservice)	⇓	Verhältnis Soll-Netto-Kalt-Miete zu Soll-Umsatz
Asset-Management	Mietflächenanteile des Bestandes z.B. durch Flächenumnutzungen erhöhen	Ø	Verhältnis m^2 MF zu m^2 BGF
	Marktorientierte Verbesserungsmaßnahmen durchführen	⇑	Verhältnis Verbesserungs- zu Instandhaltungsmaßnahmen
	Mietpreissteigernde Nutzungsänderungen (z.B. Wohnung wird Gewerbe) durchführen	Ø	Jahresrohertragsfaktor
	Mietpreissteigerungen durch Zu- und Verkäufe durchsetzen	⇑	Steigerung Soll-Netto-Kaltmiete
	Mieteerhöhungsspielräume nutzen	⇑	Mietsteigerungspotential
	Konsequent mahnen	⇑	Mietausfallrate
Property Management und Facility Management	Kundenorientierte Instandhaltung durchführen	⇓	Verhältnis Instandhaltungskosten nach Wunsch des Mieters zu gesamte Instandhaltungskosten
	Energiesparmaßnahmen, Verbesserungen durchführen	Ø	Verhältnis Rate zu Soll-Netto-Miete
	Anzahl der Mieterwechsel reduzieren	⇓	Fluktuationsrate
	Mieter als Hausmeister einsetzen	⇓	Anteil der Hauswart- und Gartenkosten
	Prozessoptimierung (z.B. durch (De-)Zentralisierung)	⇑	Bearbeitungszeiten von Prozessen
	Rahmenverträge schließen	⇑	Verhältnis der Instandhaltungskosten mit Rahmenverträge zu gesamte Instandhaltungskosten
	Instandhaltungsmaßnahmen bündeln	⇓	Verhältnis der geplanten Instandhaltungskosten zu gesamte Instandhaltungskosten
	Schlüsselverwaltung zentralisieren	Ø	Kosten der Schlüsselverwaltung je Schlüsselausgabe
	Versicherungsschäden erkennen	⇓	Schadensquote von Versicherungsfällen in der Instandhaltung
	Zeiten Mieterwechsel reduzieren	⇓	Leerstandsquote
	Ideenmanagement einführen	⇓	Realistische Betriebskosteneinsparung

Anpassungsoption Zentralisierung von Leistung: Zentralisierung (⇑) Dezentralisierungoption (⇓) Unentscheiden (Ø)

Abb. 4-13: Anpassungsalternativen

		Zusatzservices neben den Grundleistungen anbieten (z.B. Gästeservice)	Mieterhöhungsspielräume nutzen	Kunden-orientierte Instandhaltung durchführen	Energiesparmaßnahmen, Verbesserungen durchführen
Finanzielle Perspektive des Immobilienunternehmens					
Gewinn					
+	Soll-Netto-Kaltmiete		☺		☺
-	Erlösschmälerungen (hier z.B. Betriebskostenausfall)				☺
-	Mietrückstände				
-	Abschreibungen auf Mietforderungen				
+	Sonstige Umsatzerlöse	☺			
+	Umlagefähige Betriebskosten Einnahmen				😐
-	Umlagefähige Betriebskosten Ausgaben				😐
-	Instandhaltung				
-	Instandhaltung bei Mieterwechsel				
-	laufende Instandsetzung				
-	Maßnahmen Instandsetzung				☹
-	Verbesserung / Modernisierung				☹
-	Personal	☹			
-	Sonstige betriebliche Aufwendungen	☹			
-	Kapitalkosten				
-	Steuerliche Abschreibung				
Anlagenvermögen					
	Sachanlagen (Buchwert)				☺
	Rückstellungen				
	Ertragswert		☺		☺
	Verkehrswert		☺		☺
	Sachwert ohne Bodenwert				☺
	Bodenwert				
Kundenperspektive					
Auf Mieter zugeschnittene Vermieterleistungen					
+	Instandhaltung bei Mieterwechsel zu Lasten Vermieter			☺	
+	Verbesserung / Modernisierung zu Lasten Vermieter			☺	
Miete					
-	Zusatzleistungen	☹			
-	Ist-Brutto-Warmmiete				
-	Ist-Netto-Kaltmiete		☹		☹
-	Betriebskosten nach [BetrKV 2003]				☺
-	Individuelle Mieterleistungen				
Mieterzufriedenheit		☺	☹	☺	😐

Abb. 4-14: Nebenwirkungen der Anpassungsoptionen

5 Organisation

Zu den Aufgaben der Organisation gehört es, den organisatorischen Rahmen zu bieten, dass die Ressourcen optimal eingesetzt werden können.

5.1 Aufgaben der Organisation

Durch die Aufbauorganisation werden wesentlich die Verantwortlichkeit sowie die Haftungsrisiken und die Fertigungstiefe bestimmt.

5.1.1 Betreiberverantwortung

Aus gesetzlicher Sicht wird hier die Betreiberverantwortung bei Immobilien angesprochen. Daraus erwachsen Pflichten. Ein latentes Risiko der Pflichtverletzung wird dabei übernommen. Es müssen unternehmerische und persönliche Rechtsfolgen (Haftungsrisiko) bei Versagen getragen werden. Eigentum verpflichtet. Die Verantwortlichkeit wird durch die Organisation definiert. Vielfach wird in diesem Zusammenhang von Betreiberverantwortung gesprochen. Die Pflichten eines Betreibers sind vielfältig (vgl. [GEFMA 190 2004-01] S. 4ff.) und werden aus Sicht des Gesetzgebers durch Schutzziele der ökonomischen, ökologischen und sozialen / kulturellen Nachhaltigkeit konkretisiert: Dazu gehören die Unternehmensführung und Qualität, Umwelt, Energie, Arbeitsschutz sowie Sicherheits- und Gesundheitsschutz (s. Kapitel 2). Aus den gesetzlichen Betreiberpflichten ist ggf. ein Beauftragter als Verantwortlicher im Unternehmen zu bestimmen.

Die gesetzlichen Pflichten sind in Gesetzen und Verordnungen niedergelegt. Diese muss der Betreiber kennen und sie müssen von ihm entsprechend des Ermessungsspielraums ausgelegt und eingehalten werden. Ansonsten kommt es zu Pflichtverletzungen und Verschulden. Zu den möglichen Rechtsfolgen gehören zivilrechtliche Schadensersatzforderungen, Bußgelder nach dem Ordnungsrecht, Nutzungsverbote oder Stilllegung nach öffentlich-rechtlicher Verfolgung sowie ggf. der Verlust des Versicherungsschutzes. Mögliche zusätzliche Rechtsfolgen für Personen sind zusätzliche arbeits- oder disziplinarrechtliche Sanktionen, Geldstrafe oder Freiheitsstrafe nach dem Strafrecht, aber auch Berufsverbot. Entlastung bringt die Dokumentation der Vorgänge nach Abb. 5-2, z.B. in einem Betriebs- und / oder Objekthandbuch (vgl. Kapitel 7 „Raum- und Gebäudebuch“). Managementsysteme können hier unterstützend wirken.

Neben den rechtlichen Anforderungen gibt es keine gesetzlichen Forderungen zum Schutz gegen Naturgewalten (Sturm, Überschwemmung oder Erdbeben) oder gegen Kriminalität (Instrusionsschutz, Schutz gegen Vandalismus, Sabotage, Spionage, Terrorismus, aber auch Personenschutz, Informationssicherheit, Warensicherung oder Geld- und Wertsicherung).

Diese Risiken werden teilweise oder gänzlich über Versicherungsverträge abgedeckt. Damit können Sachschäden an Gebäuden oder zivilrechtliche Forderungen abgedeckt werden. Folgende Versicherungen sind hierzu möglich: Betriebshaftversicherung, Gesetzliche Unfallversicherung, Organhaftversicherung, Rechtsschutzversicherung, Sachversicherung, Umwelthaftversicherung, Vermögensschadenshaftpflichtversicherung.

Grundvoraussetzung ist jedoch, dass der Betreiber klar definiert ist. Dieser variiert auch nach Branche. In der evangelischen Kirche sind i.d.R. die Kompetenzen in drei Stufen gegliedert, von der Kirchengemeinde, über den Kirchenkreis bis zur Landeskirche (s. Abb. 5-1, [LIETH, VON DER J. KVI 2008-05]). Die Verantwortung des Betreibers wird bei einer zersplitterten Organisation ohne klare immobilienwirtschaftliche Kompetenz erschwert. Ist dies der Fall, so wird empfohlen, dies nachzuholen und mittels Übernahme zu dokumentieren.

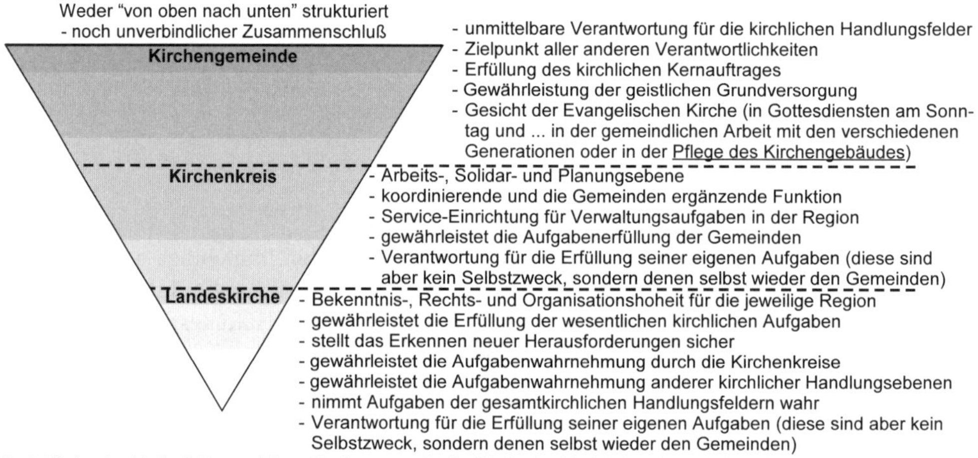

*vgl. Kirche der Freiheit, Perspektiven für die evangelische Kirche im 21. Jahrhundert, ein Impulspapier des Rates der EKD, Hannover S. 36f (http://www.ekd.de/download/kirche-der-freiheit.pdf). (Quelle: Ailland, Imke / von der Lieth, Jörn; Vortrag: Ecclesiastic Real Estate Management, Modellhafter Aufbau und Implementierung, Dezember 2007) s. [LIETH, VON DER J. KVI 2008-05]

Abb. 5-1: Verteilung der Kompetenzen in der evangelischen Kirche, idealtypische Darstellung

Obwohl viele Pflichten des Betreibers sich aus dem Arbeitsschutzgesetz (s. [ArbSchG 2004]) für Gewerbe und Industrie ableiten, werden die Pflichten zur Überwachung der Gefährdungspotenziale durch Gerichte in entsprechenden Urteilen auch auf die Wohnungswirtschaft angewendet (vgl. [KRAUS, J. DW 2007-12] S. 58).

Nach [GEFMA 190 2004-01] S. 26 lässt sich Betreiberverantwortung auf Managementsysteme übertragen und wie folgt auf das Wesentliche reduzieren:

Kenntnis der Vorschriften
+ ordnungsgemäßes Handeln
+ Dokumentation
= Sicherheit vor Sanktionen

- Unternehmensführung

  Es ergeben sich Organisationspflichten bezogen auf die Unternehmensleitung. Führungspflichten der Führungskräfte und Durchführungspflichten der Beschäftigten ergeben sich aus dem [ArbSchG 2004]. Die persönlichen Betreiberpflichten nach § 3 [ArbSchG 2004] sind in Abb. 5-2 dargestellt.

	Organisationspflichten	Führungspflichten	Durchführungspflichten
Aufbauorganisation	... festlegen		
geeignete Führungskräfte	... festlegen		
Betriebsbeauftragte / Koordinatoren	... bestellen		
Gefährdungsbeurteilung	... veranlassen	... durchzuführen	
Pflichten	... definieren	... dokumentieren	
Gesetzliche Prüfungen	... sicherstellen	... organisieren	
Geeignete Beschäftigte oder Dienstleister	... auswählen	... einsetzen	
Ablauforganisation	... festlegen	... einhalten	... überwachen
An- / Ein- / Unterweisungen	... veranlassen	... erteilen	... befolgen
Geeignete Arbeitsmittel	... auswählen	... bereitstellen	... benutzen
Überwachung	... dokumentieren		
Sonstige Pflichten	Erste Hilfe sicherstellen Arbeitsmedizinische Vorsorge Erfassen und Anzeigen von Unfällen Durchführung von Instandhaltungen		Unterstützung bei der Ersten Hilfe
Vgl. [GEFMA 190 2004-01] S. 8ff.			

Abb. 5-2. Übersicht der persönlichen Betreiberpflichten

Zu den Gefährdungspotenzialen gehören z.B. Standsicherheit, Brand- und Feuerschutz, Absturz- und Sturzsicherung, Maschinen, Trinkwasser und Grundwasser, Druckbehälter, Heizungsanlagen und Tanks, Gasleitungen und Gasgeräte sowie Gasfeuerungsstätten, Freianlagen, unbebaute Grundstücke, öffentliche Verkehrsflächen. So sicherte die Deutsche Bahn nach ihrem Börsengang zunächst alle ungenutzten Bahnhöfe mit einem Zaun. Zu den Verkehrsicherungspflichten in der Wohnungswirtschaft gehört z.B. die Überprüfung der ordnungsgemäßen Beleuchtung der Wohnanlage sowie Stolper-, Rutsch- und Sturzgefahren öffentlich zugänglicher Bereiche.

Die gesetzlichen Prüfungen sind danach zu unterscheiden, ob sie vor Inbetriebnahme, nach wesentlicher Änderung des Bauwerks oder wiederkehrend nach festen Prüfintervallen stattfinden müssen. Der Prüfgegenstand ist vielfältig und bezieht sich auf Bauwerksnutzungen oder Bauteile. Die Prüfung ist zu dokumentieren. Die Rechtsgrundlage sind hierbei i.d.R. länderspezifische Verordnungen. Beispielhaft werden hier nachfolgende Prüfgegenstände genannt: Abwasseranlagen, Arbeitsstätten, Aufzugsanlagen, Beherbergungsstätten, Blitzschutzanlagen, Brandmeldeanlagen, Brandschutz, CO-Warnanlagen, Druckgeräte, elektrische Anlagen, Feuerlöschanlagen, kraftbetätigte Türen und Tore, Großgaragen, Hochhäuser, Krankenhäuser, lüftungstechnische Anlagen, Rauchabzugsanlagen, Schallschutz, Sicherheitsbeleuchtungsanlagen, Standsicherheit, Verkaufsstätten.

Zur Pflichtenübertragung (Delegation) müssen folgende Grundregeln beachtet werden (vgl. [GEFMA 190 2004-01] S. 14): 1. Klare und eindeutige Definition der zu übertragenden Pflichten, bei Dienstleistern in einem Vertrag, bei Mitarbeitern mittels Dienstanweisung; 2. Widerspruchfreie Aufgabenverteilung (keine Überscheidungen oder Lücken); 3. Sorgfältige Auswahl (Selektion) von geeigneten Führungskräften, Beschäftigten oder Dienstleistern; 4. Ausstattung des Verpflichteten mit erforderlichen Mitteln und Befugnissen; 5. An- / Ein- / Unterweisung des Verpflichteten; 6. Einverständnis des zu Verpflichtenden; 7. Laufende Aufsicht / Überwachung.

In Mietverhältnissen übernimmt i.d.R. der Mieter die Betreiberverantwortung seiner eigenen Einrichtungen und Einbauten innerhalb der Mietfläche. Abweichend hiervon können im Mietvertrag andere Regelungen getroffen werden.

Folgende Beauftragte sind ggf. verantwortlich: Beauftragter für Arbeitsschutz, Fachkraft für Arbeitssicherheit (Sifa), Sicherheitsbeauftragter, Betriebsarzt, Ersthelfer, Strahlenschutzbeauftragter, Röntgenschutzbeauftragter, Laserschutzbeauftragter, Gefahrgutbeauftragter, Brandschutzbeauftragter, Arbeitsschutzausschuss (mit Betriebsrat), Koordinator für Sicherheit und Gesundheitsschutz (SiGe, z.B. auf Baustellen).

Folgende gesetzliche Regelwerke sind von Bedeutung:

- Umweltschutz
  Für den Umweltschutz sind besonders relevant: Immissionsschutz nach dem Bundes-Immissionsschutzgesetz (s. [BImSchG 2007]), Klimaschutz und Bodenschutz nach § 1 des Bundes-Bodenschutzgesetzes (s. [BBodSchG 2004]), Gewässerschutz nach § 1a des Wasserhaushaltsgesetzes (s. [WHG 2007]), Abfallentsorgung nach dem Kreislaufwirtschafts- und Abfallgesetz (s. [KrW- / AbfG 2007]), allgemeine Anforderungen nach der Musterbauverordnung (s. [MBO 2002]) oder Abwasserverordnung (AbwV) zur Abwasserentsorgung. Folgende Beauftragte sind ggf. verantwortlich für den Umweltschutz: Benannter Geschäftsführer nach Bundes-Immissionsschutzgesetz, Betriebsbeauftragter für Abfall, Betriebsbeauftragter für Gewässerschutz, Immissionsschutzbeauftragter, Störfallbeauftragter, Strahlenschutzbeauftragter.
- Energie
  Für die Energie ist insbesondere die Energieeinsparverordnung (EnEV) und die dazugehörigen Regelwerke von Bedeutung.
- Arbeitsschutz
  Der Arbeitsschutz gegenüber den eigenen Beschäftigten wird z.B. geregelt in §§ 3-4 des Arbeitsschutzgesetzes (s. [ArbSchG 2004]) und § 3 der Arbeitsstättenverordnung (s. [ArbStättV 2004]), § 21des VII. Sozialgesetzbuches (s. [SGB VII 2007]) und den Vorschriften der gesetzlichen Unfallversicherung (s. [GUV - V A1]).
- Sicherheits- und Gesundheitsschutz
  Regelungen zum Sicherheits- und Gesundheitsschutz sowie Verkehrssicherungspflichten, z.B. nach §§ 823ff. des Bürgerlichen Gesetzbuches (BGB), bestehen gegenüber Dritten in Gestalt der Nutzer des betriebenen Gebäudes, der Besucher, der Passanten auf Verkehrswegen rund um das Gebäude oder der Anwohner und auch gegenüber Behörden und Trägern der gesetzlichen Unfallversicherung in Form von Mitteilungs-, Melde- und Auskunftspflichten, siehe hierzu u.a. § 193 Abs. 1 des VII. Sozialgesetzbuch [SGB VII 2007] und die Verordnung über Sicherheit und Gesundheitsschutz [BetrSichV 2007]. Folgende Beauftragte sind ggf. verantwortlich: Datenschutzbeauftragter, Hygieneschutzbeauftragter, Beauftragter für biologische Sicherheit, Tierschutzbeauftragter.

5.1.2 Fertigungstiefe

Die Fertigungstiefe kann durch organisatorische Maßnahmen bei der Auftragsvergabe verändert werden, wenn Aufgaben zunehmend auf die Lieferanten verlagert werden.

Von Bedeutung ist für die ungeplante Instandhaltung die Ausschreibungsart, da durch 1. Abrechnung nach Aufwand, 2. nach Katalogen, 3. mittels Rahmenverträge (Ausschreibungsergebnisse (hinterlegt beim Handwerker), 4. mittels Einheitspreisabkommen (hinterlegt im ERP-System), 5. Ausschreibungspakete nach Standards (z.B. Badsanierung), 6. nach dem Verfahren der „Vereinfachte Reparaturabwicklung“ (VeRA) – hinterlegt im ERP-System – oder 7. nach dem Bremer Modell (GEWOBA) verfahren werden kann. Den Verfahren 2 bis 7 liegt ein Ausschreibungsverfahren zugrunde mit dem Ziel, den Prozessaufwand zu verringern (s. [PAßLACK, M. 2007-03-29]).

Bei dem Bremer Modell handelt es sich um ein Verfahren, bei denen die Leistungen pauschaliert und als Daueraufträge vergeben werden. Der Bestand wird ergebnisorientiert bewirtschaftet. Der Vorteil liegt darin, dass Prozessschritte in dem Wohnungsunternehmen bei der Auftragsvergabe und Rechnungsdurchlauf umfangreich entfallen können (s. Abb. 5-3). Die Anzahl der Rechnungslegungen in der ungeplanten Instandhaltung konnte bei der GEWOBA in Bremen um ca. 72% auf 20.000 gesenkt werden (s. [PAßLACK, M. 2007-03-29]).

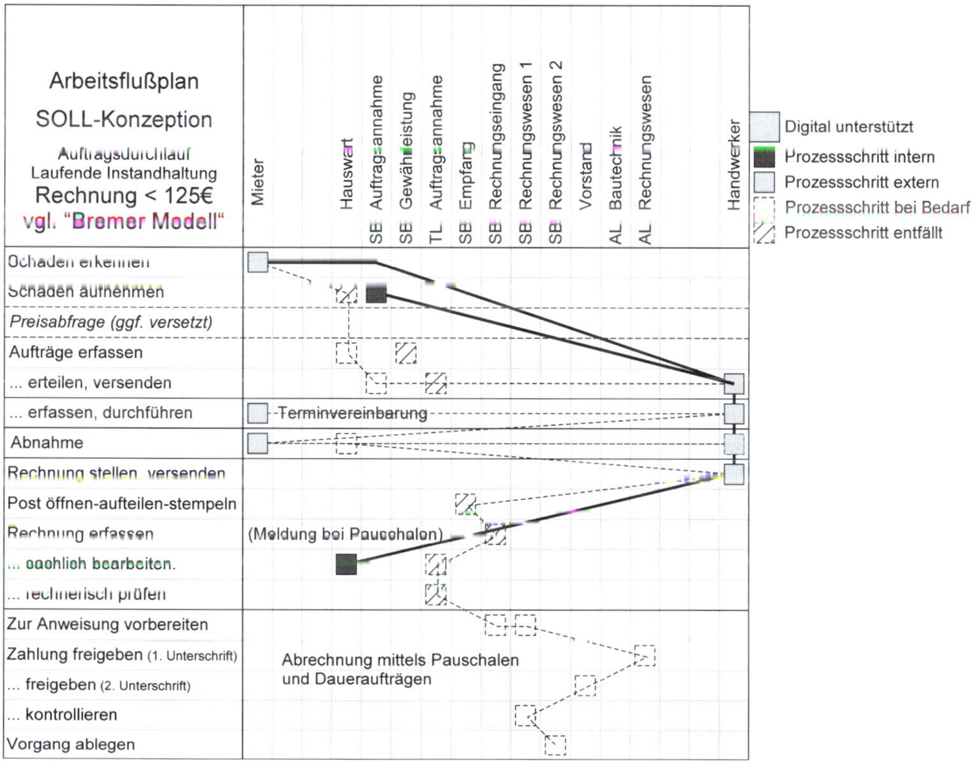

Abb. 5-3: „Bremer Modell“

Die GEWOBA in Bremen ist eine mehrheitlich kommunale Wohnungsbaugesellschaft mit ca. 41.000 Wohnungseinheiten. Die Vergabe von Pauschalleistungen und Daueraufträgen erfolgt nach Leistungsbereichen über einen definierten Objektbestand. Von 60 Mio. EURO pro Jahr, die in den Bestand investiert wurden, wurden 80% für Modernisierung und Großinstandhaltung, 20% für die ungeplante Instandhaltung aufgewendet. Dabei fielen etwa 1,7 ungeplante Instandhaltungsvorgänge im Wohnungsunternehmen pro Jahr an, mit einem Durchschnittswert von etwa 170 EURO, 95% der Vorgänge hatten ein Auftragsvolumen von unter 1.000 EURO.

Um dieses Verfahren sinnvoll anwenden zu können, ist hierfür Kenntnis der bisherigen Aufwände, einer relativen Größe des Bestandes und des Quartierszusammenhangs notwendig, um die Wege kurz zu halten (vgl. LANGE, D. DW 2007-05). Bei der GEWOBA wurde daher im Vorfeld die Instandhaltungskosten analysiert, Preise für eine pauschale Vereinbarung kalkuliert und Pauschalverträge ab 1995 für die Leistungsbereiche Elektro-, Sanitär- und Heizungsarbeiten, Abwasseranlagen (Kanal) sowie ab 1998 Leitungswasserschäden eingeführt.

5.1.3 Projekt- und Objektorganisation

Es sind grundlegend 2 Arten der Organisationen zur Leistungserstellung zu unterscheiden, die Projekt- und Objektorganisation. Der primäre Fokus liegt bei der Projektorganisation auf dem Projektgeschäft, das primär einmalige Leistungen beinhaltet. Die Objektorganisation hat insbesondere das Objektgeschäft im Fokus, das regelmäßige Leistungen beinhaltet (vgl. Abb. 5-4).

Abb. 5-4: Differenzierung von Projekt- und Objektgeschäft

Nach [DIN 69901 1987-08] ist ein Projekt ein „Vorhaben, das im Wesentlichen durch die Einmaligkeit der Bedingungen in ihrer Gesamtheit gekennzeichnet ist, wie z.B.

- Zielvorgabe
- zeitliche, finanzielle, personelle oder andere Begrenzungen
- Abgrenzung gegenüber anderen Vorhaben
- projektspezifische Organisation“ (s. [DIN 69901 1987-08] S. 1)

Die Ziele eines Projektes sind als „SMART“ zu beschreiben. Das bedeutet:

- Specific (Die Ziele sind besonders)
- Measurable (und messbar)
- Acceptable (von den Beteiligten akzeptiert)
- Realistic (realistisch)
- Timeable (und zeitlich begrenzt)

Ob Generalunternehmer, Generalübernehmer, Totalunternehmer, Fondsmanager, Immobilienverwalter, Treuhänder – das zugrundeliegende Projekt- und Objektgeschäft wird organisatorisch bestimmt durch Rollen, Aufgaben und Vertrags- und Weisungsbeziehungen.

Die Leistungsinhalte der Planer sind in Abb. 5-5, der Auszuführenden in Abb. 5-6 dargstellt. Letztendlich sind die (vertraglichen) Vereinbarungen in Form von Leistungsbeschreibungen entscheidend.

Nr.	Inhalte der Leistungen von …	Quelle
1.	**Projektgeschäft**	
	(Planungs-)Leistungen der Architekten und Ingenieure	[HOAI 2001]
	Gebäude, Freianlagen und raumbildenden Ausbauten	[HOAI 2001] Teil II
	Gutachten und Wertermittlungen	[HOAI 2001] Teil IV
	Städtebauliche Leistungen	[HOAI 2001] Teil V
	Landschaftsplanerische Leistungen	[HOAI 2001] Teil VI
	Leistungen bei Ingenieurbauwerken und Verkehrsanlagen Planung von Objekten der Wasser- und Abwasserwirtschaft	[HOAI 2001] Teil VII, [AHO Nr. 7] [AHO Nr. 4]
	Verkehrsplanerische Leistungen	[HOAI 2001] Teil VIIa, [AHO Nr. 5]
	Leistungen bei der Tragwerksplanung	[HOAI 2001] Teil VIII, [AHO Nr. 3]
	Leistungen bei der Technischen Ausrüstung	[HOAI 2001] Teil IX, [AHO Nr. 11]
	Leistungen für thermische Bauphysik	[HOAI 2001] Teil X
	Leistungen für Schallschutz und Raumakustik	[HOAI 2001] Teil XI, [AHO Nr. 6]
	Leistungen für Bodenmechanik und Grundbau	[HOAI 2001] Teil XII
	Vermessungstechnische Leistungen	[HOAI 2001] Teil XIII, [AHO Nr. 2]
	Projektsteuerung	[AHO Nr. 9]
	Projektmanagement	[AHO Nr. 9], [AHO Nr. 19]
2.	**Objektgeschäft**	
	Bestandserfassung (Altlasten)	[AHO Nr. 8]
	Energiemanagement	[GEFMA 124 K 1998-11]
	FM-gerechte Neubauplanung	[GEFMA 180]
	Technisches Objektmanagement	[GEFMA 120]
	Betriebsführung von Gebäuden, Gebäudetechnik u. Außenanlagen	[GEFMA 122 E 1996-12]
	Flächenmanagement	[GEFMA 130 E 1999-06]
	Reinigungsdienste	[GEFMA 132]
	Sicherheitsdienste	[GEFMA 134]
	Betreiberverantwortung	[GEFMA 190 2004-01]
	Verwaltungsaufgaben im WEG	§ 21 [WoEigG 2007]
	Facility Management Consulting	[AHO Nr. 16]
	Definition und Leistungskatalog Real Estate Investment Management	[gif 2004-05-18]

Abb. 5-5: „Kopf-“ und Ingenieurleistungen

000	Baustelleneinrichtung	040	Heizungs- und zentrale Brauchwassererwärmungsanlagen
001	Gerüstarbeiten	042	Gas- und Wasserinstallationsarbeiten – Leitungen und Armaturen –
002	Erdarbeiten	043	Druckrohrleitungen für Gas, Wasser und Abwasser
003	Landschaftsbauarbeiten	044	Abwasserinstallationsarbeiten -Leitungen, Abläufe-
004	Landschaftsbauarbeiten, Pflanzen	045	Gas-, Wasser- und Abwasserinstallationsarbeiten – Einrichtungsgegenstände –
005	Brunnenbauarbeiten u. Aufschlußboht.	046	Gas-, Wasser- und Abwasserinstallationsarbeiten – Betriebseinrichtungen –
006	Verbau-, Ramm- und Einpreßarb.	047	Wärme- und Kältedämmarbeiten betriebstechnische Anlagen
007	Untertagebauarbeiten	049	Feuerlöschanlagen, Feuerlöschgeräte
008	Wasserhaltungsarbeiten	050	Blitzschutz- und Erdungsanlagen
009	Entwässerungskanalarbeiten	051	Bauleistungen für Kabelanlagen
010	Dränarbeiten	052	Mittelspannungsanlagen
011	Abscheideranlagen, Kleinkläranlagen	053	Niederspannungsanlagen
012	Mauerarbeiten	055	Ersatzstromversorgungsanlagen
013	Beton- und Stahlbetonarbeiten	056	Batterien
014	Natur-, Betonwerksteinarbeiten	058	Leuchten und Lampen
016	Zimmer- und Holzbauarbeiten	060	Elektroakustische Anlagen, Sprechanlagen, Personenrufanlagen
017	Stahlbauarbeiten	061	Fernmeldeleitungsanlagen
018	Abdichtung gegen Wasser	063	Meldeanlagen
020	Dachdeckungsarbeiten	065	Empfangsantennenanlage
021	Dachabdichtungsarbeiten	067	Zentrale Leittechnik für betriebstechnische Anlagen in Gebäuden (ZLT-G)
022	Klempnerarbeiten	069	Aufzüge
023	Putz- und Stuckarbeiten	070	Regel- und Steuertechnik für heiz-, raumluft- und sanitärtechnische Anlagen
024	Fliesen- und Plattenarbeiten	074	Raumlufttechnische Anlagen -Zentralgeräte und deren Bauelemente-
025	Estricharbeiten	075	Raumlufttechnische Anlagen -Luftverteilsysteme und deren Bauelemente-
027	Tischlerarbeiten	076	Raumlufttechnische Anlagen -Einzelgeräte-
028	Parkettarbeiten, Holzpflasterarbeiten	077	Raumlufttechnische Anlagen -Schutzräume-
029	Beschlagarbeiten		
030	Rolladen; Rollabschlüsse, Sonnenschutz- und Verdunkelungsanlagen		
031	Metallbauarbeiten, Schlosserarbeiten		
032	Verglasungsarbeiten		
033	Gebäudereinigungsarbeiten		
034	Maler- und Lackiererarbeiten		
035	Korrosionsschutzarbeiten an Stahl- und Aluminiumbaukonstruktionen		
036	Bodenbelagsarbeiten		
037	Tapezierarbeiten		

Abb. 5-6: Leistungsbereiche nach [DIN 276 1993-06] Tab. 2

Unterschiedliche Interessen im Lebenszyklus eines Gebäudes bestimmen das Handeln (vgl. Abb. 5-7). Selten gibt es Projektbeteiligte, die ein Gebäude über den gesamten Lebenszyklus begleiten. Stattdessen sind monetäre Interessen an einzelnen Phasen ausgerichtet.

	Projektgeschäft			Objektgeschäft			Im …		Auf…		Auf …	
	Entwickeln	Planen	Bauen	Vertreiben	Betreiben	Beseitigen	fremden	eigenen	fremde	eigene	fremdem	eigenem
							Namen		Rechnung		Grundstück	
Nutzer												
Mieter					X		X		X		X	
Bauherr												
Privater Bauherr	X	X	X	X	X	X		X		X		X
Bauleistungsträger												
Baubetreuer		X	X				X		X		X	
Bauträger, Wohnungsbauuntern.	(X)	X	X	X[2]			-	X	X[1]	X[2]		X
Totalunternehmer[3,4]		X	X							X	X	
Generalunternehmer[3,4]			X					X		X	X	
Generalübernehmer[5]			X					X		X	X	
Subunternehmer			X				X		X		X	
Energie-Liefercontracting	X	X	X	X	X	X		X		X	X	
Dienstleistungsunternehmen												
Facility Manager	(X)	(X)	(X)	(X)	X	(X)	X		X		X	
Maklerunternehmen				X								
Immobilienverwalter												
Treuhänder (geschl. Immobilienf.)					X			X	X		X	
WEG-Verwalter					X		X		X		X	
Fremdverwaltung					X		X		X		X	
Eigenverwaltung					X			X		X		X

Bauträger <> Bauherr: Gewerbsmäßig
[1] Bestellbau
[2] Vorratsbau
[3] Festpreis
[4] ev. mit Subunternehmer
[5] ausschließlich mit Subunternehmer
vgl. [MURFELD, E. 2002] S. 500f

Abb. 5-7. Durchgängige Projektbeteiligte sind selten

Unterstellt wird dabei vielfach, dass Objektleistungen günstiger und hochwertiger von Dienstleistungsunternehmen erbracht werden können. Andere sehen besondere Vorteile darin, eine Ausgründung in eine 100% eigene GmbH vorzunehmen (s. [MÜLLER, H. DFM 2005-05] S. 46-48). Entscheidend sind hier die Leistungsabgrenzungen und der Ressourceneinsatz.

Eine Optimierung kann dahingehend erreicht werden:

- ggf. alles so zu belassen wie bisher,
- die eigenen (Dienst-)Leistungen zu professionalisieren,
- eine Ausgliederung (z.B. in einen Regiebetrieb, Eigenbetrieb oder eine GmbH) vorzunehmen,
- eine Auslagerung der (Dienst-)Leistungen mittels externer Dienstleistungsunternehmen vorzunehmen,
- Ergebnisse durch Contracting (z.B. Energieliefer-Contracting) einzukaufen.

5.2 Organisationsformen im Projektgeschäft

Die Organisationsformen im Projektgeschäft unterscheiden sich nach den Leistungsgrenzen. Je nach Modell ist der Anteil der eigenen Organisation größer oder kleiner. Der eigene Leistungsanteil wird in den nachfolgenden Grafiken i.d.R. als hellgrauer Kasten dargestellt.

5.2.1 Das „Selfmade"-Modell

Dieses Modell ist z.B. bei privaten Bauherren und Ämtern anzutreffen.

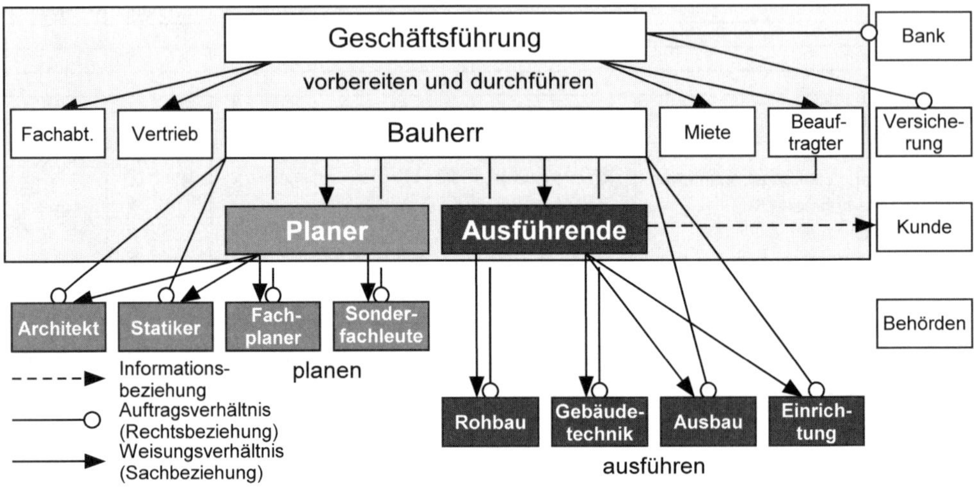

Abb. 5-8: Auftrags- und Weisungsverhältnis „Selfmde-Modell"

- Bauherr ist (s. [Meyers 1999], [MURFELD, E. 2002] S. 500),
  ... der selbst oder durch Dritte ein Bauvorhaben im eigenen Namen durchführt, insbesondere über dessen Gestaltung entscheidet und es finanziert,
  ... im Bauvertragswesen der Auftraggeber,
  ... der bestimmenden Einfluss auf Planung und Ablauf des gesamten Bauvorhabens hat,
  ... den Bauantrag in eigenem Namen stellt,
  ... Vertragspartner der Unternehmen ist, die den Bau ausführen oder durch Subunternehmer ausführen lassen,
  ... Eigentümer des zu bebauenden Grundstücks oder ein zu dessen Bebauung Berechtigter (Erbaurecht!) ist.
  Der im allgemeinen die Bauherrenrisiken trägt.
  Gesetzliche Grundlage hierfür ist z.B. die Gewerbeordnung (GewO), Landesbauordnung (LBauO Rheinland-Pfalz 1991) oder das Wohnungsbau- und Familienheimgesetz (WoBauG).

1	**Allgemeine Verwaltung**
10	**Hauptamt** (**1, 2**)
11	Personal- und Organisationsamt (**Personalamt 1, 2**, in 10: 3)
12	Amt für Statistik, Wahlen und Einwohnerwesen (in 10: **1, 2**)
13	Presse- und Informationsamt (in 10: **1, 2**)
14	Revisionsamt (**Rechnungs- und Gemeindeprüfungsamt 1, 2**)
15	Amt für Beschaffungs- und Vergabewesen (10: **1, 2**)
16	Amt für Informations- und Kommunikationstechnik
19	Referat Betreuung ausländischer Institutionen
5	**Sozial- und Gesundheitsverwaltung**
50	(**Sozialamt 1, 2**)
51	(**Jugendamt 1, 2**)
52	Sport- und Badeamt (in 51: **1, 2**)
53	Stadtgesundheitsamt (**Gesundheitsamt 1, 2**)
54	Städtisches Krankenhaus Höchst (**Amt für Krankenanstalten 1, 2**)
55	(**Ausgleichsamt 1, 2**)
56	Dezernatsverwaltungsamt Soziales,
6	**Bauverwaltung**
61	Amt für kommunale Gesamtentwicklung und Stadtplanung (**Planungsamt 1, 2**)
62	Stadtvermessungsamt (**Vermessungs- u. Katasteramt 1, 2**)

2	**Finanzverwaltung**
20	Stadtkämmerei (**Kämmerei 1, 2**)
21	Stadtkasse (**Kasse 1,** in 20: 2, 3)
22	Stadtsteueramt
23	Liegenschaftsamt (in 20: **1, 2**)
24	(**Amt für Verteidigunglasten 1**)
29	Referat Beteiligungen
3	**Rechts-, Sicherheits- und Ordnungsveraltung**
30	**Rechtsamt** (**1, 2,** in 10: 3)
31	(in 32: **1, 2**)
32	**Ordnungsamt** (**1, 2**)
33	(in 32: **1, 2**)
34	Standesamt
35	Versicherungsamt (in 32: **1, 2**)
36	Verkehrsüberwachung und -regelung (**Straßenverkehrsamt 1, 2**)
37	Branddirektion
38	(**Amt für Zivilschutz- und Rettungswesen 1,** in 32: 2)
39	(**Veterinäramt 1, 2**)
4	**Schul- und Kulturverwaltung**
40	Stadtschulamt (**Schulverwaltungsamt 1, 2**)
41	Amt für Wissenschaft und Kunst (**Kulturamt 1, 2**, in 40: 3)
42	Stadt- und Universitätsbibliothek (in 41:**1, 2**)
43	Amt für Volksbildung / Volkshochschule (in 41: **1, 2**)
44	Stadtbücherei (in 41: **1, 2**)
45	Museen (in 41: **1, 2**)
47	Stadtarchiv (in 41: **1, 2**)
48	(in 41: **1, 2**)
63	Bauaufsichtsbehörde (**Bauordnungsamt 1, 2**)
64	Amt für Wohnungswesen (**Wohnungsbauförderungsamt 1, 2,** in 61: 3)
65	Hochbauamt (in 63: **1, 2**)
66	Straßenbauamt (**Tiefbauamt 1, 2**)
67	Garten- und Friedhofsamt
68	Stadtentwässerung
69	Stadtbahnbauamt
7	**Verwaltung für öffentliche Einrichtungen**
70	Frankfurter Entsorgungs- und Service GmbH (in 66: **1, 2**)
71	Städtisches Fleischhygieneamt
76	Städtische Küchenbetriebe
77	Zoologischer Garten
78	Palmengarten
79	Umweltamt
8	**Verwaltung für Wirtschaft und Verkehr**
80	Verkehrsamt (**1**, in 61: **2**)
81	Stadtwerke (in 80: **1**, in 61: **2**)
82	Forstamt (in 80: **1**, in 61: **2**)
83	Hafenbetriebe (in 80: **1**, in 61: **2**)
84	Marktbetriebe
85	Städtisches Weingut
87	Amt für Wirtschaftsförderung (**80 Amt für Wirtschafts- und Verkehrsförderung 1**)
89	Referat Wirtschaftsbetreuung
0	Magistrat
0	Staatliche Stellen

Fett gedruckte Verwaltungskennziffern oder Bezeichnungen beziehen sich auf den Verwaltungsgliederungsplan der KGSt. Die in Klammern angegebenen Zahlen beziehen sich auf die Größenklasse einer Stadt: 1 = Größenklasse 1 (über 250.000 Einwohner), 2 = Größenklasse 2 (150.000 – 250.000 Einwohner), 3 = Größenklasse 3 (bis 150.000 Einwohner)

Abb. 5-9: Verwaltungsgliederungsplan der Kommunen

- Kommunale Genehmigungsbehörden lassen sich nach dem Verwaltungsgliederungsplan der Kommunen erkennen. Ein Bspl. für die Stadt Frankfurt am Main ist in Abb. 5-9 dargestellt.

5.2.2 Projektleitermodell

Dieses Modell ist z.B. bei institutionellen Anlegern anzutreffen.

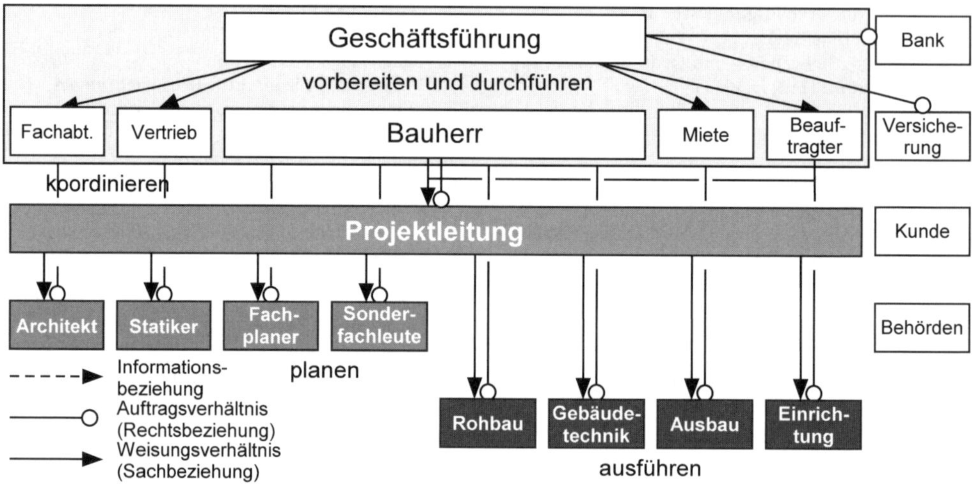

Abb. 5-10: Auftrags- und Weisungsverhältnis „Projektleitermodell"

- Der Projektsteuerer ist im Gegensatz zum Projektleiter nicht weisungsbefugt. „Für den Nachweis der übertragenen Projektleitungskompetenzen ist dem Auftragnehmer vom Auftraggeber eine entsprechende schriftliche Handlungsvollmacht auszustellen" (s. [AHO Nr. 9] S. 19). Das Leistungsbild des Projektsteuerers umfasst 4 Handlungsbereiche (§ 204 [AHO Nr. 9] S. 13):
  - Organisation, Information, Koordination und Dokumentation,
  - Quantitäten und Qualitäten,
  - Kosten und
  - Termine.

  Dabei ist zu beachten, dass zu Tätigkeiten die Vorgaben der Soll-Daten (Planen und Ermitteln), die Kontrolle (Überprüfen und Soll- / Ist-Vergleich) sowie die Steuerung (Abweichungsanalyse, Anpassen, Aktualisieren) gehört.

- Zu den Aufgaben der Projektleitung hingegen gehört, soweit sie hierzu beauftragt wurde, folgende Grundleistungen (§ 205 [AHO Nr. 9] S. 19):
  - „Rechtzeitiges Herbeiführen bzw. Treffen der erforderlichen Entscheidungen sowohl hinsichtlich Funktion, Konstruktion, Standard und Gestaltung als auch hinsichtlich Qualität, Kosten und Termine.
  - Durchsetzen der erforderlichen Maßnahmen und Vollzug der Verträge unter Wahrung der Rechte und Pflichten des Auftraggebers.
  - Herbeiführen der erforderlichen Genehmigungen, Einwilligungen und Erlaubnisse in Hinblick auf die Genehmigungsreife.
  - Konfliktmanagement zur Orientierung der unterschiedlichen Interessen der Projektbeteiligten auf einheitliche Ziele hinsichtlich Qualität, Kosten und Termine (...).

- Leiten von Projektbesprechungen auf Geschäftsführungs-, Vorstandsebene zur Vorbereitung / Einleitung / Durchsetzung von Entscheidungen.
- Führen aller Verhandlungen mit projektbezogener vertragsrechtlicher oder öffentlich rechtlicher Bindungswirkung für den Auftraggeber.
- Wahrnehmen der zentralen Projektanlaufstelle; Sorge für die Abarbeitung des Entscheidungs- / Maßnahmenkatalogs.
- Wahrnehmen von projektbezogenen Repräsentationspflichten gegenüber dem Nutzer, Finanzier, den Trägern öffentlicher Belange und der Öffentlichkeit."

5.2.3 Generalplanermodell

Dieses Modell ist z.B. bei Betreibern von Blockheizkraftwerken anzutreffen.

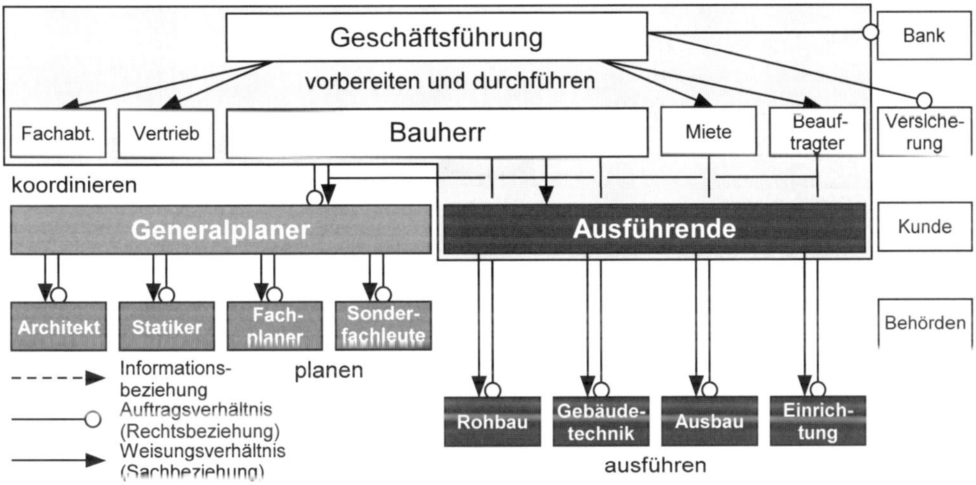

Abb. 5-11: Auftrags- und Weisungsverhältnis „Generalplaner"

- Der Generalplaner ist ein von einem Auftraggeber mit der Planung eines Auftrages (z.B. Bau eines Hauses) betrauter Unternehmer, der befugt ist, einen Teil der Leistung in eigenem Namen und auf eigene Rechnung an Unter- oder Subunternehmer zu vergeben.

5.2.4 Generalunter- / -übernehmermodell

Dieses Modell ist z.B. im Bereich des schlüsselfertigen Bauens oder bei Bauträger anzutreffen und wird in Einzelfällen auch von der kommunalen Gebäudewirtschaft eingesetzt.

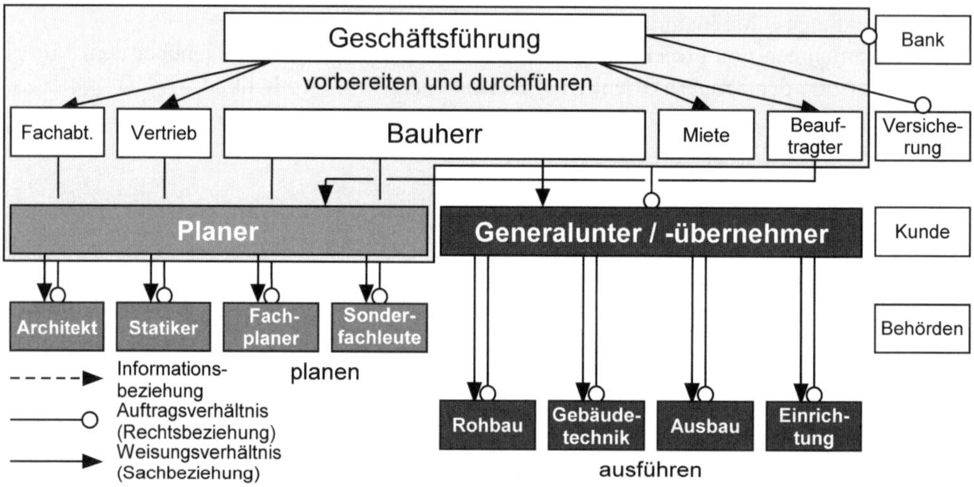

Abb. 5-12: Auftrags- und Weisungsverhältnis „Generalunter- / -übernehmermodell“

- Der Generalunternehmer ist ein von einem Auftraggeber mit der Ausführung eines Auftrages (z.B. Bau eines Hauses) betrauter Unternehmer, der befugt ist, einen Teil der Leistung in eigenem Namen und auf eigene Rechnung an Unter- oder Subunternehmer zu vergeben (s. [Meyers 1999]).
- „Generalübernehmer ist reiner Organisator des Baugeschehens. Er erbringt keine eigenen Bauleistungen, sondern schaltet (ebenfalls im eigenem Namen und für eigene Rechnung) ausschließlich Subunternehmer ein.“ (s. [MURFELD, E. 2002] S. 500)

5.2.5 Totalunternehmermodell

Dieses Modell ist z.B. im Bereich des Tiefbaus (Brückenbau) anzutreffen.

- Der Totalunternehmer ist ein Unternehmer, der bei der Errichtung eines Bauwerkes neben der Bauausführung auch Planungsleistungen erbringt. Der Umfang der Planungsleistungen schwankt. In jedem Fall hat der Totalunternehmer die Ausführungsplanung (Werkplanung) zu erbringen, teilweise führt er auch die Entwurfs- und Genehmigungsplanung aus. Er übernimmt also im Gegensatz zum Generalunternehmer auch Planungsaufgaben, die ansonsten von direkt vom Bauherrn beauftragten Planern (Ingenieure und Architekten) erledigt werden. Er trägt die Gesamtverantwortung für die Planung und Ausführung des Baus.

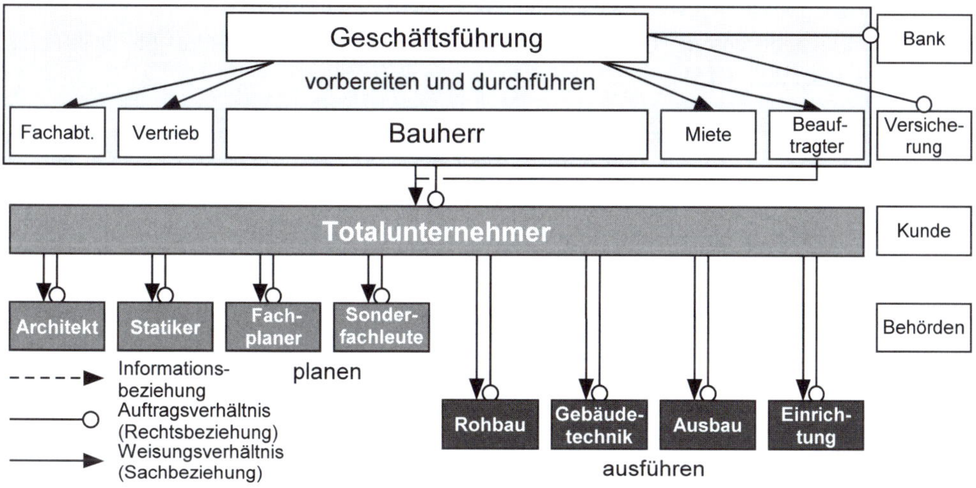

Abb. 5-13. Auftrags- und Weisungsverhältnis „Totalunternehmer"

5.2.6 Regie-, Eigenbetrieb oder GmbH-Modell

Insbesondere in der kommunalen Gebäudewirtschaft ist entscheidend, in welcher Rechtsform die Gebäudewirtschaft geführt werden soll. Grundsätzlich besteht die Möglichkeit das Unternehmen als Regie-, Eigenbetrieb oder GmbH anzulegen. Die Aufgaben können auch an ein Dienstleister ausgelagert werden (s. Abb. 5-14).

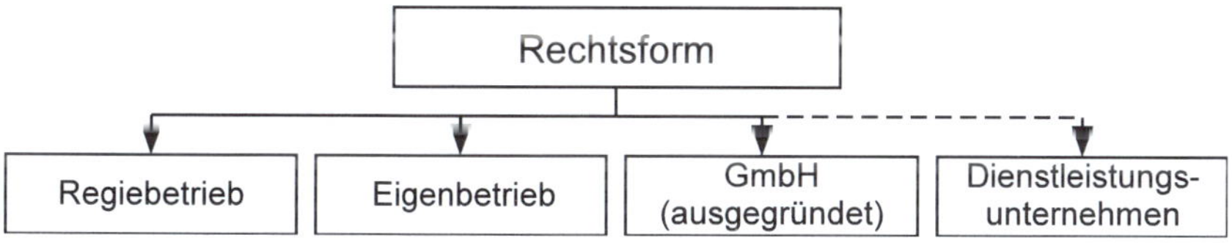

Abb. 5-14: Wahl der Rechtsform

„Der Regiebetrieb bildet einen in organisatorischer, personeller, haushalts- und rechnungstechnischer Hinsicht unselbständigen Bestandteil der Verwaltung. Er bleibt daher ein integrierter Teil der Verwaltung ohne eigene Rechtspersönlichkeit." (s. [AHO Nr. 16] S. 57).

Der Eigenbetrieb hingegen ist „eine deutlich von der Verwaltung abgesetzte, selbständige Unterorganisation mit eigenen Organen (Werkleitung, Werksausschuss), einem Sondervermögen sowie einer haushaltsrechtlich selbständigen Wirtschaftsführung (GuV, Wirtschafts-, Erfolgs-, Stellen- und Finanzplan), nicht der Kameralistik unterliegt" und „ohne eigene Rechtspersönlichkeit ausgestattet ist." (s. [AHO Nr. 16] S. 57, 62).

Die Unterschiede sind vielfältig. Die Unterschiede sind:

- in den rechtlichen Verhältnissen und in der Kapitalausstattung,
- in der Organisationsstruktur und im Personalwesen,
- in der Buchhaltung und Rechnungswesen,
- im Vergabe- und Steuerrecht

zu sehen. Die wesentlichen Unterschiede sind in Abb. 5-16 dargestellt.

Ob Regie-, Eigenbetrieb oder GmbH, das Auftrags- und Weisungsverhältnis bleibt in einem Unternehmen (s. Abb. 5-15).

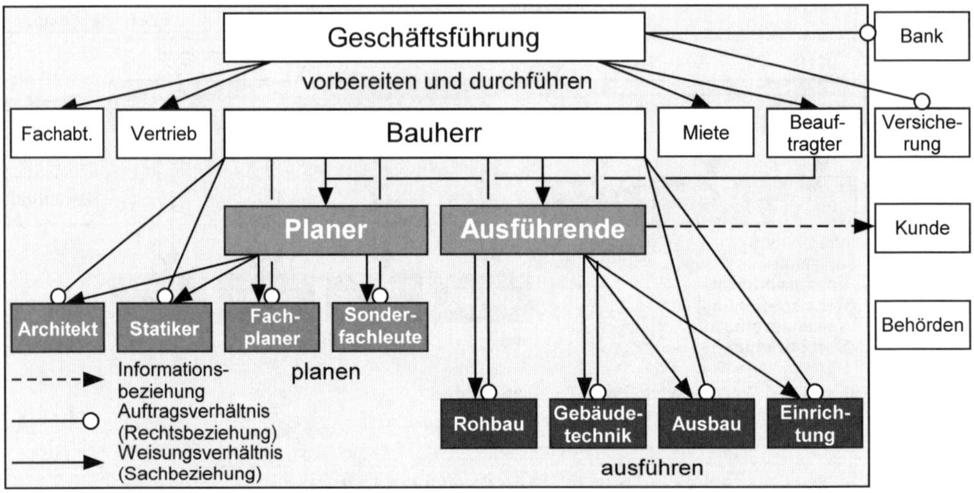

Abb. 5-15: Auftrags- und Weisungsverhältnis „Regie-, Eigenbetrieb- oder GmbH-Modell

	Regiebetrieb	Eigenbetrieb	GmbH
Rechtliche Verhältnisse	Keine eigene Rechtspersönlichkeit; Teil des Gemeindevermögens	Keine eigene Rechtspersönlichkeit; Sondervermögen der Gemeinde; Gründung muss gemeinderechtlich zulässig sein	Juritische Person; handelsrechtlich und steuerrechtlich eigenständiges Rechtssubjekt; Gründung muss gemeinderechtlich zulässig sein
Mindestkapital	keines	50.000 DM [25.000 EURO]	Mindestkapital
Organe und Zuständigkeiten	Keine besondere Organisationsstruktur und damit auch keine besonderen Organe	Werksleitung, Werksausschuss, Gemeindedirektor, Gemeinderat	Geschäftsführer, Aufsichtsrat (fakultativ oder zwingend), Gesellschafterversammlung
Geschäftsführung und Vertretung	Gemeindedirektor ist gesetzlicher Vertreter	Werkleitung nur insoweit vertretungsbefugt, als ihr auch Entscheidungskompetenz zukommt, ansonsten Gemeindedirektor	Geschäftsführung unbegrenzt nach außen vertretungsberechtigt
Leistungsstruktur	Lange Entscheidungswege und parzellierte Zuständigkeiten	Kürzere Entscheidungswege und weniger parzellierte Zuständigkeiten	Kurze Entscheidungswege und Gesamtzuständigkeit der Geschäftsführung; Identität von Verantwortung und Entscheidung

Personalwesen	Eingebunden in das öffentliche Dienstrecht; die Gemeinde ist Arbeitgeber der Beschäftigten	Eingebunden in das öffentliche Dienstrecht; die Gemeinde ist Arbeitgeber der Beschäftigten; eigener Stellenplan; beschränkt eigene Personalwirtschaft	Abschluss von individuellen Anstellungsverträgen; Flexibilität auch bei Anwendung von BAT und BMT-G; eigene Personalwirtschaft
Personalvertretung / Mitbestimmung	Unterliegen dem Landespersonalvertretungsgesetz, Personalrat		Gemäß Betriebsverfassungsgesetz, Betriebsrat
Haftung	Gemeinde haftet uneingeschränkt für alle Verbindlichkeiten		Haftung beschränkt auf das Gesellschaftsvermögen
Wirtschaftsplanung	Haushaltsplan	Eigener Wirtschaftsplan (außerhalb des allgemeinen Haushalts)	
Finanzierung	Im Rahmen des Gesamthaushalts	Beschränkt eigene Kreditwirtschaft	Eigene Kreditwirtschaft
Rechnungswesen und Rechnungslegung – Ausführung des Wirtschaftsplanes	Kassenmäßiger Vollzug durch kameralistische Verbuchung	Kaufmännische doppelte Buchführung	
Abrechnung	Jahresrechnung nach Gemeinderecht	Jahresabschluss (Bilanz / Gewinn- und Verlustrechnung / Anhang), Lagebericht	
Prüfungswesen – örtliche Prüfung	Rechnungsprüfungsausschuss der Gemeinde	Rechnungsprüfungsamt	Prüfung gemäß Handelsgesetzbuch
Überörtliche Prüfung	Gemeindeprüfungsamt		Bestätigungsprüfung durch die Gemeinde
Steuerrecht	Ist steuerlich relevant, wenn ein Betrieb gewerblicher Art im Sinne des § 4. Abs. 1 des Körperschaftssteuergesetzes vorliegt und unterliegt dann grundsätzlich allen Steuerarten (Körperschaftssteuer, Gewerbesteuer, Umsatzsteuer, Vermöegenssteuer usw.)		Ist steuerlich stets relevant und unterliegt demgemäß grundsätzlich allen Steuerarten
Bindung an VOB / VOL	Ja	Landesrechtlich unterschiedlich (in NRW z.B. keine Anwendungspflicht, ausgenommen Anwendung ist durch Ortsrecht oder Dienstanweisung vorgeschrieben oder wird vom Zuschußgeber verlangt)	VOB: künftig nach EG-Recht VOL: nein
Beteiligungsmöglichkeit Dritter	Nein	Nein	Ja

vgl. [HEILMAIER, E. Kommunalpolitische Blätter 1993-06] S. 436-437

Abb. 5-16: Die wesentlichen Unterschiede zwischen Regiebetrieb, Eigenbetrieb und GmbH

5.2.7 Mischmodell

Mischmodelle sind dort anzutreffen, wo die eigenen Kompetenzen eine besondere Rolle spielen und als Eigenleistungen eingebracht werden.

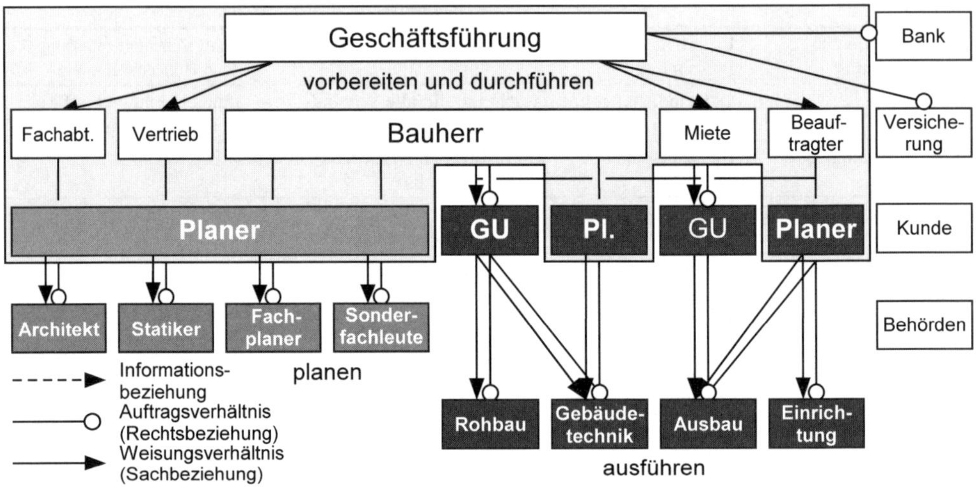

Abb. 5-17: Auftrags- und Weisungsverhältnis „Mischmodell"

5.3 Organisationsformen im Objektgeschäft

Die Organisationsformen im Objektgeschäft werden wesentlich vom Anteil der Eigenleistungen einer mehr oder weniger zentralen Organisation und Aufgabenverteilung in der Aufbauorganisation bestimmt.

5.3.1 Eigenleistung vs. Fremdleistungen

Das Verhältnis aus Eigen- und Fremdleistung wird im Wesentlichen dadurch bestimmt, ob:

- Verantwortung deligierbar ist,
- die Leistungen nachhaltig erbracht werden müssen („Heuschrecken" können die Branchen wechseln, ein spezialisiertes Wissen ist dort nur bedingt notwendig),
- die Leistungen durch mindestens 2 Mitarbeiter (besser 3) erbracht werden können. Eine Unterschreitung ist ein Risiko, wenn z.B. im Falle eines krankheitsbedingten Ausfalls die Vertretung nicht sicherzustellen ist,
- die Leistungen nicht am Markt zu beschaffen sind,
- die Leistungen nachhaltig kostengünstiger erbracht werden können, sofern vergleichbare Leistungen am Markt angeboten werden.

In der Abb. 5-18 ist dargestellt, dass alle Leistungen selbst erbracht werden.

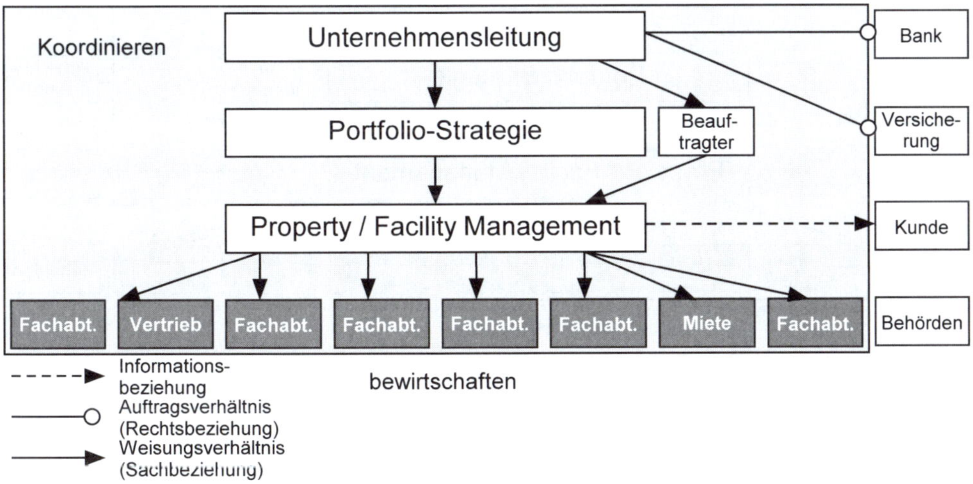

Abb. 5-18: Ausführung der Leistungsbereiche in Eigenleistung

In Abb. 5-19 ist hierfür ein Bspl. aus der Wohnungswirtschaft dargestellt. Hierbei werden alle Leistungsbereiche selbst erbracht, ausführend ebenso wie koordinierend und strategisch ausrichtend. Dabei handelt es sich um eine vereinfachte Darstellung. Tatsächlich finden sich in der Praxis die unterschiedlichsten Aufbauorganisationen.

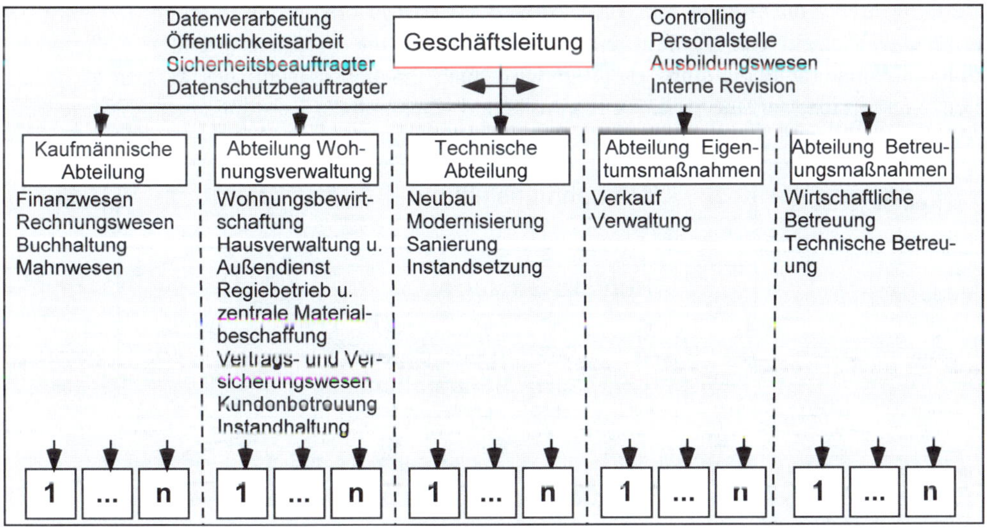

Abb. 5-19: Geschäftsverteilungsplan in der Wohnungswirtschaft

Der Anteil der Eigenleistungen (in Anlehnung an [PREUß, N. 2003] S. 25ff.) kann aber auch lediglich partielle Leistungsbereiche (s. Abb. 5-20) umfassen. Einzelne Leistungsbereiche werden hier einzeln fremdvergeben.

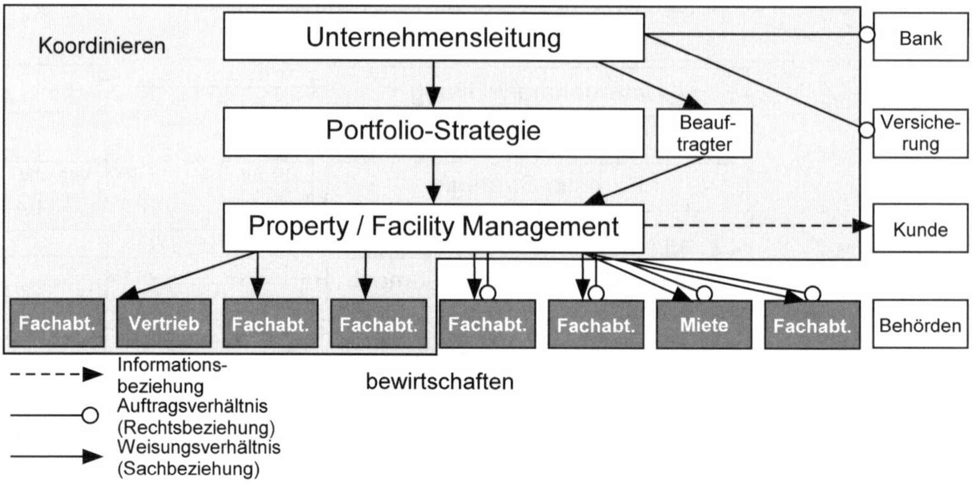

Abb. 5-20: Ausführung ausgewählter Leistungsbereiche in Fremdleistung

In Abb. 5-21 wird jeder einzelne Leistungsbereich vom Immobilienunternehmen beauftragt. Vorteile werden darin gesehen, dass das Immobilienunternehmen direkt Einfluss auf den einzelnen Leistungsbereich nehmen kann und der Auftragnehmer eines Leistungsbereiches Spezialkenntnisse seines Leistungsbereiches zum Vorteil eines Preis-Leistungs-Verhältnisses einbringen kann. Bei der Auftragsart können Nischenanbieter oder regionale Anbieter problemlos berücksichtigt werden. Die Abhängigkeit von einem Lieferanten wird dadurch reduziert. Nachteilig dabei kann sein, dass durch die Vertragsverhältnisse in jedem Leistungsbereich eine Vielzahl von Vertragsverhältnissen entsteht, die zu einem erhöhten Aufwand im Immobilienunternehmen führt. Benötigt wird auch ein hohes fachliches Wissen zu jedem Leistungsbereich, um eine effektive Kontrolle und Abnahme der Leistungen zu gewährleisten.

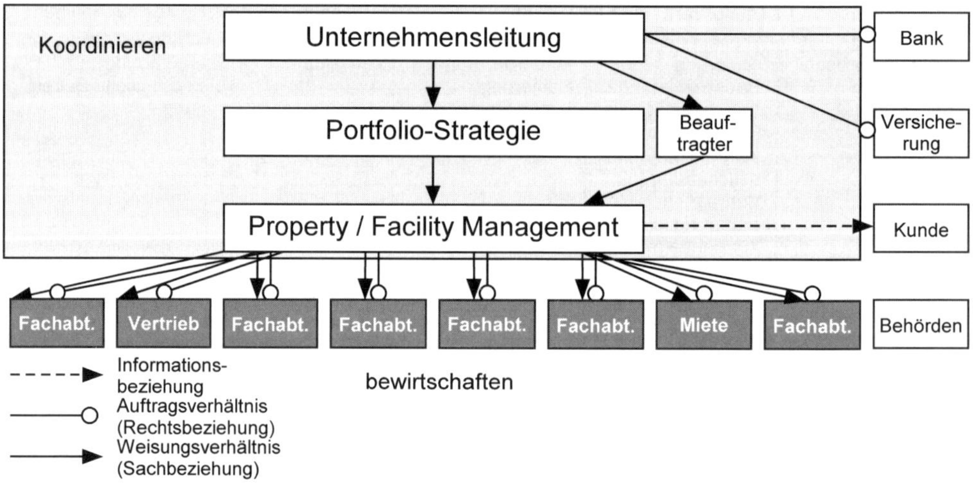

Abb. 5-21: Ausführung der Leistungsbereiche in Fremdleistung

In der Gegenposition lassen sich die einzelnen Leistungsbereiche für ein Objekt-Management bündeln (vgl. Abb. 5-22). In Anlehnung an [PREUß, N. 2003] S. 25 können diese Leistungen als Objekt-Management bezeichnet werden, das unter wirtschaftlicher Verantwortung interne und externe Leistungserbringer beaufsichtigt, koordiniert und kontrolliert. Der Einfluss der Unternehmensleitung ist hier auf einzelne Leistungsbereiche geringer, das Objekt-Management in seinen Kenntnissen der Leistungsbereiche „breiter“ aufgestellt. Sofern keine Spezialkenntnisse von Nöten sind, ist dies auch nicht problematisch. Die Abhängigkeit zu dem Lieferanten steigt, der innerbetriebliche Aufwand zur Leistungsabrechnung sinkt. Findet sich im Markt kein Objekt-Management für die gesuchte Branche, kann aus Objekt-Management einer anderen Branche zu einem strategischen Partner aufgebaut werden. Dies kann nur bei sehr spezialisierten Branchen in Einzelfällen sinnvoll sein.

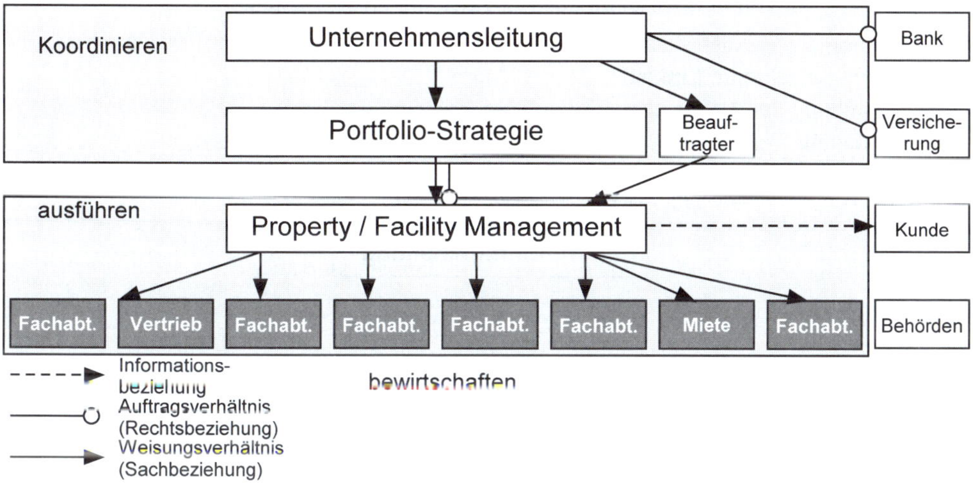

Abb. 5-22: Ausführung von Property-Management / Facility Management in Fremdleistung

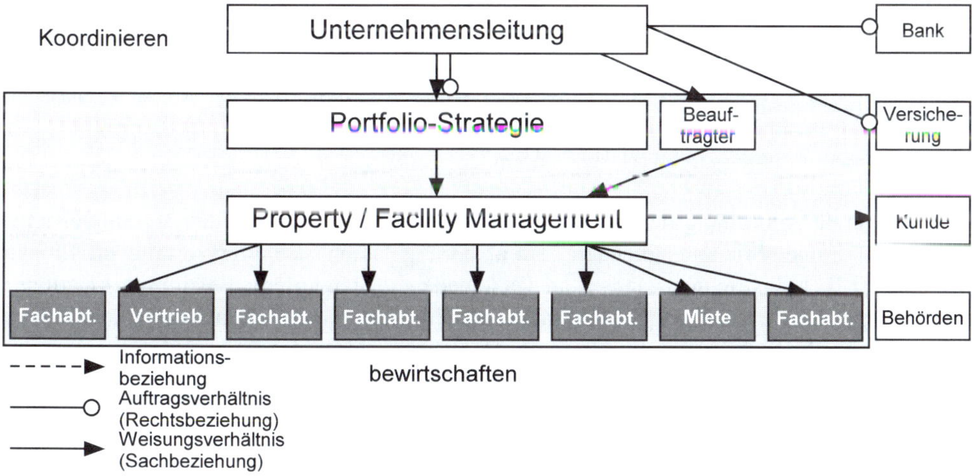

Abb. 5-23: Ausführung der Portfolio-Strategie in Fremdleistung

Mischformen aus Abb. 5-21 (Beauftragung nach Leistungsbereichen) und Abb. 5-22 (Objekt-Management) sind in der Praxis vielfach anzutreffen. Hier werden Leistungsbereiche zu Leistungspaketen gebündelt, in der Annahme, dass der Anbieter hierdurch Synergieeffekte erzielen kann, und in der Annahme, dass ein kritisches Angebotsvolumen überschritten oder Spezialwissen / Risiken im Immobilienunternehmen abgebaut werden kann. Werden von dem Generaldienstleistungsunternehmen auch strategische Leistungen übernommen, so kann von Total Facility Management gesprochen werden (vgl. Abb. 5-23). Hierbei wird jedoch Branchenkenntnis vorausgesetzt.

5.3.2 Zentrale vs. dezentrale Organisation

Die Entscheidung, ob eine zentrale oder dezentrale Organisation von Immobilienleistungen anzustreben ist, ist von fünf wesentlichen Aspekten her zu betrachten:

- Delegation eindeutiger Verantwortung
- Skalierungseffekte im Einkauf
- Sicherstellung der Auslastung bei den Ausführenden
- Sicherstellung von definierten Leitungen (Service-Level-Agreements)
- Optimierung der Geschäftsprozesse durch standardisiertes Vorgehen

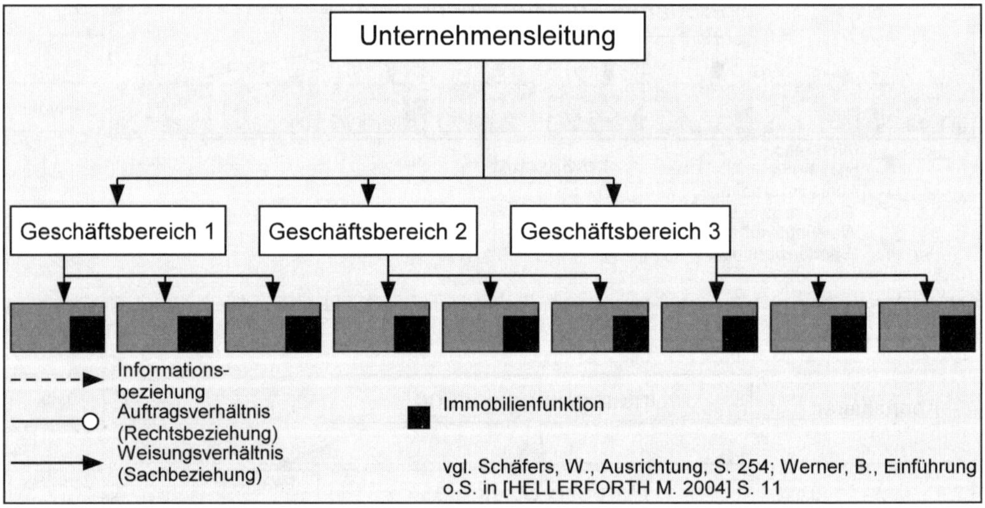

Abb. 5-24: Organisationslösung nach Funktionsbereichen

Eine dezentrale Anordnung der Immobilienleistungen hat einen verteilten Verantwortungsbereich zur Folge. Mit zunehmender Zentralisierung lassen sich Preisvorteile im Einkauf erreichen (z.B. Industrieunternehmen an verschiedenen Standorten). Bestimmte Leistungen hingegen müssen dezentral vor Ort erbracht werden. Andererseits kann eine regionale Bündelung von Funktionsträgern sinnvoll sein (z.B. Hausmeisterpools).

Es bieten sich daher grundsätzlich nachfolgende Organisationslösungen an:

- Organisationslösung nach Funktionsbereichen,
- nach Geschäftsbereichen,
- als Stabsfunktion,

- als Stabsfunktion mit Satelliten in Geschäftsbereichen oder
- selbständiger Geschäftsbereich.

Bei einer Organisationslösung nach Funktionsbereichen wird die Immobilienfunktion direkt der Funktionseinheit eines Geschäftsbereiches zugeordnet (Abb. 5-24).

Alternativ wird die Immobilienfunktion dem Geschäftsbereich unterstellt (Abb. 5-25). Werden die Leistungen vollständig zentralisiert, kann auch von vollumfänglicher zentraler Immobilienfunktion gesprochen werden (s. Abb. 5-26, vgl. Schäfers, W. in [HELLERFORTH, M. 2004] S. 14).

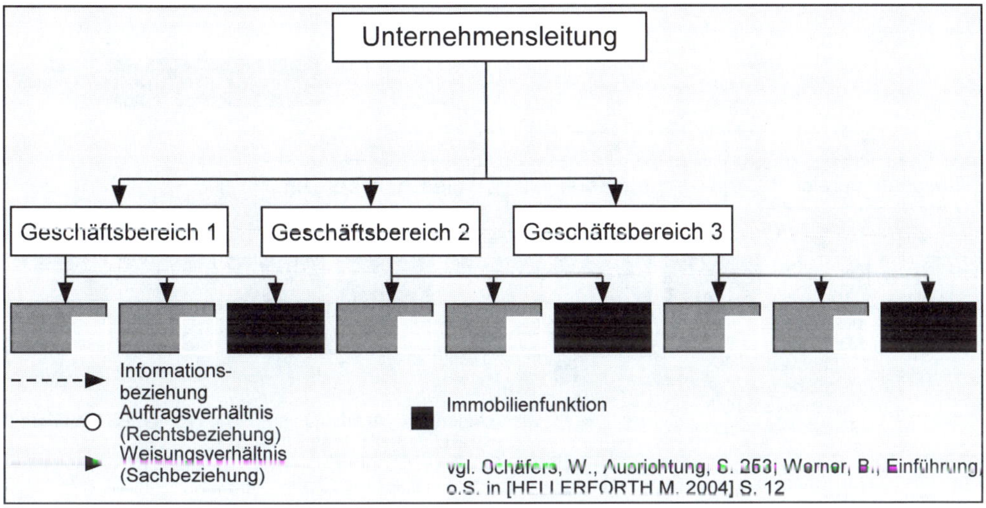

Abb. 5-25: Organisationslösung nach Geschäftsbereichen

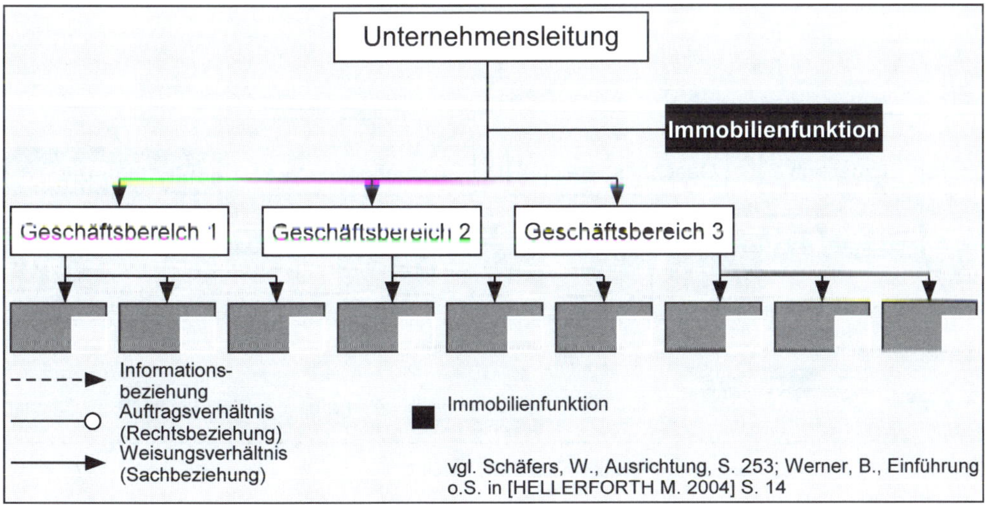

Abb. 5-26: Organisationslösung als Stabsfunktion

Je nach Branche oder Verteilung der Gebäude kann trotz zentraler Organisation eine Vor-Ort-Präsenz notwendig sein, da ansonsten die Reaktionszeiten zu lang wären (vgl. Abb. 5-27 und Abb. 5-28).

So hat auch die BOSCH-Gruppe die Immobilienfunktionen weitgehend zentralisiert, so die Bedarfsermittlung, die Beschaffung, teilweise die Betreuung und Verwertung von Immobilien. Dezentral in den Standorten wird die Nutzerbetreuung und das Facility Management erbracht (s. [Weltweites Immobilienmanagement IndustrieBAU 2008-01] S. 17).

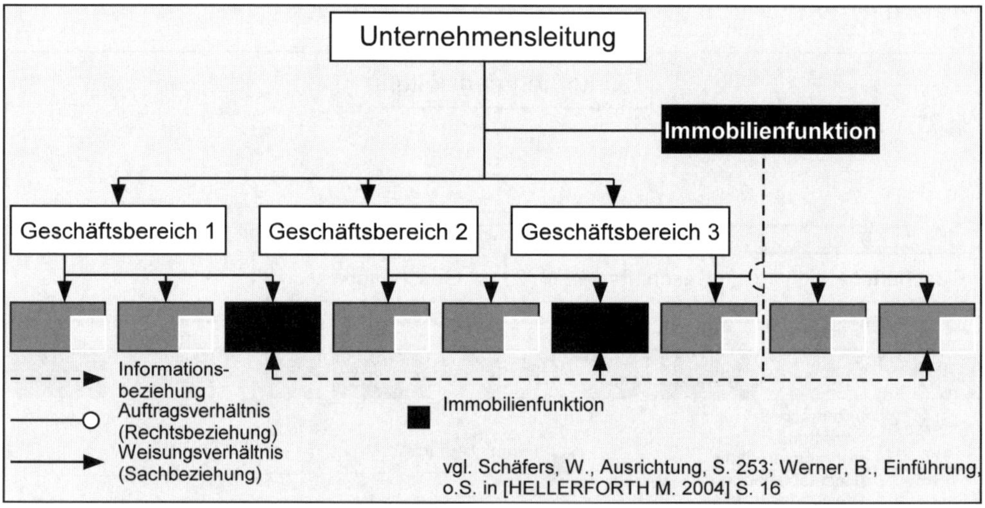

Abb. 5-27: Organisationslösung als Stabsfunktion mit Satelliten in den Geschäftsbereichen

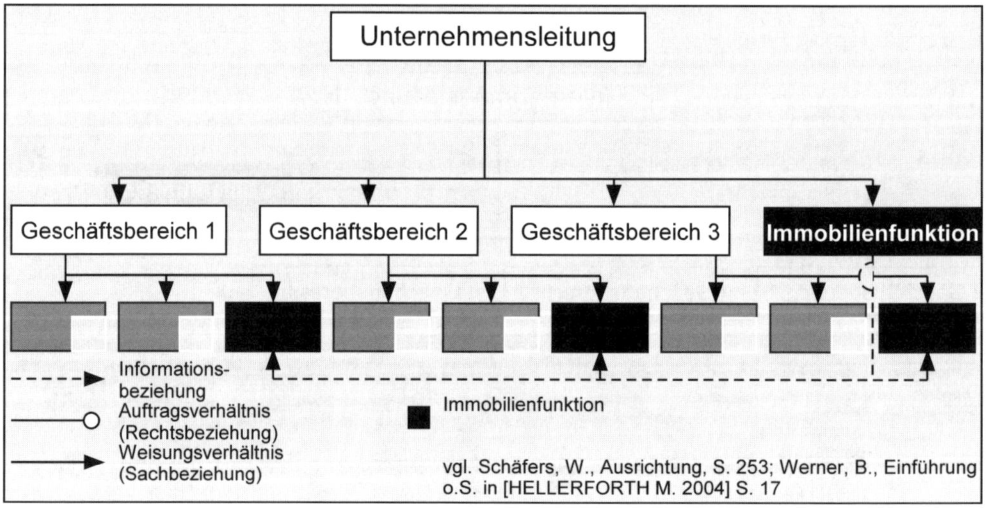

Abb. 5-28: Organisationslösung als selbständiger Geschäftsbereich

Ein praktisches Bspl. für eine Organisationslösung mit einer Immobilienfunktion als selbständiger Geschäftsbereich innerhalb eines Unternehmens aus den USA ist in Abb. 5-29 dargestellt. Dabei sind nahezu alle immobilienrelevanten Funktionen in einem Geschäftsbereich zusammengefasst.

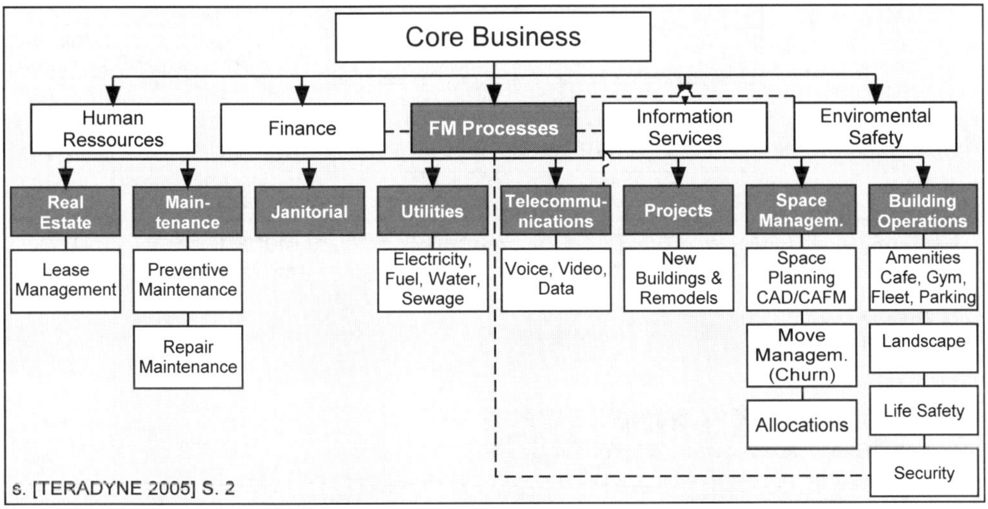

Abb. 5-29: FM-Anbieter: Organisation der Firma Teradyne (USA) als eigenständiges Profit-Center

5.3.3 Anbieter von FM-Leistungen

Die Anbieter von FM-Leistungen unterscheiden sich wesentlich in folgenden 3 Punkten: Anzahl der Mitarbeiter, Verhältnis interner und externer Aufträge zueinander, Anteil des Auftragsvolumens, der mit eigenem Personal (auch Töchter) erbracht wird / Anteil von Subunternehmen. In der Marktübersicht [FM-Anbieter im... DFM 2004-05] werden 49 Anbieter aufgeführt. Die Anzahl der Mitarbeiter variiert in Deutschland von 35 Mitarbeitern (abacus oder MEGEMA) bis hin zu 24.500 Mitarbeitern (Dussmann). Der Anteil interner Aufträge reicht von 0% (17 Nennungen) bis 99% (Zehnacker). Ebenso breitgefächert ist der Anteil des Auftragsvolumens, der von eigenem Personal erbracht wird. Es variiert von 1% (agemis) bis zu 100% (MEGEMA). Eine Vielzahl der Unternehmen muss sich als Ausgründung dem Wettbewerb stellen.

5.4 Kombination aus Projekt- und Objektgeschäft

Daneben gibt es Mischformen aus Projekt- und Objektorganisationen insbesondere dann, wenn Projektleistungen erbracht werden.

5.4.1 PPP-Modelle

PPP-Modelle sind eine Kombination einer Projekt- und Objektorganisation in einem Geschäftsmodell. Wesentliches Kennzeichen dabei ist die Risikoverlagerung zum Auftragnehmer (s. Abb. 5-30).

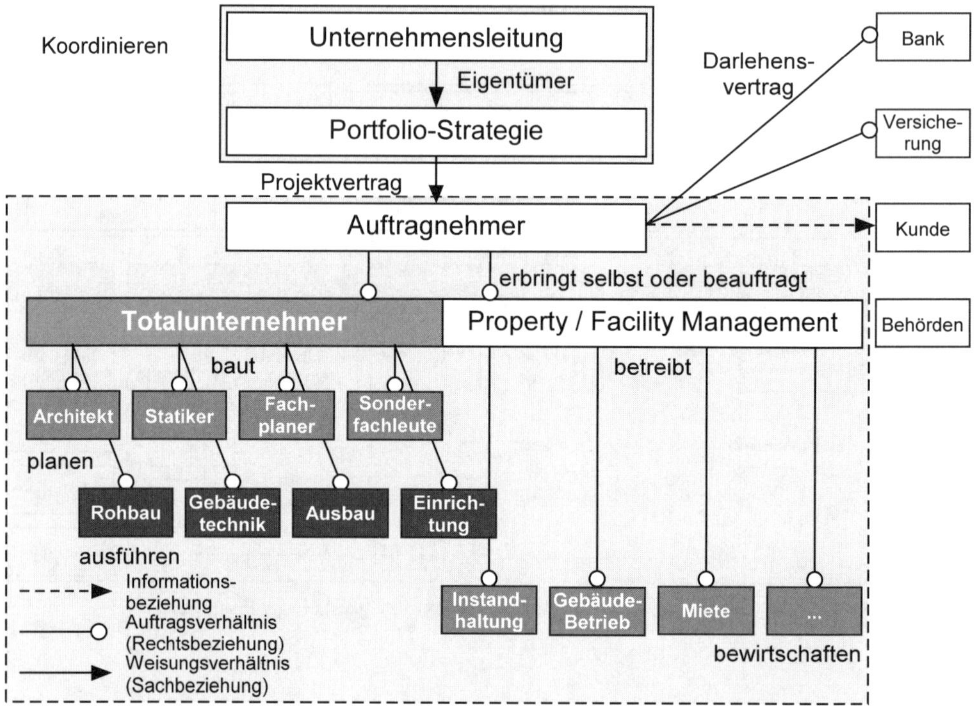

Abb. 5-30: PPP-Organisationsmodell

5.4.2 Bspl.: Immobilienunternehmen mit Eigenleistung

In dem Bspl. Abb. 5-31 werden innerhalb einer kirchlichen Organisation Projekt- und Objektleistungen in eigenständigen Geschäftsbereichen „Projekte" und „Objekte" geplant.

Projekte sind in Teams nach fachlichen Schwerpunkten und gängigen Leistungsbildern aufgeteilt. Die Organisation von „Objekte" erfolgt nach Nutzergruppen oder regionaler Verteilung mit dem Ziel, eine hohe Kundenbindung zu erreichen. In „Objekte" sind in Teams Leistungen ohne besonderen Kundenbezug zentralisiert, z.B. zentrale Auftragannahme, die Betriebs- und Nebenkostenabrechnung sowie Mieterhöhung. Die Aufteilung erfolgt mit dem Ziel, eine hohe Prozesseffizienz mit den Mitarbeitern zu erreichen. Um eine hohe Markteffizienz zu erreichen, sind die Teams „Verwerten & Vermarkten", „Maklerwesen" und „Management-Beratung" eigenständig unter „Objekte" angesiedelt. Beratungsleistungen werden ebenfalls separat erbracht. Die Leistungen dieser Teams lassen sich mit Marktpreisen vergleichen, da die Aufteilung nach gängigen Leistungsbildern erfolgte.

Beide Geschäftsbereiche werden durch gemeinsame zentrale Dienste, hier „Planen & Steuern", unterstützt. Die Aufteilung der Geschäftsbereiche folgt dem Lebenszyklus einer Immobilie: „Betreuen & Entwickeln", „Planen & Bauen", „Verwerten & Vermarkten", „Bewirtschaften" und „Beraten".

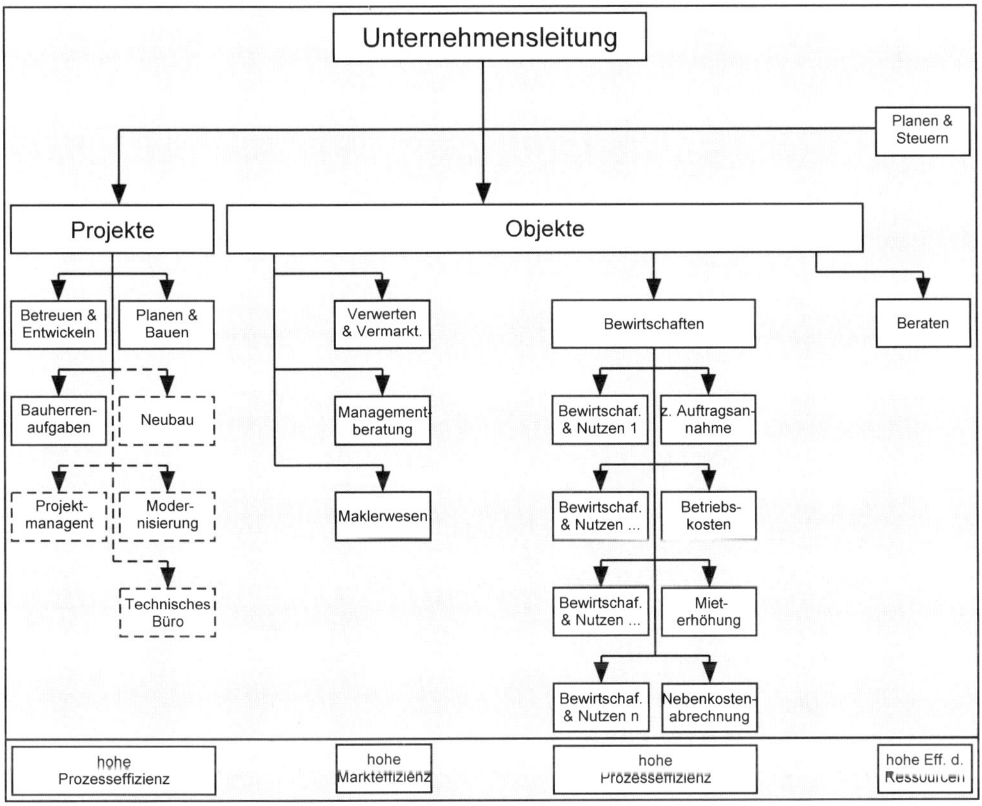

Abb. 5-31: Organisation bei einer kirchlichen Organisation

6 Umsetzung

Es gibt 3 wesentliche Optimierungsansätze, ein Gebäude als Ressource nachhaltig zu nutzen, Gesamtbelegungsgrad, Flächennutzungsgrad und Nutzungskosten.

6.1 Gesamtbelegungsgrad

Ist es sinnvoll?

- Ein Gemeindehaus wird einmal wöchentlich im Winter geöffnet, damit am Mittwoch Abend von 17:00 bis 18:30 Uhr die Krabbelgruppe ihren Platz findet.
- Eine Sporthalle wird extra während der Weihnachtsferien für den Handballclub geöffnet.

Was ist normal? Diese Fragestellung lässt sich mit dem Gesamtbelegungsgrad abbilden.

Der Gesamtbelegungsgrad gibt an, zu welchem Prozentsatz ein Gebäude hinsichtlich Fläche und Zeit durch Miet- oder mietähnliche Verhältnisse belegt ist. (In Anlehnung an (s. [GEFMA 130 E 1999-06] S. 6)

Hinsichtlich der Fläche wird der Belegungsgrad wie folgt berechnet:

- Bspl.: Am 31.01.2007 waren 22.000 [m^2] von 25.000 [m^2] in einem Verwaltungsgebäude vermietet. Das entspricht einem Belegungsgrad von (22.000 / 25.000=) 88%. Eine derartige Betrachtung ist insbesondere bei Hotels üblich.
- Berechnungshinweis: Quantitativ sollten die Flächen erfasst werden, die zur Berechnung des Belegungsgrades von Bedeutung sind. Dies steht in Abhängigkeit von der Bauwerksnutzungsart: Bei Wohngebäuden (z.B. Pfarrhäusern) ist dies die Mietfläche, bei Gemeindehäuser insbesondere die Flächen, die durch Fremd- oder Eigennutzungen bei Veranstaltungen belegt werden. Ebenso sind die tatsächlichen Flächen in einem Mieter- / Vermietermodell der kommunalen Gebäudewirtschaft zu berücksichtigen. Plausibilitätsprüfungen sind zunächst ausreichend.

Hinsichtlich Fläche und Zeit wird der Gesamtbelegungsgrad wie folgt berechnet:

- Bspl.: In einem Verwaltungsgebäude mit insgesamt 25.000 [m^2] Mietfläche waren in sechs Monaten 22.000 [m^2] vermietet, in der übrigen Zeit 18.500 [m^2]. Der Gesamtbelegungsgrad beträgt hier
  (22.000 / 25.000) * (6 / 12) + (18.500 / 25.000) * (6 / 12) = 81%;
  In gleicher Weise lässt sich der Gesamtbelegungsgrad von Hotelzimmern auf Tagesbasis und von Sporthallen oder Seminarräumen auf Stundenbasis berechnen.
- Interpretationshinweis: Der Gesamtbelegungsgrad gibt wertvolle Hinweise auf die Belegungs- und Nutzungsintensität. Belegung und Nutzung unterscheiden sich darin, dass eine belegte Fläche (z.B. vermieteter Veranstaltungsraum) nicht zwangsweise auch genutzt

wird, wenn die Veranstaltung ausfällt. Bei kirchlichen Immobilien ist bei Fremdnutzung daher in der Regel von einer Belegung auszugehen, handelt es sich um eine gemeindliche Nutzung, wird eine (tatsächliche) Nutzung angenommen.

Die Eingangsgrößen und Begriffsdefinitionen des Gesamtbelegungsgrads werden in der Abb. 6-1 aufgezeigt. Um die Belegungsintensität mit einer Belegungsrate (Verhältnis aus tatsächlicher Belegung zu einer möglichen – fiktiven – Belegung) darstellen zu können, wurde zunächst in den Pilotprojekten des Evangelischen Siedlungswerkes in Deutschland (ESWiD) davon ausgegangen, dass eine Belegung von 14 Stunden im Durchschnitt möglich ist. Dies führte zu heftigen Diskussionen. Die erhebliche Differenz von tatsächlicher und möglicher Belegung führte zu einem Erklärungsnotstand. Es wurden daher in den späteren Pilotprojekten von einer möglichen Belegung von 10 Stunden ausgegangen.

In Abb. 6-2 wird der Flächenbedarf eines Unternehmens mit unterschiedlichen Bürotypologien optimiert. Ausgangspunkt sind drei Sparten (Produkte & Services, Vertrieb und Consulting) mit jeweils 400 Arbeitsplätzen. Vertriebs- und Consulting-Mitarbeiter sind selten im Büro des Unternehmens, sondern sind meistens in den Büroräumen der Kunden.

Es steht daher die Überlegung im Vordergrund, die Nutzung der Büroräume bedarfsgerecht zu planen. Deshalb werden die tatsächlichen Büronutzungszeiten der Mitarbeiter berechnet. Consulting-Mitarbeiter sind nur zu 20%, Vertriebsmitarbeiter zu etwa 47%, Mitarbeiter von Produkte und Services zu 67% der Bruttoarbeitszeit tatsächlich am eigenen Arbeitsplatz. Die durchschnittliche Büronutzungszeit bei 251 Büroarbeitstagen beträgt daher für das gesamte Unternehmen 45%.

Theoretisch könnten sich 2,23 Mitarbeiter einen Arbeitsplatz teilen (Sharing ratio). Dieser Flächenbedarf und die Kosten werden nun anhand der Bürotypologie „Zellenbüro", „Open-Space" und „Desk-Sharing" verglichen.

Wird beim „Zellenbüro" der Flächenbedarf mit 100% definiert, so beträgt der relative Flächenbedarf beim „Open-Space"-Büro 75%, bei „Desk-Sharing" 38%. Durch den Minderbedarf an Flächen reduziert sich die Warmmiete zu gleichem Prozentsatz.

Allerdings sind Mehrkosten bei „Open-Space" und „Desk-Sharing" im Falle eines Neubaus zu berücksichtigen. Die Mehrkosten werden durch die Einrichtung und Ausstattung der Büroräume begründet (s. Abb. 6-3).

	Einheit	Zeichen	Quelle	Definition / Algorithmus	Voreinstellung	EKIBA	ESWiD
Objekt-Stammdaten							
Periode	[a]	p		i.d.R. Kalenderjahr			
Objekt				i.d.R. Woche		*x*	
Veranstaltungsräume	[m²]			i.d.R. Kalenderjahr		*x*	*x*
Hotel	[Anz]			i.d.R. Kalenderjahr			
Nutzeinheit		NE					
Menge der Nutzeinheit		A					
Veranstaltungsräume	[m²]			NGF			*x*
Hotel	[Anz]			Hotelzimmer			
Belegung bei Miet- oder mietähnlichen Verhältnissen							
Belegte Nutzeinheit (bei Miet- oder mietähnlichen Verhältnissen)		M		M < A	A		X
Veranstaltungsräume	[m²]			NGF			*x*
Hotel	[Anz]			Hotelzimmer			
Belegungsnummer innerhalb der Periode	Nr.	i					
Belegungsanzahl innerhalb der Periode	[Anz.]	n				(X)	X
Belegungsdauer einer Belegung		t1		(Miet-) Dauer		X	X
Objekt	[d]					x	
Veranstaltungsräume	[h]				2		x
Belegungsrate je Periode	[h]	r1		$r1 = (\sum_{i=1}^{n} t1_i)$		X	X
Referenz-Belegungsrate je Periode	[h]	r2					X
Veranstaltungsräume	[a]			r2 = 365 [d] * 10 [h]	r2		*x*
Belegungsgrad (Objekt)		g1	1)	g1 = M / A			X
Veranstaltungsräume							x
Belegungsgrad (Zeit)		g2	1)	g2 = r1 / r2			X
Gesamt-Belegungsgrad		G		$G = (\sum_{i=1}^{n} g1_i * g2_i)$			X
Nutzung der Flächen							
Nutzungsdauer je Belegung	[h]	t2					
Veranstaltungsräume	[h]				t1		
Auslastungsgrad je Belegung		g3		g3 = t2 / t1			
Gesamt-Nutzungsgrad		N		$N = (\sum_{i=1}^{n} g1_i * g2_i * g3_i)$			
Nutzer je Belegung	[Anz.]	P					
Nutzerrate einer Periode	[Anz.]	r3		$r3 = (\sum_{i=1}^{n} P_i)$		X	
Nutzergrad einer Periode		g4		$g4 = (\sum_{i=1}^{n} P_i / A_i) / n$			
Gesamt-Nutzergrad		P		$P = (\sum_{i=1}^{n} g1_i*g2_i*g3_i*g4_i)$			
Sonstige Kennwerte							
Flächennutzungsgrad			1)	i.d.R. [m²] HNF/ [m²] BGF			
Spezifischer Flächenbedarf			1)	z.B. [m²] HNF2 / AP			
1) vgl. [GEFMA 130 E 1999-06] S. 6, s. auch [ESWiD 2007-09] S. 42f							

Abb. 6-1: Berechnung der Nutzung der Flächen (Berechnungsschema)

Geschäftsfeld	Produkte & Services				Vertrieb				Consulting			
Arbeitsplätze	AP			[%]	AP			[%]	AP			[%]
Arbeitsplätze (AP)	400			33	400			33	400			33
Summe der AP	1200											
Bruttonutzungszeit	[d]											
Tage des Jahres	365											
./. Wochenende	-105											
./. Feiertage am Wochentag	-9											
	251											
	[d] ./.	[d] kum.	[%] kum.	[%] abs.	[d] ./.	[d] kum.	[%] kum.	[%] abs.	[d] ./.	[d] kum.	[%] kum.	[%] abs.
Bruttoarbeitszeit		251	100			251	100			251	100	
Urlaub	-30	221	88	12	-30	221	88	12	-30	221	88	12
Gleittage	-20	201	80	8	-20	201	80	8	-20	201	80	8
Krankheit	-10	191	76	4	-10	191	76	4	-10	191	76	4
Weiter-/Fortbildungsmaßn.	-12	179	71	5	-12	179	71	5	-12	179	71	5
Nettoarbeitszeit		179	71			179	71			179	71	
Externe Mobilität (z.B. Kunden)	0	179	71	0	-50	129	51	20	-120	59	24	48
Teilzeitarbeitsplätze	0	179	71	0	0	129	51	0	0	59	24	0
(Überstunden)		179	71	0		129	51	0		59	24	0
Interne Mobilität (Termine)	-10	169	67	4	-10	119	47	4	-10	49	20	4
Reserve		169	67	0		119	47	0		49	20	0
Büronutzungszeit/MA		169	67			119	47			49	20	
Gew. Büronutzungszeit je AP		56,3				39,7				16,3		
Durchschnittl. Büronutzungszeit						112	45					
Sharing Ratio (1 / t [%] kum.]	2,23											
	Zellenbüro				Open Space				Desksharing			
Bürotypologie	[m2] /AP		[Anz.] [m2]	[%]	[m2] /AP		[Anz.] [m2]	[%]	[m2] /AP		[Anz.] [m2]	[%]
Mitarbeiter			1.200				1.200				1.200	
Arbeitsplätze (Desk Sharing)			1.200	100			1.200	100			537	45
Bruttogrundfläche (BGF)	26		30.600		26		30.600		26		13.695	
Typologischer Zu-/Abschlag	26		30.600	100	19		22.950	75	22		11.738	86
Hauptnutzfläche (HNF)	15		18.360	60	11		13.770	60	13		7.043	60
Mietfläche	20		24.480	80	15		18.360	80	17		9.391	80
Relativer Flächenbedarf				100				75				38
	€ [m2]/AP Monat											
Brutto-Miete	25											
	[m2]/AP											
Mietfläche	20				15				8			
	€				€				€			
Warm-Miete [€ / AP a]	6120				4590				2348			
Ersparnis [€ / AP a]	0				1530				3772			
Mehrkosten € (Neubau)	2050				2549				2549			
Anmerkungen:	Brutto-Grundfläche (BGF) = [m2 BGFa/AP] * AP Hauptnutzfläche (HNF) = [m2 BGFa]*f [m2 HNFa/m2 BGFa] Mietfläche (MF) =[m2 Typologisch]*f [m2 MF/m2 BGFa]											

Abb. 6-2: Vorteilhaftigkeit der Bürotypologie (Flächen) (vgl. [PELCZER, M. 2004-11-04])

Umbaukosten	Neubau				Revitalisierung			
	M	EH	EP	T€	M	EH	EP	T€
Möblierung	750	AP	1900	1425	750	AP	1900	1425
Flachbildschirm	750	AP	340	255	750	AP	340	255
Wanddemontage					1108	h	40	44
Elektroarbeiten								50
Bodenbelagsarbeiten (Demontage)					9200	m2	11	101
Bodenbelagsarbeiten (Montage)					9200	m2	33	304
Deckenbelagsarbeiten				100				100
Nebenkosten (Honorare)				100				100
Interner Aufwand				20				20
Telefonkosten	1000	MA	150	150	1000	MA	150	150
Kosten / AP				2050				2549

Abb. 6-3: Vorteilhaftigkeit der Bürotypologie (Kosten) (vgl. [PELCZER, M. 2004-11-04zer M. 2004])

Vergleichswerte hinsichtlich der Gesamtnutzungsdauer (GND) bezogen auf den Tag oder das Jahr sind selten und finden sich z.B. bei der [IFMA 2004] (s. Abb. 6-4).

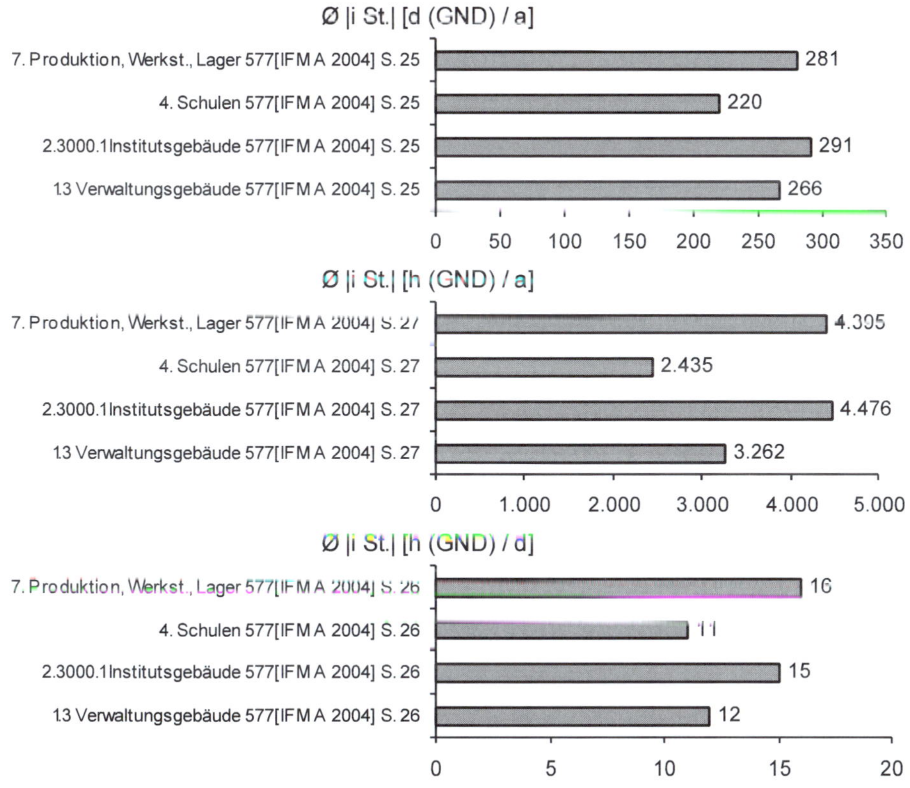

Abb. 6-4: Jährliche Gesamtnutzungsdauer nach Bauwerksnutzungsarten

Abgeleitete Ziele und Handlungsoptionen zur Steigerung des Gesamtbelegungsrades sind im Allgemeinen:

- Nutzerdichte (Nutzer / Fläche und Tag) steigern
- Nutzungsdauer (Standzeit) verlängern
- Belegungs- und Nutzungsintensität (Belegungs-, Nutzungsdauer / Fläche und Tag) durch organisatorische Maßnahmen (Öffnungszeiten verlängern) oder marktorientierte Maßnahmen (Nachfrage erhöhen) steigern
- Steigerung der Nutzungsdichte (Funktion / Fläche und Tag) durch präventive bauliche Maßnahmen (Multifunktionalität) ermöglichen, z.B.:
  - Variabilität (Unterschiedliche Nutzungsart ohne Veränderung) einplanen
  - Flexibilität (Anpassungsmöglichkeiten) vorsehen

6.2 Flächennutzungsgrad

Kennzahlen – Wofür?

Der Flächennutzungsgrad gibt insbesondere Hinweise auf die Flächenwirtschaftlichkeit während der Planungsphase von Neubauten und vor Umbauten. Die Schwankungsbreiten können dabei erheblich sein (vgl. Abb. 6-5, Kennzahlen auch nach [ifBOR FRZ 2007-10]). Grundsätzlich sollte auf die Flächendefinition nach [DIN 277-1 2005-02] und [DIN 277-2 2005-02] zurückgegriffen werden.

Von besonderem Interesse ist hierbei z.B.

- der Flächenfaktor Verkehrsfläche zu Brutto-Grundfläche (BGF) zur Beurteilung des Erschließungsaufwandes
- der Flächenfaktor Mietfläche zu BGF, um den Anteil vermietbarer Flächen zu überprüfen
- der Flächenfaktor Arbeitsplatz zu BGF, um die Arbeitsplatzfläche beurteilen zu können.

Als gemeinsame Bezugsfläche sollte bei allen Flächenbezügen die Brutto-Grundfläche (BGFa) gewählt werden. Dabei wird der pragmatische Ansatz verfolgt, auf große Datensammlungen bei Anwendung einer geringen Anzahl von Umrechnungsfaktoren zugreifen zu können (s. [ifBOR DTQ 2007-10], s. Abb. 6-6). Die Berechnungsmethoden sind einfach, transparent und können mit geringem Aufwand auf Plausibilität überprüft werden (s. [BOGENSTÄTTER, U. 2001] S. 163). Die Bruttogrundfläche ist insbesondere dann von Interesse, wenn keine Flächenermittlung nach [DIN 277-1 2005-02] vorliegt und diese zunächst ermittelt werden müsste.

BZK	Bezeichnung	Haupt-nutzfläche Ø	±	Neben-nutzfläche Ø	±	Funktions-fläche Ø	±	Verkehrsfläche Ø	±	Mitefläche Ø	±	Netto-Grundfläche Ø	±	Brutto-Rauminhalt Ø	±
		[... / m2 (BGFa)]													
130	Verwaltungsgebäude	0,50	18%	0,12	75%	0,04	100%	0,19	32%			0,67	19%	3,51	6%
131	...normaler techn. Standard	0,50	18%	0,11	82%	0,03	67%	0,21	29%			0,66	18%	3,44	6%
410	Allgemeinbildende Schulen	0,59	15%	0,06	67%	0,05	80%	0,22	32%			0,67	16%	3,99	7%
420	Berufliche Schulen	0,57	19%	0,07	71%	0,06	100%	0,19	26%			0,69	20%	4,10	9%
430	Sonderschulen	0,56	14%	0,08	50%	0,06	117%	0,19	26%			0,71	18%	3,89	9%
440	Kindertagesstätten	0,55	15%	0,13	54%	0,03	100%	0,15	33%			0,74	14%	3,76	9%
450	Weiterbildungseinrichtungen	0,58	14%	0,08	63%	0,04	25%	0,18	41%			0,67	12%	3,81	14%
510	Hallen (ohne Schwimmhallen)	0,65	14%	0,13	46%	0,05	80%	0,09	56%			0,80	10%	6,20	9%
511	Allg. Sporthalle	0,65	14%	0,13	46%	0,05	80%	0,09	56%			0,80	10%	6,40	8%
513	Mehrzweckhallen	0,63	14%	0,13	46%	0,05	80%	0,11	45%			0,80	11%	5,22	13%
610	Wohnhäuser	0,53	23%	0,16	56%	0,04	75%	0,11	45%	0,55	21%	0,76	14%	4,14	
611	Einfamilienwohnhäuser	0,52	25%	0,17	59%	0,05	80%	0,10	40%	0,54	21%	0,74	16%	2,92	9%
612	Doppel- und Mehrfamilienhäuser	0,56	20%	0,14	50%	0,03	133%	0,11	55%	0,56	22%	0,78	13%	2,92	9%
620	Wohnheime	0,53	15%	0,11	66%	0,03	200%	0,18	28%			0,67	13%	3,15	8%
621	Alten-, Asylantenwohnheime ...	0,49	18%	0,12	50%	0,04	75%	0,22	23%			0,74	18%	3,17	8%
640	Betreuungseinrichtungen	0,58	14%	0,10	60%	0,04	100%	0,15	40%			0,77	16%	3,74	10%
644	Jugendzentren	0,57	14%	0,08	38%	0,04	50%	0,18	33%			0,67	18%	3,91	7%
910	Gebäude kulturelle/musische Z.	0,59	19%	0,10	90%	0,05	60%	0,14	43%			0,71	14%	4,64	7%
914	Veranstaltungsgebäude	0,60	7%	0,09	33%	0,05	80%	0,16	25%			0,69	6%	4,52	13%
915	Gemeinschaftshäuser	0,59	14%	0,11	45%	0,05	60%	0,14	36%			0,72	11%	4,25	10%
vgl. [BOGENSTÄTTER U. 2001] S. 171															

Abb. 6-5: Übersicht Flächenkennzahlen nach Bauwerksnutzungsart

Quelle	EBG	EKI	WB	FC-N	ages	GI	INE	sS	eisl.	dW	IS	MA	GSt/KIJ	ID	MBW	atisReal	CREIS	Deloitte	ID	Herbst	FMA	LL	Parkhausverb.	Real I. S.	ech em	ech em	ZNWB	ZNWB	KGB	NHK	Deloitte
Referenz	2)	3)	4)	5)	6)	8)	7)	11)	31)	27)	10)	29)	23)	9)	12)	30)	24)	22)	33)	13)	32)	18)	34)	28)	14)	26)	15) 16)	17)	19)	20) 21)	25)
Anzahl der Gebäude (Liegenschaften), soweit nichts anderes vermerkt	ca. 52	ca. 560	ca. 2.900	ca. 70	7.340	42	2.758	1.342	~ 404.248 WE	6.161.360 WE	8	589	3.719	ca. 528	953	400	ca. 3.000	7.000 (Hotels)	~ 2.938 (Grundst.)	56	152	254, zusätzl. **159**	100.000 Parkpl.	~ 4.500 + ~ 1.500	53.000	20.683.952 WE	(ca. 600)	73			? (WoWi)
1)	A2 Daten				A3 Datenanalyse											A4 Gruppenanalyse													A5 Kz.		
	Angewandte Grundflächenkennzahlen 22)																														
BRI	Xa	Xa	Xa			X																								X	
BGF	Xa	Xa	X25)		X23)	X24)	(X)				X	X	X							X	X			X			(X)	X		X	
NGF														Xa		(X)					X	X									
NF			Xa			X		X						Xa													X				
HNF	Xa	Xa		X											X												(X)		X		
NE														X26)						X											
WF/MF									X	X				X											X						X
BHF																									X						
Parkpl.																							X								
Nutzer								X																					X		

Abb. 6-6: Wer benützt was als Flächen-Bezugsgröße?

Lediglich bei Kirchengebäuden sollte von dem Brutto-Rauminhalt (BRIa) ausgegangen werden, da das entscheidende Merkmal bei Kirchengebäuden das Raumvolumen ist. Die Brutto-Grundfläche sollte informativ mitgeführt werden, um spätere Detailanalysen zu ermöglichen (vgl. hierzu [ESWiD 2007-09]).

Bei der Analyse der Flächenkennzahlen stellt man fest, dass die Abweichungen der Verkehrsflächenkennzahlen bis zu 56% betragen können (s. Abb. 6-7). Das sind Flächenanteile, die ebenfalls beheizt und gereinigt werden müssen, ohne einen nennenswerten Nutzen zu stiften.

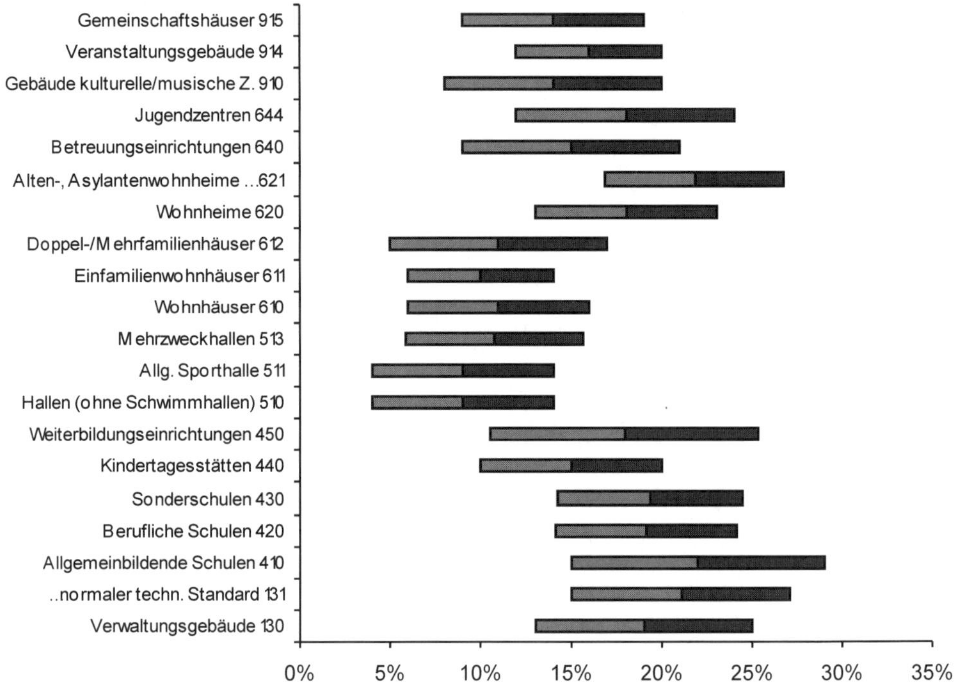

Abb. 6-7: Verkehrsflächenbandbreite nach Bauwerksnutzungsarten

6.3 Nutzungskosten

Um Nutzungskosten zu optimieren, steht ein Bündel unterschiedlicher Maßnahmen zur Verfügung. Die Maßnahmen lassen sich nach einem kunden-, ressourcen-, organisations-, prozess- oder potenzialorientierten Strategieansatz unterscheiden. In dem ressourcenorientierten Strategieansatz sind kaufmännische, technische und infrastrukturelle Maßnahmen zur Erhöhung der Wirtschaftlichkeit zusammengefasst.

Die nachfolgende Abbildung (Abb. 6-8) zeigt die ergriffene Maßnahmenvielfalt und Strategieansätze in der kommunalen Gebäudewirtschaft am Bspl. kleinerer bis mittlerer Städte mit dem Ziel, nachhaltig Energiekosten und CO_2-Ausstoss zu senken (n=9 Städte).

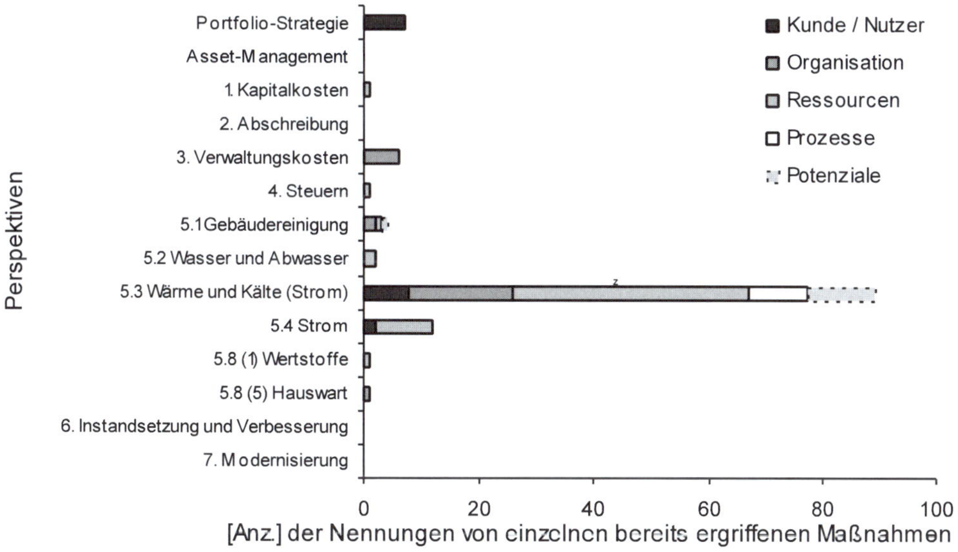

Abb. 6-8: Strategieansätzen in der kommunalen Gebäudewirtschaft kleinerer und mittlerer Städte

Beispiele hierfür waren

- Kundenorientierter Strategieansatz: Öffnungszeiten von öffentlichen Gebäuden nach Bedarf (Hallenbelegung oder Öffnungszeiten von Schwimmbädern) optimieren
- Ressourcenorientierter Strategieansatz: Raumbelegungen optimieren, leerstehende Räume stilllegen oder Gebäude verkaufen, Verträge optimieren, technische Anlagen und deren Laufzeiten optimieren
- Organisationsorientierter Strategieansatz: Immobilienwirtschaftliche Funktionen zu einem Bereich zusammenführen, Fremdvergabe von Leistungen und Personal durch gerechte Verteilung der Verantwortungsbereiche (Anpassung der Revierzuschnitte, Bildung von Hausmeisterpools) besser auslasten
- Prozessorientierter Strategieansatz: Hausmeister und deren Tätigkeiten regeln
- Potenzialorientierter Strategieansatz: Anreizsysteme für Hausmeister und Nutzer schaffen sowie Schulungsmaßnahmen für das Personal durchführen

Bei den befragten Städten handelte es sich um die Stadt Ebersbach an der Fils, Stadt Geislingen (Steige), Landkreis Göppingen, Stadt Ludwigsburg, Stadt Kirchheim / Teck, Stadt Mühlacker, Stadt Ostfildern, Stadt Sindelfingen, Stadt Trossingen und die Stadt Wangen. Sie sind in den Arbeitskreis Facility Management für Kommunen an der Hochschule für Wirtschaft und Umwelt unter der Moderation des Verfassers organisiert.

Ein Bspl. für einen potenzialorientierten Strategieansatz in der kommunalen Gebäudewirtschaft mit einem Anreizsystem für die Nutzer zeigt die Abb. 6-9.

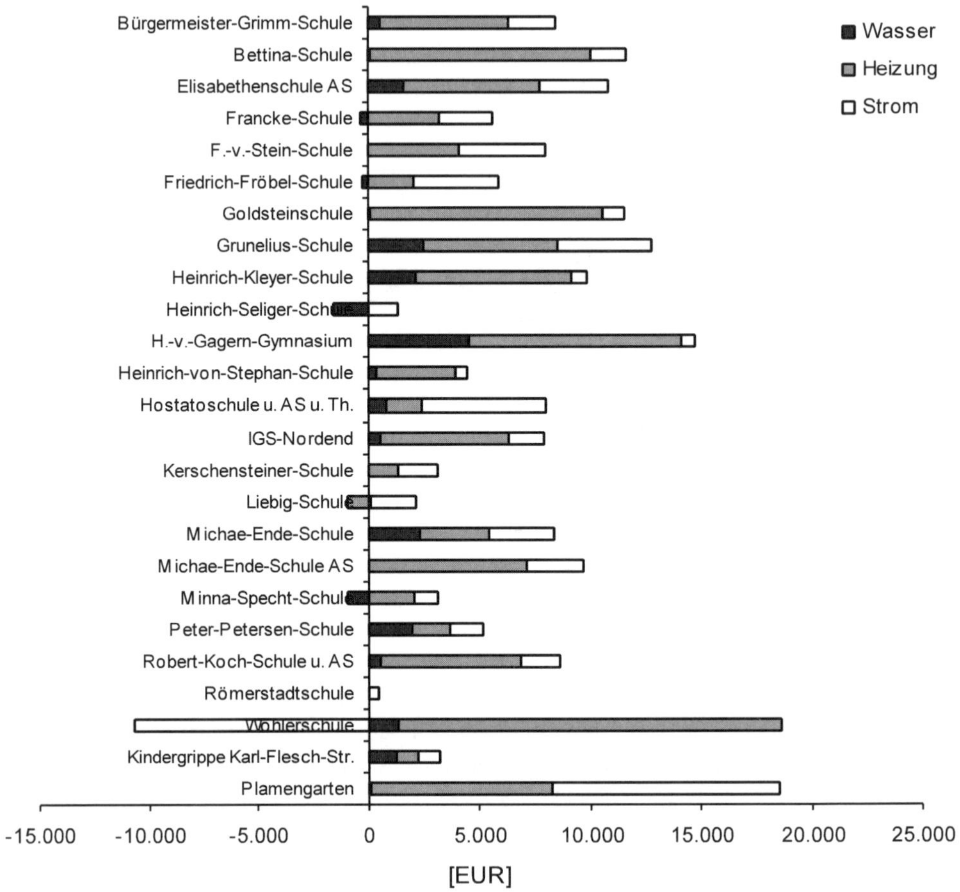

Abb. 6-9: Nutzerbedingte Kosteneinsparungen im Jahr 2002 am Bspl. der Stadt Frankfurt am Main

„Best-Practice"-Beispiele

- Stadt Frankfurt am Main
  Da die Motivation der Gebäudenutzer und des Betriebspersonals für die Energieeinsparung eine wesentliche Rolle spielt, wurde ein Programm zur Erfolgsbeteiligung entwickelt. Danach erhält eine Liegenschaft 50% der nutzenbedingten Energie- und Wasserkosteneinsparungen. Davon kann die Hälfte als persönliche Prämie an den / die Energiebeauftragten ausgezahlt werden. Die verbleibenden 50% stehen für investive Energie- und Wassersparmaßnahmen zur Verfügung (s. [Amt 65 2004] S. 13). Die Stadt Frankfurt am Main konnte dadurch im Jahr 2002 die Wasser-, Heizungs- und Stromkosten um etwa 185.000 [€] reduzieren. Durchschnittlich wurden an 23 Schulen jeweils ca. 750 [€] Wasserkosten, ca. 4.900 [€] Heizungskosten und ca. 1.500 [€] Stromkosten gespart (vgl. Abb. 6-9).

6.3.1 Kosten zuordnen, aber wie?

Es gibt unterschiedliche Regelwerke in der Technik, um die Kosten in der Betriebsphase zu gliedern. Bei der Öffentlichen Hand werden die [DIN 18960-1 1976-04], [DIN 18960 1999-08] und Länderbaurichtlinien (s. [HIS B1 / 1989] S. 3), im gewerblichen Bereich als Normenvorschlag [GEFMA 200 E 2004-07], im technischen Bereich [DIN 32736 2000-08] und VDI 2067 angewendet.

- Baunutzungskosten von Hochbauten nach [DIN 18960-1 1976-04]
  Die Kosten der Phasen Inbetriebnahme, Verwenden und Beseitigen wurden bzw. werden in der bis August 1999 gültigen [DIN 18960-1 1976-04] „Baunutzungskosten von Hochbauten“ erfasst. Baunutzungskosten sind die bei Gebäuden, den dazugehörigen baulichen Anlagen und deren Grundstücken unmittelbar entstehenden, regelmäßig oder unregelmäßig wiederkehrenden Kosten, die „vom Beginn der Nutzbarkeit des Gebäudes bis zum Zeitpunkt seiner Beseitigung“ anfallen. Die [DIN 18960-1 1976-04] war als Ergänzung zur [DIN 276 1993-06] zu sehen.

  Die Baunutzungskosten setzen sich hier zusammen aus Finanzierungs- und Verwaltungskosten (KGR. 1-4), aus im Allgemeinen als konstant anzunehmenden (Gebäude-) Betriebskosten (KGR. 5) und progressiv steigenden Bauunterhaltungskosten (KGR. 6), was mit der Reparaturanfälligkeit im höheren Lebensalter begründet werden kann (s. [SCHUB, A. 1985] S. 14, s. Abb. 6-10).

  Betriebsspezifische und produktionsbedingte Personal- und Sachkosten werden ebenso wenig erfasst wie Anbau-, Umbau- oder wertsteigernde Maßnahmen. Durch den Ausschluss dieser Maßnahmen vom Beginn der Nutzbarkeit bis zur Beseitigung beschreiben sie einen Sonderfall im Lebenszyklus eines Bauwerks: gleicher Verwendungszweck für die gesamte Standzeit. Die [DIN 18960-1 1976-04] könnte jedoch die Kosten bei Änderung des Verwendungszwecks abbilden, wenn die Begriffe „Beginn der Nutzbarkeit“ und „Beseitigung“ durch die Begriffe „Beginn der Nutzungsphase“ und „Ende der Nutzungsphase“ ergänzt werden würden. Dies überließe dem Anwender, ob der „Beginn der Nutzbarkeit“ sich an den Herstellungsprozess anschließt oder ob es sich um den Kauf einer Immobilie handelt. Gleiches gilt für die Beseitigung.

- Nutzungskosten von Hochbauten [DIN 18960 2008-02]
  Diese Norm ist Grundlage für die Kostenkontrolle, für Planungs-, Vergabe- und Ausführungsentscheidungen sowie zum Nachweis der entstandenen Kosten. Sie löst die [DIN 18960-01 1976-04] ab und soll nach den Vorstellungen des Herausgebers als Grundlage zur Kostenkennwertbildung (z.B. „Benchmarking)“ verwendet werden. Sie empfiehlt als Bezugsgröße die [DIN 277-3 2005-04] „Grundflächen und Rauminhalte von Bauwerken im Hochbau: Mengen und Bezugseinheiten“.

  Sie gliedert die Kostenermittlungsarten in

  - Nutzungskostenschätzung,
  - Nutzungskostenberechnung,
  - Nutzungskostenanschlag und
  - Nutzungskostenfeststellung,

die parallel zur [DIN 276-1 2006-11] durchgeführt werden sollen. Sie kann daher bei der Betrachtung der Herstellungskosten mit eingeschlossen werden. Der Begriff der Bauunterhaltungskosten wird neu beschrieben mit „Instandsetzungskosten (Bauunterhaltungskosten)“. Wesentliche Änderung zur alten Fassung ist dabei, dass die Kostengruppe 2 „Abschreibung“ „in der Ausgabe [DIN 18960 1999-08] gestrichen wurde, in der [DIN 18960 2008-02] wieder eingeführt“ und die Aufwendungen für Dienstleistungen (z.B. Kontroll- und Sicherheitsdienste) aufgenommen wurden. Die Nutzungskostengliederung sieht in der 2. Ebene die Anknüpfung an [DIN 276-1 2006-11] vor und ist damit in den betreffenden Kostengruppen bauteilorientiert, d.h., die Betrachtung von Bauteilen über ihre Lebensdauer wird ermöglicht. Kennzahlen auf der Grundlage dieser Ausgabe liegen noch nicht vor.

[DIN 18960-1 1976-04]		[DIN 18960 1999-08]	
1	Kapitalkosten	100	Kapitalkosten
2	Abschreibung		
3	Verwaltungskosten	200	Verwaltungskosten
4	Steuern		
5	Betriebskosten	300	Betriebskosten
5.1	Gebäudereinigung		
5.2	Abwasser und Wasser		
5.3	Wärme und Kälte		
5.4	Strom		
5.5	Bedienung		
5.6	Wartung und Inspektion		
5.7	Verkehrs- / Grünflächen		
5.8	Sonstiges		
6	Bauunterhaltungskosten	400	Instandsetzungskosten

Abb. 6-10: Kostenarten in der Gegenüberstellung

- Zweite Berechnungsverordnung (II. BV)
  Während die DIN 18960 lediglich die Kosten eines Gebäudes berücksichtigt, wird im Rahmen des öffentlich geförderten Wohnungsbaus eine Wirtschaftlichkeitsberechnung nach [II. BV 1996] gefordert. Sie beinhaltet – neben den bereits in der DIN 18960 inhaltlich erfassten laufenden Aufwendungen – kalkulatorische Kosten für Mietausfallwagnis sowie Erträge als Einnahmen. Die Kostengruppen nach der II. BV haben eine inhaltliche Entsprechung zur DIN 276 und DIN 18960, sie unterscheiden sich in der Praxis jedoch erheblich.

  Der DIN 18960 als auch der II. BV ist gleichermaßen zu eigen, dass in diesen Regelwerken Modernisierungs-, Um-, An- oder Erweiterungsmaßnahmen nicht aufgeführt sind und lediglich für den bestimmungsgemäßen Gebrauch (Soll-Zustand) angewendet werden dürfen.

- Bestandserhaltung der Länder
  Bestandserhaltung der Länder wird durch den Begriff der Bauunterhaltung beschrieben. Die Bauunterhaltung umfasst alle Maßnahmen, die keine Veränderung der Liegenschaften in ihrem Bestand zur Folge haben. Weder die Definition der Bauunterhaltung noch die Beschreibung der Maßnahmen entspricht der [DIN 31051 1985-01] „Instandhaltung“

für Technische Anlagen. Auch die Abgrenzung der Bauunterhaltungskosten in der [DIN 18960-1 1976-04] „Baunutzungskosten" findet bisher keinen Niederschlag in den Länderbaurichtlinien (s. [HIS B1 / 1989] S. 3).

- [VDI 2067 Bl. 1 1983-10]
  In der VDI-Richtlinie „Betriebstechnische und wirtschaftliche Grundlagen: Berechnung der Kosten von Wärmeversorgungsanlagen" [VDI 2067 Bl. 1 1983-10] werden
  - kapitalgebundene Kosten,
  - verbrauchsgebundene Kosten,
  - betriebsgebundene Kosten,
  - sonstige Kosten und
  - Jahreskosten

  unterschieden und definiert. Sie ist Grundlage zur Berechnung der Wirtschaftlichkeit von Wärmeversorgungsanlagen. Die Kostengruppen ähneln denen der bereits vorgestellten Kostengruppen. Eine Übertragung „eins zu eins" ist jedoch auch hier nicht möglich.

- [GEFMA 200 E 2004-07]
  Die GEFMA-Richtlinie „Kosten im Facility Management", besitzt Überschneidungen zur [DIN 18960 1999 08] und unterscheidet im Wesentlichen:
  - Lebenszyklusphase (L)
  - Prozesse (PRO) (z.B. Ver- und Entsorgen, Reinigen, wiederkehrende Prüfungen, Bedienen, Inspizieren und Warten, Instandhalten, …)
  - Sachbezug nach DIN 276 (z.B. 410 Abwasser-, Wasser- und Gasanlagen)
- Sonstige Kostenartengliederung
  - Facility Management [GEFMA 200 E 2004-07]
  - Gebäudemanagement [DIN 32736 2000-08]
  - Kontenplan der Wohnungswirtschaft

Es muss festgestellt werden, dass mehrere Kostengliederungen in jeweils unterschiedlichen Bauwerksphasen verwendet werden. Für die Phase des Entwickelns finden sich bei der [GEFMA 200 E 1996-12] Ansätze durch die Kostengruppe 000 „Übergeordnete Leistungen". Die Phasen des Planens und Bauens werden nahezu ausschließlich mit der [DIN 276-1 2006-11] beschrieben. Überschneidungen zu anderen Kostengliederungen ergeben sich ausschließlich durch die Kostengruppe „Grundstück und Erschließung" und durch Abgaben hierfür. So werden das Grundstück einschließlich der Nebenkosten auch bei der [II. BV 1996] erfasst. Die Phase des Vertreibens wird nahezu ausschließlich bei [GEFMA 200 E 1996-12] in verschiedenen, nicht zusammenhängenden Kostengruppen berücksichtigt. Kostengruppen der Phase des Betreibens finden ihren Niederschlag in nahezu allen angesprochenen Gliederungen, während die Phase der Beseitigung in der [GEFMA 200 E 1996-12] berücksichtigt wird. Als besonders problematisch zu bewerten ist, dass gleiche Begriffe in den Gliederungen unterschiedlich verwendet werden (z.B. Betriebskosten). Diese Regelwerke lassen sich leider auch nicht durch sogenannte „Übersetzungstabellen" eins zu eins übertragen, denn die historisch gewachsene Aufteilung der Immobilienart hat bisher noch zu keinem einheitlichen inhaltlichen Begriffsvokabular für ein Gebäudemanagement geführt. So findet sich z.B. für die differenzierte Unterscheidung nach Schönheitsreparaturen des Mietrechts keine Entsprechung in der [GEFMA 200 E 2004-07]. Die Erträge sind entsprechend den Miet- oder Belegungsverträgen abzubilden.

Bleibt die Frage offen: Kosten zuordnen, aber wie?

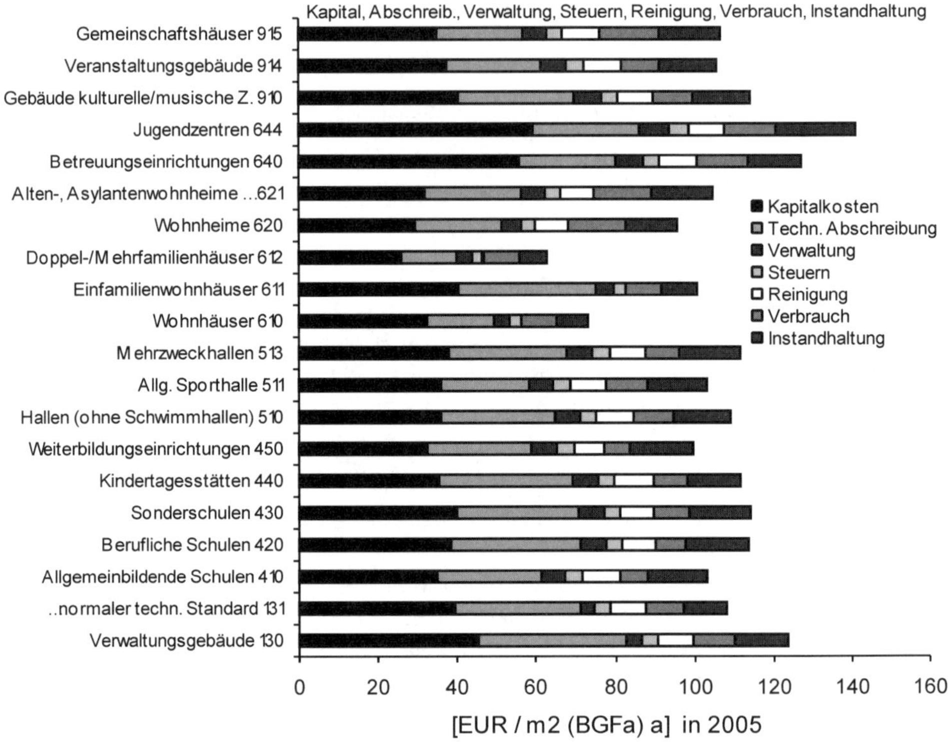

Vgl. [BOGENSTÄTTER, U. BRI 5-6-2000] S. 376-386
Abb. 6-11: Übersicht der jährlichen Baunutzungskosten bei verschiedenen Bauwerknutzungsarten

Die Nutzungskosten sollten den Gebäuden (objektbezogene Kosten-Leistungsrechnung) zugeordnet werden und – nach Ansicht des Verfassers zumindest in Anlehnung an die Systematik der „Baunutzungskosten von Hochbauten" nach [DIN 18960-1 1976-04] – von den buchhalterischen Systemen der Kameralistik oder Doppik bereitgestellt werden. Für die [DIN 18960-1 1976-04] spricht, dass diese bereits Anwendung gefunden hat, einfach in der Systematik ist und Vergleichszahlen vorhanden sind. Nachfolgend wird daher von der Systematik der [DIN 18960-1 1976-04] ausgegangen.

Die Kostenstruktur unterschiedlicher Bauwerknutzungsarten ist in Abb. 6-11 dargestellt. Daraus ergeben sich erste Hinweise auf die Kostentreiber.

Optimierungspotenziale ergeben sich bei der Betrachtung der Bandbreite der Daten und liefern Ansatzpunkte zur weitergehenden Analyse und zur Einleitung von Maßnahmen. Die Planung der Nutzungskosten kann als ein wiederkehrender Prozess im Betrieb eines Gebäudes betrachtet werden. Dabei lassen sich die Methoden und Begriffe eines Regelkreises, Führungs- und Stellgröße, sinngemäß anwenden (vgl. Kapitel 4).

Zur Planung der Nutzungskosten sind verschiedene Planungsgrößen und Vorgaben sowie weitere Angaben notwendig. Die Zielgröße (Führungsgröße) beschreibt die Stoßrichtung und (Vergleichs-)Kennzahlen (Orientierungswerte) der Literatur geben Hinweise auf Optimierungspotenziale. Vorgaben beeinflussen die Zielgrößen, können aber nicht verändert werden.

Das sind z.B. gesetzliche Rahmenbedingungen und Vorgaben einer Konzernmutter oder der Magistratsbeschluss einer Stadt. Die Kostenkennzahl (Kostengröße) ermöglicht den monetären Vergleich in einer Zeitreihe. Die Verwendung einer gleichen Vergleichsebene (Bezugsgröße) für den gesamten Immobilienbestand ermöglicht z.B. den branchenübergreifenden Vergleich. Der Präzisions- oder Detaillierungsgrad beschreibt die Qualität der Kennzahl. Sie variiert z.B. im Projektgeschäft: Mit zunehmenden Planungsfortschritt werden die Kostenprognosen (Kostenermittlungsarten nach [DIN 276-1 2006-11]) sicherer. Mengenangaben (Stellgrößen) sind Parameter, die sich auf die vorangegangenen Größen direkt auswirken. Parameter der Preisbildung bzw. das Berechnungsverfahren stellen den mathematischen Zusammenhang zwischen den Mengenangaben dar und ermöglichen eine einfache quantitative Darstellung der Auswirkung von Veränderungen bei den Mengenangaben.

Mit diesen Angaben lässt sich ein effizientes Controlling und Benchmarking durchführen und Handlungsoptionen lassen sich erkennen. Als Handlungsoptionen stehen verschiedene Stellhebel zur Verfügung. Diese sind in Abb. 6-12 dargestellt. Bei den Stellhebeln wurden der „Kunde / Nutzer“, die „Organisation“, die „Ressourcen“, die „Prozesse“ und „Potenziale“ unterschieden. Sie spiegeln das Unternehmensmodell und vier Strategieentwicklungsansätze wider: marktorientierte, fähigkeitsorientierte, ressourcenorientierte oder wissensorientierte Strategie (vgl. Kapitel 3). Der „Kunde / Nutzer“ zielt z.B. auf eine bedarfsorientierte Stellgröße, die „Organisation“ z.B. auf Bündelungs- oder Skalierungseffekte im Einkauf, die „Ressource“ z.B. auf die Wahl der eingesetzten Mittel oder den funktionalen Bedarf, die „Prozesse“ z.B. auf die Art der Leistungserbringung und „Potenziale“ auf die nachhaltige Wirkung. Dabei wird unterschieden, welche Stellhebel im Projektgeschäft (Proj.) oder Objektgeschäft (Obj.) greifen.

	Kostengruppe	Kunde / Nutzer		Organisation		Ressourcen		Prozesse		Potenziale	
		Proj.	Obj.	Proj.	Obj.	Proj.	Obj.	Proj.	Obj.	Proj.	Obj.
1	Kapitalkosten			1	1	1	1		2		1
2	Abschreibung										
3	Verwaltungskosten			1	1	1	1	3	3	1	1
4	Steuern					1					
5	Betriebskosten										
5.1	Gebäudereinigung		2		2	4	3		4		1
5.2	Abwasser / Wasser		2			1	1		1		1
5.3	Wärme und Kälte		4	1	7	2	3		1		2
5.4	Strom		2		3	3	2		1		2
5.5	Bedienung										
5.6	Wartung / Inspekt										
5.7	Verkehrs- / Grün										
5.8	Sonstiges										
5.8.1	Wertstoffe		2			1	1				1
5.8.4	Versicherung						1				1
5.8.5	Hauswart		1		4						1
6	Instandsetzung		4		7	3			2		1
6.85	Verpflegung		3	1	3	3					

Abb. 6-12: Stellhebel zur Beeinflussung der Kostenarten in Anlehnung an [DIN 18960-1 1976-04]

Die Beschreibung der Stellhebel einer Kostengruppe erfolgt in Abb. 6-12 nach Anzahl der deskriptiven Nennungen gemäß den nachfolgenden Abschnitten. Es ist offensichtlich, dass nicht nur eine Strategie zum Erfolg führen kann.

6.3.2 Kapitalkosten

Die Kapitalkosten beeinflussen wesentlich die Nutzungskosten. Die Kennzahlen für die Kapitalkosten sind in Abb. 6-13 dargestellt. Orientierungswerte für Zinssätze lassen sich tagesaktuell bei den Banken abfragen. Einzelne Verbände geben hierzu auch Orientierungswerte an, z.B. [GdW 2007-11]. Die Kapitalkosten lassen sich durch ein Maßnahmenbündel beeinflussen (s. Abb. 6-15).

Kostenart Fremdmittel ... Nr. 1.1 [DIN 18960-1 1976-04]	... im Projektgeschäft	... im Objektgeschäft
Ziel (Führungsgröße)	Fremdkapitalkosten [€ / a]	
Kostenkennzahl (Kostengröße)	[Ø Fremdkapitalzinssatz / Sektor] * Zuschlag / Abschlag	
Vergleichsebene (Bezugsgröße)	Unternehmen	
Präzisions- / Detaillierungsgrad (Kostenermittlungsart)	Kostenfeststellung	
Mengenangabe (Stellgröße)	[Kreditvolumen], [Zinssatz]	
Parameter der Preisbildung (Berechnungsverfahren)	Berechnung des effektiven Zinssatzes	

Abb. 6-13: Kennzahlen bei den Kapitalkosten

Wesentlichstes Element bei der Preisbildung ist der Zinssatz. Der Zinssatz lässt sich z.B. durch Bonitätsnachweise oder Ranking mittels Zu- oder Abschläge beeinflussen. Der Einfluss der Bonität oder des Rankings lässt sich nach einem Angebot der Investitionsbank Berlin (IBB) für kommunale Wohnungsunternehmen, Wohnungsgenossenschaften sowie private Großinvestoren ablesen. Durch die Bonitätsklasse ergibt sich ein Abschlag auf den nominalen Kundenzins von bis zu 0,4% (s. Abb. 6-14).

Seniorengerechtes Wohnen		Energetische Gebäudesanierung	
A	3,90	A	2,15
B	4,05	B	2,30
C	4,35	C	2,55
Stand 20.07.2007 bei einer Auszahlung von 96%, s. [IBB 2007-08-1]		Stand 20.07.2007 bei einer Auszahlung von 100%, s. [IBB 2007-08-2]	

Abb. 6-14: Einfluss der Bonität auf den Fremdkapitalzinssatz

Ebenso lässt sich die Höhe des Fremdkapitalzinssatzes durch den Zeitpunkt der Darlehensaufnahme beeinflussen. Baupreise unterliegen ebenfalls zeitlichen Schwankungen. Es lohnt sich daher größere Instandsetzungs-, Modernisierungs- oder Neubaumaßnahmen einer Einzelbetrachtung zu unterziehen. Die Handlungsoptionen sind grundsätzlich in Abb. 6-15 dargestellt.

Kostenart Fremdmittel ... Nr. 1.1 [DIN 18960-1 1976-04]	... im Projektgeschäft	... im Objektgeschäft
Maßnahmen (Regelgrößen)		
Interne Chancen (Fördergrößen)		
- Kunde / Nutzer		
- Organisation	Positives Ranking bei den Kreditgebern führt zu niedrigeren Zinssätzen	
- Ressourcen	Contracting	Einspar-Contracting
- Prozesse	Liquidität im regelmäßigen Turnus planen, passende Finanzierungsarten wählen: Fördermittel, Hypothekenbeleihung etc.	
- Potenziale		Reporting an die fremdkapitalgebende Bank nach Bonitäts- / Rankingregeln ergänzen und anpassen, Zinszyklen einplanen
Externe Risiken (Störgrößen)	Aufsichtsgremien stören die Unternehmenspolitik	

Abb. 6-15: Handlungsoptionen nach Strategieansätzen bei den Kapitalkosten

6.3.3 Verwaltungskosten

Symptomatisch zeigt der Betriebsvergleich von westdeutschen Wohnungsunternehmen eines vergleichbaren Marktsegmentes in Abb. 6-16 die Bandbreite der personellen Ressourcen in Abhängigkeit von der Größe. Vorbehalte, die bei einem solchen nicht repräsentativen Vergleich gemacht werden müssen, bleiben zunächst unberücksichtigt. Es ist zunächst unverständlich, warum das Verhältnis aller Beschäftigten zu Mieteinheit von 1:10 bis zu 1:170 schwankt. Merke: Viele machen das Gleiche, aber nicht gleich „richtig".

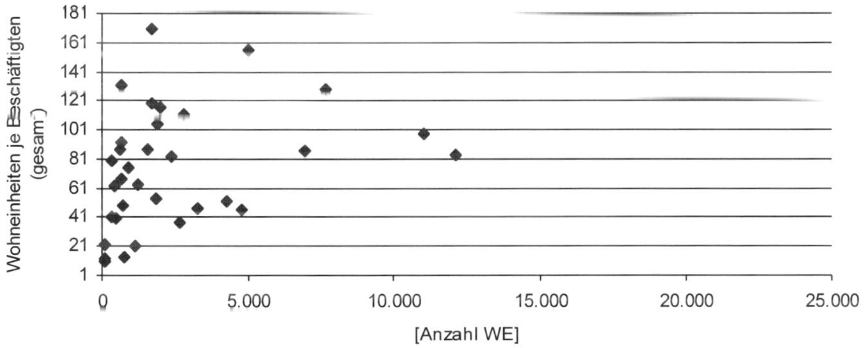

Abb. 6-16: Verwaltungsaufwand im Vergleich

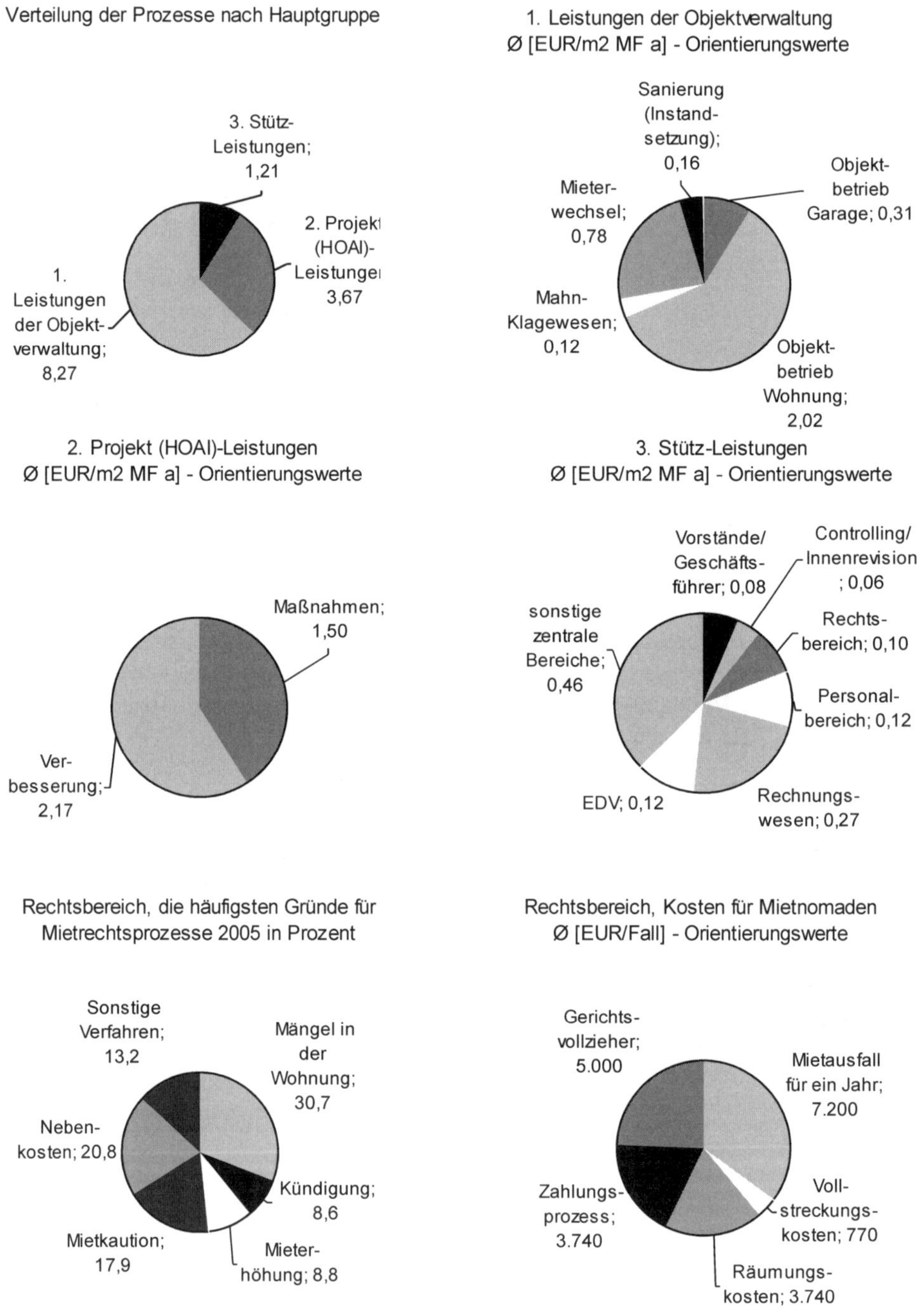

Abb. 6-17: Leistungspalette Verwaltungskosten

Die Kennzahlen der Verwaltungskosten sind in Abb. 6-18 dargestellt. Zur Beurteilung der Verwaltungskosten ist eine Beurteilung der Leistungspalette unverzichtbar. Orientierungswerte lassen sich für die Leistungen angeben, die im Markt angeboten werden und deren Preise bekannt sind.

Kostenart Verwaltungskosten … Nr. 3. [DIN 18960-1 1976-04]	… im Projektgeschäft	… im Objektgeschäft
Ziel (Führungsgröße)	Verwaltungskosten [€ / a] (Personalkosten) reduzieren	
Vorgaben	Wohnungswirtschaft § 26 [II. BV 2003]	
Instrumente und Methoden	Verwendung von Kostenkennwerten	Ist-Kennwert-Plan-Vergleich
Kostenkennzahl (Kostengröße)	[€ / a Sektor], [€ / m^2_{BGFe} a]	
Vergleichsebene (Bezugsgröße)	Unternehmen, Aufteilung nach Geschäftsfeldern	
Präzisions- / Detaillierungsgrad (Kostenermittlungsart)	Kostenrahmen	Kostenfeststellung der Personal- und Betriebskosten nach Jahresabschluss, Umlage nach Betriebsabrechnungsbogen nach Prozessen und Sektor
Mengenangabe (Stellgröße)	[Anz.] der Prozess(-schritt)e in Eigenleistung (Fertigungstiefe)	
Parameter der Preisbildung (Berechnungsverfahren)	[€ $_{\text{Personal- und Betriebskosten}}$ / Prozessschritt]	

Abb. 6-18: Kennzahlen bei den Verwaltungskosten

Exemplarisch wurden für die Wohnungswirtschaft die Leistungen und Preise nach der Studie [BFW 2004] verwendet, um auf Grundlage des Häufigkeitsanfalls von Leistungen Orientierungswerte zu berechnen. Datenbasis hierfür waren [BOGENSTÄTTER, U. 2001], [GdW 2004-10] (S. 204, 207), eigene Berechnungen mittels Honorartabellen der [HOAI 2001], § 28 [II. BV 2002], [Deloitte 2005-02], [StBA 2001] (S. 245), [KGSt 7 / 1998] und [LIETH, VON DER J. 2007-06-14]. Es werden dabei Leistungen in der Objektverwaltung, Projekt(HOAI)-Leistungen sowie Stützleistungen unterschieden. Die Orientierungswerte sind in Abb. 6-17 dargestellt. Verwaltungskosten lassen sich danach in der Wohnungswirtschaft nur dann sinnvoll beurteilen, wenn bekannt ist, ob Projekt(HOAI)-Leistungen als Eigen- oder Fremdleistungen erbracht werden.

Die Verwaltungsleistungen spiegeln sich in den Rechnungen wider. In Abb. 6-19 werden exemplarisch die Rechnungsarten und Betragsklassen eines Wohnungsunternehmens dargestellt. Den größten Anteil bilden die Rechnungen zur Instandhaltung (50%) zzgl. Versicherungen (4%) und die Betriebskosten (29%). „Kleinvieh macht auch Mist“: mit 72% stellen Rechnungen bis 250 [€] den größten Anteil, gefolgt von Rechnungen bis 500 [€] (11%) und bis 1.000 [€] (7%). Die Rechnungsbeträge halten sich in den Betragsklassen weitgehend die Waage (vgl. Abb. 6-20). Ziel muss es daher sein, die zahlreiche Auftrags- und Rechnungsbearbeitung mit kleinen Beträgen möglichst effizient abzuwickeln. Dazu stehen grundsätzlich zwei Verfahren zur Verfügung, Standardisierung der Leistungsbeschreibungen sowie Arbeitsschritte reduzieren, ggf. durch Automatisierung.

Standardisierte Leistungen werden in der Praxis, insbesondere bei einer kleinen Betragsklasse, erfolgreich eingesetzt. Dabei ist zu unterscheiden, ob diese Leistungen nur vertraglich vereinbart sind (Rahmenvertrag) oder zusätzlich in einem DV-System hinterlegt sind (Einheitspreisabkommen – EPA). Ein Bspl. aus der Wohnungswirtschaft für Einheitspreisabkommen ist in Abb. 6-21 dargestellt, der Anteil der EPA-Rechnungen beträgt hier rund 50%. Für eine standardisierte Leistungsbeschreibung in der Instandhaltung bieten sich insbesondere die Gewerke für technische Anlagen sowie Maler-, Fliesen- und Bodenbelagsarbeiten an. Etwa 36 Wohnungsunternehmen (Stand 2006) nutzen DV-gestützte Verfahren zur effizienten Abwicklung von Einheitspreisabkommen in dem DV-System GES. Typische Gewerke hierbei sind Elektro-, Sanitär-, Heizungs-, Maler-, Fliesen- und Bodenbelagsarbeiten.

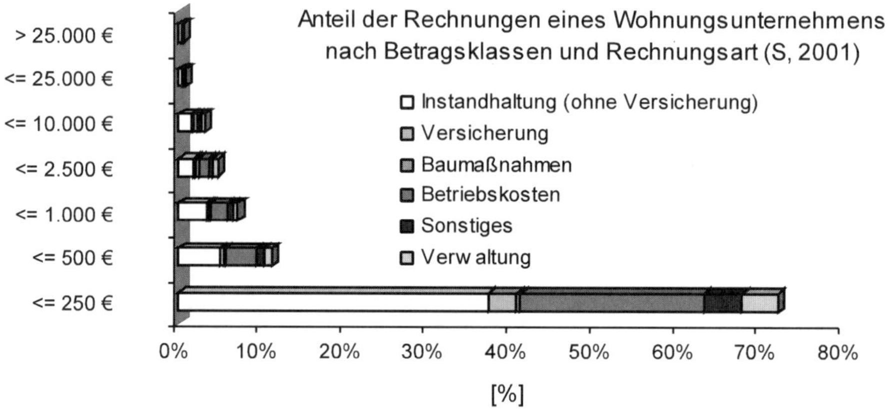

Abb. 6-19: Anteil der Rechnungen eines Wohnungsunternehmens nach Betragsklassen und Rechnungsart

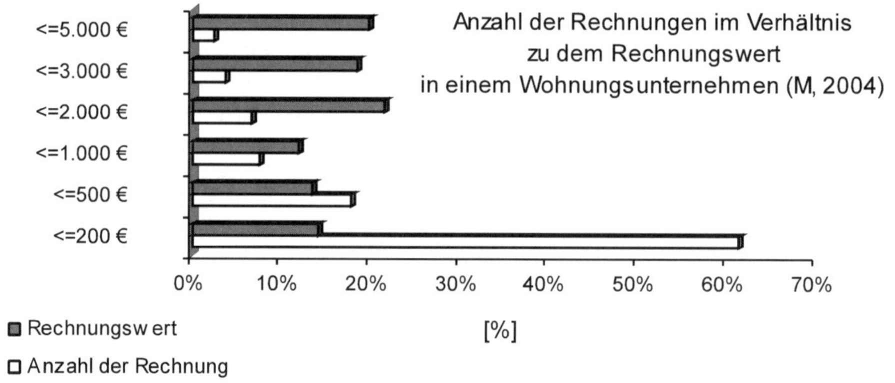

Abb. 6-20: Anzahl der Rechnungen im Verhältnis zum Rechnungswert

Durch die Standardisierung werden Diskussionen über Anfahrtszeiten, Arbeitszeiten oder Leistungsumfang überflüssig und ermöglichen Mengenrabatte bei Vertragsschluss.

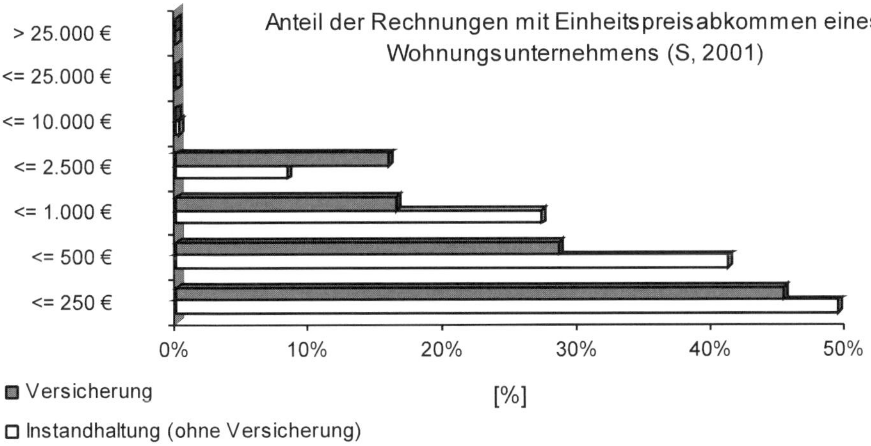

Abb. 6-21: Anteil der Rechnungen mit Einheitspreisabkommen eines Wohnungsunternehmens

Die Arbeitsschritte lassen sich vielfältig reduzieren. An dieser Stelle werden hierfür zwei Stichworte genannt: Vergabe der Leistungen an einen Dienstleister (in der Wohnungswirtschaft ist das „Bremer-Modell" als pauschalierte Vergabe der Instandhaltungsarbeiten bekannt) oder der Einsatz von DV-Lösungen.

Die vielfältigen Arten, Verwaltungskosten zu beeinflussen sind in Abb. 6-22 dargestellt.

Kostenart Verwaltungskosten … Nr. 3. [DIN 18960-1 1976-04]	… im Projektgeschäft	… im Objektgeschäft
Maßnahmen (Regelgrößen)		
Interne Chancen (Fördergrößen)		
Kunde / Nutzer		
- Organisation	Organisatorische Schnittstellen reduzieren: alle gebäudewirtschaftlich relevanten Funktionen in einen Bereich zusammenführen	
- Ressourcen	Personal reduzieren, Fertigungstiefe verringern: Leistungen extern vergeben (Outsourcing, z.B. von HOAI-Leistungen)	
- Prozesse	Auslastung erhöhen: Prozesse optimieren, Automatisierungsgrad von Massenprozessen erhöhen	
- Potenziale	Einsatz moderner Informationstechnologien	
Externe Risiken (Störgrößen)	Akzeptanz bei den Genehmigungsverfahren erhöhen	Akzeptanz bei den Veränderungsprozessen erhöhen

Abb. 6-22: Handlungsoptionen nach Strategieansätzen bei den Verwaltungskosten

Mit Hilfe der Datenverarbeitung können Massenprozesse wesentlich effizienter gestaltet werden, z.B. beim Prozess „Instandhalten mit der Handwerkerkopplung", beim Prozess „Vermarkten und Vermieten" durch Einsatz von Internetportalen bei der Anzeigenschaltung, da der Vertriebserfolg mit Internetportalen am höchsten ist (vgl. [OBERMANN, O. DW 2007-10] S. 30f.).

„Best-Practice“-Beispiele

- Stadt Geislingen (Steige)
  Auf der Grundlage eines Personalgutachtens wurden 2002 die gebäudewirtschaftlich relevanten Bereiche in dem Sachgebiet Hochbau / FM, mit den Aufgaben Neubauten, Bauunterhaltung sowie Gebäudewirtschaft mit den Teilaufgaben Energiecontrolling, Reinigung mit Mieten und Pachten, Nebenkostenabrechnung und Bewirtschaftung aller gebäuderelevanten Kosten, zusammengeführt. Einsparungen werden auf etwa 10% der Personalkosten geschätzt (s. [BURKERT, J. 2006-03-16], [VOGELMANN, K. 2007-11-29]).

  Die im Umlauf befindlichen (General-)Schlüssel waren zum Teil nicht bekannt und stellten ein hohes Sicherheitsrisiko dar. Die Verwaltung und Ausgabe von Schlüsseln erfolgte sowohl im Sachgebiet Hochbau / FM als auch durch die Hausmeister und Schulleiter. Nun erfolgt dies ausschließlich durch die Hausmeister. Die Vervielfältigung der Schlüssel, aber auch die Verwaltung der Schließanlagenkarten obliegt weiterhin dem Sachgebiet Hochbau / FM (s. [BURKERT, J. 2006-03-16]). Damit wurde das Risiko durch Schlüsselmissbrauch und die Kosten für Ersatzschlüssel und Austausch von Schließanlagen reduziert. Bei Neuanschaffungen von Schließanlagen werden künftig nur noch elektronische Schließsysteme gewählt, da bei dem Verlust eines Transponders (elektronischer Schlüssel) dieser nur im System gesperrt werden muss. Zudem können im Bedarfsfall die letzten 400 Schließungen zurückverfolgt werden.

6.3.4 Steuern

Die Kennzahlen für Steuern ergeben sich aus Abb. 6-23.

Kostenart Steuern … Nr. 4. [DIN 18960-1 1976-04]	… im Projektgeschäft	… im Objektgeschäft
Ziel (Führungsgröße)	Steuern [€ / a] reduzieren	
Vorgaben	Grundsteuer: Art. 106 VI GG und im Grundsteuergesetz (GrStG), Mineralölgesetz	
Instrumente und Methoden	Berechnung	Bescheid
Kostenkennzahl (Kostengröße)	Steuern [€ / m^2 $_{BGFe}$ a] oder [€ / m^2 $_{MF}$ a] oder [€ / m^2 $_{Sektor}$ a]	
Vergleichsebene (Bezugsgröße)	Unternehmen	
Präzisions- / Detaillierungsgrad (Kostenermittlungsart)	Kostenfeststellung	
Mengenangabe (Stellgröße)	Grundsteuer: Kriterien der Steuer-Messzahl (Wahl der Gemeinde), Mineralöl: [kWh]	
Parameter der Preisbildung (Berechnungsverfahren)	Einheitswert [€] * Steuer-Messzahl = Steuer-Messbetrag * Steuer-Hebesatz = Steuerschuld (Grundsteuer)	

Abb. 6-23: Kennzahlen bei den Steuern

Die Möglichkeiten die Steuern zu beeinflussen sind begrenzt. Bei den Grundsteuern verbleibt lediglich die Wahl der Gemeinde als Handlungsoption. Bei technischen Anlagen lässt sich in begrenztem Umfang die Mineralölsteuer beeinflussen (s. Abb. 6-24).

Kostenart Steuern ... Nr. 4. [DIN 18960-1 1976-04]	... im Projektgeschäft	... im Objektgeschäft
Maßnahmen (Regelgrößen)		
Interne Chancen (Fördergrößen)		
- Kunde / Nutzer		
- Organisation		
- Ressourcen	Grundstück: Hebesatz wird bei der Wahl der Gemeinde berücksichtigt Technische Anlagen: Berücksichtigung des Energieträgers bei technischen Anlagen	
- Prozesse		
- Potenziale		
Externe Risiken (Störgrößen)		Steuer-Hebesatz wird durch die Gemeinde angehoben, Änderung der Mineralölsteuergesetzgebung

Abb. 6-24: Handlungsoptionen nach Strategieansätzen bei den Steuern

„Best-Practice"-Beispiele

- Stadt Mühlacker
  Da teilweise Faulgas anstatt Mineralöl als Energieträger im eigenen Blockheizkraftwerk (BKHW) im Klärwerk eingesetzt wurde, konnte eine Mineralölsteuererstattung in Höhe von 3.000 [€ / a] im Jahr 2005 beim Hauptzollamt realisiert werden (vgl. [DIEHM, M. 2006-03-16]).

6.3.5 Gebäudereinigung

So mancher bewusste oder unbewusste Planungsfehler lässt den Betrachter den Kopf schütteln. Die Planung beeinflusst maßgeblich den Reinigungsaufwand (s. Abb. 6-25).

Abb. 6-25: Planungs- und Ausführungsfehler führen zu einem erhöhtem Reinigungsaufwand

Wegen dem hohen Anteil der Reinigungskosten an den Nutzungskosten, z.B. bei Verwaltungsgebäuden, ist eine besonders intensive Betrachtung der Reinigungskosten notwendig. Ziel und Aufgabe der Reinigung ist die „Reinhaltung der Gebäude unter Berücksichtigung gesetzlicher, nutzungsspezifischer Reinigungsstandards sowie Pflege- und Werterhalt der Fußbodenbeläge unter Verwendung adäquater Reinigungs- und Pflegemittel sowie Reinigungsmaschinen (vgl. [MI.BWL 2001 S. 308])".

Das Produkt „Reinigung" ist in Abb. 6-26 dargstellt. Hierbei werden der Rahmen für die Aufgabe und die Auftragsgrundlage, die Zielrichtung eines Optimierungsansatzes, der Leistungsumfang einer vertraglichen Leistung und Möglichkeiten der Leistungskontrolle mittels Qualitäts- und Mängelindikatoren gesetzt. Die Qualitätsindikatoren sind hier ergebnisorientiert beschrieben. In der leistungsorientierten Diskussion werden drei bzw. fünf (s. [SUDHOP, C. GM 9-1998] S. 42-43) Qualitätsniveaus beschrieben. Lutz (s. [LUTZ, W. 1997] Teil III – 3.5) unterscheidet drei Qualitätsniveaus – „hoch", „mittel" und „gering" – und setzt sie mit dem gewünschten Reinigungsgrad gleich. Der Reinigungsgrad beeinflusst die Reinigungskosten wesentlich. Über ein Bonus- und Malussystem lässt sich ein Anreizsystem für den Auftragnehmer etablieren, mit dem der Auftragnehmer selbst ein Interesse an qualitätsvoller Arbeit entwickelt.

Produkt Reinigung ...	... im Objektbetrieb	
Aufgabe		Reinhaltung der Gebäude unter Berücksichtigung gesetzlicher, nutzungsspezifischer Reinigungsstandards sowie Pflege- und Werterhalt der Fußbodenbeläge unter Verwendung adäquater Reinigungs- und Pflegemittel sowie Reinigungsmaschinen (vgl. [MI.BWL 2001 S. 308])
Auftragsgrundlage		Schriftlicher Vertrag / Auftrag / Zielvereinbarungen
Ziel (Stoßrichtung)		Optimierung der Nutzerzufriedenheit
Leistungsumfang	1.	Beratungsleistungen in Planungsphasen hinsichtlich Auswahl der Baustoffe, Baumaterialien und Bauelemente, Ausstattungsmerkmale und räumlichen Disposition (Putzräume)
	2.	Bodenreinigung nach Reinigungsintervall [R] [Häufigkeit / a] der zu reinigenden Flächen differenziert nach Einsatzbereichen (gering bis stark z.B. DIN EN 685, s. [SCHEEWE, H. DAB 2004-01] S. 41)
	3.	Zusätzliche Leistungen (Nebenleistungen)
	4.	Fassaden und Fenster in Abhängigkeit [R] [Häufigkeit / a] außen bzw. innen
	5.	Dokumentation der Reinigungsleistung
Leistungskontrolle		
Qualitätsindikatoren	-	Nachweis der Kosteneinsparungen bei Beratungsleistungen
	-	Bewertungssystem für Unterhaltsreinigung: Leistungen z.B. nach [GEFMA 520 v0.1 (2005)] S. 96: Anm. Punktzahl ist nicht äquivalent zum Vergütungsanspruch
Sehr gut (90-100 Punkte)		Weit über dem Durchschnitt liegende Reinigungsleistung im sichtbaren und versteckten Bereich und praktisch keine Reklamationen. Sehr gute Nutzerakzeptanz.
Gut (80-89 Punkte)		Über dem Durchschnitt liegende Reinigungsleistung im sichtbaren und versteckten Bereich, Reklamationszahl sehr gering. Gute Nutzerakzeptanz.
Befriedigend (70-79 Punkte)		Befriedigende Reinigungsleistung im sichtbaren Bereich, im Bereich des versteckten Schmutzes können Mängel vorhanden sein. Häufigkeit der Reklamationen gering. Nutzerakzeptanz gegeben.

Ausreichend (50-69 Punkte)		Geringe Mängel im sichtbaren Bereich, deutliche Mängel im versteckten Bereich. Vermehrtes Aufkommen der Reklamationen. Nutzerakzeptanz gering.
Mangelhaft (30-49 Punkte)		Deutliche Mängel im sichtbaren Bereich sowie deutliche Mängel im versteckten Bereich. Gehäufte Reklamationen. Nutzerakzeptanz nicht gegeben.
Ungenügend (0-29 Punkte)		Massive Mängel im sichtbaren und versteckten Bereich. Große Anzahl von schwerwiegenden Reklamationen. Nutzerakzeptanz gar nicht gegeben.
	-	Nutzerzufriedenheitsanalyse
Mängelindikatoren	-	[Anz. der] Beanstandungen
	-	[Anz. der] Reklamationen

Abb. 6-26: Produktanforderung Reinigung

Kennzahlen für die Reinigung sind in Abb. 6-27 dargestellt.

Kostenart Reinigung … Nr. 5.1 [DIN 18960-1 1976-04]	… im Projektgeschäft	… im Objektgeschäft
Ziel (Führungsgröße)	Reinigungskosten [€ / a] reduzieren	
(Vergleichs-)Kennzahl (Orientierungswerte) der Literatur: Reinigungskosten nach Bauwerksnutzungsarten (indiziert: Reinigung)		

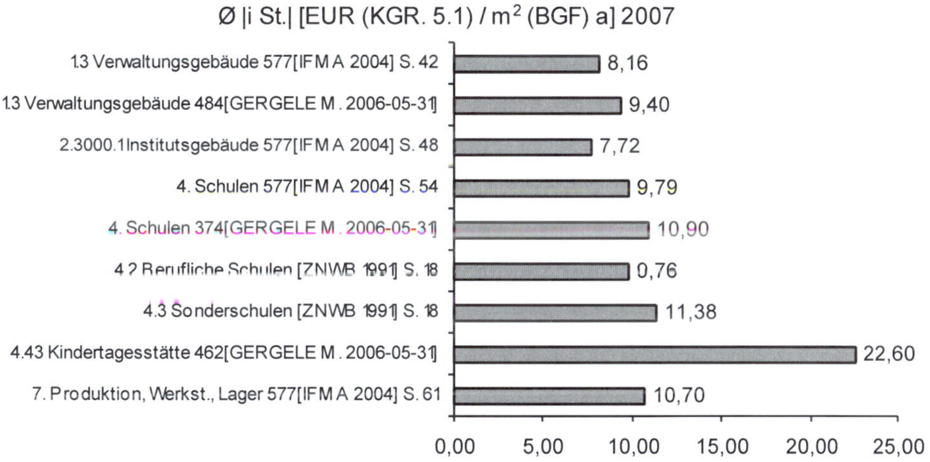

Vorgaben	Siehe Produktanforderung Abb. 6-26	
Instrumente und Methoden	Orientierungswerte, Benchmarks	Ist-Kennwert-Plan – Vergleich
Kostenkennzahl (Kostengröße)	Reinigungskosten [€ / m^2 $_{BGFe}$ a] oder [€ / m^2 $_{MF}$ a] oder [€ / m^2 $_{Sektor}$ a], zusätzlich bei Eigenleistung Reinigungsleistung in [m^2 / h] und Reinigungsfläche in [m^2 / Person], ggf. Umrechnung auf / von Reinigungsfläche [m^2 / m^2 $_{BGF}$ a]	
Vergleichsebene (Bezugsgröße)	Objekt nach Bauwerksnutzungsart oder selbständiger Funktionsbereich	
Präzisions- / Detaillierungsgrad (Kostenermittlungsart)	Kostenrahmen	Kostenfeststellung nach Rechnungslegung
Mengenangabe (Stellgröße)	[m^2_{Boden}], ggf. [$m^2_{Fassade}$]	
Parameter der Preisbildung (Berechnungsverfahren)	Reinigungskosten [€ / a] = Menge * [€ / m^2 $_{Boden\ bzw.\ Fassade}$] * [Intervall / a] * Eigenanteil	

Abb. 6-27: Kennzahlen bei der Reinigung

Zu- und Abschläge zu diesen Orientierungswerten nach Abb. 6-27 ergeben sich z.B. durch Planungs- und Ausführungsmängel nach KGSt (s. [KGSt B 11 / 1994] S. 10 s. Abb. 6-25, Abb. 6-28). Die prozentualen Angaben nach Abb. 6-28 können je nach Gegebenheit aufsummiert werden und können in Folge zu Mehrkosten bis zu 74% führen. Die Reinigungsfachleute sollten daher schon während der Planung beteiligt werden.

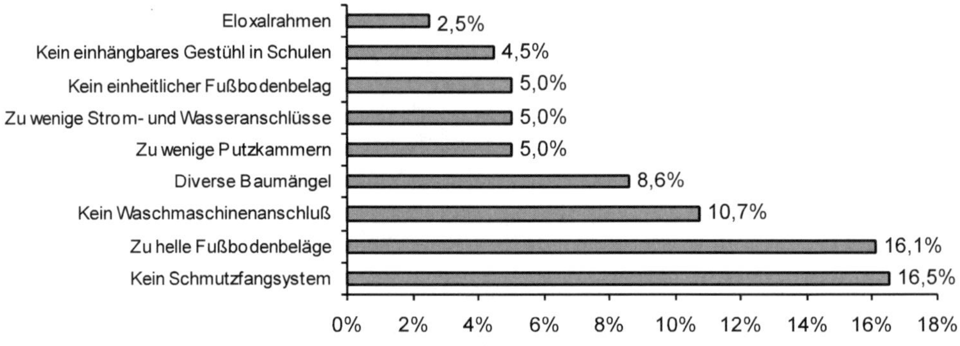

Abb. 6-28: Reinigungsmehrkosten durch Planungsmängel in [%]

Wesentliche Merkmale für Zu- oder Abschläge sind das Qualitätsniveau der Reinigung des Innenraumes und das Reinigungsintervall. Ergänzendes Merkmal ist die Überstellung mit Mobiliar. Art (z.B. nicht zu hell) und Oberfläche (z.B. gut zu reinigen) der Bodenbelege bestimmen mehr oder weniger den Reinigungsaufwand. Unzugängliche Reinigungsflächen führen zu Aufwandsabweichungen bei Lutz von etwa ±20%, bei Gugerli u.a. (s. [GUGERLI, H. Haustechnik 3-1997] S. 23-27) bis zu 20%. Mit diesen Merkmalen lassen sich nach Lutz die durchschnittlichen Gesamtkosten pro Jahr bereits bei der Bodenbelagswahl errechnen.

Hinzu kommen Nebenleistungen wie z.B. Möbelreinigung, Leerung des Papierkorbes etc.; sie erhöhen nach Gugerli u.a. ggf. den Reinigungsaufwand um 40%. Weiterhin ist der Eigenanteil zu berücksichtigen, d.h. unentgeltliche Eigenleistungen durch Bewohner oder Eigenanteil durch hauseigenes Personal. Eigenleistungen durch die Bewohner können zu einer erheblichen Veränderung des Kostengefüges der Baunutzungskosten führen: Triebel u.a. stellten fest, dass durch Berücksichtigung der Eigenleistungen in Studentenappartements Vorteile gegenüber Studentenwohnungen mit professionellem Reinigungsdienst bestehen (s. [BMBau 01.041] S. 88). Unabhängig von der Eigenleistung der Nutzer, ist zu prüfen, ob sich durch eigenes Personal oder Fremdleistung bei gleicher Reinigungsleistung die Kosten reduzieren lassen.

Einsparpotenziale ergeben sich bei Eigenleistung durch organisatorische Maßnahmen, z.B Erstellung einer Dienstplanung nach Bedarf, ggf. Aufbau eines funktionierenden „Springer"dienstes, Zuordnung von Verantwortlichkeiten von Revieren zu Personen, auch mit dem Ziel den Krankenstand zu reduzieren. Schulungsmaßnahmen in Reinigungsgeräten und -techniken können ebenfalls die Reinigung effizienter gestalten (vgl. [FIGR Bericht Nr. 9] S. 39). Die Reinigungsleistung ist durch das Reinigungspersonal zur Qualitätssicherung vor Ort zu dokumentieren. Unverzichtbar ist die Kontrolle der Reinigungsleistungen durch geeignete technische Mittel.

Die Kosten der Fassadenflächen werden bestimmt nach Reinigungsintervallen außen bzw. innen, Fensterart (Einfach-, Doppel- oder Kastenfenster) und -fläche sowie nach Zugänglichkeit. Eine Berücksichtigung der Zugänglichkeit der Fensterflächen kann nur dann erfolgen, wenn die Rahmenbedingungen des Objekts hinsichtlich öffenbarer Fenster, Befahranlagen oder Steighöhe bekannt sind. Die Kosten für Fassadenflächen lassen sich analog ermitteln.

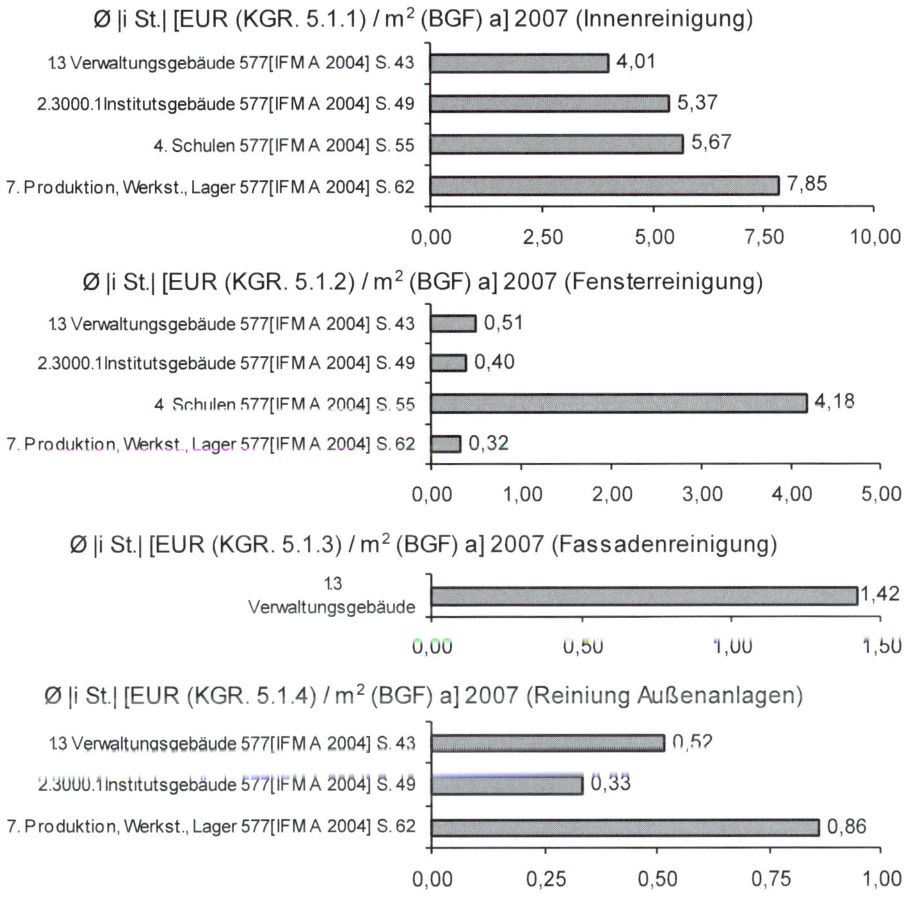

Abb. 6-29: Orientierungswerte für weitere Reinigungskosten nach Bauwerksnutzungsarten (indiziert Reinigung) folgern

Bevor jedoch Folgerungen aus den Reinigungskosten gezogen werden können, ist im Einzelfall eine Analyse der Zusammensetzung der Reinigungskosten notwendig, um die Verhältnismäßigkeit richtig einschätzen zu können. In Abb. 6-29 sind daher Orientierungswerte für Innen-, Fenster- und Fassadenreinigung angegeben und sie zeigt die Bedeutung der Innenreinigung im Vergleich zur Fenster- und Fassadenreinigung. Die Bezugsfläche ist dabei die Brutto-Grundfläche in [m² BGF]. Vielfach liegt jedoch nur die tatsächliche Reinigungsfläche in [m² RF] vor. Um einen Bezug zwischen Reinigungsfläche und Bruttogrundfläche herzustellen, verwendet die Stadt Geislingen (Steige) einen Abschlag von 10% von der beheizten Brutto-Bruttogrundfläche [m² BGFe]. Die beheizte Brutto-Bruttogrundfläche ist vielfach Bezugsfläche für den Energieverbrauch nach [ages 1998] oder [VDI 3807-2 1998-06]. Es gilt:

$$[m^2\ RF] * ([m^2\ RF] / [m^2\ BGFe]) * ([m^2\ BGFe] / [m^2\ BGF]) = [m^2\ BGF].$$

Kostenart Reinigung … Nr. 5.1 [DIN 18960-1 1976-04]	… im Projektgeschäft	… im Objektgeschäft
Maßnahmen (Regelgrößen)		
Interne Chancen (Fördergrößen)		
- Kunde / Nutzer		Art und Weise der Nutzung des Sektors sowie Nutzungsintensität beeinflussen, Kosten verursachergerecht umlegen
- Organisation		Auslastung ggf. durch Fremdvergabe oder Eigenleistung optimieren, Transparenz in der Verantwortlichkeit: „Revier-“ statt „Rudelreinigung“, Organisation von Springerdiensten, Senkung des Krankenstandes
- Ressourcen	Reinigungsschleusen, ausreichend und gut gelegene Putzräume vorsehen, nicht zu helle und gut zu reinigende Bodenbeläge in großen gleichartigen Flächen einbauen, Fassaden- u. Fensterflächen (Einfach-, Doppel- / Kastenfenster) optimieren, Zugänglichkeit und leichte Reinigungsmöglichkeit der Flächen sicherstellen	Größe u. Anzahl gleichartiger Reinigungsflächen u. zusätzliche Leistungen (Nebenleistungen), Möblierungsgrad optimieren, Reinigungsleistung durch geeignete Reinigungsmittel / -geräte steigern
- Prozesse	Reinigungsfachleute sind während der Projektphase zur Vermeidung von Planungsfehlern zu beteiligen	Reinigungsintervall [R] [Häufigkeit / a], bei Fassaden / Fenstern [R] [Häufigkeit / a] außen bzw. innen, Fläche u. Zugänglichkeit optimieren, nicht genutzte Flächen stilllegen, Reinigungsleistung durch das Reinigungspersonal vor Ort dokumentieren sowie regelmäßig kontrollieren (Qualitätsmanagement), durchgängige Leistungsbereitschaft durch regelmäßige Ausschreibung im Turnus bzw. Kontrolle bei Eigenleistung sicherstellen, Reinigungszeiten nach Bedarf festlegen
- Potenziale		Reibungsverluste ggf. durch Sprachkurse reduzieren, Schulungsmaßnahmen in Reinigungsgeräten und -techniken
Externe Risiken (Störgrößen)	Kostenkennwerte sind nahezu nicht vorhanden	Art der Nutzung des Sektors

Abb. 6-30: Handlungsoptionen nach Strategieansätzen bei der Reinigung

Entsprechend Abb. 6-30 ergeben sich viele Handlungsoptionen. In der Betriebsphase können so z.B. nicht genutzte Flächen (z.B. unter Hotelbetten), Räume, Abteilungen oder Häuser stillgelegt werden. Die Kosten sollten für ein Anreizsystem verursachergerecht umgelegt werden. Ebenso ist zu beachten, dass Reinigungsleistungen dann erbracht werden, wenn es sinnvoll ist: So ist eine Unterhaltsreinigung vor Veranstaltungsbeginn durchzuführen und nicht danach, nur weil es so im Vertrag festgeschrieben wurde. Reinigungszeiten sind daher nach dem Bedarf festzulegen.

„Best-Practice“-Beispiele

- Stadt Geislingen (Steige)
  Durch ein Maßnahmenbündel aus geeigneten Reinigungsmitteln und -geräten, der Zuordnung von Verantwortlichkeiten (Revier- statt Rudelreinigung), Reduktion des Reinigungsstandards auch bei Zusatzleistungen, Angebot von Deutschkursen für fremdsprachige Reinigungskräfte des eigenen Personals, Leistungskontrolle bei externer Vergabe sowie der Schulung der eigenen Reinigungskräfte konnten ca. 290.000 [€] von ca. 1.000.000 [€] zzgl. Verwaltungskosten (Reinigungskräfte wurden von 85 auf 74 reduziert) eingespart werden. Würde die Vergabe zugunsten externer Dienstleistungsunternehmen erfolgen, so wären bei Qualitätsverlust die Kosten um weitere 40.000 [€] zu senken. Das entspricht einem Einsparvolumen von 29% (s. [BURKERT, J. 2006-03-16]).

6.3.6 Abwasser und Wasser

Wasser gehört zu den kostbarsten Ressourcen der Erde. Der Wasserverbrauch der Bevölkerung blieb nach Angaben des Bundesverbandes der deutschen Gas- und Wasserwirtschaft (BGW) während der 80-er Jahre des letzten Jahrhunderts konstant bei 145 [l / Person d]. Seit Anfang der 90-er Jahre d.l.J. ist der Wasserverbrauch nach vorläufigen Ergebnissen auf 140 Liter gesunken (s. [BMBFT (BINE)] S. 7). Den Wasserverbrauch schätzt Deters (s. [BMBau 474]) bei einem üblichen Nutzerverhalten im Wohnungsbau mit 120 [l / Person d] ein. Es ist dabei mit zunehmenden Preisen für Wasser zu rechnen. In Abb. 6-31 sind die Kennzahlen angegeben.

Kostenart Abwasser / Wasser … Nr. 5.2 [DIN 18960-1 1976-04]	… im Projektgeschäft	… im Objektgeschäft
Ziel (Führungsgröße)	Abwasser- und Wasserverbrauch [m^3_{H2O} / a] sowie Abwasser- und Wasserkosten [€ / a] nachhaltig reduzieren	

(Vergleichs-)Kennzahl (Orientierungswerte) der Literatur: Abwasser- und Wasserkosten nach Bauwerksnutzungsarten (indiziert: Abwasserentsorgung)

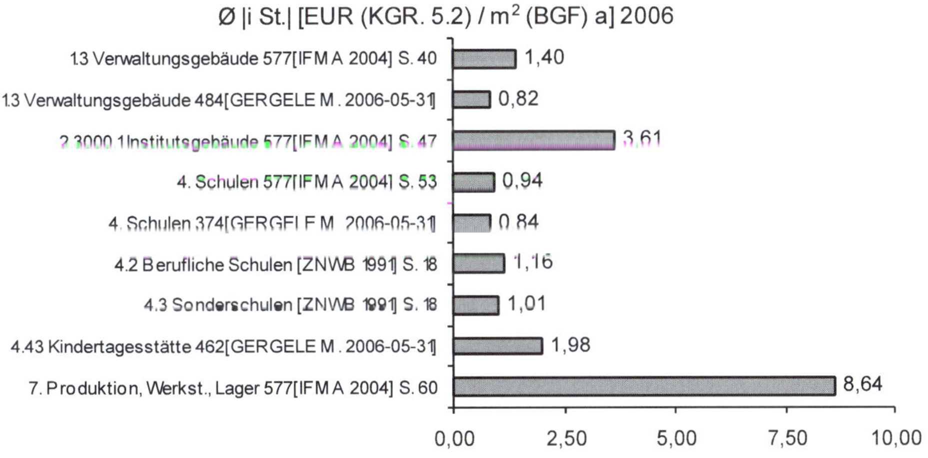

Instrumente und Methoden	Berechnung nach VDI	Berechnung nach VDI
Kostenkennzahl (Kostengröße)	Wasserkosten [€ / m^2 $_{BGFe}$ a] oder [€ / m^2 $_{MF}$ a] oder [€ / m^2 $_{Sektor}$ a]	
Vergleichsebene (Bezugsgröße)	Objekt nach Bauwerksnutzungsart oder selbständiger Funktionsbereich	
Präzisions- / Detaillierungsgrad (Kostenermittlungsart)	Kostenschätzung	Kostenfeststellung
Mengenangabe (Stellgröße)	[m^3 $_{H2O}$ / m^2_{BGFe} a]	[m^3 $_{H2O}$ / m^2_{BGFe} a]
Parameter der Preisbildung (Berechnungsverfahren)	Menge [m^3 $_{H2O}$] * Preis [€ / m^3 $_{H2O}$] mit Bezug zur Abnahmemenge [m^3]	Menge [m^3 $_{H2O}$] * Preis [€ / m^3 $_{H2O}$] mit Bezug zur Abnahmemenge [m^3]

Abb. 6-31: Kennzahlen bei Abwasser und Wasser

Zu- und Abschläge ergeben sich bei den Abwasser- und Wasserkosten (Abb. 6-32) bzw. dem Wasserverbrauch (Abb. 6-33) durch die Bauwerksnutzungsart. Hierbei kann es auch innerhalb einer Bauwerksnutzungsart zu erheblichen Abweichungen kommen. Gründe für Abweichungen beim Verbrauchskennwert können sich z.B. aus Gebäudestandard und Nutzerverhalten ergeben. Preisunterschiede sind u.a. regional zu begründen.

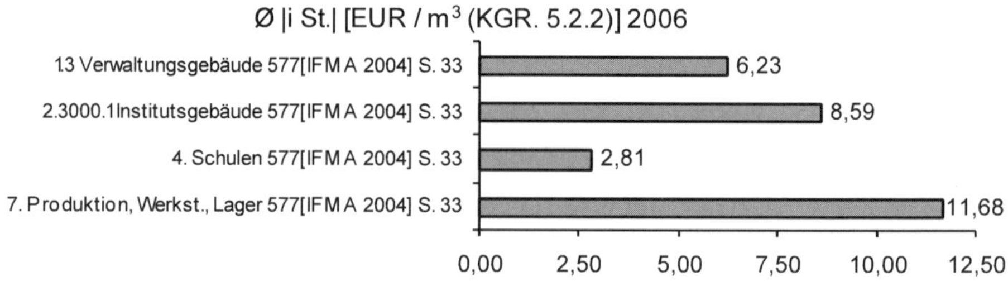

Abb. 6-32: Spezifische (Ab-)Wasserkosten nach Bauwerksnutzungsarten (indiziert: Wasserversorgung)

Der Verbrauchskennwert für Wasser berechnet sich aus dem auf eine Bezugsfläche bezogenen gesamten Wasserverbrauch eines Gebäudes innerhalb eines Jahres. Der Wasserverbrauch wird durch die Nutzung als Trinkwasser, Warmwasser und Prozesswasser beeinflusst. Diese Verbrauchskennwerte unterliegen erheblichen Streuungen, die sich aus der Bezugsgröße und unterschiedlichen Randbedingungen ergeben, wenn z.B. die Bewässerung von Außenanlagen nicht angemessen berücksichtigt wird. Es ist eine Gruppierung erkennbar mit einem Basisverbrauch von 100 bis 150 [l / (m^2_{BGFe} a)] (s. [ages 1998] S. 25).

Die Analyse des Wasserverbrauchs erfolgt am einzelnen Objekt und beinhaltet die Wasserverbraucher (vgl. Abb. 6-35, rechte Seite) und die Warmwassernutzung. Zum Vergleich kann z.B. bei einem Wohngebäude die Häufigkeitsverteilung Warmwasserverbrauch je m^2 Wohnfläche und Jahr (Häufigkeit in Klassen zu 50 Litern) oder je Person und Jahr (Häufigkeit in Klassen zu je 1 m^3) nach Abb. 6-34 (s. [Techem 2003] S. 15) herangezogen werden.

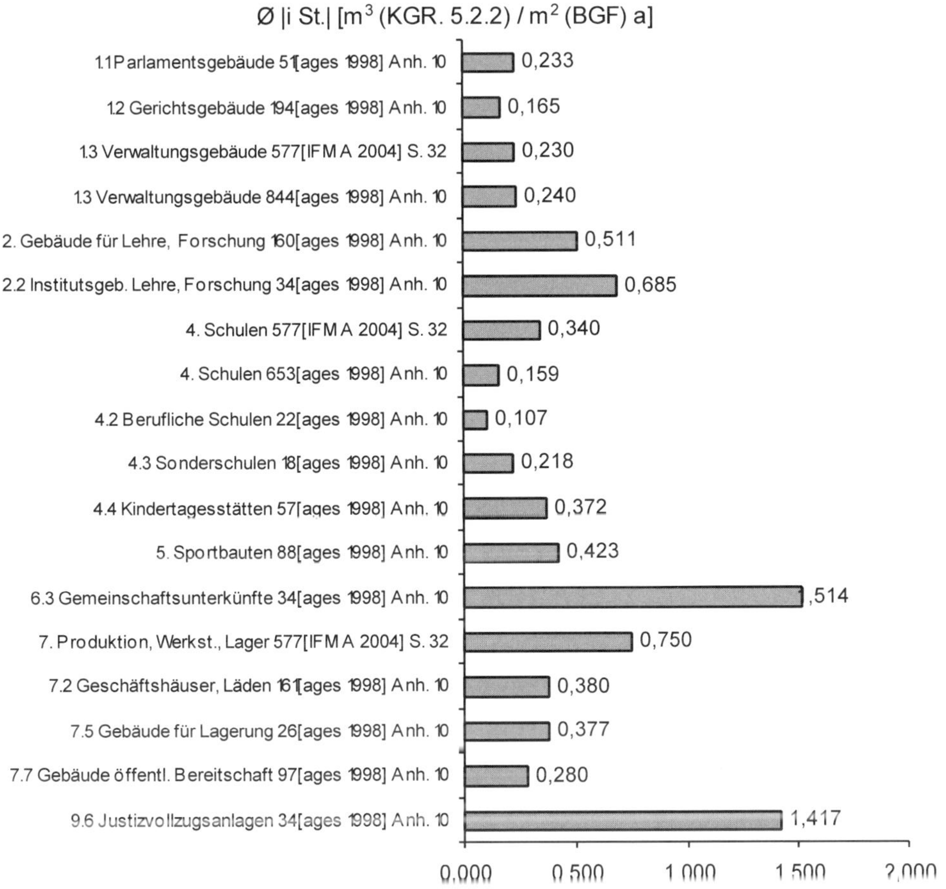

Abb. 6-33: Jährlicher Wasserverbrauch nach Bauwerksnutzungsarten

Die Analyse des Warmwasserverbrauchskennwertes kann in gleicher Weise für Verwaltungsgebäude erfolgen. Vergleichsdaten hierfür sind in Abb. 6-35 auf der linken Seite dargestellt (s. [ages 1998] Anhang 1, S. 4, Gebäudegruppe 1300; siehe auch [VDI 3807-2 1998-06]: Bspl. Verwaltungsgebäude: Anzahl der Daten 844 St. Arithmetisches Mittel 240 l / m² a, Unteres Quartilsmittel 86 l / m² a, Modus 126 l / m² a, Standardabweichung 132 l / m² a, Flächendurchschnitt 5.760 m²).

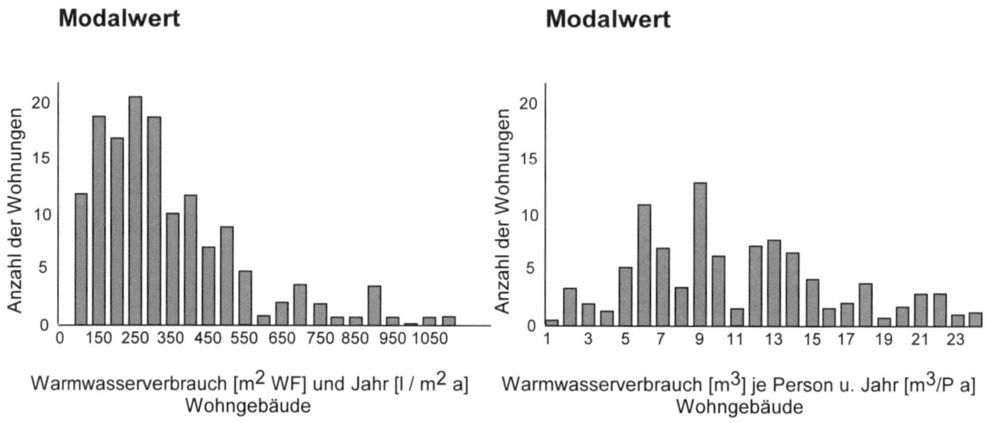

Abb. 6-34: Häufigkeitsverteilung Warmwasserverbrauch je m^2 Wohnfläche und Jahr und in m^3 je Person und Jahr

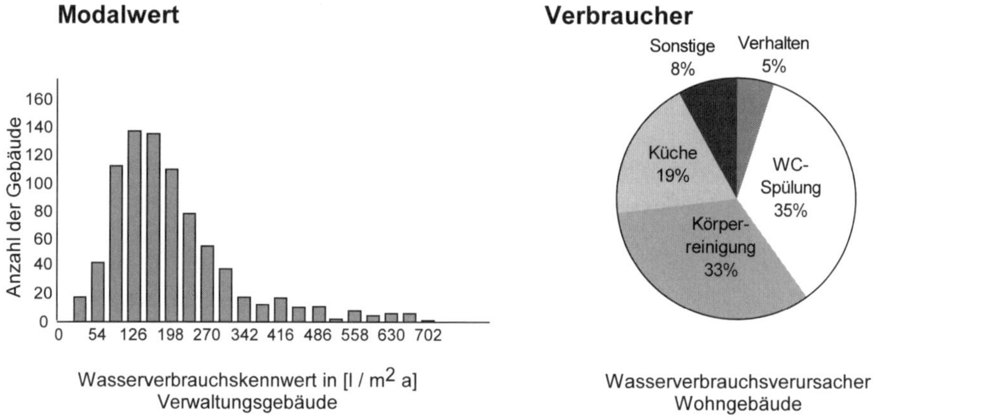

Abb. 6-35: Häufigkeitsverteilung Wasserverbrauchswert Verwaltungsgebäude und Wasserverbrauch im Wohnungsbau

Es besteht die Möglichkeit, durch das Nutzerverhalten den Wasserverbrauch im Wohnungsbau zu reduzieren. Die Möglichkeiten werden jedoch mit 5% als gering eingeschätzt (s. [BMBau 1989-03] 90 S. 13ff.). Die Bedeutung des Nutzerverhaltens wird insbesondere in Abb. 6-34 deutlich: Die Häufigkeitsverteilung schwankt speziell beim Warmwasserverbrauch in m^3 je Person sehr stark, während beim Warmwasserverbrauch in m^2 Wohnfläche eine Häufigkeit bei etwa [250 l / m^2 a] sichtbar wird. Im Gegensatz zu Wohngebäuden ist bei Verwaltungsgebäuden die Häufigkeitsverteilung gleichförmiger (Abb. 6-35).

Bei einer Streubreite des Wasserverbrauchs von ±50% bei der WC-Spülung, der Körperreinigung und in der Küche, ergeben sich verschiedene technische Möglichkeiten, Wasser einzusparen. Die Arbeitsgemeinschaft der für das Bau-, Wohnungs- und Siedlungswesen zuständigen Minister und Senatoren der Länder empfiehlt verschiedene technische Maßnahmen, um den Trinkwasserverbrauch zu reduzieren (s. [FKGB 1996-06] S. 13): Man kann den Abflussvolumenstrom begrenzen, eine Benutzungsdauer (Intervall) vorgeben, eine begrenzte Wassermenge zeit- oder ergebnisabhängig freigeben sowie eine nutzungsgerechte Formgebung der Entnahmestellen entwickeln. Der Trinkwasserverbrauch lässt sich auch durch den Einsatz von Regenwasser oder durch technische Funktions- oder Konstruktionsprinzipien (z.B. Wassersparkasten, Einhebelmischer) verringern. Unnötige Verluste durch Schadstellen können insbesondere durch Kontrolle und Aufzeichnung des Wasserverbrauchs entdeckt werden.

Nachfolgend werden die Beeinflussungsmöglichkeiten dargestellt (vgl. [BOGENSTÄTTER, U. 2001] S. 98).

Kostenart Abwasser / Wasser … Nr. 5.2 [DIN 18960-1 1976-04]	… im Projektgeschäft	… im Objektgeschäft
Maßnahmen (Regelgrößen)		
Interne Chancen (Fördergrößen)		
- Kunde / Nutzer		Art und Weise der Nutzung, Nutzungsintensität und Nutzungsdauer beeinflussen, verursachergerecht nach Verbrauchsmessung aufteilen
- Organisation		
- Ressourcen	z.B. Regenwassernutzung, Wasserspareinrichtungen bei den technischen Anlagen berücksichtigen	z.B. Wasserspareinrichtungen einbauen
- Prozesse		Anlagen hinsichtlich Störungen überwachen
- Potenziale		Technisches Personal schulen
Externe Risiken (Störgrößen)		Anzahl der Nutzer sowie Preispolitik der Versorgungsunternehmen

Abb. 6-36: Handlungsoptionen nach Strategieansätzen bei Abwasser und Wasser

„Best-Practice“-Beispiele

- Stadt Mühlacker
  Durch den Einbau von Urinalen mit Bewegungsmeldern und automatischer Spülung konnte der Wasserverbrauch bei der Schulturnhalle Köppels von 1.203 [m^3 $_{H2O}$] im Jahr 2003 auf 365 [m^3 $_{H2O}$] gesenkt werden. Bei einem Einheitspreis von 2,81 [€ / m^3 $_{H2O}$] im Jahr 2006 (s. [DIEHM, M. 2006-03-16], [IFMA 2004] S. 33, Kosten indiziert mittels Indexreihe Wasserversorgung) entspricht dies einer jährlichen Ersparnis von ca. 2.355 [€ / a 2006].

6.3.7 Wärme und Kälte

Der Leidensdruck bei Wohnungsunternehmen ist in unangemessenen Betriebskosten zu sehen: Klagefälle sind hier ein Risiko.

In der Praxis werden sehr unterschiedliche Bezugseinheiten als Berechnungsgrundlage (Bezugsflächen, mit und ohne Witterungsbereinigung) herangezogen. Mit der [VDI 3807-1 1994-06] wurde eine Richtlinie erarbeitet, die die Energiebezugsfläche auf Basis der Brutto-Grundfläche abzüglich unbeheizbarer Brutto-Grundflächen beschreibt (BGFe). Wärmegewinne aus solarer Energie und inneren Wärmequellen werden im Gegensatz zur Gradtagszahl G_t nach [VDI 2067-1 1983-10] Ziff. 2.3 durch Heizgradtage G_{15}, auf den Ort Würzburg bezogen, berücksichtigt (s. [ages 1998] S. 4). Der Verbrauchskennwert für Heizenergie ergibt sich nach [VDI 3807-1 1994-06] Ziff. 2.6 aus dem gesamten Energieverbrauch für die Wärmeversorgung Brennstoff, Wärme, elektrische Energie und aus der Bezugsfläche des Gebäudes.

In Abb. 6-37 sind die Kennzahlen angegeben.

Kostenart Wärme und Kälte ... Nr. 5.3 [DIN 18960-1 1976-04]	... im Projektgeschäft	... im Objektgeschäft
Ziel (Führungsgröße)	Energieverbrauch [kWh (Q) / a] sowie Energiekosten [€ / a] nachhaltig reduzieren	
(Vergleichs-)Kennzahlen (Orientierungswerte) der Literatur: Orientierungswerte Wärmekosten nach Bauwerksnutzungsarten (indiziert: Rohpreisindex)		

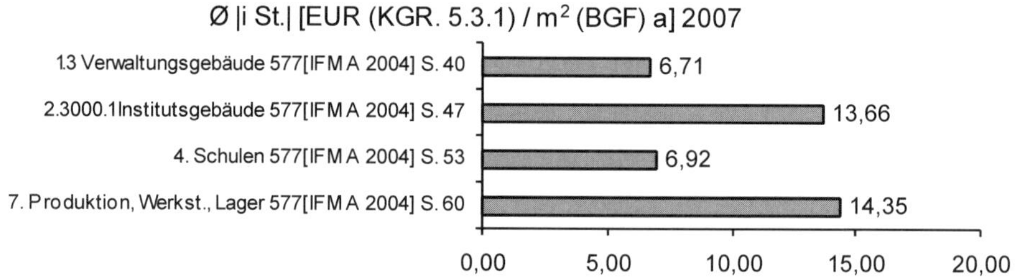

Vorgaben	Energieeinsparverordnung (EnEV), ggf. Erneuerbare-Energien-Wärmegesetz (EEWärmeG), CO2-Gebäudesanierungsprogramm	Heizkostenverordnung (HeizkostenV)
Instrumente und Methoden	Bedarfsberechnung nach EnEV, VDI 2076	Ist-Kennwert-Plan-Vergleich
Kostenkennzahl (Kostengröße)	Heizungskosten [€ / m^2 $_{BGFe}$ a] oder [€ / m^2 $_{MF}$ a] oder [€ / m^2 $_{Sektor}$ a]	
Vergleichsebene (Bezugsgröße)	Objekt oder selbstständiger Funktionsbereich	
Präzisions- / Detaillierungsgrad (Kostenermittlungsart)	Kostenschätzung	Kostenfeststellung nach Rechnungslegung
Mengenangabe (Stellgröße)	Energieverbrauch [kWh $_{G15}$ (Q) / m^2 $_{BGFe}$ a], [kWh_e (Q) / m^2 $_{MF}$ a]	
Parameter der Preisbildung (Berechnungsverfahren)	Menge [kWh] * Preis [€ / kWh] mit Bezug zur Abnahmemenge [m^2] bzw. [kWh]	Preisbildung nach Konditionen der Anbieter: (Grundpreis [€] und Leistungspreis [€ / Menge]) in [€]

Abb. 6-37: Kennzahlen bei Wärme und Kälte

Zu- und Abschläge ergeben sich aus den Elementen Leistung und Preis. Die Wärme- und Kältekosten (Abb. 6-38) bzw. die Kosten des Energieverbrauchs (Abb. 6-39) unterscheiden sich in der Bauwerksnutzungsart. Hierbei kann es innerhalb einer Bauwerksnutzungsart zu erheblichen Abweichungen kommen.

Gründe für [kWh]-Abweichungen zu den Kennwerten des Wärmeverbrauchs können sich z.B. aus Gebäudestandard und Nutzerverhalten ergeben. So sagt der Präsident des Mieterschutzbundes: „Im Mieterverhalten steckt noch jede Menge Luft“ (s. [FRANKE, D. IW-Magazin 2008-01] S. 69). Preisunterschiede sind durch den Energieträger oder anhand von regionalen Unterschieden zu begründen (s. Abb. 6-40). Nach einer Studie von Techem (s. [Techem 2003] S. 56) werden regionale Unterschiede besonders deutlich (Abb. 6-41).

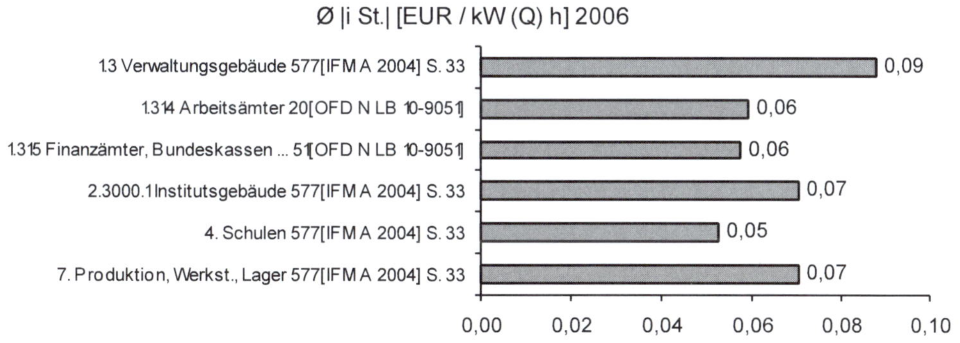

Abb. 6-38: Spezifische Wärme- und Kältekosten nach Bauwerksnutzungsarten (indiziert: Rohpreisindex)

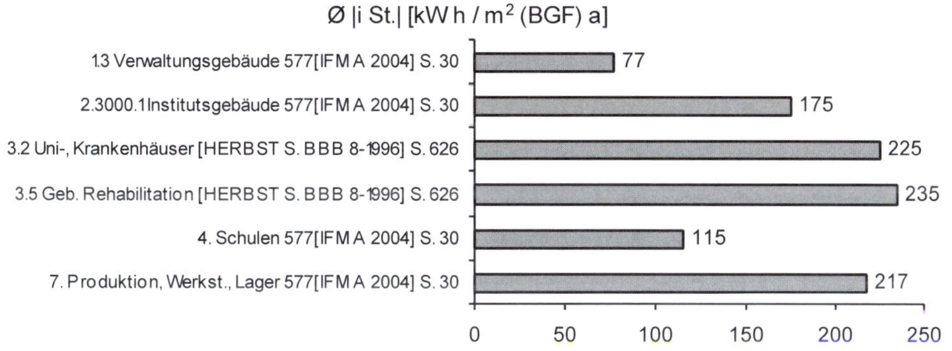

Abb. 6-39: Jährlicher Wärmeverbrauch nach Bauwerksnutzungsarten

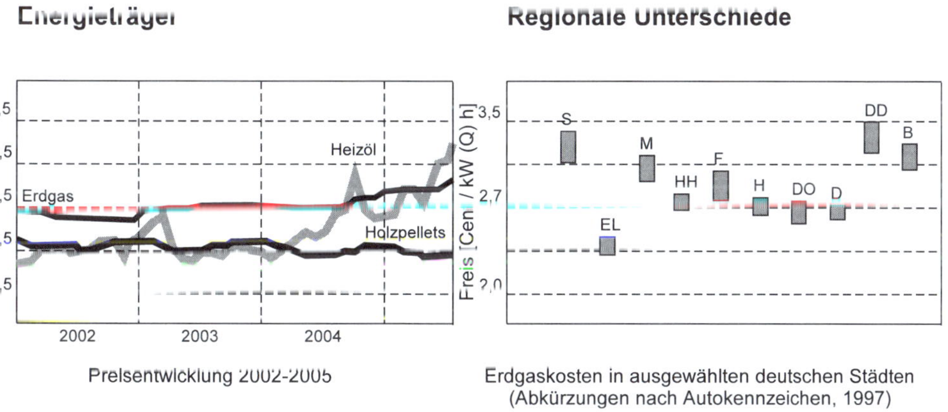

s. [LEPPER, R. Capital 21-2005] S. 112: Preise für die Lieferung von 30.000 Kilowattstunden; das entspricht etwa 3.000 Litern Öl, 3.000 Kubikmetern Gas oder 6 Tonnen Pellets. Quellen: Brennstoffspiegel, Solar Promotion. Erdgaskosten in [€ / kW (Q) h a], Streubreiten in Abhängigkeit von der Abnahmemenge 23.250 (oberer Wert) bis 34.999 [kW (Q) h /a], Preisangaben für 1997, indiziert. Stadtbezeichnung gemäß Autokennzeichen, s. [StBA 1998]

Abb. 6-40: Preise nach Energieträger und Erdgaskosten in ausgewählten deutschen Städten

	Energie-verbrauch [l / m²]	Energiepreis [€ / l]	Energiekosten [€ / m²]	Nebenkosten [€ / m²]	Heizkosten [€ / m²]	Beheizte Wohnfläche [m²]	**Heizkosten [€ / Wohnung]**
Augsburg	15,27	0,365	5,57	0,97	6,55	66,77	**437,75**
Bayreuth	16,48	0,371	6,10	1,24	7,35	70,85	**520,80**
Berlin	17,98	0,367	6,59	1,35	7,95	61,46	**488,60**
Braunschweig	15,83	0,372	5,88	1,27	7,16	68,81	**492,71**
Bremen	17,34	0,360	6,24	1,39	7,63	63,30	**483,50**
Düsseldorf	16,25	0,361	5,87	1,26	7,13	67,62	**482,66**
Essen	15,21	0,365	5,54	1,39	6,94	68,72	**477,04**
Frankfurt am Main	16,62	0,370	6,15	1,35	7,50	70,66	**530,58**
Freiburg	14,94	0,365	5,45	1,24	6,69	73,08	**489,10**
Hamburg	17,92	0,370	6,62	1,21	7,84	64,09	**502.54**
Hannover	15,44	0,363	5,61	1,29	6,90	69,26	**478,54**
Kassel	16,75	0,370	6,19	1,27	7,46	70,91	**529,19**
Kiel	18,80	0,364	6,84	1,28	8,13	64,11	**521,31**
Koblenz	15,18	0,363	5,51	1,46	6,97	72,34	**504,74**
Köln	15,78	0,365	5,76	1,28	7,04	68,67	**484,02**
Leipzig	14,78	0,369	5,46	1,51	6,97	70,15	**489,02**
Mannheim	16,56	0,365	6,04	1,29	7,33	74,72	**548,21**
Marburg	16,43	0,372	6,11	1,40	7,52	73,40	**552,01**
München	16,52	0,373	6,16	1,32	7,49	67,31	**504,24**
Münster	16,19	0,359	5,81	1,32	7,13	69,35	**494,84**
Nürnberg	15,25	0,372	5,67	1,24	6,92	69,34	**480,10**
Regensburg	16,13	0,364	5,86	1,31	7,18	69,51	**499,52**
Rosenheim	16,23	0,382	6,20	1,35	7,55	67,89	**512,80**
Schwerin	14,54	0,374	5,43	1,45	6,88	64,71	**445,74**
Siegen	16,19	0,368	5,95	1,31	7,27	69,91	**508,71**
Stuttgart	15,97	0,366	5,84	1,42	7,27	70,49	**512,60**
Ulm	15,89	0,367	5,83	1,34	7,17	70,92	**506,61**
Würzburg	15,71	0,355	5,58	1,43	7,01	73,17	**513,55**
Mittelwert	16,32	0,366	5,97	1,33	7,30	68,40	**499,19**
s. [Techem 2003] S. 56							

Abb. 6-41: Heiz- und Nebenkosten für Postleitregionen um Großstädte in der Heizperiode 2001 / 2002 bei einer Versorgung mit Heizöl in Liter

Preisunterschiede können sich auch durch die Art der Energiebeschaffung ergeben, z.B. die Versorgung mit elektrischer Energie. Als klassische Energieversorgung gilt die Vollstromversorgung, bei der das Immobilienunternehmen einen Versorgungs- bzw. Liefervertrag zu einem festen Preis und einer von Anfang an fixierten Laufzeit abschließt. Bei der strukturierten Beschaffung werden die Einkaufszeitpunkte verteilt. Der Preis wird für eine bestimmte Menge zu einem bestimmten Einkaufszeitpunkt gebildet. Ebenso lassen sich der Energieeinkauf und die Netznutzung trennen. Dies kann für Unternehmen im Einzelfall Vorteile ergeben. (vgl. [KAUTZ, R. IndustrieBAU 2007-04] S. 58f.).

Eine besondere Bedeutung für den Energieverbrauch haben folgende bauliche Maßnahmen: Nach einer Stichprobe des kommunalen Energiemanagements (KEV) (s. [BMBFT (BINE)] S. 23ff.) sinkt der Wärmeverbrauch z.B. von Schulen mit der Zunahme der Bezugsfläche. Es wurde jedoch darauf hingewiesen, dass die Ursache bei einem unterschiedlichen Standard des Wärmeschutzes der untersuchten Gebäude liegen kann. Die erwarteten Abhängigkeiten zur Bauweise des Bauelements Außenwand hinsichtlich der Dämmung wurden aufgezeigt, der Einfluss der Dachform war nicht nachweisbar. Bei kleineren Gebäuden kommt es zu größeren Streuungen der Verbrauchskennwerte für Heizenergie. Die Untersuchung von ages (s. [ages 1998] S. 22, 41) bestätigt jedoch die Annahme, dass die Verbrauchskennwerte mit steigender Gebäudegröße sinken, sofern die Nutzungsintensität gleichbleibend ist. Der direkte Zusammenhang zur Kompaktheit (Hüllfläche zu Volumen) wurde leider nicht untersucht: Schon Siegel und Wonneberg (s. [SIEGEL, C. 1979] S. 97f.) stellen 1979 den Zusammenhang der Kompaktheit mit dem Wärmeverbrauch bei Verwaltungsgebäuden in Frage. Zwar gilt es allgemein als sicher, dass kompakte Gebäude spezifisch wenig Wärme und weniger kompakte Gebäude viel Wärme verbrauchen, der statistische Nachweis hierfür ist damals jedoch nicht gelungen. Es ist zu vermuten, dass durch die zwischenzeitliche Verbesserung des Wärmeschutzes, die Kompaktheit eine noch geringere Rolle spielt.

Die Untersuchungsergebnisse, auf die sich die VDI Richtlinie stützt, ließen keine signifikanten Unterschiede im Verbrauch bei den Brennstoffarten Gas oder Öl erkennen. Das Unterscheidungsmerkmal der Gebäudegröße nach Wohnungsanzahl erbrachte für Gas und Öl lediglich Differenzen von 5% bzw. 9%, je nachdem, ob die Warmwasserbereitung mittels Strom erfolgte (s. [VDI 3807-2 1998-06] S. 18).

Eine Untersuchung für den Wohnungsbau aus dem Jahre 1990 (s. [BMBau 1990-11] S. 31ff.) nennt einige Einsparmöglichkeiten für Heizenergie im Bereich der technischen Gebäudeausrüstung (haustechnische Maßnahmen). Viele der dort genannten Einsparmöglichkeiten, z.B. ein Heizungssystem mit Blockheizkraftwerken zur Wärmegewinnung, Wärmepumpen, Solarkollektoranlagen, transparente Wärmedämmung, Heizleisten, Wandflächenheizung, Hypokausten Wandheizung, Luftheizung und Heizpufferspeicher waren 1990 keine wirtschaftlichen Alternativen. Brennwertkessel bedurften einer gesonderten Untersuchung. Eine bedarfsorientierte Einzelraumregelung ist danach stark vom Nutzerverhalten abhängig und der wirtschaftliche Erfolg schwer abzuschätzen. In zunehmenden Maße werden inzwischen regenerative Energien eingesetzt (z.B. Heizen mit Grundwasser für Wohngebäude in [RUGE, K. DW 2007-05] S. 68f.), die einer genauen wirtschaftlichen Betrachtung bedürfen.

Die Wirtschaftlichkeit der Heiztechnik hinsichtlich unterschiedlicher Kosten und Kostenzusammensetzung je m² Wohnfläche und Amortisation wird für den Wohnungsbau an verschiedenen Stellen untersucht (vgl. [ASUE 09 05 04] S. 13 und [SEBZ 2005-12-07] S. 2 oder s. [LEPPER, R. Capital 21-2005] S. 114).

Die Analyse des Wärmeverbrauchs als ein Merkmal der Leistung erfolgt am einzelnen Objekt und wird mit der Häufigkeitsverteilung verglichen (s. Abb. 6-42). Nach der Untersuchung von ages variieren die arithmetischen Mittel der für die Verbrauchswerte von Wärme und Kälte bei den Bauwerksgruppen zwischen 68 und 173 [kWh / m^2_{BGF}]. Unter Berücksichtigung der Bauwerksnutzungsart, Ausstattung, und Gebäudegröße erscheint es plausibel, dass Verkaufsstätten wegen beträchtlicher innerer Wärmelasten relativ geringe Heizenergieverbrauchskennwerte besitzen. Altenwohnheime besitzen hingegen relativ hohe Kennwerte, die sich durch erhöhten Warmwasserbedarf und Raumtemperaturen erklären lassen: Maßgeblich für den Transmissionsverlust (über die Hüllflächen des Gebäudes) nach außen ist die Höhe der Raumtemperatur. Bei gleichzeitiger Absenkung um 1 [K] wird erheblich Energie gespart.

Neben diesen von Bauwerksnutzungsarten abhängigen Kennwerten lässt sich der Verbrauch durch weitere, projekt- und objektspezifische Verfahren ermitteln. Hierfür steht z.B. die Richtlinie [VDI 2067] zur Verfügung. Auf eine exakte Verwendung der Bezugsgrößen (Heizgradtage nach [VDI 3807-1 1994-06] oder Gradtagszahlen nach [VDI 2067 Bl. 2 1993-10]) ist zu achten, da die Ergebnisse um 10% differieren können. Die mittleren Gebäudekennwerte können bis zu 40% von objektspezifischen Verbrauchswerten abweichen (s. [SIEBERT, L. BBG 1997-09] S. 432-434).

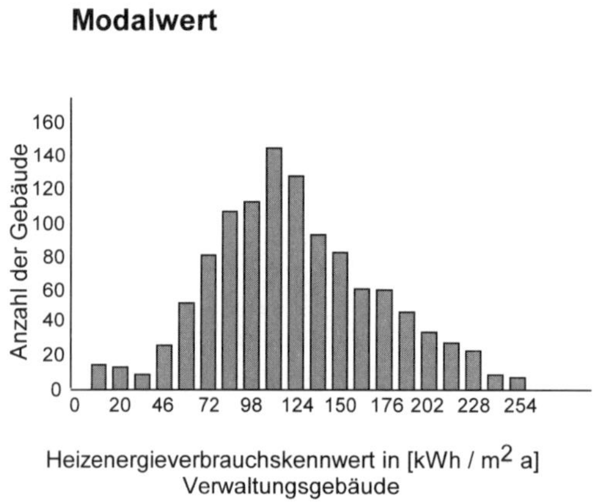

S. [ages 1998] Anhang 1, S. 4 (Gebäudegruppe 1300), siehe auch [VDI 3807-2 1998-06]: Bspl. Verwaltungsgebäude: Anzahl der Daten 1134 St. Arithmetisches Mittel 118 kWh / m^2 a, Unteres Quartilsmittel 67 kWh / m^2 a, Modus 111 kWh / m^2 a, Standardabweichung 50 kWh / m^2 a, Flächendurchschnitt 5.738 m^2

Abb. 6-42: Häufigkeitsverteilung Heizenergieverbrauchswert Verwaltungsgebäude

Für einen Vergleich und eine Beurteilung von tatsächlichen Jahresverbräuchen [kWh (Q) / m^2 BGFe a] auch gleichartiger Bauwerksnutzungsarten ist daher auf folgende Unterscheidungsmerkmale bei der Verbrauchserfassung zu achten (vgl. hierzu Abb. 6-41):

- Bauwerksnutzungsart: je nach Bauwerksnutzungsart fallen unterschiedliche Verbrauchsmengen an. Bei Wohngebäuden ist auch die Gebäudegröße zu erfassen: Unterschiede sind insbesondere bei Wohngebäuden nachweisbar (s. [TECHEM Der Vermieter 2003-01] S. 8).
- Abgrenzung der Energieanwendung: Wird die Heiz-Energie auch für die Warmwasserbereitung verwendet?
- Energieträger: Ob Öl, Gas, Nah- / Fernwärme, Strom oder Pellets, hier muss eine Umrechnung der Brennstoffmengen auf Heizwert erfolgen (s. [TECHEM Der Vermieter 2003-01] S. 10).

- Witterungskorrektur: Die Heizperioden unterscheiden sich von Jahr zu Jahr, die Witterungskorrektur erfolgt üblicherweise mit Gradtagzahlen. In der Witterungskorrektur werden auch regionale Unterschiede einer Heizperiode berücksichtigt (s. [TECHEM Der Vermieter 2003-01] TS. 6 oder [PETERS, F. 2003] S. 408).

Die Gradtagzahl (Gt) ist gleich der Differenz der Raumtemperatur von 20°C und dem Tagesmittel der Außenlufttemperatur für einen betrachteten Heiztag. Für einen Monat oder ein Jahr ist die Gradtagzahl der Mittelwert aller Gradtagzahlen der Heiztage dieser Zeitspanne. Somit ist die Gradtagzahl ein Maß für die durchschnittliche Temperatur während eines bestimmten Zeitraums (z.B. ein Jahr). Je größer die Gradtagszahl ist, desto kälter war es im betrachteten Zeitraum. Gradtagzahlen werden vom Deutschen Wetterdienst für viele Orte der Bundesrepublik ermittelt. Zu jeder Gradtagzahl ist anzugeben, für welchen Ort und welche Zeitspanne sie gilt. [VDI 2067]: Mit Hilfe der Gradtagzahlen kann der tatsächliche Brennstoff- bzw. Heizenergieverbrauch eines Gebäudes auf mittlere klimatische Bedingungen eines Referenzortes und auf das Standardjahr umgerechnet werden. Damit können regionale und zeitliche Unterschiede ausgeglichen werden.

Beeinflussen lassen sich die Jahresverbräuche (s. Abb. 6-43) durch:

- Ganzheitliche Planung: Durch Berücksichtung der Phasen im Lebenszyklus einer Immobilie bereits in der Planung lassen sich nachhaltig Einsparungen erzielen (s. [KRÖGER, H. IW 12-2005f] S. 60-61).
- Gebäudestandard: Die Heizleistung ist abhängig von dem energetischen Gebäudestandard.
- Einzelraumregelung: Mittels Einzelraumregelung lässt sich der Bedarf, z.B. bei Schulen, wirkungsvoll steuern (s. [Heizen nach Stundenplan BBG 1996-06] S. 518).
- Regelungstechnik: Vielfach wird im Wohnungsbau mangels Professionalität die Regelungstechnik der Heizungsanlage nicht genutzt (s. [MAURER, P. IW-Magazin 2006-02] S. 56-57).
- Nutzerverhalten: Das Nutzerverhalten birgt Potenziale und lässt sich steuern (s. [Amt 65 2004] S. 13).

Beim Einheitspreis für Primärenergie muss derzeit mit erheblichen Schwankungen gerechnet werden. Gründe hierfür können sein:

- Kosten des Energieträgers
- Regionale Unterschiede
- Abnahmemenge
- Kosten der Heizungs- und Kälteanlage
- Preissteigerungsrate / Indizierung

Zunehmende Transparenz für Betreiber und Nutzer sowie Mieter schafft der Energiepass. Durch den Energiepass wird der Energieverbrauch von Gebäuden für fachlich nicht versierte Personengruppen, wie z.B. Nutzer, transparenter. Dabei werden bedarfs- oder verbrauchsorientierte Energiepässe unterschieden. Der bedarfsorientierte Energiepass basiert auf baulichen Gegebenheiten, während der verbrauchsorientierte Energiepass den tatsächlich gemessenen Energieverbrauch zur Grundlage hat. Das Nutzerverhalten kann wesentlich den tatsächlichen Verbrauch beeinflussen. Auf einer Vergleichsskala werden Durchschnittswerte aufgezeigt. Bei dem bedarfsorientierten Energiepass sind diese Kennwerte zur Primärenergie und Endenergie, bei dem verbrauchsorientierten Energiepass die Verbrauchskennwerte. Aber wann für welche Bauwerksnutzungsart welche Art von Energiepass zur Anwendung kommen muss, ist in der Energieeinsparverordnung [EnEV 2007] geregelt:

Der Energiepass wurde für Neubauten bereits im Jahr 2002 eingeführt und ist zukünftig auch bei größeren Instandsetzungen und Modernisierungen Pflicht. Er wird für Bestandsgebäude ab 1. Juli 2008 schrittweise eingeführt. Bei Vermietung, Verpachtung oder Verkauf sind für Wohngebäude, die bis 1965 fertig gestellt worden sind, Energiepässe ab dem 1. Juli 2008 und für jüngere Wohngebäude ab dem 1. Januar 2009 verpflichtend auszustellen. Die Passpflicht für Nichtwohngebäude gilt ab dem 1. Juli 2009. In öffentlichen Gebäuden mit mehr als 1.000 m^2 Nutzfläche muss dann ein Energiepass gut sichtbar angebracht werden.

Kostenart Wärme und Kälte … Nr. 5.3 [DIN 18960-1 1976-04]	… im Projektgeschäft	… im Objektgeschäft
Maßnahmen (Regelgrößen)		
Interne Chancen (Fördergrößen)		
- Kunde / Nutzer		Art und Weise der Nutzung beeinflussen, Anreizsysteme für die Nutzer installieren, Energiesparwettbewerbe (z.B. unter Schulen) durchführen, Kosten verursachergerecht nach Verbrauchsmessung aufteilen
- Organisation		
- Ressourcen	Energieliefer-Contracting, Energieverbrauch durch Bauelemente, Gebäudeform und sonstige technische Maßnahmen optimieren, z.B. in der Wahl des Energieträgers (z.B. Öl, Gas, Strom oder Erdwärme, s. zu Erdwärme z.B. [RUGE, K. DW 2007-05]), der Heizungsanlage und adäquater Reglungstechnik (ggf. Einzelraumregelung), Heiz- u. Brennwert	Einheitspreise (Mengenrabatte) und Vertragsinhalte (z.B. Vorlauftemperaturen) (neu) verhandeln, von Vollversorgung zur strukturierten Beschaffung wechseln und Zeitpunkt des Einkaufs nach Marktlage wählen, ggf. Eigenanteil erhöhen, Anbieter wechseln, Contractingarten auswählen, Raumtemperatur reduzieren, Nutzungsintensität und Nutzungsdauer einschränken, Energieverbrauch (z.B. Einzelraumregelung) reduzieren, Ventildurchlass begrenzen („Behördenventile“) Energieträger bei Erneuerung technischer Anlagen wechseln
- Prozesse		Anlagen hinsichtlich Störungen überwachen, insbesondere Pumpen
- Potenziale		Technisches Personal schulen, Heizungsanlagen „tunen“ (s. 6.3.9) Anreizsysteme für technisches Personal installieren
Externe Risiken (Störgrößen)		Anzahl der Nutzer, Preispolitik der Versorgungsunternehmen

Abb. 6-43: Handlungsoptionen nach Strategieansätzen bei Wärme und Kälte

Der Energiepass soll Transparenz zur Energieeffizienz in den Immobilienmarkt und Ansporn dazu geben, energieeffiziente Gebäude zu betreiben, zu kaufen oder zu verkaufen. Damit rückt die „Zweite Miete“, die Betriebsnebenkosten, deutlich vor die Augen des zukünftigen Mieters oder Käufers. Dabei ist es unerheblich, ob es sich dabei z.B. um Bürogebäude,

Shoppingcenter oder Wohngebäude handelt. Da der verbrauchsorientierte Energiepass kostengünstiger zu erstellen ist, ist dieser insbesondere bei den Betreibern von (Wohn-)Immobilien in der Regel beliebter. Um allerdings sinnvolle Maßnahmen ableiten zu können, sind die Ursachen aus baulichen Gegebenheiten oder aus Nutzerverhalten zu bewerten. Werden erhebliche Abweichungen festgestellt, sollte Bedarf und Verbrauch gleichermaßen vorliegen.

„Best-Practice"-Beispiele

- Stadt Geislingen (Steige)
  Durch die Einführung der Anlagenüberwachung (GLT) im Rahmen eines Energiecontrollingprojektes konnten 10% des Energieverbrauches eingespart werden, da dies auch einen großen Einfluss auf das Nutzerverhalten hatte.

  Durch ein Maßnahmenbündel konnten die Kosten gesenkt werden: Zu diesem gehört die Absenkung der durchschnittlichen Raumtemperatur durch Begrenzung der Durchflussmenge bei Heizkörperventilen („Behördenventile"), die Einzelraumregelung, der Einbau von Messeinrichtungen bei 14 Hauptverbrauchern für 75% des Gesamtenergieverbrauches der Stadt, ein Energiecontrolling (z.B. zur Identifizierung und Reparatur schadhafter Ventile und Pumpen, Überwachung des Nutzerverhaltens) und ein Anreizsystem zur Energieeinsparung (30% für die Geislinger Stadt, 35% für den Anlagencontractor und 35% zum Reinvest für Energiesparmaßnahmen).

  Damit konnten die Kosten im ersten Jahr von 898.500 [€] um 138.000 [€] und im zweiten Jahr von 1.057.000 [€] um bereits 247.000 [€] gesenkt werden. Dafür waren Investitionen in Höhe von etwa 70.000 [€] aus dem Verwaltungshaushalt notwendig. Das entspricht einer jährlichen Einsparung von ca. 15% bezogen auf einen festgelegten Referenzwert (Baseline). Die Vertragslaufzeit beträgt sieben Jahre [BURKERT, J. 2006-03-16] und von den Einsparungen wurden etwa 15.000 [€] als Anreizsystem für die Hausmeister und als Preise für Schulen ausgeschüttet. Beratung erfolgte durch einen externen Berater.

  Im Zuge eines Energiewettbewerbs werden jährlich insgesamt 5.000 [€] in Form von Geld- und Sachpreisen an die Schulen und Hausmeister verteilt.

- Stadt Mühlacker
  Die Öffnungszeiten eines Schwimmbades (5-10% Nutzer verursachen 60-70% der Kosten) sowie die Regelung der Schwimmbeckentemperatur wurde je nach Witterung optimiert (Badetemperatur von 20°C - 24 °C, Schlechtwettertag: Schwimmbecken wird bis 20°C mit dem BHKW beheizt, bei Schönwetter auf 22°C, bis 24°C durch Solaranlage) [DIEHM, M. 2006-03-16].

  50% der eingesparten Energiekosten erhält der Nutzer (die Schule) bei einer Laufzeit des Projektes über drei Jahre [DIEHM, M. 2006-03-16].

6.3.8 Strom

In Abb. 6-44 sind die Kennzahlen angegeben. Zu- und Abschläge ergeben sich auch hier aus den Elementen Leistung und Preis.

Kostenart Strom … Nr. 5.4 [DIN 18960-1 1976-04]	… im Projektgeschäft	… im Objektgeschäft
Ziel (Führungsgröße)	Stromverbrauch [kWh (E) / a] sowie Stromkosten [€ / a] nachhaltig reduzieren	

(Vergleichs-)Kennzahlen (Orientierungswerte) der Literatur:

Orientierungswerte Stromkosten nach Bauwerksnutzungsarten (indiziert: Strom)

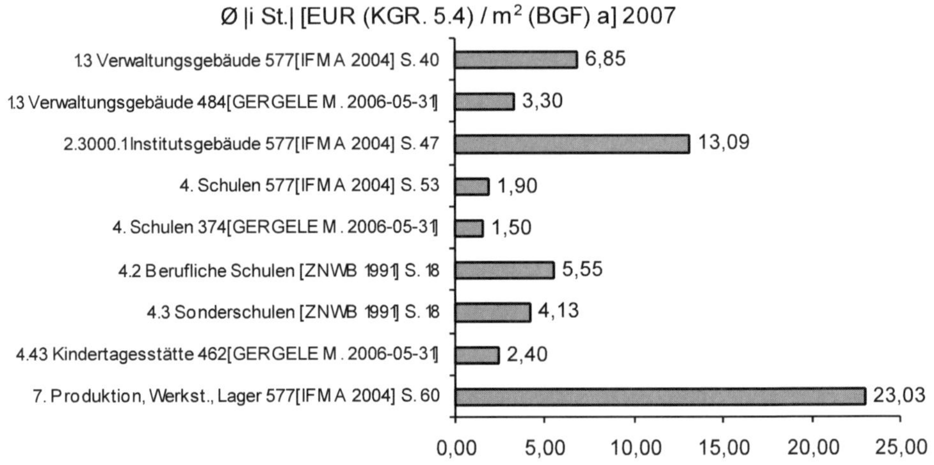

Instrumente und Methoden	Berechnung nach VDI 2076	Ist-Kennwert-Plan-Vergleich
Kostenkennzahl (Kostengröße)	Stromkosten [€ / m^2 $_{BGFe}$ a] oder [€ / m^2 $_{MF}$ a] oder [€ / m^2 $_{Sektor}$ a]	
Vergleichsebene (Bezugsgröße)	Objekt nach Bauwerksnutzungsart oder selbständiger Funktionsbereich	
Präzisions- / Detaillierungsgrad (Kostenermittlungsart)	Kostenschätzung	Kostenfeststellung nach Rechnungslegung
Mengenangabe (Stellgröße)	Energieverbrauch [kWh (E) / m^2 $_{BGF}$ a], [kWh (E) / m^2 $_{MF}$ a], [kWh (E) / m^2 $_{Sektor}$ a]	
Parameter der Preisbildung (Berechnungsverfahren)	Bedarfsberechnung nach VDI - Simulation: Menge [kWh (E)] * Preis [€ / kWh (E)] mit Bezug zur Abnahmemenge [m^2] bzw. [kWh (E)]	Preisbildung nach Konditionen der Anbieter: (Grundpreis [€] und Leistungspreis [€ / Menge]) in [€]

Abb. 6-44: Kennzahlen bei Strom

Die Stromkosten (Abb. 6-45) und der Energieverbrauch (Abb. 6-46) unterscheiden sich in der Bauwerksnutzungsart. Hierbei kann es auch innerhalb einer Bauwerksnutzungsart zu erheblichen Abweichungen kommen. Gründe für [kWh]-Abweichungen zu den Kennwerten des Stromverbrauchs können sich z.B. aus Gebäudestandard und Nutzerverhalten ergeben. Preisunterschiede sind durch Abnahmemenge oder regionale Unterschiede der Anbieter zu begründen (s. Abb. 6-47). Der Strompreis unterliegt starken zeitlichen Schwankungen.

Der Verbrauchskennwert für Strom stellt den auf die Bezugsfläche bezogenen Stromverbrauch eines Gebäudes dar. Stromheizungen werden unter dem Abschnitt „Wärme und Kälte“ behandelt. Ausgangsgröße für die Ermittlung der auf Flächen bezogenen Verbrauchskennwerte ist der Stromverbrauch pro Haushalt nach der Richtlinie [VDI 3807]. Ggf. sind Zuschläge für Gemeinschaftseinrichtungen bzw. 15 [kWh / m^2 a)] für die elektrische Warmwasserbereitung hinzuzurechnen.

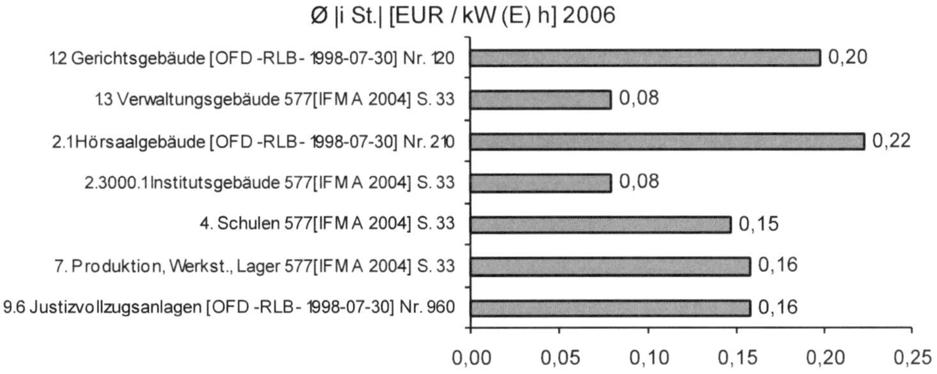

Abb. 6-45: Spezifische Stromkosten nach Bauwerksnutzungsarten (indiziert: Betriebskosten Strom)

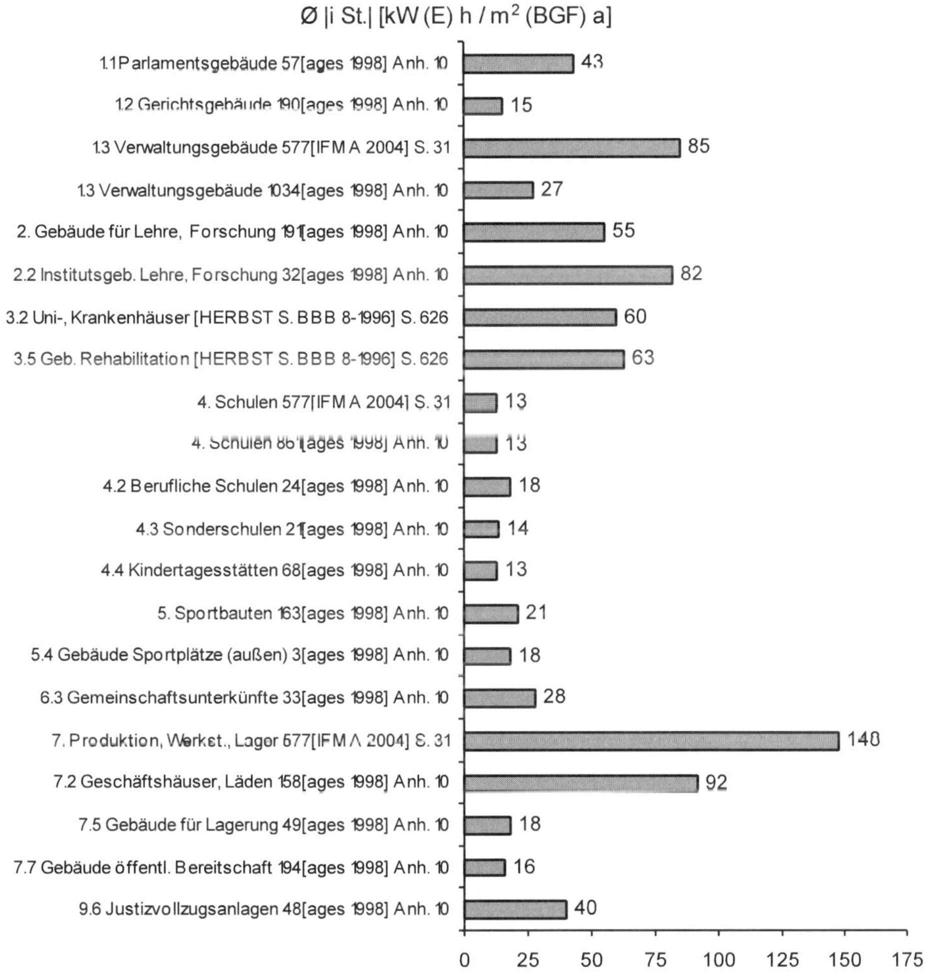

Abb. 6-46: Jährlicher Stromverbrauch nach Bauwerksnutzungsarten

Regionale Unterschiede

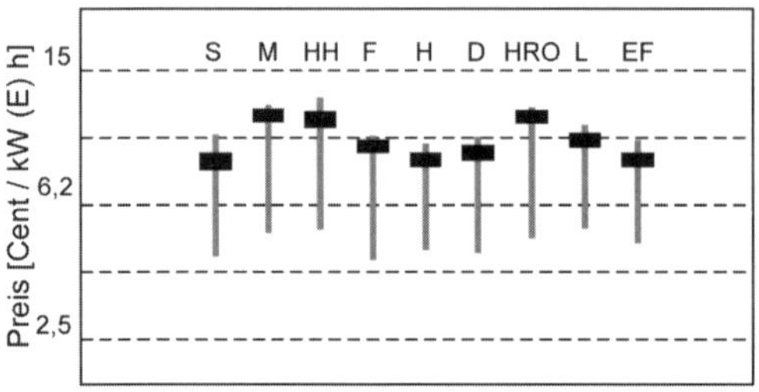

Stromkosten in ausgewählten deutschen Städten
(Abkürzungen nach Autokennzeichen, 1997)

In [€ / kW (E) h a) o. USt., Streubreiten in Abhängigkeit von der Abnahmemenge 3.500 (oberer Wert) 7.500 und 20.000 [kW (E) h / a], Preisangaben für 1997. Stadtbezeichnung gemäß Autokennzeichen, s. [StBA 1998]

Abb. 6-47: Einheitspreise für Elektrizität in ausgewählten Städten

Der Einsatz von EDV-Anlagen oder die einfache technische Ausstattung von Teilflächen mit RLT-Anlagen (Raumlufttechnische-Anlagen) kann zu einer Verdoppelung der Verbrauchskennwerte führen. Eine weitere Steigerung ist bei Sonderbedingungen anzutreffen, wie z.B. bei Verkaufsstätten oder Rechenzentren. Eine Abhängigkeit des Stromverbrauchs von der Beleuchtungsstärke bei Verwaltungsbauten erkannten Siegel und Wonneberg (s. [SIEGEL, C. 1979] S. 96ff.) bereits 1979. Etwa 10% der gesamten Energiekosten sind für die Beleuchtung aufzubringen (s. [PRACHT, K. 1994] S. 32). 15% der Beleuchtungsenergie könnte in Verwaltungsgebäuden eingespart werden, wenn energiesparende Lichtsteuerungen eingebaut werden würden (s. [LBTA -1 1992] Kapitel 2-7). Die Vorteilhaftigkeit von Energiesparlampen ist daher inzwischen unumstritten. Durch den zunehmenden Technisierungsgrad ist trotz Einsparerfolge ein erhöhter Strombedarf festzustellen.

Technische Maßnahmen, wie z.B. Blockheizkraftwerke zur Stromerzeugung sowie Photovoltaikanlagen, Windkraftanlagen und Batteriespeicher zur Reduktion der Verwendung öffentlichen Stroms, schieden noch in den 90-er Jahren des letzten Jahrhunderts meist in Anbetracht des Nutzen-Kosten-Verhältnisses aus (s. [BMBau 1990-11] S. 13ff.). Tageslichttechniken als Ersatz für Kunstlicht (vgl. [JAKOBIAK, R. DAB 2005-05] S. 68) und LED-Beleuchtungen werden in Zukunft an Bedeutung gewinnen.

Der flächenspezifische Stromverbrauch für bauliche Maßnahmen von Schulen weist – bei relativ hoher Streuung – eine steigende Tendenz auf (s. [BMBFT (BINE)] S. 17ff.).

Der Stromverbrauchskennwert nach Haushalt (s. [VDI 3807-2 1998-06] Tab. 7) steigt mit Zunahme der Haushaltsmitglieder (Haushaltsgröße) und sinkt in der Regel mit Zunahme der Wohnungsgröße (s. [VDI 3807-2 1998-06] Tab. 6).

Die relative Streuung ermittelter Stromverbräuche ist durchgängig breiter als die des Brennstoffverbrauchs. Neben dem geringen Stichprobenumfang sind hier wohl maßgeblich sehr unterschiedliche Ausstattungen mit Elektrogeräten und Beleuchtungstechniken von Gebäuden sowie das Nutzerverhalten verantwortlich. Deutlicher tritt der Zusammenhang zwischen Gebäudenutzung in [h / a] und flächenspezifischem Stromverbrauch hervor: Mit zunehmender Nutzungsintensität steigen die Mittelwerte des spezifischen Stromverbrauchs (s. [StBA 1998] S. 17ff.).

Die Analyse des Stromverbrauchs als ein Merkmal der Leistung erfolgt am einzelnen Objekt, wird mit der Häufigkeitsverteilung verglichen und die Hauptstromverbraucher (Bspl. Wohnungsbau) werden analysiert (s. Abb. 6-48 rechts). Bei den Verbrauchskennwerten für Strom ist nach ages (s. [ages 1998] S. 25) eine große Bandbreite von 13 bis 192 [kWh / m^2_{BGF}] festzustellen. Dies lässt sich infolge der Unterschiede bei der technischen Ausstattung hinsichtlich EDV, raumlufttechnischen Anlagen (RTL) etc. sowie der Nutzung erklären. Eine Basisausstattung ist mit 15 [kWh / m^2_{BGF}] angegeben.

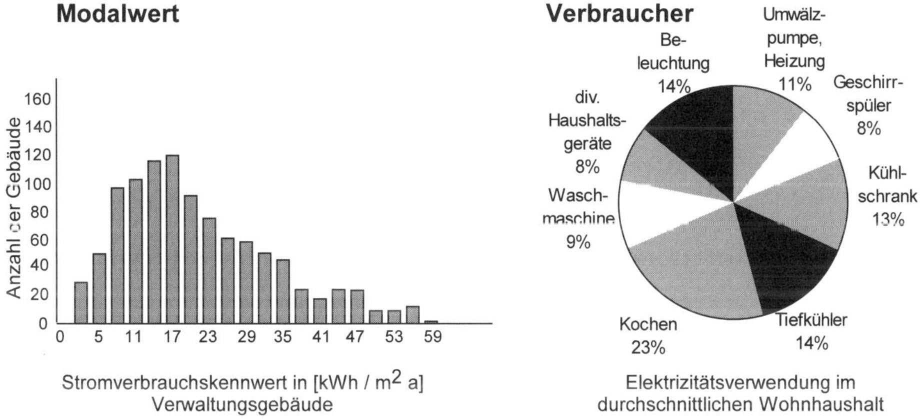

S. [ages 1998] Anhang 1 S. 4 (Gebäudegruppe 1300), siehe auch [VDI 3807-2 1998-06]: Bspl. Verwaltungsgebäude: Anzahl der Daten 1034 St. Arithmetisches Mittel 27 kWh / m^2 a, Unteres Quartilsmittel 8 kWh / m^2 a, Modus 17 kWh / m^2 a, Standardabweichung 14 kWh / m^2 a, Flächendurchschnitt 5.261 m^2 und s. [ASUE 09 05 04] S. 32

Abb. 6-48: Häufigkeitsverteilung Stromverbrauchskennwert in Verwaltungsgebäuden und Elektrizitätsverwendung im durchschnittlichen Wohnhaushalt

Die Handlungsoptionen sind in Abb. 6-49 dargestellt.

Kostenart Strom … Nr. 5.4 [DIN 18960-1 1976-04]	… im Projektgeschäft	… im Objektgeschäft
Maßnahmen (Regelgrößen)		
Interne Chancen (Fördergrößen)		
- Kunde / Nutzer		Art und Weise der Nutzung, Nutzungsintensität und Nutzungsdauer beeinflussen (z.B. reduzierte Hallenbelegung in Schulen in den Ferien), verursachergerecht nach Verbrauchsmessung aufteilen
- Organisation		Dienstanweisungen zur Delegation von Verantwortlichkeit
- Ressourcen	z.B. durch Einsatz von Tageslicht, Energiesparlampen, Beleuchtungsregelung bei Abwesenheit Energieverbrauch reduzieren	Einheitspreise (Mengenrabatte) mit Lieferanten verhandeln, Anbieter wechseln, Energieverbrauch durch technische Maßnahmen reduzieren (z.B. Spitzenlastbegrenzer, Austausch der Leuchtmittel, Zeitschaltuhren), ggf. Eigenanteil der Energieerzeugung erhöhen
- Prozesse		Anlagen hinsichtlich Störungen überwachen (vgl. 6.3.9)
- Potenziale		Technisches Personal schulen, Anreizsysteme für technisches Personal installieren
Externe Risiken (Störgrößen)		Anzahl der Nutzer, Preispolitik der Versorgungsunternehmen

Abb. 6-49: Handlungsoptionen nach Strategieansätzen bei Strom

„Best-Practice"-Beispiele

- Stadt Mühlacker
  Durch das Abschalten einer Umwälzpumpe eines jeden Beckens des Freibades während der Nichtnutzungszeit konnten bei gleicher Wasserqualität. ca. 20.000 [kWh(E)] je Badesaison eingespart werden. Die Investitionskosten des Umbaus betrugen 5.086,- [€]. Bei einem Einheitspreis von 0,15 [€ / kW(E)h 2006] (vgl. [DIEHM, M. 2006-03-16] und spezifische Wärme- u. Kältekosten für Schulen, indiziert nach [IFMA 2004] S. 33, Kosten indiziert: Wasserversorgung mittels Indexreihe: Wasserversorgung) entspricht dies einer jährlichen Ersparnis von 3.000 [€ / a 2006] und einer Amortisationszeit unter zwei Jahren.

6.3.9 Bedienung, Wartung und Inspektion

Eine ordnungsgemäße Bedienung, Wartung und Inspektion kann ihrerseits zur Kostenreduktion und Energieeinsparung führen.

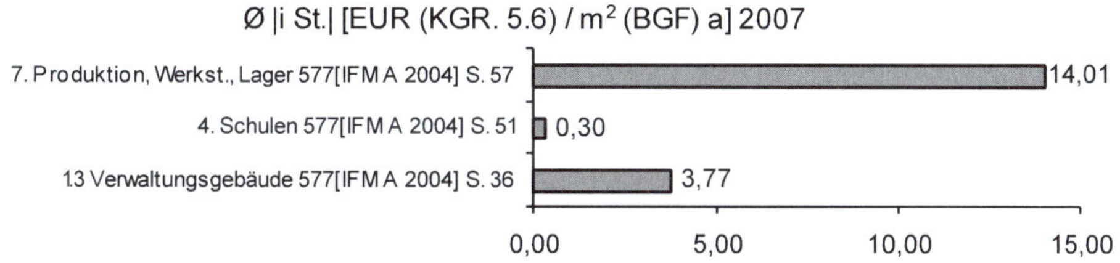

Abb. 6-50: Orientierungswerte Wartungskosten nach Bauwerksnutzungsarten (indiziert: Arbeitskosten)

In einer Studie für die Wohnungswirtschaft wurden Einsparpotenziale beim Heizenergieverbrauch ermittelt. So können danach mit geringen Investitionen die Effizienzen bestehender Anlagen deutlich verbessert werden. Zu den Verbesserungsmaßnahmen der bestehenden Anlagen gehört: die optimale Einstellung der Vorlauftemperatur am zentralen Regler, die richtig eingestellte Förderhöhe der Heizungsumwälzpumpe, ein hydraulisch ausgeglichenes Heizungssystem mit voreingestellten Thermostatventilen sowie eine Vorlauftemperaturregelung. In einem Mehrfamilienhaus konnte damit der Verbrauch thermischer Energie um 21% gesenkt werden (s. Abb. 6-51).

Maßnahme	Energieeinsparung in %	Investition [€ / m² MF]	Betriebskostenreduktion [€ / m² MF]
Optimale Einstellung der Vorlauftemperatur am zentralen Regler	5 – 15%	1,00 – 2,00	0,4 – 1,2
Richtig eingestellte Förderhöhe der Heizungsumwälzpumpe	5 – 15%	1,00 – 2,00	0,4 – 1,2
hydraulisch ausgeglichenes Heizungssystem mit voreingestellten Thermostatventilen	15 – 35%	2,00 – 3,00	1,2 – 2,9
Vorlauftemperaturregelung *	1 – 2%	0,70 – 1,30	0,09 – 0,16

s. [BARTHOLD, H. IW-Magazin 2008-01] S. 68
* siehe hierzu auch die Optimus Studie [JAGNOW, K.(2005)]

Abb. 6-51: Übersicht der Maßnahmen zur Energieeinsparung

Optimierungspotenziale werden insbesondere bei der Prozessoptimierung in der Instandhaltung und Wartung durch „Funkchips" gesehen, die bereits heute in Bekleidungshäusern eingesetzt werden. Ein „Scannen" von Informationen entfällt, da der Funkchip selbständig Informationen an ein Lesegerät übermittelt, das in Verbindung mit einer Datenbank und einer Software steht. Der Name des „Funkchips": Radio Frequency Identification (RFID). Eine Lese- und Schreibfunktion von Informationen ist in dem Funkchip integriert. Die vereinfachte Identifikation von Wartungsobjekten für Wartungsarbeiten birgt hier viele Vorteile, auch wenn die Technologie derzeit noch nicht ausreichend bekannt ist und eingesetzt wird. Dabei können Reaktionszeiten verringert werden, wenn z.B. der Techniker das passende Ersatzteil zur geplanten Wartung gleich mitbringt oder die Präsenz des Technikers und damit die Wartung vor Ort dokumentiert wird und die Kostenzuordnung einfach erfolgt. Es werden dabei Tätigkeiten von der Zentrale zum Techniker vor Ort automatisiert verlagert, Prozesse werden verbessert. Die RFID-Technik kann eingesetzt werden zur Abrechnung (Mietservice), Identifikation, Ermittlung von Zustandsdaten und zur Warenverfolgung. Weiterer Nutzen wird bei der geplanten Instandhaltung (Inspektion und Wartung), beim Sicherheits- und Schließmanagement,

Störfallmanagement, Umzugsmanagement, Energiemanagement, Belegungsmanagement, Gewährleistungsmanagement und bei der Reinigung und Pflege (vgl. [FIR 000465] S. 4, 13, 21, 29) gesehen.

„Worse-Practice"-Beispiele – jeden kann es treffen.

Im Rahmen einer Neubaumaßnahme eines Einfamilienhauses wurde eine Photovoltaikanlage auf dem Dach geplant und eingebaut und die Funktionselemente wurden in einer Revisionsöffnung versteckt. Mit dem Stromversorgungsunternehmen wurde ein Stromeinspeisungsvertrag im Juni 2001 abgeschlossen, in dem eine Rückvergütung von 1,00 [DM / kWh] für zehn Jahre vereinbart wurde. Die Photovoltaikanlage ging ordnungsgemäß 2001 in Betrieb. Regelmäßig wurden die Zählerstände des eingespeisten Stromes zum Jahresende per Postkarte am 6.1.2003 1.537 [kWh], am 27.12.2003 3.349 [kWh], am 28.12.2004 4.932 [kWh], am 18.12.2005 6.513 [kWh] und am 24.12.2006 6.512 [kWh] gemeldet. Im Januar 2007 wurde von dem Stromversorgungsunternehmen daraufhingewiesen, dass am 24.12.2006 der Zählerstand vom 18.12.2005 gemeldet wurde und bat um Korrektur. Die Überprüfung ergab, dass die Ablesung korrekt war. Daraufhin wurde die Funktionsanzeige der Anlage in der Revisionsöffnung erstmals überprüft. Es stellte sich heraus, dass der Solarwechselrichter ausgefallen war und kein Strom ins öffentliche Stromnetz eingespeist wurde. Der Schaden aufgrund mangelnder Kontrolle der Funktionsanzeige lässt sich wie folgt berechnen. In den Jahren 2004 und 2005 wurden durchschnittlich 1.600 [kWh / a] ins öffentliche Netz eingespeist. Die entfallene Rückvergütung für das Jahr 2006 betrug daher etwa 1.600 [kWh] * 0,5062 [€ / kWh] = 810 [€]. In Folge wurde in die Revisions- und in die Schranktüre ein Loch eingeschnitten, um die ordnungsgemäße Funktion regelmäßig und einfach überprüfen zu können.

Die Überprüfung der technischen Anlagen wird vielfach der Instandhaltung zugeordnet und erfolgt nach Checklisten im vorgegebenen Turnus. Beispiele hierfür finden sich unter Kapitel 7 „Bewirtschaften und Betreiben". Eine Überwachung der Gefährdungspotenziale kann bei entsprechender Fachkenntnis sowie Unterweisung ggf. an den Hauswart deligiert werden.

6.3.10 Verkehrs- und Grünflächen

Orientierungszahlen sind in Abb. 6-52 dargestellt. Als Handlungsoptionen zur Kostenreduktion stehen zur Verfügung:

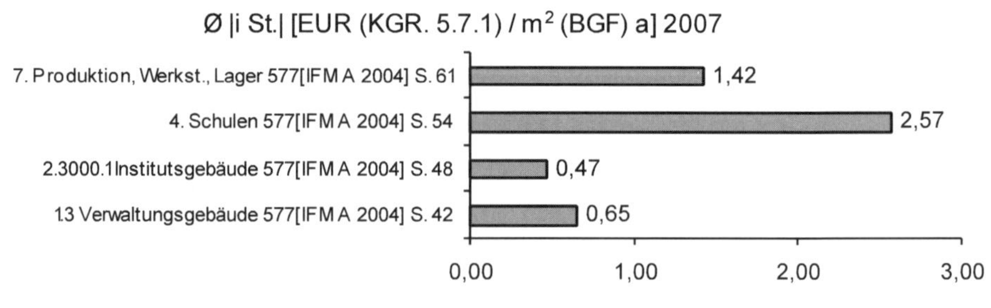

Abb. 6-52: Orientierungswerte Unterhaltungsarbeiten bei Vegetationsflächen nach Bauwerksnutzungsarten (indiziert: Arbeitskosten)

Der jährliche Pflegeaufwand und kommunale Gebühren bestimmen wesentlich den Aufwand für die Verkehrs- und Grünflächen. Zur Optimierung dieser Flächen sind die befestigten von den unbefestigten zu unterscheiden. Befestigte bestehen aus versiegelten (z.B. bauliche Anlagen, Wege- und Straßenflächen, Müllplätze, Spielplätze, Parkplätze, ...) und versickerungsfähigen Flächen. Zu den unbefestigten (Vegetationsflächen) zählen Rasen- und Pflanzenflächen.

Die Differenzierung der Vegetationsflächen nach Gehölz-, Stauden-, Rosen und Rabattenflächen ermöglicht eine differenzierte Abrechnung und / oder Anpassung des pflegerischen Aufwandes mit dem Ziel der Kostenreduktion. Eine Ausweitung der unbefestigten Flächen kann ebenfalls zu einer Kostenreduktion führen: Während eine befestigte Fläche ca. 0,28 [€ / m^2 a] kostet, sind Vegetationsflächen mit 1,14 [€ / m^2 a] wesentlich teuerer (vgl. [MAYER-MARCZONA, M. DW 2000-11]). Eine Überprüfung der Flächenanteile kann schon deshalb sinnvoll sein, um Bescheide nach dem Kommunal-Abgaben-Gesetz für Niederschlags- und Abwasser zu kontrollieren. Ggf. hat sich durch Bestandsveränderung der Anteil der versiegelten Flächen verringert, aber die Berechnungsgrundlagen für die Bescheide wurden nicht angepasst.Wertstoffe

6.3.11 Wertstoffe

Die Kennzahlen für Wertstoffe sind in Abb. 6-53 angegeben. So betrugen z.B. für einen Drei-Personen-Haushalt 2004 in Hessen die Hausmüllgebühren in ausgewählten Städten Beträge von 102 bis 323 [€ / a] (s. Abb. 6-53).

Durch die Abhängigkeit zu den Entsorgungsbetrieben lässt sich der Preis in der Wohnungswirtschaft in der Regel nicht reduzieren, aber das kostenpflichtige Müllvolumen lässt sich durch verbrauchsabhängige Erfassung deutlich reduzieren (s. Abb. 6-54). Die Verbrauchserfassung kann indivduell, nach Volumen oder nach Gewicht erfolgen.

So sind verschiedene technische Lösungen verfügbar. Neben der verbrauchsabhängigen Erfassung bietet es sich an, Konzepte der Mülltrennung zu verfolgen. Mit der Mülltrennung reduziert sich gleichermaßen das Volumen des kostenpflichtigen Restmülls und damit die Kosten zur Wertstoffentsorgung.

Erfolgsmeldungen mit einer Reduktion des Wertstoffaufkommens von 30 bis 53% (je nach Wirtschaftseinheit) berichtet Massing (s. [MASSING, B. DW 2001-07] S. 54, [MASSING, B. DW 2000-09] S. 40) in der Wohnungswirtschaft durch entsprechende Konzepte. Hier konnte offenbar das Volumen des Restmülls in Liegenschaften von Duisburg mit 654 Wohnungseinheiten von 137 auf 65, in Liegenschaften von Voerde mit 156 Wohnungseinheiten von 69 auf 48 bzw. in den Liegenschaften von Dinslaken mit 673 Wohnungseinheiten von 103 auf 51 Liter je Wohnungseinheit reduziert werden. Ebenso wird von der WBG in Erfurt berichtet, das in einem Projekt 1.553 Haushalte mit Müllschleusen ausgestattet hat und wissenschaftlich begleiten ließ. Hier konnte das Volumen der Restmüllbehälter um 65% reduziert werden (vgl. [KERN, M. 2007-11-20]).

Die Einsparungen sind allerdings in ihrer Höhe von den regionalen Entsorgungsbetrieben und den kommunalen Entsorgungsgebühren abhängig.

Kostenart Wertstoffen … Nr. 5.8.1 [DIN 18960-1 1976-04]	… im Projektgeschäft	… im Objektgeschäft
Ziel (Führungsgröße)	Wertstoffmenge [m³ / a] sowie Wertstoffkosten [€ / a] nachhaltig reduzieren	
(Vergleichs-)Kennzahl (Orientierungswerte) der Literatur: Orientierungswerte Wertstoffe (regionales Bspl.), s. Mainzer Allgemeine Zeitung 13.11.2004		

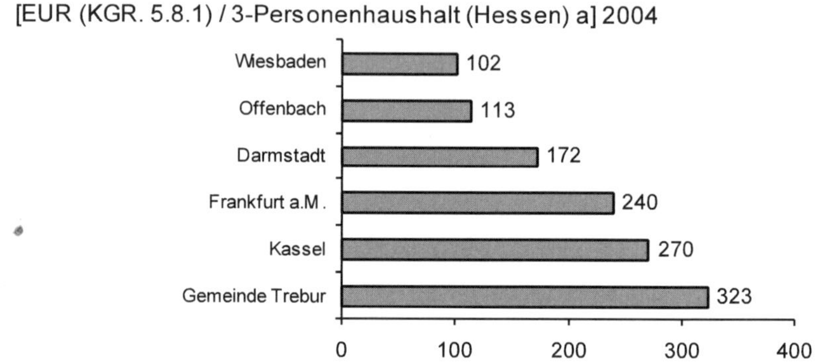

Vorgaben		
Instrumente und Methoden	Kostenschätzung	Ist-Kennwert-Plan-Vergleich
Kostenkennzahl (Kostengröße)	Wertstoffentsorgung [€ / m^2 $_{BGFe}$ a] oder [€ / m^2 $_{MF}$ a] oder [€ / m^2 $_{Sektor}$ a]	
Leistungsmenge	Wertstoffmenge [m^3 / m^2 $_{BGF}$ a], [m^3 / m^2 $_{MF}$ a], [m^3 / m^2 $_{Sektor}$ a]	
Präzisions- / Detaillierungsgrad (Kostenermittlungsart)	Kostenschätzung	Kostenfeststellung nach Rechnungslegung
Mengenangabe (Stellgröße)	[m^3 / m^2_{BGFe} a]	
Parameter der Preisbildung (Berechnungsverfahren)	Preisbildung nach Konditionen der Anbieter: (Grundpreis [€] und Leistungspreis [€ / Menge]) in [€]	

Abb. 6-53: Kennzahlen Wertstoffe

Verursacherabhängige Abrechnung

Strichcode zur volumenabhängigen Abrechnung

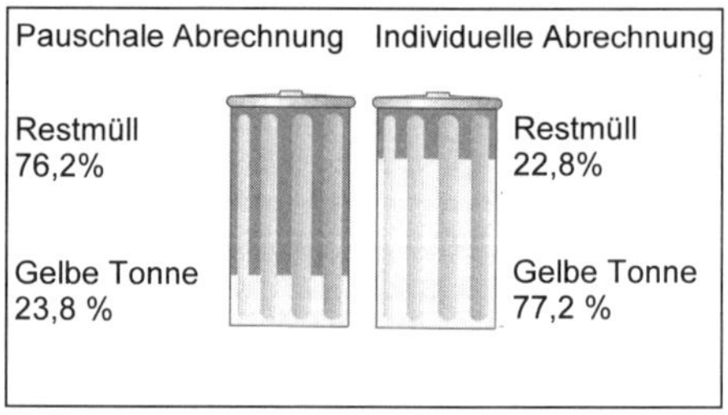

Wertstoffaufkommen nach Abrechnungsart

Quelle: S. FH Lausitz in [DIEDRICH, K. ImTeam 2-2000] S. 36-37

Abb. 6-54: Einsparpotenziale von Müllgebühren durch Mülltrennung

Vom Verband Berlin-Brandenburgischer Unternehmen (BBU) wurde ein Müllpass für die Wohnungswirtschaft entwickelt. Zur Darstellung des Müllpasses werden die abgerechneten Betriebskosten zur Abfallentsorgung und Daten zum Abfallaufkommen kombiniert. Eine Datenbank ermöglicht objektbezogene oder typisierte und regionale Auswertungen zum Kostenvergleich. Er kann für den Mieter als Nachweis dienen, dass das Wohnungsunternehmen sich nachhaltig für eine Reduktion der „2. Miete" zum Wohle des Mieters einsetzt. Das Wohnungsunternehmen kann hieraus einen Marketingvorteil ziehen (s. [REHBERG, S. IW-Magazin 2008-01] S. 64f.). Handlungsoptionen sind in Abb. 6-55 dargestellt.

Kostenart Wertstoffen ... Nr. 5.8.1 [DIN 18960-1 1976-04]	... im Projektgeschäft	... im Objektgeschäft
Maßnahmen (Regelgrößen)		
Interne Chancen (Fördergrößen)		
- Kunde / Nutzer		Art und Weise der Nutzung beeinflussen, verursachergerecht nach Verbrauchsmessung abrechnen
- Organisation		
- Ressourcen	Wertstoffaufkommen bzw. das kostenpflichtige Wertstoffaufkommen reduzieren	Wertstoffbehälter zur getrennten Sammlung bereitstellen
- Prozesse		Wertstoffvolumen reduzieren: Wertstoffe trennen, Fremd(müll)eintrag reduzieren
- Potenziale		Technisches Personal schulen
Externe Risiken (Störgrößen)		Anzahl der Nutzer, Preispolitik der Versorgungsunternehmen

Abb. 6-55: Handlungsoptionen nach Strategieansätzen bei Wertstoffen

„Best-Practice"-Beispiele

- Stadt Geislingen (Steige)
  Seit 2003 werden durch den Austausch von Mülleimern gegen Container die Containergrößen optimiert. Die jährliche Ersparnis bei der Müllentsorgung beträgt ca. 7.000 [€ / a] ([BURKERT, J. 2006-03-16]).

6.3.12 Versicherung

Kennzahlen zu den Versicherungskosten sind in Abb. 6-56 und die dazugehörigen Handlungsoptionen in Abb. 6-57 dargestellt. Neben dem klassischen Preisvergleich bei Versicherungsleistungen gehört zu den wesentlichen Handlungsoptionen, Versicherungsschäden als solche zu identifizieren und Versicherungsleistungen in Gebrauch zu nehmen. Es empfiehlt sich hier, das verantwortliche Personal entsprechend zu schulen.

Kostenart Versicherung … Nr. 5.8.4 [DIN 18960-1 1976-04]	… in Projekten planen (Soll-Wert)	… im Objektbetrieb überwachen (Ist-Wert)
Ziel (Führungsgröße)	Versicherungskosten [€ / a] nachhaltig reduzieren	
(Vergleichs-)Kennzahl (Orientierungswerte) der Literatur: Versicherungskosten nach Bauwerksnutzungsarten (indiziert: Versicherungsdienstleistungen)		

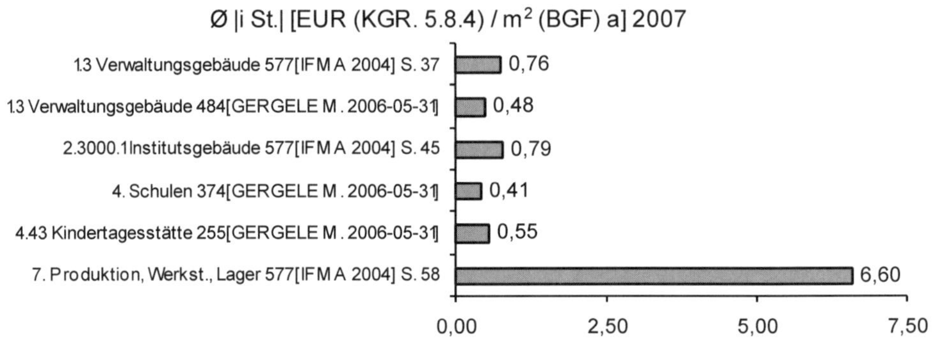

Vorgaben		
Instrumente und Methoden	Kostenschätzung	Ist-Kennwert-Plan-Vergleich
Kostenkennzahl (Kostengröße)	Kosten [€ $_{Versicherung}$ / € $_{WBW}$ a], Kosten [€ / m^2 $_{BGFe}$ a] oder [€ / m^2 MF a] oder [€ / Sektor a]	
Vergleichsebene (Bezugsgröße)	Unternehmen, ggf. Objekt	
Präzisions- / Detaillierungsgrad (Kostenermittlungsart)	Kostenschätzung	Kostenfeststellung nach Rechnungslegung
Parameter der Preisbildung (Berechnungsverfahren)	Preisbildung nach Konditionen der Anbieter	

Abb. 6-56: Kennzahlen bei Versicherung

Kostenart Versicherung … Nr. 5.8.4 [DIN 18960-1 1976-04]	… in Projekten planen (Soll-Wert)	… im Objektbetrieb überwachen (Ist-Wert)
Maßnahmen (Regelgrößen)		
Interne Chancen (Fördergrößen)		
- Kunde / Nutzer		
- Organisation		
- Ressourcen		
- Prozesse		Schäden als Versicherungsfälle erkennen und abwickeln
- Potenziale		Kaufmännisches und technisches Personal schulen
Externe Risiken (Störgrößen)		

Abb. 6-57: Handlungsoptionen nach Strategieansätzen bei Versicherung

6.3.13 Hauswart

Kennzahlen zu den Hauswartkosten sind in Abb. 6-58, und die Handlungsoptionen in Abb. 6-59 dargestellt.

Kostenart Hauswart … Nr. 5.8.5 [DIN 18960-1 1976-04]	… im Projektgeschäft	… im Objektgeschäft
Ziel (Führungsgröße)	Hauswartkosten [€ / a] nachhaltig reduzieren	
(Vergleichs-)Kennzahl (Orientierungswerte) der Literatur: Hauswartkosten nach Bauwerksnutzungsarten (indiziert: Gastgewerbe)		

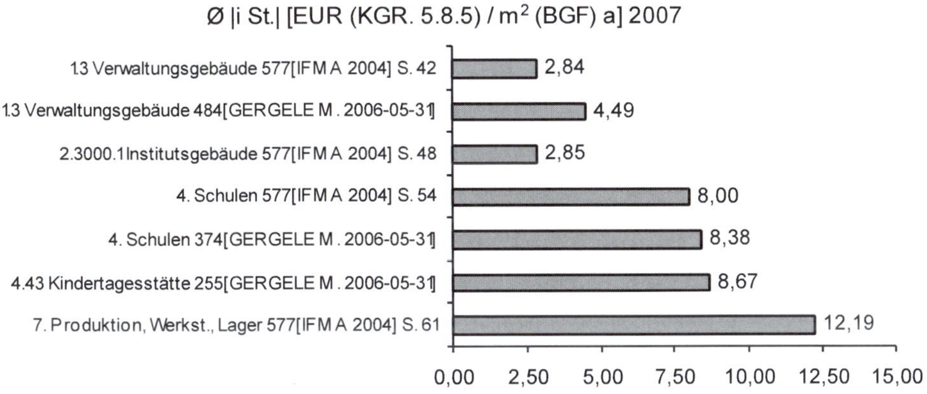

Vorgaben	TVöD bei kommunaler Gebäudewirtschaft	
Instrumente und Methoden	Kostenschätzung nach dem Zu- und Abschlagsverfahren	Ist-Kennwert-Plan-Vergleich
Kostenkennzahl (Kostengröße)	Kosten [€ / m^2 $_{BGFe}$ a] oder [€ / m^2 $_{MF}$ a] oder [€ / m^2 $_{Sektor}$ a]	
Vergleichsebene (Bezugsgröße)	Wirtschaftseinheiten, ggf. Objekte	
Präzisions- / Detaillierungsgrad (Kostenermittlungsart)	Kostenschätzung	Kostenfeststellung der Personal- und Betriebskosten nach Jahresabschluss, Umlage nach Betriebsabrechnungsbogen nach Prozessen und Sektor
Mengenangabe (Stellgröße)	Hauswartfläche [m^2 $_{BGF}$ a / 1 FTE], [m^2 $_{MF}$ a / 1 FTE], [m^2 $_{Sektor}$ a / FTE]	
Parameter der Preisbildung (Berechnungsverfahren)	Personalbemessung nach dem Zu- und Abschlagsverfahren * Jahresbruttolohn	

Abb. 6-58: Kennzahlen bei Hauswart

Die Leistungen des Hauswarts sind vielfältig. So beschreibt die Dienstanweisung der Stadt Ludwigsburg (vgl. [STADTVERWALTUNG LUDWIGSBURG 1998-06]) folgende Tätigkeiten als die eines Hauswarts bei Schulen: Übernahme der Betreiberverantwortung z.B. bei Veranstaltungen oder Sicherstellung der Verkehrssicherheit (vgl. Kapitel 5 „Organisation"), Gebäudereinigungsarbeiten z.B. der Gehwege oder der Hallen (vgl. 6.3.5), Bedienung, Wartung und Inspektion von technischen Anlagen (vgl. 6.3.9), Winterdienst und Pflege der Grünanlagen (6.3.10), Durchführung kleiner Instandhaltungsmaßnahmen z.B. technischer Anlagen (vgl. 6.3.14), Schließ-, Sicherheits- und Aufsichtspflichten und vieles mehr. Eine Aufteilung der Leistung nach Kostenarten sollte durch einen Betriebsabrechnungsbogen soweit wie möglich durchgeführt werden.

Der Personalbedarf kann durch Zu- und Abschlagsverfahren detailliert abgebildet werden und ist nach den Reinigungsflächen verschiedener Schulen (vgl. [KGSt 1 / 1986] S. 6) gestaffelt:

- Einzeln stehende Grundschule 1.800 bis 3.000 [m^2] Reinigungsfläche je Hausmeister
- Hauptschule oder Realschule 3.500 bis 5.000 [m^2] Reinigungsfläche je Hausmeister
- Gymnasium 7.000 bis 11.000 [m^2] Reinigungsfläche je Hausmeister

Die Aufgaben sind nachfolgend weitgehend aus dem KGSt-Bericht B 1 / 1986 entnommen (vgl. [KGSt 1 / 1986] S. 9). Unter Zugrundelegung der Normalaufgaben können Objekte mit 10.000 bis zu 12.000 [m^2] Reinigungsfläche ohne Überstunden von einem Hauswart ausreichend betreut werden. Nicht berücksichtigt werden Flächen von Pausenhöfen, Kellern und Speichern. Die Betreuung ist möglich unter folgenden Maßgaben:

- Nur ein Gebäude, d.h. von eventuell separat gelegener Turnhalle, Hausmeisterhaus oder dergl. wird abgesehen
- Betreuungsfreundliches Objekt, d.h. nicht außergewöhnlich unübersichtlich, pflegeintensiv oder reparaturanfällig
- Unproblematische Nutzer, d.h. z.B. keine Schule für Lernbehinderte
- Keine Beanspruchung des Hauswarts durch Fremdbenutzung der Schule am Abend
- Fremdreinigung
- Bedienungsfreundliche Heizung (ggfs. sind Unterstützungskräfte entbehrlich)
- Ausreichend maschinelle Ausstattung für den Winterdienst

Die Organisationsuntersuchung der Stadt Filderstadt schlägt Zu- und Abschlagsfaktoren zur Anpassung der zu betreuenden Fläche an örtliche Gegebenheiten vor (vgl. [RAFF, H. 2006-09-28] Folie 9).

- Schulen, Hallen und deren Kombination werden separat durch Zuschlagsverfahren behandelt.
- Abschlag für die zu betreuende Fläche bei Hallen von 50% (Grundlage: Reinigungsleistung Halle 400 [m^2 / h], Reinigungsleistung Schule 280 [m^2 / h]). Die Stadt Geislingen (Steige) differenziert weiter nach der Größe der Hallen. Bei Vier-Feldhallen wird von einem Abschlag von 31%, bei Drei-Feldhallen von 17%, bei Ein-Feldhallen von 0% ausgegangen, sofern Anpassungen an den Gebäudezustand, Größe der Außenanlage, Eigen- oder Fremdreinigungsanteile vorher in Abzug gebracht wurden.

Zu- und Abschläge differenzieren den Bedarf. Nach dem Arbeitskreis Facility Management für Kommunen an der Hochschule für Wirtschaft und Umwelt mit den Städten und Gemeinden der Stadt Geislingen (Steige), Landkreis Göppingen, Stadt Ludwigsburg, Stadt Kirchheim / Teck, Stadt Mühlacker, Stadt Ostfildern, Stadt Sindelfingen und der Stadt Wangen sollten folgende Zu- und Abschläge erteilt werden:

- Reinigungszeit für eigene Reinigungsfläche (ohne Zuschlag, sondern absoluter Zeitanteil rund 1.640 [min / Woche (27h) ESG-Halle])
- Zuschlag Wegezeiten (15 [min] pro Gebäude pro Tag, weite Entfernungen * 1,5, nahe Entfernungen * 0,75, kein Zuschlag, wenn baulich zusammenhängend)
- Baulicher Zustand (noch nicht festgelegt)
- Zuschlag Eigenreinigung (Basis [KGSt 1 / 1986] 10.000 [m^2] Reinigungsfläche: + 10%, da erhöhter Aufwand für Einteilung der Reinigungskräfte, Materialbestellung und Verwaltungstätigkeiten)

- Zuschlag Vandalismus (problematischer Nutzer: Basis [KGSt 1 / 1986] 10.000 [m^2] Reinigungsfläche: + 5-10%)
- Regelungsaufwand Heizungsanlage (Basis [KGSt 1 / 1986] 10.000 [m^2] erhöhter Regelungsaufwand + 5%, hoher Regelungsaufwand + 10%)
- Maschinen- und Geräteausstattung (Basis [KGSt 1 / 1986] 10.000 [m^2] befriedigend + 3%, ausreichend + 5%)
- Bereitschaftszeiten (berechneter Zeitwert aus Anzahl der Veranstaltungen, unterteilt in ganz- / halbtägig sowie am Wochenende / werktags zzgl. Zeiten für Einweisung und Abnahme, wird im Gegensatz zu [KGSt 1 / 1986] als Bonus behandelt)
- Reinigung Grundstück / Außenanlagen (berechneter Wert: [m^2] befestigte Fläche ermittelt aus Aufmaß, Referenzfläche „Fußgängerzone Bernhausen": Bauhof [30 min / 1 Person] bei 2.400 [m^2] am Tag)
- Schließ- und Kontrolldienste (Basis [KGSt 1 / 1986] 10.000 [m^2] ermittelt aus Arbeitsaufzeichnungen, Zuschlag je nach Höhe der Überschreitung des Maximalwertes)
- Zuschlag Kleinreparaturen, Wartungsarbeiten
- Unterstützung Schulbetrieb (nach tatsächlichem Aufwand)
- Vorbereitung Veranstaltungen (berechneter Wert anhand der Veranstaltungen, pro Veranstaltung werden je nach Hallenkategorie 30 oder 90 [min] am Wochenende bzw. 15 oder 30 [min] werktags berechnet)
- Post (und Filmdienst) (nicht bei [KGSt 1 / 1986] berücksichtigt, muss angesetzt werden)
- Keine Beanspruchung des Hauswarts durch Fremdbenutzung

Die Stadt Geislingen setzt im weiteren keine Pauschalsätze für Wochenend- oder Winterdienste an ([VOGELMANN, K. 2007-11-29]).

Nachfolgend werden Optimierungsmöglichkeiten dargestellt.

- Maßnahmen zur Reduzierung der Stellenanzahl
  Grundsätzlich ist eine volle Auslastung des Hauswarts zu organisieren. Ist dies nicht gegeben, bestehen die Möglichkeiten Eigenleistungen (Insourcing) verstärkt zu erbringen oder die Option der Fremdvergabe (Outsourcing).
- Rationalisierung durch Objektbündelung
  - Abbau von Unterstützungskräften (sind i.d.R. bei Objekten mit einer Reinigungsfläche von 10.000 bis 12.000 [m^2] entbehrlich)
  - Zusammenfassen von Objekten (eine Auslastung ist bei Objekten von 3.000 bis 5.000 [m^2] Reinigungsfläche i.d.R. nicht gegeben), Teambildung hat sich bei der Stadt Ostfildern bewährt (vgl. [MAIER, H. 2006-07-20] S. 4, 6: Team 1: Kulturzentrum und Verwaltung; Team 2: Schulen Nellingen und Sporthallen, Scharnhausen; Team 3 und 4: Scharnauser Park, Ruit, Kemnat)
- Steigerung der Arbeitsleistung durch Teambildung
  Kriterien zur Teambildung (vgl. [MAIER, H. 2006-07-20])
  - Räumliche Nähe
  - Ähnliche Bauwerksnutzungsarten
  - Unmittelbare bzw. spätere Einsparungsmöglichkeiten

  Zielsetzung (vgl. [MAIER, H. 2006-07-20])
  - Gebäudemanagement und Hauswartdienste nachhaltig konkurrenzfähig gegenüber Outsourcinglösungen machen
  - Vertretungsfragen im Team lösen

  - Nicht allein leistbare Tätigkeiten im Team ermöglichen
  - Mehr fachliche Kompetenz im Team (z.B. für Energiemanagement / Heizungssteuerung)
  - Eindeutige Zuständigkeit der Teams für bestimmte Gebäude
  - Qualifizierung des Teams für zunehmende Technisierung
  - Realisierung von Einsparpotentialen durch Zielvereinbarungen mit Hauswarten
- Maßnahmen zur Steigerung der Auslastung (ggf. Objekte < 10.000 bis 12.000 [m^2] Reinigungsfläche)
  - Übernahme von Fremdleistungen, wie z.B. Rasenmähen und -sprengen, größere Reparaturen und Wartungen
  - Wechseldienst bei Schulkomplexen mit mehreren Hauswarten
- Maßnahmen zur Reduzierung der Überstunden
  - Konzentration von Veranstaltungen
  - Eigenverantwortliche Nutzung von Sportstätten durch Dritte, z.B. bei zeitweiliger Überlassung von Sportstätten an Vereine
  - Wechseldienst bei Schulkomplexen mit mehreren Hauswarten für übergeordnete Bereiche
  - Synchronisierung von Reinigungszeiten und Hauswartarbeiten (Die Reinigungen außerhalb der Dienstzeiten des Hauswartes führen zu Überstunden bei Hauswart, Schlüsseldienst ist ggf. auf das Reinigungspersonal zu übertragen)
  - Dienstplangestaltung (Anpassung an den tatsächlichen Bedarf) mittels Festlegung der Arbeitsaufnahme, der Pausen und einer 5-Tage-Woche
  - Überstundennachweise sind zu führen
  - Überstundenausgleich durch Freizeitausgleich reduziert die Neigung Überstunden als wesentlichen Bestandteil des Einkommens zu betrachten
  - Modernisierung technischer Anlagen (bei Modernisierung ist auf die Entlastung des Hauswartes zu achten)
  - Bei Schulen ggf. Übertragung des Winterdienstes oder der Sauberhaltung der Außenanlagen auf Dritte bei Objekten mit mehr als 10.000 bis 12.000 [m^2] Reinigungsfläche
- Maßnahmen zur Reduzierung von Nebenvergütungen
  - Heizungsentschädigungen (die ihre Berechtigung bei alten Anlagen hatten) sind bei Modernisierung zu kündigen
  - Pauschale Vertretungsentschädigungen durch z.B. Springerregelungen vermeiden
- Kostensenkung durch Outsourcing von Leistungen
  - (Reinigung in Eigenleistung kann bei kostengünstigerer Fremdvergabe aufgegeben werden)
- Sonstige Maßnahmen zur Reduzierung der Kosten
  - Gestaltungsmöglichkeiten bei der Bauunterhaltung (bei entsprechender Unterweisung können kleinere Reparaturen von den Hauswarten selbst durchgeführt werden)
  - Gestaltungsmöglichkeiten bei der Unterhaltung und Pflege von Außenanlagen (insbesondere, wenn die Auslastung nicht gegeben ist)
  - Gestaltungsmöglichkeiten beim Winterdienst
  - Aufgabenreduzierung bei der Vergabe von Gebäudereinigung
  - Nebeneinnahmen
- Maßnahmen zur Steigerung der Erträge
  - Entgelte für die Nutzung der Immobilien (z.B. durch Vereine)

Kostenart Hauswart … Nr. 5.8.5 [DIN 18960-1 1976-04]	… im Projektgeschäft	… im Objektgeschäft
Maßnahmen (Regelgrößen)		
Interne Chancen (Fördergrößen)		
- Kunde / Nutzer		Verursachergerecht Leistungen abrechnen
- Organisation		Auslastung z.B. durch Bildung von Hausmeistergruppen mit Zuständigkeitsregelungen erhöhen oder Leistungen reduzieren, Dienstanweisung (z.B. zum Betrieb der technischen Anlagen, Raumtemperatur etc.), organisatorische Veränderungen
- Ressourcen		
- Prozesse		
- Potenziale		Anreizsysteme zur Energieeinsparung einführen (z.B. „Fifty-fifty"-Programm)
Externe Risiken (Störgrößen)		Tarifabschlüsse (TVöD)

Abb. 6-59: Handlungsoptionen nach Strategieansätzen bei Hauswart

„Best-Practice"-Beispiele

- Stadt Mühlacker
  Seit 2006 werden Hauswarte zu einer Gruppe zusammengefasst, um die Auslastung zu erhöhen und Belastung gerechter zu halten. Gleichzeitig wurden Dienstanweisungen zum Betrieb der technischen Anlagen, Raumtemperaturen etc. ausgegeben [DIEHM, M. 2006-03-16].

6.3.11 Instandhaltung

Das Produkt „Instandhaltung" ist in Abb. 6-60 dargestellt. Hierbei wird der Rahmen für die Aufgabe und Auftragsgrundlage, die Zielrichtung eines Optimierungsansatzes, der Leistungsumfang einer vertraglichen Leistung sowie für Möglichkeiten der Leistungskontrolle mittels Qualitäts- und Mängelindikatoren gesetzt. Gleich der Reinigung sind die Qualitätsindikatoren hier ergebnisorientiert beschrieben, in dem ein störungsfreie Betriebsablauf im Mittelpunkt steht.

Produkt Instandhaltung …	… im Objektbetrieb	
Aufgabe		Gesamtheit der Maßnahmen zur Bewahrung und Herstellung des Soll-Zustandes von technischen Systemen und Objekten
	1.	Funktionsfähigkeit (Verfügbarkeit bewahren und sicherstellen), Sicherstellung der Ausfallzeiten bzw. Verfügbarkeit nach Vorgabe
	2.	Verkehrssicherheit
	3.	Nach dem Stand der Technik instandsetzen
Ziel (Stoßrichtung)	1.	Instandhaltungskosten für den Nutzungszeitraum bei definiertem Nutzungszweck sowie Betriebskosten minimieren
	2.	Ereignisorientierte (zu Gunsten der zustandsorientierten) Instandhaltung reduzieren
	3.	Kundenzufriedenheit und -orientierung erhöhen
	4.	Zukunftsorientiert instandhalten
Leistungsumfang	1.	Inspektion
		1. Ist-Zustand feststellen
		2. Ist-Zustand beurteilen und Ursachen analysieren
		3. Notwendige Instandhaltungsmaßnahmen ableiten
		4. Prognose zum Abnutzungsverlauf erstellen
	2.	Wartung: Regelung des Abnutzungsprozesses, Bewahrung des Soll-Zustandes
		1. Abnutzungsmechanismen beeinflussen
		2. Belastung beeinflussen
	3.	Instandsetzung: Herstellung des Soll-Zustandes
		1. Objekt anpassen
		2. Modernisieren
		3. Schwachstellen beseitigen
		4. Routine-Instandsetzung (ursprünglichen Soll-Zustand durch Reparatur herstellen) durchführen
	5.	Beratung bzgl. Instandhaltung
Auftragsgrundlage		Schriftlicher Vertrag / Auftrag / Zielvereinbarungen
Leistungskontrolle		
Qualitätsindikatoren	-	Objektspezifisch Instandhaltungskosten erfassen im Verhältnis Inspektion, Wartung und Instandsetzung sowie im Verhältnis Routine-Instandsetzung zu Schwachstellenbeseitigung sowie
	-	[Anteil] nutzerorientierter Instandhaltung
Mängelindikatoren	-	[Anz.] der berechtigten Beanstandungen und Mängelfeststellungen
	-	[Anz.] der Reklamationen
	-	[Anz.] der Ausfallzeiten
	-	[Dauer] der Ausfälle
		Quelle: vgl. [OVERKAMP, S. BBG 1996-10] S. 593-595

Abb. 6-60: Produktbeschreibung Instandhaltung

Kennzahlen zur Instandhaltung sind in Abb. 6-61 als Orientierungswerte dargestellt.

Kostenart Instandsetzung … Nr. 6. [DIN 18960-1 1976-04]	… im Projektgeschäft	… im Objektgeschäft
Ziel (Führungsgröße)	Instandhaltungskosten [€ / a] erfolgsorientiert nachhaltig reduzieren	

(Vergleichs-)Kennzahl (Orientierungswerte) der Literatur:

Instandhaltungskosten nach Bauwerksnutzungsarten (indiziert: Baupreisindex)

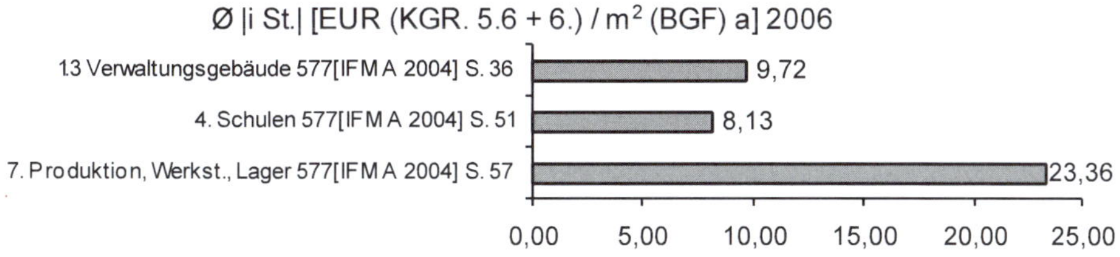

Instandsetzungs- / Verbesserungskosten nach Bauwerksnutzungsarten (indiziert: Baupreisindex)

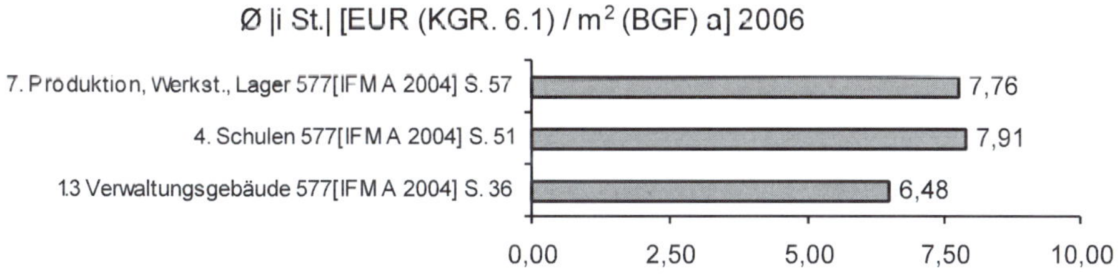

Vorgaben	s. Abb. 6-60	
Instrumente und Methoden	Kostenschätzung nach AMEV- oder IfB-Verfahren oder Personalbedarf nach HIS-Simulation	Ist-Kennwert-Plan-Vergleich
Kostenkennzahl (Kostengröße)	Instandhaltungskosten [€ / m^2 $_{BGF}$ a] oder [€ / m^2 $_{NF}$ a] oder [€ / m^2 $_{Sektor}$ a]	
	als Kennwert für 5-80 Jahrespläne	als Kennwert für 1-5 Jahrespläne
Vergleichsebene (Bezugsgröße)	Objekt nach Bauwerksnutzungsart	
Präzisions- / Detaillierungsgrad (Kostenermittlungsart)	Kostenrahmen bis Kostenanschlag	Kostenfeststellung nach Rechnungslegung
Mengenangabe (Stellgröße)	Wiederbeschaffungswerte (WBW) [€ / KGR o. StLB a]	Bauleistungen [€ / KGR o. StLB a Sektor] Sektor nach Kontierung
Parameter der Preisbildung (Berechnungsverfahren)	WBW [€ KGR / StLB] * f Instandhaltungsfakt. -> AMEV-Verfahren	Bauleistungen * Preis [€ / a]

Abb. 6-61: Kennzahlen bei Instandhaltung

Orientierungswerte zur Instandhaltung sind nur selten vorhanden, es gibt allerdings verschiedene Berechnungsmethoden. Eine Methodenübersicht zeigt Abb. 6-62.

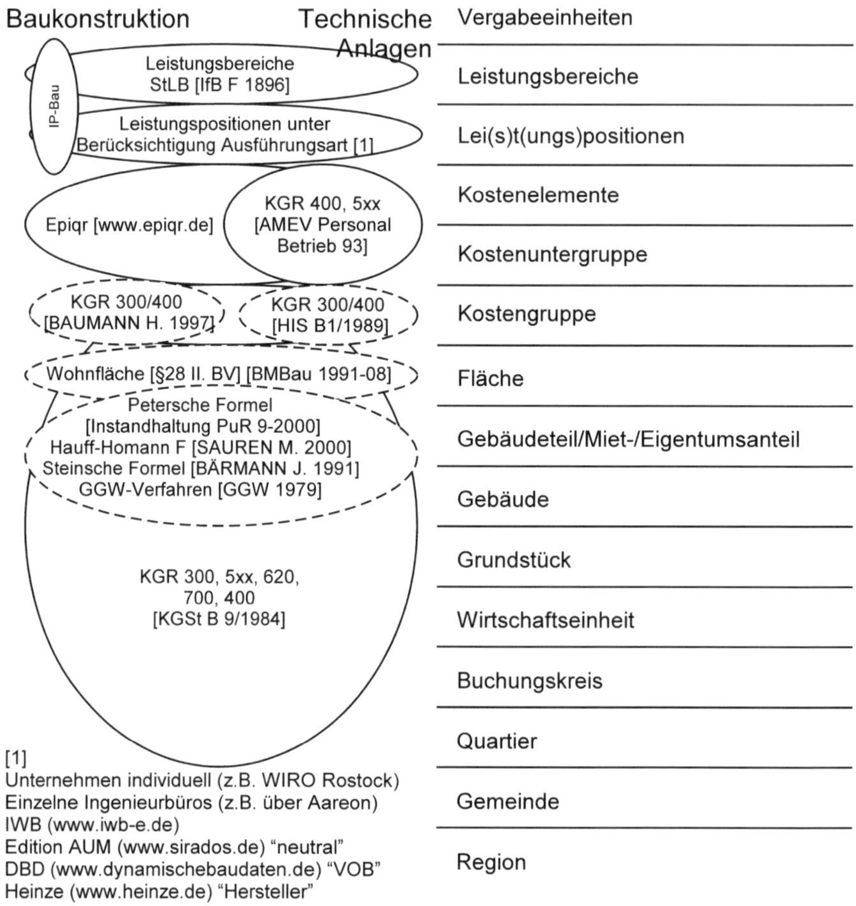

Abb. 6-62: Methodenübersicht

Die Methoden setzen weitgehende Kenntnis der Kostenstruktur als Wiederbeschaffungswerte nach DIN 276, des Kaufpreises oder Baukosten nach DIN 276 voraus und unterscheiden sich im Detaillierungsgrad. „Epiqr“ von CalCon oder „AnalysSuite“ von WoWiConsult ist methodisch die Weiterentwicklung der Grobdiagnose des Bundesamtes für Konjunkturfragen (s. [BaK 1993-06]). Die Grobdiagnose IP-Bau passt sich allerdings in die Kostenstruktur des Schweizerischen Ingenieur- und Architektenverein (SIA) ein. Die Methoden haben in der Bauwerksnutzungsart verschiedene Schwerpunkte:

- „Alle“ Gebäudearten [AMEV Personal Betrieb 93], [KGSt B 9 / 1984], Leistungspositionen
- Hochschulgebäude [HIS B1 / 1989]
- Wohngebäude [IfB F 1869], [BAUMANN, H. 1997], EPIQR
- Wohnungseigentum Peter´sche Formel und andere Verfahren in der Wohnungseigentumsverwaltung

Für eine grobe Aufwandseinschätzung wird nachfolgend ein Vergleich zwischen kostengruppen- und ausführungsorientierten Kostenermittlungsverfahren bei Neubaumaßnahmen herangezogen (s. [LBB 1.12-1990]. Eine Parallele erscheint statthaft, da eine ausführungsorientierte Kostenberechnung eines Neubaus ebenfalls eine vielfache Anzahl von Leistungspositionen in der Verarbeitung benötigt. Als Ausgangsthese könnte formuliert werden. Bei einer Kostenberechnung nach Ausführungsart mittels Leistungspositionen und -bereichen, ist bei der Instandhaltung mit überproportionalem Aufwand (4fach) gegenüber der Genauigkeit des Ergebnisses zu rechnen (<< 4 fach.) (vgl. s. [LBB 1.12-1990]).

Es werden daher nachfolgend Berechnungsverfahren dargestellt, die die Ausführungsart weitgehend unberücksichtigt lassen.

- Hochschul-Informations-System GmbH
  In der Vorplanungs- und Entwurfphase lassen sich Teile der Betriebskosten und Bauunterhaltungsmaßnahmen an der Gebäudetechnik in einem Modell vom Hochschul-Informations-System (HIS) aus dem Personalbedarf in Abhängigkeit zu den regelmäßigen Instandhaltungs- einschließlich der Instandsetzungsarbeiten, Turnus der Instandsetzungsarbeiten und Technikanteil errechnen (s. [HIS B1 / 1989] S. 5).

  Der notwendige betriebstechnische Betreuungsaufwand eines Gebäudes hängt hier vom Umfang der installierten Technik ab. In dieser Quelle weisen sowohl Groenberg & Partner als auch die „Grundlagen der Technischen Versorgung“ an Universitäten Faktoren für den Personalbedarf in Abhängigkeit vom Installationsgrad eines Gebäudes als wesentliche Kostengröße aus. Die Gebäude werden dabei in vier Installationsklassen unterschieden. Die Instandhaltungskosten lassen sich aus dem Personalbedarf berechnen. Ein Bspl. für die Abhängigkeit des Installationsgrades von der Bauwerksnutzungsart ist Abb. 6-63 zu entnehmen.

Installationsgrad	Berechnung des Personenbedarfs in [Personen / 1000 m^2 (HNF)]	Groenberg & Partner	HIS
I	Verwaltungsgebäude mit einfacher technischer Ausstattung	0,44	0,44
II	Verwaltungsgebäude mit gehobener technischer Ausstattung	0,66	0,66
III	Institutsgebäude, Universitäten, Kliniken usw.	0,81	0,90
IV	Maschinenhäuser, Versuchslaboratorien usw.	1,51	1,32
S. [AMEV Personal Betrieb 93]			

Abb. 6-63: Berechnung Personalbedarf nach HIS

Verwaltungsgebäude mit gehobener technische Ausstattung sind danach als Gebäude der Klasse II (Faktor 0,66 / 1000 m^2 HNF) einzuordnen. Die Tabelle zeigt, dass Groenberg & Partner und HIS den Personalbedarf für diese Gebäudeklasse gleich einschätzen. Auf der Basis der in der Tabelle ausgewiesenen Personalfaktoren können mit bekannten Hauptnutzflächen die Personalhochrechnungen vorgenommen werden.

Durch ein Personaläquivalent lässt sich der Personalbedarf in Kosten für die Instandhaltung umrechnen. Das Personaläquivalent entspricht den mittleren Jahreskosten einer Stelle in der technischen Verwaltung einschließlich eines Anteils für Lohnnebenkosten. Der „Arbeitskreis Maschinen- und Elektrotechnik staatlicher und kommunaler Verwaltungen“ (AMEV) veranschlagte diese Kosten 1993 mit 70.200,- DM pro Jahr.

- Instandhalten nach Wiederbeschaffungswerten nach DIN 276, 1. Stufe
Die Instandhaltungskosten in Anlehnung an die [DIN 31051 2003-06] lassen sich vereinfacht den Kostengruppen 5.6 „Inspektion und Wartung“ und die Instandsetzungskosten der Kostengruppe 6 „Bauunterhaltungskosten“ nach [DIN 18960-1 1976-04] lassen sich den „Baunutzungskosten von Hochbauten“ zuordnen. Die Instandsetzungskosten werden in erster Linie durch Größe, Konstruktion, Baustoffe, technische Ausstattung und Nutzung des Gebäudes und seiner Teile bestimmt. Die technische Gebäudeausrüstung (Heizung, Lüftung, Sanitäranlagen) besitzt einen Anteil von 20% bis 52% an den Instandsetzungskosten, sodass der Installationsgrad als Verhältnis zwischen den Kosten „Bauwerk – Technische Anlagen“ und Bauwerkskosten eine wichtige Einflussgröße für die Instandsetzungskosten darstellt. Instandhaltungskosten beinhalten nicht „verbrauchsbedingte Wertminderung der Gebäude, Anlagen und Einrichtungen“, die der Kostengruppe 2 nach [DIN 18960-1 1976-04] zuzurechnen sind.

		Kostengruppe	[€ (WBW)]		Faktor		[€ / a]
	300	Bauwerk – Baukonstruktionen		*	0,3 - 0,5%	=	
+	400	Bauwerk – Technische Anlagen		*	1,5 - 2%	=	
=		Durchschnittliche Bauunterhaltungskosten per anno					
		s. [BAUMANN, H. 1997]	WBW = Wiederbeschaffungswert				

Abb. 6-64: Berechnung der Instandsetzungskosten nach Wiederbeschaffungswert

Analytisch gewonnene Anhaltswerte nach Bauwerksnutzungsarten lassen sich i.d.R. durch verschiedene Berechnungsverfahren in Verbindung mit Bauwerksdokumentationen erstellen, sofern eine statistisch ausreichende Anzahl von Bauwerken einer Nutzungsart dokumentiert ist. Erfahrungswerte zur Instandhaltung für die Funktionsgruppe Baukonstruktion in Anlehnung an die Kostengruppe 300 „Bauwerk – Baukonstruktionen“ nach [DIN 276-1 2006-11] liegen nur im Einzelfall und bevorzugt im Wohnungsbau vor (s. [IfB 1979] oder [IfB BBB 6-1987] S. 375-378]). Detailliertere Angaben finden sich zur Kostengruppe 400 „Bauwerk – Technische Anlagen“.Anhaltswerte zu Instandsetzungskosten

In der Literatur werden vereinzelt einfache Angaben der Instandsetzungskosten in Abhängigkeit zu den Wiederbeschaffungswerten (WBW) gesetzt (S. Abb. 6-64). Der WBW ergibt sich aus den Herstellungskosten multipliziert mit dem dazugehörigen Index, i.d. R. dem Baupreisindex. Zur Begriffsdefinition von Instandhaltungskosten, Wiederbeschaffungswert und Instandhaltungsrate vgl. [AGI W 5].

- Kommunale Gemeinschaftsstelle für Verwaltungsvereinfachung
Grundlage der Mittelbemessung nach dem Verfahren der Kommunalen Gemeinschaftsstelle für Verwaltungsvereinfachung (KGSt) ist ein Richtwert-System. Im langfristigen Durchschnitt sind die Kosten für Bauunterhaltungsmaßnahmen bei durchschnittlich gemischter Gebäudesubstanz in Höhe von jährlich 1,2% des Wiederbeschaffungswertes erforderlich. Dieser Richtwert gilt, sofern der Gebäudebestand durchschnittlich folgende Merkmale besitzt:
  - Der durchschnittliche Technikanteil beträgt 25%.
  - Ein Mehr- oder Minderbedarf zur Bauunterhaltung wird aufgrund des Gebäudealters als ausgeglichen angesehen (eine für Kommunen typische Altersmischung).

- Es liegt eine durchschnittliche Zusammensetzung nach Nutzungsarten (z.B. kein hoher Wohnungsbestand) vor.

Folgende Einflußgrößen sollen bei der Mittelbemessung berücksichtigt werden

- Technikanteil: Der Faktor zur Berücksichtigung des Technikanteils errechnet sich wie folgt: („Bauwerk – Technische Anlagen“ / „Summe der Bauwerkskosten“ * 2 + 0,5). Bspl.: Bei einem Technikanteil von 25% ergibt sich ein Faktor von 1,0.
- Gebäudealter: Das Gebäudealter kann durch Faktoren berücksichtigt werden (bis 10 Jahre 0,4; über 30 Jahre 1,2 und über 80 Jahre 1,3).
- Renovierungsturnus: Der Renovierungsturnus bzw. der vom Nutzer abhängige Verschleiß werden ebenfalls durch Faktoren berücksichtigt (z.B. Verwaltungsgebäude u.ä., Werkstatt- und Garagengebäude u.ä., Wohnhäuser (ohne Obdachlosenunterkünfte) = Faktor 0,9; Schulen (ohne Grundschulen), Jugendeinrichtungen, Kindertagesstätten u.ä. = Faktor 1,1).

Die Kostengruppen „Wartung und Inspektion“ und „Bauunterhaltungskosten“ [DIN 18960-1 1976-04] für die Funktionselemente des Bauwerks „Baukonstruktionen“ und „Technische Anlagen“ werden nach dem Modell der KGSt als Gesamtwert berechnet. Ausgehend von dem Richtwertsatz in Höhe von 1,2% des Wiederbeschaffungswertes, werden in Abhängigkeit vom Technikanteil, dem Verschleiß durch den Nutzer und ggf. dem Gebäudealter die Kosten ermittelt. Die nebenstehende Abbildung verdeutlicht den Rechengang (s. [KGSt B 9 / 1984] und berücksichtigt die Kostengruppen 5.6 und 6. nach [DIN 18960-1 1976-04]). Fernmelde- und informationstechnische Anlagen werden jedoch ausdrücklich nicht berücksichtigt. Die jährlichen Kosten für die Technik werden dabei im Gegensatz zur Baukonstruktion doppelt so hoch angesetzt.

KGR.		Kostengruppen [DIN 276-1 2006-11]	Faktor [f]	[€ (WBW)]	[€ / a]
+	511	Geländebearbeitung			
+	517	Wasserflächen			
+	519	Geländeflächen, sonst.			
+	520	Befestigte Flächen			
+	530	Baukonstruktionen in Außenanlagen			
+	550	Einbauten in Außenanlagen			
+	400	Technische Anlagen			
-	450	Fernmelde- und informationstechnische Anlagen			
+	540	Außenanlagen			
+	620	Kunstwerke			
+	700	Baunebenkosten			
		Summe		=	
*		Richtwert	1,2%		
*		Installationsgrad			
		Bauwerk – Technische Anlagen / Bauwerkskosten	[€ KGR. 400 / (€ KGR. 300] + € KGR. 400)]		
	*	KGSt-Faktor	2		
	+	KGSt-Faktor	0,5		
*		Verschleißfaktor	0,9 – 1,1		
*		Gebäudealter abhängiger Faktor	0,4 – 1,2		
=		Instandhaltungskosten per anno			=
		s. [KGSt B 9 / 1984], berücksichtigt die Kostengruppen 5.6 und 6. nach [DIN 18960-1 1976-04]			

Abb. 6-65: Berechnung der Instandsetzungskosten nach KGSt

- Arbeitskreis Maschinen- und Elektrotechnik staatlicher und kommunaler Verwaltungen
  Anhand des vom Bundesministerium für Bauwesen, Städtebau und Regionalwesen (BMBau) für die Bauverwaltung eingeführten Verfahrens des Arbeitskreises Maschinen- und Elektrotechnik staatlicher und kommunaler Verwaltungen (AMEV), „Ermittlung des Personalbedarfs für das Betreiben Betriebstechnischer Anlagen in Liegenschaften des Bundes", können die Kosten für die betriebstechnischen Einbauten und der Kostengruppen 5.5 „Bedienung", 5.6 „Wartung und Inspektion" und 6. „Bauunterhaltung" nach [DIN 18960-1 1976-04] ermittelt und eine erste Hochrechnung des notwendigen Betriebspersonals vorgenommen werden. Das Verfahren unterscheidet operative (Tätigkeitsbereiche nach [VDI 3801] „Betreiben von Raumlufttechnischen Anlagen"), leitende (Personalführung, Organisation, Grundlagen), dispositive, überwachende und administrative Anteile, die unmittelbar mit den operativen Maßnahmen im Zusammenhang stehen und im Ermittlungsverfahren zu berücksichtigen sind.

  Das Verfahren stellt einen direkten Bezug zwischen den Anschaffungskosten der betriebstechnischen Einrichtungen in Form von Wiederbeschaffungswerten und Kostengruppen 5.5, 5.6 und 6. nach [DIN 18966-1 1976-09] durch Faktoren her. Für die Berechnung sind die Wiederbeschaffungswerte eines Bauwerkes entsprechend den Kostengruppen nach [DIN 276-1 2006-11] bis zur dritten Gliederungsebene heranzuziehen. Gegebenenfalls können auch die Wiederbeschaffungswerte aus Datenbanken (z.B. Baukosteninformationszentrum Deutscher Architektenkammern, BKI) abgeschätzt werden. Über ein Personaläquivalent und Eigenanteile lässt sich der Personalbedarf errechnen. Bei dem AMEV-Verfahren führt ein größerer Aufwand bei betriebstechnischen Anlagen über höheren Betreuungsaufwand zu höheren Instandhaltungskosten.

Der Rechenweg lässt sich wie folgt darstellen: Wiederbeschaffungswerte einzelner Kostengruppen der [DIN 276-1 2006-11] werden mit Faktoren nach Abb. 6-66 multipliziert und aufsummiert.

KGR.	[€ (WBW)]	Faktoren [f]					[€ / a]
		Betätigung	Inspektion	Wartung	Instandsetzung		
		Bedienen	Instandhaltung				
		Bauwerk – Technische Anlagen					
410	*	0,07	0,14	0,56	0,70	=	
420	*	0,30	0,30	0,60	0,60	=	
430	*	0,30	0,60	1,50	0,90	=	
440	*	0,14	0,81	1,08	0,81	=	
450	*	0,20	0,50	0,20	0,30	=	
460	*	0,18	1,05	1,05	1,40	=	
		Nutzungsspezifische Anlagen					
471	*	0,10	0,20	0,80	1,00	=	
472	*					=	
473	*	0,15	0,30	0,45	0,75	=	
476	*	0,30	0,40	1,00	0,60	=	
477	*	0,30	0,50	1,50	0,90	=	
478	*	0,35	0,70	1,05	1,75	=	
		Technische Anlagen (Auenanlagen)					
541	*	0,10	0,20	0,80	1,00	=	
542	*					=	
543	*					=	
544	*	0,10	0,20	0,70		=	
545	*					=	
546	*	0,10	0,40	0,60	1,00	=	
547	*					=	
		Nebenkosten: Dispositiv, Administration					
700	*	0,2 bis 0,5	0,2 bis 0,5	0,2 bis 0,5	0,2 bis 0,5	=	

Berücksichtigt die Kostengruppen 5.5, 5.6 und 6. nach [DIN 18960-1 1976]. In die Tabelle wurde zusätzlich die begriffliche Zuordnung der [DIN 31051 2003-06] und [DIN 18 960-1 1976-04] eingearbeitet. Die angegebenen Werte sind aus [AMEV Personal Betrieb 93] übernommen.

Abb. 6-66: Berechnung der Instandhaltungskosten Technischer Anlagen nach AMEV

- Institut für Bauforschung (IfB) e.V.
  In Rahmen eines Forschungsvorhabens für den Wohnungsbau hat das Institut für Bauforschung (IfB) nachfolgende Instandhaltungsfaktoren [f] als Anhaltswerte für die Bauunterhaltung im Wohnungsbau ermittelt. Die Bauunterhaltungskosten ergeben sich hier aus den Eigenpersonalkosten, den Stoffkosten und aus Fremdleistungen für die Inspektion, Wartung und Instandsetzung von Baukonstruktion und Gebäudetechnik eines Wohngebäudes.

Die jährlich anfallenden Instandhaltungskosten einzelner Gewerke nach Standardleistungsbuch (StLB) werden durch Multiplikation der Wiederbeschaffungswerte (WBW) mit Instandhaltungsfaktoren aus Abb. 6-67 nach folgendem Schema geschätzt und anschließend summiert.

	Nr.	Leistungsbereiche nach StLB	[€ (WBW)]		Faktor [f]		[€ / a]
	300	Bauwerk – Baukonstruktionen					
	002	Erdarbeiten		*	0%	=	
+	012	Mauererarbeiten		*	0,12%	=	
+	013	Betonarbeiten		*	0,12%	=	
+	014	Natur- und Betonsteinarbeiten		*	0,25%	=	
+	016	Zimmererarbeiten und Holzbau		*	0,60%	=	
+	017	Stahlbau		*	0,60%	=	
+	020	Dachdeckung		*	2,20%	=	
+	021	Dachabdichtung		*	2,20%	=	
+	022	Klempnerarbeiten		*	3,00%	=	
+	023	Putzarbeiten		*	0,4 – 1,5%	=	
+	024	Fliesen- und Plattenbelagsarbeiten		*	25,0%	=	
+	025	Estricharbeiten		*	1,25%	=	
+	027	Tischlerarbeiten (KGR. 334)		*	1,00%	=	
+		Türen		*	2,50%	=	
+	032	Verglasung		*	1,80%	=	
+	034	Maler- und Lakiererarbeiten		*	7,50%	=	
+	036	Bodenbelagsarbeiten		*	1,25%	=	
+	099	Sonstiges Bauwerk		*	2,00%	=	
	400	Bauwerk – Technische Anlagen					
+	043	Sanitäre Installationen		*	2,50%	=	
+	045			*	2,50%	=	
+	040	- 078 Heizung und Lüftung		*	3,30%	=	
+	050	- 065 Elektroinstallationen		*	2,00%	=	
+	099	Sonstige Technische Anlagen		*	2,00%	=	
+	999	Sonstiges effektiv		*	2,00%	=	
=		Durchschnittliche Bauunterhaltungskosten per anno					
S. [IfB F 1869]: berücksichtigt die Kostengruppe 6. nach [DIN 18960-1 1976-04]							
S. [HAMPE, K. DBZ 10-1985] S. 1331-1339							

Abb. 6-67: Berechnung der Instandsetzungskosten und nach Standardleistungsbuch

Faktoren sind lediglich für Wohngebäude vorhanden und die Abgrenzung der Gewerke ist nicht eindeutig definiert und dokumentiert. Teilweise erfolgen Bezüge nach Kostengruppen der heute gültigen [DIN 276-1 2006-11]. Für andere Bauwerksnutzungsarten sind Instandhaltungsfaktoren für Wiederbeschaffungswerte nach Gewerken nicht bekannt.

- Bauteile unter Berücksichtigung der Ausführungsart
  Daneben ist es möglich, die Instandhaltungskosten für technische Anlagen, für Bauteile oder Baugruppen nach der Ausführungsart zu berechnen. Für eine Berechnung der Wärmeversorgungsanlagen nach Bauelementen kann z.B. die [VDI 2067] herangezogen werden.

  Bauteile der Baukonstruktion sind prinzipiell unabhängig von der Bauwerksnutzungsart. Rückschlüsse für Bauwerksnutzungsarten im bottom-up Verfahren sind nur insoweit möglich, als die für eine Bauwerksnutzungsart typischen Ausführungsarten einer bestimmten Zeit bekannt sind.

- Berechnungsverfahren bei Wohnungseigentümern
  Hinzuzufügen ist die Peter´sche Formel, die im WEG-Recht Anwendung findet. Das Berechnungsschema ist in Abb. 6-68 dargestellt.

	Peter´sche Formel			*Bem.*
	Baukosten einer WEG-Anlage		[€]	
*	Instandhaltungsfaktor	1,5		
/	Technische Lebensdauer	80	[a]	i.d.R. 80 [a]
=	Instandhaltungskosten		[€ / a]	
*	Anteil des Gemeinschaftseigentums	65%		65-70%
=	Höhe der Instandhaltungskostenrücklage		[€ / a]	
Vgl. [Instandhaltung PuR 9-2000] S. 58-59				

Abb. 6-68: Peter´sche Formel

Nachfolgend sind weitere Berechnungsverfahren in der WEG-Verwaltung mit ihren Parametern aufgeführt (s. Abb. 6-69). Die Gegenüberstellung der verschiedenen Verfahren ergibt das Bild nach Abb. 6-71 und Abb. 6-70.

	Peter´sche Formel [Instandhaltung PuR 9-2000]	Hauff-Hofmann in [SAUREN M. 2000]	Steinsche Formel in [BÄRMANN J. 1991]	II. BV	RBS in [BMBau 1991-08]	KGSt incl. Warung und Inspekt. und Eigenleistungen	GgW-Verfahren [GGW 1979]	Praxisbeispiel
Eigentümerquote								9.775,0
Wohnfläche								9.775,0
Anteil Gemeinschaftseig.	65%	65%	65%	65%	65%	**60%**	65%	65%
[m2 MF] / [m2 BGFa]	0,56	0,56	0,56	0,56	0,56	0,56	0,56	0,56
Instandhaltungsfaktor	1,5		0,90%			1,20%	1,5	
Technikanteil						**16%**		
Faktor						0,82		
Nutzungsintensität						0,90		
Nutzungdauer	80						80	
Planungshorizont		50						
Herstellkosten (HK) TEUR								4.657
HK 1972 [EUR] / [m2 WF]	741							0
* 1,15								
= Kaufpreis ohne Grundstück								
* 1,30		1.108	1.108					
= Kaufpreis mit Grundstück								
Anteil Sondereigentum/Marktpreis		25%						

Abb. 6-69: Übersicht der verwendeten Berechnungsverfahren in der WEG-Verwaltung

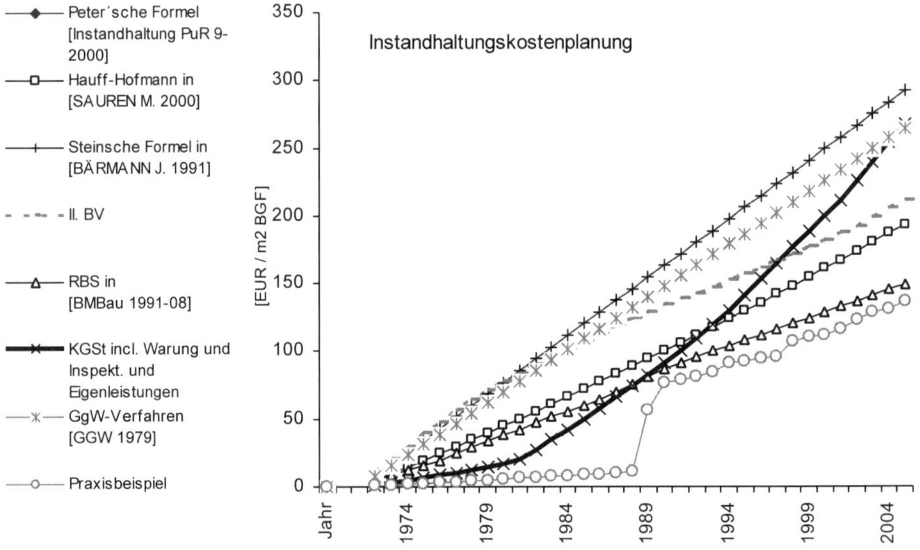

Abb. 6-70: Graphische Darstellung der Ergebnisse WEG-Verwaltung in Zeitreihen

	Jahr	Peter´sche Formel [Instandhaltung PuR 9-2000]	Hauff-Hofmann in [SAUREN M. 2000]	Steinsche Formel in [BÄRMANN J. 1991]	II. BV	RBS in [BMBau 1991-08]	KGSt incl. Warung und Inspekt. und Eigenleistungen	GgW-Verfahren [GGW 1979]	Praxisbeispiel
		EUR / [m2 BGFa]	EUR / [m2 BGFa]	EUR / [m2 BGFa]	EUR / [m2 BGFa]	EUR / [m2 BGFa]	EUR / [m2 BGFa]	EUR / [m2 BGFa]	EUR / [m2 BGFa]
	1970								
	1971								
1	1972	7,78	4,77	8,59	10,68	4,42	1,47	7,78	0,63
2	1973	15,57	9,60	17,19	20,63	8,54	3,09	15,57	1,25
3	1974	23,35	14,49	25,78	29,91	12,38	4,82	23,35	1,88
4	1975	31,13	19,43	34,37	38,96	16,13	6,68	31,13	2,50
5	1976	38,92	24,43	42,97	47,71	19,75	8,67	38,92	3,13
6	1977	46,70	29,48	51,56	56,07	24,94	10,71	46,70	3,75
7	1978	54,49	34,58	60,15	63,94	29,82	12,83	54,49	4,38
8	1979	62,27	39,75	68,75	71,17	34,32	15,04	62,27	5,00
9	1980	70,05	44,97	77,34	77,71	38,37	17,39	70,05	5,63
10	1981	77,84	50,24	85,93	83,88	42,21	19,94	77,84	6,25
11	1982	85,62	55,57	94,52	89,88	46,87	27,01	85,62	6,88
12	1983	93,40	60,96	103,12	95,76	51,43	34,50	93,40	7,50
13	1984	101,19	66,40	111,71	101,49	55,87	42,20	101,19	8,13
14	1985	108,97	71,89	120,30	107,20	60,30	50,06	108,97	8,75
15	1986	116,75	77,45	128,90	112,83	64,68	58,12	116,75	9,45
16	1987	124,54	83,05	137,49	118,36	70,40	66,22	124,54	10,00
17	1988	132,32	88,72	146,08	123,77	76,00	74,42	132,32	11,25
18	1989	140,11	94,43	154,68	129,00	81,11		110,11	60,70
19	1990	147,89	100,21	163,27	133,90			[illegible]	76,65
20	1991	155,67	106,04	171,86					79,12
21	1992	[illegible]	[illegible]						
	1993	[illegible]							

Abb. 6-71: Darstellung der Ergebnisse der verwendeten Berechnungsverfahren in der WEG-Verwaltung

- Zustände bewerten
  Zur Berücksichtigung des jetzigen Zustandes eines Gebäudes ist eine Zustandsbewertung von Bauteilen notwendig, die eine Eingriffstiefe als Berechnungsgrundlage festlegt. Die Berechnungsmethodik ist in Abb. 6-72 anhand der Grobdiagnose Bau dargestellt, bei der 50 Grobdiagnose-Elemente eines Gebäudes näher vor Ort betrachtet und der Zustand der Grobdiagnose-Elemente nach einem vorgegebenen Verfahren bewertet werden. Eine Kostenschätzung der anstehenden Instandhaltungsmaßnahmen ist das Ergebnis.

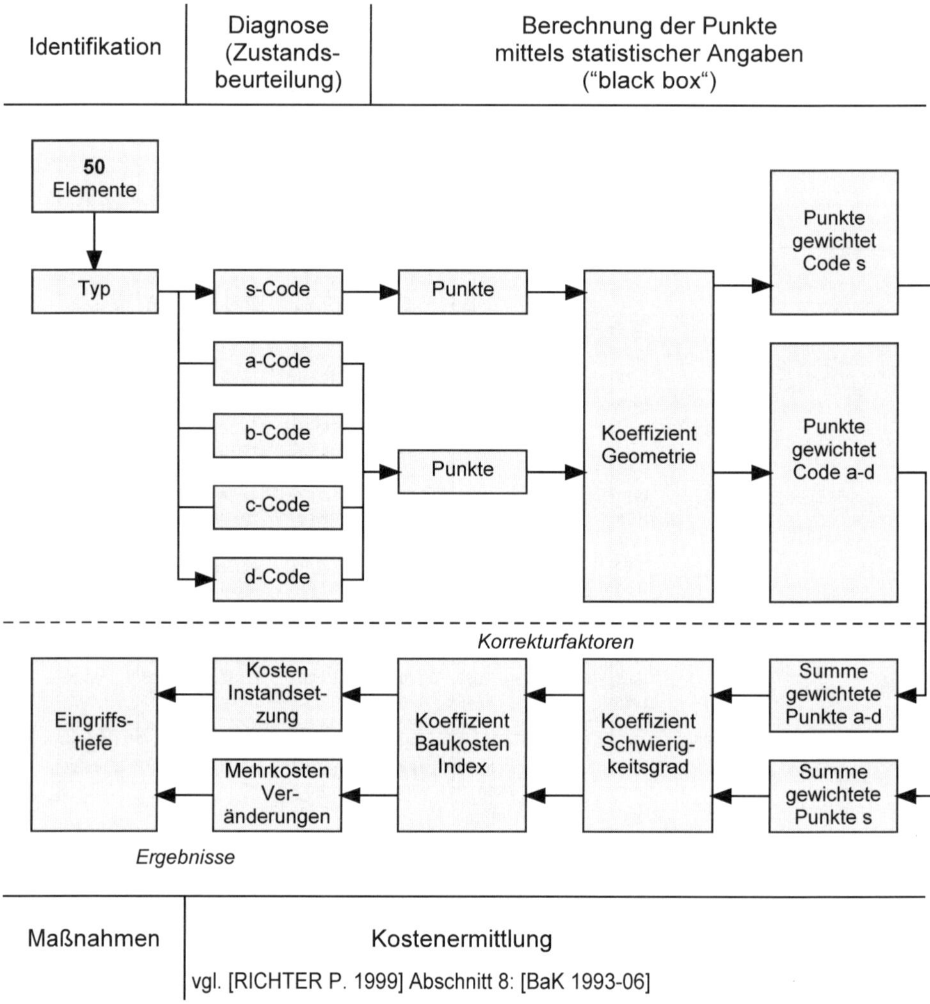

Abb. 6-72: Grobdiagnose von IP-Bau

Die Aufzählung der Elemente gibt einen Eindruck darüber, welche Elemente in der Wohnungswirtschaft besondere Aufmerksamkeit benötigen: 01. Umgebung Außenflächen, 02. Tragkonstruktionen, 03. Fassade Außenfläche, 04. Fassade Dekoration, 05. Balkone, Loggien, 06. Fassade Wärmedämmung, 07. / 08. Kellerräume (privat / allgemein), 0.9 Kellerdecke Wärmedämmung, 10. Lagerung Heizöl, 11. / 12. Wärmeerzeugung und -verteilung, 13. Versorgung Wasser, Gas, 14. Entsorgung Wasser, 15. / 16. Keller Außentüren und Tore, Fenster, 17 / 18. / 19. Treppenhaus Wände, Treppen und Podeste, Eingangstüre, 20. Wohnungstüren, 21. / 22. Starkstrom, 23. Schwachstrom, 24. Aufzug, 25. Tragwerk Dach, 26. Dacheindeckung, 27. / 28. / 29. Dachaufbauten massiv, Glas, Dachgauben, 30. / 31. / 32. Dach Wärmedämmung, -abschlüsse, -raum, 33. Elektronanlagen Wohnungen, 34. Wärmeabgabe, 35. / 36. Kalt-, Warmwasserverteilung, 37. Gasverteilung, 38. Entsorgungsleitung bis Kellerdecke, 39. / 40. / 41. Fenster, Wetterschutz, Sonnenschutz, 42. Türen, Innenausbauten, 43. Bodenbeläge, 44. / 45. Wand-, Deckenverkleidungen, 46.

Küche, 47. Bad / WC, 48. Abluftanlagen, 49. Gewerberäume und 50. Gerüste und Bauplatzeinrichtung. In ähnlicher Form finden sich diese Elemente auch bei anderen Autoren wieder (vgl. SCHMITZ, H. in [GdW Schriften 43] S. 87): Wesentlich sind jedoch die Hüllfläche und die technischen Anlagen einer Immobile.

Beispielhaft ist in Abb. 6-73 der Wetterschutz dargstellt. Die Codes a, b, c und s beschreiben den augenblicklichen Zustand eines Elementes. Die Grobdiagnose Bau ist ein papiergestütztes Verfahren.

40. Wetterschutz	**40.**
Definition:	**Geometrischer Koeffizient:**
Beurteilung des Wetterschutzes auf Funktion, Bedienung, Oberflächen etc.	FW Wohnfläche
Typen:	**Querverweis:**
Typ 1 Jalousien Typ 2 Rolläden oder Lamellenstoren	Element 39 Fenster
Diagnose und Maßnahmen	**Diagnose und Maßnahmen**
Typ 1 Jalousien	**Typ 2 Rolläden und Lamellenstoren**
Code a Punkte: 0	**Code a Punkte: 0**
Jalousien in Ordnung. Oberflächen sauber. *Keine kostenwirksamen Massnahmen.*	Rolläden und Lamellenstoren in gutem Zustand. Oberflächen sauber. *Keine kostenwirksamen Massnahmen.*
Code b Punkte: 5	**Code b Punkte: 4**
Jalousien in Ordnung. Oberflächen verwittert. Bedienung und Material in Ordnung *Komplette Oberflächenbehandlung.*	Rolläden und Lamellenstoren in Ordnung. Bedienungselemente teilweise abgenutzt. Bedienung und Material in Ordnung *Ersetzen von Bedienungselementen. Kleinere Instandsetzungsarebiten*
Code c Punkte: 10	**Code c Punkte: 18**
Jalousien beschädigt (<30%). Oberflächen verwittert. *Teilersatz (≤30%). Komplette Oberflächenbehandlung*	Panzer oder Lamellenstores stark verwittert und teilweise defekt. Bedienungselemente teilweise abgenutzt *Ersetzen der Panzer oder Lamellenpakete mit Bedienungselementen*
Code d Punkte: 19	**Code d Punkte: 24**
Sämtliche Jalousien beschädigt. Oberflächen verwittert. *Totalersatz der Jalousieläden. Komplette Oberflächenbehandlung*	Rolladen oder Lamellenstores nicht mehr funktionsfähig. *Kompletter Ersatz durch neue Rolläden oder Lamellenstores*

s. [BaK 1993-06] S. 104ff

Abb. 6-73: Bspl.: Diagnose: IP Grobdiagnose 40

Mit dem ähnlichen Verfahren arbeit das DV-gestützte Verfahren EPIQR (Energy Performance-Indoor Enviroment Quality-Retrofit). Es wurde vom Fraunhofer Institut Bauphysik bis 2000 zur Marktreife entwickelt. Es dient zur Bestimmung des Instandsetzungs- und Modernisierungsbedarfs sowie zur Ausstellung von Energieausweisen. Hier werden ebenfalls die Zustände von 50 Elementen nach „a" (guter Zustand), „b" (leichte Abnutzung), „c" (erhebliche Abnutzung) und „d" (Ende der Lebensdauer erreicht) unterschieden. Der Code „s" (Verbesserung) nach der Grobdiagnose wird hier nicht verwendet. Die Auswertung erfolgt auch hier nach Eingriffstiefe und Bauelement und führt zu einer Kostenschätzung (Abb. 6-74). Anwenderkreis sind heute Wohnungsunternehmen, Genossenschaften sowie diverse Städte und Kommunen.

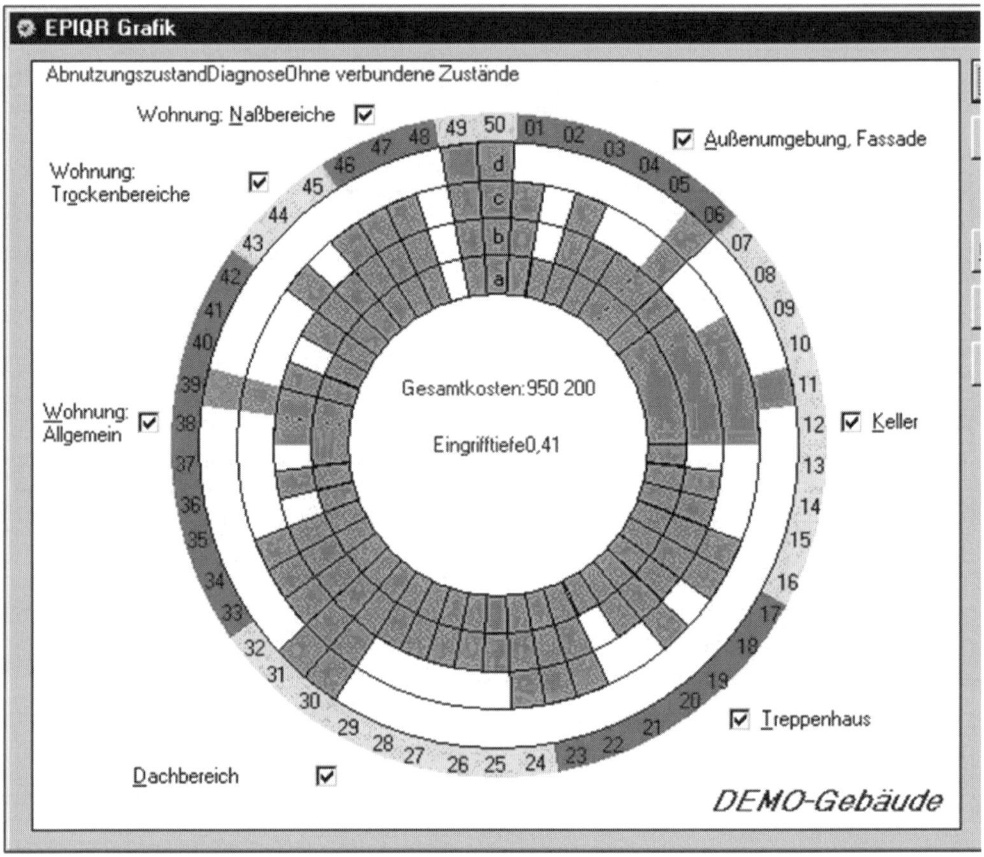

Abb. 6-74: Auswertung der Kosten nach Eingriffstiefe und Bauelement

Nach Angaben des Herstellern wurden nach mit EPIQR 1,5 Mio. Wohneinheiten und 2 Mio. [m^2] kommunale und gewerbliche Liegenschaften damit bewertet. Nach eigenen Angaben eignen sich folgende Bauwerksnutzungsarten zur Erfassung mit EPIQR: Verwaltungsgebäude, Kindergärten und Schulen, Wohnhäuser sowie artverwandte bzw. Mischformen dieser Bauwerksnutzungsarten. Durch den hohen Grad der Standardisierung beträgt die Dauer der Bestandserfassung für ein Gebäude zwischen drei Stunden und einem Tag, die Analyse und Planung etwa eine Stunde.

- Alterungsverhalten und Ersatzzeitpunkt überprüfen
  Die Aussage über den Zustand eines Gebäudes lässt noch keine ausreichende Aussage über die Restlebensdauer (analog zur technischen Lebensdauer) eines Bauteils zu.

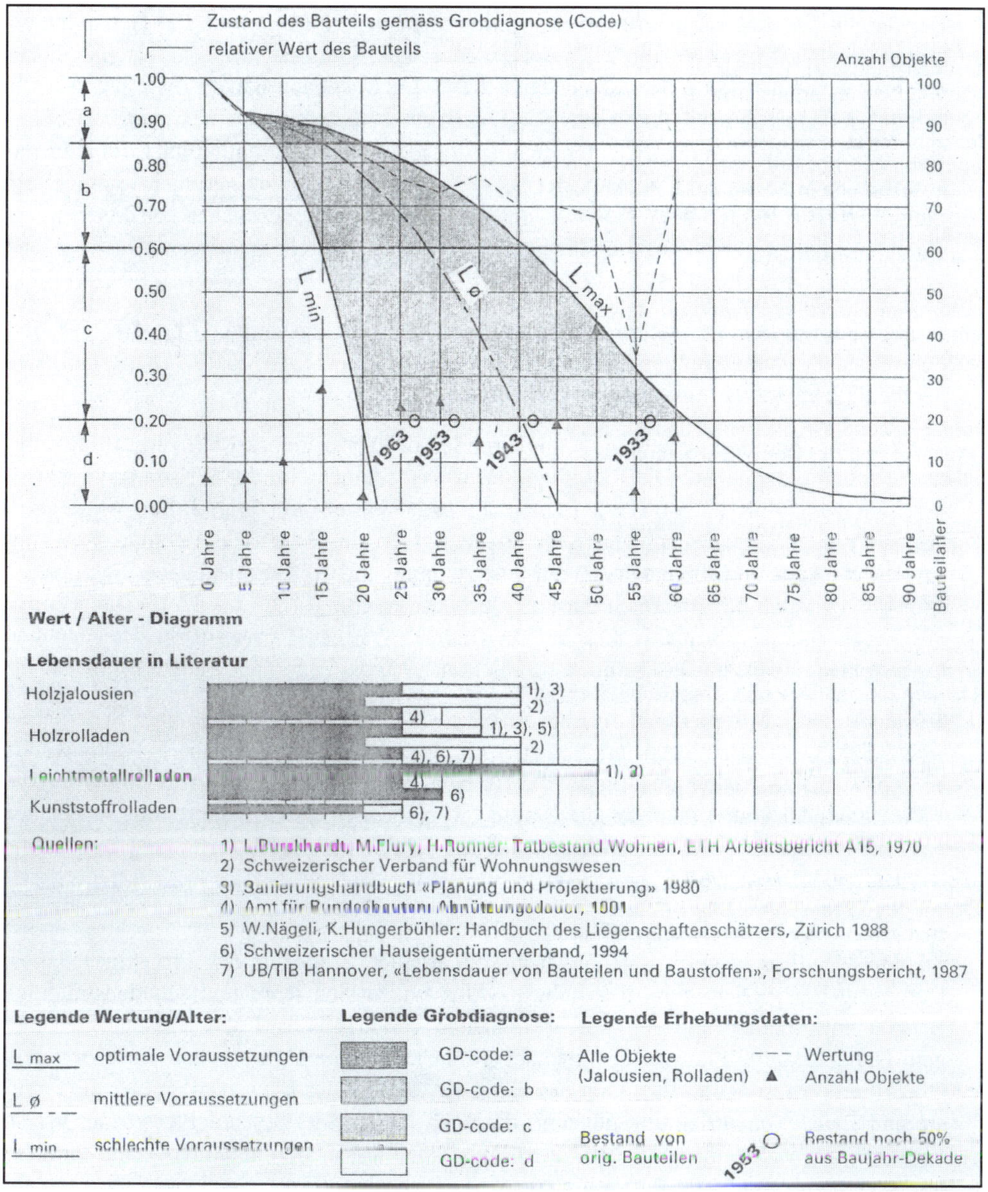

Abb. 6 75: Bspl.: Diagnose: IP – Grobdiagnose 40 / 41 Wetterschutz / Sonnenschutz (s. [BaK 1994] S. 50)

In einer Untersuchung des Bundesamtes für Konjunkturfragen der Schweiz wurde für die Grobdiagnose-Elemente „Verputz (Fassade / Außenfläche)", „Fassadendekorationen*", „Balkone und Loggien*", „Außentüren, Tore*", „Steildach", Flachdach", „Dachabschlüsse", „Fenster" und „Wetter- und Sonnenschutz" die Lebensdauer, Alterungsverhalten und Ersatzzeitpunkt (sofern nicht mit * markiert) ausgewertet. Der Ersatzzeitpunkt wurde für die Grobdiagnose-Elemente „Küche", „Sanitärinstallation" und „Wärmeerzeugung" zusätzlich bestimmt.

Der durchschnittliche Ersatzzeitpunkt wurde aufgrund von insgesamt 200 Gebäuden ermittelt. Beispielhaft ist in Abb. 6-75 der „Wetter- und Sonnenschutz“ dargestellt. Mittels der Kurve LØ lässt sich die Lebensdauer bzw. die Restlebensdauer sowie der relative Wert des Grobdiagnose-Elementes in Abhängigkeit zum Zustand bestimmen. Bemerkenswert ist, dass nach dieser Untersuchung der ideale Ersatzzeitpunkt nach Baujahr unterschiedlich sein kann. „Das Alter der Bauteile wird in der Regel geringer, je jünger ein Bauteil ist. Die Begründung dafür ist vielfältig: geringere Lebensdauer von Materialien, reparaturanfälligere Konstruktionen, hoher Verschleiss durch intensivere Nutzung und aggressivere Umwelteinflüsse usw.“ (s. [BaK 1994] S. 17).

Je nach Bauteil liegt der ideale Zeitpunkt der Instandsetzungszeitpunkt bei 50 - 70% der Lebensdauer, um z.B. Folgeschäden zu vermeiden (s. [BaK 1994] S. 21). Damit lässt sich der ideale Instandsetzungszeitpunkt planen.

Mit kostentreibenden Elementen ist aus Gründen der Investitionskosten soweit wie möglich sparsam umzugehen. Die Rangfolge der teuren Elemente in der Wohnungswirtschaft liest sich nach [BaK 1993-06] wie folgt: 1. Fassade-Wärmedämmung, 2. Bad-WC, 3. Küche, 4. Fenster, 5. Elektroanlagen Wohnungen, 6. Gerüste, Bauplatzeinrichtung, 7. Wandverkleidungen, 8. Abluftanlagen, 9. Wärmeerzeugung und 10. Wärmeabgabe. Nach [IfB F 1869] S. 17 fallen auf das Dach einschl. Dachentwässerung 4,9% bis 17,1%, auf Fenster mit Verglasung 12,6% bis 21,1%, auf Anstriche 8,4% bis 31,6%, auf die Heizung und Lüftung etwa 10,4% und auf sanitäre Installation 9,3% bis 22,5% der Bauwerkskosten.

Schadensanfällige Bauteile sind insbesondere nach dem Dritten Bericht über Schäden an Gebäuden (s. [BMBau 1996-03] S. 29ff.) für Sanierung bzw. Neubau: 1. Außenwände 37% bzw. 32%, Dächer und Balkone 33% bzw. 27%, Bauteile im Erdreich 16% bzw. 17%. „Etwa 80% aller Schadensfälle treten während der ersten 5 Jahre auf, wobei fast 65% aller Schadensfälle in den ersten beiden Jahren der Baufertigstellung beobachtet werden.“ [BMBau 1996-03]

- Instandhaltung planen und budgetieren
  Zu den Handlungsoptionen gehört insbesondere der Einbezug des Projektgeschäftes. Durch die Berücksichtigung des Lebenszyklus lassen sich teure und schadensträchtige Bauelemente meiden und vermeidbare Schäden vorausschauend und wirtschaftlich planen. Durch gezielte Planung der Instandhaltungsmaßnahmen lassen sich diese in einem Objekt bündeln, um Vorleistungen einsparen zu können. Als Bspl. werden hier die Gerüste und Baustelleneinrichtung genannt, die nach [BaK 1993-06] auf Platz 6 der teuren Elemente im Wohnungsbau liegen. Die Maßnahmen lassen sich in sinnvollen Instandhaltungszyklen bündeln: alle fünf Jahre Anstrich an Fenster-Wetterschenkeln, alle zehn Jahre Anstrich an Fenstern und Fensterläden sowie Anstrich an Blech- und Metallarbeiten, alle 25 Jahre Instandsetzung der Fenster, der Fassaden und des Daches (vgl. [Bak 1994] S. 70), alle 60 Jahre Instandsetzung des Dachstuhls.

Ebenso lässt sich das Maßnahmenvolumen skalieren, wenn mehrere Objekte in die Maßnahmenplanung einbezogen werden. Durch ein größeres Ausschreibungsvolumen werden in der Regel bessere Preise am Markt erzielt.

Abb. 6-76 zeigt die Abnutzung des Nutzungsvorrates dieser Bauteile über die Zeit t. Geplante Instandhaltungszyklen lassen sich durch Skalierung gleicher Leistungen in verschiedenen Objekten oder durch Bündelung von Maßnahmen kostengünstiger umsetzen. So kann ein Gerüst alle 25 Jahre für Fassadenanstrich, Fenster- und Dachinstandsetzung gleichermaßen verwendet werden.

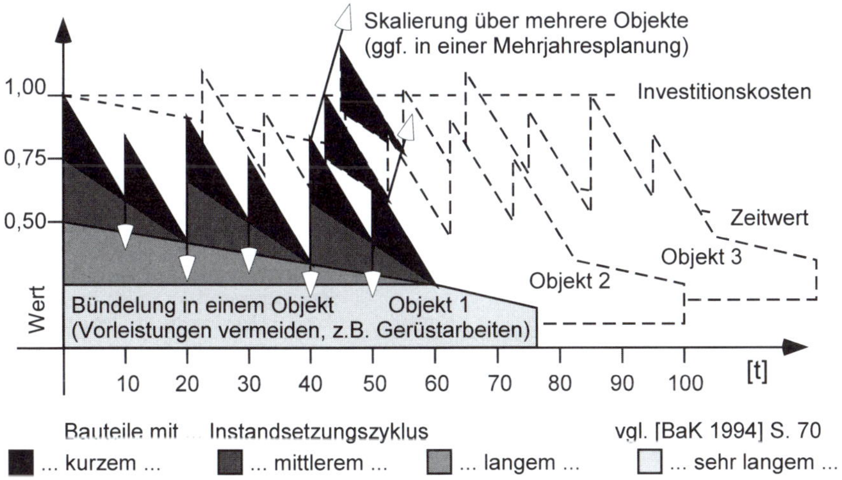

Abb. 6-76: Schema Instandsetzungszyklen

- Stützleistungen effizient erbringen
  Neben der wirtschaftlichen Planung der Maßnahmen können auch die Verwaltungskosten der Instandhaltung gesenkt werden. In der laufenden Instandhaltung sind insbesondere Handlungsoptionen von Interesse, die die Anzahl der Geschäftsvorfälle reduzieren. Danach lassen sich graduell sechs verschiedene Prozessvarianten unterscheiden. Einzelauftrag, Auftrag mit gebündelten Leistungen, Einheitspreise / Rahmenverträge (Mengenrabatte), „Bremer-Modell" der GEWOBA in Bremen, Ausschreibungspakete (z.B. 1 Stück Badsanierung), vereinfachte Reparaturabwicklung (VeRa). Einzelne Autoren sprechen von Einsparung von 7-15% durch die Wahl der Prozessvariante (vgl. z.B. [JÖDICKE, A. DW 2007-10] S. 42ff.).

- Verursachergerecht und nach Kostenträger abrechnen
  Durch vereinfachte Geschäftsabläufe gewonnene Zeit lässt sich sinnvoll nutzen. Versicherungsschäden müssen ebenso wie Mängel erkannt und nachhaltig verfolgt werden. Die Zustände der Immobilien müssen regelmäßig überprüft werden. Sofern keine ausreichende Fachkenntnis hierzu vorhanden ist, empfiehlt es sich das eigene Personal entsprechend schulen zu lassen.

Zusammenfassend sind die Handlungsoptionen in Abb. 6-77 dargestellt.

Kostenart Instandsetzung … Nr. 6. [DIN 18960-1 1976-04]	… im Projektgeschäft	… im Objektgeschäft
Maßnahmen (Regelgrößen)		
Interne Chancen (Fördergrößen)		
- Kunde / Nutzer		Art und Weise der Nutzung, Nutzungsintensität und Nutzungsdauer beeinflussen, verursachergerechte Kosten aufteilen
- Organisation		Versicherungs- und Mängelschäden erkennen und abwickeln, kundenorientierte Instandhaltung bei steigenden Erträgen durchführen, Ausfälle wegen Instandhaltungsmaßnahmen vermeiden, Eigenanteil der Leistungen erhöhen, Anbieter wechseln, Outsourcing
- Ressourcen	Durch Auswahl der Baumaterialen u.v.m. den Installationsgrad (KGR 300 / (KGR 300 + 400) reduzieren, diff. Gewichtung in der Ausführung der Leistungsbereiche nach StLB, Berücksichtigung der Lebensdauer der Bauelemente und Bauteile untereinander, teure und schadensträchtige Bauelemente meiden und vermeidbare Schäden vorausschauend und wirtschaftlich planen	Instandhaltungsmaßnahmen bündeln, Einheitspreise / Rahmenverträge (Mengenrabatte) verhandeln, „„Bremer-Model" der GEWOBA in Bremen, Ausschreibungspakete (z.B. 1 Stück Badsanierung), vereinfachte Reparaturabwicklung (VeRa)
- Prozesse		Regelmäßig prüfen und überwachen, Normstrategie zu Inspektion-, Prävention- und Ausfallstrategie einführen, Mehrjahresplanung einführen: gleichartige Maßnahmen an verschiedenen Objekten in einer Ausschreibung zusammenfassen (Skalierungseffekte), verschiedene Maßnahmen für ein Objekt bündeln, um Vorleistungen (z.B. Gerüstarbeiten) zu reduzieren.
- Potenziale		Technisches und kaufmännisches Personal schulen
Externe Risiken (Störgrößen)		Entwicklung der Baupreise

Abb. 6-77: Handlungsoptionen nach Strategieansätzen bei Instandhaltung

6.3.15 Sonstiges: Verpflegung

Kennzahlen für die Verpflegung sind in Abb. 6-78 dargestellt. Die Handlungsoptionen nach Abb. 6-80 zeigen einen starken Bezug zum Projektgeschäft auf.

Kostenart Verpflegung … Nr. 6.850	… im Projektgeschäft	… im Objektgeschäft
Ziel (Führungsgröße)	Verpflegungskosten [€ / a] erfolgsorientiert nachhaltig reduzieren	
(Vergleichs-)Kennzahl (Orientierungswerte) der Literatur: Verpflegungskosten nach Bauwerksnutzungsarten (indiziert: Verpflegung)		

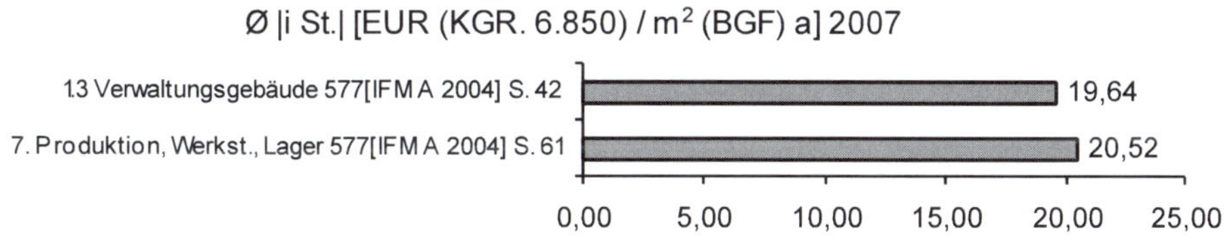

Vorgaben		
Instrumente und Methoden	Kostenschätzung durch Preisabfrage bei Dienstleistungsunternehmen	Ist-Kennwert-Plan-Vergleich
Kostenkennzahl (Kostengröße)	Verpflegungskosten [€ / m^2 $_{BGFe}$ a] oder [€ / m^2 $_{MF}$ a] oder [€ / m^2 $_{Sektor}$ a]	
Vergleichsgröße (Bezugsgröße)	[€ / Anz.] der produzierten Essen	
Präzisions- / Detaillierungsgrad (Kostenermittlungsart)	Kostenrahmen bis Kostenanschlag	Kostenfeststellung nach Rechnungslegung
Mengenangabe (Stellgröße)	[Anz.] der produzierten Essen	
Parameter der Preisbildung (Berechnungsverfahren)	Menge * Verrechnungssatz [€ / Essen a], entspr. Sachmittel- und Personalkosten für die Verpflegung zzgl. Gebäudekosten	

Abb. 6-78: Kennwerte bei Verpflegung

Prinzipiell sind zwei Verpflegungsarten zu unterscheiden: Die Selbstverpflegungs und die Verpflegungseinrichtung. Die Vor- und Nachteile beider werden nachfolgend dargestellt.

Rohatsch (s. [ROHATSCH, M. 1995] S. 13ff.) u.a. unterscheiden bei Verpflegungseinrichtungen nach Küchentypen (z.B. Zubereitungsküchen oder Garküchen, Kombinations- oder Mischküchen, Relaisküchen und Auftau-, Anrichte oder Aufbereitungsküchen), Küchenart (z.B. Betriebs- oder Werksküchen, Krankenhausküchen, Heimküchen, Anstaltsküchen, Mensaküchen, Schulküchen, Truppen- oder Truppenverpflegungsküchen, Restaurantküchen, Hotelküchen und Gastwirtschaftsküchen) und Küchengröße nach der täglichen Fertigungskapazität (kleine Großküchen (bis 150 Mahlzeiten/d), mittlere Großküchen (150-500 Mahlzeiten/d), große Großküchen (500-3.000 Mahlzeiten/d) von 150 bis 3.000 [Mahlzeiten/d]. Der Personalbedarf einer Küche zur Gemeinschaftsverpflegung sinkt i.d.R. mit der Anzahl der herzustellenden Essen. Je nach Literaturquelle differieren jedoch die Angaben zum Personalbedarf (vgl. [LOESCHCKE, G. 1985] S. 2). Um den Personalbedarf bei Selbstverpflegung mit weniger als acht Personen (vgl. Abb. 6-79-links) berücksichtigen zu können, wurde zur Verpflegung von vier Personen ein Bedarf von etwa 0,6 Beschäftigten angenommen. Danach sind die Verpflegungskosten aus Sicht der Personalkosten für Haushaltsküchen mit sechs Personen und Verpflegungseinrichtungen für 30 Personen vergleichbar. Probleme ergeben sich bei der Ermittlung der Essensteilnehmer bei Großkücheneinrichtungen. Die Anzahl der herzustellenden Essen richtet sich nach der Essensbeteiligung. Sie betrug z.B. bei Hochschulangehörigen im Durchschnitt 32% (20-55%).

Krietsch u.a. (s. [KRIETSCH, H. 17-1969] S. 82) beschreiben bei Mensabauten für Studenten die Abhängigkeiten zwischen der Geschwindigkeit der Essensausgabe und der Platzwechselrate einerseits und Flächenbedarf bei Tisch und Weglängen zur Essensausgabe und

Geschirrrückgabe andererseits. Das Kuratorium des Deutschen Studentenwerks empfiehlt im Bochumer Mensaplan Mai 1967 einen 3-fachen Platzwechsel als Bemessungsgrundlage für Mensabauten. HIS geht von einem 4,2-fachen Platzwechsel aus. Krietsch u.a. berichten, daß ein bis zu 5-10-facher Platzwechsel beobachtet wurde. In der Behinderten- und Altenhilfe ist von längeren Verweildauern und geringeren Platzwechselraten auszugehen. In Abb. 6-79-rechts wird daher von einem 3-fachen Platzwechsel stellvertretend für Verpflegungseinrichtungen in Wohnstätten ausgegangen. In einem Haushalt hingegen ist davon auszugehen, dass kein Platzwechsel (1-facher Platzwechsel) vorgenommen wird. Der Flächenbedarf bei Verpflegungseinrichtungen wird je Sitzplatz mit 4,2 [m^2_{HNF}] angenommen (vgl. [HIS 106] S. 266). Der Vorteil von Verpflegungseinrichtungen ist daher beim „Flächenbedarf je Tisch" primär durch die Platzwechselraten gegeben: Verpflegungseinrichtungen unter einer Platzwechselrate von 4 bieten keine nennenswerten Flächenvorteil zu Haushalten mit etwa drei Personen.

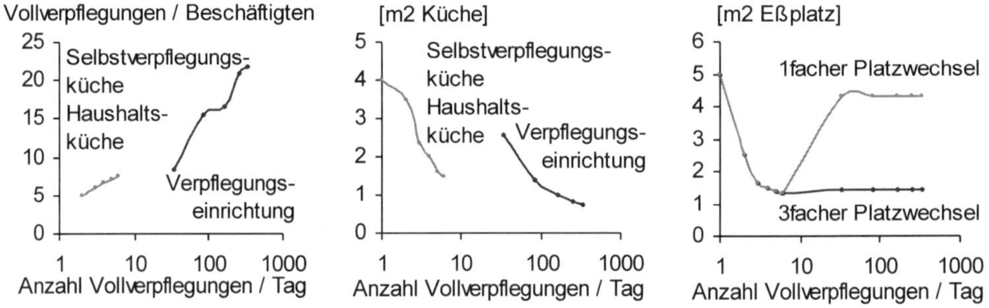

Abb. 6-79: Selbstverpflegungsküche versus Verpflegungseinrichtung (s. [Bogenstätter. U. 2001] S. 112)

Der Flächenbedarf für Küchen der Gemeinschaftsverpflegung nimmt mit zunehmender Kapazität, besonders bei Garküchen, ab (vgl. [LOESCHCKE, G. 1985] S.22). Zur Berechnung der Flächen in Haushalten kann auf durchschnittliche Angaben zur Küchengröße in Abhängigkeit zur Haushaltsgröße zurückgegriffen werden. Hier zeigt sich, dass Küchen ab einer Haushaltsgröße von drei Personen im Flächenbedarf konkurrenzfähig zu Großkücheneinrichtungen für etwa 30 Personen sein können (s. Abb. 6-79-Mitte). Um eine Auslastung bei Verpflegungseinrichtungen zu erreichen, können lange Öffnungszeiten angestrebt werden, um Belastungsspitzen abzubauen.

Für eine wirtschaftliche Produktionsküche wird von etwa 250 Essensteilnehmern ausgegangen. Bei kleinen Kantinen sollte auf eigene Essenszubereitung verzichtet und auf ein Catering-System oder ein Verbundsystem mit einer Großküche zurückgegriffen werden (s. [HIS 1988-09] S. 11). Personalkosten und auch der Flächen-, Ausstattungs- und Einrichtungsbedarf können beim Verbraucher durch den Einsatz von sogenannten „Convenience-Produkten" reduziert werden. Unter „Convenience-Produkten" in der Speisenproduktion sind alle Waren und Warenarten zu verstehen, die mit einem solchen Vorfertigungsgrad und / oder Verpackungsgrad eingekauft werden, dass sie sich ohne den Weg über eine besondere Vorbereitungszone für die Zubereitung warmer und kalter Speisen oder unmittelbar bei der Ausgabe der Speisen einsetzen lassen. Dadurch lässt sich der Anteil des Verbrauchers an der Vorbereitung und dem Herstellungsprozess durch Einkauf weitgehend verringern, bis hin zur reinen Essensausgabe. Durch den Einsatz von „Cook-Chill". „Cook-Chill" ist der englische

Ausdruck für Kochen und Kühlen. Die Abgabe der Speisen erfolgt nicht unmittelbar nach dem Herstellungsprozess, sondern zu einem späteren Zeitpunkt nach einem Abkühlungsprozess lassen sich nach Auffassung der Deutschen Krankenhausmanagement Beratungs- und Forschungsgesellschaft (DKI) die Kosten für die Speisenversorgung mit Tabletts in einem Krankenhaus bei etwa 640 Vollbeköstigten erheblich reduzieren, um 13% auf etwa 10 [€] je Beköstigungstag (vgl. [DKI Managementbrief 3-1997] S. 6f.). Händel ermittelte für Lebensmittel eine Bandbreite von 2,50 bis 6,00 [€ / d] in Altenpflegeheimen (s. [MinSoz BWL AZ 44-7327] S. 11). In Persys werden die Kosten mit 4,00 [€ / d und Person] angegeben. (S. [ABG 1999-05] Anlage 4)

Kostenart Verpflegung … Nr. 6.850	... im Projektgeschäft	... im Objektgeschäft
Maßnahmen (Regelgrößen)		
Interne Chancen (Fördergrößen)		
- Kunde / Nutzer		Platzwechselraten, Verweildauer Essensbeteiligung
- Organisation	Fremdvergabe (Outsourcing) prüfen	Öffnungszeiten der Kantine, Einsatz von Convenience-Produkten, Personalbedarf
- Ressourcen	Flächenbedarf für Kochen, Essen und Speisen	Flächenbedarf für Kochen und Essen
- Prozesse	geplanter Einsatz von Convenience-Produkten optimieren	
- Potenziale		
Externe Risiken (Störgrößen)	Kostenkennwerte sind nahezu nicht vorhanden	Essensbeteiligung

Abb. 6 80: Handlungsoptionen nach Strategieansätzen bei Verpflegung

7 (DV-)Prozesse

7.1 Qualität

Qualität in der Immobilienwirtschaft bezieht sich vielfach auf Dienstleistungs- und Servicequalität. Die Gestaltung oder das wie der Dienst- oder Serviceleistung ist wesentlich für das Ergebnis. Die Gestaltungsmöglichkeiten spiegeln sich in den Prozessen wider. Prozesse sind kein Selbstzweck, sondern integraler Bestandteil auf dem Weg zur Dienstleistungsqualität.

Das von Donabedian entwickelte Qualitätskonzept für den Gesundheitsbereich ist dabei der meist verbreitete Ansatz Dienstleistungsqualität zu operationalisieren, und betont neben den strukturellen Gegebenheiten und den Ressourcen den Prozess und das Ergebnis als Qualitätsmerkmale (s. Abb. 7-1, vgl. Meyer, Mattmüller in [MATUL, C. 1995] S. 84). Dieser Ansatz lässt sich sinngemäß auf die Immobilienwirtschaft übertragen.

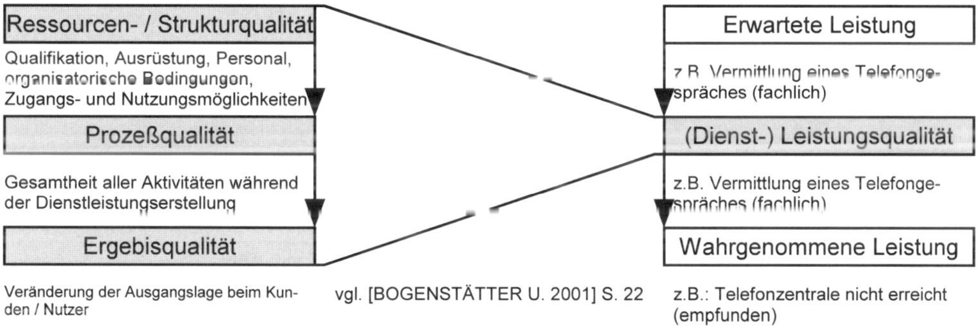

Abb. 7-1: Der Qualitätsbegriff in der Immobilienwirtschaft

7.1.1 Die Nachfrage

Ausgangspunkt zur Qualitätsbestimmung ist die erwartete Leistung des Kunden, der oft als Person nicht direkt befragt werden kann, weil z.B. der Käufer einer Eigentumswohnung zu Baubeginn noch nicht bekannt ist. Zur Bestimmung der erwarteten Leistungen sind daher Studien und Einschätzungen nach Zielgruppen notwendig.

Sabine M. schlug die Tür hinter sich zu und sah sich in ihrer neuen Wohnung um: „Geschafft!“ Zwar standen überall noch Kartons herum, aber sie freute sich schon darauf, alles auszupacken und ihr neues Heim einzurichten. „Am besten ich fange gleich damit an, solange Lukas noch beim Spielkreis ist.“ Als alleinerziehende Mutter war Sabine M. sehr froh, dass sie das Umzugspaket ihrer Wohnungsgesellschaft „WMS – Wohnen mit Service“ angenommen hatte. Das Umzugspaket bestand aus mehreren Diensten „rund um den Umzug“ wie z.B. die Vermittlung einer neuen Wohnung oder sehr preiswerte Hilfen für das Ein- und Auspacken. Da samstags außerdem noch der Spielkreis im Gemeinschaftshaus stattfand, wo ihr fünfjähriger Sohn Lukas für eine Weile gut aufgehoben war, konnte sie ihren freien Tag nutzen, um die Wohnung bis zum Abend halbwegs bewohnbar zu machen. „So einen stressfreien Umzug hatte ich noch nie!“ (...)

S. [GdW 2004-02] S. 9

Abb. 7-2: Umzugspaket als erwünschte Leistung

Nur wer seinen Kunden und Nutzer kennt, kann die erwartete Leistung liefern. Neben den klassischen Kundenumfragen ist eine Erfassung von Bestandskundendaten unerlässlich. Doch was soll erfasst werden? Nachfolgend wird auf vier Punkte hingewiesen: die Altersstruktur, das Konsumverhalten und die Lebensphasen und Beeinträchtigungen eines Menschen.

- Konsumgruppen nach sociovison wurden in Abschnitt 3.3.1 beschrieben
- Lebensphasen und Alterstruktur: In Anlehnung an [GOULD, R. 1979] können die Veränderungen von der Kindheit bis zum Greisenalter wie in Abb. 7-3 beschrieben werden. In Klammern gesetzt sind zielgruppenorientierte Angebote der Leipziger Wohnungs- und Baugesellschaft mbH (LWB). Alterstruktur: Auch im Hinblick auf verreisende Genossenschaften oder Stadtteile ist die Kenntnis der Altersstruktur unverzichtbar.

Nr.	Alter	Bezeichnung	Nr.	Alter	Bezeichnung
1.	<16	Kindheit („Junge Familien“, „ Alleinerziehende“)		35-45	Der Tod rückt ins Bewusstsein („Alleinerziehende“, „Singles“)
2.	14-16	Jugend („Azubis“)		46-65	Der Ruhestand rückt ins Bewusstsein („Generation 50+“)
3.	16-65	Erwachsenenalter	4.	>65	Ruhestand („Generation 65+“)
	16-22	Identitätsbildung („Studierende“)		65-70	Junges Alter
	22-28	Loslösen vom Elternhaus („Singles“)		70-80	Mittleres Alter
	28-35	Lebensgemeinschaften („Paare“, „Junge Familien“)		>80	Hohes Alter

Abb. 7-3: Merkmalle der Lebensphasen

In der Kindheit steht zunächst die Wahlmöglichkeit des Handelns im Vordergrund. Es folgt eine zunehmende Unabhängigkeit von den Bezugspersonen in der Jugend. Nach der Lösung aus der Familie und dem Eintritt in die Erwerbstätigkeit beginnen neue Lebensgemeinschaften in mehreren Zyklen. Zuletzt steht das Erlebnis des Ruhestandes im Mittelpunkt. Mit jedem Lebensabschnitt verändern sich daher Art und Gewichtung der Lebensstile erheblich.

- Beeinträchtigung

Einige Menschen sind behindert. Dieses Merkmal ist angesichts einer alternden Gesellschaft von steigender Bedeutung. Bei den Behinderungen wird nach Schädigung, Fähigkeitsstörung und Beeinträchtigung unterschieden (s. [WHO ICIDH-2]). Diese Unterscheidung ist insbesondere im Gesundheits- und Sozialbereich von Bedeutung, um die Nachfrager hinsichtlich Nutzerkreis, Pflegesätze und Raumbelegungsplanung zu beschreiben.

Aus der Analyse lassen sich ggf. neue Geschäftsfelder als Zusatzleistungen generieren (vgl. [GdW 2004-02] S. 19). Leistungen lassen sich in der Wohnungswirtschaft wie folgt differenzieren:

- Obligatorische Leistungen sind Hauptpflichten (Gebrauchsüberlassung und -erhaltungspflicht) und Nebenpflichten, sowie begleitende Maßnahmen des Vermieters: Beschwerdemanagement, Mietschuldenmanagement, Hotline, Kundenbefragung.
- Komplementäre Zusatzleistungen (3S+) sind wohnbegleitende (Sach-/)Dienstleistungen, z.B. erweitert um Sauberkeit, Sicherheit und Service.
- Periphere Zusatzleistungen: Einer anfänglicher Euphorie kann allerdings auch der ernüchternde „Kater" folgen:

„(...) Der Phantasie sind keine Grenzen gesetzt und hängen natürlich von der jeweiligen Unternehmensgröße ab, des Unternehmensbestandes und - ganz entscheidend - von den Bedürfnissen des Kunden.

Hierzu eine Anmerkung: wir haben im Evangelischen Siedlungswerk Bayern vor drei Jahren eine Umfrage durchgeführt und unsere Kunden auch gefragt, welche Leistungen sie von uns außer der klassischen Verwalterleistung erwarten.

Für uns war erstaunlich, dass nur ein verschwindend kleiner Teil Zusatzleistungen wünschte und dies war im Wesentlichen begrenzt auf Leistungen für ältere Menschen. Der Mieter erwartet zuerst die Professionalität in der Verwaltung der Wohnung und dann erst weitere Leistungen.

(...)"

S. Reiß-Fechter, Dagmar in [ESW Bd. 67 2003] S. 148

Die erwartete (Dienst-)Leistungsqualität wird in den Auftragsbeziehungen geregelt, z.B. im Charakter von Dienstverträgen nach § 611 BGB und ergebnisorientierten Werkverträgen §§ 631ff. BGB. Unterschiede ergeben sich in der erwarteten und wahrgenommenen Leistung. So lassen sich z.B. Reinigungsleistungen leistungs- oder ergebnisorientiert ausschreiben (vgl. [FIGR Bericht Nr. 9] und [FIGR Bericht Nr. 10]).

In ähnlicher Weise kann bei Bauleistungen nach funktionalen und ausführungsorientierten Ausschreibungen unterschieden werden.

Es verwundert daher nicht, dass ein interner FM-Dienstleister in seinem Qualitätssicherungsprogramm mittels Kundenzufriedenheitsanalysen nicht nur Kriterien der Ressourcen- / Strukturqualität, sondern auch die Prozess- und Ergebnisqualität, sowie die Wahrnehmung des Kunden und Nutzers einbezieht. Zu den klassischen Methoden der Messung der Kundenzufriedenheit gehören Umfragebögen. Teradyne geht hierzu den Weg, die Fragebögen ins Netz zu stellen (s. [TERADYNE 2005] S. 25, s. Abb. 7-4).

Personal des FM-Teams	Technische Kompetenz, Fachkenntnis des Gebäudesystems, Erreichbarkeit / Verfügbarkeit, Vertrauenswürdigkeit, Erscheinung, Höflichkeit, Verständnis der Anforderungen
Gebäude-Service	Qualität der Reinigung, Instandhaltung, Reparaturen, Neuerungen; Rechtzeitigkeit und Pünktlichkeit der Instandhaltung, Reparaturen; Reinigungsintervall
Gebäude-Umgebung	Lage, Verfügbarkeit von Parkraum, Verfügbarkeit von Öffentlichkeit, Sicherheit, Attraktivität, Boden- / Landschaftsgestaltung, Orientierungshinweise, Temperatur, Beleuchtung, Geräuschpegel, Luftqualität in geschlossenen Räumen, Möbel, Ausgestaltung der Räume, Zutrittsmöglichkeiten für Menschen mit einer Behinderung, Ruheräume, allgemeine Räume
Gebäudeausstattung	Aufzüge, Wasserversorgung, Wärmeversorgung, Klimaanlagen, Luftzirkulation
Geschäftsvorfälle	Einfachheit der täglichen Geschäftsvorfälle, Verfügbarkeit allgemeiner Anforderungen, Flexibilität, Antwortverhalten, Effizienz der Kommunikation
S. [TERADYNE 2005] S. 26ff.	

Abb. 7-4: Messung von Kundenzufriedenheit

Einer Feststellung der wahrgenommenen Qualität sollte eine Auseinandersetzung mit der erwarteten Qualität folgen.

7.1.2 Das Angebot

Ressourcen- und Strukturqualität werden zum Bespiel im Mietspiegel abgebildet, der in einigen Städten vorhanden ist. Er zielt insbesondere auf Ausstattungsmerkmale.

Die Qualitätsbeurteilung der Leistung kann auf einer „objektiven" und „individuellen" Ebene erfolgen. Auf der individuellen Ebene ist die Qualitätsbeurteilung abhängig von der Wertschätzung der Kunden oder z.B. der Nutzer. Eine unbefriedigende Dienstleistung wird definiert aus der Diskrepanz zwischen „erwarteter Dienstleistungs-" und „erfahrener Dienstleistungsqualität". Demnach sind (in Anlehnung an [MÜLLER, B. 1997] S. 25f. aus dem Gesundheitsbereich) Kunden und Nutzer in die Qualitätsbeurteilung einzubeziehen. Eine Ergenisorientierung findet sich zunehmend in der Reinigungsleistung, die auch ergebnisorientiert ausgeschrieben werden kann (vgl. [FIGR Bericht Nr. 9]). Entscheidend dabei ist nicht die erbrachte Leistung, sondern die Beanstandungen, wie z.B. „Aschenbecher sind nicht geleert". So lautet bei einer Standardausschreibung die Tätigkeit zur Reinigung eines textile Fußbodenbelags nach Dienstvertragsrecht „textilen Fußbodenbelag saugen" und „Fleckentfernung bei textilem Belag" (vgl. [FIGR Bericht Nr. 10] S. 18), bei einer ergebnisorientierten Ausschreibung, keine Beanstandungen hinsichtlich „verschmutzte Sockelleisten", „verschmutztes Ekken und Kanten", „Grobschmutz auf Fußböden", „lose aufliegender Feinschmutz auf Fußboden", „haftende Verschmutzungen auf Fußboden (z.B. Flecken)", „Gehspuren auf Fußboden", „Absatzstriche auf Fußboden", „Wischspuren", „fehlerhafte Pflege", „Schäden am Fußboden" (vgl. [FIGR Bericht Nr. 9] S. 17).

Neben einer innerbetrieblichen Qualität tragen Mitarbeiter wesentlich zur Erhaltung der Dienstleistungsqualität bei. Dabei wird der Zusammenhang zwischen Mitarbeiterzufriedenheit und der geleisteten Arbeit vielfach in anderen Branchen (an-)erkannt. Qualifikationsprogramme, Selbstbeobachtung und Selbstreflexion, aber auch steter und umfassender Erfahrungsaustausch sollte die Grundlage für einen kontinuierlichen Verbesserungsprozess in allen Ebenen bilden.

Dieser Ansatz, Kunden und Mitarbeiter in die Betrachtung einzubeziehen, spiegelt sich auch in der Balanced Scorecard wider, indem Mitarbeiterpotenziale und Prozesse als wichtig auf dem Weg zur Kundenzufriedenheit und unternehmerischen Erfolg erkannt werden.

Klassifizierungsbemühungen der Hotelbranche (s. Abb. 7-5) gehen daher auch darüber hinaus, lediglich Ressourcen- und Strukturqualität abzubilden. Die Bemühungen beziehen sich hinsichtlich Ressourcen- und Strukturqualität (Standort, Funktion, Verpflegung, Betriebsgröße) auf die erwartete Leistung eines Hotelgastes (Zielgruppe, Architektur) oder auf Mischformen (Gebäudestandard).

Nr.	Merkmal	Klassifizierung
1.	Standort	Stadthotel, Landhotel, Strandhotel, verkehrsabhängiges Hotel (z.B. Raststätte, Bahnhofs- oder Flughafenhotel)
2.	Funktion	Passanten-Hotel, Tagungshotel, Business-Hotel, Ferien-Hotel, Kurhotel, Wellnesshotel, Boardinghaus (Service Apartment), Ressorthotel
3.	Betriebsgröße	Kleinbetrieb (< 50 Zimmer), Mittelbetrieb (50 bis 150 Zimmer), Großbetrieb (> 150 Zimmer)
4.	Zielgruppe	Geschäftsreisende, Erholungssuchende, Familien, Kurgäste, Incentive-Reisende, Pauschaltouristen, Airline-Crews
5.	Architektur	Design-Hotel, Hotel in historischen Gebäuden, Hotel in gemischtgenutzten Gebäuden, Boutique-Hotel
6.	Verpflegung	Hotelpension, Hotel garni, Vollhotel
7.	Gebäudestandard	Luxus (5 Sterne), Anspruchsvoll (4 Sterne), Mittelklasse (3 Sterne), Gut Bürgerlich (2 Sterne), Einfach (1 Stern)
In Anlehnung an [ROTH, J. 2003-12-15] S. 5		

Abb. 7-5: Merkmale bei Hotels

Bei dem Gebäudestandard wird z.B. die Ressource Hotel (z.B. 24 m^2 Einzelzimmer) nicht allein in den Mittelpunkt gestellt, sondern es wird ein Bündel aus Kriterien geschnürt, das neben Ressourcen- und Strukturqualität auch Prozessqualitäten durch organisatorische Maßnahmen abbilden kann (Bügelservice innerhalb einer Stunde, mehrsprachige Mitarbeiter 24 Stunden an der Rezeption, ****-Kategorie in Abb. 7-6).

Nr.	Klassifizierung	Beschreibung
*	Tourist	Zimmer: Mindestgröße EZ 8 m^2, DZ 12 m^2 (jeweils exkl. Bad / WC)· Farb-TV · Dusche / WC oder Bad / WC · tägl. Zimmerreinigung· Getränke · Empfang: Telefon und Telefax · Restaurant: erweitertes Frühstück, ausgewiesener Nichtraucherbereich
**	Standard	Zimmer: Mindestgröße EZ 12 m^2, DZ 16 m^2 (jeweils inkl. Bad / WC)· Sitzgelegenheit pro Bett · Nachttischlampe / Leselicht am Bett· Badetücher und Wäschefächer · Hygieneartikel · Restaurant: Frühstücksbuffet · bargeldlose Bezahlung
***	Komfort	Zimmer: Mindestgröße EZ 14 m^2, DZ 18 m^2 (jeweils inkl. Bad / WC)· 10% Nichtraucherzimmer · Getränke · Internetanschluss · Telefon· Ankleidespiegel · Kofferablage · Safe · Zusatzkissen und -decken auf Wunsch · Näh- und Schuhputzutensilien · Rezeption: 14 Stunden besetzt bzw. 24 Stunden erreichbar · Sitzgruppe · Mitarbeiter zweisprachig · Gepäckservice · Waschen und Bügeln
****	First Class	Zimmer: Mindestgröße EZ 16 m^2, DZ 22 m^2 (jeweils inkl. Bad / WC)· Minibar bzw. Getränke im Roomservice 24 Stunden · Sessel / Couch mit Beistelltisch · Bad: Bademantel / Hausschuhe · Kosmetikartikel (z.B. Duschhaube, Nagelfeile, Wattestäbchen) · Kosmetikspiegel · Rezeption 18 Stunden besetzt bzw. 24 Stunden erreichbar · Lobby mit Sitzgelegenheiten und Getränkeservice · Hotelbar· À-la-carte-Restaurant · Internet / PC-Terminal · Frühstücksbuffet mit Room-Service · systematische Gästebefragung
*****	Luxus	Zimmer: Mindestgröße EZ 18 m^2, DZ 26 m^2 (jeweils inkl. Bad / WC)· Suiten · Minibar bzw. Getränke und Speisen im Roomservice 24 Stunden · Kopfkissenauswahl · Safe · Bad: Körperpflegeartikel in Einzelflakons · Rezeption: Concierge / mehrsprachige Mitarbeiter, 24 Stunden besetzt · Empfangshalle / Sitzgelegenheiten / Getränkeservice / Doorman- oder Wagenmeisterservice · personalisierte Begrüßung · frische Blumen / Präsent · Internet-PC · qualifizierter IT-Supportservice · Bügelservice (innerhalb einer Stunde) · Schuhputzservice
Die Klassifizierung der Gebäudestandards erfolgt z.B. nach [DEHOGA 2006-05-09]		

Abb. 7-6: Klassifizierung nach DEHOGA für Hotels

In ähnlicher Ausprägung gibt es eine DTV-Klassifizierung [DTV 2006-10-30] für Ferienhäuser / Ferienwohnungen. Eine ähnliche Mischform stellt die Klassifizierung der Funktion und der Hauptzielgruppe nach [VDR-Service 2006-01-01] dar. Das VDR-Certified Hotel beruht auf 60 Kriterien. Jedes Hotel, unabhängig vom Hotel-Standard, kann sich als VDR-Certified Hotel qualifizieren, wenn es mindestens 55 dieser Anforderungen erfüllt. Die folgenden zehn Merkmale sind für Geschäftsreisende besonders wichtig und somit ein Muss für jedes VDR-Certified Hotel.

Das Certified Conference Hotel [VDR-Service 2005-07-08] beruht auf den Verbandskriterien Tagungshotel von VDR, DGVM [www.verbaende.com], GCB [www.gcb.de] und IHA. Sieben Kategorien, denen alle Pflichtkriterien thematisch zugeordnet sind, kennzeichnen das Leistungsspektrum eines Certified Conference Hotels (s. Abb. 7-7).

Kriterien des VDR-Certified Hotels	Kriterien des VDR-Certified Tagungshotels
Mobilfunkerreichbarkeit	Eigener, professioneller Tagungsbereich
Internetzugang	Standardisiertes Informationsmaterial
Kreditkartenakzeptanz	Standardisierte Angebotsabwicklung
Check-In ab 15 Uhr	Professionelle, tagungsspezifische F&B Leistungen
TV mit Nachrichtensender	Professionelle Veranstaltungsbetreuung
Parkplatz am Haus	Standardisierter Abrechnungsprozess
Arbeitsfläche im Zimmer	Ausstattung und Dienstleistung für Geschäftsreisende
Auf Wunsch: kleines Frühstück	
Rechnung nach Firmenreisepolitik	
Geprüfte Matratzenqualität	
S. [VDR-Service 2006-01-01]	S. [VDR-Service 2005-07-08]

Abb. 7-7: Qualitätskriterien nach VDR

7.2 Ausgewählte Prozesse der Immobilienwirtschaft

Neben der Ressourcen- und Strukturqualität ist auch Prozessqualität zur Erstellung einer (Dienst-)Leistungsqualität notwendig. Unzufriedenheit von Kunden, Nutzern oder Mitarbeitern hat vielfach ihre Ursache in ineffizienten Prozessen.

Wer kennt nicht die mangelnde Kompetenz von Call-Centern? Gründe für Ausführungsfehler von Baumaßnahmen sieht KOCHENDÖRFER zu jeweils 30% bei Entwurfs- Planungsfehler und bei Sorglosigkeit in der Ausführung, zu jeweils 8% in fehlender Information, Materialfehler und unklaren Angaben in der Ausführung, zu 6% nicht ausführbares, zu 4% in fehlender Kenntnis und Zuständigkeit in der Ausführung, sowie zu 2% in sonstigen Ausführungsfehlern (s. [KOCHENDÖRFER, B. BBB 2005-05] S. 28). Um Fehler zu vermeiden, gilt es prozessorientiert vorzugehen, um zumindest zukünftig Fehler zu vermeiden.

Wie lässt sich also die Ablauforganisation so effizient gestalten, dass als Ergebnis z.B. zufriedene Kunden vorhanden sind? Das kleinste Element eines Prozesses ist das der Arbeitsschritte. Arbeitsschritte werden in verschiedenen Ebenen zusammengefasst (aggregiert).

In vielen Unternehmen sind viele Prozesse unzureichend geklärt. Das ist solange unerheblich, solange es sich nicht um die risiko- und chancenreichsten Prozesse eines Unternehmens handelt. Die Prozessklärung mutiert ansonsten zu einer Lebensaufgabe einzelner Mitarbeiter. Sind die wesentlichen Prozesse bekannt, lohnt es sich, die Prozesse zu überprüfen.

Zur Klärung dessen, ob die Beschreibung der unternehmensinternen und -externen Abläufe in Dienstanweisungen oder Qualitätsmanagementhandbüchern (sofern vorhanden) der Wirklichkeit entsprechen, Optimierungspotenziale vorhanden und die heutigen Abläufe anzupassen sind, ist eine Aufnahme der heutigen Situation notwendig. Hierfür stehen verschiedene Erhebungstechniken zur Verfügung. Das beinhaltet das Unterlagenstudium, das Sichten von Literatur, die Auswertung von Archiven (manuell, DV-gestützt), die schriftliche Befragung (Standard-Fragebogen), die mündliche Befragung (Interviews), die Besprechung, die strukturierte Beobachtung (z.B. Prozessaufnahme in Anlehnung an REFA), die Spurensuche oder die Selbstaufschreibung (vgl. [STAHLKNECHT, P. 2002] S. 235).

7.2.1 Prozesse und Daten visualisieren

Ein Modell, das Prozessdarstellung unterstützt, sind die ergebnisgesteuerten Prozessketten (EPK). Dabei werden komplexe Prozesse in Daten-, Funktions-, Organisations- und Ressourcensicht zerlegt. Die grafische Beschreibung von Prozessketten fördert die Übersichtlichkeit, Teamarbeit, Schwachstellenanalyse und Optimierung. Die Darstellung von Prozessen mit EPK ist eine anerkannte Methodik. In Abb. 7-8 ist ein Formular zur strukturierten Prozessaufnahme dargestellt. Damit lässt sich leicht feststellen, „wo der Schuh drückt".

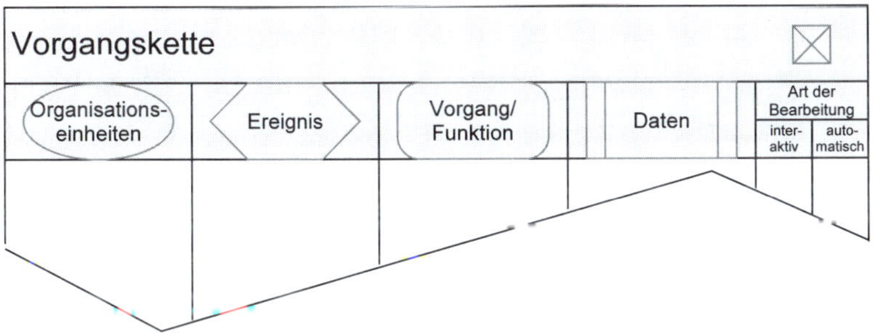

Abb. 7-8: Formular nach EPK zur Aufnahme von Prozessen

Die Bezeichnung der aggregierten Arbeitsschritte variiert von Autor zu Autor, aber auch in der täglichen Praxis: Hier werden Begriffe verwendet wie, Geschäftsprozess, Kernprozess, Hautprozess, Teilprozess oder Aufgabe. In Abb. 7-9 sind die Begriffe systematisch dargestellt, in Abb. 7-10 so, wie sie nachfolgend verwendet werden. Die Symbolik ist in Abb. 7-11 abgebildet.

Da ergebnisgesteuerte Prozessketten (EPK) aus der EDV-Entwicklung stammen, müssen diese zur Abwicklung von Prozessen in der Immobilienwirtschaft modifiziert werden. Neben der Darstellung von Organisationseinheiten, Ereignis, Vorgang / Funktion und der Daten wird in den nachfolgenden Prozessdarstellungen der „Input", der gesetzliche Rahmenbedingungen etc. darstellt, vorangestellt. Er beinhaltet Vorgaben zur Erledigung eines Arbeitsschrittes. Die „Organisationseinheiten" wurden in „Rolle" benannt, da eine Person einer Organisationseinheit ggf. mehrere Rollen hat. Bei den „Daten" wurde nach „Ergebnisse", sowie nach „Kosten", „Termine", „Qualitäten" und „Pläne" unterschieden (s. z.B. Abb. 7-12).

Im Abschnitt 7.3 Tool-Box – „Handwerkszeug" werden Hilfsmittel fachlich beschrieben, die in den Prozessabläufen thematisiert wurden.

Nr.	Stiening, Haist / Fromm (IBM)	REFA-Verband	Horvárth & Partners	Feldmayer / Seidenschwarz	Schmelzer / Sesselmann	s. [DIN 69901 1987-08]
	Prozessmanagement					Projekt-management
	1	2	3	4	5	6
1.	Prozess	Unternehmens-prozess	Geschäfts-prozess	Prozessgruppen	Geschäfts-prozess	Projekt / Aufgabe
2.	Subprozess	Hauptprozess	Prozess	Basisprozesse	Teilprozess	Teilaufgabe
3.	Aktivität	Teilprozess	Teilprozess	Prozess-kategorien	Prozessschritt	Arbeitspaket
4.	Aufgabe	Arbeitssystem-prozess	Aktivität	Prozessketten	Arbeitsschritt	
5.				Workflows		
6.				Arbeitsschritte		
	Vgl. [SCHMELZER, H. 2006] S. 111					

Abb. 7-9: Ebenen und Bezeichnungen der Aufbaustruktur von Prozessen

Ebene	Bezeichnung	Inhalt
0	Prozessklassen und -gruppen	Oberste Ebene des Prozessmodells mit Unterteilung der (Geschäfts-)Prozesse in Prozessklassen, hier in 1. Managementprozesse, 2. Kernprozesse (kundenorientierte Prozesse), 3. Stützprozesse (interne Prozesse, Supportprozesse) und 4. Innovationsprozesse (vgl. Diebold in [SCHMELZER, H. 2006] S. 73) Unterteilung der Prozessklassen und Prozessgruppen, z.B. Bauträger, Fremdverwaltung etc.
1	(Geschäfts-)Prozesse	Unterteilung der Prozessklassen bzw. Prozessgruppen in (Geschäfts-)Prozesse
2	Teilprozess	Unterteilung der (Geschäfts-)Prozesse in Teilprozesse
3	Teilprozess bzw. Prozessvariante	(Teil-)Prozessvarianten (horizontale Differenzierung): Abbildung verschiedener Prozessvarianten für verschiedene Geschäftsarten und / oder Prozessmerkmale
4	Prozessschritt	Prozessschritte innerhalb der Prozessvarianten
5	Arbeitsschritt	Weitere Detaillierung der Prozessschritte
Vgl. [SCHMELZER, H. 2006] S. 211		

Abb. 7-10: Angewandte Aufbaustruktur und Symbolik von Prozessen

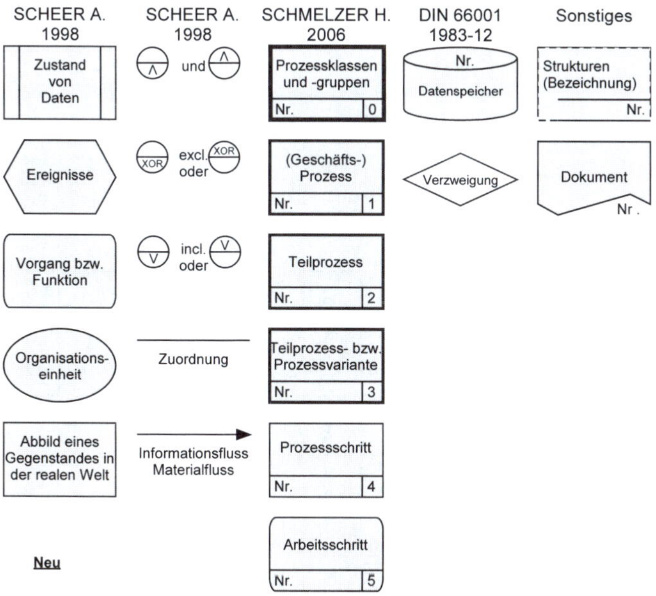

Abb. 7-11: Verwendete Symbolik

7.2.2 Planen und Bauen im Bestand

Dieser Teilprozess kann ein Bspl. für Instandsetzungsmaßnahmen bei kommunalen und kirchlichen Bauherren mit einer Vielzahl von Instandsetzungs-, Modernisierungs- und Neubaumaßnahmen sein.

Der Teilprozess „Planen und Bauen" wird in die Prozessschritte „Bedarfsplanung" (Abb. 7-12), „Projekt vorbereiten" (Abb. 7-13), „Genehmigungen planen" (Abb. 7-14), „Leistungen beschreiben" (Abb. 7-15), „Leistungen bestellen" (Abb. 7-16), „Leistungen ausführen" (Abb. 7-17) und „Objektnutzung vorbereiten" (Abb. 7-18) zerlegt.

Die Sonderheiten bestehen darin, die Bedarfsplanung fachgerecht durchzuführen, um Fehlinvestitionen und ineffiziente Prozessabläufe zu vermeiden. Bedarf kann z.B. durch Anforderung eines Kunden / Mieters, bei ungeplanten Schäden (z.B. Unwetterschäden) als Ergebnisse der Gebäudebegehung (Bau- oder Sicherheitsbeschau) entstehen. In der Projektvorbereitung werden die Mittelfreigabe zur Vorplanung, die Auswahl der Fachingenieure und Sachverständigen im Einklang zur ausführenden Organisation durchgeführt und die erwarteten Ergebnisse dargestellt. In der Genehmigungsplanung liegt der Schwerpunkt darauf die internen und externen Genehmigungsinstanzen ausreichend zu berücksichtigen und einen Abgleich zwischen Bedarf und Planung herzustellen. In dieser Phase sind Fehlplanungen noch relativ einfach zu korrigieren. Der Prozessschritt „Leistung beschreiben" entspricht weitgehend der Phase 5 nach § 15 [HOAI 2001], der Prozessschritt „Leistungen bestellen" entspricht Phase 6 und 7 nach § 15 [HOAI 2001], der Prozessschritt „Leistungen ausführen" Phase 8 nach § 15 [HOAI 2001] und der Prozessschritt „Objektnutzung vorbereiten" beinhaltet neben Phase 9 § 15 [HOAI 2001] die Zusammenstellung aller notwendigen Unterlagen für eine erfolgreiche Inbetriebnahme und den laufenden Betrieb eines Gebäudes aus Sicht eines Betreibers.

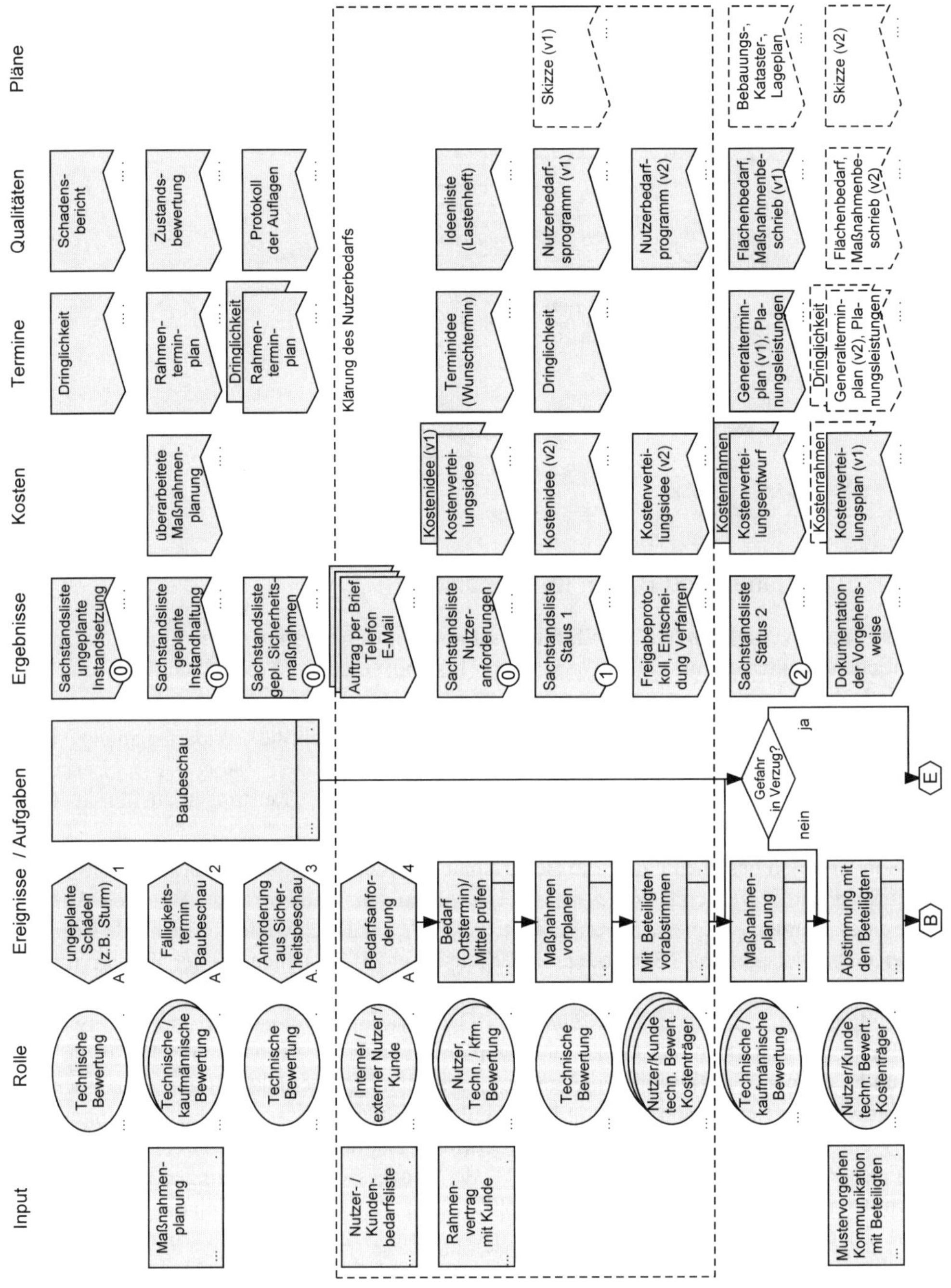

Abb. 7-12: Bedarfsplanung

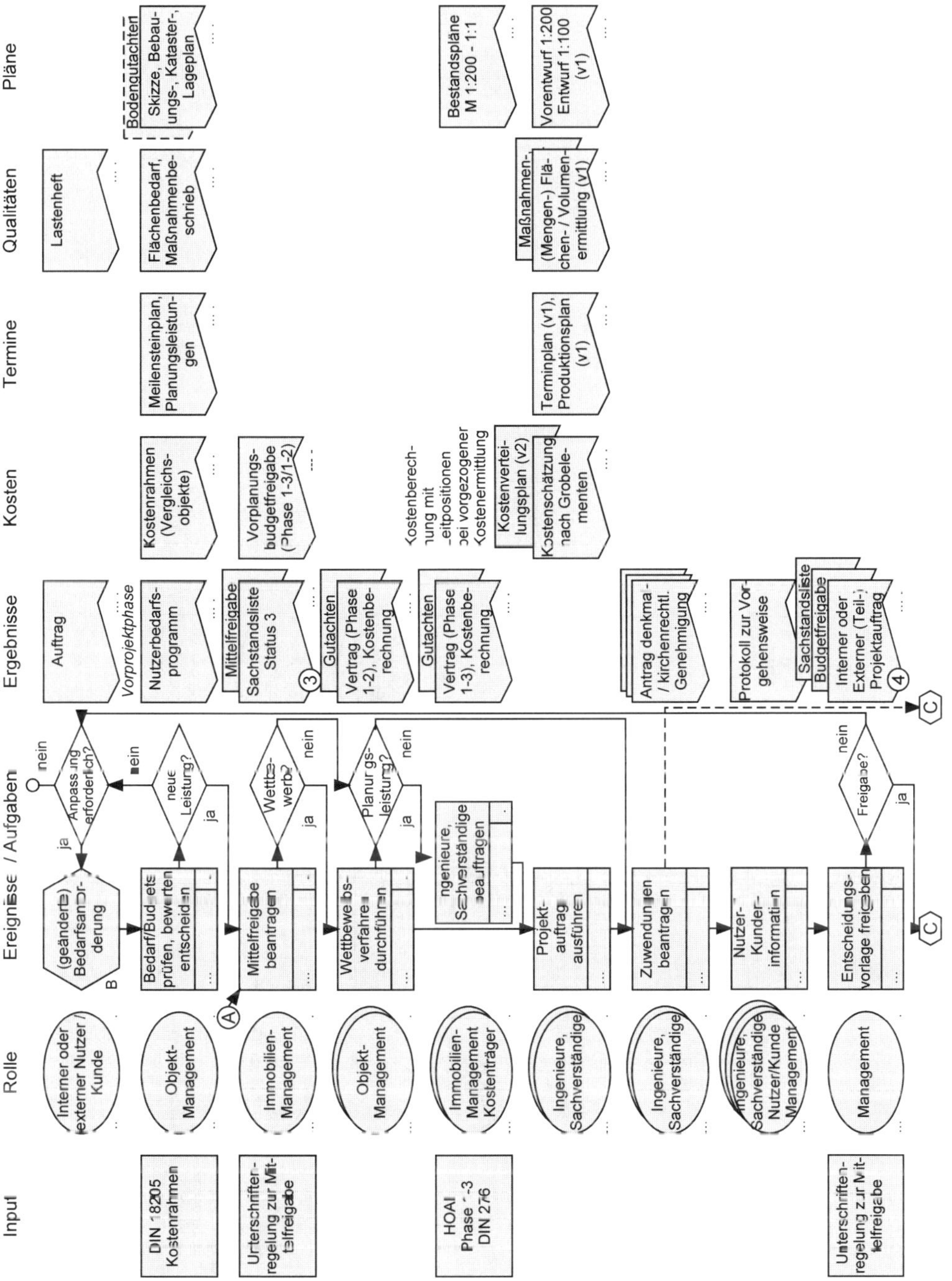

Abb. 7-13: Projekt vorbereiten

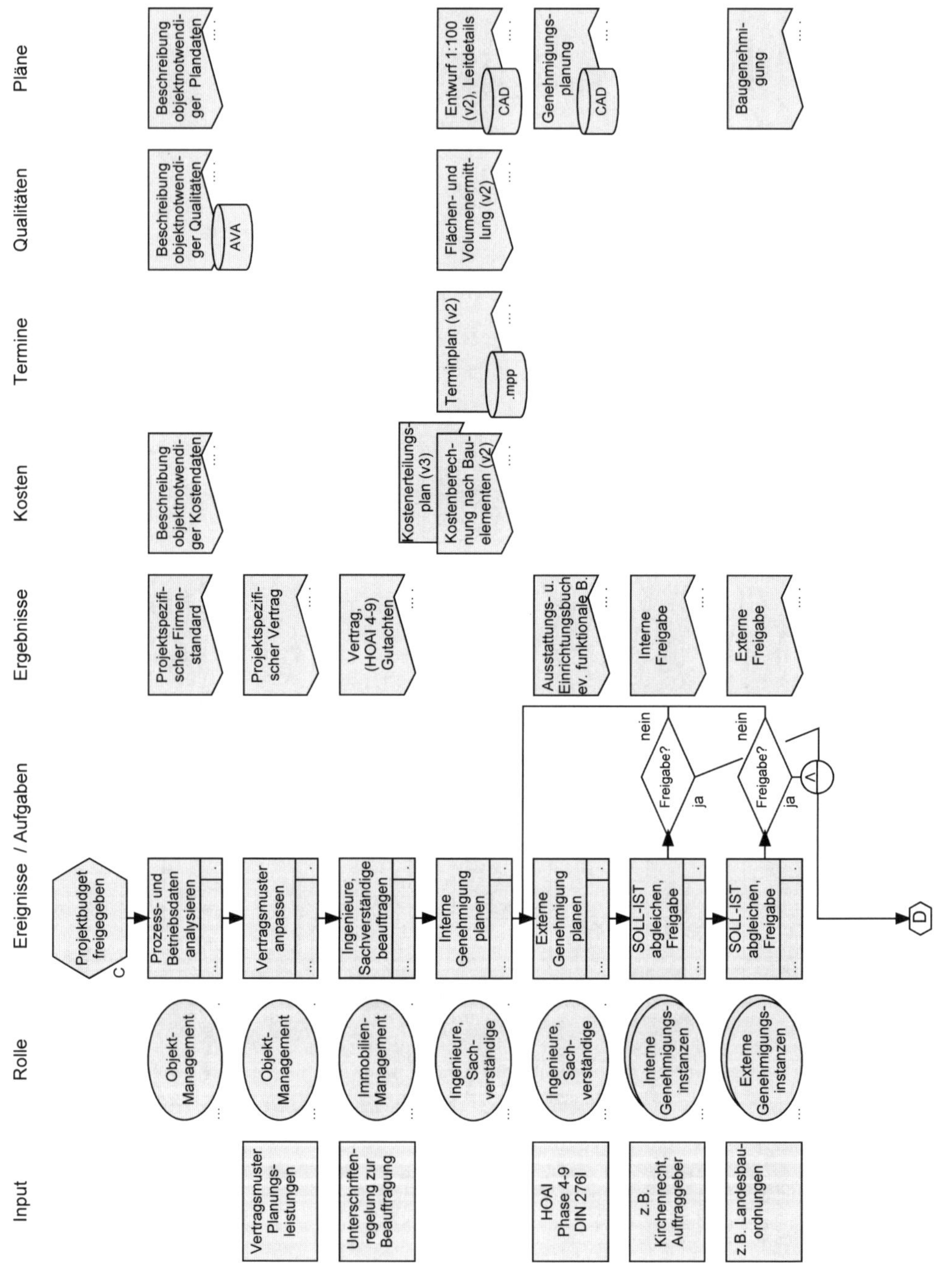

Abb. 7-14: Genehmigungen planen

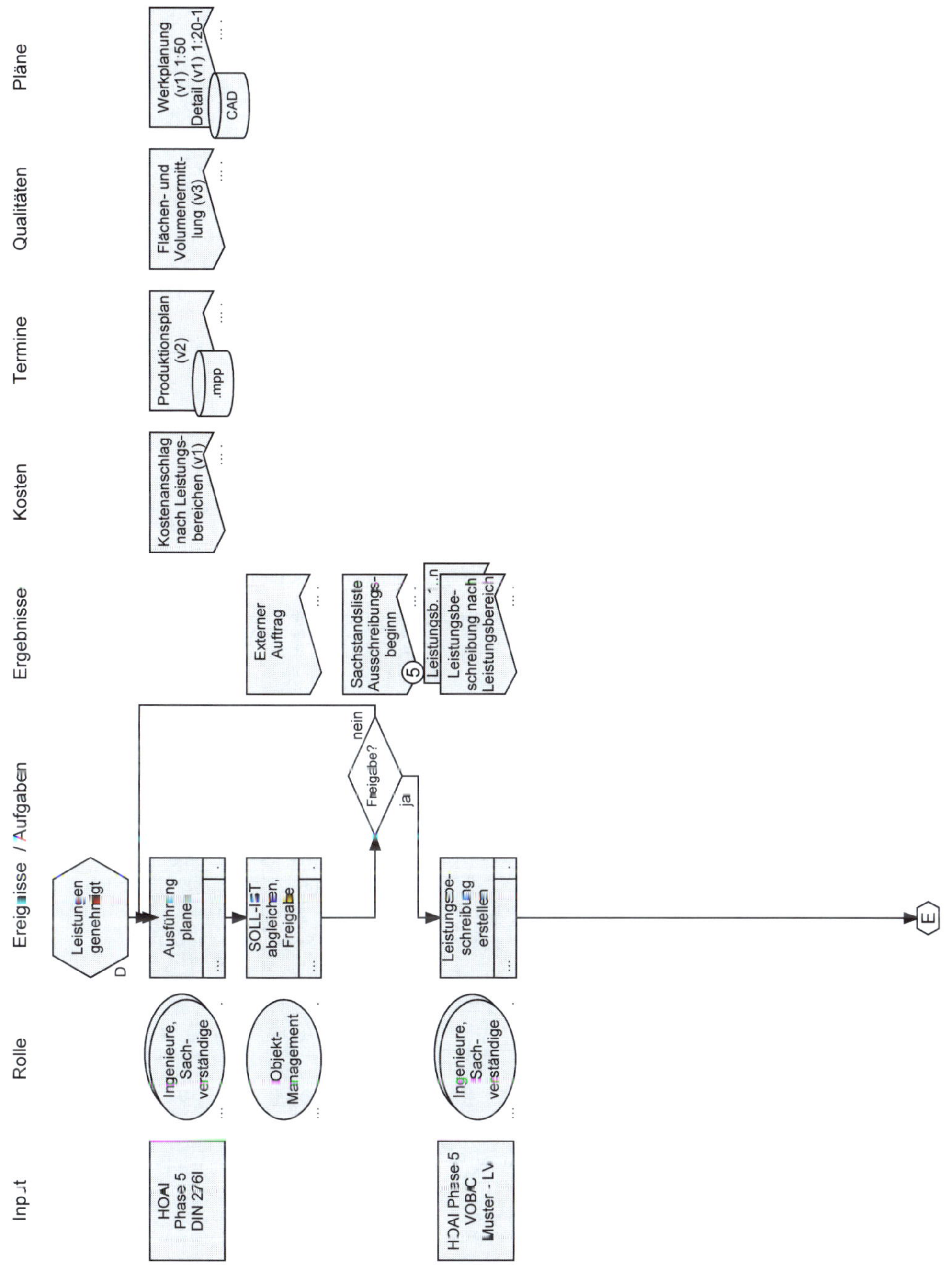

Abb. 7-15: Leistungen beschreiben

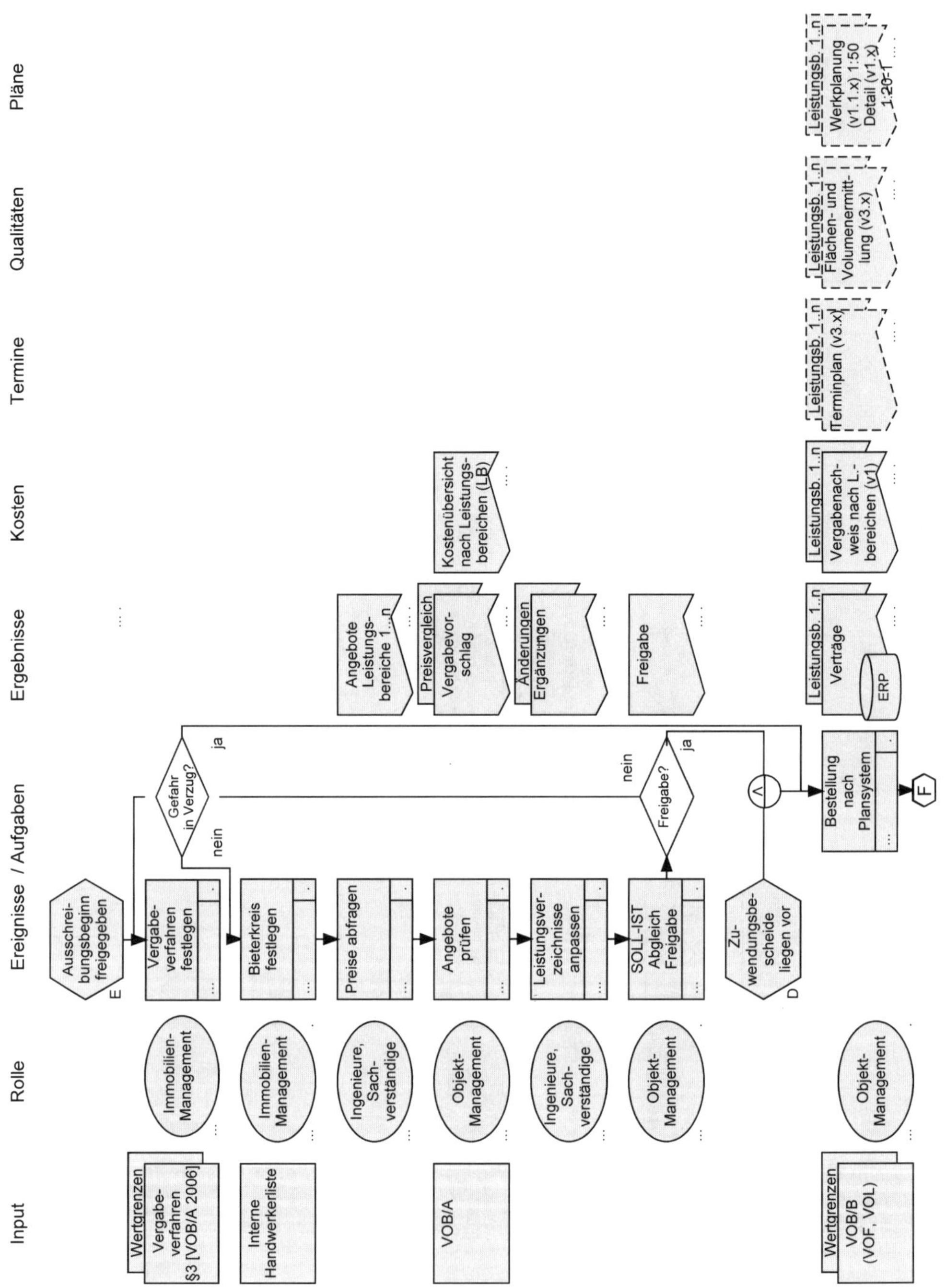

Abb. 7-16: Leistungen bestellen

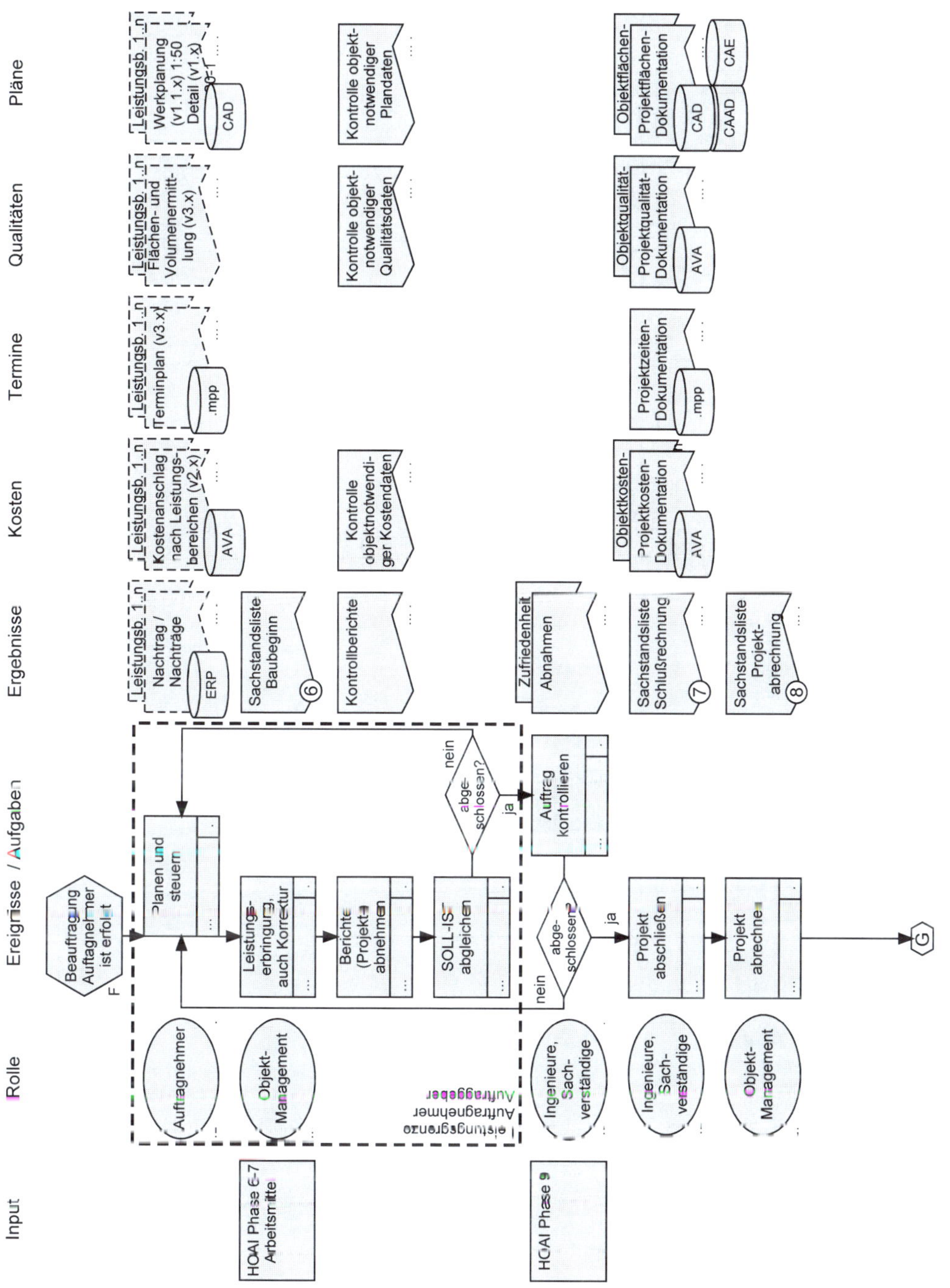

Abb. 7-17: Leistungen ausführen

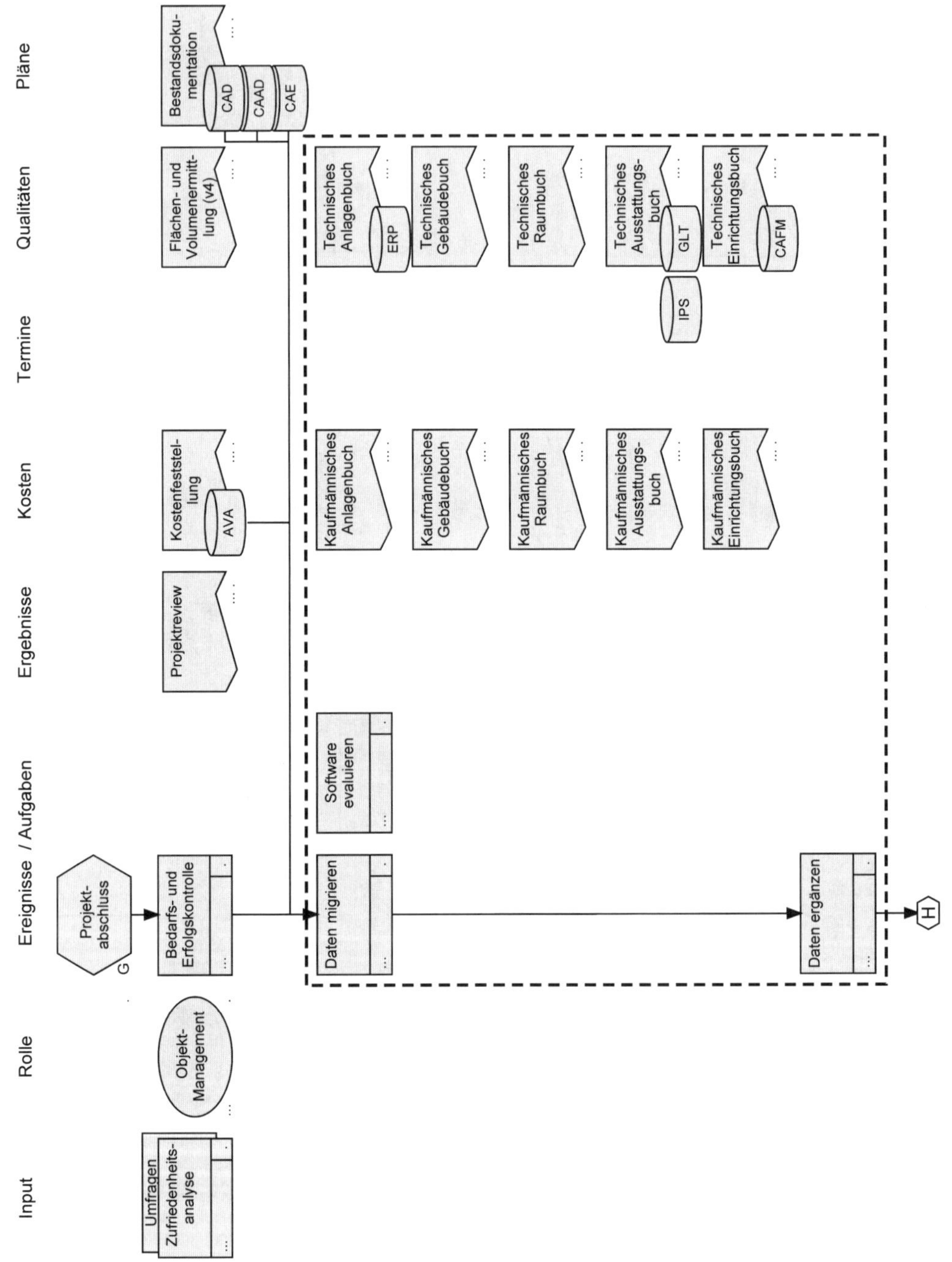

Abb. 7-18: Objektnutzung vorbereiten

Es wurde dabei auf ein klares Genehmigungsverfahren bei den Prozessschritten geachtet. Die Detaillierungstiefe der Kostenermittlung kann in der Planungsphasen abweichend zur HOAI vorgezogen werden. Das sollte jedoch vertraglich fixiert werden, ebenso die Festlegung der

Daten die nach Abschluss der Baumaßnahme bei der Objektinbetriebnahme zur Verfügung stehen. Auch dies bedingt im Laufe des Geschäftsprozesses vertragliche Regelungen.

Durch die Spalten Ergebnisse, Kosten, Termine, Qualitäten und Pläne werden die Ergebnisse der Planungsschritte abgebildet. Dies ermöglicht die Prüfung der Schlüssigkeit aufeinander aufbauender Ergebnisse. Im Laufe des Geschäftsprozesses nimmt hierbei die Detaillierungstiefe zu.

7.2.3 Vermarkten und vermieten

„(…) Sie wollte eine Kindheitswohnung mit Garten, er wollte vom Fenster aus Dächer sehen: antike Mauern, geflickte Wäsche, Glockentürme. Sie wurden sich aber dann doch einig, dass die Wohnung zentral liegen sollte, nachdem sie bis zu einem Haus an einer Kiesgrube in Frosinone gekommen waren. Im Zentrum schieden sie aber nach der Besichtigung von feuchten Gärtchen, Stehklos und Höfen in Form modernder Wohnungsschächte Viertel für Viertel aus. Bald vereinte sie der Dämon des Hasses gegen das gesamte Angebot. Also begannen sie, abgesehen von der Einschaltung einiger Makler, mit eigenen Anzeigen. Im Anfang waren diese so gut formuliert, dass sich Vermieter mit merkwürdigen Nebeninteressen meldeten, so ein Commendatore, der auf sein Herrschaftsbadezimmer mit Mosaiken und schwarzen Alabastersäulen verwies. Dann wurde auch ein Kauf erwogen, gelegentlich rangen sich die Eheleute fast zu einem Vertragsschluss durch und berieten diesen mit den sonstigen Familienmitgliedern. Die Schwiegermutter zog freilich aus losen Kacheln weitreichende negative Schlüsse, die Kinder waren auch nicht zufrieden. Einmal waren Natalia und ihr Mann entschlossen zu kaufen, aber beim entscheidenden Termin wehten Müllgerüche herüber. Einmal gefiel ihm eine kleine Wohnung so sehr, dass sie den Bau eines Pavillons im Garten für die Kinder diskutierten. Dann fanden sie ein Haus, das absolut keine Vorzüge hatte, aber sehr preiswert war. (…)“

S. Derleder, Peter in [ESW Bd. 67 2003] S. 9ff.

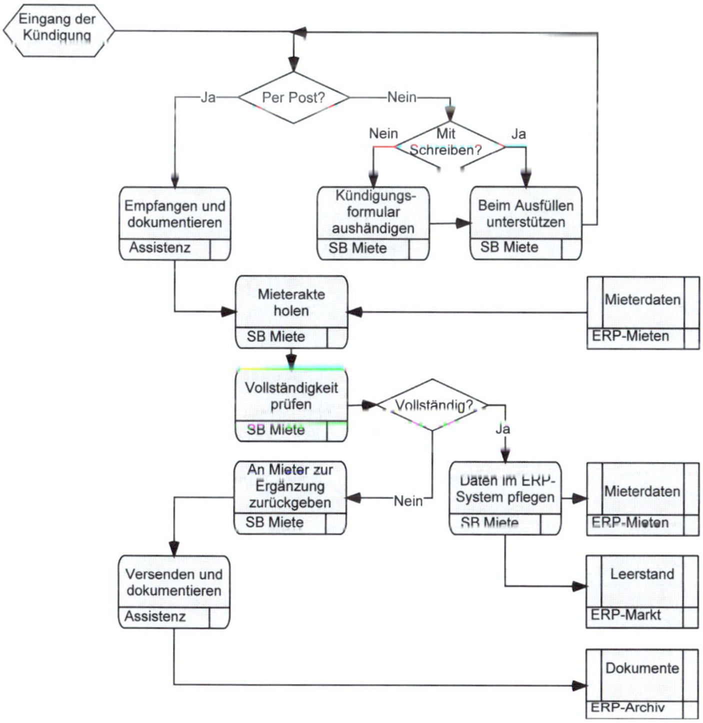

Abb. 7-19: Prozess der Kündigung eines Mieters

„One face to the customer" – ein Kundenberater für den Kunden ist eines der Prämissen für eine kundenorientierte Organisation. Zur Überprüfung der Umsetzung ist ebenfalls das EPK-Modell hilfreich. Anhand des Prozessablaufes kann die Anzahl der involvierten Mitarbeiter überprüft werden. Abb. 7-19 stellt den Prozessschritt „Kündigung eines Mieters" dar. Bei der Bearbeitung ist lediglich ein Sachbearbeiter Miete in den Vorgang involviert.

7.2.4 Reinigen

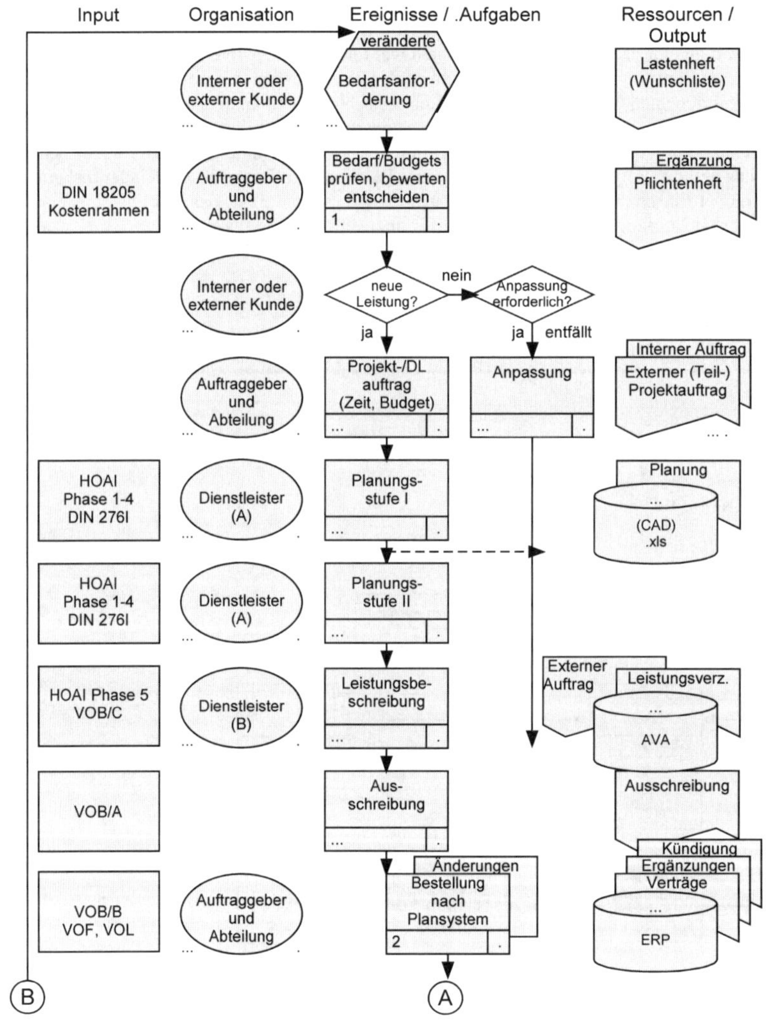

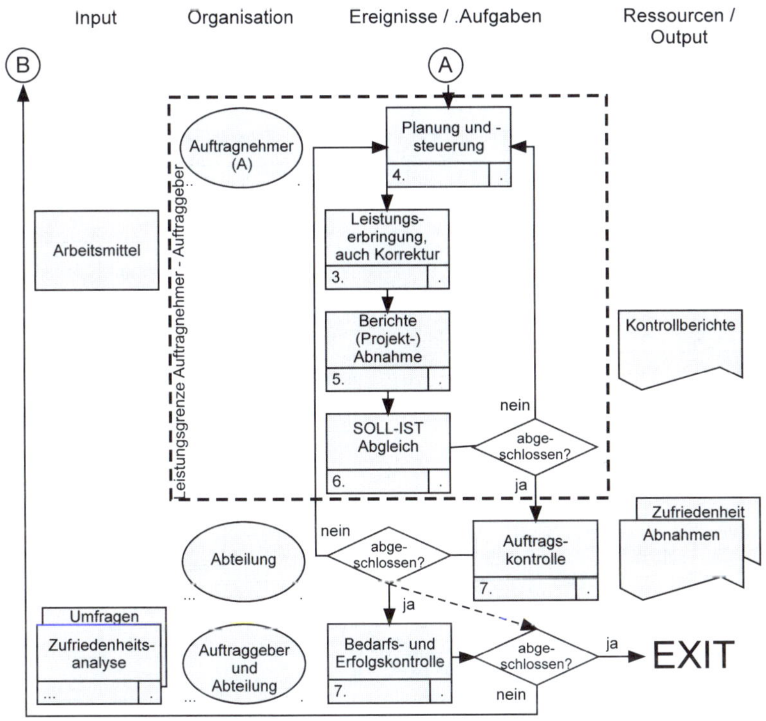

Abb. 7-20: Ablaufschema für Reinigungsleistungen (vgl. GEFMA)

In Abb. 7-20 ist die Abwicklung von Dienstleistungs- und Serviceleistungen am Bspl. von Reinigungsleistungen dargestellt. Dabei handelt es sich um einen Teilprozess des Beschaffungswesens. Der Teilprozess beginnt mit der Bedarfsanforderung und endet mit der Bedarfs- und Erfolgskontrolle. Dabei wird der Prozess als ein stets wiederkehrender Teilprozess verstanden, der geänderte Bedarfsanforderungen bei klarer Leistungsabgrenzung berücksichtigen kann. Um eine Diskrepanz zwischen erwarteter und wahrgenommener Dienstleistungsqualität feststellen zu können, wird hier als Input für Bedarfs- und Erfolgskontrolle Zufriedenheitsanalyse herangezogen.

7.2.5 Bewirtschaften und betreiben

Prozesse des Betreibens werden u.a. in der Abb. 7-21 (nach [DIN 32541 1977-05], vgl. auch [GEFMA 100] S. 2) dargestellt. Die [DIN 32541 1977-05] betrifft die technischen Prozesse, lässt sich aber sinngemäß auch auf die Baukonstruktion eines Gebäudes übertragen.

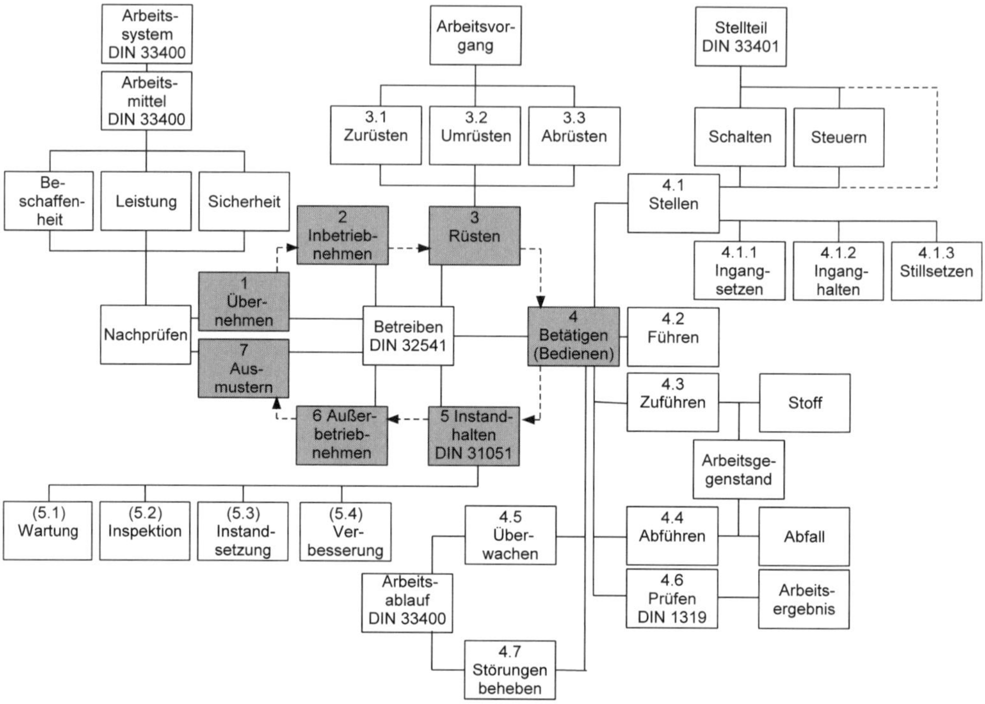

Abb. 7-21: Betreiben nach [DIN 32541 1977-05]

Die Aufgaben des Betreibens werden z.B. im kommunalen Immobilienmanagement oder in der Wohnungswirtschaft in wesentlichen Teilen von den Hauswarten übernommen. Ihnen wurden damit wesentliche Aufgaben und die Verantwortung für den ordnungsgemäßen Betrieb eines Gebäudes übertragen. Die Aufgaben eines Hauswartes sind nachfolgend weitgehend aus dem [KGSt 1 / 1986] (vgl. S. 7f.) entnommen. Dabei lassen sich immobilien- und nutzerbezogene Leistungen unterscheiden. Nachfolgend für Hausmeister in Schulgebäuden dargestellt:

- Immobilienbezogene Leistungen
  - Gebäudereinigung koordinieren
  - Grundstück und Außenanlagen sauber halten, aber nicht die Pflege und Unterhaltung, (Kehren, Winterdienst und Grünflächen mit ggfs. Spielgeräten (vgl. [MAIER, H. 2006-07-20]))
  - Verunreinigungen sofort beseitigen
  - Heizung bedienen
  - Schäden melden
  - Reparaturen überwachen
  - Kleinere Wartungs- und Instandhaltungsarbeiten durchführen
  - Lieferungen entgegennehmen
  - Schließdienst und Kontrollgänge durchführen
  - Räume für Veranstaltungen herrichten
  - Schulobjekt beflaggen
  - Fundsachen annehmen und ausgeben

  - Beleuchtung des Gebäudes und der öffentlich zugänglichen Grundstücksteile sicherstellen
  - Hausrecht außerhalb der Schulzeit ausüben
  - Schulsporteinrichtungen betreuen
- Nutzerbezogenen Leistungen
  - Dienstgänge durchführen
  - Schulmilch ausgeben
  - Unterrichtsmittel bereitstellen

Anhang C: Arbeitshilfen

C.1 Grundlagen und Fristen gesetzlich vorgeschriebener Prüfungen

C.1.1 Technische Anlagen und Einrichtungen in Gebäuden

Gesetzlich vorgeschriebene Prüfungen bei Gebäuden und gebäudetechnischen Anlagen (insbesondere bei Sonderbauten im Sinne der Landesbauordnungen) richten sich unter anderem nach den technischen Prüfverordnungen der Bundesländer, z. B. der TPrüfVO in NRW oder der SPrüfV in Bayern. Nachfolgend ist ein Beispiel dargestellt:

Nr.	Prüfer Technische Anlage / Einrichtung	Prüfung vor der ersten Inbetriebnahme und nach wesentlicher Änderung	wiederkehrende Prüfung	Prüffrist nicht mehr als
1	**Prüfung durch staatlich anerkannte Sachverständige**			
1.1	Lüftungstechnische Anlagen	•	•	3 Jahre
1.2	Maschinelle Lüftungsanlagen in geschlossenen Mittel- und Großgaragen	•	•	2 Jahre
1.3	CO-Warnanlagen in geschlossenen Großgaragen	•	•	1 Jahr
1.4	Elektrische Anlagen • in Krankenhäusern nur elektrische Anlagen und Einrichtungen, die der Aufrechterhaltung des Betriebes dienen, • in Garagen nur elektrische Anlagen in geschlossenen Großgaragen, • in Schulen nur elektrische Anlagen der sicherheitstechnischen Einrichtungen	•		
1.5	Sicherheitsbeleuchtung und Sicherheitsstromversorgung	•	•	3 Jahre
1.6	Brandmeldeanlagen, Alarmierungseinrichtungen	•		
1.7	Rauchabzugsanlagen, Überdruckanlagen zur Rauchfreihaltung von Rettungswegen	•		
1.8	Ortsfeste, selbsttätige Feuerlöschanlagen	•		1 Jahr
2.	**Prüfung durch Sachkundige**			
2.1	Elektrische Anlagen • in Krankenhäusern nur elektrische Anlagen und Ein... tungen, die der Aufrechterhaltung des Bet... ...aragen nur elektrische Anl... ...gen,			

s. [GEFMA 190 E 2003-04] S. 43

Abb. 7-22: Gesetzlich vorgeschriebene Prüfungen

Die Tätigkeiten überlagern sich teilweise mit denen der Instandhaltung. Instandhaltungskosten nach [DIN 31051 1985-01] setzen sich aus Wartung, Inspektion, Instandsetzung und Verbesserung zusammen. Für die Instandsetzungskosten besteht jedoch ein innerer Zusammenhang zu Wartung und Inspektion, sowie zur Prüfung entsprechend [DIN 32541 1977-05]. Nur die nachhaltige Pflege und die Kenntnis über den Zustand eines Gebäudes, sichert einen wirtschaftlichen Betrieb. Ein Bspl. hauswartlicher Tätigkeiten ist in Abb. 7-23 abgebildet. Sie beinhaltet die Fristen gesetzlicher Prüffristen, die in Abb. 7-22 abgebildet ist, sowie eine Checkliste der Inspektionen in Abb. 7-24.

Erfassung der Instandhaltungs-/Hauswarttätigkeiten

Phase. Prozess. Bauelement. Unterelement	Lage/ Anlagenstrichcode ID	Bezeichnung der Tätigkeit/ Strategie	Instandhaltungsklasse	Kostenklasse	Risikoklasse	Umlagefähig	Anzahl	Dauer / Turnus	Turnus	Dauer	Verantwortlich	Prüfer / Ausführende	Interne Leistung	Externe Leistung	Dokumente	Zustandsklasse	Bemerkung	zuletzt durchgeführt am	Mängel ja/nein	nächster Termin
Kontierung Instand-haltungs-element (IE)						BetrKVO	Betriebsabrechnungsbogen (BAB) Aufwandskalk.				[GEFMA 190 2004-01] Verant-wortung				Dokumente			Termine		
			x	x	x	x	St.	[min]	[m]	[min/a]								Datum	j	Datum
		Immobilienbezogene Leistungen																		
6		**Betriebs- und Nutzungsphase**																		
6.100		**Objektmanagement**																		
6.200		**Bereitstellung von Arbeits- und Produktionsmitteln**																		
6.300		**Objektbetrieb/Betriebsführung**																		
6.310		<u>Bedienung</u>																		
6.310.426.4	Ba	Heizungsregelung					9	20	6	10	iH		X		R		Heizperiode			
6.320		Wiederkehrende Prüfungen																		
6.320.429	Ba	Schornstein					1	20	6	10	iH	A		X	R					
6.320		Schornstein					1	35	60	175	iH	A		X	R		Abgasunters.			
6.320.442.3	Ba	Notstromanlage					1	480	24	960	iH									
6.320.443.1	Ba	Elektrounterverteilung					4			0	iH		X							
6.320.445.1	Ba	Notbeleuchtung					1	10	6	5	iH		X		R					
6.320.445.1	Ba	Notausgangsbeleuchtung					35	480	6	240	iH		X				Bedarf			
6.320.453.12	Ba	Uhren						10	12	10	iH		X							
6.320.454	Ba	Elektroakustische Anlagen					1			0	iH		X							
6.320.456.1	Ba	Brandmeldeanlage					1	120	3	30	iH	C		X	W					
6.320.456.11	Ba	Rauchmelder					40	120	3	30	iH	C		X	R					
6.320.456.13	Ba	Brandmeldetaster (manuell)					6	120	3	30	iH	C		X	R					
6.320.456	Ba	Schlüsseltresor							48	0	iH	C		X	W					
6.340		<u>Inspektion</u>																		
6.340.361	Ba	Dachboden					5	30	12	30	iH		X		R		Winter			
6.340.442.3	Ba	Notstromanlage					1	240	12	240	iH	G		X	R					
6.350		<u>Wartung</u>																		
6.350.410	Ba	Wassereinläufe reinigen																		
6.350.344	Ba	Auto. Türschließanlage					4	30	12	30	iH	C		X	R					
6.350.414.4	Ba	Feuerlöscher					50	60	36	9000	iH	B		X	R					
6.350.421	Ba	Heizungsanlage					1	210	6	105	iH	E		X	R					
6.350.445.1	Ba	Identleuchten						120	3	30	iH	C		X	R					
6.350.456	Ba	Rauchentlüftungsanlage					1	30	12	30	iH	C								
6.350.456	Ba	Brandmelder					68	120	3											
[illegible]350.456	Ba	Sirene																		
[illegible]	Ba	Aufzugsanlage																		
[illegible]	Ba	Aufzugsanlage																		
		Aufzugsanlag…																		

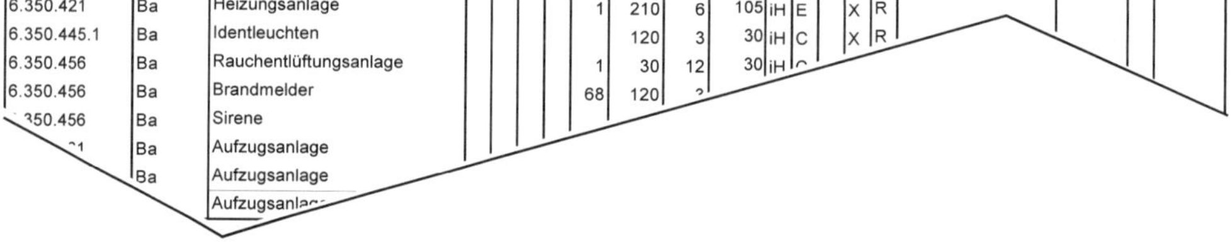

Abb. 7-23: Dokumentation der Instandhaltung

Checkliste für Inspektionsarbeiten		Sektorbezeichnung:															
Gebäudebezeichnung:		Bauteil:															
vgl. [BMBau 1991.08] S. 8ff, eigene Darstellung		TLD [a]			Inspektion (Datum/Bem.)								Prüf-ergebnis				
Leistungs-position	Leistungs-beschreibung	Durchschnitt	Minimum	Maximum	halbjährlich	jährlich	alle 3 Jahre	alle 5 Jahre	alle 10 Jahre	alle 30 Jahre	Kostenklasse	Risikoklasse	Zustandsklasse	Priorität	Status	Kostengruppe nach DIN 276 06/93	Leistungs-bereich StLB
3.63.70	Dachentwässerung		15	25	X						C					363	
3.63.31.1	Tonziegel (Tondachpfanne)	80			X						A					363	
3.99.45	Schornsteinköpfe, Abdeck-platten		25	30	X						B					399	12
4.12.7	Dezentrale Wassererwärmer (Wasserboiler)		10	20	X						C					412	
4.12.3.1	Pumpen		10	15	X						C					412	
4.14.4	Feuerlöschgeräte		5	20	X						C					414	
4.23.5	Fußbodenheizungen		10	30	X						A					423	
3.35.21.2	Anstrich metallischer Untergründe (Träger, Profile, Bleche), Untergrundvorbehandlung		3	5		X					B					335	
3.35.21.3	Anstrich, Holz		3	5		X					B					335	
3.37.21	Holzkonstruktionen		10	15		X					B					337	
3.38	Sonnenschutz (L.-Pos.)		15	20		X					C					338	
3.61.62.1	Kanthölzer aus Nadelholz GK II, Schnittklasse S für Dachkonstruktionen, Holzschutz	80				X					B					361	
3.63.21.8	Abdichtung, Kunststoffbahnen		20	30		X					B					363	
3.63.31.2	Betonziegel (Betondachpfanne)		50	80		X					A					363	
3.63.21.11	Kiesbelag		15	30		X					C					363	
4.21.3.2	Brenner		10	15		X					B					421	
4.21.10.2	Heizölversorgungsanlage		15	30		X										421	
4.21.3	Kessel für gasförmige und flüssige Brennstoffe		15	40		X										421	
4.21.7	Meß-, Steuer- und Regelanlagen		30														
	Schaltanlagen, Schienen, Sicherungen																
	Blitzschutzanlage																
	...lefonanlage (Telekommunikation...																
	...und Klingelan...																

Abb. 7-24: Checkliste halbjährlicher und jährlicher Inspektion am Bspl.des Wohnungsbaus

7.2.6 Modernisieren im Bestand

„Die bauliche Sanierung von Millionen von Wohnungen in den nächsten Jahrzehnten wird nichts mehr mit der oft chaotischen Planung, den Monate dauernden Baustellen, der fehlenden Information der Mieter, den unnötigen Umzugskosten und den vielen umwelt- und gesundheitsschädlichen Bauverfahren zu tun haben“ (s. aus dem Forschungsantrag GINT: Ganzheitliche Planung, Ausführung und Sanierung von Wohngebäuden unter Betrieb) – hoffentlich.

Es gibt inzwischen sogar eine Zertifizierungsstelle für „Bewohnerfreundliche Sanierung im Wohnungsbestand (bsw)“ (s. [www.malermeister-storm.de] 12.05.2007)

Nachfolgend wird der Teilprozess der Modernisierung in einem Wohnungsunternehmen dargestellt. Die Modernisierung findet im bewohnten Zustand statt. Der Teilprozess beinhaltet die Prozessschritte „Freigabe der Maßnahme“ (Abb. 7-25), „Initialisierung der Baumaßnahme“ (Abb. 7-26), „Datenerhebung von Baumaßnahmen“ (Abb. 7-27), „Ausführungsplanung von Baumaßnahmen“ (Abb. 7-28), „Durchführung von Baumaßnahmen“ (Abb. 7-29) und „Abschluss von Baumaßnahmen“ (Abb. 7-30). Der Prozessablauf wird maßgeblich durch juristische Vorgaben und Mustervorlagen mitbestimmt, die als notwendiger Input bezeichnet werden können.

Der Schwerpunkt des Prozessschrittes „Freigabe von Baumaßnahmen" liegt bei der Sicherstellung der Planung der Maßnahmen in einer Mehrjahresplanung und der Genehmigung von Budgets zur Durchführung, um eine Abgleichung mit den Strategien des Immobilienunternehmens zu ermöglichen (s. Abb. 7-25).

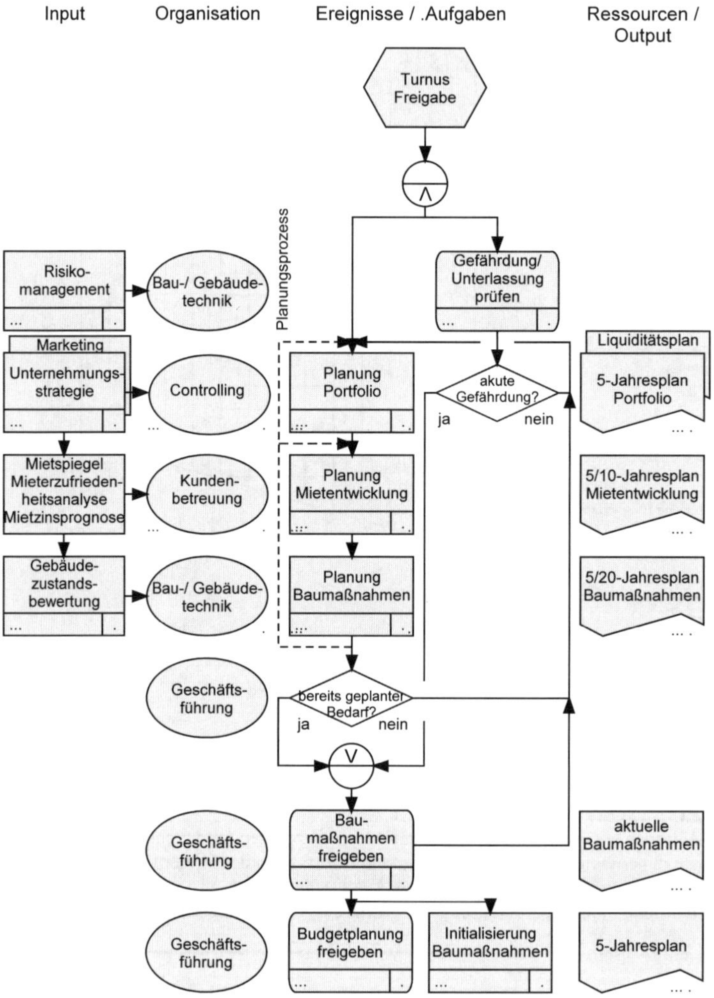

Abb. 7-25: Freigabe von Baumaßnahmen

Bereits bei der Initialisierung eines Modernisierungsprojektes einer bereits beschlossenen Baumaßnahme ist zu prüfen, inwieweit der Mieter zu beteiligen ist und die Informationspolitik des Immobilienunternehmens ist festzulegen. Ggf. ist es sinnvoll und notwendig einen Mieterbeirat zu gründen, eine Musterwohnung bereitzustellen und eine Mieterversammlung einzuberufen (s. Abb. 7-26). Gesetzliche Rahmenbedingungen sind einzuhalten.

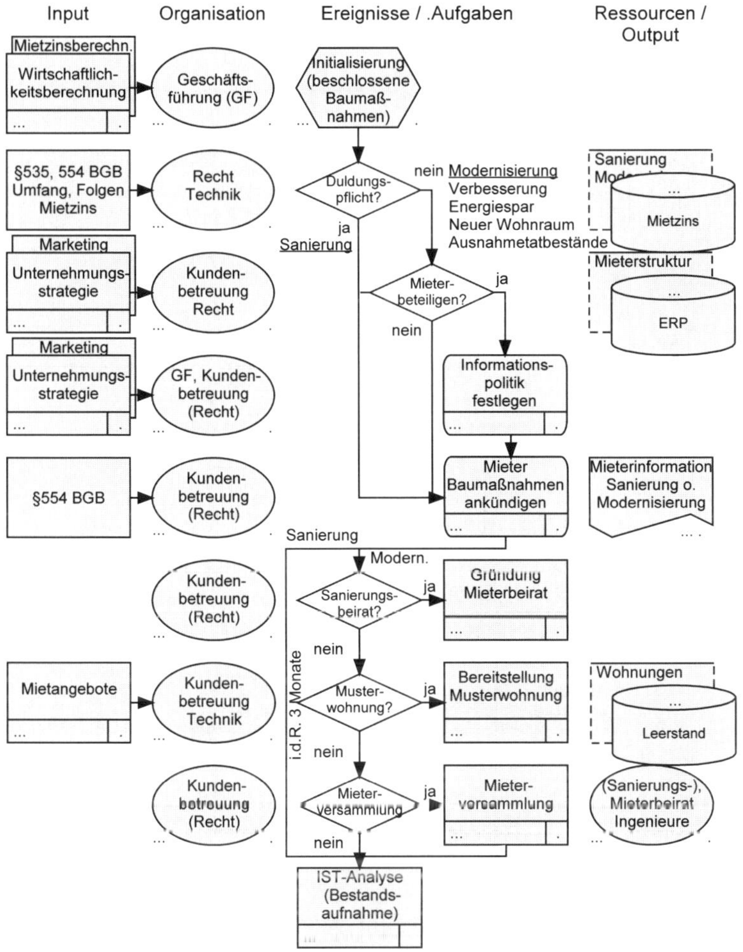

Abb. 7-26: Initialisierung der Baumaßnahmen

Es folgt der Prozessschritt der Datenerhebung. Diese beinhaltet die Ankündigung einer Begehung der Wohnung, die Aufnahme der Mieterwünsche und -daten sowie des Gebäude- und Wohnungszustandes, um eine Analyse des Ist-Zustandes vornehmen zu können und einvernehmliche Lösungen – auch mit den Mietern – zu finden. Das ist die Ausgangsituation für die Ausführungsplanung.

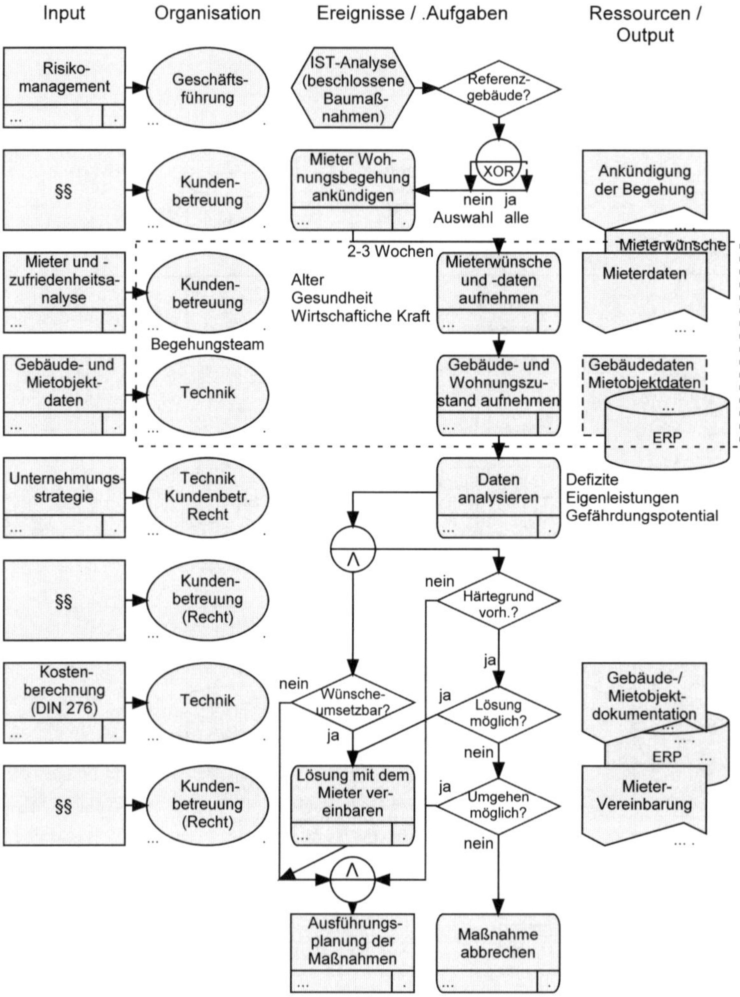

Abb. 7-27: Datenerhebung für Baumaßnahmen

Der Prozessschritt der Ausführungsplanung entspricht weitgehend der Vorgehensweise der Phase 5 nach § 15 [HOAI 2001]. Besonders ist darauf zu achten, dass die Ausführungsart und Wahl der Bauteile danach erfolgt, dass eine zeitsparende und schonende Bausausführung mit entsprechendem Montagewerkzeug und -techniken möglich ist und nach den Bedürfnissen der Bewohner terminiert wird. Diese Vorgehensweise schont die Nerven der Mieter. Ein Bspl. für eine Terminierung der beteiligten Gewerke ist in Abb. 7-32 abgebildet.

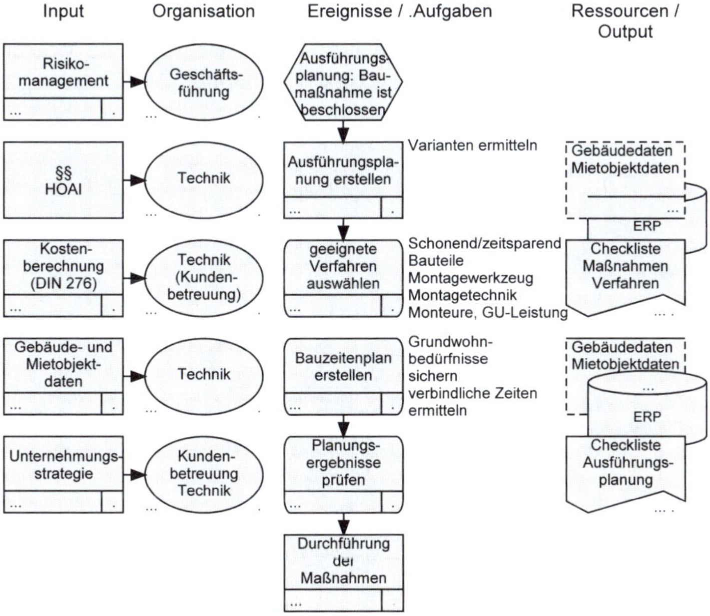

Abb. 7-28: Ausführungsplanung von Baumaßnahmen

Unter Beachtung der gesetzlichen Rahmenbedingungen erfolgt nach Beschluss der Durchführung der Baumaßnahme die Ankündigung der Durchführung für den Mieter, die Durchführung der Baumaßnahme und der Abschluss der Baumaßnahme.

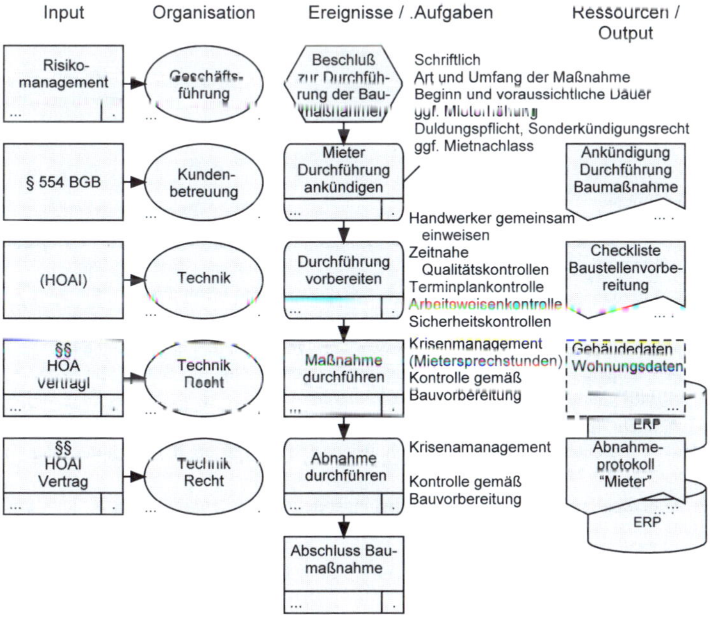

Abb. 7-29: Durchführung von Baumaßnahmen

Der eigentliche Abschluss der Baumaßnahme erfolgt nach der Berechnung der Mieterhöhung und den Maßnahmen für ein positives Gesamtbild bei den Mietern. Eine geeignete Maßnahme hierfür kann ein Mieterfest sein. Ein Bspl. für ein Muster, schreiben der Einladung zu einem Mieterfest ist in Abb. 7-31 dargestellt.

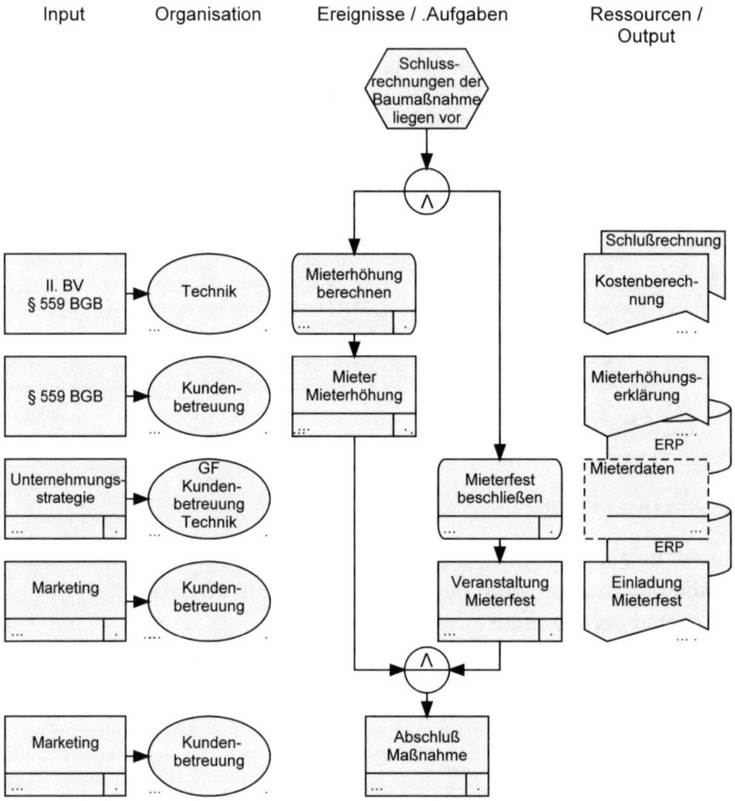

Abb. 7-30: Abschluss der Baumaßnahmen

Sehr geehrte Mieterin, sehr geehrter Mieter,

die Modernisierung der Wohnungen in der ___-Siedlung ist abgeschlossen! Staub und Lärm der Bauarbeiten gehören der Vergangenheit an.

Alle Wohnungen werden nun zentral beheizt und mit Warmwasser versorgt. Die Bäder zeigen sich nach der kompletten Erneuerung der Sanitärleitungen, der Sanitärobjekte und der Neuverfliesung von Boden und Wänden in neuem Glanz. Die Elektroversorgung genügt nun heutigen Anforderungen.

Als Wiedergutmachung für die Unannehmlichkeiten während der Modernisierung, aber auch zum Dank für Ihr Verständnis, laden wir Sie für den ___ herzlich zu einem gemeinschaftlichen Mieterfest ein. Es machung findet im Bereich der ___ statt.

Für Speis und Trank ist gesorgt. Außerdem erwartet Sie ein abwechslungsreiches Rahmenprogramm für jung und alt.

Wir freuen uns, Sie auf dem Mieterfest begrüßen zu können.

(…)

Mit freundlichen Grüßen

Abb. 7-31: Musterschreiben: Einladung zum Mieterfest

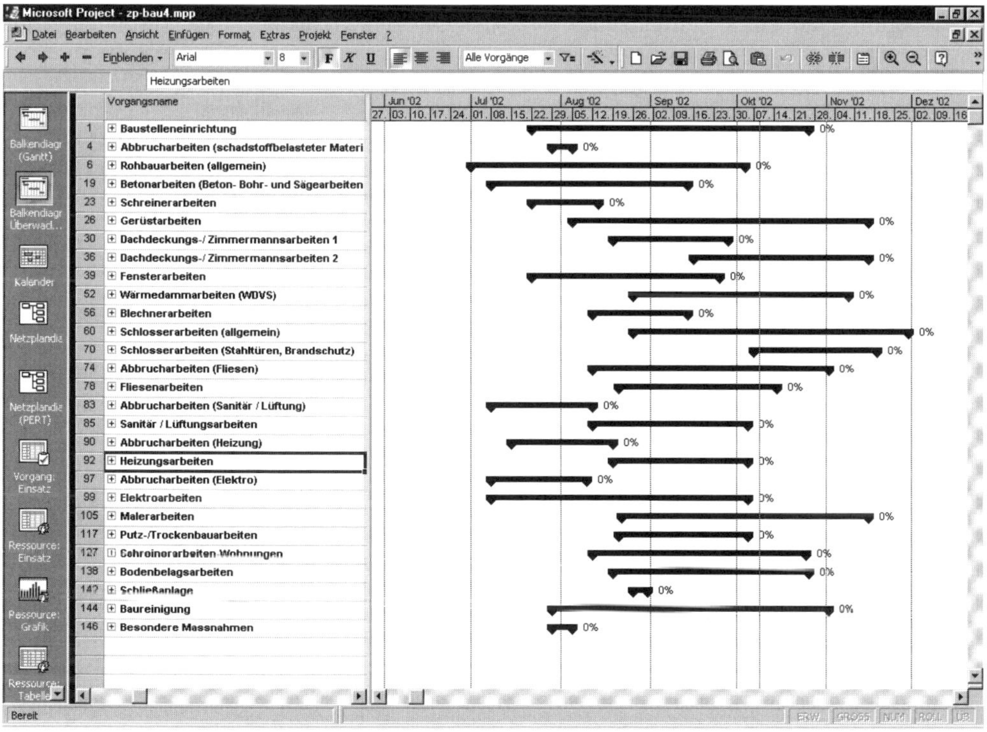

Abb. 7-32: Balkenplan zur Sanierung im Bestand

7.3 Tool-Box – „Handwerkszeug“

Mit der Tool-Box werden Hilfsmittel zu den Prozessen näher beschrieben. Dazu gehören zur Durchführung von Maßnahmen die Methoden des Projektmanagements, ein (digitales) Planmanagement, Verfahren zur Ausschreibung und Vergabe, Beschreibung der Inhalte zur Dokumentation von Gebäuden.

7.3.1 Projektmanagement mit Netzplantechnik

Projektmanagement (PM) ist die „Gesamtheit von Führungsaufgaben, -organisation, -techniken und -mittel für die Abwicklung eines Projektes“ (s. [DIN 69901 1987-08] S. 1ff.). Dabei ist es unerheblich, ob es sich um eine Modernisierungs-, Neubaumaßnahme oder die Einführung einer EDV-Lösung handelt. Nur muss das Projekt in seiner Gesamtheit als einmalig bezeichnet werden können. Wesentlicher Bestandteil von Projektmanagement ist die Sicherstellung von Qualität, Zeit und Kosten. Die Elemente Zeit und Kosten lassen sich mit Hilfe der Netzplantechnik darstellen und im Laufe des Projektfortschrittes überprüfen. Netzplantechnik lässt sich vereinfacht als Terminplan unter Berücksichtigung von Vorgängen (Gegenstand, Dauer, Termine und Ressourcen), Beziehungen (Vorgänger, Nachfolger, Art und Abstand der Beziehung) und Ereignissen (Gegenstand, Zeitpunkt und Wirkung) bezeichnen. Der

Detaillierungsgrad eines Terminplanes ist abhängig vom Projektziel. Die Terminplanarten sind aus Abb. 7-33 zu entnehmen.

	Terminpläne	Ziele	Aufgaben	Detaillierung	Verantwortlicher
1.	Rahmenterminplan: Informations- und Entscheidungsgrundlage für die erste Entscheiderebene (kritische Erfolgsfaktoren)	Projektziele in Abhängigkeit zur Projektdauer darstellen; terminlichen Gesamtüberblick geben und verbindliche Gesamttermine vorgeben	Grundstruktur auf Basis der Projekte bzw. Themenbereiche festlegen;	Geringe Detaillierungstiefe mit maximal 50 übergeordneten Vorgängen	Projektleiter
2.	Generalterminplan: Grundlage für die oberste Kontroll- und Steuerungsebene	Abhängigkeiten darstellen, Meilensteine festlegen	Wesentliche Projektvorgänge in Einzelvorgänge gliedern und zeitlich aufschlüsseln, Einzeltermine als Meilensteine erfassen;	Mittlere Detaillierungstiefe mit Darstellung der Abhängigkeiten und Meilensteine, Aufsplittung übergeordneter Vorgänge bis zu 150 Teilaufgaben	Projektleiter
3.	(Steuerungs-)Terminplan: Kontrolle und Steuerung des Projektablaufs				Projektleiter
4.	(Detail-)Terminplan: Planung und Koordination der Durchführung	Integration der Projektbeteiligten in den Terminablauf	Wesentliche Veranlassungen durch Projektbeteiligte erfassen und Schnittstellen unter den Projektbeteiligten aufzeigen;	Hohe Detaillierungstiefe auf Grundlage von Einzeltermine (Arbeitspakete)	Projektleiter

In Anlehnung an s. [PREUß, N. 2003] S. 63

Abb. 7-33: Arten von Terminplänen

Die Aufstellung eines Netzplanes wird wesentlich von den „W"-Fragen für anstehende Aufgaben sowie von deren Beantwortung bestimmt:

- Was? Detaillierte Beschreibung
- Wo? Ort
- Wieviel? Mengenermittlung
- Wer? Verantwortlichkeit
- Woraus? Material
- Womit? Werkzeug
- Wie? Verfahren
- Wie lange? Zeitbedarf

Das Vorgehen zur Erstellung eines Netzplanes kann anhand von 15 Schritten beschrieben werden:

1. Projekt beschreiben: Das Projekt ist insbesondere hinsichtlich seiner Zielvorgabe, zeitlichen, finanziellen, personellen oder anderen Bedingungen, in Abgrenzung gegenüber anderen Vorhaben mit einer projektspezifischen Organisation zu beschreiben (vgl. [DIN 69901 1987-08] S. 1ff.).

2. Planungseinheiten festlegen: Zeit in Jahre, Monate, Wochen, Tage, Stunden?
3. Betriebskalender aufstellen: Wann sind z.B. Betriebsferien?
4. Projektstrukturplan aufstellen: Das Projekt wird in einem Projektstrukturplan (PSP) gegliedert (vgl. [DIN 69901 1987-08] S. 1ff.). Die Gliederung erfolgt nach dem Aufbau (projektspezifische Aufbaustruktur), nach dem Ablauf (projektspezifische Ablaufstruktur, Netzplan), nach Grundbedingungen (-> Grundstruktur, Wahlstruktur) oder nach sonstigen Gesichtspunkten (z.B. Mischformen). Dabei ist die Teilaufgabe (TA) ein Teil des Projektes, der im Projektstrukturplan weiter aufgegliedert werden kann, ein Arbeitspaket (AP) ein Teil eines Projektes, der im Projektstrukturplan nicht weiter aufgegliedert ist und auf einer beliebigen Gliederungsebene liegen kann. Nachfolgend wird AP als Aufgabe bezeichnet.
5. Aktivitäten analysieren, Vorgänge (Jobs) definieren: Dabei sind die Aufgaben zu beschreiben. Ggf. kann mittels Kreativitätstechniken (z.B. Brainstorming oder Mind-Mapping) die Aufgaben für ein Projektziel vollständig umrissen werden.
6. Verantwortlichkeiten definieren: Den Aufgaben werden Verantwortliche zugeordnet.
7. Abhängigkeiten ermitteln und darstellen: Als graphische Elemente werden Knoten und Pfeile eingesetzt. Der Knoten steht hier für einen Vorgang, Pfeile für die Beziehung zu den anderen Vorgängen. Bei der Darstellung der Abhängigkeiten gibt es fünf Arten, die durch eine Beziehung aus Vorgänger, Netzwerkknoten und Nachfolger bestimmt sind (s. Abb. 7-34).

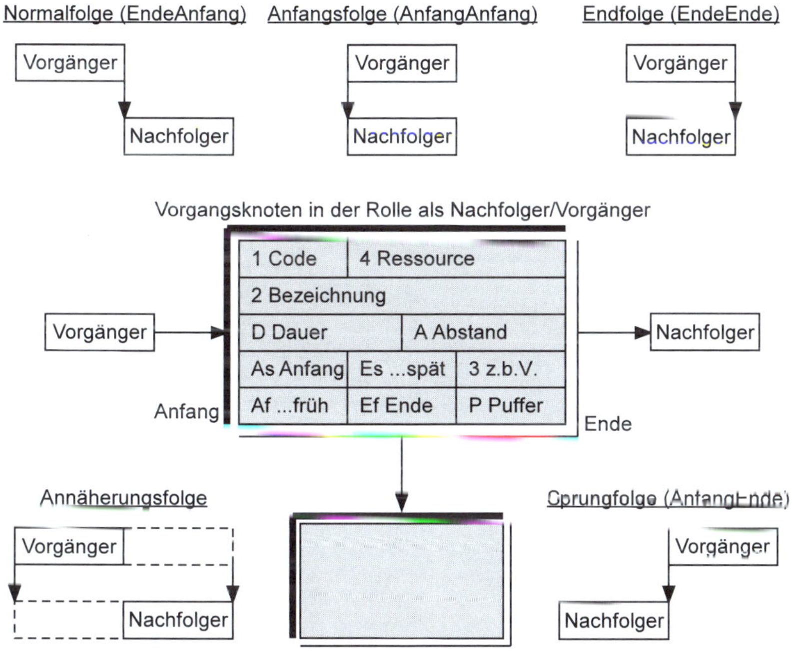

Abb. 7-34: Bestimmung der Abhängigkeiten

8. Dauer ermitteln: Zeitbedarf zu den Aufgaben ermitteln, z.B. durch Zeitrichtwerte [TARIFVERTRAGSPARTEIEN DER DEUTSCHEN BAUWIRTSCHAFT 2004].

9. Terminrestriktionen ermitteln: Soll oder muss die Aufgabe so früh oder so spät wie möglich begonnen bzw. beendet werden? Darf die Aufgabe in Abhängigkeit zu einer anderen Aufgaben nicht früher oder nicht später angefangen bzw. beendet werden? Sind feste Termine (Meilensteine) zu beachten? Sind Ruhezeiten zu berücksichtigen?
10. Netzwerk berechnen: Hierzu bietet sich die Unterstützung durch ein DV-System an. Dabei lassen sich drei Berechnungs- und Darstellungsmethoden unterscheiden: Ereignis-Knoten-Netz: Program Evaluation and Review Technique (PERT), Vorgangs-Pfeil-Netz: Critical Path Method (CPM), Vorgangs-Knoten-Netz: Metra Potential Method (MPM). Die Unterschiede bestehen daran, ob der Vorgang „Heizungskessel montieren" als Pfeil (CPM) oder als Knoten betrachtet wird (MPM). Meist wird das PERT-Netz angewandt: Bei der PERT-Darstellung wird von Ereignissen als Ergebnis eines Vorgangs ausgegangen, bei dem die Ereignisse als Knoten dargestellt und mittels Pfeilen verbunden werden.
11. Netzwerk darstellen: Zu den Darstellungstechniken gehören; Balkenplan, vernetzter Balkenplan, Netzplan, Belastungskurve, Mitteleinsatzplan und Fortschrittsplan. Ein Bspl. für einen Detailterminplan als Balkenplan ist in Abb. 7-35 dargestellt.

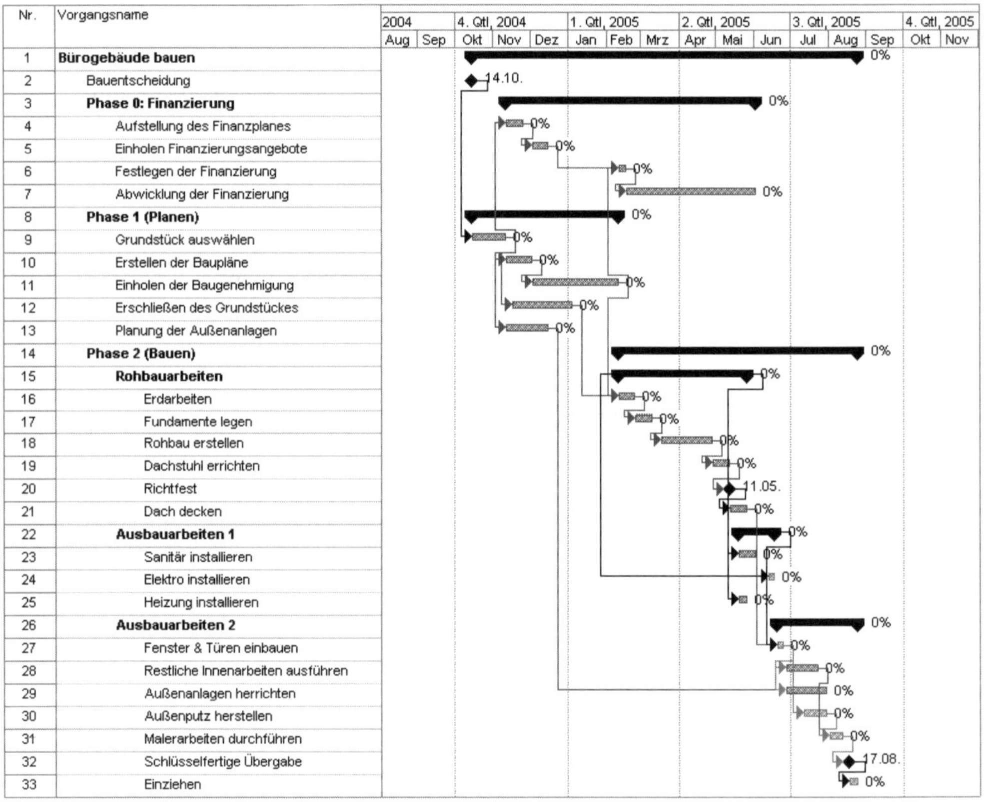

Abb. 7-35: Bspl. für einen (Detail-)Terminplan

12. Netzwerk analysieren: Der anspruchvollste Teil ist es, das Netzwerk zu analysieren. Dafür können nachfolgende Fragen gestellt werden:
   - Welcher Zwangstermin ist ausschlaggebend?
   - Was sind die Ursachen für den kritischen Weg des gesamten Projekts?

- Was sind die Ursachen für den kritischen Weg einer Teilaufgabe?
- Welche Vorgänge sind kritisch (negativer Puffer)?
- Welche Teilaufgaben sind entscheidend?
- …

13. Ergebnis diskutieren: Nur in wenigen Fällen wird das Ergebnis zur Zufriedenheit ausfallen und stattdessen wird das Projekt zu lange dauern. Es ist daher zu hinterfragen, mit welchen Maßnahmen eine Verkürzung der Projektdauer erreicht werden kann. Als Bspl. für Maßnahmen sind zu nennen: mehr Personal, andere Montagetechniken oder Veränderung der Arbeitsreihenfolge. Besonders zu beachten sind Vorgänge, die bei Änderung den Endtermin beeinflussen. Die Verknüpfung dieser Vorgänge wird als „Kritischer Pfad“ bezeichnet. Wenn eine Veränderung eines Vorgangs zu keiner Veränderung des Endtermins führt, ist ein „Puffer“ vorhanden.

Puffer ist die Differenz zwischen frühesten und spätesten Terminen eines Vorgangs. Das Verschieben des Vorgangs innerhalb des Puffers bleibt ohne Auswirkungen auf das Netzwerk.

Kritischer Pfad ist die Folge aller Vorgänge, deren Puffer=0 ist. Es ist der längste Weg im Netzwerk. Änderungen von Vorgängen auf dem kritischen Pfad wirken sich direkt auf den Endtermin des Netzwerkes aus.

---

14. Netzwerk anpassen: Durch einen iterativen Prozess ist das Netzwerk so anzupassen, dass das gewünschte Ergebnis sich einstellt.
15. Ablaufkontrolle: Das Ergebnis ist während des Projektfortschrittes zu prüfen oder weiterhin anzupassen.

7.3.2 (Digitales) Planmanagement

Neue Computer sehen nur noch Hieroglyphen

Historiker alarmiert

In den großen Archiven der USA fallen immer mehr unschätzbare Aufzeichnungen dem technischen Fortschritt zum Opfer. Ältere Datenaufzeichnungen des statistischen Bundesamtes, der Regierung und selbst der Weltraumbehörde NASA lesen sich in den hochmodernen Rechnersystemen des Computerzeitalters wie ägyptische Hieroglyphen – ein Datensalat aus Buchstaben, Zahlen und Computersymbolen, zu deren Entschlüsselung noch kein Mittel in Sicht ist. Dabei geht es um Daten zur Berechnung von Renten ebenso wie die Sicherung der frühen Weltraummissionen der NASA. Ebenfalls verloren sind die Daten über die Volkszählungen von 1960, 1970 und 1980.

Der Vorsitzende des Unterausschusses für Daten und Information des Repräsentantenhauses, Bob Wise, schlägt Alarm: „Die Fähigkeit, historische Aufzeichnungen der Nation zu lesen, wird von der Komplexität moderner Computer gefährdet. In den Nationalen Archiven gibt es bereits Computeraufzeichnungen, die nicht mehr abgerufen werden können.“ Und der Direktor der Abteilung Elektronische Aufzeichnungen der Nationalarchive, Kenneth Thibodeau, glaubt erst die Spitze des Eisbergs überhaupt erst entdeckt zu haben: „Wir kratzen gerade an der Oberfläche der Probleme, die wir noch haben werden.“ Thibodeau und seine 28 Mitarbeiter sind für sämtliche Computeraufzeichnungen von Regierungsstellen in den Nationalarchiven zuständig,

Sie haben bisher feststellen müssen, dass Anfragen von Vietnamveteranen über eine mögliche Belastung mit dem Entlaubungsmittel „Agent Orange“ nicht beantwortet werden können, weil die Computeraufzeichnungen über Daten und Größe sämtlicher Einsätze von den neuen Rechnern des Verteidigungsministeriums nicht gelesen werden können. Auch die größte Datensammlung über die US-Teilnehmer am Zweiten Weltkrieg ist zur Zeit nicht entzifferbar. Keine Maschine kann mehr 1600 Rollen Mikrofilme und Lochkarten lesen. Und gäbe es noch einen Computer aus jener Zeit, würde es laut Thibodeau an Fachleuten mangeln, die damit umgehen können.

Das technische Problem wird durch chronischen Finanzmangel verschärft. Thibodeau muss mit einem Jahresetat von nur 100.000 Dollar arbeiten.

Die Hauptprobleme der Archivare sind laut Thibodeau, dass es keine Maschinen mehr gibt, mit denen die Daten aufgezeichnet wurden.

Sehr oft wurde gegen den Grundsatz verstoßen, dass Programmierer ihr Programm und seine technischen Voraussetzungen auf Papier (!) festzuhalten haben. „Die Dokumentation ist eine unangenehme Sache“, sagte der Direktor.

Mit welchem Aufwand sie betrieben werden müsste, lässt das Beispiel einer Bank erahnen: In einem Vierjahresprojekt ließ die Huntington Bank of Columbus im Bundesstaat Ohio rund 300 Umwandlungsprogramme für ihr neues Rechnersystem schreiben. Sie beschäftigte damit nach eigenen Angaben eine 100 Mitarbeiter zählende hauseigene Abteilung und vier weitere Fachbetriebe.

Der stellvertretende Direktor des Statistischen Bundesamtes, Gerald Cranford, weist daraufhin, dass seine Behörde seit 1960 fünfmal neue Computeranlagen bekommen hat.

Bei jedem Systemwechsel sollten alle Daten überspielt werden, aber insgesamt 400 Bänder wurden übersehen. Um sie zu retten, müssten ein Jahr lang 27 Programmierer mit einem Etat von zwei Millionen Dollar eingesetzt werden.

Auch bei der Raumfahrtbehörde NASA fallen dem Datenschwund Hunderttausende Aufzeichnungen zum Opfer. Das Washingtoner Rechnungsamt hat festgestellt, dass einige Früchte der 24 Milliarden Dollar teuren Forschungsarbeit verdorben sind oder zu verderben drohen, wenn für ihre Rettung nicht Millionenbeträge eingesetzt werden.

Dabei geht es um Daten aus den 60er Jahren über das Ozonloch und die Bedrohung der tropischen Regenwälder ebenso wie über Computerbilder von Mars, Venus, Jupiter und Saturn, von denen einige für den geplanten bemannten Marsflug wichtig sein könnten.

s. Sniffen, Michael in [BURMEIstER, J. 1991-05-08] S. 15

Abb. 7-36: Neue Computer sehen nur Hieroglyphen: Upgrades von Daten ist notwendig

Bei jeder größeren Baumaßnahme fallen Pläne in unterschiedlichster Form an, meist in digital Form. Sie beinhalten bereits kostenpflichtig erbrachte Informationen, die für den laufenden Betrieb von großer Bedeutung sein können.

Phase	Aufgabe	Grundlage	Zuständigkeit / Planart	Maßstab
Übergeordnete Planungen 1)	Entwicklung, Ordnung und Sicherung des Gesamtraumes von Deutschland und seiner Teilräume durch Raumordnungspläne	Raumordnungsgesetz	Bund / Raumordnungsgrundsätze des Bundes	
	Grundsätze und allgemeine Ziele der Raumordnung und Landesplanung für die Gesamtentwicklung des Landes	Landesplanung	Land / Landesentwicklungsprogramm (Gesetz) Landesentwicklungspläne (Beschluss, Ausschuss)	
	Regionale Ziele der Raumordnung und Landesplanung für die Entwicklung des Regierungsbezirkes und für die raumbedeutsamen Planungen und Maßnahmen		Bezirksregierung / Gebietsentwicklungspläne	
Bauleitplanung 1)	Regelung der Nutzung der Flächen und Grundstücke der Gemeinde mit dem Ziel einer geordneten städtebaulichen Entwicklung	Baugesetzbuch	Gemeinde / Flächennutzungsplan	
		Baunutzungsverordnung	Gemeinde / Bebauungsplan, Vorhaben- und Erschließungsplan	
Planung der Projektentwicklung			Projektentwickler, Bauherr / Skizzen	M 1:500 – M 1:1000
Grundlagenermittlung			Bestandsplan	M 1:100 – M 1:25
Vorentwurfsplanung		HOAI	Ingenieure / Vorentwurfsplan	M 1:200
Entwurfsplanung		HOAI	Ingenieure / Entwurfsplan	M 1:100
Bauantrag 1) Genehmigungsplanung	Regelung zur bauordnungsrechtlichen Genehmigungsfähigkeit von baulichen Anlagen	Bauordnung des Landes	Bauherr / Bauplan	M 1:100 – M 1:200
			Fluchtwegeplan Wohnungsaufteilungsplan	Maßstabslos
		HOAI	Architekt, Fachingenieure / Werkplanung	M 1:50 – M 1:1
			Möblierungsplan	
Dokumentation			Bestandsplan	
Betrieb			Belegungsplan, Reinigungsplan, Vermietungsplan, Wartungsplan, CAFM-Plan	Maßstabslos

1) in Anlehnung an [VOLKMANN, W. 2003] S. 221

Abb. 7-37: Planarten

So ist es nicht nur einmal vorgekommen, dass nach der Inbetriebnahme eines Neubaus zunächst die Flächen für ein Reinigungsmanagement aufgemessen wurden. Was ist also zu tun, damit vorhandene Pläne und digitale Pläne von unterschiedlichsten Personen aus unterschiedlichsten DV-Systemen (s. Abb. 7-72) für den laufenden Betrieb genutzt werden können? Ist eine Compact Disc (CD) mit abgespeicherten Daten ausreichend? Die Vielfalt der vorkommenden Pläne sind in Abb. 7-37 dargestellt. Sie unterscheiden sich wesentlich in der Detaillierungstiefe (Maßstab), die im Planungsprozess zunimmt. Ebenso entscheidend ist die Art der Dokumentation bereits vorhandener Bestandspläne. Können die vorhandenen Pläne zur weiteren Bearbeitung genutzt werden?

Die Detaillierungstiefe ist insbesondere dann wesentlich, wenn im Zuge der Bestandsaufnahme Gebäude aufgenommen werden müssen. Es gilt: je höher die Detaillierungstiefe, desto teurer die Bestandsaufnahme (s. Abb. 7-38). Eine maßliche Bestandsaufnahme mit hohem Detaillierungsgrad ist das „verformungsgerechte Aufmaß". Es wird insbesondere bei der Aufnahme denkmalgeschützter Gebäude angewandt und bildet die Grundlage für denkmalpflegerischen Belange und die spätere Planung. Beispiele für ein verformungsgerechtes Aufmaß mit unterschiedlichen Detaillierungsgraden sind in Abb. 7-39 dargestellt. Die Genauigkeitsstufen nach Abb. 7-39 sind insbesondere im Umgang mit sanierungsbedürftigen und denkmalgeschützten Gebäuden von Bedeutung. Für die Erstellung von Reinigungsplänen ist z.B. der Maßstab 1:100 i.d.R. ausreichend.

Art der Bestandsaufnahme	Einfache Stufe	Normal-Stufe	Schwierigkeitsstufe
Beschreibung	Gute Bausubstanz oder 10 Wohneinheiten	Allgemein oder 2-10 Wohneinheiten	Technisch schwierig oder 1-2 Wohneinheiten
Maßliche Bestandsaufnahme	2,00 [€ / m^2 BGF]	2,25 [€ / m^2 BGF]	3,10 [€ / m^2 BGF]
Verformungsgerecht nach Abb. 7-39			
Stufe I (schematisch)	2,50 – 10,00 [€ / m^2 BGF] 1,00 – 3,00 [€ / m^3 BRI]		
Stufe II (± 10 cm, einfach)	10,00 – 17,5 0 [€ / m^2 BGF] 3,00 – 5,00 [€ / m^3 BRI]		
Stufe III (± 2,5 cm, normal	15,00 – 45,00 [€ / m^2 BGF] 5,00 – 10,00 [€ / m^3 BRI]		
Stufe IV (± 2 cm kompliziert	35,00 – 55,00 [€ / m^2 BGF] 12,50 – 15,00 [€ / m^3 BRI]		
Bestandspläne	3,50 [€ / m^2 BGF]	4,00 [€ / m^2 BGF]	4,50 [€ / m^2 BGF]
Technische Bestandsaufnahme	2,00 [€ / m^2 BGF]	2,25 [€ / m^2 BGF]	3,10 [€ / m^2 BGF]
Erfassung von Nutzerdaten	135 - 225 [€ / m^2 Wohneinheit]		
Bei den Angabe in [€ / m^2 BGF] wird von einer durchschnittlichen Geschosshöhe von 2,50 – 3,50 Meter ausgegangen. Bei Gebäuden mit hohen Decken, z.B. Kirchen oder Hallenbauten sind die Orientierungswerte in [€ / m^3 BRI] anzugeben (vgl. [SCHMITZ, H. Bd. 1 1995] S. 35f.), Preisstand 1 / 1995.			

Abb. 7-38: Orientierungswerte zur Bestandsaufnahme im Wohnungsbau

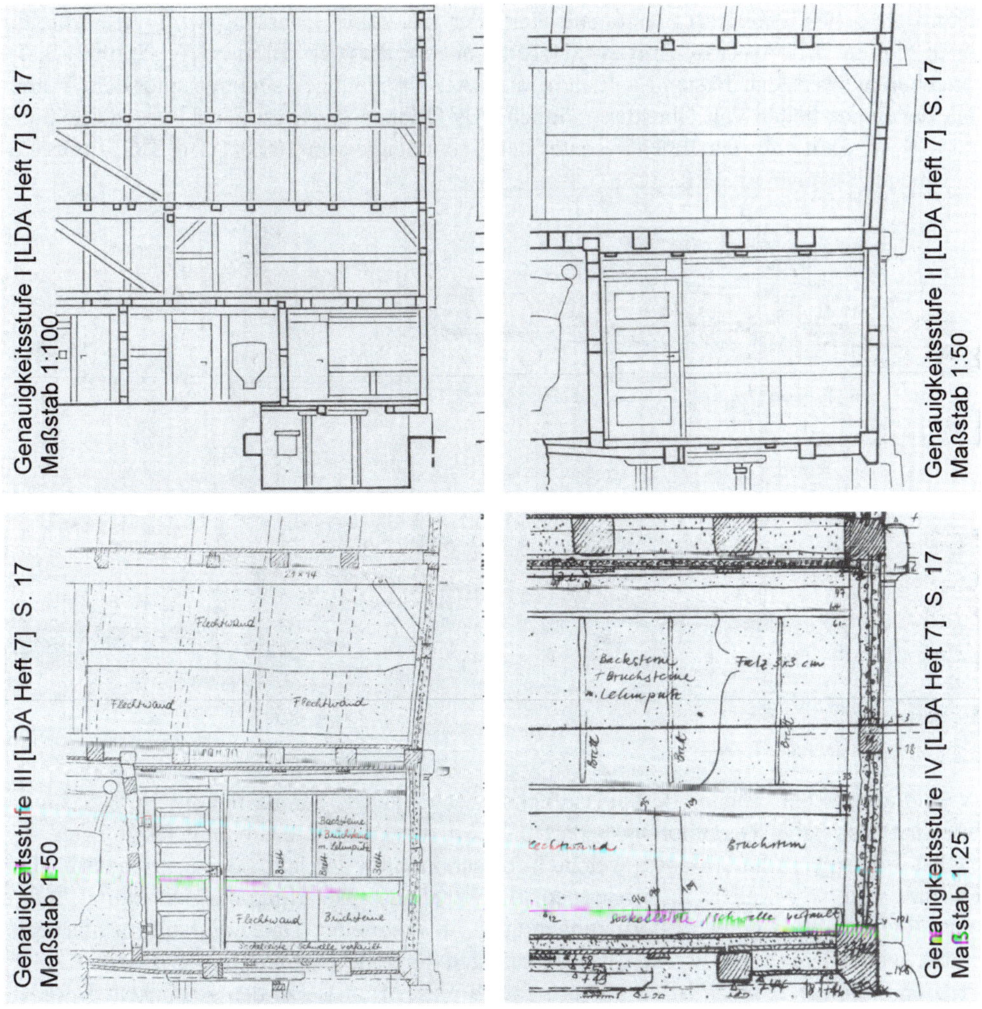

Abb. 7-39: Verformungsgerechtes Aufmaß in Zeichnungen

Liegen in den Archiven Planunterlagen in Papierform vor, ist zu prüfen, ob eine Digitalisierung der vorhandenen Pläne oder ein Neuaufmaß mit digitaler Ausgabe sinnvoll ist. Bestandspläne können in unterschiedlicher Qualität vorliegen, in Extremfällen vergilbt, gefaltet und geknickt, verblasst und angerissen. Bei der Digitalisierung der vorhandenen Pläne sind folgende Verfahren zu unterscheiden: Scannen des Planes als Bild in Pixelgrafik (Rastergrafik) sowie automatische, semi-automatische oder manuelle Vektorisierung der Pläne. Im Gegensatz zur Pixelgrafik liegen bei Vektorisierungen die Zeichnungsinformationen nicht nur als Bildpunkte, sondern als definierte Punkte, Linien, Flächen oder dreidimensionale Körper in einem Koordinatensystem vor. Die Zeichnungsinformationen lassen sich damit bei geringerem Speicherbedarf bequemer bearbeiten. Ohne manuelle Nachbearbeitung sind automatisch vektorisierte Planunterlagen allerdings selten nutzbar. Üblicherweise sind CAD-Zeichnungen Vektorzeichnungen. Die Wahl in der Vorgehensweise ist nach wirtschaftlichen Gesichtspunkten zu treffen. Scannen mit der Ausgabe als Pixelgrafik ist vergleichweise günstig. Das Verhältnis zwischen Pixelgrafik, automatischer oder manueller Erfassung wird vereinzelt für einen Plan in DIN A0 Größe mit etwa 1:15:50 angegeben (vgl. [BDB-NRW -7 2002] S. 7). Orientierungswerte zur Bestandsaufnahme als CAD-Zeichnungen sind nur unter dem Vorbehalt der Sonderheiten von Objekten möglich. Als Orientierungswert nennt z.B. jds Sommer 1,25 [€ / m^2 BGF] für ein Einkaufscenter bei einer Menge von 100.000 [m^2 BGF] (Online-Angabe jds Sommer am 17.03.2008).

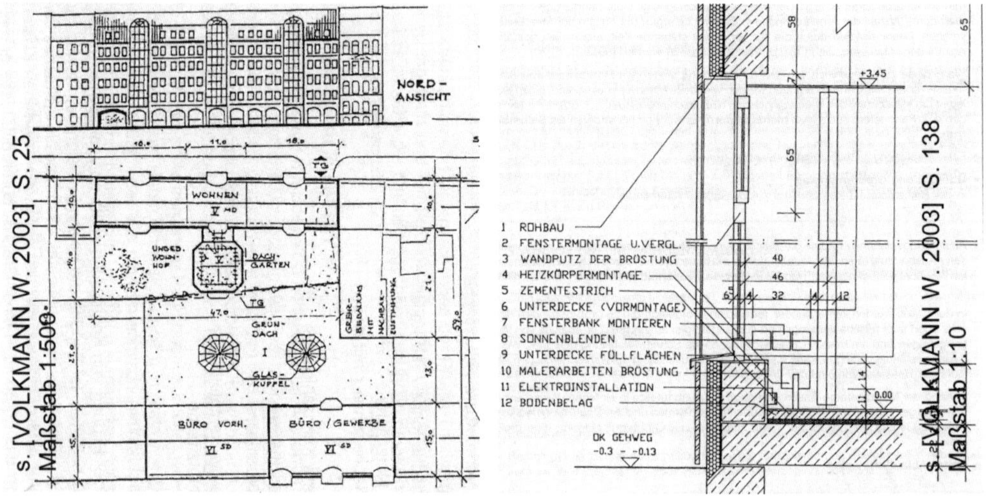

Abb. 7-40: Von der Projektentwicklung bis zu den Details

Wesentlich für eine (neue) Bestandsaufnahme ist es daher, bereits für die Nutzungsphase Informationsinhalte, Detaillierungsbedarf und Art der Datenbereitstellung festzulegen. Zunächst ist hierfür zu hinterfragen, welche Informationen für den laufenden Betrieb tatsächlich relevant sind, wer welche Informationen im festgelegten Detaillierungsgrad digital liefern muss und wer die digitalen Informationen auch im Zuge einer Datenmigration weiterverarbeiten wird. Bereits hier werden die Grundlagen für eine Datenmigration in ein CAFM-Programm gelegt. Danach ist zu überprüfen, ob dieser Prozess zu den gewünschten Endergebnissen auch in der Betriebsphase führen kann.

Nicht jeder besitzt ein lizenziertes und installiertes CAD- oder CAFM-Programm (s. auch Abb. 7-41), passend zum Dateiformat des Anwendungsprogramms (Orginal-Dateiformat) eines Informationslieferanten. Eine Auswahl der Vielfalt von Programmen ist in Abb. 7-72 und CAD-Dateiformate sind in Abb. 7-42 abgebildet. Ungeachtet dessen, müssen interne Mitarbeiter oder Dienstleistungsunternehmen vorhanden sein, die diese Programme auch bedienen können. Um nicht alle Programme allen Informationslieferanten vorhalten zu müssen, sind daher herstellerunabhängige Austausch-Dateiformate notwendig. Bei der Erzeugung eines Austausch-Dateiformats ist nahezu immer ein Informationsverlust zum Orginal-Dateiformat zu beklagen.

Selbst wenn das Orginal- oder Austausch-Dateiformat heute gelesen werden kann, muss auch sichergestellt werden, dass dies auch noch nach Jahren möglich ist. Dies ist angesichts der rasanten Technologieentwicklung seitens der Hardware und den Versionierungen der Programme nicht selbstverständlich (s. Abb. 7-36) und bedeutet ohne Vorüberlegungen ein finanzielles Risiko.

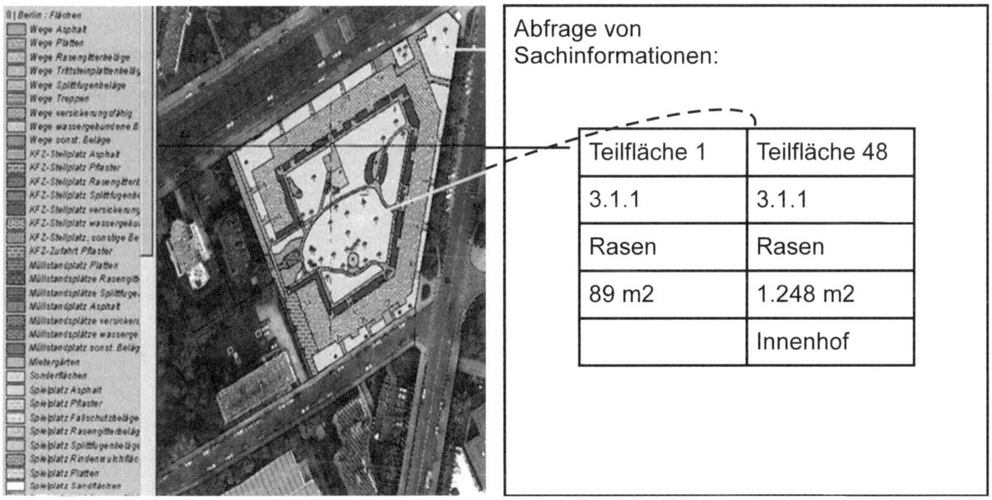

Abb. 7-41: CAFM: Verknüpfung graphischer und alphanumerischer Daten

Unterstellen wir, dass die Anforderungen an die Hard- und Software auch nach Jahren gegeben sind und Orginal- oder Austausch-Dateiformat gelesen werden können. Da Pläne in digitaler Form vorliegen, werden Planschränke überflüssig. Es besteht daher die Anforderung, Pläne reproduzieren zu können. Orginal- oder Austausch-Dateiformate beinhalten anwenderspezifische Einstellungen, die in der Reproduktion Veränderungen hervorrufen können. Z.B.

- wird vielfach mit der Strichfarbe die Stiftstärke (Stiftbelegung) festgelegt,
- ein fehlender Schriftsatz wird ersetzt und verändert die Textlänge,
- Sonderzeichen werden mit anderen Sonderzeichen ersetzt und
- der Maßstab muss definiert werden.

Damit die orginalgetreue Reproduktion von Plänen möglich ist, empfiehlt sich die Archivierung neben dem Orginal- oder Austausch-Dateiformat auch als allgemeines Druck-Dateiformat (Plot-Datei).

Sollen Änderungen oder Ergänzungen im Orginal- oder Austausch-Dateiformat von dem Immobilienunternehmen oder anderen Dienstleistungsunternehmen vorgenommen werden, sind weitere Vorkehrungen zu treffen. Bei der Vielzahl der externen Partner liegt die Herausforderung darin, dass in den Fällen, in denen die digitalen Pläne weitergenutzt werden sollen, ein einheitlicher Standard angewendet wird.

Wer glaubt, dass Darstellungen von unterschiedlichen Dienstleistungsunternehmen gleichartig hergestellt werden, muss belehrt werden. Zeichnungen sollten sich an den allgemeinen Darstellungstechniken orientieren, z.B.: Linien in Zeichnungen des Bauwesens (Bspl. [DIN ISO 128-23 2000-03]), oder Grundregeln für Flächen in Schnitten und Schnittansichten (Bspl. [DIN ISO 128-50 2002-05] S.4).

Um die stets wiederkehrenden Anforderungen formulieren zu können, sollte ein Unternehmensstandard zum Planmanagement definiert werden und zum Bestandteil der Verträge mit Dienstleistungsunternehmen erklärt werden. Der Standard sollte u.a. folgende Konventionen hinsichtlich CAD-Pläne umfassen: Dateiformat(e), Dateibezeichnung, Layerbezeichnung- und

-belegung, Verwendung von (Symbol-)Bibliotheken, Darstellungsregeln, Detaillierungsgrad, Stiftbelegung, Schriftsatz, ... Ein Bspl. für Layerbezeichnungen ist in Abb. 7-45 abgebildet.

000	000 HPGL Plot File	sIFC	Industry Foundation Classes
906 / 907	906 / 907 Plot File	IGS, IGES	IGES (2D) (version 5.2)
CADdy	DataSolid	MOT	Wavesoft
CGM	Computer Graphics Metafile	MVS	MYRIAD 3D View Sets
CIT	MicroStation Group IV	PDES	Product Data Exchange Standard (CAD-US)
CMI, MI	HP CAD ME10	PHIGS	
DFT	Solid Edge Drawings (2D)	PLT	HPGL Plot File
DG	Auto-trol Vector	PRT	CADKEY
DGN	MicroStation Drawing	RLC	CAD Overlay
DSN	OrCad (version 10)	RLE	MicroStation Runlength
DWF	AutoCAD Web Format (through version 2008)	RNL	GTX Runlength
DWG	AutoCAD Drawing (2D)	SET	Standard d' Echange et de Transport (CAD-Frankreich)
DX	Auto-trol Raster	SICAD	
DXF	AutoCAD DXF	SLDDRW	SolidWorks Drawings (2D)
EDM	EDMICS	STEP	Standard for the Exchange of Product Model Data (CAD)
G3, G4, CG4	GTX Group III, IV	STEP 2DBS	STEP-2D-Bau-Subset (CAD)
IDW	Inventor (2D)	VDA-FS	Verband Automobilindustrie (CAD)

Abb. 7-42: Datei-(Austausch-)Formate

Ein Bspl. für eine Dateinamenskonvention ist nachfolgend abgebildet:

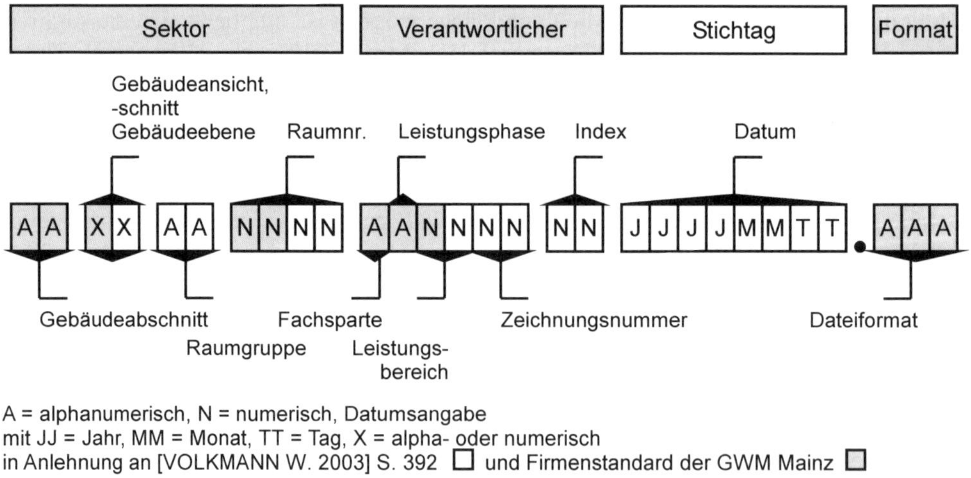

Abb. 7-43: Bspl. zur Konvention für Dateinamen

Die Layertechnik soll hier ebenfalls näher erläutert werden. Um Informationen nicht redundant vorhalten zu müssen, werden z.B. Betonstützen jeweils nur einmal angelegt, aber mehrfach verwendet. Dies geschieht nicht nur bei der Rohbauplanung, sondern auch im Möblierungsplan. Layer sind vergleichbar mit durchsichtigen Folien, auf denen Informationen liegen und bei Bedarf zu- oder weggeschaltet werden (s. Abb. 7-44). Die Kombination von Layern ergibt eine CAD-Zeichnung, die ausgedruckt werden kann (Plot). Es gibt daher in der Regel keine 1:1-Beziehung zwischen CAD-Datei und ausgedrucktem Plan. Vielmehr gibt es vielfache Beziehungen zwischen den Plänen, die nicht der Planart folgen, sondern den physikalischen Teilen eines Objektes (CAD-Modell). Um sicherzustellen, dass Änderungen an Elementen, die in vielen CAD-Modellen vorkommen, nicht einzeln nachgezogen werden müssen, werden diese Elemente zentral in einer Referenzdatei abgelegt (z.B. Symbolbibliotheken).

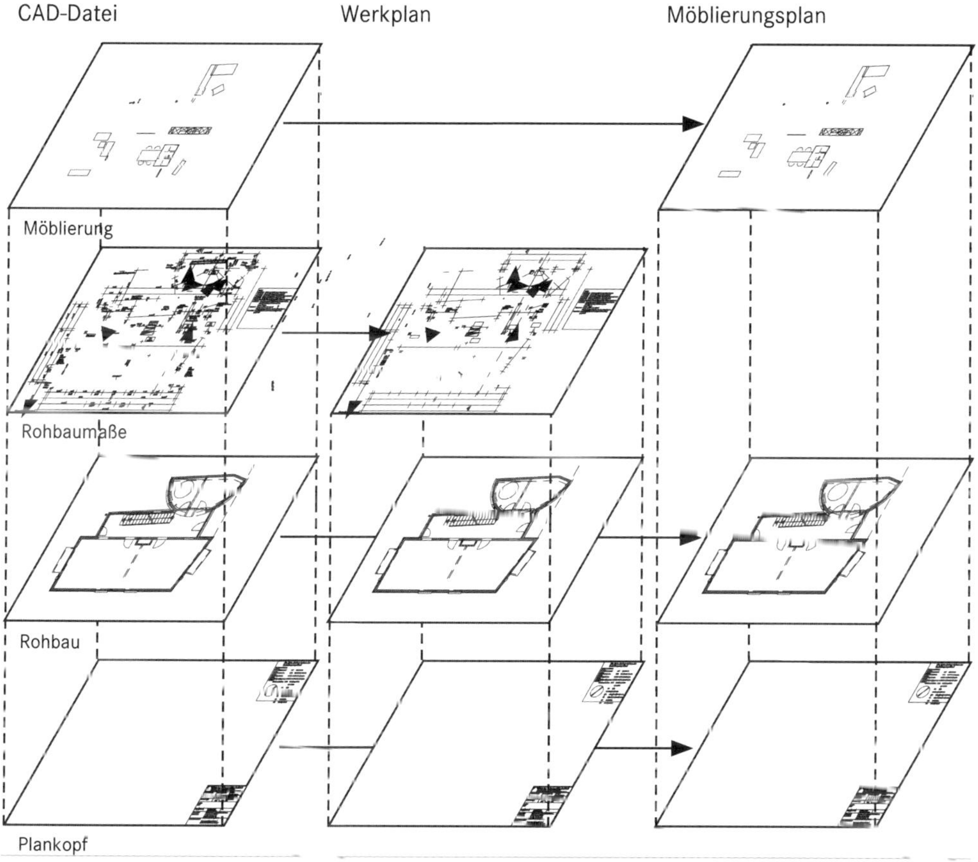

Abb. 7-44: Layerstruktur als Folien

- Definition eines Layers (s. [DIN EN ISO 13567-1 2002-12] S. 3)
  - „(…) Layer dienen zur Steuerung der Übersichtlichkeit, Verwaltung und Übertragung von CAD-Datei-Daten. Die Namen der Layer dienen der Darstellung der Struktur.“
  - Layer: „Gliederungsmerkmal von Eintragungen eines CAD-Datenbestandes zur Trennung von Daten, um sie handhaben und übertragen zu können sowie ihre Übersicht-

lichkeit auf dem Bildschirm und geplotteten Zeichnungen regeln zu können." Layer= Ebene

- CAD-Modell: „Strukturierter CAD-Datenbestand, der entsprechend der physischen Teile der dargestellten Objekte gegliedert ist, z.B. ein Gebäude oder ein mechanisches Gerät." (2D, 3D-Modell)
- CAD-Zeichnung: „Ausgewählte, auf einem Bildschirm oder Papier dargestellte Teile eines CAD-Modells"
- Plot: „Durch eine numerisch gesteuerte Zeichenmaschine erzeugte Grafik auf einem Zeichenmedium."
- Referenzdatei: „CAD-Datei, die gemeinsam mit Informationen einer anderen Datei angezeigt und gedruckt wird und unabhängig von der ersten Datei gespeichert und aktualisiert werden kann."
- Stellvertreterzeichen: „Nutzung eines bestimmten Zeichens als Ersatz für jedes Zeichen oder eine Gruppe von Zeichen in einem Zeichenkettenvergleich."

- Inhalte eines Layers (s. [DIN EN ISO 13567-1 2002-12] S. 4)
  - Organisatorische Vereinbarungen (logische Trennung)
  - Vereinbarung über Formate und Layernamen
  - Vereinbarung zur Kennung
  - Anlagenplanung
- Aufbau eines Layers (s. [DIN EN ISO 13567-1 2002-12] S. 4)
  - Verantwortliche Stelle
  - Gegenstand (Gebäude)
  - Darstellung (Ansicht)
  - Status (neu, alt)
  - Sektor (räumliche Gliederung)
  - Phase (Phasen nach HOAI)
  - Projektion (Datum)
  - Maßstab
  - Arbeitsaufgabe (Werkstoffe)
  - Benutzerfeld
  - Maßstab
- Eine CAD-Datei ist zunächst maßstabslos, da jede Zeichnung oder Plan beliebig skaliert werden kann. Das trifft jedoch nicht auf den Detaillierungsgrad zu.

Nr.	Leistungsbereich	Bezeichnung der Layer
1.	Baukonstruktion	Achsraster und Baufluchten (Grundstücksgrenzen)
2.		Beschriftungen, Nutzungen
3.		Raumnummern und Unternummern
4.		Flächenangaben
5.		Oberflächen-Kurzangaben (Decke, Wand, Boden)
6.		Graustufen für öffentliche Flure
7.		Sondertexte
8.		Sonderraster (z.B. Serviceräume)
11.	Rohbau	Konstruktion (Stützen, Wände, Festpunkte mit Treppen, Aufzüge)
12.		Maßketten Rohbau: (Beton), Höhenknoten
13.		Rohbau: Beschriftungen und Beschreibungen
14.		Deckenaussparungen und Einbauteile, Schlitze
15.		Außenhaut mit Fenstern, Balkons, Wandaufbau
16.		Senkrechte Schächte (mit Nummerierung. Aufzüge eventuell getrennt)
21.	Ausbau	Trockenwände (Knauf, Rigips oder gleichwertig)
22,		Maßketten Ausbau: Gipskartonwände mit Türöffnungen
23.		Beschriftungen und Beschreibungen
24.		Schränke feste Holzeinbauten
25.		Möblierung
26.		Grautöne für Möbelflächen
31.	Technische Anlagen: Sanitär	Unterverteilungen, Leitungen, Zapfstellen
32.		Objekte und Armaturen (Sanitärräume)
33.		Fliesenraster (Sanitärräume)
34.		Sprinkler (Auslässe, Verteiler, Unterstationen)
35.		Feuerlöschsysteme
40.	Technische Anlagen: Elektroanlagen	Schalter, Auslässe, Unterverteilungen
50.	Technische Anlagen: Heizung	Radiatoren, Ventile
60.	Technische Anlagen: Kommunikationsmedien	Telefon, Antenne, Notruf, Türgong, Radio, TV, Netzwerk
70.	Technische Anlagen: Lüftung	Gitter, Auslässe, Regelklappen
80.	Technische Anlagen: Förderanlagen	Aufzugskabinen und -zentralen
In Anlehnung an [VOLKMANN, W. 2003] S. 396		

Abb. 7-45: Bspl. einer Layerstruktur

7.3.3 Ausschreibung und Vergabe

Wie kommt man zu einem günstigen Preis für eine bereits definierte Leistung? Selbst beim Kauf einer Waschmaschine wird sich ein potenzieller Käufer beraten lassen, mehrere Angebote einholen (Ausschreibung), ggf. mit dem Verkäufer verhandeln und danach seinen Auftrag vergeben (Vergabe). Da es alle möglichen Leistungsinhalte betreffen kann, kann hier auch von einem Beschaffungsprozess gesprochen werden. Dabei ist es zunächst gleichgültig, ob es sich um eine Instandsetzungsmaßnahme, Neubau, Reinigungsleistung oder um Papier handelt. Sie kann als Einzellieferung im Rahmen eines Projektes erfolgen, findet aber auch Anwendung in der Objektbewirtschaftung, z.B. bei Rahmenverträgen oder bei Bündelausschreibungen. Schließlich gilt in der Regel, je größer die Menge, desto geringer der Einzelpreis. Auch in der ungeplanten Instandhaltung finden sich Anknüpfungspunkte an das Thema Ausschreibung.

Der Besteller muss allerdings nicht Loriot in seiner Komödie „Pappa ante portas“ (1991) nacheifern und Schreibmaschinenpapier für die nächsten 40 Jahre einkaufen, um einen günstigen Preis zu erhalten.

Ist der Prozess einfach gestaltet, können auch bei niedrigen Auftragswerten Ausschreibungsverfahren durchgeführt werden.

Vor einer Ausschreibung ist das Vergabeverfahren (s. Abb. 7-46) festzulegen. Dabei ist zuklären, ob die VOB, VOL, oder VOF Anwendung findet. Bereits hier wird entscheiden, ob der angebotene Preis eines Bieters verhandelt werden darf.

Unterhalb des EG-Schwellenwertes	Oberhalb des EG-Schwellenwertes	Aufforderung zur Beteiligung	Form
	Offenes Verfahren	Unbeschränkte Zahl von Bewerbern / Bietern	Vorgeschriebenes (förmliches) Verfahren
Öffentliche Ausschreibung		Unbeschränkte Zahl von Bietern	
Beschränkte Ausschreibung nach öffentlichem Teilnahmewettbewerb	Nichtoffenes Verfahren	Unbeschränkte Zahl von Bewerbern, beschränkte Zahl von Bietern	
	Verhandlungsverfahren mit Vergabebekanntmachung		
Beschränkte Ausschreibung ohne öffentlichem Teilnahmewettbewerb	Verhandlungsverfahren ohne Vergabebekanntmachung	Beschränkte Zahl von Bietern	
Freihändige Vergabe nach öffentlichem Teilnahmewettbewerb			Kein vorgeschriebenes (förmliches) Verfahren
Freihändige Vergabe ohne öffentlichem Teilnahmewettbewerb			
	Wettbewerbliche Dialog		

Abb. 7-46: Vergabeverfahren

Eine Anwendungsverpflichtung besteht

- oberhalb der „Schwellenwerte“ vgl. § 98 [GWB 2007] (für Liefer- und Dienstleistungsaufträge im Bereich der Trinkwasser- oder Energieversorgung oder im Verkehrsbereich: 422.000 Euro, für alle anderen Liefer- und Dienstleistungsaufträge: 211.000 Euro, für Bauaufträge: 5.278.000 Euro (Zur Definition siehe § 2 [VgV 2006]))
- bei (überwiegendem) Einsatz öffentlicher Mittel (s. Bundes- (BHO), Landes- (LHO), Gemeindehaushaltsordnungen (GHO) sowie Körperschaften, Anstalten und Stiftungen; s. auch Vergabehandbuch (VHB); s. auch [RG-Bau im RKW 1995] S. 23)
- bei Selbstbindung.

Keine Anwendungsverpflichtung besteht unterhalb der Schwellenwerte, sofern kein Einsatz öffentlicher Mittel und keine Selbstbindung verliest.

Bei öffentlichen Auftraggebern besteht eine Rangfolge der Vergabearten: Vom offenen Verfahren hin zum wettbewerblichen Dialog. Eine Vergabe mit niederer Rangfolge ist zu begründen. Bsple. für den wettbewerblichen Dialog können sein, Projekte für ÖPD / PPP, große Infrastrukturprojekte, komplexe integrierte FM-Leistungen, spezifische Softwarekonzepte oder Werbe- und Marketingkonzepte. Bei diesen Vergabeverfahren steht eine funktionale Leistungsbeschreibung im Vordergrund (vgl. [MUTSCHLER-SIEBERT, A. DFM 2007-04] S. 60ff.).

Die VOB/A beinhaltet die „Allgemeinen Bestimmungen für die Vergabe von Bauleistungen“. „Bauleistungen sind Arbeiten jeder Art, durch die eine bauliche Anlage hergestellt, instand gehalten, geändert oder beseitigt wird“ (§ 1 [VOB/A 2006]). Anwender sind i.d.R. diejenigen, die die VOB anwenden müssen. Die VOB/B beinhaltet die „Allgemeine Vertragsbedingungen für die Ausführung von Bauleistungen“, Anwender können „alle“ sein, alternativ kann das Vertragsrecht nach BGB herangezogen werden. Die VOB/A beinhaltet die VOB/C „Allgemeine Vertragsbedingungen für die Ausführung von Bauleistungen“: Anwender könne ebenfalls „alle“ sein. Das StLB (Bau) sorgt für eine VOB/A-gerechte Leistungsbeschreibung von Bauleistungen, vgl. § 9 VOB/A. Anwender sind i.d.R. diejenigen, die die VOB anwenden müssen.

Die in VOB/A vorgeschriebenen Vergabeverfahren gewährleisten, dass der öffentliche Auftraggeber die für eine wirtschaftliche Verwendung seiner Mittel notwendige Marktübersicht erhält. Durch Transparenz soll sie der Kartellbildung entgegenwirken, führt zu einem möglichst großen Bieterkreis und dient dazu, die Chancengleichheit für alle interessierten Unternehmen sicherzustellen (vgl. auch [RG-Bau im RKW 1995] S. 9f.). Dies trägt insbesondere zur Vermeidung von Manipulation und Korruption bei, wie z.B. in Frankfurt am Main in den Jahren 1987 und 2001.

Vergabeunterlagen ([VOB/A 2006] § 10 Nr. 1 (1)			Angebot
1. Anschreiben (Aufforderung zur Angebotsabgabe nach VOB/A § 10 Nr. 1 (1) a)	Verdingungsunterlagen (VOB/A § 10 Nr. 1 (1) b)		Zuschlag nach VOB/A § 28
	Rechtlicher Inhalt	Technischer Inhalt	
2. Ggf. Bewerbungsbedingungen nach VOB/A § 10 Nr. 1 (1) a)	3. Allgemeine auftraggeberspezifische Vertragsbedingungen	4. Leistungsverzeichnis	
	5. Ggf. Zusätzliche Vertragsbedingungen (ZVB)	7. Ggf. Zusätzliche Technische Vertragsbedingungen (ZTV)	
	6. Ggf. Besondere Vertragsbedingungen (BVB)	8. Allgemeine Technische Vertragsbedingungen (VOB/C)	
	9. Allgemeine Vertragsbedingungen (VOB/D)	10. Ggf. Erläuternde Skizzen	
	11. Ggf. Unterlagen zur Beurteilung des Bieters	12. Ggf. Änderungsvorschläge und Nebenangebote	
	13. Ggf. Vertragserfüllungsbürgschaft		
	Bauvertrag		

Abb. 7-47: Bestandteile der Vergabeunterlagen, Verdingungsunterlagen und Bauvertrag

Für eine Ausschreibung sind Vergabeunterlagen zusammenzustellen. In. Abb. 7-47 sind die Vergabeunterlagen einer Bauleistung dargestellt.

Diskussionen um die Vertragsbedingungen der VOB ergeben sich u.a. hinsichtlich der Ausschreibungsart, der Regelung der Fristen, Verhandlungsmöglichkeiten und Wirtschaftlichkeit der Angebote oder der Mängelansprüche.

- Ergebnisorientierte Ausschreibungen: Zu den ergebnisorientierten Ausschreibungen zählen funktionale und leistungsbezogene Ausschreibungen.
  Der Preis einer Brücke kann nach funktionalen Leistungsmerkmalen (Belastbarkeit, Verkehrsaufkommen, ...) oder nach Vorgabe der Ausführungsart (Stahlbeton, Holz, Glas, ...) abgefragt werden. Die funktionale Ausschreibung ist daher verstärkt ergebnisorientiert und lässt dem Bieter die Wahl der für ihn günstigsten Ausführungsart offen. Als weiteres Bspl. kann das Energieliefer-Contracting genannt werden. Ob, Heizöl, Gas, Strom oder Holz, entscheidend ist die gelieferte Energie in [kWh].
  Auch Dienstleistungen (z.B. Reinigung) lassen sich ergebnisorientiert ausschreiben (s. [FIGR Bericht Nr. 9]). Sie unterliegen in diesen Fällen dem Werkvertragsrecht.
  Funktionale Ausschreibungen sind daher nach VOB/A als Ausnahme zu betrachten.
  „Bauleistungen verschiedener Handwerks- oder Gewerbezweige sind in der Regel nach Fachgebieten oder Gewerbezweigen getrennt zu vergeben (Fachlose). Aus wirtschaftlichen oder technischen Gründen dürfen mehrere Fachlose zusammen vergeben werden." (s. § 4 Nr. 3 [VOB/A 2006]).
  Befürworter sehen in der funktionalen Leistungsbeschreibung folgende Vorteile:
  - Nur ein Vertragspartner vorhanden.
  - Nur ein Ansprechpartner bei auftretenden Mängeln vereinfacht die Haftungsfrage.
  - Koordinationsfehler und -verluste werden vermieden.
  - Fachkompetenz erfolgt aus einer Hand.
  - Dem Bieter werden die für ihn bestmöglichen Ausführungsvarianten zugelassen, was zu einem wirtschaftlicheren Angebotspreis führt.

  Gegner sehen insbesondere folgende Nachteile:
  - Die Leistungsbeschreibung muss genau und eindeutig sein, um Nachträge zu vermeiden (nicht leistbar).
  - Qualitäten und Folgekosten sind schwer zu steuern.

  Bspl. für eine nicht eindeutige Liestungsbeschreibung:
  In einer funktionalen Ausschreibung einer Sportarena wurden Designer-Leuchten für den VIP-Bereich (Very Important Person) gefordert. Geliefert wurden IKEA-Leuchten mit dem Hinweis, hier ist der Designer ebenfalls benannt (siehe hierzu auch Empfehlungen der AHO zur Definition und Anwendung der Funktionalausschreibung [AHO Nr. 10]).
  Im Bereich des Gebäudebetriebs wird vielfach von einer leistungsbezogenen Zahlung gesprochen (vgl. [DIN EN 15221-2 2007-01] S. 8). Dabei handelt es sich um eine ergebnisorientierte Vergütung.

- Fristen sind rigide einzuhalten
  „Für die Bearbeitung und Einreichung der Angebote ist eine ausreichende Angebotsfrist vorzusehen, auch bei Dringlichkeit nicht unter 10 Kalendertagen. (...)" (s. § 18 Nr. 1 [VOB 2006]).
  „Die Zuschlagsfrist soll so kurz wie möglich und nicht länger bemessen werden, als der Auftraggeber für eine zügige Prüfung und Wertung der Angebote (§§ 23 bis 25) benötigt. Sie soll nicht mehr als 30 Kalendertage betragen; (...)" (s. § 19 Nr. 2 [VOB 2006]).

Bei Aufhebung der Ausschreibung oder nachgewiesenen Verfahrensfehlern kann / muss das Verfahren wiederholt werden. Schäden von mehreren 100 Mio. Euro können bei Verfahrensfehlern entstehen: z.B. Flughafen Berlin-Brandenburg.

- Verhandlungsmöglichkeiten fehlen
  „Bei Ausschreibungen darf der Auftraggeber nach Öffnung der Angebote bis zur Zuschlagserteilung mit einem Bieter nur verhandeln, um sich über seine Eignung, insbesondere seine technische und wirtschaftliche Leistungsfähigkeit, das Angebot selbst, etwaige Änderungsvorschläge und Nebenangebote, die geplante Art der Durchführung, etwaige Ursprungsorte oder Bezugsquellen von Stoffen oder Bauteilen und um sich über die Angemessenheit der Preise, wenn nötig durch Einsicht in die vorzulegenden Preisermittlungen (Kalkulationen), zu unterrichten.“ (s. § 24 Nr. 1 (1) [VOB 2006]) Verhandlungen dürfen aber nicht über den Preis selbst geführt werden.

- Wirtschaftlichkeit der Angebote ist nicht sichergestellt: Zuschlag
  „Die Vergabepraxis der öffentlichen Hand gehe auf Kosten der Qualität (…)“ (s. [HINRICHS, K. DAB 9-2001]).
  Aber: „Von den Bewerbern oder Bietern dürfen zum Nachweis ihrer Eignung (Fachkunde, Leistungsfähigkeit und Zuverlässigkeit) Angaben verlangt werden (…)“ (s. § 8 Nr. 3 (1) [VOB/A 2006]).
  Und: „(…) Unter diesen Angeboten soll der Zuschlag auf das Angebot erteilt werden, das unter Berücksichtigung aller Gesichtspunkte, wie z.B. Qualität, Preis, technischer Wert, Ästhetik, Zweckmäßigkeit, Umwelteigenschaften, Betriebs- und Folgekosten, Rentabilität, Kundendienst und technische Hilfe oder Ausführungsfrist als das wirtschaftlichste erscheint. Der niedrigste Angebotspreis allein ist nicht entscheidend.“ (s. § 25 Nr. 3 (3) [VOB/A 2006])

- Mängelansprüche besser nach BGB vereinbaren
  Nach § 13 Nr. 4 (1) [VOB/B 2006] bestehen folgende Mängelansprüche: Ist für Mängelansprüche keine Verjährungsfrist im Vertrag vereinbart, so beträgt sie für Bauwerke vier Jahre, für Arbeiten an einem Grundstück und für die vom Feuer berührten Teile von Feuerungsanlagen zwei Jahre. Abweichend von Satz 1 beträgt die Verjährungsfrist für feuerberührte und abgasgedämmte Teile von industriellen Feuerungsanlagen ein Jahr. Vorteilhafter ist daher eine Vereinbarung nach § 634a (1) Nr. 2 BGB mit Verjährungsfristen fünf Jahre „bei einem Bauwerk und einem Werk, dessen Erfolg in der Erbringung von Planungs- oder Überwachungsleistungen hierfür besteht“.
  Vielfach wird daher auf Grundlage der VOB Gewährleistungsfristen nach BGB vereinbart, was durchaus möglich ist.
  Mängelansprüche bei gemischten Verträgen ziehen unterschiedliche Mängelrechte nach sich. Gemischte Vertrage bestehen aus verschiedenen Vertragsarten: Dienst-, Kauf-, Miet-, Werkvertrag (mit und ohne VOB/B) und / oder VOL-Vertrag. Ein Mangel kann sich auf eine gesetzliche Leistungspflicht (Gewährleistung) oder freiwillige Leistungsverpflichtung (Garantie) gründen. Wenn Mängelrechte bei Dienstverträgen greifen sollen, so ist das vorher zu vereinbaren. Juristisch entscheidend ist der Zeitpunkt des Gefahrenübergangs (Übergabe, Überlassung oder Abnahme). Dieser legt den Beginn der Verjährungsfristen für Mängelansprüche fest. Die Verjährungsfristen sind je nach Vertragsart unterschiedlich. Durch ein Gewährleistungsmanagement sollten Mängel vermiden und im Falle des Auftretens sollte frühzeitig zielgerichtet reagiert werden. Mängelrechte lassen sich dann leichter

durchsetzen, wenn sie nicht durch unsachgemäße Nutzung, mangelnde Kontrollen oder mangelnde Dokumentation wertlos werden (vgl. [GEFMA 320 E 2007-10]).

Vorteilhaft ist jedoch inzwischen auch, dass ein digitaler Ausschreibungs- und Vergabeprozess zulässig ist. Der Auftraggeber kann künftig digitale Angebote, die mit digitaler Signatur im Sinne des Signaturgesetzes versehen sind und verschlüsselt eingereicht werden, zulassen (s. § 21 Nr. 1 (1) [VOB 2006]). Leider ist die digitale Signatur bis heute nicht weit verbreitet. Doch lassen sich auch effiziente Ausschreibungsprozesse ohne digitale Signatur durch das Mantelbogenverfahren anwenden (s. 7.4.3).

Neben dem Verfahren der Ausschreibung ist Kernelement das Leistungsverzeichnis (LV). Das Leistungsverzeichnis ist immer zentraler Inhalt des (Bau-)Vertrages. Es ist Grundlage aller Kommunikation zwischen den (am Bau) Beteiligten und ist Voraussetzung für die Durchführung und Abrechnung der (Bau-)Leistungen. Für die Anforderung an das Leistungsverzeichnis gilt, dass die Darstellung der (Bau-)Aufgabe eindeutig und vollständig als Leistungsbeschreibung (gegliedert in Teilleistungen) oder als Leistungsprogramm (funktionale Beschreibung) erfolgt (s. [www.gaeb.de/regelwerke21.html] 16.07.2004). Das Leistungsverzeichnis besteht aus

- Ordnungszahl (OZ) nach der Struktur eines Leistungsverzeichnisses
- Positionsart
- Positionskennzeichen
- Beschreibung der Positionen

Dabei ist die OZ und Struktur projektabhängig, die Beschreibungsformen für Positionen können projektunabhängig gepflegt werden.

Die OZ ist die genaue Kennzeichnung jeder Teilleistung (Position) im Leistungsverzeichnis. Sie muss eindeutig und aufsteigend sein. Die für das Leistungsverzeichnis gewählte Gliederung bestimmt die Bildung der OZ.

Ebene 1 (Z1)	Los, ggf. zur Untergliederung in ähnliche oder gleiche Teilleistungen zur Vergabe an mehrere Anbieter, z.B. Bauabschnitt oder Gebäudeblock
Ebene 2 (Z2)	Hauptabschnitt, z.B. Abrechnungseinheiten für Rohbauarbeiten
Ebene 3 (Z3)	Abschnitt, z.B. Angabe der Ebene (nähere Bezeichnung des Sektors)
Ebene 4 (Z4)	Unterabschnitt, z.B. Maurerarbeiten
Ebene 5 (Z5)	Titel, z.B. Außenwände
(-Pos)	Positionsnummer, Untergliederung in Einheiten gleichartiger technischer Beschaffenheit, z.B. einer Teilleistung
(-I)	Index zur Position, Kennzeichnung von Versionen, Platz zum Einschieben von Positionen
Ebene 1 und 4 kann bei der laufenden Instandhaltung entfallen. Die Untergliederung der Gesamtleistung erfolgt nach fachlichen (handwerklichen) Einheiten, z.B. Rohbauarbeiten (LV ...).	

Abb. 7-48: Struktur eines Leistungsverzeichnisses

Den Positionen des Leistungsverzeichnisses können folgende Positionsarten (s. Abb. 7-49) und Positionskennzeichen (s. Abb. 7-50) zugeordnet werden:

Normalposition	
Grundposition und Alternativ-Position	Die Grundposition ist der Teil einer Leistungsbeschreibung, zu der vom Auftraggeber im Leistungsverzeichnis eine alternative Ausführungsart vorgesehen ist.
Pauschalposition	Bei einer Pauschalposition entfällt die Angabe einer Menge. Die Einheit ist „psch", „PSCH" oder „Psch". Statt des Gesamtbetrages steht der Pauschalpreis.
Eventualposition, Preisanfrageposition	In einer Bedarfsposition beschreibt der Auftraggeber eine Leistung die nur im Bedarfsfall ausgeführt werden soll. Es dürfen nur solche Bauleistungen aufgenommen werden, deren Notwendigkeit beim Aufstellen des LV noch nicht erkennbar waren.
Zuschlagsposition	Die Zuschlagsposition ermöglicht einen prozentualen Zuschlag auf einzelne Positionen, LV-Bereiche, oder Teilmengen von Positionen.
Teilleistung mit freier Menge	Wenn vom Auftraggeber gefordert wird, dass der Bieter für eine bestimmte Teilleistung die Menge anbieten soll (z.B: Stahlmengen beim Spannverfahren) kann die Position mit „***Menge vom Bieter einzutragen***" gekennzeichnet werden.

Abb. 7-49: Positionsarten

Materialbreitstellung durch Arbeitgeber	
Material- / Lohnuntergliederung	Hat eine besondere Bedeutung bei haushaltsnahen Dienstleistungen nach § 35a EStG.
Schwerpunktposition	
Freie Menge	Fehlkalkulationen lassen sich durch korrekte Mengenermittlung nach VOB/C vermeiden: Der Aufbau der VOB/C ist für alle Leistungsbereiche gleich. Hinweise für das Aufstellen der Leistungsbeschreibung 1. Geltungsbereich, 2. Stoffe, Bauteile, 3. Ausführung, 4. Nebenleistungen, besondere Leistungen, 5. Abrechnung Wesentlich für die Mengenermittlung ist die Kenntnis der Abschnitte 4. hinsichtlich besonderer Leistungen und 5. hinsichtlich Abrechnung, um Nachträge zu vermeiden
Bezugseinheit	
Kostengruppe	Bezug zur KGR. Nach DIN 276 ist wünschenswert, um eine Verbindung zwischen Kostengruppen und Leistungsbereich für eine erfolgreiche Kostenkontrolle herstellen zu können.

Abb. 7-50: Positionskennzeichen

Das Leistungsverzeichnis enthält die Teilleistungen mit Beschreibungsformen (s. Abb. 7-51). Es lässt sich als Langtext oder Kurztext mit Übersichten der Ebene 1 bis 2 darstellen.

Die Material- und Lohnuntergliederung ist insbesondere dann wichtig, wenn die Leistung nicht eindeutig beschrieben werden kann. Die [DIN EN 15221-2 2007-01] unterscheidet neben Einheitspreis und Pauschalpreis auch Zuschlagspositionen (Kosten plus Aufschlag). Bei den Zuschlagspositionen im Sinne der [DIN EN 15221-2 2007-01] werden die tatsächlichen Kosten zzgl. eines festgelegten Service-Aufschlages vergütet. Dabei sind die tatsächlichen Kosten z.B. Material und Lohn (vgl. Abb. 7-50) offenzulegen.

Normalbeschreibungen	
Leit- und Unterbeschreibungen	Bei besonders umfangreichen Beschreibungen kann die Teilleistung aus einer Leitbeschreibung und einer oder mehreren Unterbeschreibungen zusammengesetzt sein. Die OZ und alle anderen Merkmale werden nur der Leitbeschreibung zugeordnet.
Bezugs- / Wiederholungsbeschreibungen	Über dieses Verfahren können Teilleistungen verkürzt beschrieben werden. Die Wiederholungsbeschreibung enthält den eindeutigen Bezug auf die Bezugsbeschreibung, den gegenüber der Bezugsbeschreibung geänderten Wortlaut der Beschreibung dieser Teilleistung und ggf. alle Zeilen für die Bietertextergänzungen
Ausführungsbeschreibungen	Gleichbleibende, umfangreiche Beschreibungen für eine Reihe von Teilleistungen können unter einer Nummer in einer Ausführungsbeschreibung zusammengefasst werden. Diese müssen den mit einer OZ versehenen Teilleistungen (Positionen) vorangestellt werden. Die Positionen enthalten nur noch den ergänzenden Text für die vollständige Beschreibung der Teilleistung.
Hinweistexte	Hinweistexte sind standardisierte oder frei formulierte Beschreibungen, die bei der Preisbildung beachtet werden müssen. Sie können sich auf das gesamte LV, Teile des LV oder einzelne Positionen beziehen. Hinweistexte erhalten keine OZ. Sie dürfen nicht innerhalb von Teilleistungen angeordnet werden. Ihr Bezug muss eindeutig sein.

Abb. 7-51: Beschreibungsformen der Positionen

Ausschreibungen lassen sich problemlos Qualitätskriterien unterwerfen. Sie betreffen insbesondere die Formulierung der Leistungsbeschreibungen sowie die Mengenermittlung. Qualitätskriterien sind nach Abschluss der Baumaßnahme:

- Geringe Stundenlohnarbeiten
  Bei Stundenlohnarbeiten ist schwer nachzuprüfen, in welchem Umfang sie tatsächlich erbracht wurden. So wird aus der ungeplanten Instandhaltung berichtet, dass Handwerker eine Leistung von 09:05 bis 09:25 zu 50% mit 30 Minuten, zu 50% mit 60 Minuten abgerechnet haben (s. [DWORAK, B. 2007-03-29]).
- Geringe Nachträge
  - keine Mengenunter- oder -überschreitungen: Die Mengenermittlung erfordert Fachkenntnis. Nachfolgendes Bspl. findet sich unter „Allgemeine Technische Vertragsbedingungen“ (ATV) für Putz- und Stuckarbeiten nach [DIN 18350 1996-06]. So ist unter 4.2.11 das „Erstellen von Verlege- und Montageplänen“ eine besondere Leistung, die besonders zu vergüten ist. In den Aufmaßvorschriften unter 5.2. wird festgelegt, welche Flächen übermessen oder abgezogen werden. So werden „Öffnungen, Aussparungen und Nischen über 2,5 [m^2] Einzelgröße, in Böden über 0,5 [m^2] Einzelgröße“ abgezogen. In einem Fall hat die Nichtbeachtung dieser Regel zu berechtigten Mehrkosten von 14.500 [€] geführt.
  - keine zusätzlichen oder nicht zur Ausführung gekommene Positionen.
- Textformulierungen meiden, die unberechtigte Risikozuschläge bei den Bietern hervorrufen
- Ganzheitliche Betrachtung: Der anstehende laufende Betrieb wurde dahingehend berücksichtigt, das z.B. Fertigstellungs- und Unterhaltungspflege zusammen ausgeschrieben wurden, um keine Übergabeverluste zu provozieren.

Vom Unternehmerstandpunkt aus sind die Positionsbeschreibungen von besonderem Wert. Positionsbeschreibungen sind grundsätzlich auf dem Markt erhältlich (s. Abb. 7-52). Die Qualität ergibt sich daraus, einen günstigen Preis angeboten zu bekommen, der für den Bieter einfach zu kalkulieren ist und Streitfälle vermeidet. Verfügt die Person, die das Leistungsverzeichnis aufstellt über nur geringe Fachkenntnis in der praktischen Durchführung der Arbeiten, ist sie geneigt, kostenlose Freitexte von Firmen zu verwenden, die in den Ausführungen auf ein bestimmtes Produkt einer Firma zugeschnitten sind.

Leistungsbereich	Leistungsinhalte / Quelle
Bauleistungen	Leistungsbereiche nach [DIN 276 1993-06] VOB/C
	Textgeneratoren, z.B. StLB, DBD-Bau
	Freitexte von Textlieferanten, z.B. sirAdos, Heinze oder Ingenieurbüros
	Freitexte von Firmen
	Freitext (aus Stammleistungsverzeichnissen)
Objektmanagement, Dokumentation und Berichtswesen, Betriebsführung / Objektbetrieb, Wartung, Instandsetzung, Verfolgung von Mängelansprüchen, Energiemanagement, Reinigung, Außenanlagenpflege, Gebäudeservice, Gebäude- / Werkschutz, Bereitstellung von IuK-Komponenten, IT-Dienstleistungen, Entsorgung, Postdienste / Warenannahme / Gebäudelogistik, Konferenzräume und Veranstaltungsservice, Catering, Fahrdienste, Kaufmännische Verwaltung und Controlling, Flächenmanagement, Leerstandsmanagement	Mustervertrag Gebäudemanagement [GEFMA 510 v2 2006-05] Muster-LV Gebäudemanagement [GEFMA 520 v0.1 2005]
Alle	Freitext (Unternehmensindividuelle Beschreibungen)

Abb. 7-52: Ursprung einer Positionsbeschreibung

Denn die Art der Formulierungen bestimmt auch den Preis. Es lohnt sich daher, aus den Erfahrungen der Vergangenheit zu lernen und Leistungsbeschreibungen nach Ausführung der Leistung zu pflegen. Es bietet sich dadurch auch an, Standards eines Unternehmens zu definieren und vorzuhalten.

Ein Bspl. einer Positionsbeschreibung ist in Abb. 7-53 dargestellt.

Aufbau
Leistungsverzeichnis

Seite 2
Datum : 30.07.1998
DV-NR.: GAEBAG13

1. 1 Erdarbeiten

Ordnungszahl (Pos-Nr.)	Menge	Einheit	Einheitspreis in DM	Gesamtbetrag in DM
1. 1. 3	150	m2	________	________

STLB-Bau 04/1999 002
Oberboden DIN 18300 abtragen, seitlich lagern und später auftragen, von Böschungsflächen, Abtragdicke im Mittel 20 cm, Auftragfläche geneigt. Auftragdicke im Mittel 20 cm. Mengenermittlung nach Aufmaß an der Entnahmestelle.

Beschreibung der Teilleistung als Normalbeschreibung

1. 1. 4	3	m	________	________

STLB-Bau 04/1999 002
Boden für Suchgraben, zur Freilegung von Kabeln, nach Abtrag des Oberbodens, profilgerecht lösen, außerhalb der Baugrube lagern, Aushubtiefe bis 0,8 m, Sohlenbreite über 0,5 bis 0,6 m, Mengenermittlung nach Aufmaß an der Entnahmestelle.
Bodenklasse 4

Beschreibung der Teilleistung als Normalbeschreibung

1. 1. 5	7	m3	________	________

StL-Nr 93 002/211 51 52 10 02 TA TB
Hinterfüllen
von Arbeitsräumen,
profilgerecht,
mit vom AN zu liefernden Stoffen,
(31) Stoff 'Kies-Sand-Gemisch 0/32'
oder gleichwertiger Art,
(32) Stoff ' ',
verdichten.
Einbauhöhe bis 0,80 m.

Beschreibung der Teilleistung als Normalbeschreibung mit Textergänzung TA und TB

1. 1. 6	40,650	m3	________	________

StL-Nr 93 002/141 02 02 83 01 TA
Boden für Streifenfundamente
profilgerecht lösen und seitlich lagern,
Aushub nach Abtrag des Oberbodens,
Breite der Fundamentsohle über 0,5 bis 1,0 m,
(41) Aushubtiefe in m '1,00',
Bodenklasse 4.

Beschreibung der Teilleistung als Normalbeschreibung mit Textergänzung

Abb. 7-53: Bspl. für Leistungspositionen nach dem StLB nach [GAEB DA 2000 T3 K1] S. 5

In Abb. 7-54 ist die Gestaltungsfreiheit einer Instandsetzungsposition anhand von fünf Unternehmen dargestellt, die bei gleichen Bietern zu unterschiedlichen Angebotspreisen führen würden.

Lieferant	Inventar	Beschreibung
WU02	018.16.25	Tiefspül-WC (wandhängend) einschl. Befestigungen und Anschlussdichtungen komplett liefern und auf vorbereitete Wandbetriebsmontageeinheit (Kombifix) fertig montieren. Fabrikat: Villeroy & Boch, Typ Omnia / Belinda oder Omnia / Nornia 1 St. à _______________
WU03	45.6.20	WC bodenstehend, Keramag – Paris Allia, Tiefsp. als Tiefspülklosett aus weißem Sanitärporzellan, Abgang, waagerecht, incl. Befestigungssatz, mit WC-Sitz Pagette exclusiv, mit Klosett-Anschlußbogen und Abdeckrosette weiß, Fabrikat: Keramag Typ: Paris ALLIA liefern und montieren 1 St. à _______________
WU04	42.2.210	WC-Anlage bestehend aus: 1 Tiefspül-WC-Becken DIN 1385-6, DIN-EN 37 mit Prüfzeichen, aus Sanitärporzellan, Farbe: weiß, bodenstehend, Abgang horizontal, Größe: Breite: 355 mm; Tiefe: 460 mm Fabrikat: KERAMAG Typ: Renova Nr. 1 1 Satz WC-Befestigung 1 WC-Anschlussbogen mit Lippendichtung incl. Verfüllen der Fugen zwischen Sanitäreinrichtung und Bodenfliesen mit elastomeren Kitt oder gleichwertig, 1 St. à _______________
D4	ES05.01	Standspülklosett (oder Stand-Flachspülklosett), weiß, komplett Kristallporzellan – DIN 1385 – mit lasiertem Innenspülrand, Abgang waagerecht, Befestigung mit 2 Stockschrauben M12x150mm, mit Spülrohrverbinder, -verlängerung, sowie Ablaufverbinder, Stutzen und Anschlussbogen, einschließlich Schallschutzset; einschließlich Versiegelung, Dichtungs- und Kleinmaterial, liefern, montieren und betriebsbereit anschließen, altes Klosett demontieren und fachgerecht entsorgen Fabrikat Klosett: Renova Nr. 1 oder gleichwertig _______________
D5	2212 43	Stand-Flachspülklosett / Tiefspülklosett zugelassen für 6 Liter, Abgang waagerecht, liefern und montieren Fabrikat: Keramag Typ Renova Nr. 1 Einzelpreis _______________

Abb. 7-54. Gestaltungsfreiheiten bei der Beschreibung von Positionsbeschreibungen

Obwohl zu Ausschreibungsbeginn der Tag der Abnahme noch in ferner Zukunft liegt, gilt hier Folgendes zu beachten: Mit zunehmenden Installationsgrad der Gebäude gewinnt die Bedienung und Wartung technischer Anlagen an Bedeutung. Es ist in den Verträgen die Übergabe der Dokumentationen und die Einweisung einzufordern. Einweisung deshalb, denn vielfach ist die Benutzerführung der Bedienungselementen und die Bedienungsanleitungen für den Verantwortlichen unverständlich und sie sind daher erklärungsbedürftig. Besitzer von Videorecordern aus den 90er Jahren d.I.J. werden hierfür Verständnis entwickeln. Der Verantwortliche zur Bedienung der Anlagen ist daher möglichst früh zu bestimmen. Steht der Betreiber bereits zu Beginn der Aufstellung des Leistungsverzeichnisses fest, ist er bereits jetzt mit seinen Anforderungen und seinem Wissen in den laufenden Betrieb einzubinden.

Ebenso ist eine mängelfreie Übergabe der Anlagen zum festgesetzten Zeitpunkt zu vereinbaren und ggf. bei Überschreitung mit Vertragsstrafen zu sanktionieren.

7.3.4 Raum- und Gebäudebuch

Die Dokumentationspflichten greifen an vielen Stellen. Nachfolgend ist das Raum- und Gebäudebuch mit wesentlichen Elementen nach [DIN 32835-2 2007-01] dargestellt. Die einzelnen Bücher haben dabei sowohl technische als auch kaufmännische und rechtliche Komponenten.

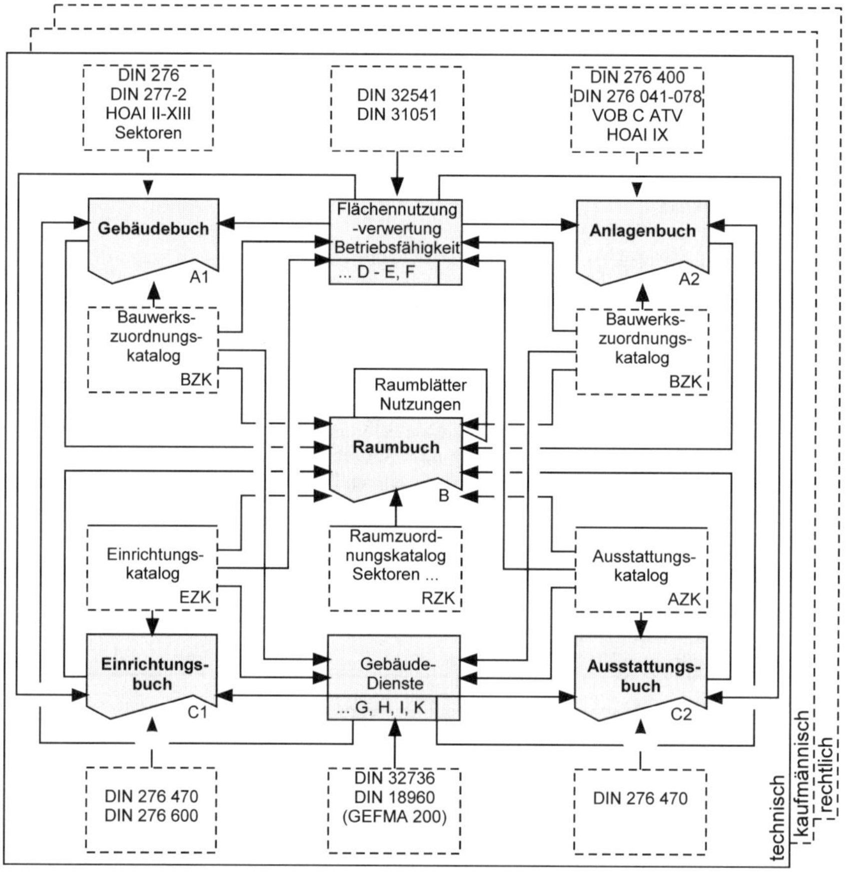

Abb. 7-55: Raum- und Gebäudebuch

Das Pflichtenheft ist eine Sonderform des Raum- und Gebäudebuches und dokumentiert die Erfahrungen aus der Vergangenheit und Anforderungen an die Zukunft. Ein Bspl. hierfür ist das Pflichtenheft der Unione di Banche Svizzere [UBS Revision 97].

Für die rechtliche Komponente benennt GEFMA (vgl. [GEFMA 190 2004-01] S. 24) das Betriebs- und Objekthandbuch. Dabei dient das Betriebshandbuch zur Darstellung der Betriebsorganisation und der wichtigsten betrieblichen Abläufe bei Normalbetrieb, während technischer Störungen und in besonderen Notfällen. Das Objekthandbuch dient zur Darstellung der objektbezogenen Daten und Dokumente. Ausgangspunkt hierbei ist die Betreiberverantwortung. Für eine umfassende Betrachtung sind neben den rechtlichen, auch technische und kaufmännische Fragestellungen zu unterscheiden. Rechtlichen Fragestellungen werden der Aufbauorganisation zugeschlagen. Der ordnungsgemäße Betrieb im Sinne der Betreiberverantwortung wird durch technische Prozesse beschrieben. Für eine wirtschaftliche Betrachtung sind auch kaufmännische Prozesse zu integrieren.

Der Bedarf eines Immobilienunternehmens die Gebäude mit Merkmalen in diesen drei Dimensionen zu beschreiben ist unterschiedlich. Gegenstand der Beschreibung sind das Gebäude, Räume nebst Ausstattungen und Einrichtungen. Die Dokumentation erfolgt analog im Gebäude-, Raum-, Ausstattungs- und Einrichtungsbuch (vgl. Abb. 7-55). Ist es notwendig, insbesondere den eigengenutzten Gebäudebestand zu analysieren, sind jedoch gebräuchliche Bauwerksbezeichnungen, z.B. Bürogebäude, unzureichend.

Das Hochschul-Informations-System (s. [HIS 123] S. 27) trägt diesem Umstand Rechnung, indem es Nutzungsbereiche unterscheidet. Unter Nutzungsbereiche (NB) sind Gruppierungen von Raumnutzungen unter dem vorrangigen Gesichtspunkt von Tätigkeits- und Arbeitsplatzarten zu verstehen. HIS geht damit im Wesentlichen von organisatorischen Einheiten aus, die sich durch sogenannte Nutzungsprofile charakterisieren lassen. „Nutzungsprofile sind die prozentuale, qualitative Aufteilung einer Flächensumme nach Nutzungsbereichen.“ Eine weitergehende Untergliederung nimmt die Informationsstelle Wirtschaftliches Bauen der Staatlichen Hochbauverwaltung Baden-Württemberg (IWB) vor. Hier werden die Nutzungsarten einzelner Räume unterschieden. Die Nutzungsart von Räumen lässt sich in Funktion (Aufgabe) und Raum (Bauvolumen) (vgl. [RICHTER, P. DAB-2 1996] S. 1492-1496) unterscheiden. Schließlich kann ein Raum im Laufe der Zeit wechselnde Aufgaben übernehmen. Entscheidend hierfür sind räumliche Merkmale. Ein Raum ohne Fenster wird nur in Ausnahmefällen die Aufgabe des Vorstandsbüros übernehmen können. Allerdings ist möglich, dass das Vorstandsbüro zur Abstellkammer wechselt.

Es gilt daher:

(1) Funktion U Raum = Nutzung (U = Verbindung)

Die verschiedenen Aspekte finden sich vereinzelt im Baurecht (Baunutzungsverordnung) und Regelwerken (DIN-Normen) wieder. Während die [DIN 277-2 2005-02] unter dem Aspekt der Kostenermittlung Flächenarten definiert, hat die [SIA 416 1993] dagegen nicht nur den funktionalen, sondern auch rechtlichen Aspekt mittels Sondernutzung und gemeinschaftlicher Nutzung in Form einer Matrix berücksichtigt. Die Beschreibung einer Raumnutzung hat daher neben einer geometrischen Ausprägung einen funktionalen Aspekt (Funktionale Aufgabe des Raumes), einem organisatorischen Aspekt (z.B. alleinige oder gemeinschaftliche Verfügungsgewalt des Nutzers), einen räumlichen (nutzbarer Flächenanteil und räumliche Zuordnung) und einen rechtlichen Aspekt (Vertragsverhältnisse). Der Zusammenhang der verschiedenen Aspekte wird in Abb. 7-57 verdeutlicht.

Unter Berücksichtigung der Gesamtbelegung sind daher die Merkmale der Nutzer und Nutzungsdauer (Zeit) der Nutzung (1) zu ergänzen.

1. Bspl.: Ein Schwimmbad hat montags bis freitags von 10:00 – 17:00 Uhr geöffnet. In der Halle (Raum) befindet sich das mit Wasser gefüllte Becker und ermöglicht das Schwimmen (Funktion), es steht dem Vereinssport (Nutzer) von 11:00 – 13:00 Uhr (Zeit) zur Verfügung. Das Schwimmtraining kann nicht auf samstags ausgedehnt werden, weil samstags das Schwimmbad gereinigt wird (Organisation).
2. Bspl.: Die Kantine (Raum) hat von 11:30 – 13:00 Uhr (Zeit) zum Mittagessen (Funktion) für die Studierenden (Nutzer) geöffnet. Die Einlasskontrolle (Organisation) achtet darauf, dass ausschließlich Studierende an den Mahlzeiten teilnehmen.

3. Bspl.: In einer Hochschule (Raum) beginnt der Hochschulbetrieb mit Seminaren (Funktion) für eingeschriebene Studierende (Nutzer) montags um 10:00 Uhr und endet freitags 15:00 Uhr (Zeit). Die Räume sind angemietet und dürfen gemäß Mietvertrag nicht weitervermietet werden (Organisation).
4. Bspl. aus einem Beratungsunternehmen: In einem Verwaltungsgebäude werden für Büroarbeit (Funktion) der Berater (Nutzer) Räume (Raum) vorgehalten. Die Beratungsleistungen werden hautsächlich bei Kunden erbracht (Organisation). Die Mitarbeiter sind daher nur zu 20% in ihren eigenen Büroräumen (s. Kapitel 6 „Gesamtbelegungsgrad“).

Es gilt daher (vgl. [BOGENSTÄTTER, U. 2001] S. 67ff.):

`Funktion U Raum U Nutzer U Zeit U Organisation = Aktivität`

Erst unter Angabe dieser Aspekte für Aktivität lässt sich ein Bedarf ableiten und Optimierungspotenziale lassen sich erkennen. Zum 1. Bspl.: Warum werden die Öffnungszeiten nicht verlängert, in dem der Reinigungsdienst von 05:00 – 09:00 Uhr reinigt? Zum 2. Bspl.: Wieso ist die Kantine nur von 11:30 – 13:00 Uhr geöffnet und steht nicht für andere Veranstaltungen zur Verfügung? Zum 3. Bspl.: Warum werden die Seminarräume nicht der Volkshochschule untervermietet? Zum 4. Bspl.: Warum wird kein „Desk-sharing-Modell“ verfolgt?

Eine Auswahl von Merkmalen zeigt Abb. 7-56

Merkmal	Anwendungsbeispiel
Bauflächenart nach Flächennutzungsplänen s. § 1 (1) [BauNVO 1993] und Bebauungspläne s. § 1 (2) [BauNVO 1993]	Wertermittlung, Potenziale zur Grundstücksausnutzung
Bauwerksnutzungsart (s. Abb. 7-58)	Kosten-, Verbrauchs- und sonstige Vergleichskennwerte
Flächennutzungsart (s. Abb. 7-59)	Kostenflächenartenmethode, Kostenkennzahlen, Flächenkennzahlen
Sektor: Räumliche Zuordnung (s. Abb. 7-61)	Raumnummern, Kontierungsschlüssel, Technische Verwaltung
Gebäude- und Ausstattungsstandard	Qualitätsmerkmal, s. Abb. 7-6, Abb. 7-1
Funktion (s. Abb. 7-66	Kostenstellenrechnung, Kostenkennzahlen
Mietfläche (s. Abb. 7-67)	Eigentums- und Besitzverhältnisse
Privatheit (s. Abb. 7-68)	Flächennachweis nach II. BV., Belegungsdichte, Privatheit nach [HeimMindBauV 2003]
Mobilität (s. Abb. 7-69)	Raumbelegungsplanung, Nutzerstruktur

Abb. 7-56: Merkmale der Ressourcen- / Strukturqualität

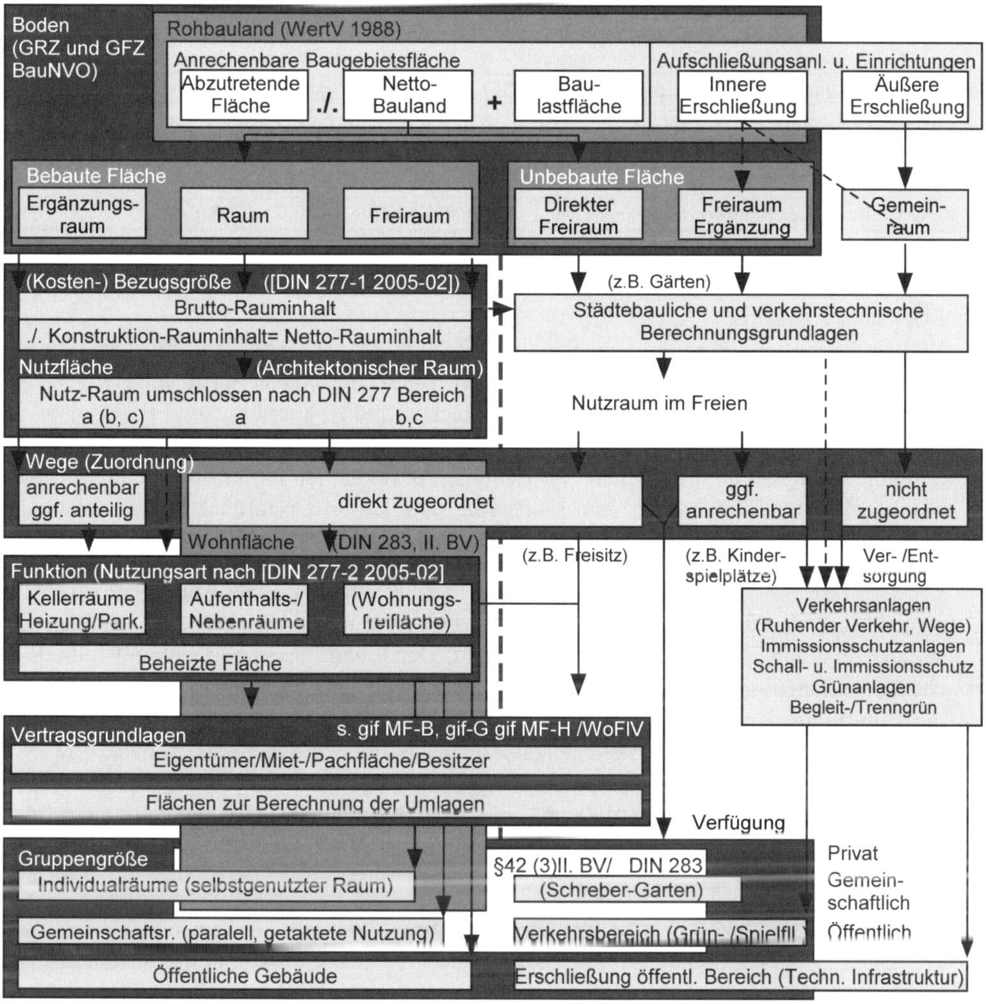

Abb. 7-57: Zuordnung von Flächenmerkmalen

- Bauflächen und Baugebiete
  Die Qualitäten des Grundstücks werden mit den Merkmalen der Nutzung und der Bauflächenart in Flächennutzungsplänen nach § 1 (1) [BauNVO 1993] Wohnbauflächen (W), gemischte Bauflächen (MI), gewerbliche Bauflächen (GE) und Sonderbauflächen (SO) und in Bebauungsplänen nach § 1 (1) nach [BauNVO 1993] z.B. als allgemeine Wohngebiete beschrieben.

- Bauwerksnutzungsarten
  Die Bauwerksnutzungsarten sind nach dem Bauwerkszuordnungskatalog (BZK) zu systematisieren (s. Abb. 7-58, s. Kapitel „Ziele und Rahmenbedingungen“)

Nr.		Nr.	Bezeichnung nach [BKI Bd. 1 1998] S. 8
1	Parlaments-, Gerichts- u. Verwaltungsgebäude	6	Wohnbauten, Gemeinschaftsstätten
2	Gebäude für wissenschaftliche Forschung	7	Gebäude für Produktion, Werkstätten u. Lager
3	Gebäude des Gesundheitswesens	8	Bauwerke für technische Zwecke
4	Schulen	9	Gebäude anderer Art
5	Sportbauten		
s. für den vollständigen Bauwerkszuordnungskatalog [BOGENSTÄTTER, U. 2001] Anhang			

Abb. 7-58: Merkmal Bauwerknutzungsart

- Flächennutzungsart
  Während der Bauwerkszuordnungskatalog die Nutzungsart eines Bauwerkes an sich beschreibt, werden die Flächen innerhalb eines Bauwerkes näher nach der [DIN 277-2 2005-02] und [DIN 277-1 2005-02] „Grundflächen und Rauminhalte von Bauwerken im Hochbau“ beschrieben und definiert. Die Netto-Grundfläche (NGF) definiert sich als „Summe der nutzbaren, zwischen den Bauteilen befindlichen Grundflächen aller Grundrissebenen eines Bauwerkes“, dem Innenraum. Die Brutto-Grundfläche (BGF) hingegen wird aus den Außenkanten des Gebäudes berechnet.

  Die [DIN 277-2 2005-02] gliedert die NGF von Räumen gemäß Abb. 7-59 in einem zweistufigen Schlüssel. Durch die Bildung von Verhältniszahlen wird der Vergleich mit anderen Planungen oder Gebäuden ermöglicht. Der Inhalt beschränkt sich auf reine Flächendefinitionen und Berechnungsregeln. Ziel dieser Norm war und ist es, Maßstäbe für die Ermittlung der Kosten nach DIN 276 zu definieren und damit eine Basis für Vergleichsmöglichkeiten mit Kostenkennzahlen zu schaffen. In der Praxis ist daher die DIN 277 seit Langem eine wesentliche Grundlage für die (Bau-)Kostenplanung. Es gehört zur gängigen Praxis, die Wirtschaftlichkeit eines Gebäudes durch den Vergleich von auf das Gebäude bezogenen Flächen- und Kostenkennzahlen mit analytisch gewonnenen Kennzahlen von Bauwerksgruppen nachzuweisen.

  Die [DIN 277-2 2005-02] hat gegenüber der [DIN 277-1 1987-06] wenige Veränderungen erfahren. So wurde z.B. die Funktionsfläche (FF) in Technische Funktionsfläche (TF) umbenannt, die getrennte Ermittlung von Grundflächen und Schrägen bis / über 1,50 m wurde ebenso aufgegeben, wie die Begriffe Hauptnutzfläche und Nebennutzfläche.

Abkürzung	Bezeichnung	Quelle s. [DIN 277-2 2005-02] S. 4
1	Nutzfläche (NF)	Wohnen und Aufenthalt
2		Büroarbeit
3		Produktion, Hand- und Maschinenarbeit, Experimente
4		Lagern, Verteilen und Verkaufen
5		Bildung, Unterricht und Kultur
6		Heilen und Pflegen
7		Sonstige Nutzflächen
8	Technische Funktionsfläche (TF)	Technische Anlagen
9	Verkehrsfläche (VF)	Verkehrserschließung und -sicherung

Abb. 7-59: Merkmal Flächennutzungsart

Die herausragende Rolle der [DIN 277-2 2005-02] wird durch korrespondierende Regelwerke deutlich. Sie hat Bedeutung in Verordnungen, bei der Kostenermittlung, der Mietflächenberechnung und im Vergabewesen (s. Abb. 7-60).

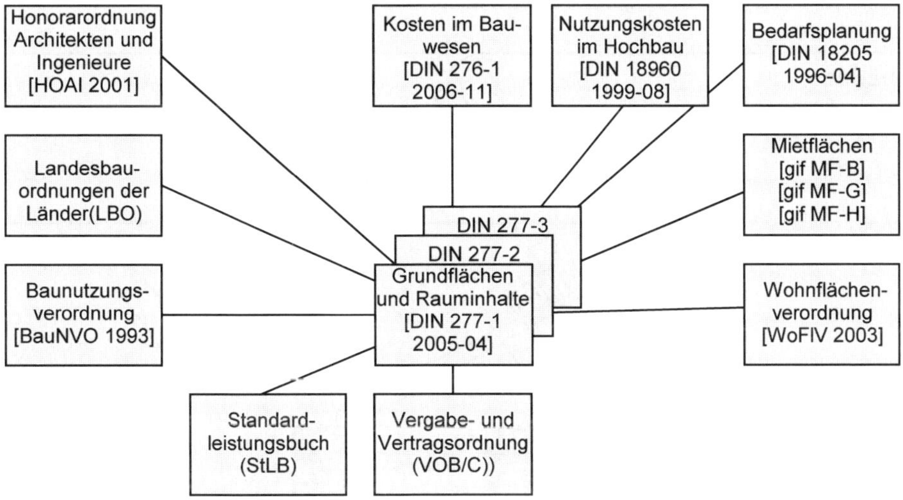

Abb. 7-60: Korrespondierende Regelwerke zur DIN 277

- Sektor

  Ein Sektor definiert die räumliche Lage eines Raumes innerhalb eines Gebäudes. Räume müssen per Nummern einfach und logisch codiert werden. Wer in einem Krankhaus umhergeirrt ist, weiß wovon hier geschrieben wird.

  Die Raumbezeichnung sollte unabhängig von der geplanten und zukünftigen Funktion eines Raumes (Nutzung) und ausschließlich nach den räumlichen Gegebenheiten erfolgen. Schließlich kann das Chef-Zimmer von heute bereits morgen das Lager für Werbematerialien sein. Die Vergabe erfolgt nach einem hierarchischen Schlüssel, der in Abb. 7-61 dargestellt ist. Je nach Größe der Immobilien wird das Gebäude, der Gebäudeabschnitt, die Gebäudeebene, die Raumgruppe, der Raum oder die Raumzone berücksichtigt.

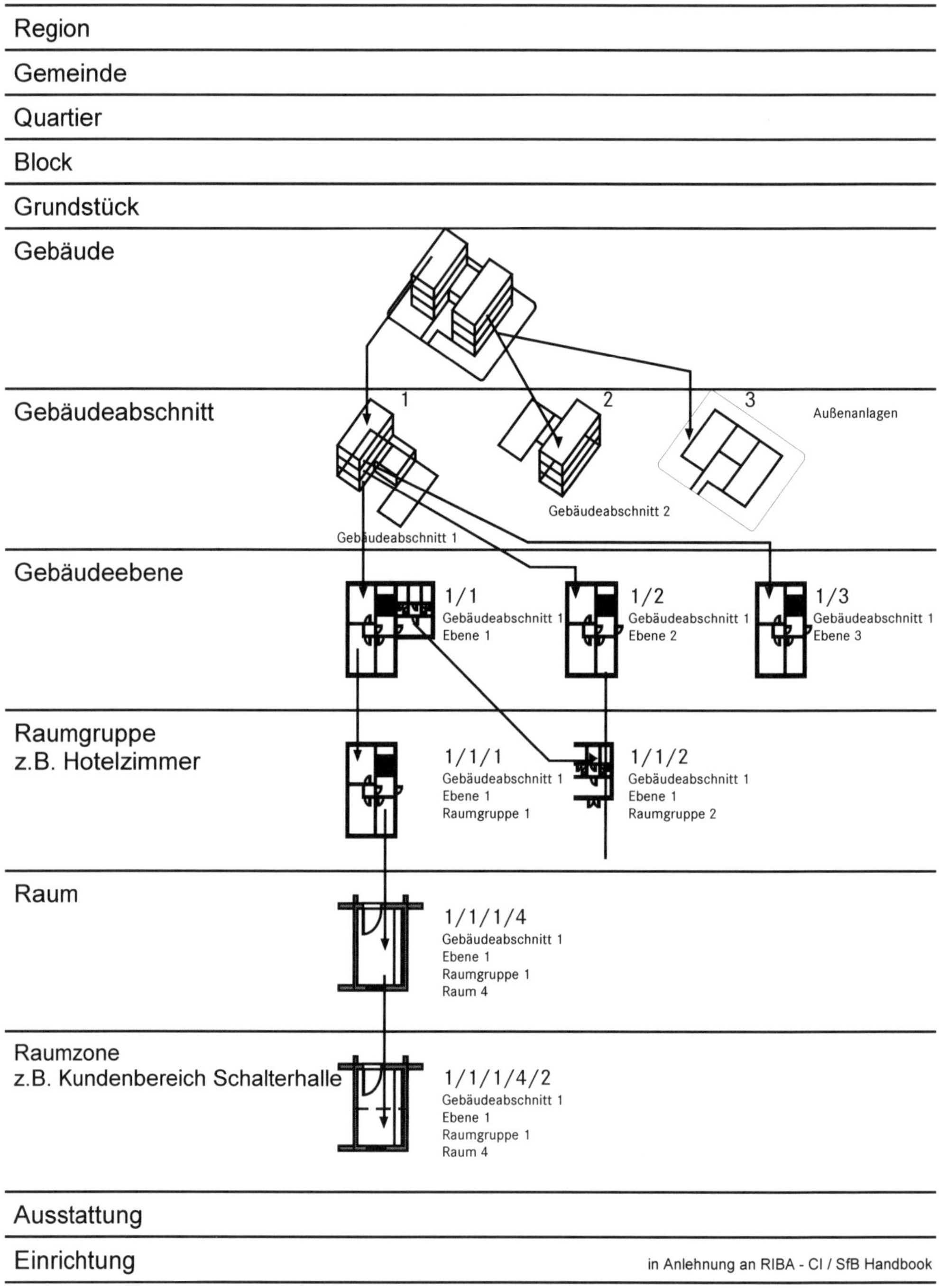

Abb. 7-61: Gliederung nach Sektor

Oberster Grundsatz bei der Raumnummernvergabe ist: So einfach und verständlich wie möglich. Unterschiedliche Nummernkreise zur Bauausführung und dem laufenden Betrieb sowie für die Nutzer sollten vermieden werden, da dies bei der Inbetriebnahme zur allgemeinen Verwirrung führen kann und Pläne nach der Übergabe kostenintensiv geändert werden müssen. Die Bezeichnungen und Nummerierungen sollten daher aus Sicht der zukünftigen Nutzer vorgenommen werden. Ebenfalls vermieden werden sollten unterschiedliche technische und kaufmännische Kontierungen im Rechnungswesen, da dies nur zur Sprachverwirrung in der Zusammenarbeit der „Techniker“ und „Kaufleute“ führt (vgl. Abb. 7-62, hier für die Wohnungswirtschaft).

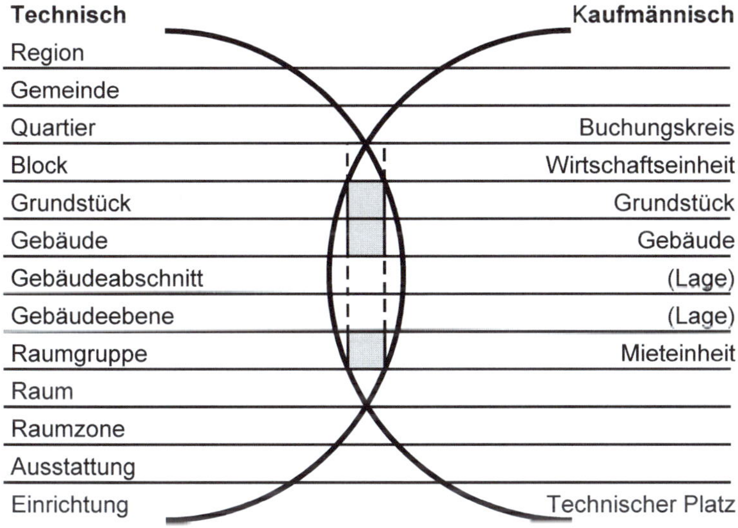

Abb. 7-62: Zusammenhang zwischen technischer und kaufmännischer Kontierung

Zunächst werden freistehende Gebäude unterschieden. Es bietet sich in der Regel eine alphanumerische Bezeichnung an, z.B. Haus A, B oder C.

Bei der Definition der Abschnitte ist zu berücksichtigen, dass der Statiker geneigt ist, die Abschnitte nach physikalische Trennung (statischen Fugen) vorzunehmen (s. Abb. 7-63). Für den späteren Nutzer sind allerdings die Fugen nicht das primäre Orientierungsmerkmal, sondern die Erschließungsreihenfolge und der wahrnehmbare, optisch abgeschlossene Baukörper. Es bietet sich ggf. ebenfalls eine alphanumerische Bezeichnung an.

Die Raumebene sollte numerisch behandelt werden, üblicherweise wird in Deutschland das Erdgeschoss mit der Ebene „0“ bezeichnet. Kellergeschosse erhalten ein negatives Vorzeichen. Bezeichnungen wie EG, KG oder OG sollten vermieden werden, da ansonsten Sortiermöglichkeiten in Datenbanken ohne Übersetzungstabellen nicht sinnvoll genutzt werden können.

Unveränderliche Raumkombinationen werden sinnvollerweise zu Raumgruppen zusammengefasst, z.B. Toilettenanlagen, vgl. Abb. 7-63.

Bei der Vergabe der Raumnummern wird üblicherweise wie folgt vorgegangen: Die Zählung beginnt mit dem ersten Raum nach Eintritt in den Flur und erfolgt im Uhrzeigersinn. Der Erschließungsflur erhält die höchste laufende Nummer. Das vermeidet das Suchen des Raumes Nr. 1.

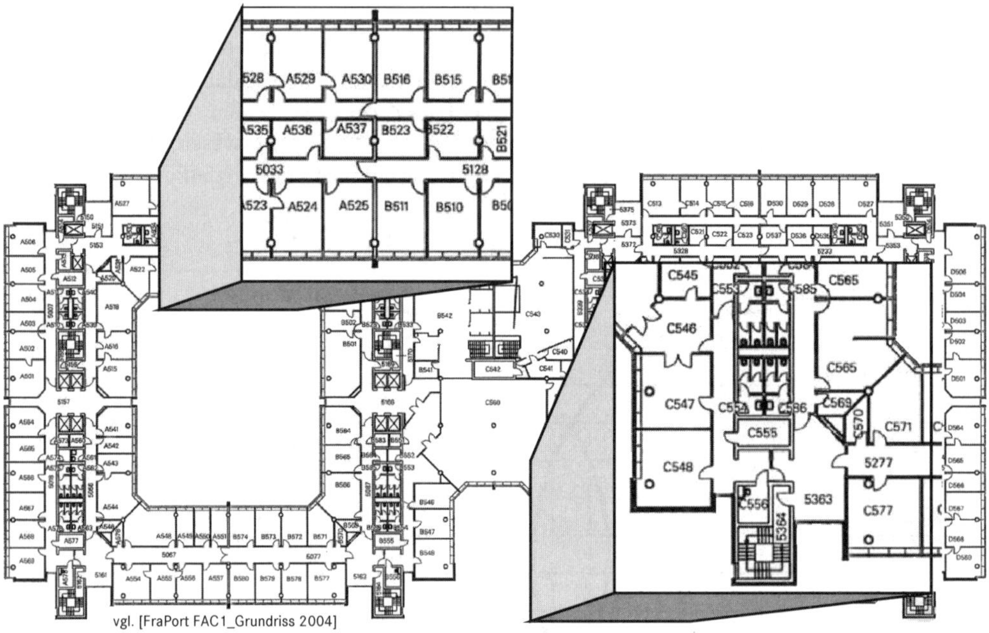

vgl. [FraPort FAC1_Grundriss 2004]

Abb. 7-63: Raumnummern im Frankfurter Flughafen

Raumzonen hingegen werden nur in seltenen Fällen für den Nutzer sichtbar ausgewiesen. Bei Shoppingcentern ist die Unterteilung nach Mietfläche sinnvoll (Mietflächen werden flexibel geschnitten).

Die eindeutige Zuordnung von Raumschlüsseln vereinfacht die Zuordnung von Ausstattungs- und Einrichtungsgegenständen erheblich: Strichcodes ermöglichen den Einsatz von Scannern (vgl. Abb. 7-64).

Abb. 7-64: Transpondertechnologie im Frankfurter Flughafen

- Funktionale Gliederung
  Die funktionale Gliederung fügt räumlich auseinanderliegende Räume hinsichtlich einer gemeinsamen Funktion zusammen. Zur Verwaltungsabteilung im 3. Stock gehören Lagerräume im Untergeschoss.

  In § 1 [BauNVO 1993] werden indirekt Aspekte der Funktion behandelt: ausschließlich „Wohnen“, „Wohnen und Arbeiten“, „Arbeiten und Produzieren“. Diese Funktionen lassen sich mit Hilfe der DIN 277 in Funktionsgruppen untergliedern. Für weitere Funktionsbereiche stehen in verschiedenen Publikationen weitere Gliederungen zur Verfügung, wie z.B. die [DIN 13080 1987-06] „Gliederung des Krankenhauses in Funktionsbereiche“ (s. Abb. 7-66), „Wohnbereiche nach dem Wohnungs-Bewertungs-System (WBS)“ (s. [BWU 1994]) in Ergänzung durch die Wohnphysiologie nach [GRANDJEAN, E. 1973], die Gliederung des Hochschulbetriebs in „Nutzungs- und Kostenflächenarten-Profile im Hochschulbereich“ ([HIS 123]), „Grossküchen“ nach Rohatsch u.a. [ROHATSCH, M. 1995] oder Funktionsbeschreibungen als Grundlage für die Erstellung von Raumprogrammen, wie z.B. „Orientierungshilfe für die Aufstellung des Raumprogramms beim Bau von Werkstätten für Behinderte“. Einen Überblick über funktionale Gliederungen gibt Abb. 7-65.

Abkürzung	Bezeichnung	Quelle
	Hochbauten allgemein	[DIN 277-2 2005-02]
	Hochschulbereich	[HIS 123]
	Krankenhaus	[DIN 13080 1987-06]
	Küchen	[ROHATSCH, M. 1995]
	Werkstätten für Behinderte	[ZBWfB 1994.12]
	Wohnbereiche	[BWU 1994]
	Wohnstätten	[BOGENSTÄTTER, U. 2001] S. 72

Abb. 7-65: Merkmal der Funktion

[DIN 13080 1987-06]		
6.1 Untersuchung u. Behandlung	6.2 Pflege	6.5.1 Arzneimittelversorgung
6.1.1 Aufnahme u. Notversorgung	6.2.1 Allgemeinpflege	6.5.2 Sterilgutversorgung
6.1.2 Klin. Arztdienst	6.2.2 Wöchnerinnen u. Neugeborenpflege	6.5.3 Geräteversorgung
6.1.3 Funktionsdiagnostik	6.2.3 Intensivmedizin	6.5.4 Bettenaufbereitung
6.1.4 Endoskopie	6.2.4 Dialyse	6.5.5 Speisenversorgung
6.1.5 Laboratoriumsmedizin	6.2.5 Säuglings- u. Kinderkrankenpflege	6.5.6 Wäscheversorgung
6.1.6 Prosektur / Phatologie	6.2.6 Infektionskrankenpflege	6.5.7 Lagerhaltung u. Güterumschlag
6.1.7 Röntgendiagnostik u. Kernspintomographie	6.2.7 Pflege psych. Kranker	6.5.8 Wartung u. Reparatur
6.1.8 Nuklearmedizin. Diagnostik	6.2.8 Pflege nuklearmedizin. behandelter Patienten	6.5.9 Abfallbeseitigung
6.1.9 Operation	6.2.9 Aufnahmepflege	6.5.10 Haus- u. Transportdienst
6.1.10 Entbindung	6.3 Verwaltung	6.6 Forschung und Lehre
6.1.11 Strahlentherapie	6.3.1 Krankenhausleitung u. -verwaltung	6.6.1 Forschung
6.1.12 Nuklearmedizin. Therapie	6.3.2 Archivierung	6.6.2 Lehre
6.1.13 Physikal. Therapie	6.3.3 Information u. Dokumentation	6.6.3 Ausbildung u. Schulung
6.1.14 Beschäftigungs- u. Arbeitstherapie	6.3.4 Bibliothek	6.7 Sonstiges
6.1.15 Bereitschaftsdienst	6.4 Soziale Dienste	6.7.1 Rettungsdienst
	6.4.1 Serviceeinrichtungen	6.7.2 Limited Care Dialyse
	6.4.2 Seelsorge u. Sozialdienst	6.7.3 Kinderpflege
	6.4.3 Personalumkleiden	6.7.4 Dienstleistungen nach außen
	6.4.4 Personalspeisenversorgung	6.7.5 Dienstleistungen v. außen
	6.5 Ver- und Entsorgung	6.7.6 Personal - Wohnen

Abb. 7-66: Funktionsbereiche nach [DIN 13080 1987-06]

- Mietflächen
  Während die Wohnfläche i.d.R. der Mietfläche gleichzusetzen ist, fehlen außerhalb der Funktion „Wohnen" Grundlagen zur Berechnung der Mietfläche (z.B. Wirtschaftsbetriebe). Angaben zur Mietfläche außerhalb der Wohnungswirtschaft sind nicht definiert und der Gegenstand des Mietvertrages kann frei verhandelt werden. Die Gesellschaft für immobilienwirtschaftliche Forschung (gif) hat daher für ihre Mitglieder eine Richtlinie ohne Norm- oder Rechtscharakter zur Berechnung der Mietflächen für Büroräume [gif MF-B], gewerbliche Räume [gif MF-G] und Handelsräume [gif MF-H] herausgegeben. Für eine breite Anwendungsbasis konnten bisher keine Anhaltspunkte gefunden werden.

  Bei den Mietflächen überlagern sich die Berechnungsvorschriften. So kann eine Mietfläche nach gif durchaus eine Verkehrsfläche nach [DIN 277-2 2005-02] enthalten. Während es sich bei der [DIN 277-2 2005-02] um eine branchenunabhängige Norm handelt, ist die Mietflächenberechnung nach gif als Richtlinie zu verstehen. In der [WoFlV 2003] wird mit Abschlagsfaktoren gearbeitet, so werden z.B. nach § 4 Balkonflächen in der Regel zu einem Viertel, höchstens aber zur Hälfte angerechnet. Flächen unter einem Meter zählen nicht zur Wohnfläche, zwischen einem und zwei Metern lichte Raumhöhe zählen zur Hälfte zur Wohnfläche. Die Wohnflächen entsprechen daher nicht dem physikalisch gebauten Raum. Verordnungen und Richtlinien zur Definition der Mietfläche finden sind in der Abb. 7-67.

Abkürzung	Bezeichnung	Quelle
MF	Wohnflächen	[WoFlV 2003]
	Wohnungen	[DIN 283 (aufgehoben) 1951-03]
	Mietflächen für Büroraum	[gif MF-B] auf Grundlage der DIN 277
	Mietflächen für gewerblichen Raum	[gif MF-G] auf Grundlage der DIN 277
	Mietflächen für Handelsraum	[gif MF-H] auf Grundlage der DIN 277

Abb. 7-67: Merkmal der Mietfläche

- Grad der Privatheit, öffentliche Flächen und Individualflächen
  Weder die DIN 276 noch die DIN 283 oder die II. BV können hinreichend zur Bewertung von Flächen aus Sicht der individuellen Verfügbarkeit durch den Betroffenen herangezogen werden. [CHERMAYEFF, S.] differenziert sechs Bereiche:
  - der städtisch-öffentliche Bereich
  - der städtisch-halböffentliche Bereich
  - der Bereich öffentlicher Gruppen
  - der Bereich privater Gruppen
  - der familiär-private Bereich
  - der individuell-private Bereich

  Die Merkmale der Flächen unterscheiden sich im Wesentlichen darin, wer die Kontrollbefugnisse besitzt und die Zugänglichkeit des Bereiches regelt. Mit diesen sechs Bereichen verbinden sich daher unterschiedliche Organisationsformen. Obliegt die Verfügungsgewalt der Öffentlichkeit, so kann ggf. von einem öffentlichen Park gesprochen werden. Verfügt hingegen eine Privatperson über die gleiche Grünfläche, kann es sich dabei um einen Schrebergarten handeln. In der Behinderten- und Altenhilfe wird der Bereich privater Gruppen stärker differenziert und an baulichen Merkmalen gemessen, die aber von Organisationsformen der Wohnstätte abhängen.

  Im Grad der Privatheit drückt sich die Möglichkeit des Nutzers aus, eine Fläche „in Besitz“ zu nehmen. Die graduelle Unterscheidung der Privatheit in „individuell-privat“, „familiär-privat“, als „private Gruppe“, „halböffentliche“ oder „öffentliche Bereiche“ (Abb. 7-68) findet sich mit gleichen oder ähnlichen Bezeichnungen in der Literatur und in der Gesetzgebung.

  Den Unterschied haben die meisten bereits als Kind erfahren. Das Kinderzimmer ist für ein Kind als „individuell-privat“ einzustufen, die Wohnräume als „familiär-privat“ – weil diese von mehreren Bewohnern einer Wohngemeinschaft gleichzeitig genutzt werden, der Fahrradabstellraum gehört einer Hausgemeinschaft, der Zugang mit den Briefkästen ist ein „halböffentlicher Bereich“, während die öffentliche Erschließung dem „öffentlichen“ Bereich zuzuordnen ist. Einige Problemfelder in Wohngebieten haben ihren Ursprung darin, dass die Abstufung der Verfügungsgewalt nicht offensichtlich ist.

  Diese „Hackordnung“ nach Privatheit findet sich auch in den gesetzlichen Grundlagen für den Betrieb von „Zwangsgemeinschaften“ wieder, z.B. in der [HeimMindBauV 2003] für Altenheime, Altenwohnheime und Pflegeheime für Volljährige. Nach § 12 steht der Flächenbedarf einer Wohnfläche in Abhängigkeit zu der Anzahl der Bewohner. Dort wird auch der Flächenbedarf von Gemeinschaftsräumen oder gemeinschaftlich genutzten Sanitäranlagen in § 16ff. geregelt.

Durch den bewusst gestuften Einsatz der Privatheit, lassen sich „private", „heimliche", „hilfsbereit und kollegiale" oder „wetteifernde" Atmosphären schaffen. Diese Erkenntnis wird zunehmend in die Bürogestaltung übernommen, um eine möglichst produktive (Arbeitsablauf-) Atmosphäre innerhalb einer Organisationseinheit zu schaffen. Je nach Bedarf werden „Denkerzellen", Einzelbüros, Kombibüros, „open-space"-Landschaften, Großraumbüros, „Recreation areas", „Besucherräume", „Bügelräume" oder Betreuungsräume für Kinder eingesetzt. Die eigentliche Kunst besteht darin, durch Differenzierung ein ausgewogenes Verhältnis zwischen dem Bedürfnis einer Firma und den Aufgaben einer Geschäftseinheit herzustellen. „Geburtshelfer" für Geschäftsideen benötigen ggf. ein anderes Arbeitsumfeld als der Produktionsbereich. Transparent darstellen lässt sich der Grad der Privatheit durch Flächenanteile (vgl. [NG, T. UL 2006-03]) und geeignete Visualisierungswerkzeuge (Abb. 7-70).

Personen	Schlüssel: Bezeichnung	Bauliche Ausprägung als
1	A: Individuell, privat	Einzelzimmer, Einzelbüro, Hotelzimmer, „Think-tanks", ...
Bis ca. 8 *	F: Familiär, privat	Doppelzimmer, Zellenbüro für mehrere Arbeitsplätze, ...
		Gruppenräume, Teamräume, ...
		Wohnungen, kleine Geschäftseinheiten, ...
Bis ca. 20 *	G: Private Gruppen	Station eines Pflegeheimes
Bis ca. 50 *		Einrichtungen, Abteilungen, ...
	H: Halböffentliche Bereiche	Besucherbereiche, Kantine, ...
	Ö: Öffentliche Bereiche	Erschließung, Schwimmbäder, Restaurants
Vgl. [BOGENSTÄTTER, U. 2001] S. 72, * Staffelung in Abhängigkeit zur Bauwerksnutzungsart und den Rahmenbedingungen, Index [t] bei temporärer Nutzung		

Abb. 7-68: Merkmal Grad der Privatheit

- Mobilitätskriterien
  Die Mobilitätskriterien beziehen sich weitgehend auf die [DIN 18025-1 1992-12], [DIN 18025-2 1992-12] und [DIN 18024-1 1998-01]. Der Entwurf zu [DIN 18030 E 2006-01] „Barrierefreies Bauen: Planungsgrundlagen und Planungsanforderungen" konnte bis heute nicht verabschiedet werden. Es ist daher ein Normauftrag zur DIN 18040 gegeben worden, in dem die Normen DIN 18024 und DIN 18025 aufgehen sollen: „Barrierefreies Bauen – Öffentlich zugängliche Gebäude und barrierefreies Bauen – Wohnungen". Abb. 7-69 zeigt die graduellen Unterschiede in der Mobilität.

Abkürzung	Bezeichnung	Quelle
o.E.	Ohne Einschränkung	
Bf	Gehbehinderte Personen (Barrierefrei)	Vgl. [DIN 18025-2 1992-12]
RB	Rollstuhlfahrer	Vgl. [DIN 18025-1 1992-12]
Bl	Bettlägerige Personen	Vgl. [BMBau 04.108] S. 10ff., 66ff.

Abb. 7-69: Merkmal Mobilität

7.3.5 Verbindung alphanumerischer und graphischer Daten

Während das Digitale Planmanagement (s. 7.3.2) vornehmlich Vektordaten, das Raum- und Gebäudebuch (s. 7.3.4) insbesondere alphanumerische Daten (Sachdaten) eines Objektes verwendet, können Vektordaten und objektbezogene Daten mit Anwendungsprogrammen verknüpft und visualisiert werden. Derartige Anwendungsprogramme werden hier als Computer Aided Facilities Management – Systeme (CAFM) bezeichnet. Dies widerspricht der herrschenden Lehrmeinung, welche kaufmännische, technische oder infrastrukturelle Funktionen im gewerblichen Immobilienmanagement den CAFM-Anwendungen zuordnet. Da dies zu den unternehmerischen Kernprozessen gehört, wird hierfür der Ausdruck eines Enterprise Ressource Planning Systems (ERP) verwendet. Das ERP-System ist gegenüber anderen Anwendungen i.d.R. führend. Mit Hilfe von CAFM hingegen können z.B. Zuordnungen von Flächen zu Kostenstellen, Reinigungsflächen nach Leistungspositionen, Verteilung von Brandmeldern und deren Wartungszyklen visualisiert und gepflegt werden.

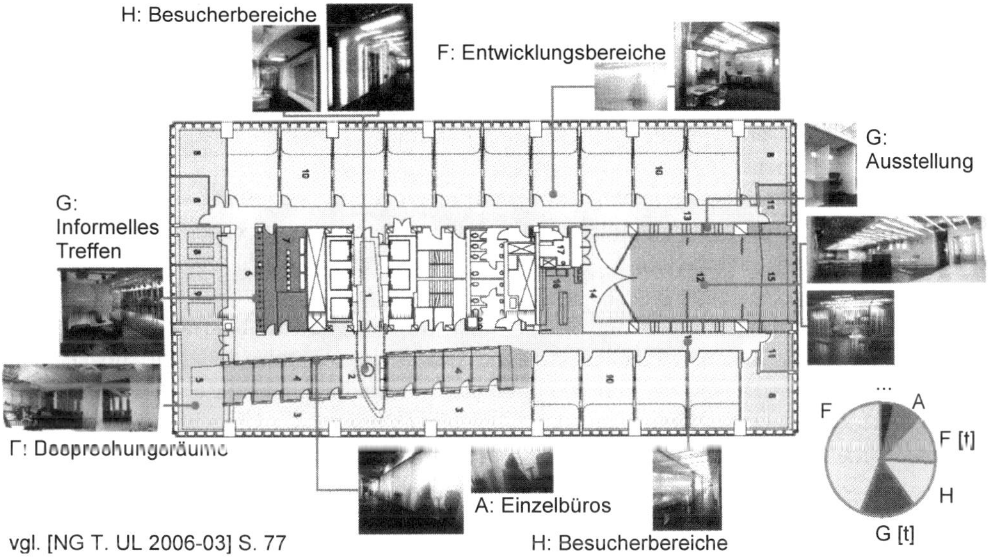

Abb. 7-70: Layoutplanung von Büros, visuelle Darstellung der Privatheit

Computer Aided Facility Management (CAFM) ist die Visualisierung von Sach- und Vektordaten auf der Objektebene.

Wird die Verknüpfung und Visualisierung mit Bezug auf das räumliche Umfeld auf das Koordinatensystem der Erde vorgenommen, so wird hier von Geoinformationssystemen (GIS) geschrieben. Mit Hilfe eines Geoinformationssystems lassen sich neben den Merkmalen eines Objektes im Raum- und Gebäudebuch die Umgebung und das Gebäude selbst räumlich digital erfassen, reorganisieren, modellieren, analysieren und alphanumerisch und graphisch im Kontext anderer Daten präsentieren. Ihren Ursprung finden GIS-Systeme u.a. im Vermessungswesen. Allgemein bekannte Anwendungsmöglichkeiten sind inzwischen Navigationsgeräte oder Funktionen von „google earth“. Hierzu werden neben Hard- und Software, GIS-Systeme als Anwendungsprogramme und geocodierte, meist käuflich zu erwerbende, Daten eingesetzt.

Dabei werden drei Dateitypen unterschieden: Vektor- (vgl. 7.3.2), Raster- und Sachdaten. Rasterdaten werden i.d.R. durch Aufnahmen aus der Luft gewonnen und dienen insbesondere zur Dokumentation in Form von Bildern oder generell als Multimediadaten. Vektordaten werden durch geodätische Aufnahmen- und Berechnungsverfahren, Digitalisierung von Karten oder durch Konstruktion am Arbeitsplatz gewonnen. Einsatzgebiete für Vektordaten sind z.B. Bodenrichtwertkarten, Flächennutzungspläne, Bebauungspläne, Liegenschaftskataster, Leitungsdokumentationen u.v.m. Sachdaten werden als thematische Daten oder Attribute bezeichnet. Dazu gehören nicht geometrische Elemente aus Text und / oder Zahlen, wie z.B. Messwerte oder Eigenschaften oder auch Daten aus dem ERP-System eines Immobilienunternehmens.

Geoinformationssystem (GIS) ist die Visualisierung von Sach- und Vektordaten im Koordinatensystem der Erde.

Zum Kauf werden z.B. topographische Karten als Vektorzeichnungen oder als Rasterdaten angeboten.

GIS-Systeme werden schon lange bereitgestellt, haben sich allerdings bisher nur als Nischenprodukt durchsetzen können. Anwendungen sind in allen Geschäftsbereichen möglich:

- Portfolio-Strategie
  Thematische Zusammenhänge lassen sich großräumlich problemlos darstellen.
- Asset-Management
  So kann die räumliche Verteilung der Konkurrenz oder die Verteilung des Objektbestandes eines Immobilienunternehmens dargestellt werden. Ebenso können Immobilienbewertungen durch Makro- und Mikronalayse, Wettbewerbs- und Potenzialanalysen unterstützt werden: z.B. durch eine Analyse der Wohnungsmieten in einem Postleitzahlenbereich. Die Bereitstellung von Bodenrichtwerten für Bauland oder land-forstwirtschaftlich genutzter sowie sonstiger Flächen im Land Nordrhein-Westfalen (Bodenrichtwertinformationssystem – BORIS, s. Abb. 7-71) können bereits heute abgefragt werden. Ein Immobilien-Richtwert-Informationssystem (IRIS) als Produkt der Gutachterausschüsse befindet sich weiterhin im Aufbau.

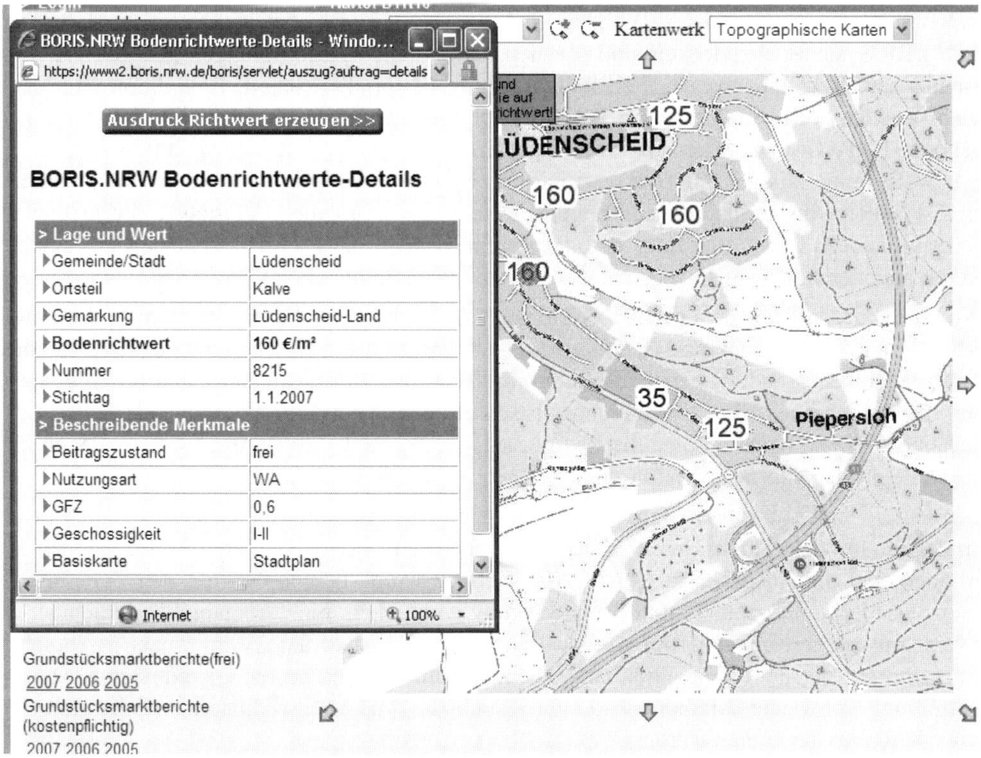

Stadt Lüdenscheid (s. [www.boris.nrw.de/bodenrichtwerte/index.php] 17.03.2008)
Abb. 7-71: Auszug aus der Bodenrichtwertkarte der Stadt Lüdenscheid

- Property Management / Facility Management
  Bebaute und versiegelte Flächen können erfasst, dargestellt, berechnet und analysiert werden, um z.B. die Abwassergebühren nach tatsächlich versiegelter Fläche zu optimieren. Ebenso kann die Verteilung der Hauswarte im räumlichen Kontext hinsichtlich von Wegstrecken und Fahrzeiten optimiert werden.

7.4 (DV-)Lösungen

7.4.1 DV-Systeme

Die Herausforderungen der Immobilienwirtschaft benötigen DV-Unterstützung. Grundsätzlich lassen sich zwei „Welten“ unterscheiden. Auf der einen die zahlenorientierte Welt der „Enterprise Ressource Planning“ Systeme (ERP-Systeme) und die der „Computer Aided Facilities Management“ Systeme (CAFM-Systeme). Trotz aller Emanzipierungsversuche von CAFM-Systemen ein ERP-System zu werden und CAFM-Systeme in ein ERP-System zu integrieren, lassen sich zwei Wesenszüge nach Ansicht des Verfassers unterscheiden: Das CAFM-System ist graphisch, das ERP-System alphanumerisch in seiner Darstellung. Beide haben ihre Berechtigung. Die Herausforderung dabei ist, die Vorteile des jeweils anderen

Systems in sich zu integrieren. Es zeigt sich zunehmend, dass betriebliche Anforderungen über ERP-Systeme abzudecken sind. Zu den betrieblichen Anforderungen gehören u.a. das Finanz- und Rechnungswesen, Personalwirtschaft, Materialwirtschaft, Produktion und Vertrieb. Zu den weltweit führenden ERP-Herstellern mit einem Marktanteil von über 50% gehören SAP, Oracle, Microsoft und Sage Group (s. [NÄVY, J. DFM 2007-04] S. 33). CAFM-Systeme können unterstützend wirken, wenn es sich um die Themen Dokumentations-, Flächen-, Instandhaltungs-, Medien-, Reinigungs-, Umzugs-, Vertrags-, Zutrittsmanagement handelt. Es ist allerdings damit zu rechnen, dass die ERP-Hersteller diese Themen weiter adaptieren, soweit sie dies nicht bereits mittels Schnittstellen getan haben.

Wo ist der Bedarf an (neuen) ERP-Systemen? Auch die Immobilienwirtschaft leidet unter erheblichem Kostendruck und *Zeitmangel.* Nach den neuesten Ergebnissen der GdW-Studie ist angesichts steigender Leerstandsquoten im Osten und Erlösschmälerungen im Allgemeinen der Kostendruck für die Wohnungswirtschaft keine Streitfrage. Zeitmangel? Selten finden sich in einem Unternehmen die Ressourcen, die benötigt werden, um die Grundlagen für die strategische Unternehmensführung und (neue) Ziele zu erarbeiten.

Den Unternehmen, in allen Branchen der Immobilienwirtschaft, bleiben grundsätzlich zwei Strategien, um dem Kostendruck zu begegnen und die Erlöse zu steigern: die Einnahmen zu erhöhen oder die Ausgaben zu verringern. Vielfach wurde bereits hart mit den Zulieferern, Dienstleistungsunternehmen und Handwerkern verhandelt, nicht rentable Unternehmenszweige ausgelagert und das Immobilien-Portfolio zunehmend auf „Vordermann“ gebracht. Oftmals wird die natürliche Fluktuation genutzt, um Personalkosten zu reduzieren. Durch Einführung von neuen Methoden können jedoch die Ausgaben reduziert und die Zeit für neue Aufgaben gewonnen werden.

Eine Methode ist die Rationalisierung: Aus Sicht der Datenverarbeitung (DV) stecken Rationalisierungspotenziale insbesondere in sich wiederholenden, gleichen oder leicht variierenden Prozessen im Umgang mit digitalen Informationen. Dies ist in vielen Beispielen gegeben. Den Beispielen ist vielfach gemein, dass die Abläufe aus Sicht der Datenverarbeitung von vielen Medienbrüchen geprägt sind, die viele manuelle Arbeitsschritte bei den Mitarbeitern erzwingen. Gründe hierfür liegen in der bestehenden Ablauforganisation eines Unternehmens und in der traditionellen Art, Geschäftsprozesse mit internen Mitarbeitern und externen Partnern abzuwickeln. Sie ist geprägt von internen Zuständigkeiten und Befindlichkeiten. Externe Partner gibt es viele, z.B. bei der Instandhaltung oder den geplanten Baumaßnahmen: die Dienstleistungsunternehmen und Handwerksunternehmen, Ingenieure, Behörden, Versicherungsgesellschaften und viele andere. Ebenso werden mehrere Fachabteilungen fachübergreifend involviert. So unterschiedlich sie erscheinen, bei Baumaßnahmen jeglicher Art sind „klassische“ Abteilungen zur Bewirtschaftung (laufende Instandhaltung) ebenso berührt wie technische Abteilungen (geplante Baumaßnahmen) und das Rechnungswesen.

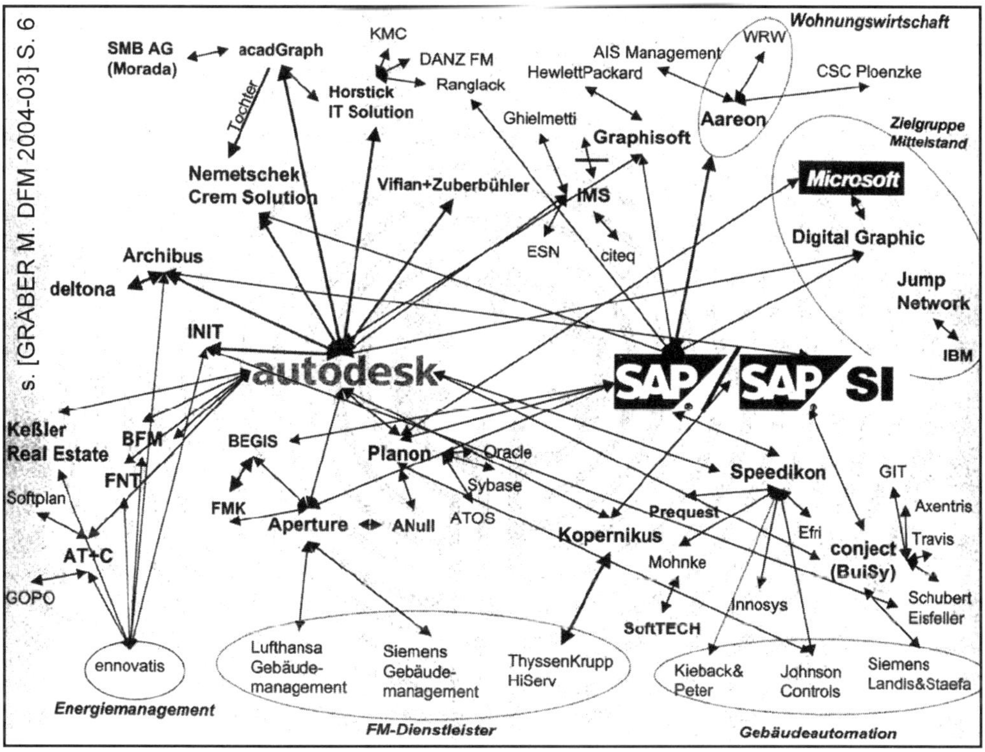

Abb. 7-72: Landkarte der DV-Systeme

7.4.2 Internetbasierte Informationssysteme – virtuelle Projekträume & Co.

Internetbasierte Informationssysteme (oder virtuelle Projekträume) unterstützen das Projektmanagement ebenso wie das Tagesgeschäft. Aktuelle, schnell verfügbare Dokumente reduzieren Fehler und Risiken. Allerdings erfordern virtuelle Projekträume ein hohes Maß an Strukturierung und Abstimmung der Abläufe zwischen den Beteiligten und die Disziplin der Beteiligten, diese Strukturen einzuhalten. Als Bspl. wird in Abb. 7-73 gezeigt, wie der idealtypische Prozess zwischen den Planungsbeteiligten (Soll-Konzeption) aussehen könnte.

So loben die Beteiligten die Anwendung internetbasierter Informationssysteme: Bis dato werden Methoden des digitalen Datenaustauschs, der Datenaustauschformate, Datenkonventionen und Abläufe nur in seltensten Fällen bei Beginn eines (Bau-)Projektes besprochen. Dies ist für internetbasierte Informationssysteme unverzichtbar. Insgesamt werden durch Einsatz solcher Systeme Fehler vermieden, Prozesse beschleunigt und die digitale Dokumentation erheblich erleichtert.

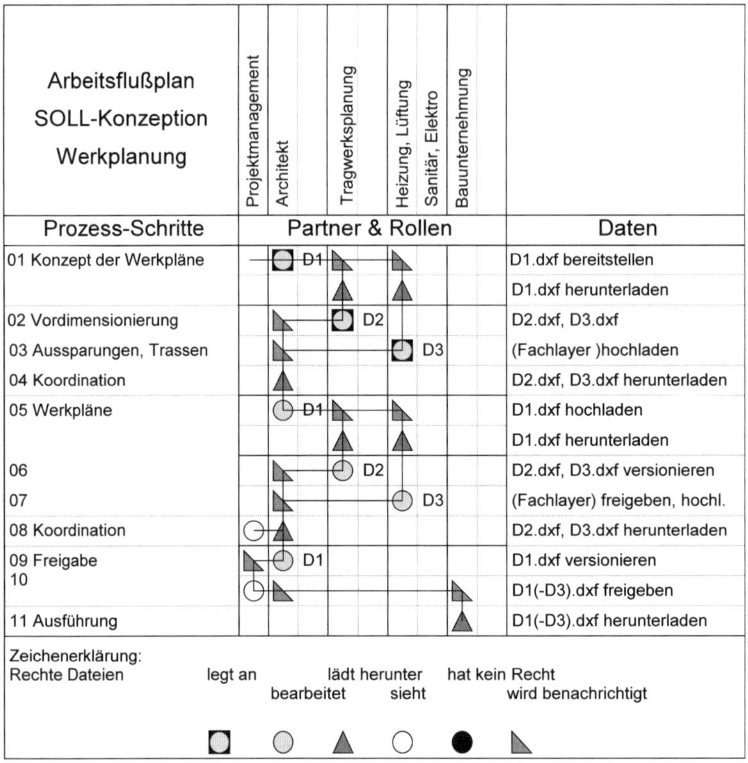

Abb. 7-73: Soll-Konzeption Werkplanung

7.4.3 Internetgestützte Ausschreibungen

Es gibt eine Vielzahl von geplanten Baumaßnahmen, von denen jede eine beachtliche Zahl von Ausschreibungen nach sich zieht. Mit jeder Ausschreibung ist der Versand von vielen Leistungsverzeichnissen verbunden. Für den Branchendurchschnitt der Wohnungswirtschaft wurden in einer zweiten Studie aus dem Jahr 2002 insgesamt 2.960 einzeln zu verschickende Leistungsverzeichnisse pro Jahr in einem Wohnungsunternehmen ermittelt (s. [HARDEBUSCH, C. IM 2002-05]). Die Anzahl der submittierten Ausschreibungen bei der Stadt Frankfurt am Main lag im Jahre 2002 bei 1.041 (s. [Amt 65 2004] S. 16). Da in der Regel je Ausschreibung etwa 10 Bieter die Unterlagen erhalten, wurden danach etwa 10.000 Ausschreibungsunterlagen verschickt und die darauf folgenden Angebote bearbeitet.

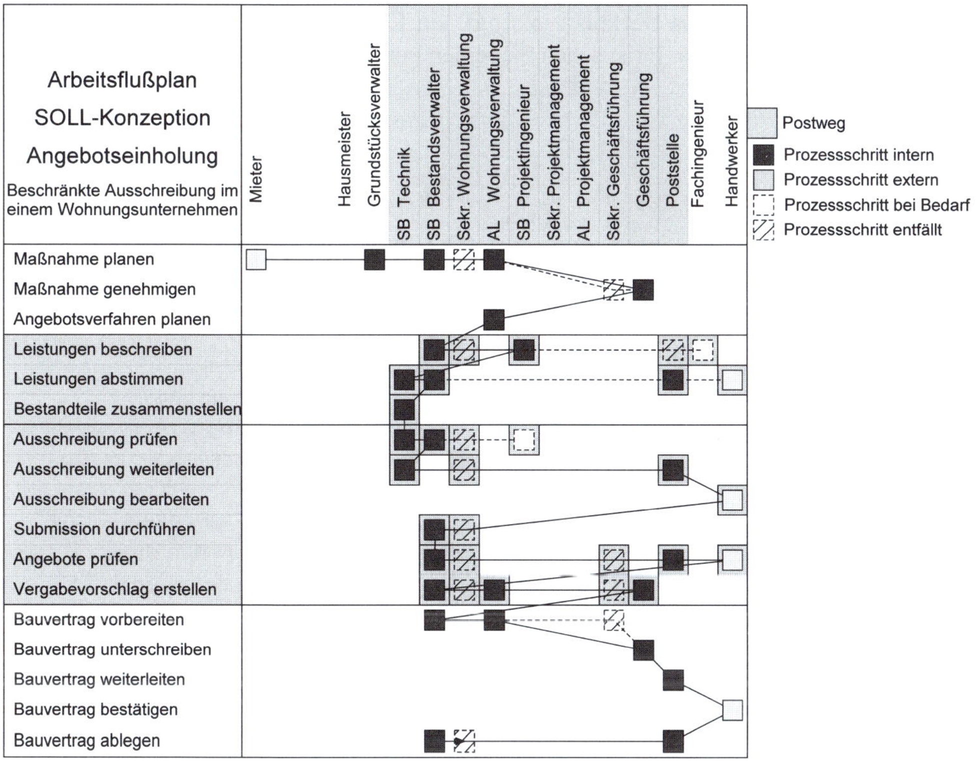

Abb. 7-74: Soll-Prozess Ausschreibung, Bspl. Wohnungswirtschaft

Dabei handelt es sich in starkem Maß um fehleranfällige, stets wiederkehrende Arbeitsschritte, die sich seit Jahrzehnten nahezu gleichen. Allein der Ausschreibungsprozess ist von bis zu 15 internen Rollen und 8 Medienbrüchen begleitet – unabhängig von der Tatsache, dass der Vorgang mehrfach transportiert wurde (vgl. Abb. 7-71).

Wer kennt nicht auch die Berge von Papier, die produziert und nicht nur bildlich „gewuchtet" werden? Für den Preisspiegel werden tagelang Zahlenkolonnen in bestehende Ausschreibung-Vergabe-Abrechnungs-Systeme (AVA) von Studierenden abgetippt.

Digitale Ausschreibungsverfahren (Ausschreibungsplattformen) wickeln den Ausschreibungsprozess effizient ab und erleichtern die Abfrage von Marktpreisen. Im Hinblick auf die „laufende Instandhaltung" können beispielsweise Ausschreibungen von Bauleistungen als Grundlage für Einheitspreisabkommen oder Rahmenverträge genutzt werden. Dabei handelt es sich i.d.R. um jährlich wiederkehrende Ausschreibungen, die die Marktmechanismen zum Vorteil der Immobilienunternehmen ausnutzen können und Leistungstexte schrittweise verbessern.

Der Nachteil, die digitale Unterschrift hat sich bis heute nicht durchgesetzt, die Unterschrift ist allerdings vielfach wichtig. Einen Auftrag in Höhe von 242 [€] in der „ungeplanten Instandhaltung" per Telefon zu erteilen, birgt ein wesentlich geringeres unternehmerisches Risiko in sich als es bei einem verbindlichen Angebot in Höhe von 1.000.000 [€] der Fall wäre. Bis zum Durchbruch der digitalen Unterschrift kann jedoch das Mantelbogenverfahren genutzt werden, bei dem das Deckblatt und ggf. ein Kurz-Leistungsverzeichnis mit rechtsverbindlicher Unterschrift zur juristischen Sicherheit per Post zugeschickt wird.

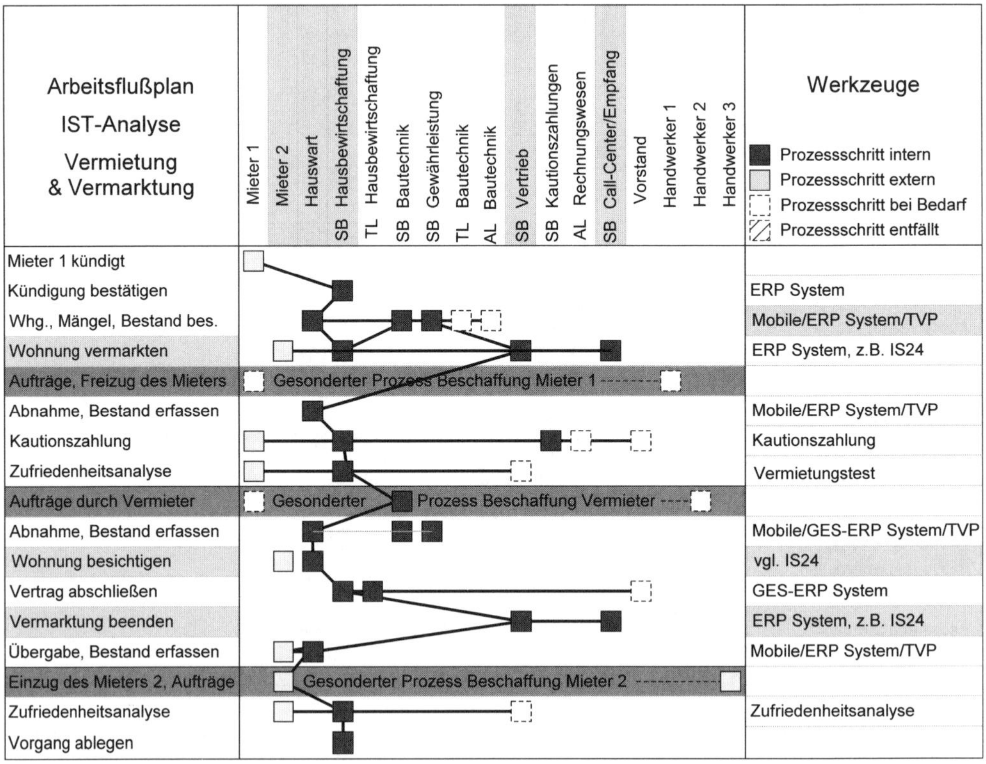

Abb. 7-75: Soll-Prozess Vermietung und Vermarktung

Die übrigen Vorteile der Effizienzsteigerungen bei Angebotsüberprüfung (Preisspiegel erstellen, analysieren und Vergabevorschlag erarbeiten) bleiben damit erhalten. Der Soll-Prozess einer Ausschreibung im Datenaustausch und Mantelbogenverfahren ist in Abb. 7-74 dargestellt.

Liegt kein Ausschreibungsverfahren nach VOB/A vor, so kann die rechtsverbindliche Unterschrift zum Angebot bei Abschluss des Bauvertrages eingeholt werden.

7.4.4 Vermietung und Vermarktung

Um nach dem Leerstand die Wiedervermietung sicherzustellen, werden Marketing-Instrumente eingesetzt. Als Medium für Inserate werden zunehmend Internetportale neben Tageszeitungen, einer eigenen Homepage, Vermarktungsschildern und sonstiger Kontakte eingesetzt und von Maklern als effizientestes Medium betrachtet. Die Prozesse eines Maklerunternehmens werden damit verschlankt (s. Abb. 7-75).

Zur Beurteilung der Internetportale wird der Vertriebserfolg auf Rang 1 als entscheidend betrachtet. Als Vertriebserfolg wird hier die Anzahl der Kundenkontakte zu Vertragsabschluss gewertet (s. [OBERMANN, O. DW 2007-10] S. 30f.).

7.4.5 Integrierte Heizkostenabrechnung

Gemessen an der Anzahl der Rechnungen, stehen bei dem bereits beschriebenen Bspl. die Rechnungen zur Betriebskostenabrechnung auf Platz zwei nach der Instandhaltung (siehe Bspl. eines Wohnungsunternehmens in Kapitel 6 „Umsetzung“, Abschnitt 6.3.3, „Verwaltungskosten“). Es lohnt sich daher auch diesen Prozessschritt nach Optimierungspotenzialen genauer zu beleuchten. Ausgangspunkt ist eine Pilotstudie in einem Wohnungsunternehmen, deren Objekte mit Heizkostenverteiler ausgestattet und in denen Wärmemessdienstleister mit der Verbrauchserfassung und Heizkostenabrechnung beauftragt sind. Die Heizkostenabrechnung ist Bestandteil der Betriebskostenabrechnung für jeden Mieter.

Hierzu wurden in einer Ist-Analyse etwa 130 Tätigkeiten aufgenommen und in Arbeitsschritten zusammengefasst. In einem Soll-Prozess wurden die Optimierungspotenziale bei Verwendung einer integrierten Heizkostenabrechnung und automatisierten Verbrauchserfassung durch Funkauslesung untersucht (Abb. 7-76). Integriert bedeutet, dass die Daten der Heizkostenabrechnung direkt zur Betriebskostenabrechnung in dem ERP-System des Immobilienunternehmens zur Verfügung stehen. Durch die Modellierung dieses Soll-Prozesses entfallen Tätigkeiten oder Arbeitsschritte ganz oder teilweise. Insgesamt wurden etwa 130 Tätigkeiten nach Anzahl um etwa 30% gesenkt.

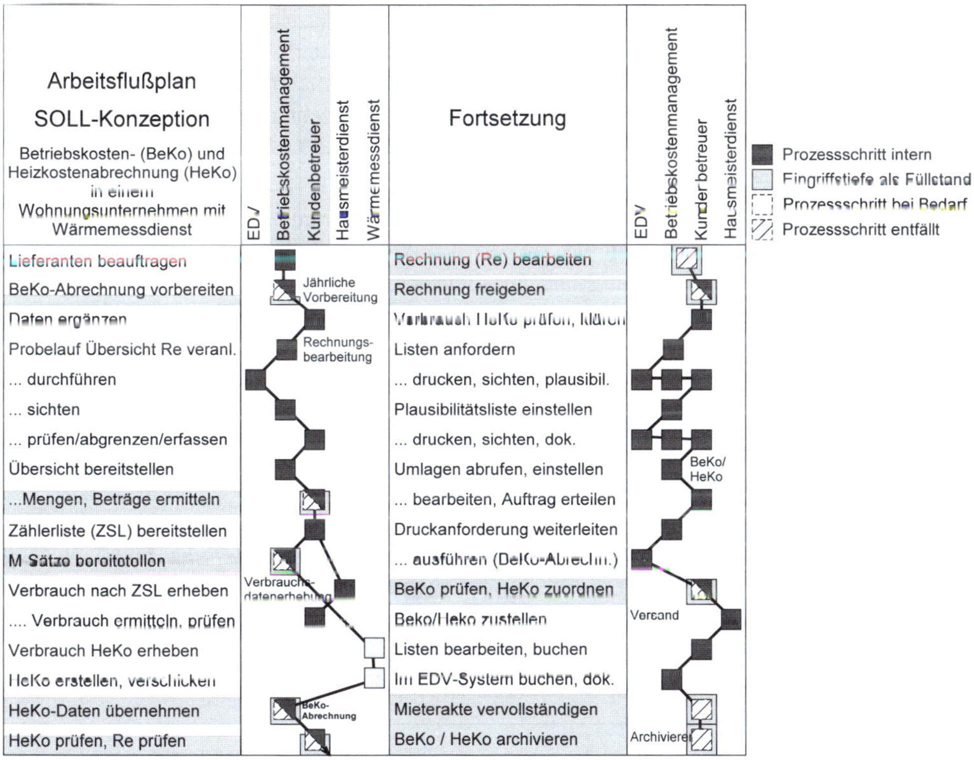

Abb. 7-76: Soll-Prozess Betriebskostenabrechnung

Diese Tätigkeiten wurden zu Arbeitsschritten zusammengefasst und die Zeitaufwandswerte für die Ist- und Soll-Prozesse ermittelt (s. Abb. 7-77). Der Aufwand einer Betriebs- und Heizkostenabrechnung wurde mit ca. 29 Stunden je Objekt ermittelt, davon etwa 10 Stunden je Objekt oder 16 Minuten je abzurechnende Wohnung für die Heizkostenabrechnung. Wesentlicher Arbeitsaufwand bei dem Ist-Prozess sind folgende „TOP 5" der Arbeitsschritte:

1. Heizkostenabrechnung zur Betriebskostenabrechnung zuordnen, falten, kuvertieren, Briefumschlag zukleben
2. Rechnungspositionen von Versorgungsunternehmen vergleichen, abgrenzen und buchen sowie Unterlagen ablegen
3. Abrechnungsübersichten prüfen, verbrauchte Mengen der Energieträger und Rechnungsbeträge ermitteln, mit dem Wärmemessdienstleistungsunternehmen zusammenarbeiten
4. Gemeldete Daten mit den dargestellten Daten des Wärmemessdienstes vergleichen
5. Verbrauch des Mieters auf Plausibilität mit Daten des Vorjahres prüfen, ggf. beim Wärmemessdienst nachfragen und Unterlagen ablegen

Der Arbeitsaufwand lässt sich in Punkt 1 durch gleichzeitigen Ausdruck der Heizkostenabrechnung mit der Betriebskostenabrechnung wesentlich reduzieren (integrierte Heizkostenabrechnung). Der Arbeitsaufwand für die Punkte 3, 4 und 5 kann mittels automatischer Verbraucherfassung verringert werden.

Es wurde im Ergebnis festgehalten, dass durch eine integrierte Heizkostenabrechung und durch automatisierte Verbrauchserfassung für die Erstellung der Heizkostenabrechnung etwa 60%, ohne automatisierte Verbrauchserfassung 40% des Zeitaufwandes eingespart werden könnten. Damit könnte sich der Aufwand für die Betriebskostenabrechung um zwischen 14% und 20% reduzieren. Bei einem kalkulatorischen Stundenverrechnungssatz von 36,20 EURO und einer Einsparung von 9 Minuten entspricht das in etwa 5,80 EURO je Wohneinheit und Heizkostenabrechnung innerhalb eines Jahres.

Tatsächlich sind die Aufwände für die Beschaffung und Einführung der Funktechnologie und der integrierten Heizkostenabrechnung zu berücksichtigen. Es wurde dabei ausgegangen, dass die Mehrkosten der Einführung und des Betriebes durch die Einsparung des Wärmemessdienstes aufgehoben werden.

Verbrauchserfassung durch Ablesepersonal erscheint antiquiert. Die bereits angesprochene Technik der Funkauslesung ist eine von vielen möglichen Techniken. Durch den immer höher werdenden Kostendruck gehen viele Energieversorgungs-Unternehmen für die Erfassung von Zählerständen neue Wege. Statt Ablesepersonal wird die Selbstablesung durch den Mieter, Selbstablesung mit komfortabler Technik (Punktablesung), Fernauslesung oder Funkauslesung eingesetzt.

Die Weitergabe der Ablesung durch den Mieter kann bei der Selbst- oder Punktablesung mittels Postkarte oder durch Eingabe in ein Internetportal erfolgen. Bei Verwendung der Postkarte wird anschließend die Postkarte über ein Texterkennungsverfahren digital erfasst.

Alternativ stehen elektronische Verbrauchmessgeräte zur Verfügung, die die gemessenen Verbräuche über netzgebundene oder drahtlose Datenübertragung an das Immobilienunternehmen weitergeben.

Schließlich eröffnet die Kombination einer integrierten Heizkostenabrechung mit einer automatisierten Verbrauchserfassung die Option, die Leistungen ohne Wärmemessdienstleistungsunternehmen in Eigenleistung zu erbringen.

Abb. 7-77: Zeitanteile bei der Heizkostenabrechnung ohne und mit integrierter Heizkostenabrechnung

7.4.6 Handwerkerkopplung

In Immobilienunternehmen liegen zur Instandhaltung, zu Baumaßnahmen, Betriebskosten, zur Verwaltung oder sonstige Rechnungen in großer Anzahl vor. Nach einer Untersuchung aus dem Jahre 2002 fallen jährlich pro Wohneinheit in einem Wohnungsunternehmen etwa 1,77 Reparaturaufträge an (s. [DE ZOETEN, R. Der Vermieter 2002-05]). Ein ausgeführter Reparaturauftrag hat einen durchschnittlichen Rechnungswert von etwa 280 [€] und belastet das Immobilienunternehmen in seiner Ablauforganisation. In Abhängigkeit zur Anzahl der verwalteten Wohnungseinheiten handelt es sich um tausendfach wiederkehrende, gleiche Prozesse, deren Aufwand im Missverhältnis zum Rechnungswert stehen.

Doch was ist „laufende Instandhaltung“? In dem Prozess wird im Folgenden zwischen Auftrag, Rechnung, Zahlung und Dokumentation unterschieden, die nachfolgend als Prozessschritte bezeichnet werden und sukzessive aufeinander aufbauen. Die dazugehörigen Teilprozesse in einem Wohnungsunternehmen werden zunächst an einem einfachen Reparaturauftrag beispielhaft geschildert:

- Auftrag erteilen: Der Mieter meldet einen Schaden, dieser wird aufgenommen, Preise ggf. eingeholt, Aufträge an einen auszuwählenden Auftragnehmer (AN) vergeben, vom AN bestätigt und ausgeführt mit der anschließenden Abnahme
  - durch den Mieter (falls er es beurteilen kann),
  - den Bauleiter (falls er bei 1,77 Reparaturaufträgen je Wohneinheit und Jahr die Zeit dazu findet) oder
  - den beauftragten Sachverständigen (z.B. bei später auftretenden Mängeln oder Gewährleistungsfragen).
- Rechnung bearbeiten: Der AN stellt die Rechnung i.d.R. per Post. Die Poststelle bereitet die Rechnung im Immobilienunternehmen vor und erfasst diese. Der AN möchte das Wohnungsunternehmen ärgern und Ressourcen im Unternehmen binden? Nichts leichter als das: Der AN stellt die Rechnung ohne eindeutigen Auftragsbezug, also ohne Auftragsnummer. Danach durchläuft die Rechnung mehrere Prüfinstanzen. Der Teilprozess der Weiterbelastung im Falle von Versicherungsfällen ist ebenfalls zu berücksichtigen, denn er betrifft nach einzelnen Stichproben zwischen 8 und 10% der anfallenden Rechnungen in der laufenden Instandhaltung.
- Zahlung freigeben: Die Zahlung ist eigentlich der krönende Abschluss eines abgeschlossenen Auftrags. Pünktliche Zahlung erfreut den AN. Nachfragen des ANs hinsichtlich ausstehender Zahlungen beschäftigen das ausführende Handwerksunternehmen ebenso wie das Wohnungsunternehmen selbst.
- Vorgang ablegen (Dokumentation): Die Rechnungs- und Zahlungsbelege werden schließlich abgelegt.

Jeder dieser Teilschritte ist vielfach gekennzeichnet durch Erfassen, Bearbeiten und Weiterreichen von Papier – eine Papierwanderung durch die Büros. Die Beschaffung von Bauleistungen ist aus Datensicht durch erhebliche Medienbrüche gekennzeichnet: Die Menge macht´s.

Bei einem Wohnungsunternehmen mit 10.000 Wohneinheiten werden jedes Jahr etwa 17.700 Reparaturaufträge aus den DV-Systemen der Wohnungsunternehmen gedruckt, gefaxt und per Post verschickt. Die Auftragsdaten werden vom ausführenden Handwerksunternehmen für sein eigenes DV-System abgetippt. Das Verfahren der Rechnungsstellung durch das Handwerksunternehmen ist in umgekehrter Richtung analog.

Der Beschaffungsprozess in der Instandhaltung ist von vielen Medienbrüchen gekennzeichnet. Er beginnt mit dem Prozessschritt „Schaden erkennen" und endet mit „Vorgang ablegen" (s. Abb. 7-78). Die digitale Handwerkerkopplung hingegen ermöglicht den Austausch von Auftrags- und Rechnungsinformationen ohne Medienbruch. Mit der Handwerkerkopplung können die Prozessschritte effektiver durchgeführt werden. Analog zu den Prozessschritten beginnen die Funktionalitäten einer Handwerkerkopplung, ggf. in Kombination mit dem ERP-System, mit „Mieterselbstbestellung" und enden mit einer „Archivanbindung". Die Funktionen können manuelle Aufgaben bei verschiedenen Prozessschritten übernehmen. Der Zufallsgenerator z.B. verkürzt den Arbeitsablauf bei den Prozessschritten „Zahlung freigeben", „... freigeben 2. Unterschrift" und „kontrollieren". Die Füllstände der Pfeile in Abb. 7-78 geben an, inwieweit die Funktionen den zeitlichen Personalaufwand eines Prozessschrittes reduzieren können. Der Zufallsgenerator reduziert quantitativ das Aufkommen der prüfenden Rechnungen, kann dies aber i.d.R. nicht vollständig übernehmen. Prüfroutinen für ausgewählte Rechnungen bleiben erhalten, je nach Einstellung von etwa 15%.

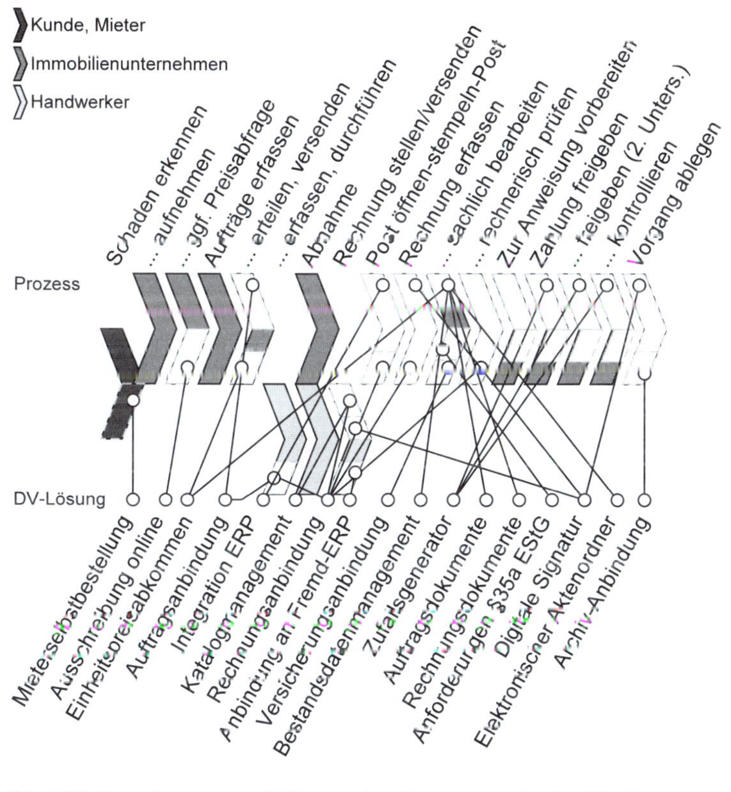

Abb. 7-78: Beeinflussungsmöglichkeiten eines Prozesses durch eine DV-Lösung am Bspl. Handwerkerkopplung

Immobilienunternehmen verschwenden daher ohne DV-Lösung viele Ressourcen, um Leistungen zur Instandhaltung abzuwickeln. So sind z.B. bei einem Wohnungsunternehmen mit etwa 25.000 Wohnungseinheiten im Prozess mit der laufenden Instandhaltung ca. 15 unterschiedliche Rollen und ca. 110 Mitarbeiter befasst.

In Abb. 7-79 wurden die Prozessschritte im Beschaffungswesen der laufenden Instandhaltung bei einem Wohnungsunternehmen mit etwa 10.000 Wohnungseinheiten vor und nach dem Einsatz einer Handwerkerkopplung aufgezeichnet. Nach einer Überarbeitung der Ablauforganisation konnten viele Prozessschritte und Medienbrüche entfallen.

Den Kinderschuhen entwachsen ist die Handwerkerkopplung schon lange. Nach einer Studie der Fachhochschule Worms aus dem Jahre 2004 (vgl. [DE ZOETEN, R. 2004-09-20] S. 23) ist Mareon der Aareon AG mit einem Marktanteil von 55,1% der angeschlossen Wohneinheiten in der Wohnungswirtschaft Marktführer. Angeschlossen werden hier nur die ERP-Systeme GES, BlueEagle auf Basis von SAP©, wodis und WohnData. Die digitale Handwerkerkopplung ist seit fünf Jahren bei nun 111 Kunden der Wohnungswirtschaft mit der Unternehmensgröße von 700 bis 95.000 Wohneinheiten im Einsatz. Dabei handelt es sich um 1.300.000 angeschlossene Mieteinheiten. Insgesamt wurden 4.534.936 Aufträge mit einem durchschnittlichen Rechnungsbetrag von 287 € durch 4.083 aktive Handwerker abgewickelt. Die Anbindung Fremd-ERP-Systeme („Handwerkersoftware") mittels Webservices wurde von Handwerkern für 15,3% der Rechnungen mit 39 zertifizierten Schnittstellen genutzt (Stand 01 / 2008). Mehr als 81% der Handwerker können diese Handwerkerkopplung empfehlen. Grundlage hierfür ist eine Umfrage bei 1.500 Handwerkern, die mehr als 20 Aufträge im Zeitraum vom 01.08.-31.10.2006 über die Handwerkerkopplung abgewickelt haben.

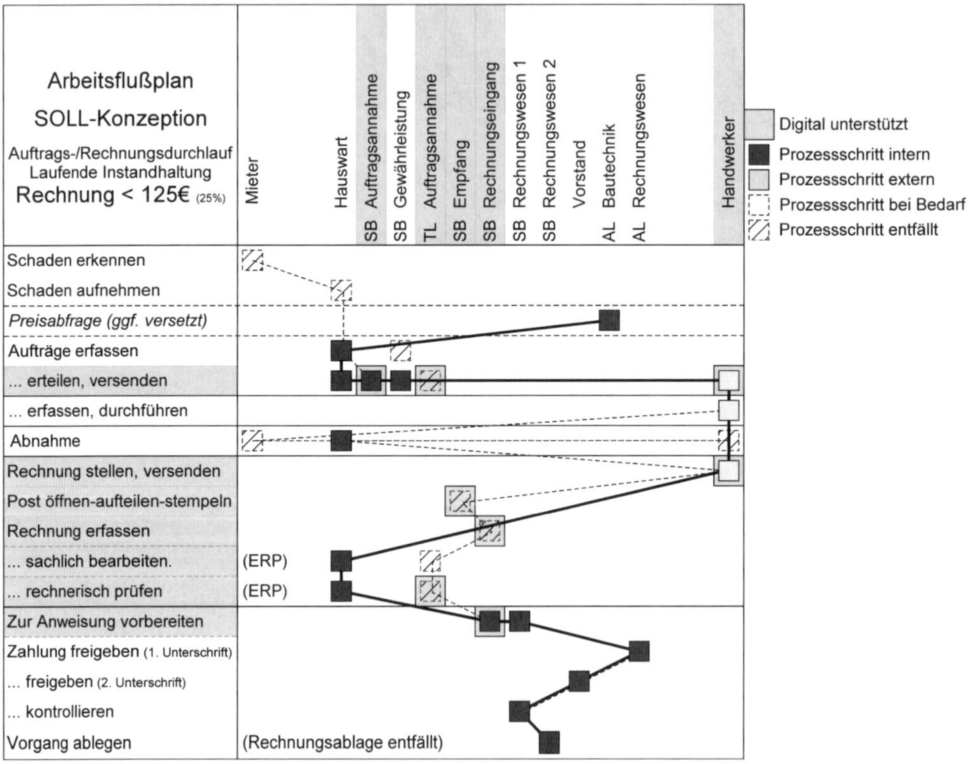

Abb. 7-79: Soll-Prozess Handwerkerkopplung

Welche Funktionalitäten ein Immobilienunternehmen tatsächlich benötigt, ist in einer Konzeptionsphase zu klären. Der Verbreitungsgrad eines Produktes kann z.B. dann eine Rolle spielen, wenn das Immobilienunternehmen über einen bundesweit verstreuten Immobilienbesitz verfügt, so besitzt z.B. die Deutsche Annington (DAIG) 230.000 Wohneinheiten an 700 Standorten in Deutschland (vgl. BBA 2006-09-12] S. 3). Die am Markt verfügbaren Handwerkerkopplungen besitzen zwar unterschiedliche Funktionalitäten ([DE ZOETEN, R. 2004-09-20] S, 1ff., 64, 65), doch nicht jede Handwerkerkopplung ist mit einem ERP-System der Immobilienwirtschaft zu kombinieren. Die Auswahl ist daher begrenzt. Wesentlich für eine Handwerkerkopplung erscheint heute aber:

1. Die Integration der Handwerkerkopplung in das ERP-System sichert die Schnittstellen, verhindert den Medienbruch und beschleunigt die Schadensabwicklung. Mit den Schnittstellen können auch Funktionen der ERP-Systeme genutzt werden, z.B. Zufallsgenerator. Eine beschleunigte Schadensabwicklung erfreut den Kunden / Mieter.
2. Katalogmanagement: Einheitspreisabkommen oder Rahmenverträge, die in DV-Systemen abgebildet werden, erleichtern die Auftragsvergabe und Rechnungsstellung sowie den Auftrags- und Rechnungsvergleich für Immobilienunternehmen und Handwerker gleichermaßen nachhaltig.
3. Die Anbindung an das Fremd-ERP-System des Handwerkers ermöglicht dem Handwerker ebenfalls Vorteile bei der Auftrags- und Rechnungsbearbeitung ohne Medienbruch zu generieren. Hier stehen nicht die Mieter, sondern eine Vielzahl von Immobilienunternehmen als Kunden im Vordergrund (Abb. 7-80). Auch der Handwerker hat enge Geschäftsbeziehungen zu seinen Lieferanten. Eine Handwerkerkopplung sollte ihm daher kein DV-System des Immobilienunternehmens aufzwingen, sondern die Anbindung seines Fremd- ERP-Systems ermöglichen.

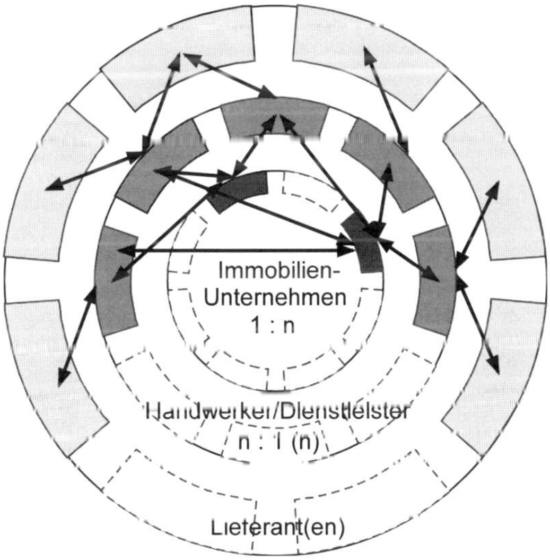

Abb. 7-80: Beziehungen zwischen Lieferanten, Handwerkern und Immobilienunternehmen

4. Das Bestandsdatenmanagement ermöglicht die automatische Aktualisierung der Bestandsdaten auf Grundlage der Rechnungsdaten und darin enthaltenen Leistungspositionen, z.B. Fabrikat, Erneuerungs- und Gewährleistungsdaten.

5. Eine Versicherungsanbindung ermöglicht die effiziente Abwicklung und Nachverfolgung von Versicherungsfällen.
6. Auftragsdokumente, der Auftrag sowie Zusatzdokumente, wie z.B. Zeichnungen oder Protokolle, sollen digital beigefügt und als Leistungsnachweis ausgedruckt (z.B. Stundenlohnzettel) werden können.
7. Rechnungsdokumente, die Rechnung und Zusatzdokumente, z.B. Abnahmeprotokolle, können digital beigefügt werden. Die Rechnungsprüfung muss in Klarschrift möglich sein.
8. Die digitale Signatur ermöglicht die rechtssichere beleglose Rechnungsstellung.
9. Anforderungen des § 35a EStG (haushaltsnahe Dienstleistungen) sollen abgebildet werden können.
10. Der automatisierte Zahlungsverkehr im Nachgang entlastet die Mitarbeiter vom Prüfen der Kontenbewegungen durch automatische Zuordnung der Kontenbewegungen für das Rechnungswesen (s. Abb. 7-81).

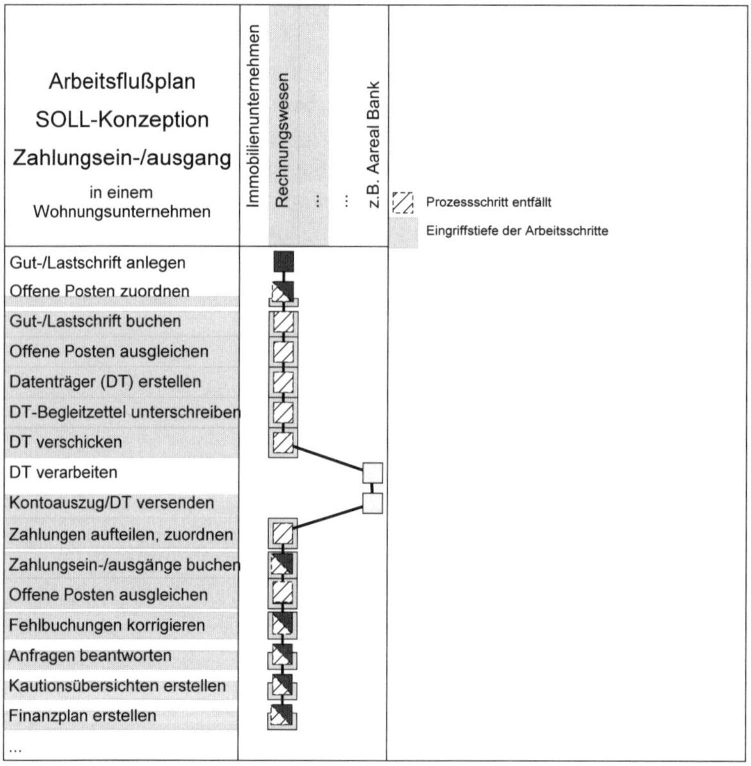

Abb. 7-81: Soll-Prozess Zahlungseingang und -ausgang

Der Nachweis der Kostensenkung ist bei der digitalen Handwerkeranbindung relativ einfach. Im Rahmen eines Qualitätssicherungsprogramms konnten bei einzelnen Immobilienunternehmen die erhofften Einsparpotenziale überprüft und bestätigt werden. Zunächst überraschend ist die Bandbreite der Einsparpotenziale, die erreicht werden konnte: Sie bewegt sich von 3 bis 15 [€] je Reparaturfall. Wie kommt das? Das Entscheidende ist nicht die alleinige

Bereitstellung einer neuen DV-Lösung. Nur durch die Kombination von Funktionalitäten, eingebettet in einer optimierten und abgestimmten Ablauforganisation, lassen sich erhebliche Synergieeffekte erzielen. Die verschiedenen Kombinationsmöglichkeiten wurden bereits in Abb. 7-78 dargestellt.

Zugegeben, einige der Wohnungsunternehmen hatten ihre Prozesse schon im Vorfeld effizient gestaltet. In Summe lässt sich mittels eines durchgängigen Konzepts der medienbruchfreien Beschaffung erheblicher Mehrwert in allen Fällen genieren.

7.5 Herausforderungen an die Integration von DV-Systemen

Dies ist, wie bereits angesprochen wurde, ist das Ergebnis einer Entwicklung: Nach ersten Ansätzen der Interaktivität auf den eigenen Internetseiten, bieten diese DV-Systeme den Wohnungsunternehmen inzwischen 1:1-Beziehungen zu den externen Partnern – Geschäftspartnern und Kunden. Entscheidend ist die Überwindung der Medienbrüche und die digitale Datenübertragung über die eigenen Unternehmensgrenzen hinweg.

Die Probleme und Lösungsansätze sind grundsätzlich nicht neu. Sie sind wegen mangelnder Marktdurchdringung und mangelnder einheitlicher Standards bei unterschiedlichen, stets neuen Partnern bisher gescheitert. Unter Gesichtspunkten der Datenverarbeitung handelt es sich dabei meist um einsame Inseln ohne Verbindung über die Grenzen des eigenen Unternehmens hinweg. Im Zeitalter des World Wide Web (www) gibt es inzwischen eine anerkannte, gemeinsame Plattform: das Internet. Die bereits genannten Studien zeigen die hohe Verbreitung der technischen Vorraussetzungen auch bei den Handwerksunternehmen.

Nur der letzte Puzzlestein in Sachen „Vertrag" muss bei den höher verpreisten Gütern überwunden werden: die elektronische Signatur. Zwar hat der Gesetzgeber hierzu die Grundlagen geschaffen, doch nicht jeder externe Partner verfügt über ein (kompatibles) Lesegerät. Durch geeignete Teilprozessschritte lassen sich heute juristische Notwendigkeiten auf dem Papier nachzeichnen und die Prozesseffizienz sichern.

Veränderungen lösen bei vielen Menschen zunächst Betroffenheit und Zurückhaltung aus. Die Anpassungen im Unternehmen sind daher behutsam vorzunehmen. Die Akzeptanz wird in dem Maß zunehmen, in dem die neuen Verfahren den Markt durchdringen.

7.5.1 Erwartete Leistung definieren

Das wirklich Neue ist das „Andocken" der Partner an DV-Systeme des Anderen zu einer vernetzten Abwicklung der Geschäftsprozesse. Der Erfolg jeglichen DV-Systems hängt von der Akzeptanz der Betroffenen ab. Jeder der Partner, aber auch die Mitarbeiter des eigenen Unternehmens, müssen einen Vorteil für sich gewinnen können.

Alle an einem Tisch – die Sicht der Beteiligten

Bei der Einführung von DV-Systemen über die Grenzen des eigenen Unternehmens hinweg, sind die internen und extern Beteiligten in die Unternehmensstrategie einzubeziehen. Das sind z.B.: Entscheider, Betroffene in der Aufbauorganisation, Betriebsräte, Planungsbüros, Wirtschaftsprüfer, Juristen, DV-Dienstleister oder Handwerksunternehmen.

Aus Sicht des Handwerksunternehmens sind ähnliche Prozesseffizienzsteigerungen auch hier zu generieren. Von einer Überwindung der Medienbrüche profitiert auch dieses Unternehmen. Ein Bspl.: Durch die digitale Handwerkeranbindung wird der Prozessschritt „Rechnung" um durchschnittlich 19 Tage reduziert. Zum einen spart die direkte Anbindung des Handwerkers an die Systeme der Wohnungswirtschaft (z.B. mit Serviceportal mareon) Personal und führt zum anderen zu einer schnelleren Begleichung offener Rechnungsbeträge. Die Liquidität der Handwerksunternehmen wird erhöht und erhält mit Basel II besondere Aktualität.

Um Einstiegshürden zu verhindern, sind Standards zu entwickeln und zu übernehmen. Nicht jedes Immobilienunternehmen sollte seine eigene Lösung entwickeln: Das Handwerksunternehmen ist i.d.R. für mehrere Unternehmen tätig und möchte aus seiner Sicht nicht mit einer Vielzahl verschiedener Lösungen konfrontiert werden. Die Verfügbarkeit via Internet erscheint als unverzichtbare Grundbedingung für eine / die gemeinsame Vernetzung. Ebenfalls demotivierend wirkt sich ein Systemwechsel des Auftraggebers aus. Dabei ist auf Kontinuität des Systemanbieters zu achten und eine dauerhafte Systempflege sicherzustellen. So erstrebenswert individuelle Lösungen einzelner Unternehmen auch sind, doch wer soll sie nachhaltig pflegen?

Es versteht sich von selbst, die Auflagen der Wirtschaftsprüfungsunternehmen einzubinden. Doch auch Wirtschaftsunternehmen stehen insbesondere Systemen aufgeschlossen gegenüber, welche sie bereits als Branchenstandard kennengelernt haben.

Entscheidend ist aus Sicht der Wohnungsunternehmen das Denken in Prozessen, denn Kosteneinsparungen lassen sich auch in erheblichem Maß durch die Reorganisation der Geschäftsabläufe erreichen. Bspl.: Auf den Rechnungen werden Sie eine Vielzahl von Kurzzeichen entdecken. Alles notwendig?

Entscheidend für den Erfolg oder Misserfolg ist jedoch nicht die Verbindung der Geschäftspartner über eine Plattform, sondern die problemlose Verwendung neuer DV-Verfahren in der bisherigen und künftigen IT-Landschaft eines Unternehmens.

Daher ist bei einer erfolgreichen Einführung einer Unternehmensreorganisation der gesamte Prozess zu betrachten und seine Teilprozesse zu hinterfragen. Entscheidend ist auch die Überwindung der klassischen Aufgabenteilung in einem Immobilienunternehmen. Was dem Einen unbedeutend erscheint, kann für den Nächsten von Bedeutung sein: Kleine bauliche Maßnahmen (z.B. Versetzen von Wänden) können erhebliche Auswirkungen für Exposees und die Mietvertragsschreibung haben.

Portfoliomanagement (Unternehmenssicht)									
			Assetmanagement (Objektcluster)						
						Propertymanagement (Objektsicht)			
1	2	3	4	5	6	7	8	9	10
Strategie-entwicklung und vermittlung	Prognose, Risiko- und Renditeprofil	Portfolio-allokation	Objektbe-wertung und Investitionen	Objektauswahl	Transaktionen	Bestands-optimierung - Verträge	Objektmanage-ment - Kunden-orientierung	Kosten-/ Ertrags-optimierung	Wirtschaft-lichkeits-kontrolle
Unternehmens-Scorecard	Erfolgsplan	Balanced Scorecard (Trend)	Geschäfts-bereichs-Scorecard	Wohnungsmarkt-analyse	Ertragswert-berechnung	Geschäfts-bereichs-Scorecard	Übersicht Fluktuation	Übersicht Mieterträge	Wirtschaftlich-keitsberechnung einz. Maßn.
Portfolio-vergleich	Finanzplan	Leerstands-übersicht	Wirtschaftlich-keits-berechnung	Makromarkt-analyse	Übersicht Zinsen und Tilgung	Deckungs-beitrags-rechnung	Betrachtung der II. Miete	Übersicht Mietrückstände	
Benchmark-bericht	Bilanzplan	Bestands-betrachtungen	Benchmark-bericht	Mikromarkt-analyse		Bestand inkl. Leerstand	Mieteranalyse	Übersicht Betriebs- und Heizkosten	
Budgetplanung	GuV-Planung unterjährig	Sensitivitäts-analyse				Wirtschaftlichkeit der Verwaltungseinheit		Übersicht Instand-haltungskosten	
Aggregierte ScoreCard	Bestands-verzeichnis	27-Felder-Matrix				Kostenstellen-umrechnung		Wirtschaftlich-keit Verwal-tungseinheit	
Geschäfts-bereichs-Scorecard	Bilanz	Strategiebericht zur 27-Felder-Matrix						Heizkosten-analyse	
Initiativen nach Geschäfts-bereichen	Gewinn- und Verlust-rechnung (VJ)	Portfolio-vergleich						Übersicht Inst.-Budget (WIE)	
Initiativen nach Perspektiven	Wirtschaftsplan (WIE)	Steckbrief-bericht						Investitions-budget (Kostenträger)	
Nicht gepflegte Istwerte	Cash flow	Gegenüber-stellungs-bericht							
Bericht zu den Perspektiven	Übersicht der Verwaltungs-kosten	Übersicht Mieterträge							
	…ungsbeitrags	Übersicht							

Abb. 7-82: Welche Berichte sind die Wichtigen?

Ähnliche Regeln gelten in innerbetrieblichen Prozessen. Ausgangspunkt sollte stets die erwartete und erfüllbare Leistung sein. DV-Systeme haben stets eine unterstützende Rolle. Bevor ein Unternehmen ein Management-Informationssystem einführt, sollte es im Selbsttest-Verfahren abklären. Was es eigentlich benötigt. Eine Checkliste für das Controlling in der Wohnungswirtschaft ist in Abb. 7-82 dargestellt.

7.5.2 DV-gestützte Lösungen bewerten

Jede DV-Lösung muss danach bewertet werden, ob sie sinnvoll ist. Es handelt sich dabei um eine nachhaltige Investitionsentscheidung, die nachträglich nur mit hohem personellem Aufwand zu korrigieren ist. Zunächst sind die zu unterstützenden Prozesse danach zu beurteilen, ob sich eine DV-gestützte Lösung „lohnt". Dafür sind Varianten im Prozessablauf hinsichtlich der Dauer, der Mengen, Häufigkeit per anno und Möglichkeit der Fremdvergabe zu prüfen, die entstehenden internen Kosten im Sinne einer Vollkostenrechnung zu berechnen und zu vergleichen (s. Abb. 7-83).

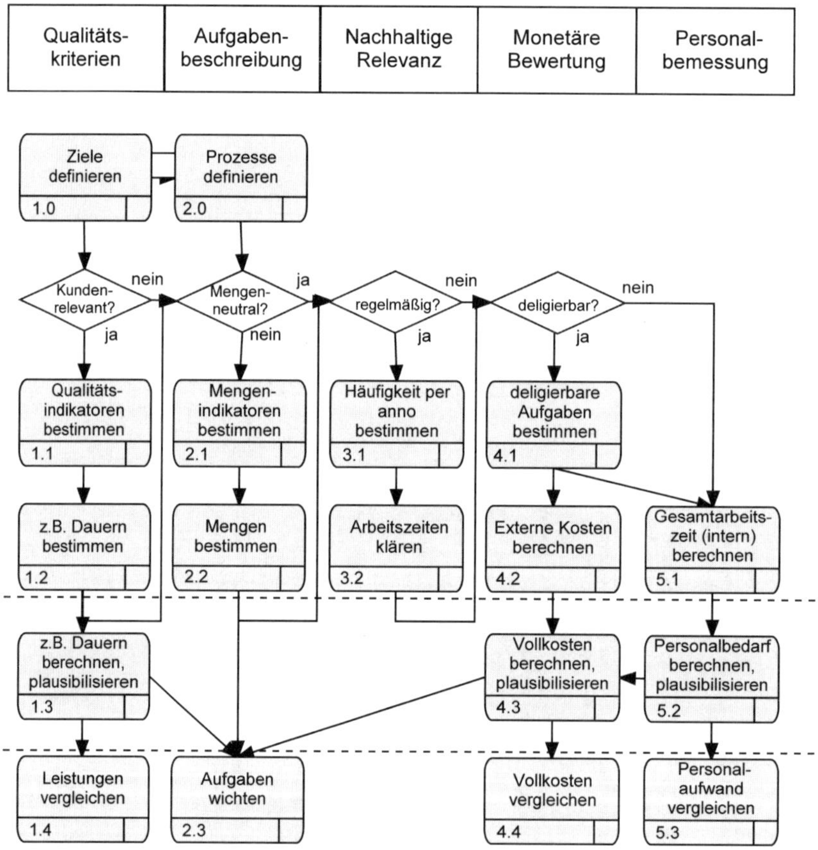

Abb. 7-83: Parameter der Prozesseffizienz

Mit den Verfahren der dynamischen Investitionsrechnung lässt sich die Vorteilhaftigkeit von verschiedenen Lösungen (alles wie bisher oder mit DV-Unterstützung) monetär quantifizieren.

Die Teilprozesse der Auftragserteilung und Rechnungsbearbeitung werden nachfolgend mit und ohne Handwerkerkopplung dargestellt. Kundenrelevanz ist dann gegeben, wenn die Reparatur von Schäden in kürzerer oder längerer Zeit erfolgen kann. Qualitätsindikator ist z.B. die Zeit von der Schadensmeldung bis zur Auftragserteilung zur Reparatur. Der Aufwand steht in direktem Verhältnis zur Anzahl der Aufträge und Rechnungen. Der Prozess ist daher nicht mengenneutral, sondern wird durch die Anzahl der Aufträge der Instandhaltung bestimmt. Grundlage der Berechnung für alle Lösungen sind hier 1,71 Aufträge je Wohneinheit und Jahr. Als Arbeitszeiten werden hier ohne Handwerkerkopplung 8 Minuten für eine Auftrags- und 17 Minuten für die Rechnungsbearbeitung angesetzt. Für den internen Personalaufwand wurde ein Stundenverrechnungssatz von 32 EURO je Stunde herangezogen. Daraus ergeben sich bei einer Lösung ohne Handwerkerkopplung jährlich wiederkehrende Personalkosten gemäß Abb. 7-85.

Alternativ können die Leistungen an einen Dienstleister deligiert (Bspl. „Bremer Modell") oder mit der Handwerkerkopplung durchgeführt werden. Bei der Handwerkerkopplung sind neben jährlich wiederkehrenden Kosten auch einmalige Investitionen und unregelmäßige Kosten zu berücksichtigen. Zu den einmaligen Investitionskosten und jährlich wiederkehrenden Kosten zählen Fremdleistungen in Form von Beratung, Lizenzen / Gebühren, ggf. Wartungs- und Support- / Hotlinegebühren, aber auch Eigenleistungen als Personalaufwand. Unregelmäßige Investitionskosten berücksichtigen ggf. Migrationskosten zu einem anderen Produkt.

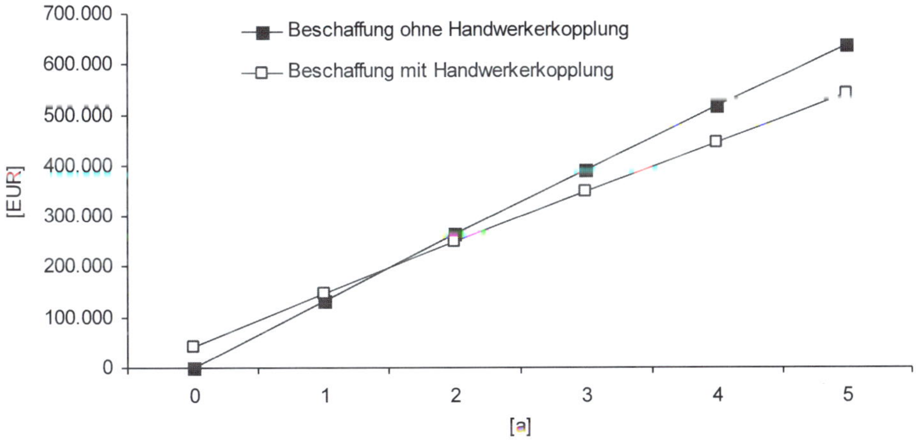

Abb. 7-84: Manuelle Auftrags- und Rechnungsbearbeitung vs. Handwerkerkopplung (10.000 WE)

Nutzungskosten einer IT-Lösung ©Prof. Dr. Ulrich Bogenstätter ID34110-x_HWA.xls 06.11.2007: Ohne Gewähr

Variante	**Beschaffung ohne Handwerkerkopplung**				Variantennummer		**1**
	Objekte	10.000	[Anzahl]	Nutzungsdauer [n] (Jahre)	15	Stichtag	31.01.2007

Berechnungsgrundlage						
Verwaltungseinheiten	Eigen-	Fremdbestand		Mitarbeiter		[Anz.]
WE	10.000		[Anz.]	Arbeitsplatz		[Anz.]
Garagen/Stellplätze			[Anz.]	Aufträge	17.100	[Anz.]
Gewerbeeinheiten			[m2]	Aufträge/WE	1,71	[Anz.]
Grundstücke			[m2]			

A.	Einmalige Investitionskosten (einschl. MWSt.)								[€]
		Einheit	Menge	Einheitspreis	Index	Basisjahr	[EUR]		
1.	Fremdleistungen								
	Beratung			*		=			
	Lizenzen/ Gebühren			*		=			
	Wartung			*		=			
	Support/Hotline			*		=			
2.	Eigenleistungen								
	Personalaufwand			*		=			
B.	Jährlich wiederkehrende Kosten (einschl. MWSt.)							136.800	[€]
		Einheit	Menge	Einheitspreis	Index	Basisjahr	[EUR]		
1.	Fremdleistungen								
	Beratung			*		=			
	Lizenzen/ Gebühren			*		=			
	Wartung			*		=			
	Support/Hotline			*		=			
2.	Eigenleistungen								
	Prozessaufwand (vgl. Auftrags- und Rechnungsbearbeitung)								
	Zeitaufwand								
	Auftragsbearbeitung	[h]	0,08 *	32,00		=		2,67	
	Rechnungsbearbeitung	[h]	0,17 *	32,00		=		5,33	
	Suchen & Finden		*			=			
	Personalaufwand	[Stk.]	17.100 *	8,00		=		136.800,00	
	Sachkosten		*			=			
C.	Unregelmäßige Investitionskosten (einschl. MWSt.)			TLD	50,00	[a]			[€]
		Einheit	Menge	Einheitspreis	Index	Basisjahr	[EUR]		
1.	Fremdleistungen								
2.	Eigenleistungen								

Cash - Flow

f/q=	0,98	Barwerte werden nachschüssig berechnet nach der Formel:			(f/q) ^n - 1
f=	1,02	f=1 +	2,00%	/100 (e=Preissteigerungsr.)	Barwert = r * (f/q) * ————
q=	1,05	q=1+	4,50%	/100 (p=Zinsrate)	(f/q) - 1

	A.	**B.**	**C.**		Beschaffung ohne Handwerkerkopplung		
a	[€]	+ [€]	+ [€]	= [€]	* $q^t=1/(1+i)^t$	= RB [€]	
					1,000		[€]
1		136.800		136.800	0,976	133.527	133.527 [€]
2		136.800		136.800	0,953	130.333	263.860 [€]
3		136.800		136.800	0,930	127.215	391.075 [€]
4		136.800		136.800	0,908	124.171	515.246 [€]
5		136.800		136.800	0,886	121.201	636.447 [€]
6		136.800		136.800	0,865	[illegible]	754.748 [€]
7		136.800		136.800	[illegible]		[illegible] [€]
8		136.800		136.800			[illegible] [€]
9		136.800		[illegible]			
		136.800					
		136.800					
		136.800					
		[illegible]					

Abb. 7-85: Verwaltungskosten zur Auftragserteilung und Rechnungsbearbeitung ohne Handwerkerkopplung

Nutzungskosten einer IT-Lösung ©Prof. Dr. Ulrich Bogenstätter ID34110-x_HWA.xls 06.11.2007: Ohne Gewähr

Variante	**Beschaffung mit Handwerkerkopplung**					*Variantennummer*			**2**
	Objekte	10.000	*[Anzahl]*	*Nutzungsdauer [n] (Jahre)*		15	*Stichtag*		31.01.2007
	Berechnungsgrundlage								
	Verwaltungseinheiten	*Eigen-*	*Fremdbestand*		*Mitarbeiter*			*[Anz.]*	
	WE	10.000		*[Anz.]*	*Arbeitsplatz*			*[Anz.]*	
	Garagen/Stellplätze			*[Anz.]*	*Aufträge*		17.100	*[Anz.]*	
	Gewerbeeinheiten			*[m2]*	*Aufträge/WE*		1,71	*[Anz.]*	
	Grundstücke			*[m2]*					

		Einheit	*Menge*		*Einheitspreis*	*Index*		*Basisjahr*	*[EUR]*
A.	*Einmalige Investitionskosten (einschl. MWSt.)*								42.000 *[€]*
1.	*Fremdleistungen*								
	Beratung	[PT]	25,00	*	1.200,00		=		30.000
	Lizenzen/ Gebühren			*			=		
	Wartung			*			=		
	Support/Hotline			*			=		
2.	*Eigenleistungen*								
	Personalaufwand	[PT]	40,00	*	300,00		=		12.000
B.	*Jährlich wiederkehrende Kosten (einschl. MWSt.)*								107.046 *[€]*
1.	*Fremdleistungen*								
	Beratung			*			=		
	Lizenzen/ Gebühren	[Stk.]/Auftrag	17.100	*	0,50		=		8.550
	Wartung			*			=		
	Support/Hotline			*			=		
2.	*Eigenleistungen*								
	Prozessaufwand (vgl. Auftrags- und Rechnungsbearbeitung)								
	Zeitaufwand								
	Auftragsbearbeitung	[h]	0,04	*	32,00		=		1,28
	Rechnungsbearbeitung	[h]	0,14	*	32,00		=		4,48
	Suchen & Finden								
	Personalaufwand	[Stk.]	17.100	*	5,76		=		98.496,00
	Sachkosten			*			=		
C.	*Unregelmäßige Investitionskosten (einschl. MWSt.)*				*TLD*	10,00	*[a]*		*[€]*
1.	*Fremdleistungen*								
2.	*Eigenleistungen*								

Cash - Flow

f/q=	0,98	*Barwerte werden nachschüssig berechnet nach der Formel:*				*(f/q) ^n - 1*
i=	1,02	*i=1 +*	2,00%	*/100 (e=Preissteigerungsr.)*	*Barwert = r * (f/q) **	———
q=	1,05	q=1+	4,50%	*/100 (p=Zinsrate)*		*(f/q) - 1*

	A.	**B.**	**C.**		*Beschaffung mit Handwerkerkopplung*		
a	*[€]*	*+ [€]*	*+ [€]*	*= [€]*	* $q^t = 1/(1+i)^t$	*= RB [€]*	
	42.000			42.000	1,000	42.000	42.000 *[€]*
1		107.046		107.046	0,976	104.485	146.485 *[€]*
2		107.046		107.046	0,953	101.985	248.471 *[€]*
3		107.046		107.046	0,930	99.546	348.016 *[€]*
4		107.046		107.046	0,908	97.164	445.180 *[€]*
5		107.046		107.046	0,886	94.840	540.020 *[€]*
6		107.046		107.040	0,865	[illegible]	632.601 *[€]*
7		107.046		107.046	[illegible]	[illegible]	722.947 *[€]*
8		107.040		107.046	[illegible]	[illegible]	[illegible] *[€]*
9		107.046		[illegible]			
		107.046					
		107.046					
		107.046					
		[illegible]					

Abb. 7-86: Verwaltungskosten zur Auftragserteilung und Rechnungsbearbeitung mit Handwerkerkopplung

Zur Berechnung der Kosten für eine Handwerkerkopplung (vgl. Abb. 7-86) wurde ein einmaliger Einführungsaufwand von 25 Personentage je 1.200 EURO und 40 Tage Eigenleistung zu

300 EURO eingerechnet. Unter Einsatz einer Handwerkerkopplung reduziert sich der Personalaufwand. Es wird von 4 Minuten für eine Auftrags- und 14 Minuten für die Rechnungsbearbeitung ausgegangen. Die Zeiteinsparungen wurden hierbei zurückhaltend angesetzt.

Nach den dargestellten Parametern und unter Berücksichtigung einer Preissteigerungsrate von 2% und einer Zinsrate von 4,5% ergibt sich die Vorteilhaftigkeit nach der dynamischen Investitionsrechnung nach 1,5 Jahren (Abb. 7-84).

7.5.3 DV-Lösungen evaluieren

Oder: Die Qual der Wahl – Wie komme ich an die richtige Software?

Kostendruck und stagnierende Einnahmen zwingen vielfach die Geschäftsführer von Immobilienunternehmen oder Führungskräfte von Immobilienabteilungen zu strategischem Handeln. Die Datenverarbeitung nimmt hierzu eine zentrale Rolle in der Informationsbeschaffung ein und wird in Zukunft immer mehr an Bedeutung gewinnen. Dabei die Auffassung zu vertreten, Datenverarbeitung (DV) funktioniert, die Kosten sind in jedem Fall da („eh-da"-Kosten), wäre fatal. Mit einem Anteil von etwa 15% bestimmt die DV wesentlich die Kosten für einen mit DV ausgestatteten Arbeitsplatz (einschließlich Personalkosten, s. [KGSt 7/1998].

Neben „Hausmeister" und „Sekretärin" gehören die Spezialisten der DV in einem Unternehmen zu den unverzichtbaren Personen: Kein Weg führt an ihnen vorbei. Bei Unkenntnis der Materie der anderen genießen daher DV-Spezialisten viel Vertrauen: „Die machen das schon", und werden aus Sicht der DV oft vom Lehrsatz geleitet: „Never change a running system". Dabei wird übersehen, dass die DV auch nachhaltig bestimmt, ob durch die Mitarbeiter eines Immobilienunternehmens das „Richtige" und das Wichtige „richtig" getan wird. Schließlich greift DV maßgeblich in die Geschäftsvorfälle eines Unternehmens ein, sollte sie unterstützen und nicht zu einem unerkannten Risiko für den Geschäftsführer werden. Die regelmäßige Überprüfung der DV-Ausstattung und -Anwendung sollte – besser muss – daher Bestandteil des Risikomanagements eines Unternehmens sein. Strategisch motivierte Gründe für einen Ein-, Um- oder Ausstieg gibt es viele.

- Technische Anforderungen: Geplante, aber nicht zu beeinflussende Gründe sind z.B., wenn ein DV-Anbieter die Systemplattform wechselt.
- Wechselnde oder steigende Anforderungen der Anwender: Planbar und zu beeinflussen sind die Anforderungen des eigenen Unternehmens: So erweitern einige Unternehmen ihr Kerngeschäft durch Zusatzleistungen zur Kundenbindung und stellen ergänzende Anforderungen an die DV-Lösungen. „Betreutes Wohnen", „Hotline", „Mieterzeitung", „Notrufdienste", „Verursachergerechte Verbrauchsabrechnungen" und dergleichen sind nur einige Schlüsselbegriffe in der Wohnungswirtschaft. Sie sind auch Maßnahmen der Kundenbindung und -orientierung, um Leerstände zu vermeiden.
- Ineffiziente Prozesse: Ebenso planbar und zu beeinflussen sind ineffiziente Prozesse. Unter dem Deckmantel der „eh-da"-Kosten sind sie vielfach unerkannt – und eine Überprüfung der Prozesse findet viel zu selten statt. Ein Blick auf Indizien kann helfen: z.B. steigende Fehlerquoten, unverhältnismäßig hohe Bearbeitungs- und Durchlaufzeiten, unzufriedene Kunden und vieles mehr. Durchaus Indizien, die einer Kundenbindung und -orientierung entgegenstehen: Werden Defizite (hoffentlich!) durch einen regelmäßigen Management-Report erkannt, sollte es z.B. das Ziel der Verantwortlichen sein, die Prozesse zur Vermietung und Vermarktung messbar zu beschleunigen.

DV-Lösungen können zur Verwirklichung der strategischen Ziele Wesentliches beitragen. Bei sechs- bis achtstelligen Investitionsbeträgen für DV-Lösungen müssen Fehlinvestitionen sowie frustrierte Mitarbeiter auf Jahre vermieden werden und die erfolgreiche Einführung bei jedem Ein-, Um- oder Ausstieg muss nachgewiesen werden können. Der Erfolg ist messbar: Ziele werden nachhaltig erreicht ohne Qualitätseinbußen, ohne Budgetüberschreitungen durch Nachträge und Tagewerkarbeiten sowie ohne Zeitverzug. Also, viele Gründe, den Evaluierungsprozess von Software näher zu betrachten.

Die Systemauswahl ist nicht einfach: Je nach Branche, Phase im Lebenszyklus eines Gebäudes oder einer Anwendergruppe stehen eine Vielzahl von DV-Programmen zur Verfügung. Der ISIS-Report (s. [ISIS-Report]) wirbt mit einer Übersicht zu 10.000 Software-Produkten und 7.000 DV-Unternehmen. Andere Portale bieten eine Vielzahl von Produktbeschreibungen zu einzelnen Themen: z.B. bei softguide nur zum Thema Bausoftware 198 (s. [softguide] C3.04), Architektur 135 (s. [softguide] C4.03), Ingenieurleistungen 167 (s. [softguide] C4.15), Sanitär-Heizung-Lüftung 79 (s. [softguide] C3.09), Immobilienmakler und Maklersoftware 110 (s. [softguide] C4.14), Hausverwaltungssoftware 96 (s. [softguide] C4.11), insgesamt mehr oder weniger 170 ernst zu nehmende Programme. Diese Art der Darstellung erschwert den systematischen Vergleich. Hilfe tut Not.

Vergleichende Marktuntersuchungen gibt es: Zum Thema Ausschreibung und Vergabe (AVA) 43 (s. [AIDA-1]), Computer Aided Design (CAD) 36 (s. [AIDA-2]), Fachplanprogramme 54 (s. [AIDA 2003]), Programmsysteme zur Tragwerksplanung 20 (s. [AIDA-1]), Datensammlungen 15 (s. [AIDA-1]). Bei einer Marktübersicht (s. [Marktübersicht IW 2004-06]) z.B.: Immobilienwirtschaftliche Software 35, in einer anderen Übersicht (s. [Viel Software für… IWR 2004-04]), Maklerprogramme 20, Immobilienverwaltungssoftware 31 für Profis bzw. 10 für Einsteiger. Ein anderer Verfasser (s. o.V.: [Der CAFM Markt DFM 2004-03]) nennt 56, GEFMA (s. [GEFMA 940 2003-05]) zeigt eine Übersicht der Anbieter für Computer Aided Facility Management (CAFM). Zum Thema Auftragsabwicklung und Vertrieb nennt Müller (s. [MÜLLER, R. 1993]) bereits 1993 173 Anbieter. Was tun?

Eine konkrete Orientierung bietet die Höring-Studie (s. [VNW 2002-09]) für Enterprise-Resource-Planning-Systeme (ERP) in der Wohnungswirtschaft. Hier werden 14 Anbieter mit ihren Produkten systematisch, detailliert und funktional verglichen. Ein Standardkatalog der Funktionalitäten hilft aber auf Dauer auch nicht weiter. Zu vielfältig sind die Sichtweisen der einzelnen Aufgaben der A-Z-Bearbeitung im Lebenszyklus der Immobilien (von der Projektentwicklung bis zum Abriss) und der Unternehmensstruktur (vom Sachbearbeiter bis zum Vorstand). Unstrittig allerdings sollte sein, dass in einem Unternehmen eine vertikale ebenso wie eine horizontale und zeitliche Integration in eine DV-Lösung angestrebt werden muss (s. Abb. 7-87).

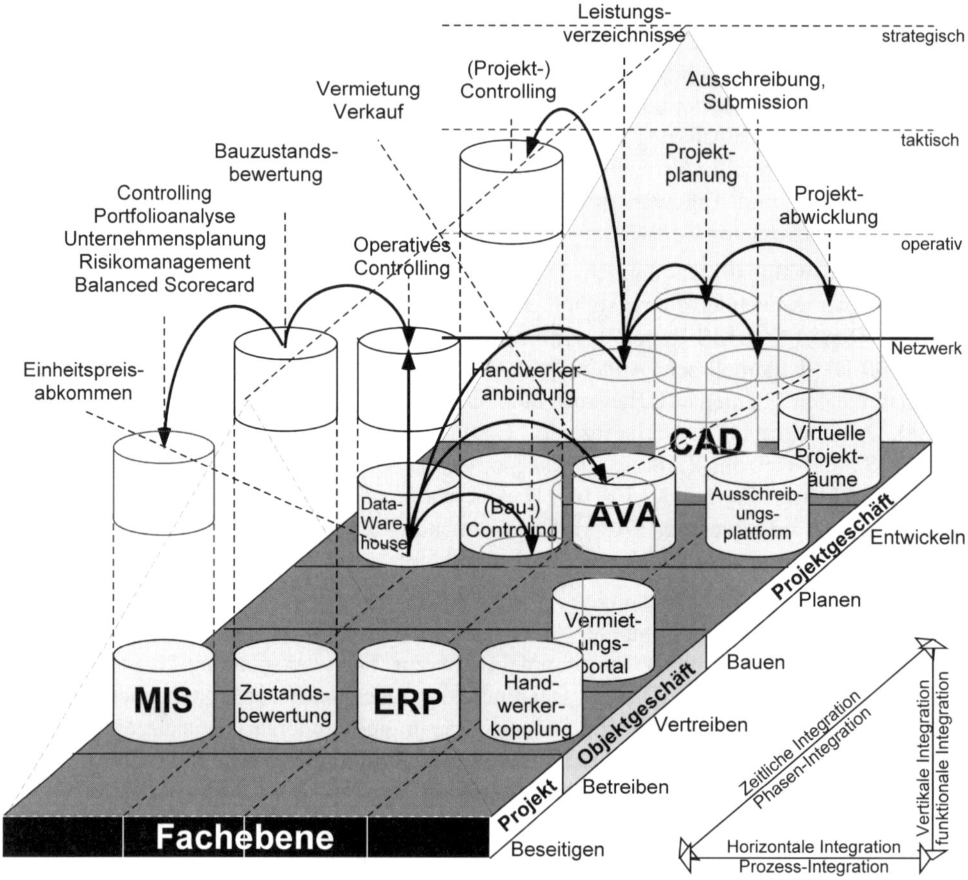

Abb. 7-87: Datenintegration

Angesichts der Vielfältigkeit von DV-Lösungen und Anforderungen wundert es nicht, dass sich ein professioneller Beratermarkt für die Evaluation von Software-Systemen entwickelt hat, da es selbst für DV-Spezialisten schwierig ist, den Marktüberblick zu behalten. Allerdings finden sich nur wenige Beratungshäuser mit der notwendigen Fachkenntnis zur Immobilienwirtschaft, die den Weg zu einer integrierten Lösung für eine unternehmerische Aufgabenstellung weisen können.

Der mangelnde Einsatz professioneller Hilfe führt zu einer Reihe vermeidbarer Kosten bei der Beschaffung von DV-Lösungen: Nicht umsonst werden Budgets überschritten sowie Module und Programme nicht genutzt – aber bezahlt. Die typischen Fehler lassen sich leicht im Spannungsdreieck „Qualität – Kosten – Zeit" beschreiben.

- „Das habe ich nicht so gewollt": Fehler in der Qualitätsbeschreibung
  - Daten aus vorangegangenen Systemen stehen nicht mehr zur Verfügung.
  - Bestandssysteme sind nach Produktionsstart nicht angebunden.

  - Funktionalitäten des Produkts im operativen Geschäft werden vermisst, sind mit Mängeln behaftet oder überstehen den Praxistest nicht.
  - Die Prozesse lassen sich nicht effizient und effektiv abbilden.
  - Das Vergabeverfahren ist aus rechtlicher Sicht fragwürdig.
- „Es kostet zu viel“: Unkenntnis der Zielstellung führt zu Kostensteigerungen
  - Datenmigration und / oder
  - Schnittstellen zu den Bestandssystemen wurden im Budget vernachlässigt. Unzureichende Funktionalitäten müssen kostenpflichtig programmiert werden oder führen zu Einnahmenausfällen (z.B. automatische Zinsanpassungen fehlen), abzulösende Systeme müssen parallel betrieben und bezahlt werden.
  - Die Arbeitsproduktivität wird durch ineffiziente / ineffektive Prozesse reduziert.
  - Evaluierungs- und Vergabeverfahren führen durch Nachträge und unberücksichtigte Tagewerkarbeiten zu Mehrkosten und Risiken.
- „Es dauert zu lange“: Verstrichene Termine bergen Risiken
  - Manuelle Ersterfassung von Stammdaten führt zur Verzögerung des Produktivstarts (periodische Abgrenzungen sind gefährdet).
  - Schnittstelle „Mensch“ zwischen den Anwendungen führt zur zeitlichen Verzögerung der Bearbeitung und Steigerung der Fehlerquote.
  - Vorhandene Systeme können nicht abgelöst werden, weil neue DV-Lösungen nicht vollfunktionsfähig und fristgerecht zur Verfügung stehen.
  - Ineffiziente oder ineffektive Prozesse führen zu längeren Liege- und Durchlaufzeiten.
  - Paradigmenwechsel in den Anforderungen durch wechselnde Vorgaben der Führungskräfte verlängern den Evaluierungsprozess und stören den Veränderungsprozess bei den Mitarbeitern.

Die Gründe für die Fehler in heutigen Evaluierungsprozessen sind vielfältig. Dabei wird unterstellt, dass in wenigen Arbeitsschritten die Leistungsbeschreibung als Vertragsgrundlage mit wenigen Fachleuten des eigenen Unternehmens stattfindet. Der operative Bereich ist vielfach nur durch die Leitungsebene vertreten. Die Marktsondierung und der Anbietervergleich fallen kurzerhand aus. Dadurch ist nicht die optimale (DV-)Lösung zu erwarten

In „harten“ Preisverhandlungen lassen sich insbesondere dann die Kosten reduzieren, wenn Qualitäten und Termine unzureichend definiert sind. Es zahlt sich unter dem „Strich“ allerdings nicht aus, wenn bessere Lösungen hinsichtlich Qualität aus Unkenntnis verworfen werden.

Was selbstverständlich klingt, stellt sich in der Praxis als schwierig heraus: Eine Leistungsbeschreibung, die so präzise ist, dass die zuvor beschriebenen Fehler vermieden werden. Das setzt allerdings voraus, dass alle drei Aspekte (Kosten – Qualität – Zeit) eindeutig und klar im Dienstleistungs- bzw. Werkvertrag (vgl. [KULARTZ, H. 2002]) definiert sind. Ohne detaillierte Leistungsbeschreibung sind Angebote der Anbieter nicht direkt vergleichbar, und die Auswahl des Anbieters ist willkürlich.

Der Evaluierungsprozess war dann erfolgreich, wenn Mehrkosten gegenüber dem Angebotspreis vermieden wurden und das gewünschte Ergebnis sich tatsächlich einstellt.

Wie können Fehler vermieden werden? Leistungsbeschreibungen sind vollständig und eindeutig zu formulieren, Missverständnisse und Fehlinterpretationen zu vermeiden.

- „Das haben wir nicht gewusst“ – „Das haben Sie nicht gefragt“
  - Datenmigration (Überleitung von Daten aus Bestandssystemen in Zielsysteme – „Datenmigration“) zur Erstbestückung oder
  - die Schnittstellen werden bis zum Vertragsschluss in unzureichender Detailtiefe behandelt (Welche Daten sollen es sein?) – Datenmigration und Schnittstellen sind daher bis zur Festpreiskalkulation ausreichend zu beschreiben.
  - Unzureichende Funktionalitäten sowie
  - ineffektive und ineffiziente Prozessabläufe werden erst nach Produktivstart entdeckt und führen zur Resignation der Mitarbeiter. Über eine Projektgruppe sind alle Betroffenen (vgl. Abb. 7-88) in den Evaluierungsprozess einzubinden, um in Kenntnis ihrer Kernprozesse ihre Anforderungen an Funktionalität und Prozessablauf in einem Pflichtenheft zu formulieren – keiner kennt besser die Sonderheiten der Aufgabe und des Unternehmens als die eigenen Mitarbeiter. Die DV-Fachabteilung übernimmt dabei eine unterstützende, keinesfalls aber dominierende Rolle.
  - Das Verfahren ist nicht transparent. Eine höhere Akzeptanz und Rechtssicherheit sind bei den Anwendern und Anbietern zu erwarten, wenn der Evaluierungsprozess zielgerichtet auf den abschließenden Anbieter führt.
- „Das haben wir nicht bestellt“ – „Dafür haben Sie uns keinen Auftrag gegeben“
  - Zusätzliche Anforderungen der Fachabteilungen zur Datenmigration und an Schnittstellen,
  - funktionale Anforderungen oder Prozessabläufe führen zu unkalkulierten Mehrkosten. Anforderungen sind im Pflichtenheft zu formulieren und nach Vertragsschluss zu vermeiden.
  - Unpräzise Leistungsbeschreibungen führen in der Umsetzung zu Aussagen wie „Dafür haben sie uns keinen Auftrag gegeben“. Können in einem Vertrag die Leistungen nicht ausreichend beschrieben werden, so sind Teilleistungen vor der eigentlichen Auftragsvergabe vorzuziehen: Bspl. hierfür ist eine Datenmigrations- oder Schnittstellenstudie.
- „Sie haben nicht rechtzeitig geliefert“ – „Das konnten wir nicht vorhersehen“
  - Termintreue zu einzelnen Teilprojekten, wie z.B. Datenmigration, Schnittstellen, Umsetzung funktionaler Anforderungen oder Prozessmodelle lassen sich bei Referenzkunden überprüfen und sollten in einem Terminplan als Vertragsbestandteil festgelegt werden. Vertragsstrafen führen allerdings zu Risikoaufschlägen der Anbieter.

Der Prozessablauf im Idealfall ist in Abb. 7-88 dargestellt und enthält wesentliche Elemente

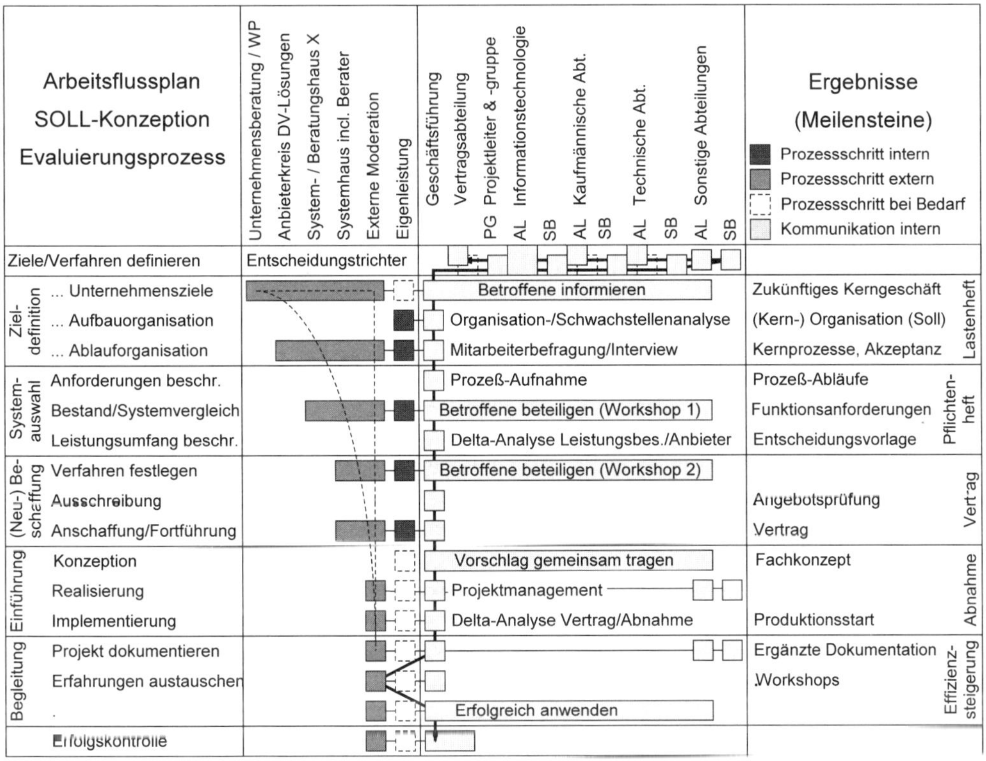

Abb. 7-88: Soll-Prozess Evaluierung von DV-Lösungen

- Frühzeitige Beteiligung der betroffenen Mitarbeiter: Derjenige, der adäquat beteiligt ist, kann sich nicht beklagen- aus Betroffenen werden Beteiligte. In einem Lastenheft wird dabei das Wünschenswerte niedergeschrieben (vgl. VDI/VDE Richtlinie Nr. 3694).
- Mehrstufiges Verfahren als Entscheidungstrichter zur Bestimmung der für das Unternehmen am besten geeigneten (DV)-Lösungen ist anzuwenden.
- Die Leistungsbeschreibung ist eindeutig in einem Pflichtenheft zu beschreiben. Das Pflichtenheft beschreibt das Machbare (vgl. auch hier VDI/VDE Richtlinie Nr. 3694) und erfolgt nach der Beschreibung des Lastenheftes.
- Vorgezogene Teilleistungen werden mit dem Ziel beauftragt, eindeutig beschriebene Leistungspositionen zu erhalten.

Dieser Evaluierungsprozess für eine CAFM-Software wurde durch das Referat „Immobilienwirtschaft und Pfarrgutsverwaltung" der Evangelischen Landeskirche in Württenberg mit einem Gebäudebestand von über 200 Objekten unterschiedlicher Nutzungsarten mit mehreren 1.000 Liegenschaften und Erbbaurechtsverträgen sowie einer Option, weitere Gebäude in die Immobilienbewirtschaftung zu übernehmen, durchgeführt. Der Anlass hierzu war die Ablösung von bestehenden DV-Systemen und die Integration von Personen mit neuen Fachaufgaben und Werkzeugen in das Referat für eine aktive Immobilienbewirtschaftung. Der Prozess wurde von einer externen, neutralen Person moderiert. Dabei wurde ausgeschlossen, dass der Moderator im Evaluierungsprozess durch seine Hochschulzugehörigkeit als Anbieter vertreten ist. Der Evaluierungsprozess wurde von der Zieldefinition bis zur Entscheidungsvorlage durchgeführt.

- Die Mitarbeiter wurden über die anstehenden Veränderungsprozesse informiert. Für den Evaluierungsprozess wurde eine Projektgruppe mit sieben Personen und einem externen Moderator gegründet, in der alle Fachabteilungen vertreten waren, mit dem Auftrag ein Pflichtenheft zu erstellen und die Evaluation der Anbieter durchzuführen.
- Die Bedürfnisse der einzelnen Fachabteilungen wurden zunächst in einem umfassenden funktionalen Anforderungsprofil durch die Projektgruppe abgestimmt und Gewichtungen vorgenommen. Die Funktionalitäten wurden bei etwa 21 Anbietern über gewichtete Checklisten abgefragt und überprüft. Der mögliche Anbieterkreis wurde danach auf acht reduziert.
- Die wesentlichen Kernprozesse jeder Fachabteilung wurden beschrieben. Neun Prozessbeschreibungen wurden hiervon ausgewählt und waren Grundlage des ersten Workshops. Hierzu wurden insgesamt acht Anbieter über das Evaluierungsverfahren informiert und jeweils vier Anbieter zu einem eintägigen Workshop in die Landeskirche eingeladen, um die einzelnen Prozesse mit ihren Produkten abzubilden. Sieben Anbieter hatten zugesagt. Um Funktionalitäten und Prozessablauf direkt vergleichen und die Präsenzzeiten der Fachabteilung optimieren zu können, wurde jeder Prozess nacheinander durch die Anbieter dargestellt. Mängel und Vorteile wurden aufgedeckt und von den Fachabteilungen auf Bewertungsbögen mit offenen Punkten direkt dokumentiert.
- Mittels Nutzwertanalyse wurde der Anbieterkreis auf drei reduziert. Nach den Erfahrungen des ersten Workshops wurden die Prozessbeschreibungen überarbeitet.
- Einige der im ersten Workshop herausgearbeiteten Anforderungen wurden zum Teil durch die Anbieter zum zweiten Workshop als neue Funktionen oder durch ergänzte Prozessabläufe abgebildet.
- Durch Referenzbesuche wurden weitere Fragen insbesondere zur Projektabwicklung geklärt und in das Bewertungsschema aufgenommen.

Wissen und Anforderungen aller betroffenen Anwender sind in die wichtigsten Prozesse eingeflossen. Durch einen definierten Auswahlprozess konnte die Anzahl der möglichen Anbieter von 21 auf drei potenzielle Anbieter und einen Favoriten reduziert werden. Wesentliches Merkmal des Auswahlprozesses war der direkte Vergleich der Anbieter nach definierten Vorgaben in zwei Workshops. Der effektive und effiziente Vergleich wurde durch das für die Anbieter transparente Verfahren ermöglicht und die Entscheidungsfindung erheblich vereinfacht. Die Leistungsbeschreibungen als Vertragsgrundlage einer Beauftragung konnten hierdurch qualitativ gesteigert werden. Wegen der Transparenz des „Entscheidungstrichters" als neues und unübliches Verfahren wurde dies von den Anbietern gewürdigt und mitgetragen.

Durch das gewählte Verfahren sind qualitativ hochwertigere Leistungsbeschreibungen entstanden, die zu mehr Qualität, weniger Kosten und Termintreue führen werden.

7.5.4 DV-Projekte durchführen

Zugegeben: Neue DV-Verfahren kosten zunächst zwar Geld, sparen jedoch erheblich Zeit ein. Was tun mit der ersparten Zeit?

Hier ist eine unternehmerische Entscheidung zu fällen. Qualitativ hochwertiger prüfen, neue Geschäftsfelder entwickeln… . Freie Personalkapazitäten können z.B. für die strategische Unternehmensplanung oder den Mieterservice eingesetzt werden. In Zeiten knapper Kassen ist es vielfach nicht möglich, neue Planstellen für neue Aufgaben einzurichten. Die Fluktuation kann zur Stellenreduktion genutzt werden. In jedem Fall senken Sie die Verwaltungskosten.

Der Prophet im eigenen Land gilt bekanntlich nichts. Eine Aufgabe externer Unternehmensberater ist es, durch Kenntnis von Abläufen und deren Wirkungen in anderen Immobilienunternehmen als neutraler Beobachter und Ratgeber zur Seite zu stehen und konkrete Vorschläge zu erarbeiten. Das kann den Projekterfolg sichern.

Schritte zum Zieler

Der Weg zum Erfolg ist gekennzeichnet von einem Projekt: Dieses hat, neben der Festlegung von Kosten und Qualität, einen Anfang und ein definiertes Ende. Zur Sicherstellung des Projekterfolges gibt z.B. die Aareon AG den Projekten der Kunden einen festen Rahmen namens „IKRIA“. Die Projektphasen sind dabei wie folgt definiert: Initialisierung, Konzeption, Realisierung, Implementierung und Projektabschluss.

In der Initialisierungsphase wird die Ausgangslage mit dem Auftraggeber besprochen, die Chancen und Risiken analysiert und die Projektziele definiert. Die organisatorischen Maßnahmen werden ergriffen, um das Projektziel zu erreichen.

Ist-Aufnahme und Soll-Konzept bestimmen im Wesentlichen die Phase der Konzeption. Beides wird vielfach unterschätzt, doch nur wer zu Beginn weiß, was die gängige Praxis in seinem Immobilienunternehmen ist, hat die Voraussetzungen für ein schlüssiges, erfolgversprechendes Soll-Konzept.

- Bspl. digitale Handwerkeranbindung: Welche Rechnungen werden geprüft? Müssen sie geprüft werden? Und nur wer sich über beides im klaren ist, kann den Erfolg oder Misserfolg bewerten und ggf. geeignete Gegenmaßnahmen ergreifen. Wer ist einzubinden? Welche Handwerksunternehmen werden zur Teilnahme an der digitalen Handwerkeranbindung eingeladen? Sind die Rahmenverträge anzupassen? Welche Handwerksunternehmen sind entscheidend?
- Bspl. internetbasierte Informationssysteme: Gibt es für ein internetbasiertes Informationsmanagement eine Kostenübernahme durch die Beteiligten, z.B. nach § 7 der Honorarordnung für Architekten und Ingenieure (HOAI)? Sind die Verträge der Projektbeteiligten anzupassen?

In der Realisierungsphase werden die notwendigen Vorraussetzungen für eine erfolgreiche Implementierung und den produktivstart geschaffen. Die Ablauforganisation des Immobilienunternehmens wird angepasst. Soft- und Hardware werden für alle Partner bereitgestellt. Das betrifft das Immobilienunternehmen ebenso wie die externen Partner.

Die Implementierungsphase ist im Wesentlichen von Schulungsmaßnahmen für alle Anwender geprägt. Im Gegensatz zu klassischen IT-Einführungsprojekten kann durch Verwendung bekannter Systeme, z.B. Internetbrowser, die Einarbeitungszeit reduziert und der Aufwand gesenkt werden.

Projektabschluss: Der Echtbetrieb ist vollzogen, Effizienz und Kostenreduktion haben (hoffentlich) Einzug gehalten.

Und danach? Eine Betreuung und nachhaltige Sicherstellung des Projekterfolges ist durch begleitende Maßnahmen sicherzustellen. Neue Handwerksunternehmen, Projektbeteiligte oder neue Mitarbeiter kommen z.B. hinzu. Hierzu müssen geeignete Qualitätssicherungsmaßnahmen ergriffen werden: Wurden die in der Initialisierungsphase definierten Ziele erreicht? Müssen weitergehende Anpassungen in der Ablauforganisation, im Aufbau vorgenommen oder weitere Schulungsmaßnahmen im Rhythmus angeboten werden? Was geschieht im Falle eines Releasewechsels?

Und später? Es liegt in der Natur des Menschen: Wer sich am Ende eines erfolgreichen Weges sieht, sieht sich getäuscht. Wissenschaftler, die mit der Erfindung auch das Ende der Entwicklung des Automobils vorhersagten (das Problem der Fortbewegung schien gelöst), wurden jäh getäuscht. Angesichts immer schneller wechselnder Innovationszyklen sind Leitsätze wie „Des hen mer schon immer so gemacht…“ nicht nur antiquiert, sondern in höchstem Maße mit Risiken behaftet.

7.5.5 Schöne neue Welt

Es ist eben keine Revolution, die am Beispiel der Handwerkerkopplung das Beschaffungswesen vorantreibt, sondern die kontinuierliche Entwicklung. Doch es bleibt nicht allein bei der Evolution des Beschaffungswesens. Denken Sie an die Anbindung der Vermarktungs- und Vertriebskanäle, einem aktiven Bestandsdatenmanagement u.v.m. Die Abkehr von einer aufgabenorientierten Denkweise z.B. eines klassischen „Buchhalters“ zu einer prozessorientierten Denkweise hat schon begonnen.

Stellen Sie sich vor: Der Mieter meldet online einen Schaden an der Gas-Etagenheizung. Der technische Sachbearbeiter beauftragt sein Handwerksunternehmen direkt online mit allen notwendigen Angaben zum Modell des Herstellers und der modellkundige Monteur ist sofort vor Ort. Nach Rücksprache und unter Berücksichtigung des letzten Erneuerungszeitpunktes (der im DV-System des Wohnungsunternehmens hinterlegt ist) wird der Einbau einer neuen Gas-Etagenheizung umgehend beauftragt: Preise und Leistungsumfang wurden zuvor über ein Ausschreibungsverfahren mittels Ausschreibungsplattform festgelegt und sind als Einheitspreisabkommen im DV-System des Auftraggebers zur Auftragsvergabe sowie beim Handwerksunternehmen in dessen DV-System hinterlegt. Die Rechnungsdaten des Handwerksunternehmens beinhalten die notwendigen Angaben und die dazugehörige Gewährleistungsfrist zum neuen Modell des Herstellers. Diese werden via Schnittstelle ins DV-System des Auftraggebers eingepflegt und stehen automatisch bei einem neuen Auftrag zur Verfügung. Die Controllingabteilung stellt fest, dass das eingebaute Modell besonders wirtschaftlich eingesetzt werden kann. Vision? Schon heute verfügbar.

Doch eines sollte man sich sicher sein:

Vision ohne Aktion ist Illusion!

---

8 Beispiele

Hier werden Beispiele für Facility Management mit dem Lebenszyklusgedanken dargestellt.

8.1 Technisches Gebäudemanagement

Das Technische Gebäudemanagement ist Bestandteil eines jeden Hauses mit grundlegenden Funktionen entsprechend seiner Bauwerksnutzungsart, z.B. Krankenzimmer in Krankenhäusern mit besonderen Anforderungen an die Medienausstattung. Die Ausgestaltung der Funktionen steht in direkter Beziehung zu dem Bedarf einer Gesellschaft, aber auch den Bedürfnissen einzelner Personen oder Personengruppen an den Komfort. Die Anforderungen steigen in der Regel im Wandel der Zeit und somit auch die Notwendigkeit der Anpassung während der Standzeit eines Gebäudes, um eine zukunftssichere Bewirtschaftung zu ermöglichen. Bei einem definierten Anforderungskatalog für heute und morgen ergibt sich für die Bewirtschaftung folgende Fragestellung: Kann das Technische Gebäudemanagement nachhaltig Beiträge leisten, die Investitionskosten und die laufenden Gebäude-Betriebskosten zum Vorteil der Investoren, Betreiber und Nutzer durch innovative Techniken wie z.B. durch Gebäudeautomation zu senken oder den Nutzen für Eigentümer bzw. Nutzer zu steigern?

Unter Technischem Gebäudemanagement wird hier das verstanden, was zur Erstellung und zum Betrieb von technischen Anlagen eines Gebäudes notwendig ist. Zu den technischen Anlagen (Kostengruppe 400 nach [DIN 276 1993-06]) zählen insbesondere Abwasser-, Wasser-, Gasanlagen, Wärmeversorgungsanlagen, Lufttechnische Anlagen, Fernmelde- und informationstechnische Anlagen, Förderanlagen und nutzungsspezifische Anlagen.

Mit zunehmendem Installationsgrad nimmt in der Regel auch die Anzahl der bei der Erstellung zu koordinierenden Gewerke, z.B. Heizungsbau, Elektroinstallation oder Sanitärtechnik, zu. Dies spiegelt sich in einer Vielzahl unterschiedlicher Handwerker wider, die ein oder mehrere Leistungsbereiche abdecken. Beispiele für Leistungsbereiche sind „Leuchten und Lampen“ (LB 058) oder „Rolladen; Rollabschlüsse, Sonnenschutz- u. Verdunkelungsanlagen“ (LB 030) nach [DIN 276 1993-06], die oft, aber nicht immer vom Elektroinstallateur ausgeführt werden. Die Leistungsbereiche ihrerseits sind durch eine Vielfalt von Produkten unterschiedlicher Hersteller mit teilweise gleichen Funktionalitäten gekennzeichnet. Höhere Anforderungen an gewerkeübergreifende Flexibilität und Komfort, z.B. in der Elektroinstallation, sowie die zunehmende Bedeutung der Energie, haben zur Entwicklung der Gebäudesystemtechnik geführt (vgl. [SEIP, G. 2000] S. 5).

8.1.1 Einführung in die Gebäudesystemtechnik

Die Leistungsbereiche der Gewerke können sich in der Erfüllung der Aufgaben ergänzen, aber auch konkurrieren. Der Kältebedarf einer Klimaanlage kann durch den intelligenten Einsatz einer Beschattungsanlage optimiert werden. Klimaanlage (LB 074-078) und Beschattungsanlage (LB 030) werden jedoch von unterschiedlichen Gewerken mit unterschiedlichen Leistungsbereichen errichtet. Der Kältebedarf kann durch koordinierte Steuerungs- und Regelungstechnik reduziert werden und vermindert damit den Energieverbrauch und die laufenden Betriebskosten. Gleichzeitig kann der Komfort (keine Zugerscheinungen) für die Raumbenutzer gesteigert werden. Dies erfordert einen erhöhten gewerkeübergreifenden Abstimmungs- und Regelungsbedarf bei technischen Anlagen. Aus Sicht des Nutzers und Betreibers lassen sich die Leistungsbereiche zu einem Raummanagement zusammenfassen, mit dem Ziel bedarfsgerechte Raumkonditionen mit adäquatem Komfort wirtschaftlich optimiert bereitzustellen.

- Raummanagement
  Die Temperaturreglung zur gewünschten und gleichbleibenden Temperatur kann durch Steuerung und Regelung erfolgen. Die Steuerung erfolgt bei manuellem Verstellen eines Heizkörperventils durch Eingriff des Menschen.
  Die Komplexität der Raumsteuerung wird weiter erhöht, wenn die Abhängigkeit der Raumtemperatur nach Belegungsplan, nach zeitlichen Gesichtspunkten (Tag- und Nachtschaltung) oder von tatsächlich im Raum befindlichen Personen hergestellt werden soll. In diesem Fall wird eine Automatisierung über verschiedene Gewerke (Heizkörper: Heizungsbauer, Bewegungsmelder: Elektroinstallation) vorgenommen. Werden z.B. auch bei Verwaltungsgebäuden zusätzlich die Rollläden und Jalousien entsprechend dem Sonneneinfall und durch einen Windwächter gesteuert, sodass eine reduzierte Kühlung der Büroräume vorgenommen werden muss, so kann bereits von Raummanagement gesprochen werden. Hierbei werden die technischen Anlagen bedarfs-, zeit-, bewegungs-, wind- und sonnenlichtabhängig gesteuert.
  Im Raummanagement werden daher Funktionen zusammengefasst, die bisher unterschiedlichen Gewerken zugeordnet wurden, beispielsweise Einzelraumregelung durch die Branche der Mess-, Regel- und Steueranlagen (MSR), Beleuchtungs- und Jalousieregelung (Elektroinstallation) und ggf. ergänzt durch Gefahren- und Alarmmeldung (Sicherheitstechnik). Tatsächlich lassen sich nachfolgende Betriebsarten bei der Raumautomation als Teil des Raummanagements unterscheiden: Komfortbetrieb (Anwesenheit von Personen), Pre-Komfortbetrieb (Bereitschaftsbetrieb bei Abwesenheit von Personen bzw. zeit- oder belegungsabhängiger Nachtbetrieb) sowie Schutzbetrieb (zur Vermeidung von Schäden durch Frost).
  Ziel der Maßnahmen ist es, den Komfort zu erhöhen, Schäden zu vermeiden und Energieeinsparungen bei Nicht-Nutzung durch bedarfsgerechte Bereitstellung von Raumwärme zu realisieren. Diese Maßnahmen können weiter durch Messeinrichtungen für optimierte Nutzung der technischen Anlagen (Lastmanagement vgl. [BAUMGARTH, S. 2004] S. 352) oder durch tarifabhängiges Schalten (vgl. [BAUMGARTH, S. 2004] S. 354) begleitet werden.

- Parkraummanagement
  Ein weiteres Beispiel für den sinnvollen Einsatz einer gewerkeübergreifenden Betrachtung der Leistungsbereiche lässt sich im Parkraummanagement darstellen. Hier zeigt sich auch die Vielfältigkeit der zu berücksichtigenden Gebäudesysteme. Im Fokus hierbei ist ein Zugangs- und Zutrittsautorisierungssystem, ein Belegungsmanagement des Parkraums und ein Bezahlmanagement.
  Durch ein intelligentes Zugangs- und Zutrittsautorisierungssystem in Kombination mit dem Verwaltungs- und Abrechnungssystem lassen sich die innerbetrieblichen Prozesse vereinfachen und Zusatznutzen für die Parkplatzsuchenden generieren: So lässt sich durch bewusst ausgewählten Technikeinsatz die Abfertigungszeit reduzieren, die Auslastung eines Parkhauses erhöhen, die Zutrittskontrolle zu Zusatzleistungen regeln und die Kundenzufriedenheit steigern (s. BOGENSTÄTTER, U. in [TAE 2006]). Den Vorteil der Transpondertechnik hinsichtlich der durchschnittlichen Abfertigungszeit gegenüber anderen Systemarten zeigt Abb. 8-11.
  Der Einsatz der Transpondertechnik, z.B. in einem Chip, kann im Parkhaus, aber auch sinngemäß bei Verwaltungsgebäuden, wie folgt aussehen: Die herkömmlichen Parkkartenleser oder Schlüsselschalter an Türen, Schranken oder Rolltoren werden durch berührungslose Zugangsmodule ersetzt und zentral verwaltet. Die Chipverwaltung im zentralen System ersetzt die aufwändige Schlüssel- oder Parkkartenverwaltung beim Betreiber / Verwalter der Immobilie vor Ort. Der „Schlüssel" dazu ist ein kontaktloser passiver Transponder berührungslos, wetterfest und damit verschleißfrei. Der Betrieb dieser Installationen der Lesegeräte ist insgesamt wesentlich einfacher als bei konventionellen Schließanlagen. Vandalismus wird vermieden und verklebte Schlüsselschalter gehören der Vergangenheit an. Insbesondere die Zugänge zum Parkhaus, Aufzug, Wickelraum, zu den Kundentoiletten und Schließfächern der Autovermieter lassen sich flexibel regeln. In Kombination mit mechatronischen Hilfen können Türschließsysteme auch von anderen Zielgruppen, z.B. von Menschen mit einer Behinderung, geöffnet werden. Verlorene Datenträger können einfach und schnell im Hintergrundsystem gesperrt und kostengünstig ersetzt werden. Durch weitere Verbreitung der Transpondertechnik werden sich durch die RFID-Technologie (Radio Frequency Identification) Akzeptanz und Kostenvorteile ergeben (s. BOGENSTÄTTER, U. in [TAE 2006]).
  Bei der Betrachtung der Wirtschaftlichkeit der Transpondertechnik in Verwaltungsgebäuden sind die Anzahl der Schließungen, Anzahl der Änderungen an einer Schließanlage sowie Anzahl der Ersatzschlüssel wesentliche Parameter.

- Weitere Einsatzgebiete zur Steuer- und Regeltechnik
  Weitere Einsatzgebiete für die Gebäudeautomationssysteme ergeben sich aus Kombinationen traditionell einzeln betrachteter Leistungsbereiche, z.B. „Zugangs- und Zutrittsautorisierungssystem mit Bezahlmanagement", „Zutrittskontrolle und Zeiterfassung", „Messen und Abrechnen", „Gefahrenmelde- und Alarmanlagen" oder „Videoüberwachungsanlagen und Personensuchanlagen".
  Bei integrierten „Zugangs- und Zutrittsautorisierungssystem mit Bezahlmanagement" in Parkhäusern ist durch die Transpondertechnik die Bezahlung quasi im Vorbeigehen inklusive. Buchhalterische Abläufe werden durch den Wegfall des Bargeld-Handlings vereinfacht, komplette Abrechnungs- und Verwaltungsmodalitäten automatisiert und von externen Dienstleistungsunternehmen ggf. kostengünstiger erbracht.

Eine Kombination der „Zutrittskontrolle und Zeiterfassungssysteme“ führt neben der Zutrittskontrolle durch die Transpondertechnik zur Vereinfachung der Zeiterfassung von Angestellten, bedarf allerdings der Abstimmung mit den Betriebsräten oder Personalvertretungen. Die Bedeutung kann weiter steigen, wenn innovative Bürokonzepte (z.B. desk-sharing) Anwendung finden und personalisierte Bereitstellung von Ressourcen z.B. durch ein Zutrittssystem initialisiert wird.
Integrierte Lösungen aus „Messen und Abrechnen“ werden zunehmend in der Wohnungswirtschaft eingesetzt. Mit zunehmender Individualisierung unserer Gesellschaft und dem Wunsch nach Kostentransparenz nimmt die Bedeutung der verursachergerechten Abrechnung zu. Das betrifft nicht nur die Heizenergie, sondern z.B. auch die Wertstoffentsorgung. Durch automatisierte Ablesung der Zählerstände lassen sich die innerbetrieblichen Prozesse im Wohnungsunternehmen verschlanken und Verwaltungskosten senken. Die Realisierung bedingt eine enge Verzahnung der Zählerauslese- und Abrechnungssysteme. Bspl.: Bei einer automatisierten Verbrauchszählerablesung für Nebenkostenabrechnungen sind über eine Schnittstelle Ordnungsbegriffe und Stammdaten zu Mietern, sowie Kosten und Salden zu übertragen, damit die rechtssichere Zuordnung der Zählerstände und die Verarbeitung in einer Nebenkostenabrechnung möglich ist.
Der Einsatz von „Gefahrenmelde- und Alarmanlagen“ (zur Unterscheidung der Funktionen s. [BAUMGARTH, S. 2004] S. 339) ist bei hochgradig zu sichernden Gebäuden (z.B. Rechenzentren) notwendig und sinnvoll. So werden z.B. Löschzeiten reduziert oder im Falle eines Einbruchs der Sicherheitsdienst informiert. Eine Integration der „Gefahrenmelde- und Alarmanlagen“ in die traditionelle Gebäudesysteme erscheint wegen unterschiedlicher Anforderungen an Ausfallsicherheit und Manipulierbarkeit aus haftungsrechtlichen Fragestellungen nicht immer als sinnvoll, lässt sich jedoch über Gateways oder über eine serielle Schnittstelle realisieren.

Die hierbei mehrfache Verwendung anfallender Daten ist sicherlich eines der wesentlichen Motive beim Einsatz von Steuer- und Regelungstechniken in Kombination oder Integration mit Datenverarbeitungssystemen.

8.1.2 Aufgaben der Gebäudeautomation

In der traditionellen Mess-, Regelungs- und Steuerungstechnik wurden insbesondere analoge Rechenelemente eingesetzt (vgl. [BAUMGARTH, S. 2004] S. 53). Eine zunehmende Komplexität der Schaltungen geht vielfach mit einem hohen kosten-, zeit- und platzintensiven Verdrahtungsaufwand sowie mit mangelhaften Anpassungsmöglichkeiten während der Nutzungszeit eines Gebäudes einher. Zunehmend findet die Steuerung und Regelung daher digital statt. Alternativ zur traditionellen Steuer- und Regeltechnik bietet sich hier die Gebäudeautomation mit Kosteneinsparungspotenzial an.

Gebäudeautomation ist „die Bezeichnung der Einrichtungen, Software und Dienstleistungen für automatische Steuerung und Regelung, Überwachung und Optimierung sowie für Bedienung und Management zum energieeffizienten, wirtschaftlichen und sicheren Betrieb der Technischen Gebäudeausrüstung“ (s. EN ISO (FDIS) 16484-2). Gebäudeautomation ist daher nicht auf bestimmte Art der Bauwerksnutzung oder bestimmte technische Anlagen beschränkt. Traditionell werden die Gewerke Heizung – Klima – Lüftung (HKL) sowie die Elektroinstallation in die Gebäudeautomation einbezogen.

Im Bereich der Wohnungswirtschaft wird von Hausautomation gesprochen. Werden zusätzlich Haushaltsgeräte des „Electronic Consumer Markts“ in die Automation einbezogen, z.B. Kühlschränke oder Stereoanlagen, so wird vielfach der Begriff „Smart House“ oder „Smart Home“ verwendet (vgl. [HARKE, W. 2004] S. 57ff.). Kühlschränke mit eigener Lagerverwaltung und Verbindung zum Supermarkt sind bereits eine der möglichen Zukunftsvisionen. Zur Gebäudeautomation wird nicht die Fertigungsautomation und Prozessautomation hinzugerechnet.

Gebäudeautomation überwindet die traditionelle Gewerkegliederung und stiftet einen Zusatznutzen bei zunehmendem Installationsgrad und unzureichendem Informationsaustausch. Insbesondere bei flexibler Raumbenutzung und gewünschter Komfortsteigerung sowie durch Flexibilität in der Bedienung lässt sich Gebäudeautomation sinnvoll einsetzen. In hoch installierten Gebäuden lassen sich gemeinsame Ressourcen und ein geregelter Informationsaustausch kostensparend nutzen, z.B. durch Wegfall der traditionellen Parallelverkabelung einzelner Gewerke. Durch Steuerleitungen wird der Verkabelungsaufwand, die Brandlast sowie der Platzbedarf zur Leitungsführung verringert (vgl. [SEIP, G. 2000] S. 56).

- Grundsätze der Gebäudeautomation
  Um die gewerkeübergreifende Verbindung der technischen Anlagen zu gewährleisten, wird in der Gebäudeautomation auf folgende gewerkeunabhängige Beschreibungsebenen nach Richtlinienfamilie VDI 3814 (Gebäudeautomation) zurückgegriffen: die Feldebene, die Automationsebene sowie die Managementebene. Ihre Aufgaben lassen sich wie folgt kurz beschreiben (vgl. [BAUMGARTH, S. 2004] S. 317 ff.):

  Für einen einfachen Regelkreis zur Heizungsteuerung wird ein Fühler, ein Regler und eine Steuerung benötigt. Die Aufgaben werden in der Gebäudeautomation getrennt, das Fühlen übernimmt der Sensor, der Regler wird zum Aktor, beide werden verbunden durch ein Übertragungsmedium zum Informationsaustausch. Sensor und Aktor sowie das Übertragungsmedium bilden die Feldebene (vgl. Abb. 8-1). Zu den Grundfunktionen gehören Schalten, Stellen, Melden, Messen und Zählen.

  Grundfunktionen der Feldebene und zusätzliche Aufgaben des Überwachens, Steuerns und Regelns übernehmen in der Automationsebene Automationsstationen (teilweise auch als SPS – Speicher Programmierte Steuerung oder DDC-Systeme – Direct Digital Control benannt). Die Aufgabenbereiche Verarbeitungsfunktionen, Automationskonzepte und Optimierung der Energieeffizienz sowie die Notbedienebene kommen meist hinzu.

  Feld- und Automationsebene können mit der Managementebene verbunden sein. Die Managementebene kann dann von außen einwirken. Eingriff und Wirkung wird vornehmlich durch den Menschen vorgenommen. In der Managementebene sind die Aufgaben Anzeigen, Bedienen (Parametrieren und Programmieren) und Beobachten (Ausführungskontrolle), Überwachen (Meldungen weiterleiten z.B. von Störungen) und Dokumentieren (Alarmieren und Benachrichtigen) sowie Archivieren (Historisierung der Datenbanken, zyklische und ereignisorientierte Langzeitspeicherung) und die graphische Visualisierung angesiedelt. Ziel hierbei sind Auswertungen und Energiebilanzen z.B. für einen optimierten Anlagenbetrieb und um zustandsorientierte Instandhaltung durchführen zu können ([BAUMGARTH, S. 2004] S. 321ff.). Auf der Managementebene wird die Verbindung zu anderen Gebäudesystemen hergestellt, z.B. zu Gefahren- und Alarmmeldeanlagen oder Facility Management Programmen. Der Anschluss an kaufmännische Systeme erfolgt in der Regel über Schnittstellen und Zugriff auf die Datenbanken. Eine sinnvolle Auffassung darüber, welche Daten in welchem System – kaufmännisch oder technisch – erhoben und gepflegt werden, ist möglichst im Vorfeld zu klären, um unnötige Datenredundanzen zu vermeiden.

- Teilnehmer
  Bei der Gebäudeautomation wird in der Regel zwischen Sensoren, Aktoren und Controller / Regler als Teilnehmer unterschieden. Aktoren übernehmen die Funktion als Schalt-, Stellglieder, Displays etc., Sensoren finden Verwendung als Signalgeber, Bedienelemente, Soll-Wertgeber etc. und Controller / Regler übernehmen die Funktion der Verteilung (vgl. [BAUMGARTH, S. 2004] S. 161). Aktoren und Sensoren werden vielfach als Daten- oder Informationspunkte bezeichnet. Ihre Anzahl beschreibt die Komplexität der Gebäudeautomation.

  Die Kommunikation über ein Übertragungsmedium erfordert vielfach die Umwandlung von analogen Messdaten in digitale Eingangssignale bzw. umgekehrt. So werden gemessene Analogsignale mittels Analog / Digital-Umsetzer (AD-Wandler) in Digitalsignale umgesetzt und können dann in Rechner übernommen werden. Die umgekehrte Umwandlung erfolgt durch Digital / Analog-Umsetzer (DA-Wandler) (vgl. [BAUMGARTH, S. 2004] S. 82ff.).

- Übertragungsmedium
  Als Übertragungsmedium sind drahtgebundene und drahtlose Medien verwendbar: Kupferleitungen in Form von Twisted Pair, Koaxialkabeln, Stromleitungen (220V), zusätzlichen Adern in Stromleitungen, aber auch drahtlosen Medien, die sich in der Wellenlänge unterscheiden, sind möglich: Funkübertragung (Mikrowellen-, Infrarot-) oder Lichtwellenleiter (LWL) (vgl. [TANENBAUM, A. 2003] S. 110ff.). Twisted Pair findet z.B. vornehmlich Anwendung bei Telefonanlagen, Steuerungen und PC-Netzen. Koaxialkabel und Funk finden insbesondere Anwendung bei Bild- und Tonübertragungen. LWL werden insbesondere für weit auseinander liegende PC-Netzwerke verwendet. Wird die Netzleitung zur Datenübertragung genutzt, wird vielfach von Powerline oder Powernet gesprochen. Die Übertragung findet digital statt.

- Strukturierte Verkabelung
  Mit zunehmender Anzahl der Teilnehmer ist auch durch die Verkabelung eine Informationsweitergabe über weite Strecken sicherzustellen. In der Informationstechnologie wurde der Begriff der Strukturierten Verkabelung geprägt. Danach wird zwischen Primär-, Sekundär- und Tertiärbereich unterschieden. Der Primärbereich ist der gebäudeübergreifende Bereich vom öffentlichen Netz bis zum Hausanschluss (Geländebereich, Standort- und Gebäudeverteiler), der Sekundärbereich beinhaltet die vertikale Verkabelung in den Gebäuden (Steigleitungsbereich) mittels LWL oder Twisted Pair, für den Tertiärbereich (Etagenbereich) werden metallische Leiter, möglicherweise mit zentralen Verteilern in einer Sterntypologie verwendet. Anzustreben ist eine universelle, anwendungsneutrale und dienstunabhängige Verkabelungsstruktur für die Informationstechnik. Daraus ergeben sich dann die Leistungsanforderungen an die benötigten Komponenten wie Kabel, Steckverbindungen und Anschlussdosen. Sie sollen die nachhaltige Nutzbarkeit der vorhandenen Kabelressourcen sicherstellen. Für eine Veränderung in der Sekundär- und Ter-

tiärstruktur sind die entsprechenden baulichen Maßnahmen, z.B. Kabelschächte, Doppelböden, und Kabelkanalleisten, Sockelleisten oder Leerrohre vorzusehen.

Mit zunehmender Komplexität an Teilnehmern, Übertragungsmedien und Strukturierter Verkabelung wird ein Kabelmanagement notwendig. Das Kabelmanagement beinhaltet Verlegungsprotokolle, Anpassungen der Kabel und berücksichtigt Innovationszyklen.

- Protokolle
  Die Summe der Vorschriften für den Datentransport innerhalb der jeweiligen Systeme werden als Protokolle bezeichnet (s. [BAUMGARTH, S. 2004] S. 144ff.). Die Informationsweitergabe auf Grundlage eines Protokolls wird als Bussystem bezeichnet. Ein Bus ist ein kommunikationstechnisches Hilfsmittel, um einen Austausch zwischen technischen Geräten untereinander und dem Bediener zu ermöglichen. Die Verbindung zu anderen Netzwerken wird mit Hubs (zentrale Vermittlungsstelle), Repeatern (Verstärker, falls die Übertragungswege zu lang werden), Bridges (zentrale Vermittlungsstelle bei Verwendung des gleichen Protokolls aber unterschiedlichen Übertragungsmedien), Routern (zeigten den Weg durch das Netz) und Gateways (Koppelung von Netzwerken unterschiedlicher Architektur) vollzogen (s. [BAUMGARTH, S. 2004] S. 155ff.).

Der Aufbau des Protokolls wird im Telegrammaufbau geregelt, der sicherstellt, dass die übertragenen Daten von den Teilnehmern interpretiert werden können. Das Protokoll des EIB (European Installation Bus) beinhaltet z.B. die Adressierung des Teilnehmers oder einer Teilnehmergruppe (Gruppenadresse) innerhalb des Netzwerkes, die eigentliche Nutzinformation, Telegramm-Quittung.

Leider ist die Standardisierung der Bussysteme nicht ausreichend vorangeschritten. Auf dem deutschen Markt sind insbesondere die Bussysteme EIB (vgl. [BAUMGARTH, S. 2004] S. 159ff. und [HARKE, W. 2004] S. 7ff.) der Firma Siemens, LON (s. [BAUMGARTH, S. 2004] S. 180ff.) und Local Control Network (LCN) vertreten. Dem EIB haben sich seit 1990 weit über 110 Firmen ([SEIP, G. 2000] S. 5, 39) angeschlossen. 1999 haben sich Firmen der Elektro-Installationstechnik mit ihren Protokollen EIBA (Systemkonfiguration – S-Mode), BatiBus (Easy-Configuration – E-Mode), EHS (Consumer Electronic Markt – A-Mode) zur Konnex-Association zusammengeschlossen, mit dem Ziel die bestehenden Systeme zu einem gemeinsamen durchgängigen Standard unter dem Namen Konnex (KNX) auf Basis des EIB zusammenzuführen. Auf Grundlage des Konnex-Standards werden Produkte von den Herstellerfirmen unter eigenen Markennamen vertrieben, z.B. Instabus (Gira), Tebis, i-Bus, Powernet (Busch-Jaeger), Home Electronic System usw. Der EIB wurde offen für andere Gewerke und primär für die Elektroinstallation entwickelt (vgl. [BAUMGARTH, S. 2004] S. 158ff.). Sofern die Kommunikationsstandards offengelegt sind und von anderen Herstellern genutzt werden können, heißen diese offene BUS-Systeme (vgl. [BAUMGARTH, S. 2004] S. 241f.). Hierzu zählen im Gegensatz zu LCN – EIB und LONtalk.

Für die Hausautomation wurden teilweise eigene BUS-Systeme entwickelt, wie z.B. das Home Electronic System (HES) aus der EIB-Familie sowie das zentrale Gebäude-Informationssystem Homeputer (Centronics), Z-Bus (Zimmermann Bustechnolgie für Gebäude) oder PHC (Peha house control) (vgl. [HARKE, W. 2004] S. 7 (EIB), 26ff. (Homeputer), S. 39f. (Z-Bus), S. 41 (PHC)).

Zur Ablesung von Zählerständen von Wärmemengen, Fernwärme, Gas-, Wasser- oder Stromverbrauch, aber auch von Wertstoffmengen, wird hierzu vielfach der M-Bus (Metering-Bus) verwendet, der in ein eigenes Gebäudesystem eingebunden ist. Hersteller setzten ggf. bei Spezialitäten herstellerspezifische Bussysteme ein, z.B. bei Pumpen oder bei Hörsaalausstattungen (s. [GRÖGER, A. 2002] S. 3).

Eine hersteller- und gewerkeübergreifende Kommunikation in der Automationsebene ermöglicht FND (Protoll Firmenneutraler Datenbus), BACnet (Building Automation and Control Network) (vgl. [BAUMGARTH, S. 2004] S. 208ff.) und Profilbus GA (Prozesstechnik). BACnet lässt sich mit unterschiedlichen BUS-Systemen betreiben. Auf der Managementebene stehen herstellerneutrale OPC (Open Preocess Control (vgl. [BAUMGARTH, S. 2004] S. 334) und BACnet zur Verfügung.

- Leitwarte
  Um wichtige Funktionen innerhalb von Gebäuen zentral steuern, beeinflussen und überwachen zu können, sind in einem umfassenden Gebäudemanagement möglichst alle Gebäudesysteme zu verbinden. Über diese Verbindungen werden die digitalen Informationen verschickt. Dieser Austausch kann zwischen zwei oder mehreren Gebäudesystemen nach festen Regeln stattfinden, die jeweils in systemspezifischen Kommunikationsprotokollen festgelegt sind (vgl. [BAUMGARTH, S. 2004] S. 137f.). Der Austausch findet zwischen den Netzwerkebenen (Feldnetzwerk, Automationsnetzwerk und Managementnetzwerk) statt.

  Werden alle Komponenten der Gebäudeautomation von der Feld-, Automations- und Managementebene von einem Hersteller geliefert, so werden diese als homogene Gebäudesysteme bezeichnet. Hierbei besteht die Gefahr der Abhängigkeit von einem Hersteller und seiner Technologie sowie einer Preis- und Leistungspolitik, vereinfacht jedoch die Fehlersuche. Im Gegensatz hierzu steht das heterogene Gebäudesystem, das grundsätzlich empfehlenswert ist.

  Einen Überblick über die verschiedenen Gebäudesysteme mit ihren Bedienstationen gibt die Abb. 8-1. Der Zusammenschluss aller Bedienstationen in einer zentralen Leitwarte ist besonders bei zentralen Liegenschaften sinnvoll. Eine Leitwarte ist dabei ein Raum für die Bedien- und Beobachtungseinheiten, Bedienstationen und periphere Einrichtungen der Managementebene (siehe auch zentrale Einrichtungen nach DIN 276; s. [KRANZ, H. 2003-02-17] S. 39). Speziell ausgebildetes Personal ist hierfür notwendig (vgl. [GRÖGER, A. 2002] S. 19).

  Die Größe der Managementebene ist abhängig von Datenpunkten. Bei dem Neubau z.B. des Max-Planck-Instituts für evolutionäre Anthropologie (vgl. [Die Technische Universität... BEJ 2-2005]) handelt es sich um 1.000 physikalische Datenpunkte mit einer integrierten Gesamtlösung mit einheitlicher Bedienung für Gebäudeautomation, Brandschutz und Gebäudesicherheit mit Standardprotokollen BACnet, LONWORKS und OPC, zwei Managementstationen, zehn Automationsstationen, LON- und EIB-Netzwerk.

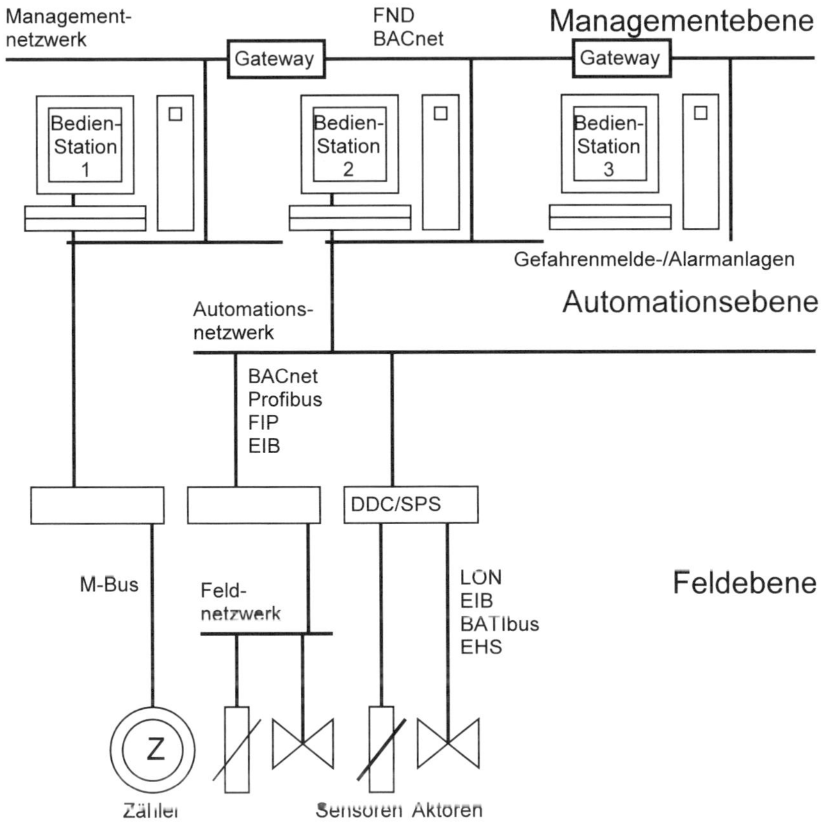

Abb. 8-1: Elemente der Gebäudeautomation

8.1.3 Beurteilung der Gebäudeautomation

Gebäudeautomation lässt sich im Wesentlichen durch die Vorteilhaftigkeit nach vier Kriterien beurteilen, aus Perspektive der Nutzer, aus finanzieller Sicht, aus Sicht der Prozesse der Durchführung und einer Lern- und Entwicklungsperspektive des Personals.

- Nutzerperspektive
  In der Nutzungsphase kann bei Bewohnern von Wohngebäuden das Sicherheitsgefühl dadurch erhöht werden, dass definierte Programme bei Abwesenheit Anwesenheit vortäuschen und einem Einbruch vorgebeugt wird. Diese Szenarien können auch auf besondere Personengruppen und deren Bedürfnisse zugeschnitten werden, z.B. Menschen mit einer Behinderung oder Senioren (Notruftaster, individuelle Schaltungen), die ein Wohnen in vertrauter Umgebung länger ermöglichen. Durch Steuerung der Anlagen mit hohem Bedienungskomfort kann ebenso kurzfristig auf wechselnde Nutzungs- und Nutzeranforderungen durch einfachere Einstellung (Parametrisierung, Verbrauchszählerablesung) ggf. extern reagiert werden und das notwendige Umfeld bereitgestellt werden. Es

wird erhöhter Komfort als Zusatznutzen bereitgestellt. Sinngemäß lässt sich der erhöhte Komfort auch für andere Bauwerksnutzungsarten realisieren.

Eine Einzelplatzerfassung in Parkhäusern für freie Stellplätze mit einem internen Parkhausleitsystem reduziert den Suchverkehr und ist für den Parkplatzsuchenden von Vorteil. Bewachungsdienstleistungen, Videoüberwachung und Videoaufzeichnungsgeräte, Ausstattung mit Notruf- und Kommunikationsmöglichkeiten unterstützen hier das Sicherheitsbedürfnis. Auch hier wird Zusatznutzen bereitgestellt, der die Kundenzufriedenheit und -bindung erhöhen kann (s. BOGENSTÄTTER, U. in [TAE 2006]).

- Finanzielle Perspektive
  Vorteile in der Parkraumbewirtschaftung lassen sich hinsichtlich der Einnahmen wie folgt darstellen: Abfertigungssysteme in Parkhäusern ermöglichen ein aktives Nutzermanagement, das die Wirtschaftlichkeit eines Parkhauses erhöhen kann, z.B. durch Flexibilisierung der Preis- / Tarifgestaltung kann ein Kurzpreiseinstiegstarif zur Gewinnung von Neukunden, eine nutzerabhängige Preisgestaltung (z.B. Ausweisung von VIP-Stellplätzen mit erhöhten Stellplatzgebühren) oder eine Preisvariation in Abhängigkeit zur Verweildauer (Kundenbindung) angeboten werden. Zusätzlich ist eine verursacherabhängige Preisgestaltung denkbar, wie sie bei Rückvergütungssystemen bei Einzelhandels- oder Großhandelgeschäften üblich ist. Ebenso kann durch Mehrfachnutzungen von unterschiedlichen Nachfragegruppen der Ausnutzungsgrad erhöht werden. Die Auslastung von Parkhäusern kann auch dadurch gesteigert werden, dass das Parkhaus in ein externes Parkleitsystem mit anderen Parkflächen eingebunden wird, sofern die Parkflächen in stark frequentierten Innenstadtbereichen situiert und ein Leitsystem installiert sind (z.B. in Frankfurt am Main). Es sollte ein internes Parkleitsystem folgen, das in der Regel durch Schrankenanlagen oder Schleifendetektoren den Belegungszustand erfasst. Eine gezielte Einzelplatzerfassung kann den Parkplatzsuchenden schneller zu einem freien Parkplatz führen (s. BOGENSTÄTTER, U. in [TAE 2006]).

  Die Vorteile bei den Ausgaben lassen sich wie folgt darstellen:

  In der Investitionsphase ergeben sich durch die Gebäudeautomation Vorteile durch eine gewerkeübergreifende Vernetzung der technischen Anlagen, wenn auf die mehrfache Installation einzelner Komponenten in unterschiedlichen Leistungsbereichen verzichtet werden kann: Ein Außentemperaturfühler kann dadurch unabhängig vom Leistungsbereich ausführender Gewerke für die Heizung, die Klima- und Enteisungsanlage einer Zufahrt oder als Informationsquelle der Nutzer auf einem Display zur Verfügung stehen. Durch die mehrfache Nutzung kann auf eine parallele Leitungsführung verzichtet werden (Extremlösungen Z-Bus oder LCN). Der Vorteil kann durch einfacheren Planungsaufwand und kürzere Montagezeiten ergänzt werden.

  Die Abb. 8-2 zeigt den Kostenvergleich von verschiedenen Installationsarten bei den Stadtwerken in Münster in Abhängigkeit von der Installationsart, dem Ausstattungsgrad und der Kabelart. Hiernach ist Gebäudeautomation mit EIB insbesondere bei komfortabler Ausstattung vorteilhaft.

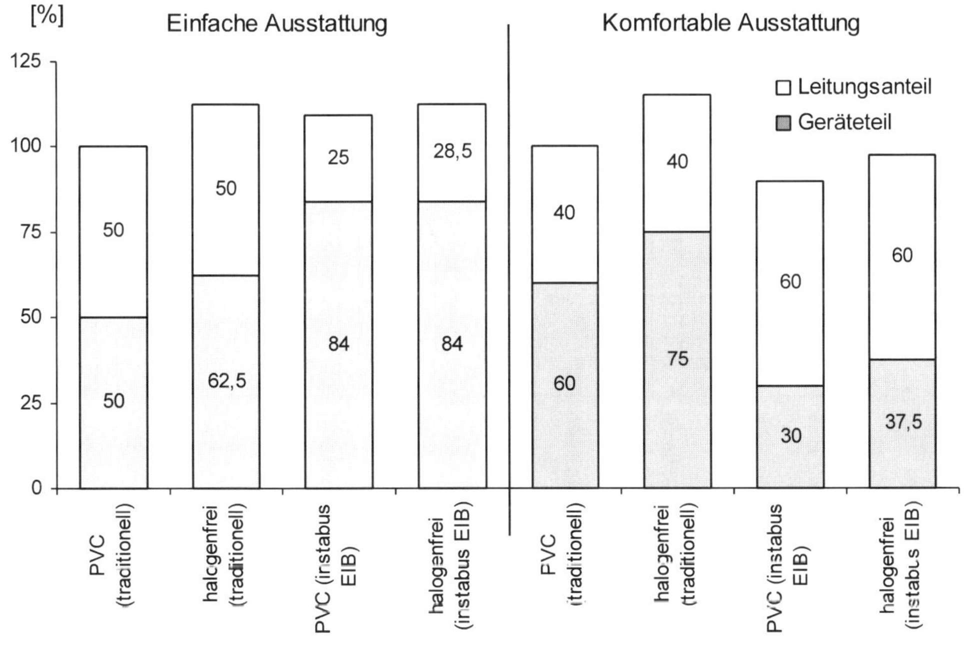

S. [SEIP, G. 2000] S. 78

Abb. 8-2: Kostenvergleich der Investitionskosten nach Installationsarten, Projekt „Stadtwerke Münster"

Die Rentabilität für die Gebäudeautomation ist bei Wohngebäuden insbesondere abhängig vom Ausstattungsstandard der Wohngebäude. Dabei lassen sich grundsätzlich drei Ausstattungsklassen unterscheiden: Klasse 1: „Einfache Ausstattung", Klasse 2: „Komfort Ausstattung" (Ausstattung von Klasse 1 zzgl. Licht- und Jalousiesteuerung mit Zentralfunktion, Einzelraumregelung) und Klasse 3: „Luxus Ausstattung" (Ausstattung von Klasse 2 zzgl. Meldetableau, Raumüberwachung, Urlaubssteuerung sowie Notfreischaltung).

Bei Wohngebäuden lassen sich vereinfacht folgende Aussagen treffen: In der Klasse 1 lohnt sich der Einbau von Gebäudeautomation nicht. Die vergleichsweise hohen Materialkosten gleichen die nur unerheblich geringeren Lohnkosten nicht aus. In der Klasse 2 ist ein direkter Preisvergleich und ggf. eine Amortisationsrechnung notwendig. In der Klasse 3 können sich Preisvorteile ergeben. Vorteile ergeben sich in der Gebäudeautomation bei Komfort und Luxusausstattungen, insbesondere bei Einfamilienhäusern. Die laufenden Kosten sind jedoch hierbei nicht berücksichtigt. Die Abhängigkeiten zwischen Ausstattungsklasse und Art der Wohngebäude werden in Abb. 8-3 dargestellt.

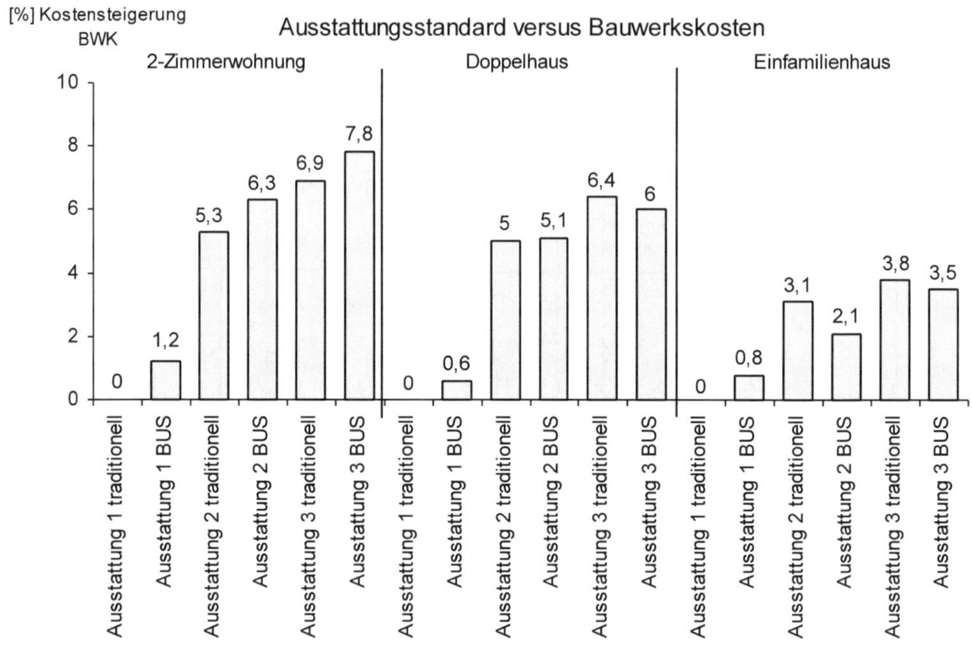

Quelle: [BRILLINGER, M. DAB 2003-04] S. 66-68 nach [BRILLINGER, M. 2001]

Abb. 8-3: Kostenvergleich Ausstattungsstandard für Wohngebäude

Durch die bedarfsgerechte zeit- und bewegungsabhängige Steuerung und Bereitstellung von gebäudespezifischen Ressourcen, z.B. Innen- und Außenbeleuchtung bzw. Heizung, Lüfter (Sensoren für die Luftfeuchtigkeit) und Ventilatoren (Einzelraumregelung, Energiemanagement), lassen sich während der Nutzung eines Gebäudes durch ein Energiemanagement der Verbrauch regulieren und damit Kosten ohne Komfortverlust einsparen. Einzelne Autoren nennen Einsparungen bis zu 40% der laufenden Betriebskosten, in Abhängigkeit vom Komfortstandard und der Bauwerksnutzungsart. Es lassen sich daher grundsätzlich zur Steigerung der Energieeffizienz folgende Strategien verfolgen: Abschalten nicht benötigter Anlagen in den Nutzungsphasen, Leistungsreduzierung entsprechend Nutzungsintensität, Verbesserung der Regelgenauigkeit, optimierende Regelungen, definierte Komfortbegrenzungen und Integration alternativer Energien (vgl. [BAUMGARTH, S. 2004] S. 356f.). Einzelne Studien lassen Einsparpotenziale allein bei der Heizungsregelung von bis zu 10% erkennen.

Entscheidend jedoch ist, dass die Vorteile bei der Betriebskosteneinsparung dem Investor zu Gute kommen. Bspl.: Im Gewerbemietvertrag ist geregelt, dass die Heizkosten mit der Pauschalmiete abgegolten sind. In diesem Fall hat der Vermieter ein elementares Interesse durch intelligente Heizkosten zu sparen.

Für eine Wirtschaftlichkeitsberechnung ist zwischen Investitionskosten und Betriebskosten durch eine Amortisationsrechnung zu berücksichtigen. In Abb. 8-4 wird dieser Zusammenhang am Bspl. der Schule für geistig behinderte Menschen „Havelberg“ hergestellt.

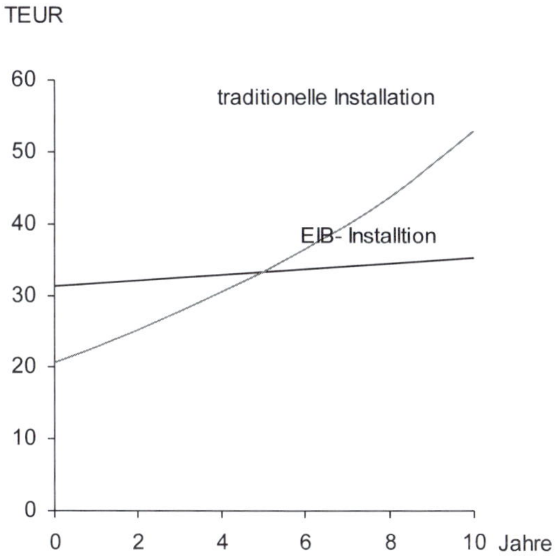

Quelle: [SEIP, G. 2000] S. 75
Abb. 8-4: Kostenvergleich von herkömmlicher und EIB-Installation am Bspl. des Projektes „Schule für geistig Behinderte in Havelberg".

Durch die Gebäudeautomation können Schäden beim Betrieb der technischen Anlagen vermieden werden, z.B. Frostschäden bei längerer Abwesenheit über die Weihnachtsfeiertage oder bei defekter Heizungsanlage in den Schul- und Betriebsferien (vgl. [BAUMGARTH, S. 2004] S. 231). Bei zunehmender Dichtheit neuer Gebäude ist eine verantwortungsvolle Lüftung im Kampf gegen Schimmelbildung notwendig. Jalousieanlagen, die nachts durch Sturm zerstört werden, sowie in der Nacht offenstehende Fenster und eingeschaltete Beleuchtung zeugen von der Nachlässigkeit von Nutzern beim Verlassen der Bürogebäude. Anonyme und wechselnde Nutzer finden sich insbesondere in Gebäuden mit hohem Installationsgrad (z.B. Hotels, Schwimmbäder, Schulen, Museen, Messehallen, Kaufhäuser, Flughäfen, Bahnhofsgebäude) und sind in ihrem Verhalten schwer zu beeinflussen. Schadensstatistiken geben Hinweise, in welchen Bereichen eine Gebäudeautomation sinnvoll eingesetzt werden kann. Aus Sicht des Betreibers können Schäden durch automatisiertes Erfassen, Übertragen und Anzeigen von Störmeldungen und Betriebszuständen vorgebeugt werden.

Durch die Gebäudeautomation wird in die traditionellen Betriebsabläufe eingegriffen. Vereinfachungen in den Betriebsabläufen sind ebenfalls im Rahmen einer Vollkostenrechnung zu berücksichtigen. Der personelle Aufwand bei Nutzungsänderungen, bei Erweiterung und Änderungen der ursprünglichen Raumaufteilung (Um-Parametrieren statt Um-Installieren) wird vermindert. Ebenso ist ggfs. die verringerte Anzahl der Inspektionsgänge und die gezielte Arbeitsvorbereitung bei Bedienung, Fehlerbehebung, Wartung und Instandhaltung in die Betrachtung einzubeziehen. Vorteile ergeben sich insbesondere dann, wenn die Anlage von außerhalb räumlich unabhängig gesteuert (z.B. per Internet) und Personal bedarfsgerecht bereitgestellt werden kann. Die Präsenz des Hausmeisters wird sich reduzieren. Allerdings wird höher qualifiziertes Personal nötig werden (vgl. [GRÖGER, A. 2002] S. 19).

Bei einer Wirtschaftlichkeitsberechnung einer automatisierten Zählerablesung per Funk oder M-Bus als Grundlage für die Betriebskostenabrechnung sind neben den Investitionskosten aus M-Busfähigen Verbrauchszählern und notwendigen Zusatzmodulen auch die laufenden Kosten einzubeziehen. Werden z.B. durch einen Wärmemessdienst die Verbrauchsdaten erhoben, entfallen bei einer automatisierten Zählerablesung die direkten Ablesekosten der Verbrauchsdaten auch beim Mieterwechsel. Ebenfalls sind die indirekten Abrechnungskosten zu berücksichtigen. Es entfallen bei einer automatisierten Zählerablesung die manuelle Datenbereitstellung für den Wärmemessdienst im jährliche Rhythmus oder bei Mieterwechsel, der Datenträgeraustausch und separate Plausibilitätsprüfungen, die Abrechnungserstellung und Zuordnung zum Mieterschreiben sowie ggfs. die Reklamationsbearbeitung durch fehlerhafte Nebenkostenabrechnungen. Die Zeiteinsparung kann dabei bei bis zu 20 Minuten je Nebenkostenabrechnung betragen. Wenn es sich um vermietete Wohngebäude handelt, ist aus mietrechtlicher Sicht zu klären, wie die Investitionen nachhaltig über zehn Jahre gesichert oder die anfallenden Kosten umlagefähig sind, z.B. Zählerablesung durch Funk im Wohnungsbau. Ebenso können Innovationen direkt dem Mieter zugutekommen: Individuelle Gebrauchserfassung von Wertstoffbehältern führt zu einem geänderten Gebrauch und Verringertem Wertstoffaufkommen.

- Prozessperspektive
  Wie lässt sich Gebäudeautomation sinnvoll realisieren? Zunächst sind die Nutzerbedürfnisse in der Bedarfsplanung hinsichtlich unterschiedlicher Fragestellung und dem erwünschten Komfort zu hinterfragen. Das betrifft z.B. technische Anlagen für Heizung, Klima und Lüftung, ggfs. auch unter Berücksichtigung von Fenstern oder Türen, Beleuchtungsanlagen, Beschattungsanlagen, Brand, Einbruch- oder CO2-Melde- und Warnanlagen, Sicherheit (Objektschutz), Personenerfassung, Parkplatz-Leitsystem, Sprechen-Rufen-Melden, Fernablesung von Strom, Wasser oder Gas, Sicherheitsstromversorgung, Zugangs- und Zutrittssysteme, Energiemanagement (Belegungsmanagement, Einzelraumregelung, Anlagenmanagement). Hierzu sind die Bedürfnisse zu bündeln und anhand einer Bedürfnispyramide zu priorisieren (s. [SEIP, G. 2000] S. 43ff.).

Zur Realisierung der Gebäudeautomation muss frühzeitig auf eine fachübergreifende (Ingenieurleistungen nach HOAI – Honorarordnung für Architekten und Ingenieure) und auf eine gewerke- und leistungsbereichübergreifende Planung (Leistungsbereiche nach DIN 276 1993-06), z.B. bei der Elektroplanung, geachtet werden. Die fachübergreifende Koordination wird auch als Integrale Planung bezeichnet (vgl. [HARKE, W. 2004] S. 97). Dies bedarf in der Durchführung Methoden des Projektmanagements und eines Systemintegrators (vgl. [HARKE, W. 2004] S. 93), der Erfahrungen und Befähigung in Projektmanagement-Methoden im Spannungsdreieck: Qualität – Kosten – Zeit nachweisen kann. Durch die verringerte Brandlast insbesondere bei Zweckbauten können sich die Anforderungen an die Baukonstruktion ebenfalls verringern. Die Querverbindung bis hin zur Statik ist herzustellen.

Die einzelnen technischen Anlagen sind im Sinne der Gebäudeautomation zusammenzubinden, z.B. kann bei der Ausschreibung zur Schnittstellenvermeidung zwischen den Gewerken auf einen Fachbetrieb für Gebäudetechnik nach ZVEH (Zentralverband des Deutschen Elektrohandwerks) geachtet werden, der die Gewerke Sanitär-Heizung-Klima, Klimaanlagen sowie Rollladen- und Jalousietechnik verbinden kann. Fehlerursachen im laufenden Betrieb können in einem der Gewerke begründet sein und die Fehlerbehebung kann ansonsten durch unklare Zuständigkeiten verzögert oder behindert werden (vgl. [HARKE, W. 2004] S. 110ff., 116).

In der Ausführungsphase können insbesondere die schnelle Bauausführung (z.B. durch Schnellverbindungs- und Schnellmontagesysteme) und Flexibilität in der Anordnung der Bedienelemente (z.B. Infrarotsender auf Glaswänden) zum Tragen kommen (vgl. [SEIP, G. 2000] S. 57ff.). Auf die Beachtung der Einbauvorschriften des Herstellers ist zu achten, sie sind zu überprüfen und entsprechend in der Abnahme zu dokumentieren. Das betrifft z.B. die Anzahl der Teilnehmer und Leitungslängen je nach Übertragungsmedium.

Es bietet sich an, frühzeitig Wartungsverträge abzuschließen und den funktionssicheren Betrieb der Anlagen während der Nutzungsphase sicherzustellen.

- Lern- / Entwicklungsperspektive
  Gebäudeautomation benötigt qualifiziertes Personal.

  EIB-kompatible Produkte einschließlich der notwendigen Software für Programmierung sind so ausgelegt, dass der geschulte Elektroinstallateur auch größere Projekte selbständig bearbeiten kann. Dies ist bei LON nicht möglich, wenngleich LON ein größeres Leistungsspektrum bietet und flexibler ist. Eigenes Personal mit entsprechenden Kenntnissen ist bei der Liegenschaftsbetreuung daher z.B. bei EIB einsetzbar.

  Das Bedienpersonal muss entsprechend den fachlichen Aufgaben auf der Feld-, Automations- und Managementebene z.B. Energiemanagement und Instandhaltung ausgebildet werden. Die Informationen auf Managementebene sind das zentrale Werkzeug dieses Personals und es besteht ein Bedarf an gesonderten Schulungen, insbesondere wenn eine Leitwarte vorhanden ist.

8.1.4 Schlussfolgerungen und Ausblick

Technisches Gebäudemanagement kann insbesondere bei Bauwerken mit hohem Installationsgrad nachhaltig Beiträge dazu leisten, die Investitionskosten und die laufenden Gebäude-Betriebskosten zum Vorteil der Investoren, Betreiber und Nutzer durch die Gebäudeautomation insbesondere die Energiekosten zu senken. Der Komfort steigt bei Einsatz der Gebäudeautomation in jedem Fall.

Wesentliches Merkmal sind hierzu gewerke- und leitungsbereichübergreifende technische Lösungen. Um die Investitionen im gewerblichen Bereich zu schützen, ist z.B. bereits in der Planung auf anwendungsneutrale Verkabelung und herstellerneutrales Gebäudesystem zu achten. Bei langen Standzeiten von Gebäuden ist die leichte Erweiterbarkeit und Bedienbarkeit, Kompatibilität sowie die Zuverlässigkeit und Sicherheit des Gebäudesystems zu beachten.

Vor- und Nachteile lassen sich durch eine Nutzwertanalyse abwagen. Insbesondere dem Zusatznutzen durch steigenden Komfort ist im Hinblick auf eine nachhaltige Bewirtschaftung Beachtung zu schenken. Die Wirtschaftlichkeit ist mit einer umfassenden Vollkostenrechnung zu untersuchen. Der Erfolg der Gebäudeautomation wird jedoch bereits im Projekt durch Auswahl der Planungsbeteiligten und ausführenden Firmen vorbereitet. Nur qualifiziertes Personal kann den angestrebten Erfolg langfristig sicherstellen.

Kurz: Je kürzer die Lebensdauer und höher der Installationsgrad, desto rentabler die Gebäudeautomation.

8.2 Parkhausmanagement

„Parkhäuser, ein notwendiges Übel? Von Bauherren errichtet als behördlicher Nachweis von Parkraum für Bürogebäude, Wohngebäude, Einkaufszentren oder Freizeiteinrichtungen, fristen sie häufig ein Schattendasein, vielfach ohne Ästhetik und ohne hohen Nutzwert. Stadtplaner begreifen Parkhäuser oft als Instrument zur Lenkung städtischer Ströme auf den öffentlichen Nahverkehr. Es wird minimal investiert und selten als eigenständiges Wirtschaftsgut verstanden, das eigenen Bewirtschaftungsgrundsätzen folgen sollte: als eigenständigers, kundenorientiertes Profit-Center."

Dies wird als provokante Ausgangsthese vom Autor formuliert und es ist nun zu hinterfragen, ob durch Anwendung von Management-Methoden Parkhäuser nachhaltig effektiver betrieben werden können. Die Bedeutung von Parkhäusern lässt sich am Bspl. der Allianz Arena in München verdeutlichen: Immerhin bieten insgesamt vier Parkhäuser mit jeweils vier Geschossen Platz für 9.800 PKW's. Für Busse gibt es insgesamt 350 Parkmöglichkeiten. Dieser Parkraum ist der erste direkte Kontakt mit einem Event. Häufig entscheidet schon der nichtgefundene oder nicht ausreichende Parkplatz über die spätere Beurteilung der Veranstaltung. Parkhäuser sind in der Wirkung daher ein nicht zu vernachlässigender Faktor.

Ein ähnliches Schattendasein führten und führen Fabrikationsgebäude von Industrieunternehmen. Nicht „Kerngeschäft", sondern Mittel zum Zweck sind diese bei einem industriellen Herstellungsprozess. In den vergangenen Jahren wurde begonnen, die Bewirtschaftung dieser Immobilien zu optimieren. Dieser Optimierungsprozess wird vielfach mit dem Begriff „Facility Management" verbunden.

„Facility Management" wird oftmals gleichgesetzt mit einer Managementmethode zur Kosteneinsparung des laufenden Gebäudebetriebs unabhängig von der Bauwerksnutzungsart. Es gilt nachfolgend zu untersuchen, ob „Facility Management" auch für Parkhäuser vorteilhaft ist. Die Reduktion von „Facility Management" auf Kosteneinsparung greift jedoch zu kurz. Im Folgenden sollen sechs wesentliche Grundzüge von „Facility Management" angesprochen werden:

- Der Lebenszyklus einer Immobilie betrachtet den Lebenslauf eines Gebäudes in sechs Phasen: von der Projektentwicklung, Planung, Durchführung, dem Vertrieb und Betrieb bis hin zum Abriss. Dahinter verbirgt sich die Erkenntnis, dass in der Regel die Gebäude-Betriebskosten während der Nutzungsdauer eines Gebäudes ein Vielfaches der Investitionskosten betragen und entscheidend durch Planung und Bau beeinflusst werden können.
- Ganzheitlichkeit bedeutet die horizontale Integration aller Fachgebiete: neben kaufmännischen sind auch technische und infrastrukturelle Fragestellungen im Lebenslauf eines Gebäudes zu berücksichtigen. Der Vorteil liegt auf der Hand: Schäden, die während der technischen Beurteilung als Versicherungsschäden erkannt werden, müssen nicht (als Prämie und Rechnung) doppelt bezahlt werden.
- Es soll hier allerdings nicht verschwiegen werden, dass in Deutschland der Ursprung des Facility Managements aus dem technischen Gebäudemanagement kommt. Angesichts weitgehend fehlender Sanitärinstallationen oder Heizungsanlagen, ist der Anteil technischer Anlagen bei Parkhäusern (Kostengruppe 400 nach [DIN 276 1993-06]) mit etwa 10% (s. [BKI N6] S. 448ff. und [BKI-1 2004] S. 570ff.) an den Bauwerkskosten (Kostengruppe 300+400 nach [DIN 276 1993-06]) unterdurchschnittlich (s. Abb. 8-5).

- In Deutschland ist der Begriff „Facility Management“ untrennbar mit dem Thema In- / Outsourcing verbunden. Getrieben von Dienstleistungsunternehmen ist zu hinterfragen, ob notwendige Leistungen vom eigenen oder einem externen Unternehmen erbracht werden sollten. Wesentliche Entscheidungsfaktoren hierzu sind die Tarifstrukturen des eigenen Unternehmens und der Anbieter aber auch der Auslastungsgrad und die Sicherstellung des laufenden Betriebs durch eigene Mitarbeiter.
- Grundlage jeglicher Entscheidung sollte allerdings die Kostentransparenz sein, um Eigen- und Fremdleistung miteinander vergleichen zu können. Das bedingt eine objektbezogenen Kosten- / Leistungsrechnung (KLR), die nicht immer vorhanden ist (vgl. hierzu Kosten im Facility Management: Kostengliederungsstruktur zur [GEFMA 100 E 1996-12], [GEFMA 200 E 2004-07]).
- Entscheidend ist aber auch die Motivation der Entscheider: Je nach Betreibermodell bestehen unterschiedliche Interessenlagen im Hinblick auf ein Gebäude. Die Sicht eines Investors (z.B. Wohnungsunternehmen oder Immobilienunternehmen) ist gegenüber der öffentlichen Hand oder eines privaten Parkhausbetreibers unterschiedlich. Allen gemeinsam ist zunächst, dass sie ggf. an steuerlichen Vorteilen partizipieren möchten und die Kundenfrequenz hoch halten möchten.

Kostenkennwerte für die Kostengruppen der 1. und 2. Ebene nach DIN 276

KGR	Kostengruppen der 1. Ebene	Einheit	von	% an KGR 300 + 400	bis
100	Grundstück	m^2 FBG			
200	Herrichten und Erschließen	m^2 FBG			
300	Bauwerk – Baukonstruktion	m^2 BGF	86,6	89,3	96,6
400	Bauwerk – Technische Anlage	m^2 BGF	3,4	10, 7	13,4
	Bauwerk (KGR 300 + 400)			100,0	
500	Außenanlagen	m^2 AUF	-	-	-
600	Ausstattung und Kunstwerke	m^2 BGF	-	-	-
700	Baunebenkosten	m^2 BGF	-	-	-

S. [BKI-1 2004] S. 570ff.

Abb. 8-5: Kostenkennwerte für Parkhäuser

Investoren sind insbesondere am steigenden Erfolg interessiert, der sich in finanzwirtschaftlichen Kennzahlen wie z.B. im Ertrag widerspiegelt. Ein besonderer Fokus liegt auf dem mittelfristigen Erfolg, der Werterhaltung und -steigerung. Um den notwendigen Ertrag zu erreichen, sind sowohl die Frequenz als auch die Serviceangebote eines Parkhauses von besonderem Interesse. Darüber hinaus sind auch die reibungslose, effektive und effiziente interne Organisation (Aufbauorganisation) und deren Prozesse (Ablauforganisation) zentral.

Die öffentliche Hand legt den Schwerpunkt insbesondere auf die Reduktion des laufenden Aufwands: Beispielsweise bei den Finanzierungskosten, den laufenden Betriebskosten, den Werbungskosten aber auch den Werterhaltungsmaßnahmen, die ggf. durch private Investoren finanziert werden sollen. Der finanzielle Spielraum ist meist sehr eng gehalten.

Der private Parkhaus-Betreiber ist insbesondere an einem nachhaltigen Optimum aus Aufwand und Ertrag interessiert. Das betrifft die Betriebskosten und die Investitionen, um den technischen Standard für ein wettbewerbsfähiges Parkhaus zu realisieren und den Ertrag zu sichern.

Die Erweiterung des Begriffs der Kosteneinsparung um Lebenslauf, Ganzheitlichkeit, In- / Outsourcing, Kostentransparenz, Betreibermodell aber auch Ertrag, Aufwand oder Rendite ist zu eng gefasst. Jedes Parkhaus ist ohne Nutzer sinnlos.

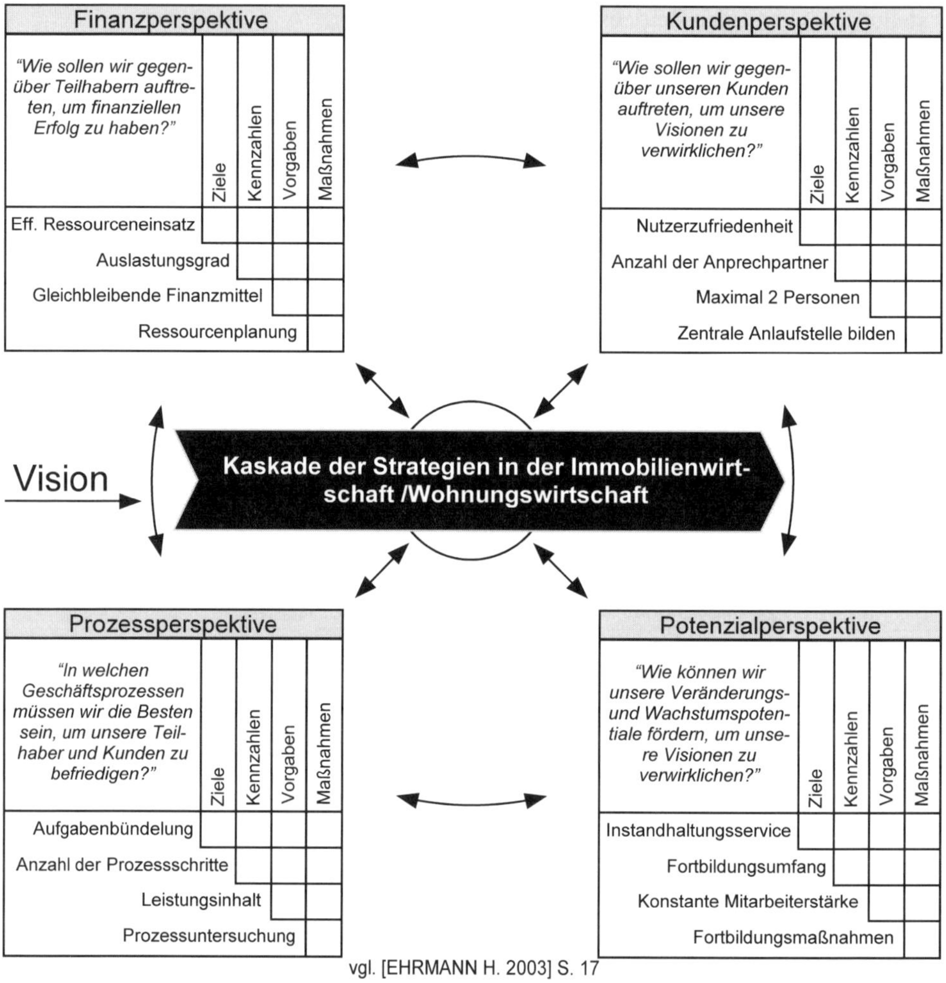

Abb. 8-6: Bspl. für das Prinzip der Balanced Scorecard

Anhand des Oberbegriffs der „Balanced Scorecard“, der in den 1990er Jahren von Norton und Kaplan entwickelt wurde, wird dieser Mangel behoben und die finanzwirtschaftliche Perspektive sowohl um die Kundenperspektive als auch um die interne Prozess- und Lern- / Entwicklungsperspektive ergänzt (s. [EHRMANN, H. 2003] S. 16). Die Beziehung zwischen den Perspektiven zeigt Abb. 8-6. Im Rahmen dieser Thematik soll nun untersucht werden, ob „Facility Management“ für ein Parkhaus vorteilhaft ist.

8.2.1 Die Kundenperspektive

Aus der Perspektive der Stadtplanung sind fünf Nachfragegruppen zu unterscheiden (vgl. [FALK, B. 1997] S. 291 und [FALK, B. 2004] S. 651ff.): Bewohner und Anwohner, Berufs- und Ausbildungsverkehr, Einkaufs- und Besorgungsverkehr, Besucherverkehr sowie Liefer- und Wirtschaftsverkehr. Aus den Nachfragegruppen ergeben sich erhebliche Unterschiede bezüglich Anzahl an notwendigen Stellplätzen, Nutzungsdauer und Nutzungszeitpunkt auch unter Berücksichtigung des Ziel- und Quellverkehrs. Zur differenzierten Betrachtung der Bewohner- und Anwohnerbedürfnisse sind sie unzureichend.

Erwartungen und Einstellungen des Parkhausbesuchers sind abhängig von der Grundorientierung und der sozialen Schicht. Spätestens, wenn zwei DaimlerChrysler-PKW's der S-Klasse in Parkbuchten mit 2,30 Meter Breite gemäß Garagenverordnung (GaVO) nebeneinander zum Stehen kommen, tritt das Dilemma deutlich zu Tage. Während im Rahmen der Sinus-Milieus® aus der Konsumforschung in Deutschland die ersten Projekte in der Immobilienwirtschaft (z.B. in München und Augsburg) gestartet werden, sind derartige Untersuchungen zu Parkhäusern dem Autor unbekannt. Sie können aber helfen, Strategien für eine nachhaltige Bewirtschaftung von Parkhäusern bei einer zunehmenden Individualisierung der Gesellschaft zu entwickeln.

Die Bestimmung der Nutzerfreundlichkeit ist weitgehend unabhängig von der Nachfragegruppe und lässt sich als Prozess vom Erstkontakt mit dem Parkhaus bis zur Ausfahrt charakterisieren.

Der Erstkontakt ist der notwendige Hinweis und die Wegführung zu dem Parkhaus. Misslingt der Erstkontakt, so ist der Kunde an eine andere Parkmöglichkeit verloren. Erfüllen die Anfahrt zum Parkhaus, der Einfahrtsbereich, die Fußwege im Parkhaus, das Kassiersystem und die Ausfahrt mit dem Auto die Erwartungen und Wünsche des Parkhausbesuchers, so kann von Kundenzufriedenheit gesprochen werden. Fühlt sich der Parkplatzsuchende wohl, so wird er wiederkommen und die Grundlage zur Kundenbindung ist getroffen. Bei Wiederholung des „Wohlfühlens" können zusätzliche Leistungen angeboten und abgefordert werden, hierbei kann von Kundenloyalität gesprochen werden. Das Parkhaus ist zu einem „bevorzugten" Parkhaus aufgestiegen.

Bei zunehmender Konkurrenz von Parkhäusern und stellenweiser Unzufriedenheit der Parkhausbenutzer wird Kundenbindung und Kundenloyalität zunehmend in den Fokus rücken. Wie lässt sich also Kundenzufriedenheit erreichen?

In Anlehnung an die Checkliste des ADAC für Parkhäuser (s. [ADAC 2005-05-3]) lassen sich folgende Themen lokalisieren, die bei der Projektentwicklung, dem Planen und Bauen sowie dem Betrieb eines Parkhauses zu berücksichtigen sind.

Die Verfügbarkeit ist das zentrale Kriterium für die Nutzung eines Parkhauses. Hinweise auf Öffnungszeiten des Parkhauses in Informationsmedien und bei der Einfahrt durch dynamische Frei- / Besetzt- / Geschlossen- Anzeigen versprechen nichts, was nicht gehalten werden kann. Eine Einzelplatzerfassung freier Stellplätze mit einem internen Parkhausleitsystem reduziert den Suchverkehr und freut den Parkplatzsuchenden. Dazu gehört auch eine ausreichende Karenzzeit zum Verlassen des Parkhauses.

Eine klare Orientierung unterstützt die intuitive Nutzerführung zum Ziel durch ein statisches und dynamisches Parkleitsystem sowie eine Kennzeichnung und Beschilderung des Parkhauses im Nahbereich. Das betrifft auch das interne Parkleitsystem mit kontinuierlicher und einheitlicher Wegweisung sowie der Kennzeichnung der Stellplätze mit Farbleitsystemen nach Etagen, Blöcken oder Stellplätzen. Ebenso ist ein attraktives Fußgängerleitsystem wichtig. Dies beinhaltet eine Erkennbarkeit der Ausgänge von jedem Stellplatz aus, Hinweise auf Standorte von Kassenautomaten, beschilderte Fluchtwege mit Notbeleuchtung, gut lesbare und beleuchtete Ausfahrtsbeschilderung und weiterführende Wegweiser zu Zielen außerhalb des Parkhauses – nicht suchen, sondern finden.

Ungestörte Nutzungsmöglichkeit und zügig zum Ziel kommen: Dazu gehört ein ausreichender Stauraum in der Einfahrtsspur ohne Behinderung des fließenden Verkehrs ebenso wie eine konfliktfreie Fahrbahnführung ohne Kreuzungen und Einmündungen, ein geradliniger Verlauf der Fahrgassen, Rampen mit markierten Schrammborden, ausreichend dimensionierte Stellflächen für definierte Zielgruppen, Überschaubarkeit (Vermeidung von großvolumigen Stützen oder Sichtwänden, ggf. durch stützenfreie Konstruktion), Eindeutigkeit der Ein- und Ausfahrtsspuren. Um Schäden vorzubeugen ist darüber hinaus auch eine Vermeidung von Quell- und Suchverkehr durch elektronische Abfertigungsanlagen wichtig. Eine schnelle, einfache, bargeldlose Bezahlung durch eine angemessene Anzahl von Bezahlstellen spart Zeit.

Zielgruppenadäquates und differenziertes Angebot nach Leistung und Preis ist sinnvoll: Das bedeutet eine deutlich sicht- und lesbare Tarifstruktur: gesonderte Stellplätze für Frauen oder Familien am Eingang oder in Aufzugsnähe, vergrößerte Stellplätze für Eltern mit Kind oder Behinderte, Kundenparkplätze, Flächen für Kurzparker oder Dauermieter, Plätze für Groß- („S-Klasse“ bis zu 5,20 m x 2,11 m) oder Kleinfahrzeugfahrer („Smart fortwo“ 2,50 m x 1,54 m), Einstellboxen oder freie Stellplätze, Parkflächen für Senioren mit erhöhtem Beleuchtungsbedarf, Motorräder oder Fahrradboxen. Sonderheiten liegen bei Parkhäusern mit speziellen Nutzungen, z.B. Park&Ride mit integrierter Autowerkstatt sowie Hol- und Bringservice.

Seit dem 11. September 2001 hat sich die Welt verändert: Das verdeutlicht insbesondere das weltweit stark gestiegene Sicherheitsbedürfnis der Bevölkerung für die eigene Person oder das Auto. Aktive Sicherheitsmaßnahmen befriedigen dieses Bedürfnis: regelmäßige Kontrolle durch (eigenes) Personal, Bewachungsdienste sowie Kontrollfahrten, Videoüberwachung und Videoaufzeichnungsgeräte. Ein Bündel weiterer technischer Maßnahmen unterstützt ebenfalls das Sicherheitsbedürfnis. Dazu gehören die großzügige, ständige Aus- und Beleuchtung genutzter Bereiche, zusätzliche Ausstattung mit Notruf- und Kommunikationsmöglichkeiten und eine reichliche Bemessung von Aufzugsanlagen. Großzügig dimensionierte Treppenhäuser und helle Anstriche ergänzen das Angebot. Um dieses subjektive Gefühl der Sicherheit zu vermitteln ist es auch notwendig, Verschmutzungen und Sterilität zu vermeiden. Dabei kann Fassadenbegrünung helfen. Ein Abbau von Schwellenangst und Prävention gegen Kriminalität ist die Folge dieser verschiedenen Maßnahmen.

Zusatzleistungen heben von den Mitbewerbern ab: Dazu gehören Kundentoiletten, Safeboxes oder Wickelräume – Mütter mit Kindern werden es gegebenenfalls mit wiederholten Anfahrten danken. Hinweise auf die Gewichtung von Ausstattungsmerkmalen und Zusatzangeboten bietet die ADAC-Autofahrerbefragung von 1999 (vgl. [ADAC 2005-09-3] S. 83).

Ein wesentlicher Schlüssel zum Erfolg liegt in den Zutrittskontrollen: Ob Einfahrt, Nutzung des Treppenhauses, Wickelraum, Kundentoilette oder Parkbox – die Nutzung sollte den Nutzungsberechtigten durch geeignete Zutrittskontrollen vorbehalten sein.

8.2.2 Finanzielle Perspektive

Die Aufgaben von Parkhäusern sind nach den „Empfehlungen für Anlagen des ruhenden Verkehrs“ der Forschungsgemeinschaft für Straßen- und Verkehrswesen Gebäude und Gebäudeteile zum Parken oder Einstellen von Personenkraftwagen definiert, die außerhalb der öffentlichen Verkehrsfläche bereitstehen. Als mögliche Formen können Parkdecks, Parkpaletten, Parkhäuser, automatische Parkierungsanlagen (APS), Einzel-, Sammel- oder Tiefgaragen genannt werden. Als Verkehrsquelle können Handelszentren (Innenstädte), Wohngebiete mit einer hohen Geschossflächenzahl (Einfamilienhäuser und insbesondere Mehrfamilienhäuser), kulturelle Einrichtungen (Gemeindekirchen), Freizeiteinrichtungen (Sportplätze und Freibäder, z.B. Allianz Arena in München), Einrichtungen des Gesundheitswesens (z.B. Universitätskliniken, Kreiskrankenhäuser), Büro- und Verwaltungsgebäude, Handwerksbetriebe, Verkehrsknotenpunkte (Bahnhöfe, Flughäfen), Hotels und Gaststätten, Großunternehmen oder Friedhöfe genannt werden. Die Vielfältigkeit der Verkehrsquellen erschwert generelle Aussagen. In Hinblick auf den Lebenszyklus eines Parkhauses lassen sich einige grundsätzliche Kriterien beschreiben.

Der Grundstein des wirtschaftlichen Erfolgs wird in der Projektentwicklung gelegt. Dazu ist ein Parkraumkonzept innerhalb eines Untersuchungsgebietes zu entwickeln: Das beinhaltet die Analyse der Nachfragegruppen [N], die Ermittlung des Tageszielverkehrsaufkommens [Kfz-Fahrten / d] in Abhängigkeit zu den Nachfragegruppen [Kfz-Fahrten / (N*d)] und die Ermittlung der Parkraumbelegung [Kfz] aus der spezifischen Belegungsganglinie [Kfz / (Kfz-Fahrten / d)], um den Bedarf grundsätzlich abzuklären. Dabei ist zu berücksichtigen, dass die zumutbare Fußwegentfernung zum Zielgebiet maßgeblich die Attraktivität eines Parkhauses bestimmt (vgl. [ADAC 2000-10] S. 12).

In der Planungsphase kann in erheblichem Umfang auf die spätere Wirtschaftlichkeit der Parkflächen Einfluss genommen werden. Dabei sollte das Wissen des zukünftigen Betreibers frühzeitig in die Planung mit einfließen. Dazu gehören insbesondere die geplante Nutzerfreundlichkeit und spätere Funktionsfähigkeit. Rechtliche Vorschriften der Landesbauordnungen und Stellplatzverordnungen sind zu beachten. Hier sollten aber insbesondere Mittel- (100 bis 1.000 m^2) und Großgaragen (> 10.000 m^2) nach den Garagenverordnungen der Länder berücksichtigt werden. Sie beschreiben in der Regel Mindestanforderungen und unterschreiten in einigen Punkten die Forderungen nach benutzerfreundlichen Parkhäusern (vgl. Stellplatzbreite). Ebenso ist ggf. auf Überschreitung (noch) gültiger DIN-Normen zu achten, wie z.B. im Falle der Beleuchtungsstärke nach [DIN 5035-2 1990-09].

Die Planungs- und Bauphase ist entscheidend für die Funktionsfähigkeit und Wirtschaftlichkeit des auszuführenden Parkhauses. Bereits zu diesem Zeitpunkt sind eine Zielgruppenanalyse durchzuführen und die Anforderungen gemäß Abschnitt „Die Kundenperspektive“ für einen zielgruppenadäquaten Angebots-Mix aus Größe, Lage, (technischer) Ausstattung und Preis in der Planung zu berücksichtigen.

Hinsichtlich der Statik ist auf ein parkhausgerechtes Konstruktionsraster und eine angemessene Konstruktionshöhe zu achten, die eine zukünftige Anpassung an den Angebots-Mix ermöglichen. Die Deckenspannweite und das Konstruktionsraster (Spannweiten von 12 bis 17 Meter sind zu bevorzugen) und eine stützenfreie Konstruktion, soweit wirtschaftlich, bieten hier erhebliche Vorteile.

Eine ausreichende, praxisnahe Bemessung und entsprechende Stellplatzanordnung, der Fahrgassen und Rampenneigung, aber auch Radien der Fahrbahnen bei der Ein- und Ausfahrt aus den Parkständen orientieren sich nicht zwangsweise an den gesetzlichen Mindestanforderungen, sondern müssen eine nachhaltig erfolgreiche Bewirtschaftung eines Parkhauses ermöglichen. Je nach angestrebter Zielgruppe ist die Wahl des Erschließungssystems (z.B. gerade Rampen, kreisförmige Spindeln oder D'Humy-System für Kurzeitparker bei Einzelhandelkunden) zu treffen.

Inwieweit bereits unabhängig von der Benutzerfreundlichkeit die Wahl der Stellplatzanordnung die Wirtschaftlichkeit beeinflussen kann, soll Abb. 8-7 verdeutlichen.

Von der Stellplatzanordnung abhängig ist neben dem Aufstellwinkel und der lichten Breite des Stellplatzes auch die gesamte Parkplatzstraße. Der Flächenbedarf beträgt bei freier Aufstellung der Parkflächen und einem Fahrbahnanteil bei Senkrechtparkierung etwa 20 [m^2], bei Schrägparkierung 60° etwa 24 [m^2], bei 45° etwa 24,3 [m^2] (s. [NEUFERT, E. 1980] S. 377ff.). Damit ergibt sich je nach Stellpatzanordnung ein 20% höherer Investitions- und Betriebskostenaufwand (z.B. Instandhaltung und Reinigung). Bei automatischen Parkierungsanlagen reduziert sich der Flächenverbrauch weiter, allerdings sind die Investitions- und Betriebskosten höher als bei konventionellen Anlagen.

Die Vermeidung von Belüftungsanlagen oder besondere Brandschutzmaßnahmen durch „ganzheitliche" Planung reduzieren die Investitionskosten und die Instandhaltungskosten wegen unterdurchschnittlicher Lebensdauer technischer Anlagen zweifach. Eine Investition in ein internes Parkhausleitsystem und Einzelplatzerfassung kann sinnvoll sein.

Die Vertriebsphase für einzelne Stellplätze ist nicht gewöhnlich. Insbesondere in der Wohnungswirtschaft bietet sich auch der Verkauf von Garagen an, allerdings sind Tiefgaragen und Stellplätze für Makler eher lästige Pflicht als ein ernstzunehmendes Geschäft.

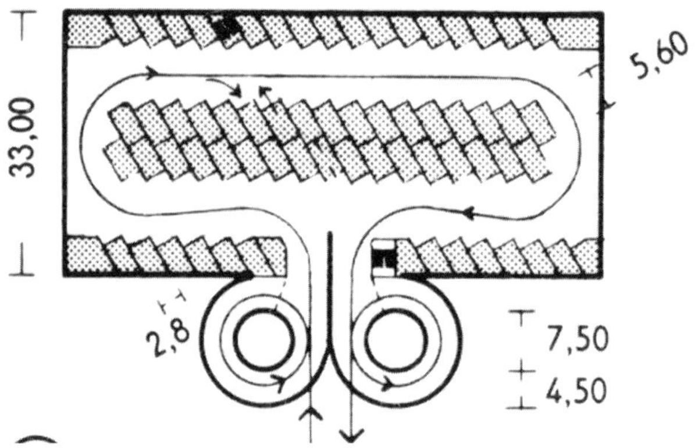

S. [NEUFERT, E. 1980] S. 377ff., z.B. Schrägparkierung, Garage Falconet in Paris

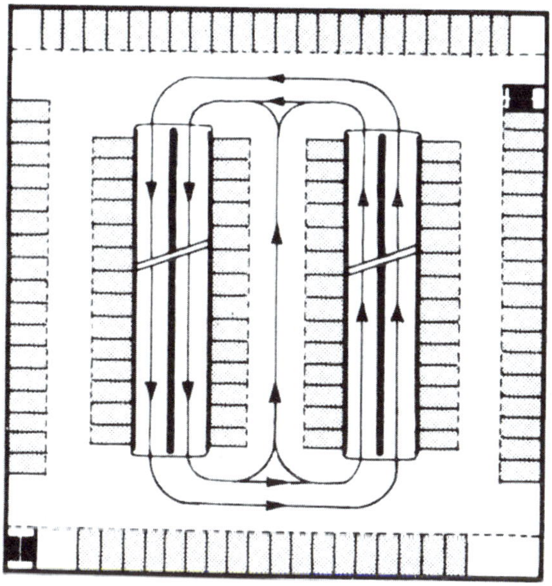

S. [NEUFERT, E. 1980] S. 377ff., z.B. Senkrechtparkierung, Motor-Mart-Garage in Boston
Abb. 8-7: Schräg- / Senkrechtparkierung

Dabei sind es vor allem die Wohn- und Gewerbegebiete in den Ballungszentren und Großstädten, die das Handelsinteresse des Maklers wecken können, denn „die Vermietung innerstädtischer A-Lagen ist keine Kunst", sofern ein Verwertungskonzept vorliegt. Nicht die absolute Lage fällt ins Gewicht, sondern das Verhältnis von Parkplatzdichte zu Nutzern. Allerdings stößt diese Form der Verwertung dort an Grenzen, wo Neubaugebiete qua Planungsschlüssel hoffnungslos überversorgt sind (vgl. [WILLHARDT, R. IW-Magazin 2005-11] S. 44).

Dennoch, die Bereitstellung von Parkflächen kann auch ein wesentliches Akquisitionsinstrument insbesondere für Gewerbeimmobilien oder für innerstädtische Wohnimmobilien sein, unabhängig von gesetzlichen Auflagen.

Mit der Nutzung beginnt die eigentliche Betriebsphase. Für ein professionelles Parkflächenmanagement werden etwa 80 Parkplätze (vgl. [FALK, B. 2004] S. 651ff.) vorausgesetzt. Hohe Frequentierung, z.B. bei Parkbauten in der Nähe von oder für Theaterbauten und Konzerthallen sind besonders arbeitsintensiv für das Management. Parkflächen für die Wohnungswirtschaft benötigen in der Regel weit weniger personellen Aufwand. Die Aufgaben ähneln in weiten Teilen denen eines Immobilienunternehmens.

Ein spezialisierter Parkhausbetreiber kann Synergieeffekte aus dem Betrieb mehrer Parkanlagen und aus speziellem Fachwissen herausarbeiten. Der Eigentümer wird auch weniger geneigt sein, das Parkhaus als eigenständiges Profit-Center anzuerkennen, sondern vielmehr als Nebengebäude zu einer Hauptnutzung, z.B. zu einem Kaufhaus.

Wesentliche Kennzahlen zur Charakterisierung der Qualität oder der Mängel eines Parkhauses sind die Parkdauer, Parkumschlagszeit, Parksuchzeit und Saisonalität.

Der Erfolg eines Parkhauses lässt sich durch ein aktives Nutzermanagement zu Gunsten einer hohen Kundenzufriedenheit der gewünschten Zielgruppe beeinflussen. Die Zielgruppe lässt sich durch Nutzerselektion und Nutzerbewertung näher beschreiben (Nutzerselektion nach der ABC-Analyse um die Mieter mit hohem Umsatzpotenzial (Kategorie A), mittlerem Umsatzanteil (Kategorie B), und C mit geringem Umsatzanteil oder durch ein Nutzerportfolio mit der Frage: „Wer ist der Mitnahmenutzer, Fragezeichennutzer, Ertragsnutzer oder Starnutzer?“). Diese Erfolgskette der Nutzerorientierung lässt sich in fünf Phasen unterscheiden: vom Erstkontakt über die Nutzerzufriedenheit (Bewertung der Leistung durch den Nutzer), Nutzerloyalität (übertroffene Leistungen kann zur Nutzerbindung führen, die mit geringerer Wechselbereitschaft einhergeht), Nutzerbindung (Cross-Selling-Effekte, Abnahme weiterer Leistungen, Weiterempfehlung) bis hin zum ökonomischen Erfolg.

Die Zufriedenheit der Nutzer lässt sich begleitend mit objektiven und subjektiven Messverfahren bewerten, wie z.B. mit dem subjektiven Verfahren des Silent-Shoppers, der in Checker, Experte oder Kunde differenziert werden kann. In Anbetracht der langen Standzeit von Gebäuden sind langfristig aber auch die Verkehrserschließung, die Verkehrsmittelwahl, das verfügbare Konsumverhalten sowie die Budgets und Reinlichkeitsstandards zu überprüfen.

Neben dem Nutzermanagement ist Preis- / Tarifgestaltung ein weiteres wesentliches Element, den Erfolg zu beeinflussen. Dafür stehen z.B. ein Kurzpreiseinstiegstarif zur Gewinnung von Neukunden, eine nutzerabhängige Preisgestaltung (z.B. Ausweisung von VIP-Stellplätzen mit erhöhten Stellplatzgebühren) oder eine Preisvariation in Abhängigkeit zur Verweildauer (Kundenbindung) zur Verfügung. Zusätzlich ist eine verursacherabhängige Preisgestaltung denkbar, wie sie bei Rückvergütungssystemen bei Einzelhandels- oder Großhandelgeschäften üblich ist.

Kapazitätsausweitungen erfordern in der Regel eine mittelfristige Planung und einen Investitionsaufwand, wenn sie durch technische Maßnahmen (z.B. Duplex-Systeme, Parkhaus-Paternoster, verschiebbare Parkpaletten) realisiert werden. Daneben besteht die Möglichkeit, die Öffnungszeiten zu erweitern.

Die bessere Ausnutzung bestehender Parkflächen kann durch Mehrfachnutzungen von unterschiedlichen Nachfragegruppen (z.B. Kunden, Besucher, Bewohner und Beschäftigte) oder Branchen-Mix bei Shoppingcentern erreicht werden (vgl. [ULI P92]). Potenziale lassen sich nach den Tagesganglinien für Stadtkernzentren in Oberzentren < 400.000 Einwohner (s. Abb. 8-8) ablesen. Dies muss ggf. mit einem aktiven Mietvertragsmanagement gekoppelt werden. Das heißt, stundenweise Vermietung von Stellplätzen, die in der üblichen Nutzung tagsüber nicht benötigt werden (z.B.: Parkflächen für die Anwohner in der Nacht, Parkflächen für Büroangestellte am Tag). Einer flexiblen Zugangskontrolle kann dabei eine besondere Bedeutung zukommen.

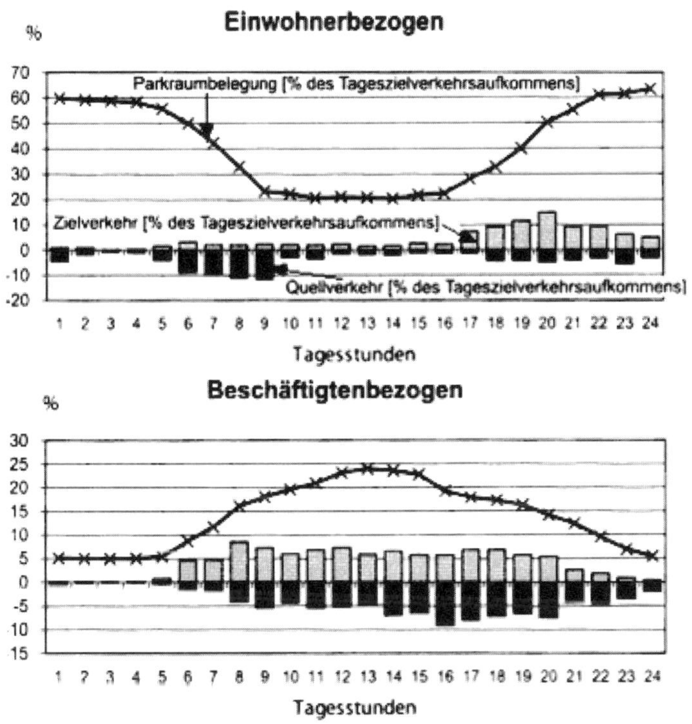

Quelle: Heberling, G. (s. [www.isl.uni-karlsruhe.de/module/erschliessung/parkkonzepte.html] für den 24.5.2005, Abruf am 15.11.2005)

Abb. 8-8: Tagesganglinien Oberzentren

Die Auslastung von Parkhäusern kann auch dadurch gesteigert werden, dass das Parkhaus in ein Parkleitsystem mit anderen Parkflächen eingebunden wird, sofern die Parkflächen in stark frequentierten Innenstadtbereichen situiert und ein Leitsystem installiert ist (z.B. in Frankfurt am Main). Es sollte ein internes Parkleitsystem folgen, das in der Regel durch Schrankenanlage oder Schleifendetektoren den Belegungszustand erfasst. Eine gezielte Einzelplatzerfassung kann den Parkplatzsuchenden schneller zu einem freien Parklatz führen. Optimale Flächenausnutzung kann möglicherweise BEST PARK bieten, bei dem jedes Fahrzeug bei der Einfahrt vermessen wird und zu einem optimalen Parkplatz geführt wird (vgl. [ADAC 2000-10] S. 78f.).

Die Auslastung kann auch durch Steigerung der Akzeptanz bei den Kunden durch Marketing-Maßnahmen (Tag der offenen Tür, Ausstellungen) erreicht werden. Hierbei sind die Maßnahmen in das bereits beschriebene Konzept der Nutzerorientierung einzubinden.

Der wirtschaftliche Erfolg lässt sich auch durch höhere Erträge steigern. Zu den Einnahmen gehören die Erlöse aus den Kurzparkgebühren, den Dauermietverträgen und den Rechnungen für Kreditkarten (vgl. [MÄNDLE, E. 1997] S. 640).

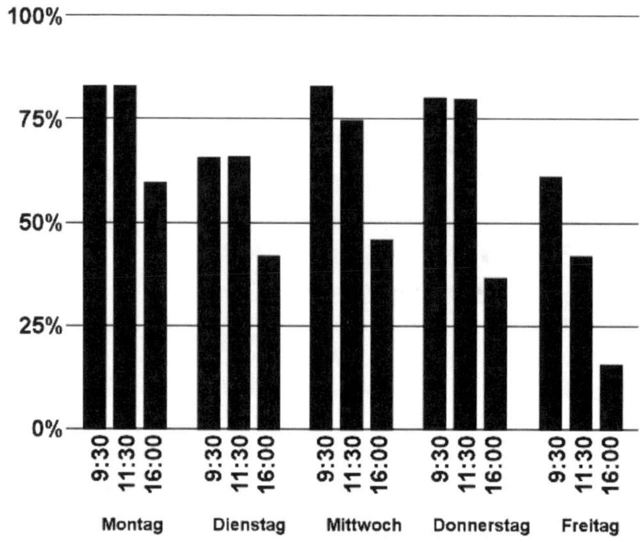

Vgl. [ADAC 2000-10] S. 10

Abb. 8-9: Belegung eines repräsentativen Parkhauses

Begleitgeschäfte können neben dem Angebot eines Parkplatzes zu weiteren Einnahmen führen: Dazu werden die vorhandenen Flächen als Werbeträger vermietet (beleuchtete Werbeträger), das vorhandene Gebäude für Träger von Mobilfunkanlagen gegen Nutzungsentgelt oder für Photovoltaikanlagen zur Verfügung gestellt. Ebenso können Einnahmen aus temporären Nutzungen zu anderen Zwecken (z.B. Discos, Flohmärkte etc.) erzielt werden. Weitere Einnahmen können aus Bonus-Aktionen für Handelsgeschäfte in unmittelbarer Nähe erzielt werden (freies Parken für Kunden umliegender Geschäfte).

Der Erfolg lässt sich auch durch Senkung der Kosten steigern. Zu den Kosten zählen Gebäudeabschreibungen und Abschreibungen für bewegliche Anlagegüter wie z.B. Reinigungsmaschinen, Kassenautomaten, Video-Überwachungsanlagen (differenziert nach steuerlichen und / oder technischen Vorgaben), öffentliche Abgaben, Personalkosten, Versicherungsprämien, Reinigungskosten, Medienkosten (Wärme und Kälte, Strom, Wasser), Instandhaltung (vgl. [DIN 31051 1985-01]), Aufwand für den laufenden Betrieb (Tickets, Beschaffung von Berechtigungsausweisen) und sonstiger Betriebsaufwand.

Daraus ergeben sich in den Kostenarten folgende mögliche Kostenoptimierungsmöglichkeiten: Zentraler Einkauf von Leistungen und Waren für mehrere Gebäude, Prozessoptimierung mit dem Ziel, Personal durch Automatisierung zu verringern und höhere Auslastung des verbleibenden Personals zu erreichen.

8.2.3 Prozessperspektive

Neben der Optimierung der Prozesse, die zur Einsparung des Personals führen, sind die Prozesse derart zu bereinigen, dass Manipulation und missbräuchlicher Eingriff in die Anlagen vermieden werden und eine hohe Kundenzufriedenheit erreicht wird.

Zu den allgemeinen Leistungen eines professionellen Parkflächenmanagements gehören z.B.: Wirtschaftlichkeitsberechnungen, Nutzermanagement, Personalmanagement und Controlling. Weiterhin sind Strategien zur Erhöhung der Wirtschaftlichkeit zu entwickeln. Die operativen Aufgaben umfassen dabei:

- Kassentätigkeiten, Verwaltung und Kontenführung von Werbe- und Dauermietverträgen, Quittungen und Code-Karten für Kurzzeit- und Dauermieter, Beschaffung und Ausstellung von Berechtigungsausweisen für Ein- und Ausfahrten
- Kostenrechnung- und Rechnungswesen
- Reinigungsmanagement (hierzu gehört die tägliche Grobreinigung und wöchentliche Grundreinigung zu Einhaltung von Reinlichkeitsstandards)
- Versicherungsmanagement (z.B. Abwicklung von Schäden an Kundenfahrzeugen), Abgabenmanagement
- Instandhaltungsmanagement (kurzfristige Behebung von Störfällen, Schönheitsreparaturen und Instandsetzungsmaßnahmen regelmäßig durchführen)
- Sicherheitsdienste: Überwachungsaufgaben, Öffnung und Schließung des Parkgebäudes, Verkehrssicherungspflichten (Räum- und Streupflicht im Winter)
- Informationsmanagement: tägliche Frequenzen- sowie durchschnittliche Verweildauern geben Rückschlüsse auf den Erfolg von Sonderaktionen und veränderte Gewohnheiten der Kunden, Erstellung von Managementberichten, Schnittstellen zu Parkabfertigungsautomaten und Kassenautomaten oder Parkleitsystem (s. Abb. 8-9).

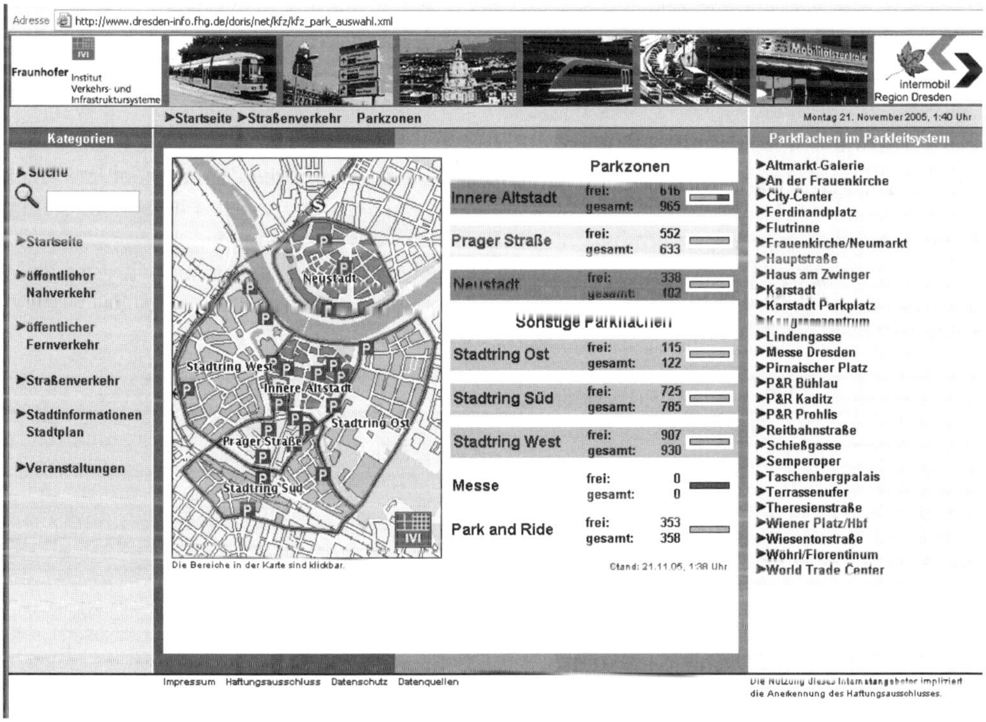

Stadt Dresden (s. [www.dresden-info.fhg.de/doris/net/kfz/kfz_park_auswahl.xml] 21.11.2005)
Abb. 8-10: Pilotprojekt DORIS in Dresden

- Krisenmanagement bei Notruf- oder Überfallsmeldungen auf eine ständig besetzte Notrufzentrale

- Qualitätsmanagement zur Überwachung der Beleuchtung und Sauberkeit, Auszeichnung und Gütesiegel (ADAC-Siegel für insgesamt 190 Parkhäuser, vgl. [ADAC 2005-09-3]).

Die Aufgaben betreffen unterschiedliche Anlagenteile: Be- und Entlüftungssysteme, Parkabfertigungsanlagen mit ihren Kassenautomaten, Sprinkleranlagen, Personenaufzüge, Brandschutztore oder Überwachungssysteme. Ziel ist es, die Funktionsfähigkeit mit geeignetem Personal, den reibungslosen Betrieb und den störungsfreien Ablauf der Zu- und Abfahrtsmöglichkeiten sicherzustellen. Viele der Prozesse sind in der Immobilienwirtschaft weithin bekannt.

8.2.4 Lern- / Entwicklungsperspektive

Indikatoren für die zunehmende Bedeutung der Kundenperspektive sind Qualitätsstandards und Auszeichnungen, die im Bereich der Parkhausbetreiber vergeben werden. Neben der baulichen und ästhetischen Ausgestaltung spielen die kundenfreundlichen Prozesse hierbei eine große Rolle.

Zu erwähnen ist der „European Parking Association Award 2005", der alle zwei Jahre für die Kategorien „Special Parking Product", „New Car Park" und „Renovated Car Park" verliehen wird. Ebenso ist die Zertifizierung der „benutzerfreundlichen Anlagen" durch den ADAC bei automatischen Parkierungsanlagen oder als Checkliste für Parkhäuser generell zu erwähnen. Ziel dieser Maßnahmen ist die Sicherung von Qualitätsstandards, um die sich insbesondere der „European Parking Quality Standard" (EPOS) mit der „AIT FIA and EPA Task Force" bemüht.

Es ist bemerkenswert, dass der „European Parking Association Award 2005" in den Kategorien „Special Parking Product" ein System ausgezeichnet hat, das mit dem Systemlieferanten SkiData das Thema Zutrittsberechtigungssystem im Fokus hatte, welches erhebliche Potenziale durch Zusatznutzungen ermöglicht. SkiData nutzt die „Transponder"-Technik für eine zügige Abfertigung. Insbesondere diese Technik reduziert die Abfertigungszeiten in Parkhäusern gegenüber anderen Systemen erheblich (s. Abb. 8-11), wie das BMV-Forschungsprojekt als Vorabergebnisse bereits 2000 gezeigt hat.

Systemart	Durchschnittliche Abfertigungszeit						Zeitdifferenz	
	Einfahrt		Kapazität	Ausfahrt		Kapazität	Einfahrt	Ausfahrt
	Von [s]	bis	[PKW / h]	Von [s]	bis	[PKW / h]	[%]	[%]
Kurzparker								
Kredit- /Debitkarten	22	25	160	16	20	210	181	164
Kundenkarten	16	17	210	22	25	160	127	214
Handkassierung	14	18	240				123	
Chipkartentickets	10	11	340	9	12	360	81	95
Magnetstreifenticket	12	14	290	10	12	340	100	100
Dauerparker								
Magnetstreifenticket	15	16	235	13	15	270	100	100
Transpondertechnik	9	11	380	9	12	360	65	75

Vgl. Göttsche, Schuster: EAR 05 - Empfehlungen für Anlagen des ruhenden Verkehrs; Richtlinie, FGSV EAR 05; Köln 2005 in [PECH, A. 2005] S. 243

Abb. 8-11: Abfertigungszeiten und Kapazitäten von Abfertigungssystemen

So ermöglicht SkiData mit Paco unlimited (Personal Access Control), eine intelligente integrierte Zugangslösung / -autorisierung in Kombination mit dem Verwaltungs- und Abrechnungssystem der Aareal First Financial Solutions AG in der Immobilienwirtschaft, das ebenfalls Schnittstellen zu den führenden wohnungswirtschaftlichen Immobiliensoftware-Systemen (GES, WohnData, Blue Eagle) beinhaltet.

Die herkömmlichen Schlüsselschalter oder Parkkartenleser an Schranken und Rolltoren werden durch berührungslose Zugangsmodule ersetzt und zentral verwaltet. Die Chipverwaltung im zentralen System ersetzt die aufwändige Schlüssel- oder Parkkartenverwaltung beim Betreiber / Verwalter der Immobilie vor Ort. Ein Anwender für das Parkraummanagement mit Zusatznutzen von Paco ist z.B. der Mieter- und Bauverein in Karlsruhe für insgesamt 60 Stellplätze, 5 Türen und 120 Mitarbeiter.

Der „Schlüssel" dazu ist ein kontaktloser passiver Transponder (berührungslos, wetterfest und damit verschleißfrei), der zur Abarbeitung interner Prozesse benötigte Energie ausschließlich aus dem Induktionsfeld der Schreib- / Leseeinheit bezieht. Der Betrieb der Installationen dieser Lesegeräte ist insgesamt wesentlich einfacher als bei konventionellen Schließanlagen. Vandalismus wird vermieden, verklebte Schlüsselschalter gehören der Vergangenheit an. Insbesondere die Zugänge zum Parkhaus, Aufzug, Wickelraum, zu den Kundentoiletten und Schließfächern der Autovermieter (s. Abb. 8-12) lassen sich flexibel regeln. Verlorene Datenträger können einfach und schnell im Hintergrundsystem gesperrt und kostengünstig ersetzt werden. Bei integrierten Zugangslösungen ist die Bezahlung quasi im Vorbeigehen inklusive. Buchhalterische Abläufe werden durch den Wegfall des Bargeld-Handlings vereinfacht, komplette Abrechnungs- und Verwaltungsmodalitäten automatisiert und von externen Dienstleistungsunternehmen kostengünstiger erbracht. Skifahrer wissen den Vorteil eines chipbasierten Skipasses wegen der schnellen Zutrittskontrolle im „Gedrängel" der Liftanlage zu schätzen.

Der ZVEI nennt daher eine Fülle von Schnittstellen zu Systemen, die mit einem komplexen Zutrittsmanagementsystem verbunden werden können (vgl. [ZVEI/FAS (2008-2]): Ausweiserstellung und verwaltung, Zeiterfassung, Betriebsdatenerfassung, Kantinendatenerfassung, Tankdatenerfassung, Einbruchmeldeanlage, Brandmeldeanlage, Fluchtwegesteuerung, Fluchtleitsystem, Alarmierungssystem, Videoüberwachung, Einsatzleitsystem, Gebäudeautomation, Besucherverwaltung, Wächterkontrollsystem, Warensicherungsalarm, Rechner-/ Netzzugang oder elektronische Unterschrift.

Die Akzeptanz bei den Nutzern ist daher weiterhin steigend, mit zunehmenden Verbreitungsgrad ist mit einer weiteren Kostenreduktion zu rechnen. Die Diskussion von RFID-Systemen (Radio Frequency Identification) (vgl. [RANKL, W. 2002] S. 9, 94) ist weiter auf dem Vormarsch und erobert auch zunehmend das Gesundheitswesen.

Innovative Modelle der Mehrfachnutzung, individueller Leistungsangebote oder Zusatznutzen und Abrechnungen sind daher in dem Massengeschäft der Kurz- und Dauermieter vorstellbar. In Kombination mit mechatronischen Hilfen können Türschließsysteme auch von anderen Zielgruppen, z.B. von Menschen mit einer Behinderung, geöffnet werden. Eine Mutter mit Kinderwagen und vollen Einkaufstüten freut sich auch.

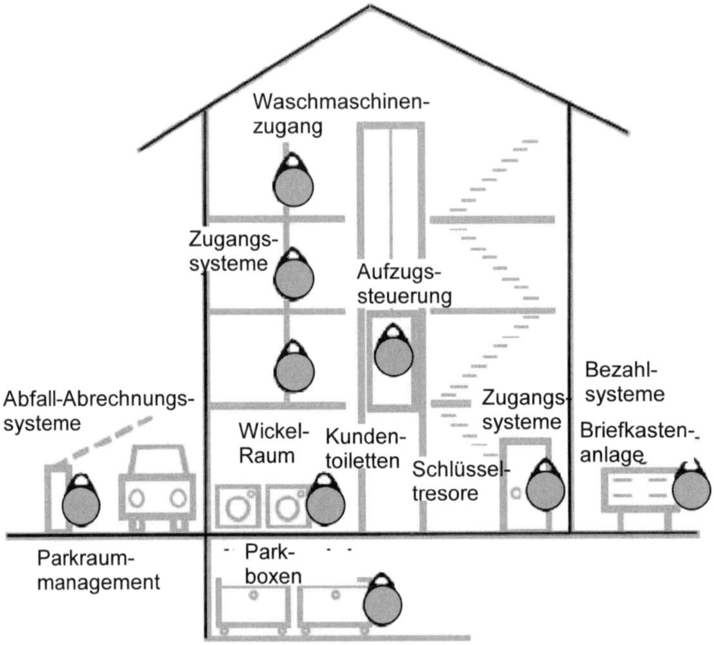

Abb. 8-12: Anwendungsbeispiele integrierter Zutrittssysteme am Bspl. Paco

8.2.5 Fazit

Wie bereits unter der Lern- / Entwicklungsperspektive gezeigt wurde, ergeben sich durch die Beteiligung aller Perspektiven (aus Sicht der Kunden, aus kaufmännischer und technischer Sicht) mit Hilfe der Informationstechnologie Lösungen, die den unternehmerischen Erfolg sichern werden.

Die Kriterien für „Facility Management" zur Kosteneinsparung im Lebenszyklus eines Parkhauses können unter Beachtung der Ganzheitlichkeit, des technischen Gebäudemanagements, des In- / Outsourcing, der Schaffung von Kostentransparenz und im Hinblick auf verschiedene Betreibermodelle bei Parkhäusern zur Anwendung gebracht werden.

„Facility Management" auch für Parkhäuser? Als Gedanke zunächst ungewohnt, aber durchaus vorteilhaft.

9 Anhang

9.1 Indexreihen

	Quelle
Abwasserentsorgung	Kosten indiziert mittels Indexreihe: Abwasserentsorgung (CC0443) [StBA 61111-0005-(2007-07-06)] Tabelle 61111-0005
Wasserversorgung	Kosten indiziert mittels Indexreihe: Wasserversorgung (CC0441) [StBA 61111-0005-(2007-07-06)] Tabelle 61111-0005
Reinigung	Kosten indiziert mittels Indexreihe: Chemische Reinigung, Waschen u. Rep. v. Bekleidung (CC0314) [StBA 61111-0005-(2007-07-06)] Tabelle 61111-0005
Rohölpreisindex	Kosten indiziert mittels Indexreihe: Rohölpreisindex (RPI) 45 J.[bpb 2006-06]
Strom	Kosten indiziert mittels Indexreihe: Strom (CC0451) [StBA 61111-0005-(2007-07-06)] Tabelle 61111-0005
Betriebskosten Strom	Kosten indiziert mittels Indexreihe: Betriebskosten Strom (Standard) (Strom) [ZBWB-S TiB 1994-05] u. eig. Berechnungen
Arbeitskosten	Kosten indiziert mittels Indexreihe: Arbeitskostenindizes: nach Wirtschaftbereichen: Index der Bruttolöhne und Gehälter: Kalender- und Saisonbereinigt BV4.1: Handel, Instandh. u. Rep. v. Kfz u. Gebrauchsgütern (AKI WZ-G) [StBA 62421-0001-(2007-07-06)] Tabelle 62421-0001
Gastgewerbe	Kosten indiziert mittels Indexreihe: Arbeitskostenindizes nach Wirtschaftbereichen: Index der Bruttolöhne und Gehälter: Kalender- und Saisonbereinigt BV4.1: Gastgewerbe (AKI WZ-H) 11 J.[StBA 62421-0001-(2007-07-06)] Tabelle 62421-0001
Verpflegungsleistungen	Kosten indiziert mittels Indexreihe: 11 J.[StBA 62421-0001-(2007-07-06)] Tabelle 62421-0001
Versicherungsdienstleistungen	Kosten indiziert mittels Indexreihe: Versicherungsdienstleistungen für die Wohnung (CC1252) [StBA 61111-0005-(2007-07-06)] Tabelle 61111-0005
Baupreise	Kosten indiziert mittels Indexreihe: Baupreisindizes Bauleistungen mit Umsatzsteuer (BPI mit MWSt.) [StBA 61261-0013-(2007-07-06)] Tabelle 61261-0013
Sicherheitsdienste	Kosten indiziert Arbeitskostenindizes:nach Wirtschaftbereichen: Index der Bruttolöhne und Gehälter: Kalender- und Saisonbereinigt BV4.1: Handel, Instandh. u. Rep. v. Kfz u. Gebrauchsgütern (AKI WZ-G) 11 J.[StBA 62421-0001-(2007-07-06)] Tabelle 62421-0001

9.2 Abkürzungsverzeichnis

a	Jahr
ABZ	Allgemeinen Baugenossenschaft Zürich
AG	Auftraggeber
AGI	Arbeitsgemeinschaft Industriebau
ALG	Arbeitslosengeld
AMEV	Arbeitskreis Maschinen- und Elektrotechnik staatlicher und kommunaler Verwaltungen
AN	Auftragnehmer
Association HQE	Association pour la Haute Qualité Environnementale
ArbSchG	Arbeitsschutzgesetz
ArbStättV	Arbeitsstättenverordnung
AVA	Ausschreibung-Vergabe-Abrechnung-System
BBU	Verband Berlin-Brandenburgischer Wohnungsunternehmen
BBodSchG	Bundes-Bodenschutzgesetz
BetrSichV	Verordnung über Sicherheit und Gesundheitsschutz
BGB	Bürgerliches Gesetzbuch
BGF	Brutto-Grundfläche
BGW	Bundesverbandes der deutschen Gas- und Wasserwirtschaft
BKHW	Blockheizkraftwerk
BImSchG	Bundes-Immissionsschutzgesetz
BKI	Baukosteninformationszentrum Deutscher Architektenkammern
BLOT	Build Lease Operate Transfer
BMBau	Bundesministerium für Bauwesen, Städtebau und Regionalwesen
BMFT	Bundesministerium für Forschung und Technologie
BOO	Build Own Operate
BORIS	Bodenrichtwertinformationssystem des Landes Nordrhein-Westfalen
BOT	Build Operate Transfer
BREEAM	Building Research Establishment Enviromental Assesment Method
BRI	Brutto-Rauminhalt
Bspl.	Beispiel
BTO	Build Transfer Operate
BWK	Bauwerkszuordnungskatalog
BZK	Bauwerkzuordnungskatalog
bzw.	beziehungsweise
CAD	Computer Aided Design
CAFM	Computer Aided Facilities Management – Systeme

CO2	Kohlenstoffdioxid
CREIS	Creis Corporate Real Estate Information System GmbH
CREM	Corporate Real Estate Management
DCF	Discounted Cashflow
DDC	Direct Digital Control
DGNB	Deutsche Gesellschaft für nachhaltiges Bauen e.V.
DIN	Deutsches Institut für Normung
DIX	Deutscher Immobilien Index
DKI	Deutschen Krankenhausmanagements Beratungs- und Forschungsgesellschaft
DV	Datenverarbeitung
EIB	European Installation Bus
EMAS	Eco- Management and Audit Scheme
EPA	Einheitspreisabkommen
EPIQR	Energy Performance - Indoor Enviroment Quality – Retrofit
EPK	Ergebnisgesteuerte Prozesskette
EREM	Ecclesiastic Real Estate Management
ERP	Enterprise Ressource Planning – System
ESI	Economic Sustainability Indicator
ESPS	Evangelischen Stiftung Pflege Schönau
ESWiD	Evangelisches Siedlungswerk in Deutschland
FM	Facility Management oder Facilities Management
GdW	Bundesverband der Wohnungswirtschaft
GEFMA	German Facility Management Association
GES	Gesamtbuchhaltungssystem
GIS	Geografisches Informationssystem
GGZ	Grundstücksgesellschaft Zwickau mbH
GLT	Gebäudeleittechnik
GM	Gebäudemanagement
GND	Gesamtnutzungsdauer
Gt	Gradtagszahl
GuV	Gewinn-und-Verlust-Rechnung
GUV	Gesetzliche Unfallversicherung
GVFG	Gemeindeverkehrsfinanzierungsgesetz
GWH	Gemeinnützige Wohnungsgesellschaft mbH Hessen
HES	Home Electronic System
HIS	Hochschul-Informations-System
HGB	Handelsgesetzbuch

HKL	Heizung – Klima – Lüftung
i.d.R.	in der Regel
IBB	Investitionsbank Berlin
IfB	Institut für Bauforschung
IFMA	International Facility Management Association
IFRS	International Financial Reporting Standard
IRIS	Immobilien – Richtwert – Informationssystem der Gutachterausschüsse NRW
IWB	Institut für Wirtschaftliches Bauen
JLL	Jones Lang LaSalle
KEV	Kommunalen Energiemanagement
KGSt	Kommunale Gemeinschaftsstelle für Verwaltungsmanagement
KIJ	Kommunale Immobilien Jena
KNX	Konnex
KPI	Key Performance Indicators
KrW- / AbfG	Kreislaufwirtschafts- und Abfallgesetz
LAG	ARGEBAU - Hochbauausschuss der Länder (LAG)
LB	Leistungsbereich
LCA	Life Cycle Impact Assessment (Ökobilanz)
LCN	Local Control Netzwork
LEED	Leadership in Energy and Enviromental Design
LEGEP	Lebenszyklus-Gebäude-Planung
LWB	Leipziger Wohnungs- und Baugesellschaft mbH
LWL	Lichtwellenleiter
m^2	Quadratmeter
Mio.	Millionen
MBO	Musterbauverordnung
Mrd.	Milliarden
NF	Nutzfläche
NGF	Netto-Grundfläche
NRW	Nordrhein - Westfalen
OGIP	Optimierung der Gesamtanforderungen für Energieverbrauch, Umweltbelastung und Baukosten
ÖPP	Öffentlich-Private Partnerschaft, siehe auch PPP
PC	Personal-Computer
PDCA	Plan Do Control Act
PKW	Personenkraftwagen
PPP	Public Private Partnership

PREM	Public Real Estate Management
PrM	Property Management
PVC	Polyvinylchlorid
REAM	Real Estate Asset Management
REIM	Real Estate Investment Management
REPM	Real Estate Portfoliomanagement
RFID	Radio Frequency Identification
RFID	Radio Frequency Identification
RLT	Raumlufttechnik
ROI	Return on Investment
ROT	Rehabilitate Operate Transfer
s.	siehe
SGB	Sozialgesetzbuch
SIA	Schweizerischer Ingenieur und Architektenverein
SLA	Service-Level-Agreemants
SPS	Speicher Programmierte Steuerung
StLB	Standardleistungsbuch
SUREUR	Sustainable Refurbishment Europe
TH	Technische Hochschule
TLD	Technische Lebensdauer
u.v.m.	und vieles mehr
USGBC	U. S. Green Building Council
UKGBC	United Kingdom Green Building Council
USA	United States of America
UVP	Umweltverträglichkeitsprüfung
VDI	Verein Deutscher Ingenieure
VeRA	Vereinfachte Reparaturabwicklung
VNW	Verband Norddeutscher Wohnungsunternehmen
WBS	Wohnungs-Bewertungs-System
WBW	Wiederbeschaffungswert
WF	Wohnfläche
WGBC	World Green Building Council
WHG	Wasserhaushaltsgesetz
z.B.	zum Beispiel
ZVEI	Zentralverband der Elektrotechnik- und Elektronikindustrie

9.3 Literaturverzeichnis

[ABG 1999-05] Endt, vom Hans Joachim; Fasse, Manfred; Kirchhof Ralf-Rüdiger; Walter, Martin: PERSYS: Leistungsgerechte Pflegesätze für die stationäre Pflege: Modellrechnung für ein Pflegeheim mit 100 Plätzen, 5.1999

[ADAC 2000-10] ADAC (Hrsg.): Benutzerfreundliche Parkhäuser: Erfahrungen aus der Praxis, Erfahrungen für die Praxis; Informationsblatt, 10.2000

[ADAC 2005-09-3] ADAC (Hrsg.): „Das benutzerfreundliche Parkhaus": Verzeichnis aller ausgezeichneten Parkhäuser; Informationsblatt, 9.2005

[ages 1998] ages (Hrsg.): Verbrauchskennwerte 1996: Energie- und Wasserverbrauchskennwerte von Gebäuden in der Bundesrepublik Deutschland, 3. Aufl., 1998

[AGI N 3] Arbeitsgemeinschaft Industriebau (Hrsg.): Baukostendokumentation, AGI N 3; Hannover: Curt R. Vincentz Verlag 1982

[AGI W 1] Arbeitsgemeinschaft Industriebau (Hrsg.): Instandhaltungs- und Betriebskosten von Bauten und Anlagen - Bürogebäude, AGI W 1; Hannover: Curt R. Vincentz Verlag 1.1985

[AGI W 2] Arbeitsgemeinschaft Industriebau (Hrsg.): Instandhaltungs- und Betriebskosten von Bauten und Anlagen - Laborgebäude, AGI W 2; Hannover: Curt R. Vincentz Verlag 1988

[AGI W 5] Arbeitsgemeinschaft Industriebau (Hrsg.): Instandhaltungsraten von Bauten, AGI W 5; Hannover: Curt R. Vincentz Verlag 1992

[AHLERT, E. DBZ-II 1989] Ahlert, Elfriede: Haushaltsgerechtes Wohnen: Analyse heutiger Wohnkonzeptionen, in: Deutsche Bauzeitschrift; Teil II (1989) Heft 1, S. 67-73

[AHO Nr. 10] Ausschuß der Ingenieurverbände und Ingenieurkammern für die Honorarordnung (Hrsg.): Empfehlungen der AHO zur Definition und Anwendung der Funktionalausschreibung, AHO Nr. 10; Bonn: Bundesanzeiger Verlags-GmbH 5.1998

[AHO Nr. 11] Ausschuß der Ingenieurverbände und Ingenieurkammern für die Honorarordnung (Hrsg.): HOAI - Leistungsbilder von Anlagen der Technischen Ausrüstung nach Teil IX bei der funktionalen Leistungsvergabe, AHO Nr. 11; Bonn 10.1997

[AHO Nr. 16] Ausschuß der Ingenieurverbände und Ingenieurkammern für die Honorarordnung (Hrsg.): Untersuchungen zum Leistungsbild und zur Honorierung für das Facility Management Consulting: erarbeitet von der VBI-Fachgruppe Projekt- und Facility Management, 2., vollständig überarb. Aufl., AHO Nr. 16; Bonn: Bundesanzeiger Verlags-GmbH 6.2004

[AHO Nr. 19] Ausschuß der Ingenieurverbände und Ingenieurkammern für die Honorarordnung (Hrsg.): Neue Leistungsbilder zum Projektmanagement in der Bau- und Immobilienwirtschaft: erarbeitet von der AHO-Fachkomission Projektsteuerung/Projektmanagement, AHO Nr. 19; Bonn: Bundesanzeiger Verlags-GmbH 9.2004

[AHO Nr. 2] Ausschuß der Ingenieurverbände und Ingenieurkammern für die Honorarordnung (Hrsg.): HOAI - Entwurf zur Fortschreibung von Teil XIII: Vermessungstechnische Leistungen, AHO Nr. 2; Bonn 10.1988

[AHO Nr. 3] Ausschuß der Ingenieurverbände und Ingenieurkammern für die Honorarordnung (Hrsg.): HOAI - Besondere Leistungen bei der Tragwerksplanung, 3. Aufl., AHO Nr. 3; Bonn 3.1996

[AHO Nr. 4] Ausschuß der Ingenieurverbände und Ingenieurkammern für die Honorarordnung (Hrsg.): HOAI - Besondere Leistungen bei der Planung von Objekten der Wasser- und Abfallwirtschaft nach Teil VII, AHO Nr. 4; Bonn 8.1993

[AHO Nr. 5] Ausschuß der Ingenieurverbände und Ingenieurkammern für die Honorarordnung (Hrsg.): HOAI - Entwurf zur Fortschreibung von Teil VII a: Verkehrsplanerische Leistungen, AHO Nr. 5; Bonn 6.1994

[AHO Nr. 6] Ausschuß der Ingenieurverbände und Ingenieurkammern für die Honorarordnung (Hrsg.): HOAI - Besondere Leistungen bei der Planung von Anlagen der Technischen Ausrüstung nach Teil XI, AHO Nr. 6; Bonn 7.1994

[AHO Nr. 7] Ausschuß der Ingenieurverbände und Ingenieurkammern für die Honorarordnung (Hrsg.): HOAI - Besondere Leistungen bei der Planung von Ingenieurbauwerken und Verkehrsanlagen nach Teil VII: ausgenommen Objekte der Wasser- und Abfallwirtschaft, AHO Nr. 7; Bonn 1.1995

[AHO Nr. 8] Ausschuß der Ingenieurverbände und Ingenieurkammern für die Honorarordnung (Hrsg.): Untersuchungen für ein Leistungsbild und zur Honorierung für den Planungsbereich „Altlasten", AHO Nr. 8; Bonn 3.1996

[AHO Nr. 9] Ausschuß der Ingenieurverbände und Ingenieurkammern für die Honorarordnung (Hrsg.): Untersuchungen zum Leistungsbild des § 31 HOAI und zur Honorierung für die Projektsteuerung, 1. Aufl., AHO Nr. 9; Bonn: Bundesanzeiger Verlags-GmbH 11.1996

[AHO Nr. 9] Ausschuß der Ingenieurverbände und Ingenieurkammern für die Honorarordnung (Hrsg.): Untersuchungen zum Leistungsbild, Honorierung und zur Beauftragung von Projektmanagment-Leistungen in der Bau- und Immobilienwirtschaft: erarbeitet von der AHO-Fachkomission Projektsteuerung/Projektmanagement, 1. Aufl., AHO Nr. 9; Bonn: Bundesanzeiger Verlags-GmbH 1.2004

[AIDA-1] Schäfer, Andreas; Friesecke, Frank; Goc, Wojciech; Letang, Birgit; Ludwikowska, Hanna: Marktübersicht Bausoftware 2000, Teil 1, 13. Aufl.

[AIDA 2003] AIDA - Marktübersicht Bausoftware Institut für Architekturinformatik und Darstellung (Hrsg.): Marktübersicht Bausoftware 2002, 2003, www.marktuebersicht.de/mueaus/muo/mue_1.asp?bereich=* (08.01.2003)

[AK NRW 1993] Ruf, Hans-Ulrich; Quatuor, Detlef: Handbuch Kosten: Sonderausgabe April 1993, Neue DIN 276; Düsseldorf 1993

[ALTMANNSHOFER, R. DFM 2007-04] Altmannshofer, Robert: Strategisch schlank: Jeder Instandhalter kennt den Konflikt: Die Kosten sollen runter, die Anlagenverfügbarkeit rauf, in: Facility Manager (2007) Heft 4, S. 48-50

[AMEV Personal Betrieb 93] Arbeitskreis Maschinen- und Elektrotechnik staatlicher und kommunaler Verwaltungen (Hrsg.): Hinweise zur Ermittlung des Personalbedarfs für die Betriebsführung der technischen Gebäudeausrüstung in öffentlichen Verwaltungen, AMEV Personal Betrieb 93, 1.1993

[Amt 65 2004] Stadtverwaltung (Hrsg.): Hochbauamt der Stadt Frankfurt am Main: Jahresbericht 2003/2003, 2004

[APPEL, C. vhw FW 3-2005] Appel, Cornolia; Perry, Thomas; Hallenberg, Bernd; Podig, Benjamin: Wohnen in der Sinus-Trendbefragung 2004, in: vhw Forum Wohneigentum; Nr. 3, 2005, S. 114-121

[ArbSchG 2004] Gesetz über die Durchführung von Maßnahmen des Arbeitsschutzes zur Verbesserung der Sicherheit und des Gesundheitsschutzes der Beschäftigten bei der Arbeit, in: Bundesgesetzblatt, ArbSchG, 23.4.2004

[ArbStättV 2004] Verordnung über Arbeitsstätten (Arbeitsstättenverordnung : Verordnung über Arbeitsstätten, überarb. Aufl., ArbStättV; Köln: Arbeitskreis für Bedarfsbemessung von Hochschulen 12.8.2004

[ASUE 09 05 04] Arbeitsgemeinschaft für sparsamen und umweltfreundlichen Energieverbrauch (Hrsg.): Sanierung und Modernisierung von Heizungsanlagen: Eine Entscheidungshilfe für die Wohnungswirtschaft, ASUE 09 05 04, 1.5.2004

[AtisReal KRO 2005] Atisreal (Hrsg.): Key Report Office 2005, AtisReal KRO 2005, 9.2005

[BÄRMANN, J. 1991] Bärmann, Johannes: Wohnungseigentum: Kurzlehrbuch; München: C. H. Beck'sche Verlagsbuchhandlung 1991

[BAETHGE, H. Capital 22-2006] Baethge, Henning: Vom Krankenhaus zum schlanken Haus: Gesundheitsreform, steigende Gehälter und höhere Mehrwertsteuer zwingen die Kliniken, künftig wirtschaftlicher zu arbeiten: Oft sind private Betreiber nötig, um das Sparpotenzial auszuschöpfen - aber nicht immer, in: Capital; (2006), Nr. 22, S. 50-53

[BaK 1993-06] Bundesamt für Konjunkturfragen (Hrsg.): Grobdiagnose: Zustandserfassung und Kostenschätzung von Gebäuden, Datenblätter Wohnbauten bzw. Wohn-Gewerbebauten: Impulsprogramm IP Bau, 2., unveränd. Aufl.; Bern: Eidgenössische Drucksachen- und Materialzentrale 6.1993

[BaK 1994] Bundesamt für Konjunkturfragen (Hrsg.): Alterungsverhalten von Bauteilen und Unterhaltskosten: Grundlagendaten für den Unterhalt und die Erneuerung von Wohnbauten; Bern: Eidgenössische Drucksachen- und Materialzentrale 1994

[BARTHOLD, H. IW-Magazin 2008-01] Barthold, Hans-Martin: Mit geringen Investitionen lässt sich die Effizienz bestehender Anlagen deutlich verbessern: Tuning der Heizungsanlage spart Energie, in: Immobilienwirtschaft (2008) Heft 1, S. 66-68

[BAUER, M. IndustrieBAU 5-2007] Bauer, Michael: Ganzheitlicher Ansatz: Die Entwicklung von Immobilien unter betriebswirtschaftlichen Gesichtspunkten muss den gesamten Lebenszyklus eines Gebäudes berücksichtigen. Dass Nachhaltigkeit, Energieeffizienz und Komfort in diesem Zusammenhang eine tragende Rolle spielen ist ein richtiger und zeitgemäßer Ansatz, in: IndustrieBAU; (2007), Nr. 5, S. 20-25

[BAUMANN, H. 1997] Baumann, Herbert; Kapmeyer, Eberhard; Muser, Bernd: Energiesparende Gebäudeplanung für Ingenieure: Planungshilfen zur neuen Wärmeschutz-, Heizungsanlagen- und Kleinfeuerungsanlagenverordnung; Loseblattsammlung, 12., akt. Aufl.; Augsburg: WEKA Baufachverlage 1997

[BAUMGARTH, S. 2004] Baumgarth, Siegfried: Digitale Gebäudeautomation: Arbeitskreis der Professoren für Regelungstechnik, 3., völlig überarb. u. erg. Aufl. Aufl.; Berlin, Heidelberg, New York: Springer-Verlag 2004

[BauNVO 1993] Baunutzungsverordnung in der Fassung vom 23. Januar 1990 (BGBl. I S. 132), zuletzt geändert durch Gesetz, in: Bundesgesetzblatt; Bd. I, BauNVO, 22.4.1993, S. 466, 479

[BBA 2006-09-12] Riebel, Volker: IT: extern oder intern?: Strategische Entscheidungskriterien aus der Deutschen Annington Immobilien GmbH: Vortrag anläßlich der ImmoCom in Berlin; Skript zum Vortrag, 12.9.2006

[BBG 1987-12] Die Bauverwaltung + Bauamt & Gemeindebau (Hrsg.): Planungs- und Kostendaten nach DIN 276/277: Informationsblätter über Baumaßnahmen der öffentlichen Hand; Loseblattsammlung; Hannover: Curt R. Vincentz Verlag 12.1987

[BBodSchG 2004] Gesetz zum Schutz vor schädlichen Bodenveränderungen und zur Sanierung von Altlasten (Bundes-Bodenschutzgesetz), Bd. I, BBodSchG, 9.12.2004

[BBR -124 2007] Veser, Jürgen; Thrun, Thomas; Jaedicke, Wolfgang: Veränderungen der Anbieterstruktur im deutschen Wohnungsmarkt und wohnungspolitische Implikationen, Forschungen, Nr. 124; Bonn: Selbstverlag der Bundesforschungsanstalt für Landeskunde und Raumordnung 2007, http://www.bbr.bund.de/nn_22710/DE/Veroeffentlichungen/Forschungen/Heft124__DL,templateId=raw,property=publicationFile.pdf/Heft124_DL.pdf (30.04.2007)

[BCG 2007] The Boston Consulting Group (Hrsg.): Wohnimmobilien in Deutschland - Entkernung erforderlich: Renovierungsmaßnahmen für eine erfolgreiche Erneuerung, 2007

[BDB-NRW -7 2002] Schiffner, Michael: „Wie kommt das Facility zum Management?" oder „Bestand bekannt?", (2002), Nr. 7, S. 6-10, http://www.bdb-nrw.de/data/bdb_nachrichten/1157562261-1895608.pdf (17.03.2008)

[BdSt 1996] Lenk, Reinhard: Der Investitions- und Folgelastenplaner für Kommunen: 70.000 aktuelle Orientierungswerte für alle wichtigen Gemeindeeinrichtungen; Stuttgart: Richard Boorberg Verlag 1996

[BEA, F. 2004] Bea, Franz Xaver (Hrsg.); Dichtl, Schweitzer: Allgemeine Betriebswirtschaftslehre, 2004

[BERG 1981] Berg; Brohm; Drossel; Frederikesen; Goldsmith; Herrmann; Höfs; Kuldschun; Loeschcke; Rauterberg; Stemshorn; Wagner: Behindertengerechtes Planen: Die Wohnung; Berlin: Verlag Kiepert 1981

[Bergius, S. 2007] Bergius, S.: Ökologie lässt Immobilienfirmen kalt, in Handelsblatt 25.05.2007, www.handelsblatt.com/news/Vorsorge-Anlage/News/_pv/_p/202688/_t/ft/_b/1273329/default.aspx/oekologie-laesst-immobilienfirmen-kalt.html (25.03.2008)

[BetrKV 2003] Verordnung über die Aufstellung von Betriebskosten (Betriebskostenverordnung), in: Bundesgesetzblatt, BetrKV, 25.11.2003

[BetrSichV 2007] Verordnung über Sicherheit und Gesundheitsschutz bei der Bereitstellung von Arbeitsmitteln und deren Benutzung bei der Arbeit, über Sicherheit beim Betrieb überwachungsbedürftiger Anlagen und über die Organisation des betrieblichen Arbeitsschutzes (Betriebssicherheitsverordnung), BetrSichV, 6.3.2007

[BEYERLE, T. IW-Magazin 2007-02] Beyerle, Thomas: Der psychologische Teil des Aufschwungs: Obwohl Wirtschaftszahlen schon seit Ende 2005 eine positive Entwicklung aufzeigen, wird der Boom erst jetzt wahrgenommen, in: Immobilienwirtschaft (2007) Heft 2, München, S. 44-45

[BFW 2004] Bundesverband Freier Wohnungsunternehmen (Hrsg.): Verwalter-Vergütungen in Deutschland: Studie 2004; Berlin 2004

[BImSchG 2007] Gesetz zum Schutz vor schädlichen Umwelteinwirkungen durch Luftverunreinigungen, Geräusche, Erschütterungen und ähnliche Vorgänge (Bundes-Immissionsschutzgesetz), Bd. I, BImSchG, 23.10.2007

[BKI Bd. 1 1998] Baukosteninformationszentrum Deutscher Architektenkammern (Hrsg.): BKI Objekte: Kosten abgerechneter Bauwerke, Bd. 1; Stuttgart 1998

[BKI N6] Baukosteninformationszentrum Deutscher Architektenkammern (Hrsg.): BKI Objekte: Kosten abgerechneter Bauwerke: N6 Neubau, BKI N6; Stuttgart 2004

[BKI-1 1996] Nehm, Arnold; Neubauer, Marianne; Riering, Ewald; Seidel, Wilfried: Gebäudekosten 1997: Baupreistabellen zur überschlägigen Kostenermittlung: Planungsorientiert nach Kostengruppen, Teil 1; Stuttgart 1996

[BKI-1 2004] Baukosteninformationszentrum Deutscher Architektenkammern (Hrsg.). BKI Baukosten 2004: Statistische Kostenkennwerte für Gebäude, Teil 1; Stuttgart 2004

[BKI-2 1996] Nehm, Arnold; Neubauer, Marianne; Riering, Ewald; Seidel, Wilfried: Gebäudekosten 1997: Baupreistabellen zur überschlägigen Kostenermittlung: Ausführungsorientiert nach Leistungsbereichen, Teil 2; Stuttgart 1996

[BMBau 01.041] Triebel, Wolfgang; Achterberg, Gerhard; Tesch, Martin: Wirtschaftlichkeit von Studentenwohnheimen und Studentenwohnungen: Untersuchungen an Versuchs- und Vergleichsbauten in Berlin-Dahlem, Schriftenreihe „Versuchs- und Vergleichsbauten und Demonstrativmaßnahmen, Informationen aus der Praxis - für die Praxis", BMBau 01.041, 1972

[BMBau 01.249] Kräntzer, Karl Richard: Beurteilungsmerkmale für Wohnungen als Entscheidungshilfe für die Planung und Bewertung von Wohnbauten, BMBau 01.249; Bonn-Bad Godesberg 1977

[BMBau 04.094] Drees, Gerhard; Höh, Gerhard: Entwicklung einer Methode für Wirtschaftlichkeitsuntersuchungen bei Baumaßnahmen des Bundes, Schriftenreihe „Bau- und Wohnforschung“, BMBau 04.094; Bonn 1983

[BMBau 04.108] Weeber, Rotraut; Weber, H.; Rossbach-Lochmann, H.; Kremp, Chr.: Bereitstellung von Behindertenwohnungen: Bedarfsgerechte und wirtschaftliche Verfahren, Behindertenwohnungen bereitzustellen; Forschungsbericht, Schriftenreihe „Bau- und Wohnforschung“, BMBau 04.108; Bonn 1985

[BMBau 1989-03] Kandel, Lutz; Linhardt, Achim; Roth, Jürgen: Vergleichende Betrachtung alternativer technischer Wohngebäudeausstattungen und Analyse ihres Einflusses auf Gebäude- und Betriebskosten: Baukostensenkung und Folgekosten, Schriftenreihe „Bau- und Wohnforschung“; Stuttgart: Fraunhofer IRB Verlag 3.1989

[BMBau 1990-11] Menkhoff, Herbert: Vergleichende Betrachtung alternativer technischer Wohngebäudeausstattungen und Analyse ihres Einflusses auf Gebäude und Betriebskosten, Schriftenreihe „Bau- und Wohnforschung“; Stuttgart: Fraunhofer IRB Verlag 11.1990

[BMBau 1991-08] Klocke, Wilhelm: Leitfaden zur Bauinstandhaltung: Inspektion und Wartung Ihres Hauses - Ratschläge zur Pflege und Werterhaltung, 3. Aufl.; Bonn-Bad Godesberg 8.1991

[BMBau 1993] Meurer, F. K.: Sozialer Wohnungsbau in den Niederlanden: Vergleichende Untersuchung über Baukosten, Finanzierung, Technische Bedingungen und Wohnqualität beim sozialen Wohnungsbau in den Niederlanden und in der Bundesrepublik Deutschland, Schriftenreihe „Forschungsvorhaben des Experimentellen Wohnungs- und Städtebaus“; Bonn 1993

[BMBau 1996-03] Bundesministerium für Bauwesen, Städtebau und Regionalwesen (Hrsg.): Dritter Bericht über Schäden an Gebäuden; Bonn 3.1996

[BMBau 474] Deters, Karl: Verfahren zur Kostendämpfung bei der Modernisierung der Sanitärinstallation und der Einfluß auf die Betriebskosten; Forschungsbericht, Schriftenreihe „Forschung“, BMBau 474; Bonn-Bad Godesberg 1989

[BMBFT (BINE)] Dänekamp, Birgit: Rationelle Energieverwendung in öffentlichen Gebäuden: kommunales Energiemanagement, BMBFT (BINE); Köln: Verlag TÜV Rheinland 1990

[BOGENSTÄTTER, U. 2001] Bogenstätter, Ulrich: Interdisziplinäres Modell zur Bewertung von Wohnstätten für [(schwer geistig) behinderte] Menschen in frühen Planungsphasen; Dissertation; Karlsruhe 2001

[BOGENSTÄTTER, U. BRI 5-6-2000] Bogenstätter, Ulrich: Prediction and optimization of life cycle costs in early design, in: British Research & Information; 28 (2000), Nr. 5-6, S. 376 – 386

[bpb 2006-06] Bundeszentrale für politische Bildung (Hrsg.): Rohstoffpreisindex: Rohöl, deflationiert mit USA-Lebenshaltungskostenindex; Html-Seite, 6.2006, http://www.bpb.de/wissen/N7B60U,0,0,Energiekosten.html (07.07.2007)

[BRAUNE, A. IndustrieBAU 2008-01] Braune, Anna: Nachhaltigkeit, in: IndustrieBAU (2008) Heft 1, S. 59

[BRILLINGER, M. 2001] Brillinger, Martin H.; Grünzel. M.; Pufahl, T.: Kosten-Nutzen-Bewertung von Bussystemen und Gebäudeautomation im Wohnungsbau; Forschungsbericht; Stuttgart: Fraunhofer IRB Verlag 2001

[BRILLINGER, M. DAB 2003-04] Brillinger, Martin H.: Bussysteme und Gebäudeautomation: eine Kosten-Nutzen-Bewertung im Wohnungsbau, in: Deutsches Architektenblatt (2003) Heft 4, S. 66-68

[Brockhaus 1999] o.V.: Brockhaus: Die Enzyklopädie: in 24 Bänden. 20., neu bearbeitete Auflage. Leipzig, Mannheim: F.A. Brockhaus 1996-99. Unsere Online-Ausgabe enthält aktualisierte Artikel aus der Brockhaus-Redaktion; Software; Mannheim 1999

[BSI OHSAS 18001 2007-12] Arbeitsschutzmanagementsysteme: Forderungen: Occupational Health And Safety Assessment Series (OHSAS), British Standards Institution (Hrsg.), BSI OHSAS 18001, 31.12.2007

[BSI OHSAS 18002 2000-02] Arbeitsschutzmanagementsysteme: Richtlinien zur Einfuehrung von OHSAS 18001: Occupational Health And Safety Assessment Series (OHSAS), British Standards Institution (Hrsg.), BSI OHSAS 18002, 15.2.2000

[BURKERT, J. 2006-03-16] Burkert, Joachim: Erfolgsstory der Stadt Geislingen (Steige): Arbeitspapier zur Vorbereitung des Arbeitskreises Facility Management für Kommunen; Arbeitspapier, 16.3.2006

[BURMEISTER, J. 1991-05-08] Burmeister, Jürgen: Büro-Organisation bei er Einführung von CAD; Tagungsunterlagen, 8.5.1991

[BWU 1994] Wiegand, Jürgen; Aellen, Kurt; Keller, Thomas: Wohnungs-Bewertungs-System (WBS): Ausgabe 1986, Schriftenreihe Wohnungswesen, 5., unveränd. Aufl.; Bern: Eidgenössische Drucksachen- und Materialzentrale 1994

[BWU 2000-02] Bundesamt für Wohnungswesen (Hrsg.): Wohnbauten planen, beurteilen und vergleichen: Wohnungs-Bewertungssystem (WBS): Ausgabe 2000, Schriftenreihe Wohnungswesen; Bern 2.2000

[CCRS 2007-12] Meins, Erika: Der Nachhaltigkeit von Immobilien einen finanziellen Wert geben: Economic Sustainability Indicator (ESI): Zusammenfassender Bericht: Grundlagen und Mehrfamilienhäuser; Zürich 12.2007

[CHERMAYEFF, S.] Chermayeff, Serge; Alexander, Christopher: Gemeinschaft und Privatheit im neuen Bauen: Auf dem Wege zu einer humanen Architektur; Mainz/Berlin: Florian Kupferberg Verlag

[DBImmobilien Trend-Research 2005] Deutsche Bank Immobilien (Hrsg.): DB Immobilien Trend-Research 2005; Charts, Trends, Pressetext, DBImmobilien Trend-Research 2005; Frankfurt am Main, http://www.dbimmobilien.de/(h05kpjauulm vfgygn0hzeaiw)/main.aspx?menu=1,6,31 (09.09.2005)

[DE ZOETEN, R. 2004-09-20] de Zoeten, Robert: Vergleich von (IT)-Lösungen für Kleinreparaturen in der laufenden Instandhaltung, 20.9.2004

[DE ZOETEN, R. Der Vermieter 2002-05] de Zoeten, Robert: Marktveränderungen in der Wohnungswirtschaft, in: Der Vermieter (2002) Heft 5, S. 27-30

[DEHOGA 2006-05-09] Deutscher Hotel- und Gaststättenverband e.V. (DEHOGA Bundesverband) (Hrsg.): Kriterienkatalog 2005: Deutsche Hotelklassifizierung, 9.5.2006, http://www.hotelsterne.de/Hotelklassifizierung2005.pdf (01.11.2006)

[DEKRA Umwelt 2005] DEKRA Umwelt (Hrsg.): ImmoPass-Leitfaden: Leitfaden zu den Beurteilungskriterien des ImmoPass für Wohngebäude, 2005

[Deloitte 2005-02] Deloitte&Touche (Hrsg.): Kennzahlen für die Wohnungswirtschaft: Ergebnisse einer Erhebung für das Geschäftsjahr 2003, 3. Aufl., 2.2005

[Der CAFM-Markt DFM 2004-03] o.V.: Der CAFM-Markt: Zahlen-Daten-Fakten, in: Facility Manager (2004) Heft 3, S. 12-17, http://www.facility-manager.de/cafm.htm (31.12.2004)

[Deutsche_Bundesbank SU0112. SU0114, SU0115-(200707070)] Deutsche Bundesbank (Hrsg.): Diskontsatz der Deutschen Bundesbank / Stand am Monatsende 7.1948-12.1998, Basiszinssatz gemäß Diskontsatz-Überleitungs-Gesetz (DÜG) / Stand am Monatsende 1.1999 - 3.2002, Basiszinssatz gemäß

BGB / Stand am Monatsende 1.2002 -7-2007; cvs-Datei, Deutsche_Bundesbank SU0112. SU0114, SU0115

[Die Technische Universität... BEJ 2-2005] o.V.: Die Technische Universität Darmstadt: ein Vorbild für Reformen und Innovation, in: BACnet Europe Journal; Nr. 2, 2.2005, S. 12-13

[DIEDRICH, K. ImTeam 2-2000] Diedrich, Klaus: Die intelligente Mülltonne: Über Wasserzähler und Heizkostenverteiler kann der Verbrauch jeder Mietpartie in einem Mehrfamilienhaus festgestellt und abgerechnet werden, in: ImTeam, DePfa Group (Hrsg.); (2000), Nr. 2, S. 36-37

[DIEHM, M. 2006-03-16] Diehm, Michael: Erfolgsstory der Stadt Geislingen (Steige): Arbeitspapier zur Vorbereitung des Arbeitskreises Facility Management für Kommunen; Arbeitspapier, 16.3.2006

[DIN 13080 1987-06] Gliederung des Krankenhauses in Funktionsbereiche und Funktionsstellen, Deutsches Institut für Normung (Hrsg.), DIN 13080, 6.1987

[DIN 18024-2 1976-04] Bauliche Maßnahmen für Behinderte und alte Menschen im öffentlichen Bereich: Planungsgrundlagen: Öffentlich zugängliche Gebäude, Deutsches Institut für Normung (Hrsg.), Teil 2, DIN 18024, 4.1976

[DIN 18025-1 1992-12] Barrierefreie Wohnungen: Wohnungen für Rollstuhlbenutzer: Planungsgrundlagen, Deutsches Institut für Normung (Hrsg.), Teil 1, DIN 18025, 12.1992

[DIN 18025-2 1992-12] Barrierefreie Wohnungen: Planungsgrundlagen, Deutsches Institut für Normung (Hrsg.), Teil 2, DIN 18025, 12.1992

[DIN 18030 E 2006-01] Barrierefreies Bauen: Planungsgrundlagen und Planungsanforderungen, Deutsches Institut für Normung (Hrsg.), DIN 18030, 1.2006, http://www.nullbarriere.de/10din18030/010002anforderung_grunds.htm (08.04.2004)

[DIN 18205 1996-04] Bedarfsplanung im Bauwesen, Deutsches Institut für Normung (Hrsg.), DIN 18205; Berlin: Beuth Verlag 4.1996

[DIN 18350 1996-06] Putz- und Stuckarbeiten, Deutsches Institut für Normung (Hrsg.), DIN 18350; Berlin: Beuth Verlag 6.1996

[DIN 18960 1999-08] Nutzungskosten von Hochbauten: Begriffe, Nutzungskostengliederung, Deutsches Institut für Normung (Hrsg.), DIN 18960, 8.1999

[DIN 18960-1 1976-04] Baunutzungskosten von Hochbauten, Deutsches Institut für Normung (Hrsg.), Teil 1, DIN 18960; Berlin: Deutsches Institut für Normung 4.1976

[DIN 276 1993-06] Kosten von Hochbauten, Deutsches Institut für Normung (Hrsg.), DIN 276, 6.1993

[DIN 276-1 2006-11] Kosten im Bauwesen: Teil 1: Hochbau, Deutsches Institut für Normung (Hrsg.), Teil 1, DIN 276, 11.2006

[DIN 277-1 2005-02] Grundflächen und Rauminhalte von Bauwerken im Hochbauten: Begriffe, Ermittlungsgrundlagen, Deutsches Institut für Normung (Hrsg.), Teil 1, DIN 277, 2.2005

[DIN 277-2 2005-02] Grundflächen und Rauminhalte von Bauwerken im Hochbau: Gliederung der Netto-Grundfläche (Nutzflächen, Technische Funktionsflächen und Verkehrsflächen), Deutsches Institut für Normung (Hrsg.), Teil 2, DIN 277, 2.2005

[DIN 277-3 2005-04] Grundflächen und Rauminhalte von Bauwerken im Hochbau: Mengen und Bezugseinheiten, Deutsches Institut für Normung (Hrsg.), Teil 3, DIN 277, 4.2005

[DIN 283 (aufgehoben) 1951-03] Wohnungen: Begriffe, Deutsches Institut für Normung (Hrsg.), DIN 283 (aufgehoben), 3.1951

[DIN 31051 1985-01] Instandhaltung: Begriffe und Maßnahmen, Deutsches Institut für Normung (Hrsg.), DIN 31051, 1.1985

[DIN 31052 1981-06] Instandhaltung: Inhalt und Aufbau von Instandhaltungen, Deutsches Institut für Normung (Hrsg.), DIN 31052, 6.1981

[DIN 32541 1977-05] Betreiben von Maschinen und vergleichbaren technischen Arbeitsmitteln: Begriffe für Tätigkeiten, Deutsches Institut für Normung (Hrsg.), DIN 32541, 5.1977

[DIN 32736 2000-08] Gebäudemanagement: Begriffe und Leistungen, Deutsches Institut für Normung (Hrsg.), DIN 32736, 8.2000

[DIN 32736 E 1999-05] Gebäudemanagement: Begriffe und Leistungen, Deutsches Institut für Normung (Hrsg.), DIN 32736, 5.1999

[DIN 32835-1 2007-01] Technische Produktdokumentation für das Facility Management: Teil 1: Begriffe und Methodik, Deutsches Institut für Normung (Hrsg.), Teil 1, DIN 32835; Berlin 1.2007

[DIN 32835-2 2007-01] Technische Produktdokumentation für das Facility Management: Teil 2: Nutzungsdokumentation, Deutsches Institut für Normung (Hrsg.), Teil 2, DIN 32835; Berlin 1.2007

[DIN 5035-2 1990-09] Beleuchtung mit künstlichem Licht: Richtwerte für Arbeitsstätten in Innenräumen und im Freien, Deutsches Institut für Normung (Hrsg.), Teil 2, DIN 5035; Berlin: Beuth Verlag 9.1990

[DIN 69901 1987-08] Projektmanagement: Begriffe: Projektwirtschaft, Deutsches Institut für Normung (Hrsg.), DIN 69901, 8.1987

[DIN 8930-5 E 2003-01] Kälteanlagen und Wärmepumpen - Begriffe und Formelzeichen: Contracting, Deutsches Institut für Normung (Hrsg.), Teil 5, DIN 8930, 1.2003

[DIN EN 15221-1 2007-01] Facility Management: Begriffe: Deutsche Fassung EN 15221-1:2006, Deutsches Institut für Normung (Hrsg.), Teil 1, DIN EN 15221, 1.2007

[DIN EN 15221-2 2007-01] Facility Management: Leitfaden zur Ausschreibung von Facility Management-Vereinbarungen: Deutsche Fassung EN 15221-2:2006, Deutsches Institut für Normung (Hrsg.), Teil 2, DIN EN 15221, 1.2007

[DIN EN ISO 13567-1 2002-12] Gliederung und Benennung von Layern für CAD: Technische Produktdokumentation: Übersicht und Grundlagen, Deutsches Institut für Normung (Hrsg.), Teil 1, DIN EN ISO 13567, 12.2002

[DIN EN ISO 14001 2005-06] Umweltmanagementsysteme, Deutsches Institut für Normung (Hrsg.), DIN EN ISO 14001, 6.2005

[DIN EN ISO 19011 2002-12] Leitfaden für Audits von Qualitätsmanagement- und/oder Umweltmanagementsystemen, Deutsches Institut für Normung (Hrsg.), DIN EN ISO 19011; Berlin 12.2002

[DIN ISO 128-23 2000-03] Allgemeine Grundlagen der Darstellung: Linien in Zeichnungen des Bauwesens, Deutsches Institut für Normung (Hrsg.), Teil 23, DIN ISO 128, 3.2000

[DIN ISO 128-50 2002-05] Allgemeine Grundlagen der Darstellung; Grundregeln für Flächen in Schnitten und Schnittansichten, Deutsches Institut für Normung (Hrsg.), Teil 50, DIN ISO 128, 5.2002

[DIN ISO 14004 2005-07] Umweltmanagementsysteme: Allgemeiner Leitfaden über Grundsätze, Systeme und Hilfsinstrumente, Deutsches Institut für Normung (Hrsg.), DIN ISO 14004, 7.2005

[DIN ISO 9001 2000-12] Qualitätsmanagementsysteme: Anforderungen, Deutsches Institut für Normung (Hrsg.), DIN ISO 9001, 12.2000

[DIN ISO E 9004 2007-12] Leiten und Lenken zu nachhaltigem Erfolg: EIn Qualitätsmanagementansatz, Deutsches Institut für Normung (Hrsg.), DIN ISO E 9004, 12.2007

[DIN VOB-A 2006] Vergabe- und Vertragsordnung für Bauleistungen, Deutsches Institut für Normung (Hrsg.), Teil A, DIN VOB; Berlin: Arbeitskreis für Bedarfsbemessung von Hochschulen 2006, http://www.bmvbs.de/Anlage/original_982127/VOB-A_-Ausgabe-2006 (07.03.2007)

[DIN VOB-B 2006] Vergabe- und Vertragsordnung für Bauleistungen, Deutsches Institut für Normung (Hrsg.), Teil B, DIN VOB; Berlin: Arbeitskreis für Bedarfsbemessung von Hochschulen 2006, http://www.bmvbs.de/Anlage/original_981860/VOB-B_-Ausgabe-2006 (07.03.2007)

[DKI Managementbrief 3-1997] Walter, Detlev: Kennen Sie die Sparpotentiale ihrer Speisenversorfgung?, in: Managementbrief, Deutsches Krankenhausmanagement Beratungs- und Forschungsgesellschaft (Hrsg.); Nr. 3, 1997, S. 6f

[DMB 2005-12-01] Deutscher Mieterbund (Hrsg.): Betriebskostenspiegel für Deutschland; Pressemitteilung; Köln 1.12.2005, http://www.mieterbund-hessen.de/downloads/Betriebskostenspiegel.pdf (04.07.2007)

[DNK Bd. 56 1997] Matzig, Gerhard: Kirchen in Not: Über den profanen Umgang mit sakralen Bauten, Bd. 56, 1. Aufl., 1997

[DTV 2006-10-30] Deutscher Tourismusverband (Hrsg.): DTV-Klassifizierung für Ferienhäuser / Ferienwohnungen, 30.10.2006, http://www.deutschertourismusverband.de/index.php?pageld=24] aus [http://www.gehrenberg-bodensee.de/kriterien.htm (30.10.2006)

[DWORAK, B. 2007-03-29] Dworak, Brigitte; Böhm, Ernst: Prozessinnovationen in der Bestandspflege: Kostenreduzierung und Qualitätsverbesserung: 31. Tag der Immobilie an der Hochschule für Wirtschaft und Umwelt - Nürtingen-Geislingen; Vortrag, 29.3.2007

[EHRMANN, H. 2003] Ehrmann, Harald: Kompakt-Training BalancedScorecard, 3., akt. u. erweiterte Aufl.; Ludwigshafen a. Rh.: Friedrich Kiehl Verlag 2003

[ELWERT, U. DAB 2006-02] Elwert, Ulrich: Ermittlung von Flächen und Rauminhalten: Novellierte Regelwerke: Teil 2 - Korrespondierende Regelwerke zur DIN 277, in: Deutsches Architektenblatt (2006) Heft 2, S. 48-50

[EnEV 2007 20061116 (Entwurf)] Verordnung über energiesparenden Wärmeschutz und energiesparende Anlagentechnik bei Gebäuden: (Energieeinsparverordnung - EnEV) - Entwurf vom 16.11.2006, EnEV 2007 20061116 (Entwurf), http://www.bmvbs.de/Anlage/original_980648/Entwurf-Energieeinsparverordnung-EnEV-2007.pdf (07.03.2007)

[Ertragsschub für die… IW-Magazin 2007-04] o.V.: Ertragsschub für die deutsche Hotellerie, in: Immobilienwirtschaft (2007) Heft 4, S. 32

[ESPS 2008] Evangelische Stiftung Pflege Schönau (Hrsg.): Umwelterklärung 2008 für die Standorte Zähringer Straße 18/18a, 69115 Heidelberg, Goethestraße 7, 79100 Freiburg, Oberer Mühlenweg, 74821 Mosbach, 2008

[ESW Bd. 67 2003] Evangelisches Siedlungswerk (ESW) Bayern (Hrsg.): Vermieterleistungen, Partner im Gespräch, Bd. 67; Köln: Dr. Otto Schmidt 2003

[ESWiD 2007-09] Bogenstätter, Ulrich; Zeilinger, Thomas; Reiß-Fechter, Dagmar: Projekt „Kirchliches Immobilienmanagement"; Ergebnisbericht; Nürnberg 9.2007

[ESWiD 2007-10] Evangelisches Siedlungswerk in Deutschland (Hrsg.): Die Kirche und ihre Immobilien: Kirche im Wandel - den Wandel gestalten: Dokumentation des 1. Berliner Forums 1. Oktober 2007; Nürnberg 2007

[Facility Management 2006] o.V.: Facility Management: Messe und Kongress in Frankfurt am Main 7.-9.03.2006: Veranstalter: Mesago Messe Frankfurt GmbH; Tagungsband; Berlin: VDE Verlag 2006

[FALK, B. 1997] Falk, Bernd (Hrsg.): Das große Handbuch Immobilien-Management; Deutschland: Moderne Industrie 1997

[FALK, B. 2004] Falk, Bernd (Hrsg,): Fachlexikon Immobilienwirtschaft; Köln: Immobilien Informationsverlag 2004

[FIGR Bericht Nr. 10] Lutz, Walter: Ausschreibungssystem für die Unterhalts- und Glasreinigung von Verwaltungsgebäuden mit tabellarischen Leistungsverzeichnissen, FIGR Bericht Nr. 10; Stuttgart 5.2004

[FIGR Bericht Nr. 9] Lutz, Walter: Ausschreibungssystem für die Unterhalts- und Glasreinigung von Verwaltungsgebäuden mit ergebnisorientierten Leistungsverzeichnissen, FIGR Bericht Nr. 9; Stuttgart 5.2004

[FIR 000465] Forschungsinstitut für Rationalisierung (FIR) an der RWTH Aachen (Hrsg.): RFID im After Sales und Service, FIR 000465, 2006

[FKGB 1996-06] Arbeitsgemeinschaft der für das Bau-, Wohnungs- und Siedlungswesen zuständigen Minister und Senatoren der Länder (Hrsg.): Trinkwassereinsparung in öffentlichen Gebäuden; Information; Hannover: Hochschul-Informations-System 6.1996

[FM-Anbieter im… DFM 2004-05] o.V.: FM-Anbieter im Vergleich: FM-Marktübersicht, in: Facility Manager (2004) Heft 5, S. 13-27, http://www.facility-manager.de/verglei.htm (31.12.2004)

[FRANKE, D. IW-Magazin 2008-01] Franke, Detlef: Energiesparen: „Im Mieterverhalten steckt noch jede Menge Luft“, in: Immobilienwirtschaft (2008) Heft 1, S. 69

[FraPort FAC1_Grundriss 2004] Flughafen Frankfurt am Main (Hrsg.): Frankfurt Airport Center 1; Produktblatt, FraPort FAC1_Grundriss 2004, 2004, http://213.61.31.27/online/FrapImmo/xt_downloads/grundriss_fac1.pdf (07.11.2004)

[FREITAG, C. 2004-01-27] Freitag, Christoph: Bischhöfliches Generalvikariat, Trier, Vortrag am 27. Januar 2004 an der Ev. Akademie Bad Boll; Vortrag, 27.1.2004

[FRIEDERICI, I. 2007] Friederici, Ingolf: Konformität von Managementsystemen und Produkten; Deutschland: expert Verlag 2007

[FREY, F. IndustrieBAU 2007-03] Frey, Franz-Josef: Bauen in Industrieparks: Industriepark Höchst, Frankfurt am Main, in: IndustrieBAU (2007) Heft 3, S. 18-23

[FÜSER K. 2001] Füser, Karsten: Modernes Management: Lean Management, Business Reengineering, Benchmarking und viele andere Methoden, 3. Aufl.; Deutschland: Deutscher Taschenbuch Verlag 2001

[GAEB DA 2000 T3 K1] Gemeinsamer Ausschuß Elektronik im Bauwesen (GAEB) (Hrsg.): Regelungen für den Aufbau des Leistungsverzeichnisses, Teil 3 Kap. 1, v 1.2. Aufl., GAEB DA 2000 T3 K1; Berlin 11.2001

[GdW 2004-02] Holm, Dirk; Jonschaut, Helga; Scheer, Dirk; Scholl, Gerd: Innovative Dienstleistungen „rund um das Wohnen" professionell entwickeln: Service Engineering in der Wohnungswirtschaft, 2.2004

[GdW 2004-10] Bundesverband deutscher Wohnungsunternehmen (GdW) (Hrsg.): Wohnungswirtschaftliche Daten und Trends 2004/2005: Zahlen und Analysen aus der Jahresstatistik des GdW, 1. Aufl.; Köln/Bonn 10.2004

[GdW 2006-11] Bundesverband deutscher Wohnungsunternehmen (GdW) (Hrsg.): Wohnungswirtschaftliche Daten und Trends 2006/2007: Zahlen und Analysen aus der Jahresstatistik des GdW, 1. Aufl.; Köln/Bonn 11.2006

[GdW 2007-11] Bundesverband deutscher Wohnungsunternehmen (GdW) (Hrsg.): Wohnungswirtschaftliche Daten und Trends 2007/2008: Zahlen und Analysen aus der Jahresstatistik des GdW, 1. Aufl.; Köln/Bonn: Arbeitskreis für Bedarfsbemessung von Hochschulen 11.2007

[GdW Schriften 43] Gesamtverband der Wohnungswirtschaft (Hrsg.): Modernisierung und Entwicklung des Wohnungsbestandes: Ziele, Verfahren, Standards, Techniken, Kosten, Akzeptanz, 2. Aufl., GdW Schriften 43; Hamburg: Hammonia-Verlag 1995

[GEFMA 100 E 1996-12] Facility Management: Begriff, Struktur, Inhalte, GEFMA e.V. Deutscher Verband für Facility Management (Hrsg.), GEFMA 100, 12.1996

[GEFMA 120] GEFMA e.V. Deutscher Verband für Facility Management (Hrsg.): Technisches Objektmanagement: Leistungsbild; in Bearbeitung, GEFMA 120

[GEFMA 122 E 1996-12] Betriebsführung von Gebäuden, gebäudetechnischen und Außenanlagen, GEFMA e.V. Deutscher Verband für Facility Management (Hrsg.), GEFMA 122, 12.1996

[GEFMA 124 K 1998-11] Energiemanagement: Leistungsbild, GEFMA e.V. Deutscher Verband für Facility Management (Hrsg.), GEFMA 124, 11.1998

[GEFMA 130 E 1999-06] Flächenmanagement: Leistungsbild, GEFMA e.V. Deutscher Verband für Facility Management (Hrsg.), GEFMA 130, 6.1999

[GEFMA 132] GEFMA e.V. Deutscher Verband für Facility Management (Hrsg.): Reinigungsdienste: Leistungsbild; in Bearbeitung, GEFMA 132

[GEFMA 134] GEFMA e.V. Deutscher Verband für Facility Management (Hrsg.): Sicherheitsdienste: Leistungsbild; in Bearbeitung, GEFMA 134

[GEFMA 180] GEFMA e.V. Deutscher Verband für Facility Management (Hrsg.): FM-gerechte Neubauplanung: Leistungsbild; in Bearbeitung, GEFMA 180

[GEFMA 190 2004-01] Betreiberverantwortung im Facility Management, GEFMA e.V. Deutscher Verband für Facility Management (Hrsg.), GEFMA 190, 1.2004

[GEFMA 190 E 2003-04] Betreiberverantwortung im Facility Management, GEFMA e.V. Deutscher Verband für Facility Management (Hrsg.), GEFMA 190, 4.2003

[GEFMA 200 E 1996-12] Kostenrechnung im Facility Management: Nutzungskosten von Gebäuden und Diensten, GEFMA e.V. Deutscher Verband für Facility Management (Hrsg.), GEFMA 200, 12.1996

[GEFMA 200 E 2004-07] Kosten im Facility Management: Kostengliederungsstruktur zur GEFMA 100, GEFMA e.V. Deutscher Verband für Facility Management (Hrsg.), GEFMA 200, 7.2004

[GEFMA 210-1 E 2006-12] Betriebs- und Nebenkosten bei gewerblichen Raum, GEFMA e.V. Deutscher Verband für Facility Management (Hrsg.), GEFMA 210-1, 12.2006

[GEFMA 320 E 2007-10] Mängelansprüche (Gewährleistung) im Facility Management, GEFMA e.V. Deutscher Verband für Facility Management (Hrsg.), GEFMA 320, 10.2007

[GEFMA 510 v2 2006-05] Mustervertrag Gebäudemanagement, GEFMA e.V. Deutscher Verband für Facility Management (Hrsg.), GEFMA 510, 5.2006

[GEFMA 520 v0.1 2005] Muster-LV Gebäudemanagement: Vorabzug, GEFMA e.V. Deutscher Verband für Facility Management (Hrsg.), GEFMA 520, 2005

[GEFMA 940 2003-05] Marktübersicht CAFM-Systeme, GEFMA e.V. Deutscher Verband für Facility Management (Hrsg.), 5. Aufl., GEFMA 940, 5.2003

[GERGELE, M. 2006-05-31] Gergele, Marcus: Kostentransparenz bei kommunalen Liegenschaften in Deutschland: Ermittlung von Kennzahlen als Grundlage für das kommunale Immobilienbenchmarking; Diplomarbeit, 31.5.2006

[GERGELE, M. IW-Magazin 2007-04] Gergele, Marcus: Das erste bundesweite Immobilienbenchmarking: Auf einer Basis von 20 Millionen Quadratmeter Grundfläche sind Orientierungswerte geschaffen worden, die einen Kostenvergleich von kommunalen Objekten ermöglicht, in: Immobilienwirtschaft (2007) Heft 4, S. 64-65

[GGW 1979] Gesamtverband Gemeinnütziger Wohnungsunternehmen (Hrsg.): Instandhaltung und Modernisierung des Wohnungsbestandes: Ziele, Maßnahmen, Kosten und Finanzierung; Hamburg: Hammonia-Verlag 1979

[GGZ 2006] Gebäude- und Grundstücksgesellschaft Zwickau (Hrsg.): Raus zu Haus - Rein Daheim: Der Ratgeber rund um die erste Wohnung; Broschüre, 2006

[gif 2003-09-11] Gesellschaft für Immobilienwirtschaftliche Forschung (Hrsg.): Verhaltenskodex Real Estate Investment Management, 11.9.2003

[gif 2004-05-18] Gesellschaft für Immobilienwirtschaftliche Forschung (Hrsg.): Definition und Leistungskatalog Real Estate Investment Management, 18.5.2004

[gif MF-B] Gesellschaft für Immobilienwirtschaftliche Forschung (Hrsg.): Richtlinie zur Berechnung der Mietflächen für Büroraum (MF-B); Bericht, gif MF-B, 4.1996

[gif MF-G] Gesellschaft für Immobilienwirtschaftliche Forschung (Hrsg.): Richtlinie zur Berechnung der Mietflächen für gewerblichen Raum (MF-G); Bericht, gif MF-G, 11.2004

[gif MF-H] Gesellschaft für Immobilienwirtschaftliche Forschung (Hrsg.): Richtlinie zur Berechnung der Mietflächen für Handelsraum (MF-H); Bericht, gif MF-H, 7.1997

[GOULD, R. 1979] Gould, Roger L.: Lebensstufen: Entwicklung und Veränderung im Erwachsenenleben: Aus dem Amerikanischen von Frank, Joachim A.; Frankfurt am Main: S. Fischer 1979

[GRÄBER, M. DFM 2004-03] Gräber, Martin: Das CAFM-Labyrinth: Kooperationen im Computer Aided Facility Management, in: Facility Manager (2004) Heft 3, S. 6-17

[GRANDJEAN, E. 1973] Grandjean, Etienne: Wohnphysiologie: Grundlagen gesunden Wohnens; Zürich: Verlag für Architektur Artemis 1973

[GRÖGER, A. 2002] Gröger, Achim: Gebäudeautomation: Grundlagen und Planung von GLT-Systemen; Deutschland: expert Verlag 2002

[GUGERLI, H. Haustechnik 3-1997] Gugerli, Heinrich; Gilgen, Daniel; Berti, Heinrich: Gebäudereinigung richtig geplant, in: Haustechnik; (1997), Nr. 3, S. 23-27

[GUV - V A1] Gesetzliche Unfallversicherung (Hrsg.): Unfallverhütungsvorschrift: Grundsätze der Prävention, GUV - V A1, 7.2004, http://regelwerk.unfallkassen.de/regelwerk/data/regelwerk/m_uvv/V_A1.pdf (17.02.2008)

[GWB 2005] Gesetzes gegen Wettbewerbsbeschränkungen, GWB; Stuttgart: Arbeitskreis für Bedarfsbemessung von Hochschulen 15.7.2005, http://www.gesetze-im-internet.de/bundesrecht/gwb/gesamt.pdf (04.01.2008)

[GWB 2007] Gesetzes gegen Wettbewerbsbeschränkungen, GWB; Stuttgart: Arbeitskreis für Bedarfsbemessung von Hochschulen 18.12.2007, http://bundesrecht.juris.de/bundesrecht/gwb/gesamt.pdf (23.02.2008)

[GWH 2004] Gemeinnützige Wohnungsgesellschaft mbH Hessen (Hrsg.): Bericht Wohnungsbewirtschaftung 2003, 2004

[HALLENBERG, B. vhw FW 4 2005] Hallenberg, Bernd; Podig, Benjamin: Wissen, wer wo wohnt - Das Beratungsangebot WohnWissen, in: vhw Forum Wohneigentum, Nr. 4, 2005, S. 212-218

[HAMPE, K. DBZ 10-1985] Hampe, Karl-Heinz: Bauteile zwischen Investitions- und Bauunterhaltungskosten, in: Deutsche Bauzeitschrift; (1985), Nr. 10, S. 1331-1339

[HARDEBUSCH, C. IM 2002-05] Hardebusch, Christof; Reinhold, Michael: Ausschreibungsmanagement in der Wohnungswirtschaft, in: Immobilien Manager (2002) Heft 5, S. 26-29

[HARKE, W. 2004] Harke, Werner: Smart home: Vernetzung von Haustechnik und Kommunikationssystemen im Wohnungsbau; Karlsruhe: Verlag C.F. Müller 2004

[HECK, T. BBG 1996-10] Heck, Thomas: Wie arbeiten andere Bauämter?: Aufbau, Organisation des Bereiches Hochbau der Stadt Oberhausen, in: Bauverwaltung + Bauamt & Gemeindebau (1996) Heft 10, S. 584-587

[HEILMAIER, E. Kommunalpolitische Blätter 1993-06] Heilmaier, E.: Welche Rechtsform sollte eine Stadt wählen?: Die wesentlichen Unterscheide zwischen Regiebetrieb, Eigenbetrieb und GmbH, in: Kommunalpolitische Blätter (1993) Heft 6, Rheinbach: Union Betriebs, S. 435-437

[HEILMEYER, F. DAB 2007-12] Heilmeyer, Florian: Glück im Bunker: Wie aus innerstädtischen Betonfestungen des Zweiten Weltkrieges Wohnhäuser werden, in: Deutsches Architektenblatt (2007) Heft 12, S. 24-27

[HEIMBERGER, J. 2007-01-30] Heimberger, Johannes; (Betreuung Prof. Dr. Ulrich Bogenstätter): Sanierung und Modernisierung von bewohnten Wohnungen als Geschäftsprozess; Diplomarbeit, 30.1.2007

[HeimMindBauV 2003] Verordnung über bauliche Mindestanforderungen für Altenheime, Altenwohnheime und Pflegeheime für Volljährige (Heimmindestbauverordnung - HeimMindBauV) vom 3. Mai 1983 (BGBl. I S. 550). Zuletzt geändert, in: Bundesgesetzblatt; Bd. I, HeimMindBauV, 25.11.2003, S. 550

[Heizen nach Stundenplan BBG 1996-06] o.V.: Heizen nach Stundenplan: Städtische Liegenschaften und Gebäude mit dem Gebäudeinformationssystem des Hochbauamtes effizient verwalten: In den Schulen läßt sich viel Energie einsparen, in: Bauverwaltung + Bauamt & Gemeindebau (1996) Heft 6, S. 518

[HELLERFORTH, M. 2004] Hellerforth, Michaela: Outsourcing in der Immobilienwirtschaft; Berlin, Heidelberg, New York: Springer-Verlag 2004

[HERBST, S. BBB 8-1996] Herbst, Siegfried: Energetische Untersuchung: Gebäude im Alten- und Klinikbereich, in: Bundesbaublatt; 45 (1996), Nr. 8, Wiesbaden: Bauverlag, S. 626-629

[HfWU 2001-10] Hochschule für Wirtschaft und Umwelt - Nürtingen-Geislingen (Hrsg.): Geislinger Konvention: Betriebskosten-Benchmarking als zentrales Instrument des Betriebskostenmanagements, 10.2001

[HILLE, N. DAB 2007-10] Hille, Nils: Umbau mit Seele: Immer mehr Kirchen müssen umgenutzt werden. Die Bauaufgabe verlangt nicht nur architektonische Sensibilität, sondern auch soziale und psychologische, in: Deutsches Architektenblatt (2007) Heft 10, S. 10-15

[HINRICHS, K. DAB 9-2001] Hinrichs, Konrad: Billigpreis und höchste Qualität schließen sich nicht aus; Interview, in: Deutsches Architektenblatt; Nr. 9, 2001, S. 34f

[HINTERHUBER, H. 2004] Hinterhuber, Hans H.: Strategische Unternehmensführung: I. Strategisches Denken, 7., neu bearb. Aufl.; Stuttgart: Walter de Gruyter 2004

[HIS 106] Dammann-Doench, K.; Vogel, B.: Materialien zur Mensaplanung: Eine Dokumentation und vergleichende Auswertung von Mensa-Neubauten ab 1985, HIS 106

[HIS 123] Gerken, Horst; Lange, Ulrich; Thauer, Thomas; Weidner-Russell, Brigitte: Nutzungs- und Kostenflächenarten-Profile im Hochschulbereich, Hochschulplanung, Bd. 123, HIS 123, 1997

[HIS B1/1989] Hochschul-Informations-System (Hrsg.): Bestandserhaltung von Hochschulgebäuden: Erfahrungsberichte aus Bauverwaltung und Hochschule; Kurzinformationen, HIS B1/1989, 1989

[HIS 1988-09] Hochschul-Informations-System (Hrsg.): Planung und Bau von Küchen und Kantinen für 50 bis 1.000 Essenteilnehmer; Information; Hannover: Hochschul-Informations-System 9.1988

[HOAI 2001] Verordnung über die Honorare für Leistungen der Architekten und Ingenieure in der Fassung vom 4. März 1991 (BGBl. I S. 533) geändert durch die Verordnung vom 21. September 1995

(BGBl. I S. 1174), berichtigt durch die Verordnung vom 15. November 1995: (Honorarordnung für Architekten und Ingenieure), in: Bundesgesetzblatt; Bd. I, Nr. 58, HOAI, 14.11.2001

[HWS 2006-08] Frische, Ralf; Zeilinger, Thomas: Das Leitbild der HWS: Abschlussbericht zur Leitbildentwicklung: Rückblick, Einsichten und Handlungsempfehlungen; unveröffentlichter Abschlussbericht, 8.2006

[IBB 2007-08-1] Investitionsbank Berlin (Hrsg.): IBB - seniorengerechtes Wohnen: Immobileinförderung - Pilotprogramm; Flyer, 8.2007

[IBB 2007-08-2] Investitionsbank Berlin (Hrsg.): IBB - Energetische Gebäudesanierung: Immobileinförderung - Pilotprogramm; Flyer, 8.2007

[IfB 1979] Institut für Bauforschung (Hrsg.): Baustoffe und Bauunterhaltungskosten; Hannover 1979

[IfB BBB 6-1987] Hampe, Karl-Heinz: Kriterien zur Auswahl wirtschaftlicher Bauteile im Wohnungsbau: Verfahren und Ergebnisse, in: Bundesbaublatt; (1987), Nr. 6, S. 375-378

[IfB F 1869] Hampe, Karl-Heinz: Bauteile und Bauunterhaltungskosten: Bewertung von Bauteilalternativen im Hinblick auf eine günstige Relation zwischen Investitions- und Bauunterhaltungskosten; Forschungsbericht, Schriftenreihe „Bau- und Wohnforschung“, BMBau F 1869; Hannover: Fraunhofer-Informationszentrum Raum und Bau IRB 1982

[ifBOR BEW 2007-10] Bogenstätter, Ulrich: Belegungseffizienzwert, ifBOR BEW 2007-10; www.ifBOR.eu 10.2007

[ifBOR DTQ 2007-10] Bogenstätter, Ulrich: Datenquellen, ifBOR DTQ 2007-10; www.ifBOR.eu 10.2007

[ifBOR FRZ 2007-10] Bogenstätter, Ulrich: Flächen- und Raumkennzahlen, ifBOR FRZ 2007-10; www.ifBOR.eu 10.2007

[IFMA 2004] International Facility Management Association (Hrsg.): Benchmarking Report 2003, 2004

[ifo schnelldienst 10-11/87] Söffner, Frank: Öffentlicher Hochbau: Die Hälfte für Bestandsmaßnahmen, Ifo schnelldienst 10-11/87, S. 13-19

[II. BV 2003] Verordnung über wohnungswirtschaftliche Berechnungen nach dem Zweiten Wohnungsbaugesetz (Zweite Berechnungsverordnung - II. BV), II. BV, 25.11.2003

[Instandhaltung PuR 9-2000] o.V.: Instandhaltung: Wie hoch sollte die Rücklage sein?, in: Immobilien Praxis & Recht; (2000), Nr. 9, S. 58-59

[Instandhaltungsstau: durchschnittlich 120… DW 2007-09] o.V.: Instandhaltungsstau: durchschnittlich 120 EUR brutto pro qm Wohnfläche: DEKRA-Bericht zu Mängeln im Wohnungsbestand, in: Die Wohnungswirtschaft (2007) Heft 9, S. 26

[Ipd 2007-01-18] IPD Investment Property Databank (Hrsg.): DIX Deutscher Immobilien Index 2006; Broschüre, 18.1.2007

[IWB 1997-04-01] Informationsstelle Wirtschaftliches Bauen der Staatlichen Hochbauverwaltung Baden-Württemberg (Hrsg.): Kurzinformation LAGDAT-Datenbank; Loseblattsammlung; Freiburg 1.4.1997

[JAGNOW, K. (2005)] Jagnow, Kati; Wolff, Dieter: Technische Optimierung und Energieeinsparung: OPTIMUS; vorläufiger Kurzbericht

[JAKOBIAK, R. DAB 2005-05] Jakobiak, Roman: Energiebedarf für die Beleuchtung: Änderung der Berechnungsverfahren durch die neue EU-Richtlinie, in: Deutsches Architektenblatt (2005) Heft 5, S. 64-69

[JEHLE, P. 1989] Jehle, P.: Ein Instandhaltungsmodell für Hochbauten; Dissertation; Essen 1989

[JENCKS, C. 1980] Jencks, Charles: Die Sprache der postmodernen Architektur: Die Entstehung einer alternativen Tradition, 2., erw. Aufl.; Stuttgart: Deutsche Verlagsanstalt 1980

[JLL Oscar 2005] Jones Lang LaSalle (Hrsg.): Oscar 2005: Büronebenkosten-Analyse: Office Service Charge Analysis Report; Pressemitteilung, JLL Oscar 2005, 2005

[JÖDICKE, A. DW 2007-10] Jödicke, André: Durch standardisiertes Instandhaltungsmanagement 7 bis 15 Prozent eingespart, in: Die Wohnungswirtschaft (2007) Heft 10, S. 42-44

[KASPER, B. vhw FW 1-2004] Kasper, Birgit; Scheiner, Joachim: Wohnmobilität und Standortwahl als Ausdruck lebensstilspezifischer Wohnbedürfnisse: Ergebnisse einer Fallstudie in drei Kölner Stadtquartieren, in: vhw Forum Wohneigentum; Nr. 1, 2004, S. 24-29-

[KAUTZ, R. IndustrieBAU 2007-04] Kautz, Roger: Klassisch oder strukturiert?: Energiekosten senken durch optimalen Einkauf und Effizienz, in: IndustrieBAU (2007) Heft 4, S. 59

[KERN, M. 2007-11-20] Kern, Michael: Ergebnispräsentation von verursachergerechten Abfallmanagementsystemen im Wohnungsbau am Beispiel Müllschleusen in Erfurt : Praxisforum 20.11.2007; Folien, 20.11.2007

[KGSt 1/1986] Kommunale Gemeinschaftsstelle für Verwaltungsvereinfachung (Hrsg.): Wirtschaftlicher Hausmeisterdienst in Schulen; Bericht, KGSt 1/1986, 1.1986

[KGSt 7/1998] Kommunale Gemeinschaftsstelle für Verwaltungsvereinfachung (Hrsg.): Kosten eines Arbeitsplatzes: (Stand 1997); Bericht, KGSt 7/1998

[KGSt B 11/1994] Kommunale Gemeinschaftsstelle für Verwaltungsvereinfachung (Hrsg.): Gebäudereinigung: Kostensenkungsmaßnahmen; Bericht, KGSt B 11/1994

[KGSt B 9/1984] Kommunale Gemeinschaftsstelle für Verwaltungsvereinfachung (Hrsg.): Hochbauunterhaltung: Richtwerte und Gestaltungsvorschläge zur Mittelbemessung, Maßnahmenplanung und Mittelbereitstellung; Bericht, KGSt B 9/1984

[KINNE, H. 2005] Kinne, Harald; Schach, Klaus; Bieber, Hans-Jürgen: Miet- und Mietprozessrecht: Kommentar zu den §§ 535 - 580a BGB mit Schriftsatz- und Klagemustern für die Rechtspraxis, 4., überarb. u. erw. Aufl.; Freiburg i.B.: Rudolf Haufe-Verlag - Ein Unternehmen der Haufe Mediengruppe 2005

[KIPPES, S. 2005] Kippes, Stefan (Hrsg.); Bogenstätter, Ulrich; Rebitzer, Dieter u.v.a.: Handbuch Immobilienmanagement; München: Richard Boorberg Verlag 2005

[KIPPES, S. DAB 2008-04] Kippes, Stephan: Freizeitstress: Wegwerfhäuser: über den rasanten Verschließ von Gebäuden für Spiel, Sport und Spaß, in: Deutsches Architektenblatt (2008) Heft 4, München, S. 22-23

[KLINGELE, M. 1999] Klingele, Martina: Integration von lebenszyklusbezogenen Bewertungsmethoden in den Planungsprozeß; Dissertation, 1999

[KOCHENDÖRFER, B. BBB 2005-05] Kochendörfer, Bernd; Riediger, Nicole: Effizienzsteigerung durch prozessorientiertes Planen, in: Bundesbaublatt (2005) Heft 5, S. 28-30

[KOHLER, N. 1999] Kohler, Niklaus; Hassler, Uta; Enquete Kommission „Schutz des Menschen und der Umwelt" des 13. Deutschen Bundestages (Hrsg.): Stoffströme und Kosten in den Bereichen Bauen und Wohnen; Berlin, Heidelberg u.a.: Springer-Verlag 1999

[KOHLER, N. DAB 2002-12] Kohler, Niklaus: Nachhaltigkeit von Gebäuden, in: Deutsches Architektenblatt (2002) Heft 12, S. 7-10

[KOHNS, R. IndustrieBAU 2008-01] Kohns, Rainer: Effizienz-Initiative: Um die konzerneigenen Immobilien umweltfreundlich zu gestalten und Kosten zu senken, entwickelt Siemens Real Estate nachhaltige Programme für Neubauten und bestehende Gebäude, in: IndustrieBAU (2008) Heft 1, S. 56-58

[KOPPELKAMM, S. 2007] Koppelkamm, Stefan; Derenthal, Ludger: Ortszeit: Local Time; Stuttgart / London: Edition Axel Menges 2007

[KRANZ, H. 2003-02-17] Kranz, Hans Rudolf: Gebäudeautomation: Begriffe, Definitionen und Abkürzungen, 2., überarb. Aufl., 17.2.2003, http://www.eci.siemens.com/cdaiw/cda/siecom/Germany/e-SBT/Internet/WORKAREA/sbted003/templatedata/Deutsch/file/binary/0-91900_de_1000000040545.pdf (10.04.2006)

[KRAUS, J. DW 2007-12] Kraus, Josef: Der qualifizierte Hausmeister oder Hauswart - unser Versicherungsprofi vor Ort, in: Die Wohnungswirtschaft; Hamburg 12.2007, S. 58-60

[Kreis Wesel (2008)] Kreis Wesel (Hrsg.): Umweltbewßte Schulen, http://www.kreis-wesel.de/c1256fb800481cee/files/brosch%C3%BCre%20umweltbewusste%20schule.pdf/$file/brosch%C3%BCre%20umweltbewusste%20schule.pdf?openelement (07.02.2008)

[KRIETSCH, H. 17-1969] Krietsch, Hans-Joachim; Pratsch, Hellmut; Jokusch, Peter: Bedarfsbemessung von Mensabauten; Arbeitsbericht, Beiträge zur Bedarfsbemessung, Nr. 17; Stuttgart 1969

[KRÖGER, H. IW 12-2005f] Kröger, Hans: Bessere Luft für besseres (Betriebs-)Klima: Neue Technik für eine bedarfsgerechte Lüftungssteuerung verbessert nicht nur die Raumluftqualität, sondern sorgt auch für erhebliche Energieeinsparungen, in: Immobilienwirtschaft;, Nr. 12-2005f, S. 60-61

[KrW- / AbfG 2007] Gesetz zur Förderung der Kreislaufwirtschaft und Sicherung der umweltverträglichen Beseitigung von Abfällen (Kreislaufwirtschafts- und Abfallgesetz), Bd. I, KrW- / AbfG, 10.5.2007

[KULARTZ, H. 2002] Kulartz, Hans-Peter; Steding, Ralf: IT-Leistungen: Fehlerfreie Ausschreibungen und rechtssichere Vertragsinhalte, 1. Aufl.; Köln: Bundesanzeiger Verlags-GmbH 2002

[LANGE, D. DW 2007-05] Lange, Dagmar: „Pauschalierung bringt keine Qualitätseinbußen“, in: Die Wohnungswirtschaft (2007) Heft 5, S. 37

[LANGE, D. DW 2007-05-2] Lange, Dagmar: Aus der Instandhaltungsplanung einen Werthebel machen, in: Die Wohnungswirtschaft (2007) Heft 5, S. 32-33

[LBB 1.12-1990] Ruf, H.-U.; Conen, M., Dautzenberg, B.: Kosten im Hochbau: -Untersuchung über Aufwand und Nutzen von Kostenermittlungsverfahren-, LBB 1.12-1990; Aachen: Einhard-Verlag 1990

[LBTA -1 1992] Gresens, Fred: Tageslichttechnik: Seminarberichte zur Bauphysik, Nr. 1, 2. Aufl.; Karlsruhe 1992

[LDA-BW Heft 7] Eckstein, Günter: Empfehlungen für Baudokumentationen: Bauaufnahme - Bauuntersuchung, LDA-BW Heft 7; Stuttgart: Verlag Konrad Theiss 1999

[LEPPER, R. Capital 21-2005] Lepper, Rolf: Private Energiewende: Öl und Gas sind teuer wie nie: Steht der Austausch der Heizanlage an, lohnt sich trotz der hohen Investitionskosten vielfach der Wechsel zu Alternativen, in: Capital; (2005), Nr. 21, S. 112-116

[LIEBICH, T. DFM 2000-03] Liebich, Thomas: IFC - Industry Foundation Classes: Ein neuer Standard in der CAD-Welt, in: Facility Manager (2000) Heft 3, S. 40-41

[LIETH, VON DER J. 2007-06-14] Lieth, von der, Jörn: Potentiale im Bestandsmanagement; Vortragsfolien, 14.6.2007

[LIETH, VON DER J. KVI 2008-05] Lieth, von der, Jörn: Ecclesiastic Real Estate Management (EREM): Ein strategisches Managementkonzept für kirchliche Organisationen mit Immobilienbesitz, in: KVI im Dialog (2007) Heft 5

[LOIBL, R. IW-Magazin 2008-01] Loibl, Roswitha: Mehrheit der Migranten ist an einem gemischten Umfeld interessiert: Wohnwünsche von Migranten, in: Immobilienwirtschaft (2008) Heft 1, S. 38-39

[LOCKWOOD, C. UL 2006-11] Lockwood, Charles: The Green Juggernaut, in: Urban Land (2006) Heft 11, S. 224

[LOESCHCKE, G. 1985] Loeschcke, Gerhard; Höfs, Jutta: Großküchen: Grundriß und Ausstattungsplanung in Küchen zur Gemeinschaftsverpflegung; Wiesbaden, Berlin: Bauverlag 1985

[LÜCK, W. 2004] Lück, Wolfgang (Hrsg.): Lexikon der Betriebswirtschaft, 6., völlig neu bearb. Aufl.; Stuttgart: Oldenbourg Wissenschaftsverlag 2004

[LUTZ, W. 1997] Lutz, W.: Facility-Management: Gebäudebewirtschaftung und Dienstleistungen; Loseblattsammlung, 2. Aufl.; Landsberg / Lech: ecomed verlagsgesellschaft AG 1997

[MÄNDLE, E. 1997] Mändle, Eduard; Galonska, Jürgen: Wohnungs- und Immobilien-Lexikon; Hamburg: Hammonia-Verlag 1997

[MAIER, H. 2006-07-20] Maier, Hartmut; Krzok, Klaus: Vorschläge zur Optimierung der Hausmeisterdienste: Vortrag anläßlich des Arbeitskreises Facility Management für Kommunen am 20.07.2006 in der Stadt Ostfildern; Handout, 20.7.2006

[Marktübersicht IW-Magazin 2004-06] o.V.: Marktübersicht: Immobilienwirtschaftliche Software 2004: IW - Spezial, in: Immobilienwirtschaft (2004) Heft 6

[MASSING, B. DW 2000-09] Massing, Barbara: Erste Ergebnisse beim Pilotprojekt Müllgebührensenkung: Abfälle sortieren - Gebühren minimieren, in: Die Wohnungswirtschaft (2000) Heft 9, S. 40-41

[MASSING, B. DW 2001-07] Massing, Barbara: In 9 Monaten Müllvolumen um mehr als die Hälfte reduziert: Rhein-Lippe legt erste Bilanz zu Müllentsorgungskonzept vor, in: Die Wohnungswirtschaft (2001) Heft 7, S. 54

[MATUL, C. 1995] Matul, Christian: Stationäre Einrichtungen der Altenhilfe: Lösungsvorschläge zur Erfolgsbemessung und Qualitätsbeurteilung in Alten- und Pflegeheime; Wien: Service-Fachverlag 1995

[MAURER, P. IW-Magazin 2006-02] Maurer, Peter: Heizungsoptimierung: Auf die Einstellung kommt es an: Die Komponenten vieler Heizungsanlagen sind nicht richtig aufeinander abgestimmt: Vor allem bei neueren Gebäuden sind mit geringen Investitionen hohe Einsparungen möglich, in: Immobilienwirtschaft (2006) Heft 2, S. 56-57

[MAYER-MARCZONA, M. DW 2000-11] Mayer-Marczona, Michael; Tilebaar, Hans-Christoph: Inventarisierung aus der Luft, in: Die Wohnungswirtschaft (2000) Heft 11, S. Sonderdruck

[MBO 2002] Musterbauordnung, MBO, 11.2002

[Meyers 1999] o.V.: Meyers: Großes Taschenlexikon in 25 Bänden; CD/Buch, 7., neu bearb. Aufl.; Mannheim/Wien/Zürich: Duden Verlag 1999

[MI.BWL 2001] Innenministerium Baden-Württemberg (Hrsg.): Produkte - Ziele - Kennzahlen: Kommunaler Produktplan Baden-Württemberg; Buch & CD, Schriftenreihe des Innenministeriums Baden-Württemberg zum kommunalen Haushalts- und Rechnungswesen, Heft 7; Stuttgart: Staatsanzeiger für Baden-Württemberg 2001

[MITTLER, G. BBG 1996-09] Mittler, Gernot: Wird die Staatsbauverwaltung Rheinland-Pfalz eine GmbH?, in: Bauverwaltung + Bauamt & Gemeindebau (1996) Heft 9, S. 508

[MinSoz BWL AZ 44-7327] Händel, Siegfried: Vergleich von kleinen Altenpflegeheimen in Hinblick auf Wirtschaftlichkeit, Sparsamkeit und Leistungsfähigkeit; Forschungsbericht, MinSoz BWL AZ 44-7327; Pforzheim 6.1993

[MÖLLER, D. Bd. 1 1996] Möller, Dietrich-Alexander: Planungs- und Bauökonomie: Wirtschaftslehre für Bauherren und Architekten: Grundlagen der wirtschaftlichen Planung, Bd. 1, 3., völlig überarb. Aufl.; München: R. Oldenbourg Verlag 1996

[MÖLLER, D. Bd. 1 2007] Möller, Dietrich-Alexander: Planungs- und Bauökonomie: Grundlagen der wirtschaftlichen Bauplanung, Bd. 1, 5., völlig überarb. Aufl.; München, Wien: Oldenbourg Wissenschaftsverlag 2007

[MÖLLER, D. 1993] Möller, Dietrich-Alexander: Planungs- und Bauökonomie: Wirtschaftslehre für Bauherren und Architekten, 2., erw. Aufl.; München: R. Oldenbourg Verlag 1993

[MÜLLER, B. 1997] Müller, Brigitte; Münch, Eckhard; Badura, Bernhard: Gesundheitsförderliche Organisationsgestaltung im Krankenhaus: Entwicklung und Evaluation von Gesundheitszirkeln als Beteiligungs- und Interventionsmodell; Deutschland: JUVENTA Verlag 1997

[MÜLLER, H. DFM 2005-05] Müller, Henrik: Hundert Prozent Eigenbetrieb: Alternative zu Service- und Betriebsgesellschaften mit privaten Partnern, in: Facility Manager (2005) Heft 5, S. 46-48

[MÜLLER, R. 1993] Müller, Robert; Fuhrberg-Baumann, Jan; Rettich, Heiko Alexander: Marktübersicht EDV-Systeme für Auftragsabwicklung und Vertrieb: Vergleich von 173 EDV-Systemen; Deutschland: expert Verlag 1993

[MURFELD, E. 2002] Murfeld, Egon (Hrsg.); Bach, Hans-Jörg; Bauer, Ludwig; Buchner, Florian; Flach, Karl; Murfeld, Egon; Pulletz, Werner; Sailer, Erwin; Tacke-Unterberg, Helmut; Traub, Martin: Spezielle Betriebswirtschaftslehre der Grundstücks- und Wohnungswirtschaft, 4. Aufl.; Hamburg: Hammonia-Verlag 2002

[MUTSCHLER-SIEBERT, A. DFM 2007-04] Mutschler-Siebert, Annette: Alternativen zum offenen Vergabeverfahren: Auch bei öffentlichen Auftraggebern steigt das Interesse an integrierten Systemleistungen, in: Facility Manager (2007) Heft 4, S. 60-63

[NÄVY, J. DFM 2007-04] Nävy, Jens: Integrated Workplace-Management-Systeme: Durch die Anforderungen ausländischer Investoren beherrscht eine neue Dynamik auf dem deutschen Immobilienmarkt: Dies wird auch zur Professionalisierung der IT-Unterstützung im Facility Management beitragen, in: Facility Manager (2007) Heft 4, S. 30-35

[NARTEN, R. DW 2007-10] Narten, Renate; Scherzer, Ulrike: Bauliche Maßnahmen der Wohnungsunternehmens stehen im Vordergrund, in: Die Wohnungswirtschaft (2007) Heft 10, S. 9-11

[NEUFERT, E. 1980] Neufert, Erhard. Bauentwurfslehre: Grundlagen und Normen und Vorschriften über Anlage, Bau, Gestaltung, Raumbedarf, Raumbeziehungen, Masse für Gebäude, Räume, Einrichtungen u. Geräte mit d. Menschen als Maß und Ziel, 30. Aufl.; Baunschweig/Wiesbaden: Friedr. Vieweg & Sohn Verlagsgesellschaft 1980

[NG, T. UL 2006-03] Ng, Tinchuck Agnes; Peiser, Richard: Incubator workspaces: Workspace layout establishes the workplace atmosphere - whether creative, private, secret, cooperative, competitive: But how does design drive business outcomes?, in: Urban Land (2006) Heft 3, S. 76-80

[NHK 1996] Mittag, Martin: Ermittlung von zeitgemäßen Normalherstellungskosten für die Belange der Verkehrswertermittlung, Bundesministerium für Bauwesen, Städtebau und Regionalwesen (Hrsg.), Nr. 33a, BMBau NHK; Bundesanzeiger Verlags GmbH, 1996

[NHK 2000] Normalherstellungskosten 2000, Bundesministerium für Verkehr, Bau- und Wohnungswesen (Hrsg.), BMVBW NHK, 2000

[NITSCHKE, A. DFM 2007-04] Nitschke, Alexa: Mängelansprüche durchsetzen: Die neue GEFMA-Richtlinie 186 erklärt den Facility Managern den richtigen Umgang mit dem Gewährleistungsrecht, in: Facility Manager (2007) Heft 4, S. 56-59

[OBERMANN, O. DW 2007-10] Obermann, Oliver: Das Internet hat gedruckte Tageszeitung bei der Immobilienvermarktung verdrängt, in: Die Wohnungswirtschaft; (2007) Heft 10, Wiesbaden: Arbeitskreis für Bedarfsbemessung von Hochschulen, S. 30-31

[OFD -RLB- 1998-07-30] Energiewirtschaftliche Beratungsstelle der Oberfinanzdirektion (Hrsg.): Orientierungswerte aus dem Abrechnungsjahr 1997 nach BWZ; Schreiben, 30.7.1998

[OFD N LB 10-9051] Oberfinanzdirektion Nürnberg (OFD) (Hrsg.): Auswertung von Baunutzungskosten von Gebäuden im Bereich der Länder - Erarbeitung von Richtwerten; Schreiben, OFD N LB 10-9051, 4.8.1998, S. .k19-123

[OPASCHOWSKI, H. 2004] Opaschowski, Horst W. : Deutschland 2020: wie wir morgen leben - Prognosen der Wissenschaft, 1. Aufl.; Wiesbaden: Verlag für Sozialwissenschaft 2004

[OPI'C, M. DFM 2007-04] Opi'c, Marko; Altmannshofer, Robert: Leitfaden durch den CAFM-Dschungel: CAFM-Marktübersicht, in: Facility Manager (2007) Heft 4, S. 36-38

[OVERKAMP, S. BBG 1996-10] Overkamp, Sabine; Oesterdieckhoff, Klaus: Wie lassen sich kommunale Einrichtungen wirtschaftlich betreiben und unterhalten?: Ein Gemeinschaftsprojekt zeigt neue Wege der Instandhaltung öffentlicher Einrichtungen auf, in: Bauverwaltung + Bauamt & Gemeindebau (1996) Heft 10, S. 593-595

[PACHURA, F. DW 2003] Pachura, Frank; Sembritzki, Ralf Andreas; Tielbaar, Hans-Christoph: Wozu eigentlich ein Baumkataster?: Dortmunder Dogewo, in: Die Wohnungswirtschaft (2003), S. Sonderdruck

[Parkhausverband 2003-12-05] Bundesverband der Park- und Garagenhäuser (Hrsg.): Betriebswirtschaftliche Rahmendaten für den Parkhausbetrieb, 5.12.2003

[PAßLACK, M. 2007-03-29] Paßlack, Martin: Strategie zur Qualitätssicherung und Kostensenkung: Erfahrungsbericht 10 Jahre Bremer Modell: 31. Tag der Immobilie an der Hochschule für Wirtschaft und Umwelt - Nürtingen-Geislingen; Vortrag, 29.3.2007

[PECH, A. 2005] Pech, Anton; Jens, Klaus; Warmuth, Günter; Zeininger, Johannes: Parkhäuser - Garagen: Grundlagen, Planung Betrieb; Wien, New York: Springer-Verlag 2005

[PELCZER, M. 2004-11-04] Pelczer, Max: Vortrag anlässlich des Regionalkreises der IFMA am 04.11.2004; Vortrag, 4.11.2004

[PELZETER, A. 2006] Pelzeter, Andrea: Lebenszykluskosten von Immobilien; Dissertation; Köln: Immobilien Informationsverlag 2006

[PELZL, W. IZ 23-2003] Pelzl, Wolfgang; Amon, Markus: Entscheidungstransparenz statt Renditeoptimierung: Kommunales Immobilienmanagement, Teil 3, in: Immobilien Zeitung; (2003), Nr. 23, S. 11

[PETERS, F. 2003] Peters, Frank: Handbuch zur Wärmekostenabrechnung: Fachinformationen für Wohnungsverwalter, Vermieter, Heizungstechniker und -ingenieure; CD, 11. Aufl.; Stuttgart: Minol Messtechnik W. Lehmann 2003

[Planconsult F 1394/1-1] Brandenberger, R. B.; Kretschmer, H. R.; Vogelsang, C.; Wiegand, J; Gautschi, G.: Maximierung des Nutzwertes von Wohnungen bei vorgegebenen Kostengrenzen: Nutzen; Forschungsbericht, Teil 1, Planconsult F 1394/1-1; Basel 13.10.1977

[pöb 1998] Richter, Peter: Grundlagen wirtschaftlicher Planung: Materialien zur Vorlesung; Skript, 1. Aufl.; Karlsruhe 1998

[PRACHT, K. 1994] Pracht, Klaus: Licht + Raumgestaltung: Beleuchtung als Element der Architekturplanung, 1. Aufl.; Heidelberg: Verlag C.F. Müller 1994

[PREUß, N. 2003] Preuß, N.; Schöne L. B.: Real Estate und Facility Management: Aus Sicht der Consultingpraxis; Berlin, Heidelberg, New York: Springer-Verlag 2003

[RAFF, H. 2006-09-28] Raff, Herr; Stadt Filderstadt (Hrsg.): Organisationsuntersuchung Hausmeisterinnen / Hausmeister: Vortrag bei der Stadt Ostfildern im Arbeitskreis Facility Management für Kommunen; Handout, 28.9.2006

[RANKL, W. 2002] Rankl, Wolfgang; Effing, Wolfgang: Handbuch der Chipkarten: Aufbau - Funktionsweise - Einsatz von Smart Cards, 4., akt. u. überarb. Aufl.; München: Carl Hanser Verlag 2002

[RAU, C. IndustrieBAU 2007-05] Rau, Cordula: Simulationsgestütze Planung: Innovative Planungswerkzeuge, in: IndustrieBAU (2007) Heft 5, S. 38-41

[RECKNAGEL, H. 1992] Recknagel, Hermann; Sprenger, Eberhard; Hönmann, Winfried: Taschenbuch für Heizung und Klimatechnik: einschl. Warmwasser- und Kältetechnik, 66. Aufl.; München; Wien: R. Oldenbourg Verlag 1992

[REHBERG, S. IW-Magazin 2008-01] Rehberg, Siegfried: Neuartiger Nachweis für die Betriebskosten im Bereich der Abfallentsorgung, in: Immobilienwirtschaft (2008) Heft 1, S. 64-65

[REIN, S. BBB 2007-01] Rein, Stefan: Daten zur Baukonjunktur: Statistische Überblicke über die Lage am Baumarkt gibt es von verschiedenen Seiten, auch das BundesBauBlatt veröffentlicht regelmäßig Daten zur Baukonjunktur: Das BBR veröffentlicht darüber hinaus einen Kurzbericht, der hier vorgestellt wird, in: Bundesbaublatt, 1.2007, S. 40-43

[REISBECK, T. 2006] Reisbeck, Tilman; Schöne, Lars Bernhard: Immobilien-Benchmarking: Ziele, Nutzen, Methoden und Praxis; Berlin: Springer-Verlag 2006

[RG-Bau im RKW 1995] Scharf, Turid: Vergaberecht Teil A der VOB, Schriftenreihe Baurecht; Eschborn: Rationalisierungs-Kuratorium der Deutschen Wirtschaft 1995

[RICCABONA, C. 1977-06] Riccabona, Christof; Wachberger, Michael: Wohnqualität: Bewertungsmodell für Wohnungen, Wohnanlagen und Standorte; Wien 6.1977

[RICHTER, P. 1999] Richter, Peter: Objekt Management: Materialien zur Vorlesung; Skript; Karlsruhe 1999

[RICHTER, P. DAB-2 1996] Richter, Peter: Informationssysteme in der Kostenplanung; Dissertation, in: Deutsches Architektenblatt; Teil 2, 2.1996, S. 243-246

[ROHATSCH, M. 1995] Rohatsch, Manfred; Lemme, Fritz; Pieper, Gerd: Grossküchen: Planung, Entwurf, Einrichtung, 3., stark überarb. Aufl.; Berlin: Verlag für Bauwesen 1995

[Roland Ernst 1998-02-20] Roland Ernst (Hrsg.): Leitfaden zur Beurteilung der Zukunftsfähigkeit von Gebäuden; Unveröffentlichte Kopie, 20.2.1998

[ROTH, J. 2003-12-15] Roth, Jasmin: Entwicklung von Hotelimmobilien aus Sicht der Projektentwicklung, am Beispiel von HOCHTIEF Projektentwicklung; Diplomarbeit, 15.12.2003

[RUGE, K. DW 2007-05] Ruge, Kerstin: Die Alternative: Heizen mit Grundwasser: Deutschlands größtes Wärmepumpenprojekt entsteht derzeit in Köln, in: Die Wohnungswirtschaft (2007) Heft 5, S. 68-69

[RUNGE, F. IndustrieBAU 2006-05] Runge, Fritz: Erfolgsfaktoren: Die existierenden Kostenvergleichswerte für Büro- und Verwaltungsgebäude waren nicht spezifisch genug: Deshalb gründeten Fachleute namhafter Chemie- und Pharmaunternehmen vor drei Jahren einen eigenen Benchmarking-Arbeitskreis, in: IndustrieBAU (2006) Heft 5, S. 52-55

[SAGEBIEL, U. 1983] Sagebiel, Ulrich; Schürmann, Wolfgang: Baunutzungskosten im Schulbau, 2. Aufl.; Berlin 30: Schulbauinstitut der Länder 1983

[SAUREN, M. 2000] Sauren, Marcel M.: Das Praxislexikon Wohnungseigentum: über 1000 ausführlich erläuterte Stichwörter zum WEG-Recht, 1. Aufl.; Freiburg i.B.: Rudolf Haufe-Verlag - Ein Unternehmen der Haufe Mediengruppe 2000

[SCHEER, A. 1990] Scheer, August-Wilhelm: EDV-orientierte Betriebswirtschaftslehre, 4., völlig überarb. Aufl.; Berlin, Heidelberg, New York: Springer-Verlag 1990

[SCHEEWE, H. DAB 2004-01] Scheewe, Hans-Joachim: Elastisch und Textil: Anforderungen an Bodenbeläge nach Europäischen Normen, in: Deutsches Architektenblatt (2004) Heft 1, S. 40-42

[SCHIELEIN, J. Facility Management 10-2007] Schielein, Jörg: Haftungsfragen zum Organisationsverschulden im Facility Management, in: Facility Management; (2007), Nr. 10

[SCHMELZER, H. 2006] Schmelzer, Hermann J.; Sesselmann, Wolfgang: Geschäftsprozessmanagement in der Praxis: Kunden zufrieden stellen, Produktivität steigern, Wert erhöhen, 5., völlig überarb. Aufl.; München: Carl Hanser Verlag 2006

[SCHMITZ, H. Bd. 1 1995] Schmitz, Heinz; Krings, Edgar; Dahlhaus, Ulrich J.; Meisel, Ulli: Baukosten ´95/96: Instandsetzung, Sanierung, Modernisierung, Umnutzung: Arbeitshilfen zur Konstruktionswahl und Planung, Kostenschätzung und Kostenberechnung, Bd. 1, 11., überarb. Aufl.; Essen: Verlag für Wirtschaft und Verwaltung Hubert Wingen 1995

[SCHNEIDER, F. 2004] Schneider, Friedhelm: Kirchliches Immobilienmanagement: Zukunftsweisender Umgang mit kirchlichen Gebäuden; Darmstadt: Verlag das Beispiel 2004

[SCHRADER, K. IW-Magazin 2008-01] Schrader, Klaus: Kleine und preisgünstie Mietwohnungen haben die besten Vermietungschancen: Wohnungswirtschaftliche Daten und Trends 2007 / 2008, in: Immobilienwirtschaft (2008) Heft 1, S. 34-35

[SCHRAMEK, E. 1997] Schramek, Ernst-Rudolf (Hrsg.); Recknagel, Hermann; Sprenger, Eberhard; Hönmann, Winfried: Taschenbuch für Heizung und Klimatechnik : einschl. Warmwasser- und Kältetechnik, 69. Aufl.; München: R. Oldenbourg Verlag 1997

[SCHUB, A. 1985] Schub, A.; Stark, K.; Schelle, Heinz (Hrsg.): Life Cycle Cost von Bauobjekten, Schriftenreihe der Gesellschaft für Projektmanagement; Köln: Verlag TÜV Rheinland 1985

[SCHULTE, K. IndustrieBAU 3-2007] Schulte, Karl-Werner; Teichmann, Sven: Was ist was?: Management-Disziplinen in der Immobilienökonomie, in: IndustrieBAU; (2007), Nr. 3, S. 51-53

[SCHWALBACH, J. 2006-09-05] Schwalbach, Joachim; Schwerk, Anja; Smuda, Daniel: Stadtrendite der öffentlichen Wohnungswirtschaft: Formalisierung und Operationalisierung des Begriffs „Stadtrendite“ und Anwendung am Fallbeispiel DEGEWO; Endbericht, 5.9.2006

[SEBZ 2005-12-07] Solar- und Energieberatungszentrum Bergstraße (Hrsg.): Förderangebote für Energieeinsparmaßnahmen für Privatpersonen des Kreis Bergstraße; Zeitungsartikel, 7.12.2005, S. 4

[SEIP, G. 2000] Seip, Günter G. (Hrsg.); Kammerl, Franz; Lux, Heinz; Schade, Bernd; Valerius, Arno: Gebäudesystemtechnik mit EIB: Sicherheit, Wirtschaftlichkeit, Flexibilität und Komfort mit zukunftsgerechter Elektroinstallation; Erlangen, München: Publicis MCD Verlag 2000

[SGB VII 2007] Sozialgesetzbuch: Siebtes Buch: Gesetzliche Unfallversicherung, SGB VII, 7.9.2007

[SIA 416 1993] Flächen und Volumen von Gebäuden und Anlagen: Definitionen, Schweizerischer Ingenieur und Architektenverein (Hrsg.), SIA 416; Zürich 1993

[SIEBERT, L. BBG 1997-09] Siebert, Lothar: Wie aussagekräftig sind Kennwerte?: Über Schein und Sein von Energieverbrauchs-Kenn-Zahlen, in: Bauverwaltung + Bauamt & Gemeindebau (1997) Heft 9, S. 432-434

[SIEGEL, C. 1979] Siegel, Curt; Wonneberg, Rudolf: Bau- und Betriebskosten von Büro- und Verwaltungsbauten: Eine Auswertung der Daten von 110 ausgeführten und in Betrieb genommenen Gebäuden, 2., durchgesehene Aufl.; Wiesbaden, Berlin: Bauverlag 1979

[softguide] www.softguide.de (23.01.2005)

[SILBERBERG, U. BBB 2004-05] Silberberg, Ulrike: Studie: Immobilienmanagement der öffentlichen Hand, in: Bundesbaublatt (2004) Heft 5, S. 1

[StA Stuttgart -12 2002] Landeshauptstadt Stuttgart Statistisches Amt und Amt für Liegenschaften und Wohnen (Hrsg.): Mietspiegel 2002: Stuttgart, Nr. 12, 2002

[STADT WIESBADEN 2007] Stadt Wiesbaden (Hrsg.): Wiesbaden zieht Bilanz: Geschäftsbericht zur „Vorläufigen Eröffnungsbilanz“ zum 1. Januar 2007, 2007, http://www.wiesbaden.de/die_stadt/kaemmerei/download/geschaeftsbericht2007xs.pdf (09.10.2007)

[STADTVERWALTUNG LUDWIGSBURG 1998-06] Stadtverwaltung Ludwigsburg (Hrsg.): Handbuch der Stadt Ludwigsburg: Verfügung des Oberbürgermeisters vom 12.1.1978, betr. Dienstanweisung für Schulhausmeister: Erf. Lfg. 06.1998; Loseblattsammlung; Ludwigsburg 6.1998

[STAHLKNECHT, P. 2002] Stahlknecht, Peter; Hasenkamp, Ulrich: Einführung in die Wirtschaftsinformatik, 10., überarb. Aufl.; Berlin: Springer-Verlag 2002

[STAUB, R. IndustrieBAU 2006-03] Staub, Richard: BUS-Systeme und Integration: Standardsysteme zur Gebäudeautomation, in: IndustrieBAU (2006) Heft 3, S. 50-52

[STAUDT, E. 1999] Staudt, Erich; Kriegesmann, Bernd; Thomzik, Markus: Facility Management: Der Kampf um Marktanteile beginnt; Frankfurt am Main: Frankfurter Allgemeine Zeitung GmbH 1999

[StBA 1978] Statistisches Bundesamt (Hrsg.): Systematik der Bauwerke, Systematische Verzeichnisse; Stuttgart, Mainz: Verlag W. Kohlhammer 1978

[StBA 1978-06] Statistisches Bundesamt (Hrsg.): Signierschlüssel für Nichtwohngebäude, 6.1978

[StBA 1998] Statistisches Bundesamt (Hrsg.): Statistisches Jahrbuch 1998 für die Bundesrepublik Deutschland; Stuttgart: Metzler-Poeschel 1998

[StBA 2001] Statistisches Bundesamt (Hrsg.): Statistisches Jahrbuch 2001 für die Bundesrepublik Deutschland; Stuttgart: Metzler-Poeschel 2001

[StBA 61111-0001-(2007-07-06)] Statistisches Bundesamt (Hrsg.): Verbraucherpreisindex; Tabelle, StBA 61111-0001; Stuttgart 6.7.2007, https://www-genesis.destatis.de/genesis/online/logon (06.07.2007)

[StBA 61111-0003-(2007-07-06)] Statistisches Bundesamt (Hrsg.): Verbraucherpreisindex für Deutschland: Klassifikation der Verwendungszwecke des Individualkonsums (COICOP 2-Steller); Tabelle, StBA 61111-0003; Stuttgart 6.7.2007, https://www-genesis.destatis.de/genesis/online/logon (06.07.2007)

[StBA 61511-0001-(2007-07-06)] Statistisches Bundesamt (Hrsg.): Kaufwerte für Bauland in [EUR/m^2]; Tabelle, StBA 61511-0001; Stuttgart 6.7.2007, https://www-genesis.destatis.de/genesis/online/logon (06.07.2007)

[StBA 61261-0013-(2007-07-06)] Statistisches Bundesamt (Hrsg.): Baupreisindizes Bauleistungen mit Umsatzsteuer; Tabelle, StBA 61261-0013; Stuttgart 6.7.2007, https://www-genesis.destatis.de/genesis/online/logon (06.07.2007)

[StBA 61111-0005-(2007-07-06)] Statistisches Bundesamt (Hrsg.): Verbraucherpreisindex für Deutschland: Klassifikation der Verwendungszwecke des Individualkonsums (COICOP 3-Steller / 4-Steller); Tabelle, StBA 61111-0005, 6.7.2007, https://www-genesis.destatis.de/genesis/online/logon (06.07.2007)

[Stromkosten für Privathaushalte… FAZ 174-1999] o.V.: Stromkosten für Privathaushalte im Rhein-Main-Gebiet: Stand 20. Juli 1999; Zeitungsartikel, in: Frankfurter Allgemeine Zeitung; Nr. 174, 30.7.1999, S. 64

[SUDHOP, C. GM 9-1998] Sudhop, Christine: „Faire Verhältnisse“: Qualitätsmeßsystem in der Gebäudereinigung, in: Gebäudemanagement; (1998), Nr. 9, Frankfurt am Main, S. 42-43

[TAE 2006] Gieler-Breßmer, Susanne (Hrsg.): Verkehrsbauten Schwerpunkt Parkhäuser: 2. Kolloquium, 31. Januar und 1. Februar 2006; Ostfildern: Technische Akademie Esslingen 2006

[TAE 2008] Gieler-Breßmer, Susanne (Hrsg.): Verkehrsbauten Schwerpunkt Parkhäuser/Brücken: 3. Kolloquium, 29. und 30. Januar 2008; Ostfildern: Technische Akademie Esslingen 2008

[TANENBAUM, A. 2003] Tanenbaum, Andrew S.: Computernetzwerke, 4., überarb. Aufl.; München: Pearson Education 2003

[TARIFVERTRAGSPARTEIEN DER DEUTSCHEN BAUWIRTSCHAFT 2004] Tarifvertragsparteien der deutschen Bauwirtschaft (Hrsg.): Arbeitszeit Richtwerte Hochbau (ARH): Fliesen-, Platten- und Mosaiklegerhandwerk; Ordner; Zeittechnik Verlag, 2004

[Techem 2003] Techem (Hrsg.): Energie Kennwerte: Hilfen für den Wohnungswirt: Eine Studie der Techem AG, 2003

[Techem 2006-20070707] Techem (Hrsg.): Techem-empirica-Leerstandsindex 2005: Leerstandsquote von Geschosswohnungen, 2. Aufl., 2006, http://www.empirica-institut.de/kufa/Techem-empirica-Leerstandsindex-Karte-2005-2.pdf (07.07.2007)

[TECHEM Der Vermieter 2003-01] Techem: Heizkostenvergleich der Perioden 1999/00 und 2000/01, in: Der Vermieter (2003) Heft 1, S. 10

[TERADYNE 2005] TERADYNE, INC. (Hrsg.): 2005 Annual Report: West Coast Facilities, 2005

[TIETZ, J. DAB 2007-12] Tietz, Jürgen: Thoraschrein statt Trafo: Vom Umspannwerk zur Synagoge: Die Konversion von Gotteshäusern ist keine Einbahnstraße, in: Deutsches Architektenblatt (2007) Heft 12, S. 22-23

[UBS Revision 97] Unione di Banche Svizzere (Hrsg.): Pflichtenheft, UBS Revision 97, 1997

[ULI P92] Urban Land Institute (Hrsg.): Parking Requirements for shopping Centers: Summary Recommendations and Research Study Report, 2. Aufl., ULI P92; Urban Land Institute, 2000

[URBAN, J. 2003] Urban, Jürgen: CREIS-Kennzahlen und Benchmarks für die Optimierung des Facility- und Immobilien-Managements (2003), S. 14-15

[USGBC LEED-EB v2.0 Checklist] U.S. Green Building Council (Hrsg.): Green Building Rating System for Existing Buildings: Upgrades, Operations and Maintenance: Leadership in Energy and Environmental Design, 2.0. Aufl., USGBC LEED-EB v2.0 Checklist; Washington, USA 7.2005, https://www.usgbc.org/ShowFile.aspx?DocumentID=3621 (25.01.2008)

[VDI 2067 Bl. 1 1983-10] Betriebstechnische und wirtschaftliche Grundlagen: Berechnung der Kosten von Wärmeversorgungsanlagen, Verein Deutscher Ingenieure (VDI) (Hrsg.), Bl. 1, VDI 2067, 10.1983

[VDI 2067 Bl. 2 1993-10] Raumheizung: Berechnung der Kosten von Wärmeversorgungsanlagen, Verein Deutscher Ingenieure (VDI) (Hrsg.), Bl. 2, VDI 2067, 10.1993

[VDI 3807-1 1994-06] Energieverbrauchskennwerte für Gebäude: Grundlagen, Verein Deutscher Ingenieure (VDI) (Hrsg.), Teil 1, VDI 3807; Berlin: Beuth Verlag 6.1994

[VDI 3807-2 1998-06] Energieverbrauchskennwerte für Gebäude: Heizenergie- und Stromverbrauchswerte, Verein Deutscher Ingenieure (VDI) (Hrsg.), Teil 2, VDI 3807; Berlin: Beuth Verlag 6.1998

[VDI 6009 Bl. 1 2002-10] Facility Management: Anwendungsbeispiele aus dem Gebäudemanagement, Verein Deutscher Ingenieure (VDI) (Hrsg.), Bl. 1, VDI 6009, 10.2002

[VDI 6009 Bl. 2 2003-12] Facility Management: Einführung von Gebäudemanagement für mehrere Liegenschaften: Anwendungsbeispiele, Verein Deutscher Ingenieure (VDI) (Hrsg.), Bl. 2, VDI 6009, 12.2003

[VDR-Service 2005-07-08] Verband Deutsches Reisemanagement (Hrsg.): Certified Conference Hotel: Verbandskriterien Tagungshotel, 8.7.2005, http://www.vdr-service.de/portal/portal/cms/obj/_offen/hotelzertifizierung/kriterien_certiconfhotel_RFP.pdf (01.11.2006)

[VDR-Service 2006-01-01] Verband Deutsches Reisemanagement (Hrsg.): Prüfkriterien VDR-Certified Hotel: Deutsche Hotelklassifizierung, 1.1.2006, http://www.vdr-service.de/portal/portal/cms/obj/_offen/hotelzertifizierung/kriterien_certihotel.pdf (01.11.2006)

[VgV 2006] Verordnung über die Vergabe öffentlicher Aufträge: Vergabeverordnung, VgV, 23.10.2006

[Viel Software für… IWR 2004-04] o.V.: Viel Software für die Immobilie: Die große Marktübersicht: Hausverwaltungs- und Maklerprogramme: IWR - Spezial, in: Immobilien Wirtschaft und Recht (2004) Heft 4

[VNW 2002-09] Claßen, Ulrich; Höring, Klaus: Gutachten über die Umstiegsmöglichkeiten der gegenwärtigen Kunden der Aareon AG auf ein neues IT-Verfahren: Inclusive myITselect Toolset, dem Konzept-, Auswahl- und Benchmarking-Programm auf CD; Ergebnisbericht, 9.2002

[VOB-A 2006] Vergabe- und Vertragsordnung für Bauleistungen, Deutsches Institut für Normung (Hrsg.), Teil A, DIN VOB; Berlin, http://www.bmvbs.de/Anlage/original_982127/VOB-A_-Ausgabe-2006 (07.03.2007)

[VOB-B 2006] Vergabe- und Vertragsordnung für Bauleistungen, Deutsches Institut für Normung (Hrsg.), Teil B, DIN VOB; Berlin 2006, http://www.bmvbs.de/Anlage/original_981860/VOB-B_-Ausgabe-2006 (07.03.2007)

[VOB/C] VOB Teil C, VOB/C

[VOGELMANN, K. 2007-11-29] Vogelmann, Karl: Erfolgsstory der Stadt Geislingen (Steige); Vortrag, 29.11.2007

[VOLKMANN, W. 2003] Volkmann, Walter: Projektabwicklung für Architekten und Ingenieure: Handbuch für die planerische und baupraktische Umsetzung: Methoden - Arbeitshilfen - Vordrucke, 2. Aufl.; Essen: Verlag für Wirtschaft und Verwaltung Hubert Wingen 2003

[WEIßERT-HORN, M. 1997] Weißert-Horn, Margit; Landau, Kurt (Hrsg.): Layoutplanung von Altenpflegeabteilungen, REFA-Fachbuchreihe Arbeitsgestaltung, 1. Aufl.; Bad Urach: Verlag Institut für Arbeitsorganisation 1997

[Weltweites Immobilienmanagement IndustrieBAU 2008-01] o.V.. Weltweites Immobilienmanagement: Bosch ist ein international führender Anbieter von Kraftfahrzeugtechnik, Industrietechnik sowie Gebrauchsgütern und Gebäudetechnik. Für die weltweite Bereitstellung der baulichen Infrastruktur von Fertigungsstandorten sorgt die Zentralabteilung Anlagen und Bauten, in: IndustrieBAU (2008) Heft 1, S. 16-17

[WHG 2007] Gesetz zum Ordnung des Wasserhaushalts (Wasserhaushaltsgesetz), Bd. I, WHG, 10.5.2007

[WHO ICIDH-2] World Health Organisation (Hrsg.): ICIDH-2: International Classification of Functioning and Disability, WHO ICIDH-2; Geneva 1999

[WIECKHORST, T. bs 1995-04] Wieckhorst, Thomas: Totenturm: Umnutzung und Erhaltung von Wassertürmen, Teil 6, in: Bausubstanz (1995) Heft 4, S. 16-18

[WIEGAND, B. 2005-11] Wiegand, Bodo; Langmaack, Ralf; Baumgarten, Thomas: Lean Maintenance System: Instandhaltungszeit Null - volle Wertschöpfung, 1. Aufl.; Mannheim: Druckerei Schwörer 11.2005

[WILLHARDT, R. IW-Magazin 2005-11] Willhardt, Rahel: Garage-Sale: Gerhard Spannbauer etablierte den Handel mit Stellplätzen in Süddeutschland und setzt dabei nicht auf Tripple A-Lagen, in: Immobilienwirtschaft (2005) Heft 11, S. 44

[WoEigG 2007] Gesetz über das Wohnungseigentum und das Dauerwohnrecht (Wohnungseigentumsgesetz), in: Bundesgesetzblatt; Bd. I, WoEigG, 26.3.2007, S. 2911

[WoFlV 2003] Verordnung zur Berechnung der Wohnfläche, über die Aufstellung von Betriebskosten und zur Änderung anderer Verordnungen, in: Bundesgesetzblatt; Bd. I, Nr. 56, WoFlV, 25.11.2003

[ZBWB-S.TiB 1994-05] Zentralstelle für Bedarfsbemessung und wirtschaftliches Bauen (Hrsg.): Betriebskosten von Hochbauten: Orientierungswerte für staatliche Gebäude; Forschungsbericht; Stuttgart 5.1994

[ZBWB-S.TiB-2] Zentralstelle für Bedarfsbemessung und wirtschaftliches Bauen (Hrsg.): Energiebericht 1991 - 1992: Landesgebäude ohne Universitäten; Stuttgart

[ZBWfB 1994-12] Zentrale Beratungsstelle für Werkstätten für Behinderte (Hrsg.): Orientierungshilfe für die Aufstellung des Raumprogramms beim Bau von Werkstätten für Behinderte; Information; Bonn 12.1994

[ZVEI/FAS (2008-2)] Zentralverband Elektrotechnik- und Elektronikindustrie (Hrsg.): Zutrittsmanagement - das Konzept des ZVEI,
http://www.zvei.de/index.php?id=339&no_cache=1&tx_ZVEIpubFachverbaende_pi1[download]=190&type=98 (16.03.2008)

9.4 Sachverzeichnis